ISBN 978-0-260-82309-0
PIBN 10973770

FB &c Ltd, Dalton House, 60 Windsor Avenue, London, SW19 2RR.
Company number 08720141. Registered in England and Wales.

For support please visit www.forgottenbooks.com

COURS

DE

MATHÉMATIQUES

A L'USAGE DES CANDIDATS

A L'ÉCOLE POLYTECHNIQUE, A L'ÉCOLE NORMALE SUPÉRIEURE,
A L'ÉCOLE CENTRALE DES ARTS ET MANUFACTURES,

PAR

CHARLES DE COMBEROUSSE,
Ingénieur civil,
Professeur au Conservatoire national des Arts et Métiers
et à l'École Centrale des Arts et Manufactures,
Ancien Président du Jury d'admission à la même École,
Ancien Professeur de Mathématiques spéciales au Collège Chaptal.

DEUXIÈME ÉDITION, REFONDUE ET AUGMENTÉE.

TOME TROISIÈME.

ALGÈBRE SUPÉRIEURE.

PREMIÈRE PARTIE.

PARIS,
GAUTHIER-VILLARS, IMPRIMEUR-LIBRAIRE
DE L'ÉCOLE POLYTECHNIQUE, DU BUREAU DES LONGITUDES,
SUCCESSEUR DE MALLET-BACHELIER,
Quai des Augustins, 55.

1887

AVERTISSEMENT.

Nous faisons paraître aujourd'hui la deuxième Édition du Tome III du *Cours de Mathématiques*. Il est le premier de la Section réservée aux *Mathématiques spéciales* (1).

L'abondance et l'importance des matières, aussi bien qu'une modification décisive apportée aux Programmes, nous ont obligé à remanier un travail déjà terminé et à consacrer deux Volumes à l'*Algèbre supérieure*. Le Tome III en forme la *première Partie*, le Tome IV en contiendra la *seconde Partie*.

Nous avons vu la *Méthode des Limites*, introduite d'abord timidement et par fragments en Géométrie; puis, peu à peu, acceptée d'une manière complète, au grand bénéfice de tous.

Il devait en être ainsi en Algèbre, relativement à l'usage des *Dérivées* et des *Différentielles*. Pendant de longues années, par crainte d'aller trop vite et trop loin, la Théorie des Dérivées a été enseignée aux élèves de Mathématiques spéciales, sans que le mot de *différentielle* fût prononcé. Il y avait peut-être un danger, dans ce divorce établi au début entre deux notions inséparables;

---

(1) *Voir* la Préface du tome Ier, 3e édition (1884).

car, dans la rapidité des études actuelles, l'esprit a peine à se départir d'une première impression.

Les nouveaux Programmes rompent nettement avec ces hésitations, parfaitement compréhensibles, et nous croyons qu'ils ont raison.

Il y a plus de deux siècles ([1]) que la découverte du *Calcul infinitésimal* a transformé la science mathématique et reculé ses horizons. Il n'est pas trop tôt, sans doute, pour donner enfin un Aperçu de ces Méthodes si fécondes aux candidats qui doivent les approfondir et les appliquer dans nos grandes Écoles.

La Table analytique des matières de ce Volume indique suffisamment le contenu et l'esprit des *Cinq Livres* qui composent la première Partie de l'Algèbre supérieure, et nous nous permettrons d'y renvoyer le Lecteur. La seconde Partie, c'est-à-dire le Tome IV, renfermera la Théorie des quantités imaginaires et la Théorie générale des Équations.

En écrivant le *Cinquième Livre* et en lui donnant de grands développements, nous avons désiré qu'il pût être une préparation suffisante à l'étude sérieuse du Calcul infinitésimal. Il contient réellement, dans ses quinze premiers Chapitres, presque tout le Calcul différentiel, en ce qui concerne les principes primordiaux et les applications analytiques; et le seizième Chapitre fait con-

---

([1]) C'est en 1684 que LEIBNITZ publia une première Note sur ce sujet, dans les *Acta Eruditorum* de Leipzig; c'est en 1687 que NEWTON publia ses *Principes mathématiques de la Philosophie naturelle* où, à l'aide de la *Méthode des fluxions*, qui ne diffère que par les mots et la notation de *la Méthode des différentielles* de Leibnitz, il donna les plus belles Applications du Calcul infinitésimal.

naître, à son tour, avec étendue, les notions élémentaires les plus essentielles sur les intégrales.

Il nous a paru impossible, en effet, de passer sous silence, ne serait-ce qu'à cause de la Géométrie analytique dans l'espace, les propriétés relatives aux fonctions de plusieurs variables et l'idée de *Différentielle totale*. La transition du cas d'une seule variable à celui de plusieurs variables est d'ailleurs toute naturelle et s'effectue très simplement à l'aide du principe relatif aux fonctions composées (566). Cette nécessité admise, les autres détails dans lesquels nous sommes entré étaient, pour ainsi dire, obligés.

Les notions sur les infiniment petits et la définition de la différentielle sont restées pendant longtemps assez vagues et assez obscures, pour motiver de nombreuses discussions; et la Science, sous ce rapport, doit beaucoup à J.-M.-C. Duhamel. Remontant aux premiers principes et aux premières applications, il a su dissiper tous les nuages, et ses *Éléments de Calcul infinitésimal* resteront, suivant l'expression de M. J. Bertrand, un livre justement classique dans la meilleure acception du mot, c'est-à-dire non moins utile aux maîtres qu'aux élèves.

Il nous reste à expliquer en quelques mots les motifs qui, dans cette première Partie de l'Algèbre supérieure, nous ont porté à laisser systématiquement de côté tout ce qui a trait aux *quantités imaginaires*.

C'est, à l'origine, par la résolution des équations de tous les degrés que ces quantités ont été introduites dans la Science. On peut donc, logiquement, rapprocher leur examen direct de la Théorie générale des Équations, et commencer par leur étude la seconde Partie de l'Algèbre supérieure.

En procédant ainsi, on a, en outre, l'avantage, après avoir consacré toute la première Partie aux quantités réelles, de pouvoir présenter d'ensemble, sans être forcé à aucun morcellement, toutes les considérations auxquelles peut donner lieu l'introduction en Analyse de ces nouvelles quantités.

Nous souhaitons que la bienveillance de nos collègues accueille ce troisième Volume comme les précédents : ce sera la meilleure récompense de nos efforts.

Juin 1887.

TABLE ANALYTIQUE

DES MATIÈRES.

ALGÈBRE SUPÉRIEURE.

PREMIÈRE PARTIE.

LIVRE PREMIER.

COMPLÉMENTS D'ALGÈBRE ÉLÉMENTAIRE.

CHAPITRE PREMIER.

DIVISION DES POLYNOMES ENTIERS. — DIVISIBILITÉ.

CHAPITRE II.

DES POLYNOMES IDENTIQUES. — VÉRIFICATION DES FORMULES ALGÉBRIQUES.

CHAPITRE III.

MÉTHODE DES COEFFICIENTS INDÉTERMINÉS.

CHAPITRE IV.

PREMIERS PRINCIPES DE LA THÉORIE DES DÉTERMINANTS.

CHAPITRE V.

MULTIPLICATION DES DÉTERMINANTS.

CHAPITRE VI.

RÉSOLUTION GÉNÉRALE DES ÉQUATIONS DU PREMIER DEGRÉ.

CHAPITRE VII.

ÉQUATIONS ET RELATIONS LINÉAIRES HOMOGÈNES.

CHAPITRE VIII.

DES NOMBRES INCOMMENSURABLES.

CHAPITRE IX.

CALCUL DES VALEURS ARITHMÉTIQUES DES RADICAUX. — EXPOSANTS FRACTIONNAIRES ET NÉGATIFS.

CHAPITRE X.

THÉORIE DES FRACTIONS CONTINUES.

CHAPITRE XI.

ANALYSE INDÉTERMINÉE DU PREMIER DEGRÉ.

CHAPITRE XII.

QUELQUES CAS PARTICULIERS DE L'ANALYSE INDÉTERMINÉE DU SECOND DEGRÉ.

LIVRE DEUXIÈME.

COMBINAISONS. — BINOME. — PUISSANCES, RACINES ET ACCROISSEMENTS D'UN POLYNOME.

CHAPITRE PREMIER.

THÉORIE DES COMBINAISONS.

CHAPITRE II.

FORMULE DU BINÔME. — TRIANGLE ARITHMÉTIQUE DE PASCAL.

CHAPITRE III.

APPLICATIONS DE LA FORMULE DU BINÔME.

CHAPITRE IV.

PUISSANCES ET RACINES D'UN POLYNÔME.

CHAPITRE V.

DÉVELOPPEMENT DE L'ACCROISSEMENT D'UN POLYNÔME ENTIER, SUIVANT LES PUISSANCES DES ACCROISSEMENTS DES VARIABLES.

LIVRE TROISIÈME.

NOTIONS SUR LES SÉRIES.

CHAPITRE PREMIER.

MÉTHODE DES LIMITES.

CHAPITRE II.

CONSIDÉRATIONS GÉNÉRALES SUR LES SÉRIES.

CHAPITRE III.

SÉRIES DONT LES TERMES SONT TOUS POSITIFS, RÈGLES DE CONVERGENCE.

CHAPITRE IV.

SÉRIES DONT LES TERMES ONT DES SIGNES QUELCONQUES, RÈGLES DE CONVERGENCE.

CHAPITRE V.

ÉTUDE DE LA SÉRIE e. — LIMITE DE $\left(1+\frac{1}{m}\right)^m$ QUAND m CROIT INDÉFINIMENT. — SÉRIE e^x.

CHAPITRE VI.

DES DÉVELOPPEMENTS EN SÉRIES.

LIVRE QUATRIÈME.

CONTINUITÉ. — FONCTION EXPONENTIELLE. — LOGARITHMES CONSIDÉRÉS COMME EXPOSANTS.

CHAPITRE PREMIER.

NOTIONS SUR LA CONTINUITÉ.

CHAPITRE II.

ÉTUDE DE LA FONCTION EXPONENTIELLE.

CHAPITRE III.

THÉORIE DES LOGARITHMES CONSIDÉRÉS COMME EXPOSANTS.

LIVRE CINQUIÈME.

ÉTUDE DES DÉRIVÉES ET DES DIFFÉRENTIELLES.

CHAPITRE PREMIER.

NOTIONS SUR LES INFINIMENT PETITS.

CHAPITRE II.

DÉFINITIONS DE LA DÉRIVÉE ET DE LA DIFFÉRENTIELLE D'UNE FONCTION D'UNE SEULE VARIABLE.

CHAPITRE III.

CLASSEMENT DES FONCTIONS.

CHAPITRE IV.

THÉORÈME DES FONCTIONS INVERSES. — DIFFÉRENTIATION DES FONCTIONS DE FONCTIONS. — DIFFÉRENTIATION DES FONCTIONS COMPOSÉES.

CHAPITRE V.

DIFFÉRENTIATION D'UNE SOMME, D'UN PRODUIT, D'UN QUOTIENT, D'UNE PUISSANCE QUELCONQUE. — THÉORÈME DES FONCTIONS HOMOGÈNES.

CHAPITRE VI.

DIFFÉRENTIATION DES FONCTIONS LOGARITHMIQUE ET EXPONENTIELLE.

CHAPITRE VII.

DIFFÉRENTIATION DES FONCTIONS CIRCULAIRES.

CHAPITRE VIII.

DIFFÉRENTIATION DES FONCTIONS IMPLICITES.

CHAPITRE IX.

PROPOSITIONS RELATIVES AUX DÉRIVÉES D'UNE FONCTION D'UNE SEULE VARIABLE.

CHAPITRE X.

DES DIFFÉRENTIELLES ET DES DIFFÉRENCES DES DIVERS ORDRES DES FONCTIONS D'UNE SEULE VARIABLE.

CHAPITRE XI.

DÉRIVÉES ET DIFFÉRENTIELLES DES FONCTIONS DE PLUSIEURS VARIABLES INDÉPENDANTES.

CHAPITRE XII.

DÉVELOPPEMENT DES FONCTIONS. FORMULES DE TAYLOR ET DE MACLAURIN.

CHAPITRE XIII.

APPLICATION DE LA FORMULE DE MACLAURIN A QUELQUES DÉVELOPPEMENTS IMPORTANTS.

CHAPITRE XIV.

RECHERCHE DES VRAIES VALEURS DES EXPRESSIONS QUI SE PRÉSENTENT SOUS FORME INDÉTERMINÉE.

CHAPITRE XV.

THÉORIE DES MAXIMUMS ET DES MINIMUMS.

CHAPITRE XVI.

PREMIÈRES NOTIONS SUR LES INTÉGRALES.

QUESTIONS PROPOSÉES

SUR L'ALGÈBRE SUPÉRIEURE

PREMIÈRE PARTIE.

Exercices concernant :

NOTE.

TABLEAUX.

FIN DE LA TABLE DES MATIÈRES DU TOME TROISIÈME.

ERRATA.

Page 14, ligne 5, *après* que ce reste soit nul, *ajoutez :* quel que soit x.

Page 17, ligne 10 en remontant, *après* $A_n = B_n$, *ajoutez :* $A_{n+1} = 0$.

Page 63, dernière ligne, quatrième terme, *au lieu de* α, *lisez :* α_1^2.

Page 73, dernière ligne, troisième terme, *au lieu de* a^p, *lisez :* a_γ^p.

Page 75, ligne 17, *au lieu de* x^β, *lisez :* x_β.

Page 85, deux signes — ont été oubliés, pour le cinquième et pour le dernier déterminant, ce qui laisse le résultat intact.

Page 95, *après* la première ligne, le deuxième déterminant doit être affecté du signe —.

Page 188, ligne 2 en remontant, *au lieu de* $-8,58$, *lisez :* $-9,59$.

Page 281, ligne 17, *au lieu de* $F'_z \frac{1}{l}$, *lisez :* $F'_z \frac{l}{1}$.

Page 312, ligne 18, *au lieu de* $\frac{n}{n(n+1)}$, *lisez :* $\frac{1}{n(n+1)}$.

Page 321, ligne 19, *au lieu de* $a^2 u_{a^3}$, *lisez :* $a^2 u_{a^2}$.

Page 323, ligne 4, *au lieu de* $+ {}_{a^{n+1}-1}$, *lisez :* $+ u_{a^{n+1}-1}$.

Page 358, ligne 15, *au lieu de* $\frac{1}{x-1}$, *lisez :* $\frac{1}{1-x}$.

Page 428, ligne 10, *au lieu de* une limite finie différente de zéro, *lisez :* une limite qui ne peut surpasser $\frac{1}{4}$.

Page 432, ligne 4, *au lieu de* $\frac{\delta}{\alpha} = 0$, *lisez :* $\lim \frac{\delta}{\alpha} = 0$.

Page 704, dernière ligne (note), *au lieu de* 124 et 125, *lisez :* 123.

ALGÈBRE SUPÉRIEURE.

PREMIÈRE PARTIE.

COURS
DE MATHÉMATIQUES.

ALGÈBRE SUPÉRIEURE.

PREMIÈRE PARTIE.

LIVRE PREMIER.
COMPLÉMENTS D'ALGÈBRE ÉLÉMENTAIRE.

CHAPITRE PREMIER.
DIVISION DES POLYNOMES ENTIERS. — DIVISIBILITÉ.

Division des polynômes entiers.

1. D'une manière générale, *la division a pour but, étant données deux expressions algébriques, l'une appelée* dividende, *l'autre appelée* diviseur, *d'en déduire une troisième expression algébrique appelée* quotient, *qui, multipliant le diviseur, reproduise le dividende en valeur absolue et en signe.*

Nous ne nous occuperons ici que de la division des polynômes entiers par rapport à une certaine lettre prise comme lettre ordonnatrice, en renvoyant à l'Algèbre élémentaire (*Alg. élém.*, 40, 41, 42, 43, 44) pour tout ce qui se rapporte aux définitions, à la division des monômes et à celle d'un polynôme par un monôme.

Le plus souvent, quand on a deux polynômes entiers A et B à diviser l'un par l'autre, on ne peut qu'indiquer l'opération sous forme fractionnaire $\frac{A}{B}$. Cette fraction est bien le quotient; car, multipliée par le diviseur B, elle reproduit le dividende A (*Alg. élém.*, 61).

Quelquefois, cependant, on peut remplacer l'expression fractionnaire $\frac{A}{B}$ par un polynôme Q, entier par rapport à la lettre suivant laquelle les deux polynômes A et B sont supposés ordonnés : la division est alors réellement effectuée. C'est la recherche de ce polynôme Q que nous nous proposons, et ce sont les règles de la division des polynômes ordonnés que nous allons retrouver.

Pour fixer les idées, nous supposerons jusqu'à nouvel ordre que les trois polynômes considérés sont ordonnés par rapport aux puissances *décroissantes* d'une même lettre x.

Il est entendu, d'ailleurs, qu'il ne s'agit que de quantités *réelles*, c'est-à-dire positives ou négatives.

Des divisions exactes.

2. Il est facile de voir d'abord, en supposant que le problème admette une solution, qu'il ne peut en admettre qu'une seule.

En effet, s'il pouvait exister deux quotients différents Q et Q', on aurait à la fois

$$A = BQ, \qquad A = BQ',$$

d'où l'on déduirait, par soustraction,

$$o = B(Q - Q')$$

et, par suite, B n'étant pas nul,

$$Q - Q' = o \qquad \text{ou} \qquad Q = Q'.$$

3. Cela posé, nous raisonnerons comme il suit pour trouver le premier terme du quotient cherché et, ensuite, tous les autres.

Puisqu'on a, dans le cas examiné, $\frac{A}{B} = Q$, on a aussi $A = B \times Q$. Le dividende est donc alors le produit exact du diviseur par le quotient. Puisqu'il s'agit de polynômes ordonnés, le premier terme du dividende provient sans réduction du produit du premier terme du diviseur par le premier terme du quotient; de même, le dernier terme du dividende est égal au produit du dernier terme du diviseur par le dernier terme du quotient (*Alg. élém.*, 27). On a donc ce premier théorème :

On obtient le premier terme du quotient en divisant le premier terme du dividende par le premier terme du diviseur.

De plus, le dividende représentant la somme des produits partiels du diviseur par les différents termes du quotient, si l'on retranche du dividende le produit du diviseur par le premier terme trouvé au quotient, le reste obtenu, ordonné comme le dividende et le diviseur, représentera la somme des produits partiels du diviseur par les autres termes du quotient.

On est ainsi conduit à *une nouvelle division,* dans laquelle on doit prendre ce reste pour dividende en conservant le même diviseur, et l'on a ce second théorème :

Si l'on retranche du dividende le produit du diviseur par le premier terme du quotient, le reste obtenu, divisé par le diviseur, donne l'ensemble des autres termes du quotient.

Par conséquent, en continuant l'opération, on doit diviser le premier terme du reste par le premier terme du diviseur, et l'on a le second terme du quotient. On multiplie le diviseur par ce terme, on retranche le produit obtenu du premier reste, et l'on opère sur le second reste auquel on est conduit et sur les suivants comme sur le premier. Le dernier terme du quotient correspond à un reste nul, car on a retranché alors du dividende toutes les parties qui le composent.

Ainsi, quand la division est exacte, on arrive forcément à un reste nul, qui indique que le quotient est complet; et, quand on arrive à un reste nul, la division est exacte, puisque le polynôme dividende représente le produit du polynôme diviseur par le polynôme écrit au quotient.

Pour les exemples de divisions exactes et pour les différents cas qui peuvent se présenter, nous renverrons à l'Algèbre élémentaire (*Alg. élém.*, 46, 47, 48).

4. Lorsqu'on a déterminé un certain nombre de termes du quotient, le reste auquel on s'arrête s'obtient toujours en retranchant du dividende le produit du diviseur par les termes successivement écrits au quotient. Par conséquent, en désignant par Q_1 l'ensemble des termes écrits au quotient à un moment quelconque de l'opération, et par R_1 le reste correspondant, on a toujours l'égalité

$$R_1 = A - BQ_1$$

ou

$$A = BQ_1 + R_1.$$

Il en résulte que, *lorsqu'on suspend la division, supposée exacte, à un instant quelconque, le dividende est toujours identique au produit du diviseur par les termes écrits jusque-là au quotient, augmenté du reste auquel on a arrêté le calcul.*

Cette remarque conduit tout naturellement aux divisions qui ne peuvent s'effectuer exactement.

Des divisions impossibles exactement.

5. On peut souvent prévoir l'impossibilité d'une division, au point de vue auquel nous nous plaçons d'un quotient entier par rapport à la lettre ordonnatrice. Nous ne nous y arrêterons pas, et nous renverrons sur ce point à l'Algèbre élémentaire (*Alg. élém.*, 49).

Nous observerons seulement que, le dividende et le diviseur étant supposés ordonnés suivant les puissances *décroissantes* de x, les degrés des restes successifs par rapport à x vont constamment en diminuant.

Lorsque la division est impossible, il arrive donc un moment où le reste obtenu est, à la fois, différent de zéro et de degré inférieur au diviseur par rapport à la lettre ordonnatrice. Si le quotient doit rester entier en x, l'opération se trouve alors interrompue et son impossibilité démontrée.

On est, dans ce cas, conduit à généraliser comme il suit la définition de la division, en se reportant au n° 4 :

6. *Étant donnés deux polynômes* A *et* B *entiers et ordonnés par rapport à x, de degrés m et $n (m > n)$ en x, diviser ces deux polynômes l'un par l'autre, c'est trouver un polynôme* Q

entier par rapport à x et un polynôme R *entier par rapport à x et de degré inférieur à n, tels qu'on ait l'égalité*

$$A = BQ + R.$$

A est le dividende, B le diviseur, Q le quotient et R le reste de la division effectuée. Cette égalité se met souvent sous la forme

$$\frac{A}{B} = Q + \frac{R}{B}.$$

7. Il est facile de voir, en supposant que le problème posé ait une solution, qu'il ne peut en avoir qu'une seule.

Admettons, en effet, pour un instant, l'existence de deux solutions distinctes représentées, d'une part, par les valeurs Q et R et, d'autre part, par les valeurs Q′ et R′. Nous aurions alors les deux égalités

$$A = BQ + R, \qquad A = BQ' + R';$$

d'où l'on déduirait

$$BQ + R = BQ' + R'$$

ou

$$B(Q - Q') = R' - R.$$

Le premier membre de cette relation est *au moins* de degré n en x comme le diviseur B, puisque les quotients Q et Q′ sont entiers par rapport à x. Or, par hypothèse, les restes R et R′ sont des polynômes de degré inférieur à n. Leur différence remplit donc la même condition, et l'égalité précédente est impossible, à moins que l'on ne suppose $Q = Q'$; mais, alors, on a aussi $R = R'$.

8. Quant à la recherche des polynômes Q et R, elle résulte immédiatement des règles données pour les divisions exactes (3). On commencera et l'on poursuivra la division de A par B jusqu'à ce qu'on parvienne, non pas à un reste nul, mais à un reste de degré inférieur en x à celui du diviseur B.

Division des polynômes ordonnés suivant les puissances croissantes de la lettre ordonnatrice.

9. Nous avons supposé jusqu'ici les polynômes A et B ordonnés suivant les puissances *décroissantes* de la lettre ordonnatrice x.

Si on les ordonnait, au contraire, suivant les puissances *croissantes* de cette lettre, rien ne serait réellement changé à ce qui précède, dans le cas d'une division exacte, et l'on trouverait simplement le même quotient renversé.

Mais, *dans le cas des divisions impossibles à effectuer exactement,* il y a lieu de présenter quelques remarques.

10. On voit d'abord que le problème de la division de A par B est alors indéterminé, en ce sens que l'identité

$$A = BQ + R \qquad \text{ou} \qquad \frac{A}{B} = Q + \frac{R}{B}$$

est susceptible d'une infinité de formes différentes.

En effet, le premier terme du diviseur étant indépendant de x ou constant, ce premier terme divisera toujours (algébriquement parlant) le premier terme d'un reste quelconque, et, par suite, l'opération pourra s'arrêter où l'on voudra ou se continuer indéfiniment, puisque, par hypothèse, on ne peut trouver un reste nul.

Ensuite, le degré du quotient par rapport à x va toujours en croissant à mesure qu'on poursuit l'opération, et il en est de même, par conséquent, de celui du reste

$$R = A - BQ.$$

Le premier terme du quotient étant une constante, puisque les premiers termes du dividende et du diviseur sont indépendants de x, le reste R ne contient jamais de terme constant, et l'on peut toujours y mettre en facteur commun la puissance de x qui affecte son premier terme. Ce reste est donc de la forme

$$x^{k+1} R_1,$$

en désignant par R_1 un autre polynôme entier par rapport à x.

Cette forme suppose qu'on a effectué $k+1$ divisions partielles, c'est-à-dire que le quotient Q est du degré k par rapport à x.

11. Divisons, par exemple, 1 par $1 - x$. On a évidemment, comme résultat de l'opération, l'identité

$$1 = (1 - x)(1 + x + x^2 + \ldots + x^n) + x^{n+1}.$$

Le quotient étant du degré n, le reste est du degré $n+1$ et R_1 est ici égal à 1.

On déduit de cette égalité

$$\frac{1}{1-x} = 1 + x + x^2 + \ldots + x^n + \frac{x^{n+1}}{1-x}.$$

Si l'on divisait 1 par $1+x$, on trouverait

$$\frac{1}{1+x} = 1 - x + x^2 - x^3 + \ldots \pm x^n \mp \frac{x^{n+1}}{1+x}.$$

Ces formules peuvent être utiles.

Divisibilité.

12. En Arithmétique, la théorie de la divisibilité consiste à reconnaître, à l'aide de certains caractères particuliers, si un nombre est diviseur exact d'un autre nombre. En Algèbre, la question se pose de la même manière, en remplaçant les nombres par des expressions algébriques. Nous allons rappeler quelques exemples intéressants.

D'une manière générale, d'ailleurs, pour trouver les conditions de divisibilité de deux polynômes A et B, entiers en x, l'un par l'autre, il suffit de les ordonner par rapport aux puissances *décroissantes* de x et d'essayer leur division en la poursuivant aussi loin que possible. Lorsqu'on ne peut plus continuer l'opération, le dernier reste obtenu égalé à zéro fournit la relation à laquelle doivent satisfaire les coefficients des deux polynômes pour que le second soit diviseur exact du premier.

La divisibilité algébrique a nécessairement des rapports intimes avec la théorie des nombres et avec celle des équations.

13. *Condition de divisibilité d'un polynôme entier en x par un binôme de la forme $x-a$.* — Nous reproduirons ici les deux démonstrations déjà données en Algèbre élémentaire (*Alg. élém.*, **52**, **53**).

Première démonstration. — Désignons par X le polynôme dividende ordonné suivant les puissances décroissantes de x et supposé de degré m. Le diviseur $x-a$ étant du premier degré en x, la division pourra continuer tant que le reste obtenu contiendra x. Le reste final de l'opération, s'il y en a un, sera donc nécessairement *indépendant* de x, c'est-à-dire ne contiendra pas x.

Appelons Q le quotient trouvé, *entier par rapport à* x, et R le dernier reste, s'il y en a un. On aura l'égalité fondamentale qui résulte de toute division (6,8)

$$X = (x - a)Q + R.$$

Cette égalité reste vraie, quelles que soient les valeurs attribuées aux lettres qui y entrent. Elle subsiste donc encore quand on y remplace x par la valeur spéciale a.

Désignons par X_a (c'est là une notation générale très simple et très expressive) le résultat de la substitution de a à la place de x dans le dividende; remarquons que le facteur $x - a$, devenant égal à $a - a$, s'annule, tandis que l'autre facteur Q qui ne contient pas x en dénominateur prend une valeur finie ou égale à zéro; dans les deux cas, le produit $(x - a)Q$ disparaît. Quant au reste R, qui ne contient pas x, il ne change pas. On a donc identiquement

$$X_a = R,$$

ce qui nous conduit à ce théorème très important : *Quand on divise un polynôme entier par rapport à x par un binôme de la forme $x - a$, on obtient immédiatement le reste de la division en remplaçant dans le dividende la lettre x par la lettre a.*

On peut donc, *a priori*, s'assurer de la possibilité de la division.

Si la substitution indiquée conduit à un résultat nul, on a $R = 0$, et la division réussit.

Réciproquement, si la division réussit, $R = 0$, et la substitution indiquée conduit à un résultat nul.

La condition nécessaire et suffisante pour qu'un polynôme entier par rapport à x soit divisible par un binôme de la forme $x - a$ est donc que ce polynôme s'annule pour $x = a$.

Deuxième démonstration. — Déterminons la *loi de formation du quotient du polynôme* X *par le binôme* $x - a$.

En établissant cette loi, nous donnerons une nouvelle démonstration du théorème précédent.

Le polynôme X a pour forme générale

$$X = A_0 x^m + A_1 x^{m-1} + A_2 x^{m-2} + \ldots + A_{m-1} x + A_m.$$

En opérant par colonnes verticales (*Alg. élém.*, 47), sa division par $x - a$ présente évidemment la disposition suivante :

$$\begin{array}{l|l|l|l}
x^m + A_1 & x^{m-1} + A_2 & x^{m-2} + \ldots + A_m & x - a \\
\quad + A_0 a & \quad + A_0 a^2 & \quad + A_0 a^m & \\
 & \quad + A_1 a & \quad + A_1 a^{m-1} & \\
 & & \quad + A_2 a^{m-2} & \\
 & & \quad + \ldots\ \ldots & \\
 & & \quad \ldots\ldots\ldots & \\
 & & \quad + A_{m-1} a &
\end{array}
\qquad
\begin{array}{l|l|l}
A_0 x^{m-1} + A_0 a & x^{m-2} + A_0 a^2 & x^{m-3} + \ldots + A_0 a^m \\
\quad\quad + A_1 & \quad + A_1 a & \quad + A_1 a^m \\
 & \quad + A_2 & \quad + A_2 a^m \\
 & & \quad + \ldots\ldots \\
 & & \quad + A_{m-1} a \\
 & & \quad + A_{m-1}
\end{array}$$

En commençant la division, on aperçoit facilement comment les premiers termes du quotient se déduisent les uns des autres. On en conclut alors immédiatement que, *le dividende étant un polynôme du degré m, le quotient est un polynôme complet du degré m — 1, dont les coefficients se forment successivement en multipliant le coefficient du terme précédent par a, et en ajoutant au produit obtenu le coefficient du terme du dividende qui est de même rang que le terme qu'on veut écrire au quotient.*

Le dernier terme du quotient est donc

$$A_0 a^{m-1} + A_1 a^{m-2} + A_2 a^{m-3} + \ldots + A_{m-2} a + A_{m-1},$$

et, par suite, le reste de la division a pour expression

$$A_0 a^m + A_1 a^{m-1} + A_2 a^{m-2} + \ldots + A_{m-1} a + A_m,$$

c'est-à-dire X_a, comme nous venons de le démontrer par une autre voie. On arrive donc aussi au même théorème.

Si l'on éprouvait quelque difficulté à admettre la généralité de la loi énoncée, on emploierait un tour de raisonnement très usité et déjà indiqué en Arithmétique (*Arithm.*, 325).

Si l'on suppose la loi vérifiée pour les n premiers termes du quotient, il est facile de voir qu'elle s'étend nécessairement au $(n+1)^{\text{ième}}$ terme; car si $P x^{m-n}$ est le $n^{\text{ième}}$ terme du quotient, le premier terme du reste correspondant est

$$(Pa + A_n) x^{m-n},$$

de sorte que le $(n+1)^{\text{ième}}$ terme du quotient est

$$(Pa + A_n) x^{m-n-1}.$$

La loi, ayant été reconnue pour le deuxième et le troisième terme du quotient, est donc vraie pour le quatrième, et ainsi de suite jusqu'au dernier terme.

14. *Corollaires du théorème précédent.* — Nous allons appliquer les résultats précédents à la recherche de certains caractères de divisibilité, essentiels à retenir au point de vue du calcul.

1° $x^m - a^m$ *est toujours divisible par* $x - a$, *quel que soit l'entier* m.

En effet, en désignant par R le reste de la division de $x^m - a^m$ par $x - a$, on a ici (13)

$$R = a^m - a^m = 0.$$

Quant au quotient, nous l'obtiendrons en appliquant la loi qu'on vient de démontrer et en remarquant qu'au dividende tous les termes compris entre les deux termes extrêmes ont zéro pour coefficient. On a ainsi immédiatement

$$\frac{x^m - a^m}{x - a} = x^{m-1} + ax^{m-2} + a^2x^{m-3} + \ldots + a^{m-2}x + a^{m-1}.$$

On peut remarquer que ce quotient est homogène en x et en a.

2° $x^m + a^m$ *n'est jamais divisible par* $x - a$.

En effet, on a, dans ce cas

$$R = a^m + a^m = 2a^m.$$

On pourra donc simplement écrire (6)

$$\frac{x^m + a^m}{x - a} = x^{m-1} + ax^{m-2} + a^2x^{m-3} + \ldots$$
$$+ a^{m-2}x + a^{m-1} + \frac{2a^m}{x - a}.$$

3° $x^m - a^m$ *n'est divisible par* $x + a$ *que si* m *est pair*.

Le théorème du n° 13 exige simplement que le second terme du diviseur binôme soit précédé du signe —, sans aucune hypothèse sur la valeur de ce second terme. Nous pouvons donc mettre le diviseur $x + a$ sous la forme $x - (-a)$ et appliquer les mêmes règles. Le reste de la division de $x^m - a^m$ par $x - (-a)$ est alors

$$R = (-a)^m - a^m.$$

Ce reste n'est donc nul que pour $(-a)^m = a^m$, c'est-à-dire dans le cas de m pair (*Alg. élém.*, 38).

Pour avoir le quotient de la division indiquée, nous remarquerons que l'expression

$$\frac{x^m - a^m}{x - a} = x^{m-1} + a x^{m-2} + a^2 x^{m-3} + \ldots + a^{m-2} x + a^{m-1}$$

est vraie, quelle que soit la valeur (positive ou négative) mise à la place de a; elle subsiste donc quand on remplace a par $-a$. Il vient alors, puisque m est pair,

$$\frac{x^m - a^m}{x + a} = x^{m-1} - a x^{m-2} + a^2 x^{m-3} - \ldots + a^{m-2} x - a^{m-1}.$$

Si m était impair, le reste de la division serait $-2a^m$, et l'on aurait

$$\frac{x^m - a^m}{x + a} = x^{m-1} - a x^{m-2} + a^2 x^{m-3} - \ldots$$
$$- a^{m-2} x + a^{m-1} - \frac{2a^m}{x + a}.$$

4° *$x^m + a^m$ n'est divisible par $x + a$ que si m est impair.*

Le diviseur étant ramené à la forme $x - (-a)$, le reste R de la division qu'on veut effectuer est $(-a)^m + a^m$. Ce reste n'est donc nul que pour $(-a)^m = -a^m$, c'est-à-dire dans le cas de m impair.

Si, dans l'expression de la division de $x^m - a^m$ par $x - a$, on change a en $-a$ en supposant m impair, on obtient précisément le quotient demandé. On a donc

$$\frac{x^m + a^m}{x + a} = x^{m-1} - a x^{m-2} + a^2 x^{m-3} - \ldots - a^{m-2} x + a^{m-1}.$$

Si m était pair, le reste de la division serait $2a^m$, et l'on aurait

$$\frac{x^m + a^m}{x + a} = x^{m-1} - a x^{m-2} + a^2 x^{m-3} - \ldots$$
$$+ a^{m-2} x - a^{m-1} + \frac{2a^m}{x + a}.$$

5° *$x^m - a^m$ n'est divisible par $x^p - a^p$ que si m est un multiple de p.*

En effet, en effectuant la division, on voit que, dans le premier terme de chaque reste, la somme des exposants de x et de a est toujours m, parce qu'en passant d'un reste au suivant l'exposant de a croît toujours de p, tandis que celui de x décroît de la même quantité. Si l'on a $m = kp + r$, la division devient impossible au moment où l'on parvient au reste

$$a^{kp} x^r - a^m.$$

Pour que la division soit possible exactement, il faut et il suffit que ce reste soit nul; ce qui entraîne la condition $r = 0$, c'est-à-dire $m = kp$.

Quant à la loi de formation du quotient, on remarque que, dans chaque terme, la somme des exposants reste égale à $m - p$ et que, lorsqu'on passe d'un terme au suivant, l'exposant de x diminue de p, tandis que celui de a croît de p. Quand la division est possible, on a donc

$$\frac{x^m - a^m}{x^p - a^p} = x^{m-p} + a^p x^{m-2p} + a^{2p} x^{m-3p} + \ldots \\ + a^{m-2p} x^p + a^{m-p}.$$

On modifie facilement cette expression lorsque le reste n'est pas nul, et l'on étudie de la même manière les autres cas analogues à celui qu'on vient de considérer.

CHAPITRE II.

DES POLYNOMES IDENTIQUES. — VÉRIFICATION DES FORMULES ALGÉBRIQUES.

Conditions d'identité de deux polynômes.

15. Lorsque deux expressions algébriques A et B, contenant des lettres a, b, c, ..., demeurent égales, quelles que soient les valeurs attribuées à ces lettres, ces expressions A et B sont dites *identiques*.

En particulier, lorsque deux polynômes, entiers par rapport à x, restent égaux, quelle que soit la valeur attribuée à x, ils sont *identiques*

Un polynôme entier par rapport à x est la *somme*, la *différence*, le *produit* ou le *quotient* de deux autres polynômes, quand il est *identique* à la somme, à la différence, au produit ou au quotient *effectif* de ces deux polynômes.

16. I. *Lorsqu'un polynôme* P, *entier par rapport à x et de degré m, s'annule pour plus de m valeurs différentes de x, il est nul, quel que soit x, c'est-à-dire identique à zéro ou identiquement nul.*

Supposons d'abord que P s'annule pour les valeurs a, b, c, ..., l, en nombre égal à m, substituées à x. P sera alors divisible séparément par chacun des binômes $x-a$, $x-b$, ..., $x-l$ (13), et nous pourrons d'abord écrire

$$P = Q_1(x-a),$$

Q_1 étant un polynôme entier par rapport à x et de degré $m-1$.

P s'annulant pour $x=b$, et $b-a$ étant différent de zéro, par hypothèse, on a $Q_1 = 0$ pour $x=b$. Par suite, en vertu du théorème rappelé, on peut écrire

$$Q_1 = Q_2(x-b),$$

Q_2 étant un polynôme entier par rapport à x et de degré $m-2$.

En répétant le même raisonnement, on pourra poser les égalités successives

$$\begin{aligned} Q_2 &= Q_3\,(x-c), \\ Q_3 &= Q_4\,(x-d), \\ &\ldots\ldots\ldots\ldots\ldots, \\ Q_{m-1} &= Q_m\,(x-l). \end{aligned}$$

Q_m est indépendant de x, puisque son degré, par rapport à x, est $m-m$ ou zéro.

Si l'on multiplie membre à membre toutes les égalités obtenues, il vient, en simplifiant,

$$(1) \qquad P = Q_m(x-a)(x-b)(x-c)\ldots(x-l).$$

Nous retrouvons ainsi un théorème important déjà démontré (*Alg. élém.*, 55), savoir : *Lorsqu'un polynôme entier par rapport à x s'annule lorsqu'on remplace x par des quantités différentes a, b, c, ..., l, il est divisible par le produit des binômes $x-a$, $x-b$, $x-c$, ..., $x-l$.*

Cela posé, admettons que le polynôme P s'annule pour une $(m+1)^{\text{ième}}$ valeur de x, *différente* des précédentes $a, b, c, \ldots, l$; le second membre de l'égalité (1) sera aussi nul, sans qu'aucun des facteurs binômes qu'il contient devienne nul. Il faudra donc qu'on ait $Q_m = 0$ et, par suite, $P = 0$, quel que soit x.

17. II. *Lorsqu'un polynôme P, entier par rapport à x, est identiquement nul, tous ses coefficients sont nuls.*

Soit

$$P = A_0 + A_1 x + A_2 x^2 + A_3 x^3 + \ldots + A_m x^m$$

un polynôme de degré m qui s'annule pour plus de m valeurs de x, et qui est, par suite, identiquement nul (16).

Ce polynôme étant nul, quel que soit x, est nul pour $x = 0$. Il en résulte

$$A_0 = 0.$$

On peut alors écrire

$$P = x(A_1 + A_2 x + A_3 x^2 + \ldots + A_m x^{m-1}).$$

P étant nul quel que soit x, la parenthèse du second membre de l'égalité précédente satisfait à la même condition. On a donc, en y supposant $x = 0$,

$$A_1 = 0.$$

On prouvera de même qu'on a

$$A_2 = 0, \quad A_3 = 0, \quad \ldots, \quad A_m = 0.$$

18. III. *Lorsque deux polynômes, entiers par rapport à x et de degrés m et n ($m > n$) en x, sont égaux pour plus de m valeurs de x, ces deux polynômes sont égaux, quel que soit x, c'est-à-dire qu'ils sont identiques; en d'autres termes, ils ont même degré et les mêmes puissances de x y sont affectées des mêmes coefficients.*

Soient les deux polynômes

$$P = A_0 + A_1 x + A_2 x^2 + \ldots + A_n x^n + \ldots + A_m x^m,$$
$$Q = B_0 + B_1 x + B_2 x^2 + \ldots + B_n x^n.$$

Formons leur différence

$$P - Q = A_0 - B_0 + (A_1 - B_1)x + (A_2 - B_2)x^2 + \ldots$$
$$+ (A_n - B_n)x^n + \ldots + A_m x^m.$$

P et Q étant égaux pour plus de m valeurs différentes substituées à x, leur différence P — Q sera nulle pour plus de m valeurs de x; elle sera donc un polynôme identiquement nul, ayant tous ses coefficients égaux à zéro (17). Il en résulte évidemment

$$A_0 = B_0, \quad A_1 = B_1, \quad A_2 = B_2, \quad \ldots,$$
$$A_n = B_n, \quad \ldots, \quad A_{m-1} = 0, \quad A_m = 0,$$

et le théorème énoncé est démontré.

19. Remarquons que si les deux polynômes P et Q étaient de même degré m et qu'on eût $A_m = B_m$, il suffirait, *pour leur identité,* qu'ils fussent égaux pour m valeurs différentes substituées à x. En effet, leur différence P — Q, de degré $m - 1$, serait alors nulle pour plus de $m - 1$ valeurs différentes substituées à x.

20. IV. *Si deux polynômes, entiers par rapport à un nombre quelconque n de variables indépendantes $x, y, z, \ldots,$*

sont égaux pour plus de m groupes de valeurs différentes de ces variables (en désignant par m le degré le plus élevé obtenu en ordonnant ces polynômes par rapport à l'une des variables), ces polynômes sont identiques, c'est-à-dire qu'ils ont même degré et mêmes termes.

Comme ce théorème a été établi (18) dans le cas d'une seule variable x, nous allons prouver, par un tour de démonstration bien connu, que, si le théorème énoncé est vrai dans le cas de $n-1$ variables, il l'est encore dans le cas de n variables.

Admettons que x soit la variable ordonnatrice répondant au degré le plus élevé. Les deux polynômes considérés seront de la forme ($m > m'$)

$$A_0 + A_1 x + A_2 x^2 + A_3 x^3 + \ldots + A_m x^m,$$
$$B_0 + B_1 x + B_2 x^2 + B_3 x^3 + \ldots + B_{m'} x^{m'}.$$

Comme ils sont égaux pour plus de m groupes de valeurs distinctes des variables, ils sont égaux pour plus de m valeurs distinctes de x. On aura donc, à la fois (18),

$$m = m' \quad \text{et} \quad A_0 = B_0, \quad A_1 = B_1, \quad A_2 = B_2, \quad \ldots, \quad A_m = B_m.$$

Ces égalités ayant lieu pour plus de m groupes de valeurs distinctes des $n-1$ variables y, z, ..., les relations précédentes sont, par hypothèse, des identités, et le théorème énoncé est démontré.

21. V. *Pour que le quotient de deux polynômes, entiers par rapport à x, soit indépendant de x, il faut et il suffit que les deux polynômes soient de même degré en x et que le rapport des coefficients des mêmes puissances de x dans les deux polynômes soit constant.*

Considérons, en effet, le quotient

$$\frac{A_0 + A_1 x + A_2 x^2 + A_3 x^3 + \ldots + A_m x^m}{B_0 + B_1 x + B_2 x^2 + B_3 x^3 + \ldots + B_{m'} x^{m'}}.$$

Supposons, pour un instant, $m > m'$ et admettons que ce quotient, que nous désignerons par q, soit indépendant de x; on aura (*Alg. élém.*, 40)

$$A_0 + A_1 x + A_2 x^2 + \ldots + A_m x^m$$
$$= q[B_0 + B_1 x + B_2 x^2 + \ldots + B_{m'} x^{m'}],$$

et cette relation sera satisfaite quel que soit x, donc par plus de m valeurs de x. Il en résulte (18)

$$m = m'$$

et

$$A_0 = B_0 q, \quad A_1 = B_1 q, \quad A_2 = B_2 q, \quad \ldots, \quad A_m = B_m q,$$

c'est-à-dire

$$\frac{A_0}{B_0} = \frac{A_1}{B_1} = \frac{A_2}{B_2} = \ldots = \frac{A_m}{B_m} = q.$$

Réciproquement, si cette condition est satisfaite, on en déduit, quel que soit x

$$\frac{A_0}{B_0} = \frac{A_1 x}{B_1 x} = \frac{A_2 x^2}{B_2 x^2} = \ldots = \frac{A_m x^m}{B_m x^m} = q,$$

ou bien (*Alg. élém.*, 63)

$$\frac{A_0 + A_1 x + A_2 x^2 + A_3 x^3 + \ldots + A_m x^m}{B_0 + B_1 x + B_2 x^2 + B_3 x^3 + \ldots + B_m x^m} = q.$$

Le théorème III (18), sur lequel nous venons de nous appuyer, ayant été étendu (20) à un nombre quelconque de variables $x, y, z, \ldots$, la même extension a lieu nécessairement pour le présent théorème V, et nous pouvons enoncer, sans démonstration, le théorème général suivant :

22. VI. *Pour que le rapport de deux polynômes entiers en $x, y, z, \ldots$ soit indépendant de ces variables, il faut et il suffit que ces deux polynômes soient de même degré et que les coefficients des termes composés de la même manière en x, $y, z, \ldots$, dans les deux polynômes, soient proportionnels.*

Vérification des formules algébriques.

23. Les théorèmes précédents permettent de vérifier, plus ou moins facilement, l'égalité ou l'identité de deux expressions algébriques.

Il y a deux cas à distinguer :

Pour vérifier une équation entre quantités arbitraires, c'est-à-dire pouvant recevoir des valeurs quelconques, il suffit de chasser les dénominateurs et de constater ensuite que les deux membres de l'équation sont composés de termes identiques (20).

Lorsque les quantités qui entrent dans l'équation à vérifier ne sont plus arbitraires, c'est-à-dire sont liées entre elles par certaines relations ou équations de condition, il faut se servir de ces équations pour éliminer un pareil nombre de ces quantités. Les autres demeurent arbitraires, et l'on rentre dans le premier cas.

24. Nous allons donner quelques exemples :

1° *Vérifier l'égalité*

$$\frac{1}{p^2q^2} = \frac{1}{(p+q)^2}\left(\frac{1}{p^2}+\frac{1}{q^2}\right) + \frac{2}{(p+q)^3}\left(\frac{1}{p}+\frac{1}{q}\right).$$

On chassera les dénominateurs en multipliant les deux membres de cette égalité par $p^2q^2(p+q)^3$. Il vient alors

$$(p+q)^3 = (p+q)(q^2+p^2) + 2(pq^2+p^2q)$$

ou

$$(p+q)^3 = p^3 + 3p^2q + 3pq^2 + q^3,$$

ce qui est une identité.

2° *On donne les équations de condition*

$$\frac{A}{a} = \frac{B}{b} = \frac{C}{c} = \frac{D}{d}$$

et l'on demande de vérifier l'égalité

$$\sqrt{Aa} + \sqrt{Bb} + \sqrt{Cc} + \sqrt{Dd} = \sqrt{(A+B+C+D)(a+b+c+d)}.$$

Nous déduirons des équations de condition

$$B = \frac{A}{a}b, \qquad C = \frac{A}{a}c, \qquad D = \frac{A}{a}d;$$

d'où, en substituant dans l'équation à vérifier et en remplaçant dans le premier terme du premier membre Aa par l'expression identique $\frac{A}{a}a^2$, et, dans le second membre, A par $\frac{A}{a}a$,

$$\sqrt{\frac{A}{a}a^2} + \sqrt{\frac{A}{a}b^2} + \sqrt{\frac{A}{a}c^2} + \sqrt{\frac{A}{a}d^2}$$
$$= \sqrt{\left(\frac{A}{a}a + \frac{A}{a}b + \frac{A}{a}c + \frac{A}{a}d\right)(a+b+c+d)},$$

c'est-à-dire (*Alg. élém.*, 223, 3°)

$$\sqrt{\frac{A}{a}}(a+b+c+d)=\sqrt{\frac{A}{a}(a+b+c+d)^2},$$

ce qui est une identité.

3° *Vérifier la formule*

$$1^3+2^3+3^3+\ldots+n^3=\left[\frac{n(n+1)}{2}\right]^2,$$

quel que soit l'entier n.

Si nous faisons $n=1$, la formule est satisfaite. Nous n'avons donc plus qu'à montrer que, si elle est vraie pour une valeur quelconque de n, elle est encore vraie pour cette valeur augmentée de 1.

Si nous remplaçons dans la formule n par $n+1$, il vient

$$1^3+2^3+3^3+\ldots+n^3+(n+1)^3=\left[\frac{(n+1)(n+2)}{2}\right]^2.$$

Il faut, par suite, simplement prouver que

$$\left[\frac{(n+1)(n+2)}{2}\right]^2=\left[\frac{n(n+1)}{2}\right]^2+(n+1)^3,$$

c'est-à-dire

$$(n+1)^2[(n+2)^2-n^2]=4(n+1)^3$$

ou

$$(n+2)^2-n^2=4(n+1),$$

ce qui est une identité.

La formule est donc vérifiée.

CHAPITRE III.

MÉTHODE DES COEFFICIENTS INDÉTERMINÉS.

25. On a souvent, en Algèbre, à trouver une fonction de x ou un polynôme ordonné par rapport à x, dont la forme est connue, mais dont certains coefficients sont inconnus ou restent *à déterminer*.

La marche la plus simple et la plus naturelle consiste à écrire ce polynôme, en représentant les coefficients inconnus par des lettres; puis à exprimer, d'après les propriétés du polynôme cherché, les conditions auxquelles il doit satisfaire. On obtient ainsi des équations renfermant, comme autant d'inconnues, les coefficients à déterminer et, quelquefois, le degré même du polynôme. Le problème posé est alors ramené à la résolution de ces équations.

Cette méthode, très féconde et souvent employée dans l'Algèbre supérieure, est due à Descartes; elle porte le nom de *méthode des coefficients indéterminés*.

Pour en bien faire ressortir l'esprit, nous allons l'appliquer à quelques exemples.

Application à la division des polynômes.

26. Supposons d'abord qu'on veuille trouver le quotient de deux polynômes et le reste de leur division.

Soient le dividende de degré m

$$(1) \qquad A_0x^m + A_1x^{m-1} + A_2x^{m-2} + \ldots + A_{m-1}x + A_m$$

et le diviseur

$$(2) \qquad B_0x^n + B_1x^{n-1} + B_2x^{n-2} + \ldots + B_{n-1}x + B_n,$$

de degré $n < m$.

On pourra poursuivre la division jusqu'à ce qu'on parvienne

à un reste de degré inférieur au diviseur. Le reste sera donc de degré $n-1$. Quant au quotient, son premier terme provenant de la division du premier terme du dividende par le premier terme du diviseur, il sera du degré $m-n$.

Le quotient et le reste cherchés sont donc des polynômes de la forme

$$(3)\qquad \alpha_0 x^{m-n} + \alpha_1 x^{m-n-1} + \alpha_2 x^{m-n-2} + \ldots + \alpha_{m-n-1} x + \alpha_{m-n}$$

et

$$(4)\qquad \beta_0 x^{n-1} + \beta_1 x^{n-2} + \beta_2 x^{n-3} + \ldots + \beta_{n-2} x + \beta_{n-1}.$$

Les inconnues $\alpha_0, \alpha_1, \alpha_2, \ldots, \alpha_{m-n}$; $\beta_0, \beta_1, \beta_2, \ldots, \beta_{n-1}$ sont les *coefficients indéterminés*, et, pour les trouver, il suffit d'exprimer que le dividende représente toujours identiquement (6, 18) le produit du diviseur par le quotient, augmenté du reste. Cette dernière somme réduite formera, par conséquent, un polynôme qui sera la reproduction, terme pour terme, du polynôme dividende; et, en exprimant cette identité, on obtiendra les conditions nécessaires et suffisantes pour que le polynôme (3) soit le quotient et le polynôme (4) le reste de la division qu'on veut effectuer.

On a évidemment $m+1$ inconnues, et l'on sera conduit à écrire $m+1$ équations du premier degré entre les inconnues; la question est donc résolue.

27. Si, au lieu de chercher le quotient et le reste de la division, on demandait de trouver les conditions nécessaires et suffisantes pour que la division réussît exactement, il faudrait écrire que le reste est identiquement nul, c'est-à-dire que tous ses coefficients sont égaux à zéro (17); en d'autres termes, on se contenterait d'égaler identiquement le dividende au produit du diviseur par le quotient.

On aurait toujours ainsi $m+1$ équations; mais elles ne renfermeraient plus que $m-n+1$ inconnues $\alpha_0, \alpha_1, \alpha_2, \ldots, \alpha_{m-n}$, puisque les coefficients $\beta_0, \beta_1, \beta_2, \ldots, \beta_{n-1}$ du reste disparaissent comme nuls. Les $m+1$ équations posées détermineraient donc les $m-n+1$ inconnues, en donnant en outre n *équations de condition* (*Alg. élém.*, p. 146) entre les coefficients $A_0, A_1, A_2, \ldots, A_m$ du dividende et les coefficients $B_0, B_1, B_2, \ldots, B_n$ du diviseur; et l'on obtiendrait ces équations de condition en éliminant entre les $m+1$ équations d'identité les $m-n+1$ coefficients $\alpha_0, \alpha_1, \alpha_2, \ldots, \alpha_{m-n}$ du quotient.

EXEMPLES.

28. 1° *Trouver, par la méthode des coefficients indéterminés, le quotient et le reste de la division des deux polynômes*

$$2x^4-7x^3+6x^2+4x-3 \quad \text{et} \quad x^2-5x+1.$$

Le quotient sera du second degré et le reste du premier; on pourra donc les représenter par les expressions

$$\alpha_0 x^2+\alpha_1 x+\alpha_2 \quad \text{et} \quad \beta_0 x+\beta_1.$$

On devra avoir identiquement

$$2x^4-7x^3+6x^2+4x-3$$
$$=(x^2-5x+1)(\alpha_0 x^2+\alpha_1 x+\alpha_2)+\beta_0 x+\beta_1.$$

Le second membre, développé et réduit, est le polynôme

$$\alpha_0 x^4+(\alpha_1-5\alpha_0)x^3$$
$$+(\alpha_2-5\alpha_1+\alpha_0)x^2+(\beta_0-5\alpha_2+\alpha_1)x+\beta_1+\alpha_2.$$

Il doit être identique au premier membre, et l'on a les relations

$$\alpha_0=2, \qquad \alpha_1-5\alpha_0=-7, \qquad \alpha_2-5\alpha_1+\alpha_0=6,$$
$$\beta_0-5\alpha_2+\alpha_1=4, \qquad \beta_1+\alpha_2=-3.$$

Il suffit de résoudre ces équations du premier degré. On le fait très simplement, en remarquant que la première équation ne contient que α_0; α_0 étant connu, la deuxième équation permet de trouver immédiatement α_1; α_0 et α_1 étant déterminés, la troisième équation donne α_2, et ainsi de suite.

On trouve successivement

$$\alpha_0=2, \qquad \alpha_1=3, \qquad \alpha_2=19, \qquad \beta_0=96, \qquad \beta_1=-22.$$

Le quotient cherché est donc

$$2x^2+3x+19$$

et le reste correspondant

$$96x-22,$$

comme il est facile de le vérifier directement.

29. 2° *Chercher les conditions pour que le polynôme*

$$A_0 x^4+A_1 x^3+A_2 x^2+A_3 x+A_4$$

soit exactement divisible par le polynôme

$$B_0 x^2+B_1 x+B_2.$$

Il suffit (27) d'égaler identiquement le dividende au produit du diviseur par le quotient inconnu, qui est de la forme

$$\alpha_0 x^2 + \alpha_1 x + \alpha_2.$$

Ce produit ayant pour expression

$$\alpha_0 B_0 x^4 + (\alpha_0 B_1 + \alpha_1 B_0) x^3$$
$$+ (\alpha_0 B_2 + \alpha_1 B_1 + \alpha_2 B_0) x^2 + (\alpha_1 B_2 + \alpha_2 B_1) x + \alpha_2 B_2,$$

les équations d'identité seront

$$\alpha_0 B_0 = A_0, \qquad \alpha_0 B_1 + \alpha_1 B_0 = A_1, \qquad \alpha_0 B_2 + \alpha_1 B_1 + \alpha_2 B_0 = A_2,$$
$$\alpha_1 B_2 + \alpha_2 B_1 = A_3, \qquad \alpha_2 B_2 = A_4.$$

On n'a pour obtenir les conditions demandées, qu'à éliminer α_0, α_1, α_2 entre ces équations. Les trois premières donnent d'abord

$$\alpha_0 = \frac{A_0}{B_0},$$
$$\alpha_1 = \frac{A_1 B_0 - A_0 B_1}{B_0^2},$$
$$\alpha_2 = \frac{A_2 B_0^2 - A_1 B_0 B_1 + A_0 B_1^2 - A_0 B_0 B_2}{B_0^3},$$

ce qui détermine le quotient. Puis, en substituant les valeurs de α_0, α_1, α_2 dans les deux dernières équations d'identité, on obtient finalement, pour les conditions cherchées,

$$(1) \quad A_0 B_1 [B_1^2 - 2 B_0 B_2] - A_1 B_0 [B_1^2 - B_0 B_2] + A_2 B_0^2 B_1 - A_3 B_0^3 = 0,$$
$$(2) \quad A_0 B_2 [B_1^2 - B_0 B_2] - A_1 B_0 B_1 B_2 + A_2 B_0^2 B_2 - A_4 B_0^3 = 0.$$

Remarque.

30. La méthode des coefficients indéterminés intervient, comme nous le verrons par la suite, dans un grand nombre de questions.

Toutes les fois que la *forme* des fonctions cherchées est connue d'avance, aucune difficulté ne peut se présenter.

Mais, si cette forme n'est pas explicitement donnée par la nature de la question et si on l'admet arbitrairement ou d'une manière intuitive, il faut, après avoir déterminé les coefficients inconnus, prouver non seulement qu'ils satisfont bien à la question proposée, mais encore établir que cette question ne comporte pas d'autres solutions.

En effet, un problème n'est complètement résolu que lorsqu'on s'est assuré que les solutions obtenues renferment, sans solutions étrangères, toutes celles que la question peut recevoir.

Cette vérification, souvent assez pénible, est quelquefois très difficile, sinon impossible; mais on doit toujours la tenter.

CHAPITRE IV.

PREMIERS PRINCIPES DE LA THÉORIE DES DÉTERMINANTS.

Définitions préliminaires.

31. On entend par *permutations* de n quantités, représentées par les lettres

$$a_1,\quad a_2,\quad a_3,\quad \ldots,\quad a_n,$$

les dispositions qu'on peut obtenir en plaçant ces quantités ou en écrivant ces lettres à la suite les unes des autres de toutes les manières possibles. Ces quantités ou ces lettres constituent les *éléments* de la permutation.

On peut, dans une permutation quelconque, comparer chaque lettre à toutes les lettres qui la suivent. On dit alors qu'il y a *dérangement* ou *inversion* chaque fois que les indices des lettres comparées ne se présentent pas dans leur ordre naturel de grandeur croissante, c'est-à-dire chaque fois que le premier indice est plus grand que le second.

Par exemple, la permutation $a_2 a_3 a_1$ offre *deux inversions,* l'une de a_2 à a_1, et l'autre de a_3 à a_1, tandis qu'elle n'en offre pas de a_2 à a_3. De même, la permutation $a_1 a_3 a_2$ n'offre qu'*une* seule *inversion,* de a_3 à a_2.

Les permutations qui contiennent un nombre *pair* d'inversions sont regardées comme *positives,* et elles sont de la première classe; les permutations qui contiennent un nombre *impair* d'inversions sont regardées comme *négatives,* et elles sont de la seconde classe. C'est, en réalité, donner à chaque permutation le signe du produit formé par les différences qu'on obtient en retranchant l'indice de chaque élément des indices des éléments suivants; car, à chaque inversion, et seulement à chaque inversion, correspond alors une différence négative.

32. PRINCIPE FONDAMENTAL. — *Lorsque, dans une permutation, on échange deux lettres ou deux éléments, la permutatio nchange de signe ou de classe.*

Remarquons d'abord que, lorsqu'on échange deux éléments *consécutifs* d'une permutation, elle change nécessairement de signe.

En effet, si l'on échange deux éléments consécutifs tels que a_α et a_β, les indices des éléments qui précèdent et qui suivent les deux éléments considérés conservent la même relation de grandeur avec α et avec β. Le nombre des inversions ne peut donc être modifié que de a_α à a_β.

Or, si ces deux éléments présentent d'abord une inversion, ils n'en présentent plus après leur échange ou réciproquement. Le nombre total des inversions varie donc seulement d'une unité, c'est-à-dire de pair devient impair ou réciproquement, et la permutation change de signe (31).

Cela posé, admettons qu'on veuille échanger les deux éléments *quelconques* a_h et a_l, et désignons par n le nombre des éléments qu'ils comprennent entre eux.

On peut alors amener a_h immédiatement avant a_l par n échanges consécutifs, puis a_l à la place occupée précédemment par a_h par $(n+1)$ échanges consécutifs; car il en faut un de plus pour amener d'abord a_l avant a_h. On passe ainsi de la permutation donnée à la permutation voulue, en faisant subir successivement à la première $(2n+1)$ changements de signe; $(2n+1)$ étant un nombre impair, les deux permutations considérées sont, en définitive, de signes contraires.

33. La démonstration précédente prouve en même temps que *les permutations positives et négatives de n éléments sont toujours en même nombre.*

En effet, à la permutation qui contient a_h et a_l dans l'ordre $\ldots a_h \ldots a_l \ldots$, répond toujours une autre permutation qui contient les mêmes éléments dans l'ordre inverse $\ldots a_l \ldots a_h \ldots$, sans autre changement; et ces deux permutations sont de signes contraires, d'après le théorème qu'on vient d'établir.

34. Étant donnée une disposition quelconque, si l'on fait passer le premier élément au dernier rang, sans aucun autre

changement, on soumet cette disposition à ce qu'on appelle une *permutation circulaire* (*Alg. élém.*, 138).

Si la disposition donnée renferme n éléments, on peut produire la permutation circulaire à l'aide de $n-1$ échanges consécutifs. Par conséquent, le signe de la disposition ne change que dans le cas où n est pair (32); en d'autres termes, la disposition primitive se trouve multipliée par $(-1)^{n-1}$.

Des déterminants.

35. C'est en cherchant à résoudre d'une manière générale les systèmes d'équations linéaires qu'on a été conduit à l'étude des déterminants.

Le dénominateur commun des formules générales de résolution d'un système d'équations du premier degré contenant le même nombre d'inconnues a été appelé (nous verrons pourquoi) le *déterminant* de ce système d'équations.

On le forme donc, dans le cas d'un système de deux ou de trois équations, comme il a été dit (*Alg. élém.*, 148, 155).

Si l'on a à opérer sur un système de quatre équations à quatre inconnues, on suit la marche indiquée (*Alg. élém.*, 164).

La même loi s'applique à la formation du déterminant d'un système de n équations à n inconnues. Il suffit de connaître celui de $n-1$ équations à $n-1$ inconnues.

36. Il est d'ailleurs préférable de définir directement les déterminants, indépendamment des considérations précédentes.

Soit l'expression

$$\begin{vmatrix} a_1^1 & a_1^2 & a_1^3 & \ldots & a_1^n \\ a_2^1 & a_2^2 & a_2^3 & \ldots & a_2^n \\ a_3^1 & a_3^2 & a_3^3 & . & a_3^n \\ .. & .. & .. & \ldots & .. \\ a_n^1 & a_n^2 & a_n^3 & \ldots & a_n^n \end{vmatrix}$$

qui représente le *déterminant du $n^{ième}$ ordre* ou du *$n^{ième}$ degré* (parce que tous ses termes sont du $n^{ième}$ degré).

Elle est composée de n *lignes horizontales* ou de n *colonnes verticales*, c'est-à-dire de n^2 éléments.

Chaque lettre est affectée de deux *indices*. L'indice *inférieur* marque la *ligne* où se trouve l'élément, l'indice *supérieur* indique la *colonne* à laquelle il appartient.

Multiplions entre eux les éléments qui constituent la diagonale du carré figuré par l'expression, en partant du sommet supérieur de gauche et en descendant jusqu'au sommet inférieur de droite. Nous obtiendrons le produit

$$a_1^1 a_2^2 a_3^3 \ldots a_n^n,$$

qui ne présente aucune inversion par rapport aux indices inférieurs ou supérieurs et qui a toujours le signe $+$.

Ce produit est le premier terme du déterminant ou son *terme principal*.

Si, dans ce terme principal, nous laissons les indices *inférieurs* fixes, en permutant (31) les indices *supérieurs*, nous obtiendrons tous les autres termes du déterminant. Ces termes seront *positifs* ou *négatifs*, suivant que la permutation correspondante des indices *supérieurs* sera de la première ou de la seconde classe, c'est-à-dire présentera un nombre *pair* ou *impair* d'inversions (31).

Le déterminant du $n^{\text{ième}}$ ordre ou du $n^{\text{ième}}$ degré est donc la somme des produits qu'on forme en associant, de toutes les manières possibles, n quelconques des n^2 éléments donnés, à la condition, toutefois, puisque tous les indices inférieurs doivent rester différents aussi bien que tous les indices supérieurs, qu'un même produit ne contienne jamais deux éléments appartenant à la même ligne ou à la même colonne, et que son signe satisfasse à la définition rappelée.

En résumé, *on obtient les différents termes du déterminant en prenant comme facteurs, de toutes les manières possibles, un élément, et un seul, dans chaque ligne ou dans chaque colonne, et en suivant la règle adoptée pour les signes* (31).

On voit que, parmi les termes d'un déterminant, on n'en peut jamais trouver deux qui soient égaux et de signes contraires, tant qu'aucune relation spéciale n'est imposée aux éléments considérés : il n'y a donc pas alors de réduction.

37. Nous venons d'indiquer comment on déduit un déterminant de son terme principal, en laissant fixes les indices inférieurs, et en permutant les indices supérieurs.

Si l'on permute, au contraire, les indices inférieurs, en laissant fixes les indices supérieurs, il est essentiel de montrer que *l'on trouve le même déterminant.*

En effet, dans le premier déterminant formé, les indices inférieurs étant écrits dans l'ordre 1, 2, 3, ..., n, ne présentent aucune inversion, de sorte que ces indices constituent une permutation de la première classe (**31**). On peut donc dire que, dans ce premier déterminant, les termes sont positifs ou négatifs suivant que la permutation des indices inférieurs et celle des indices supérieurs sont ou non de la même classe.

Mais, pour passer au deuxième déterminant, où les indices supérieurs doivent à leur tour présenter d'une manière fixe l'ordre 1, 2, 3, ..., n, il suffit évidemment d'échanger convenablement les facteurs des termes du premier déterminant.

Les termes des deux déterminants sont donc d'abord égaux comme composés des mêmes facteurs.

Les signes des termes égaux sont d'ailleurs les mêmes; car les échanges successifs indiqués modifient, à la fois, la classe de permutation des indices inférieurs et celle des indices supérieurs (**32**). Par conséquent, les deux permutations, des indices inférieurs d'une part et des indices supérieurs d'autre part, demeurent respectivement ce qu'elles étaient dans la premier déterminant, de même classe ou de classe différente, de sorte que les termes comparés des deux déterminants conservent aussi le même signe.

La démonstration qu'on vient de donner signifie au fond que tout ce qui est vrai pour les lignes est également vérifié pour les colonnes, et inversement.

38. Le nombre des termes du déterminant du $n^{\text{ième}}$ ordre est, d'après la loi de formation indiquée (**36** et **37**), égal au nombre de permutations des n indices supérieurs ou des n indices inférieurs, ou de n quantités quelconques. Nous savons déjà (*Alg. élém.*, **408**) que ce nombre est égal au produit $1.2.3...n$ des n premiers nombres.

Ce déterminant renferme autant de termes positifs que de termes négatifs (**33**).

39. On indique, le plus souvent, un déterminant en limitant par deux traits verticaux le système des éléments, *ou* *bien* en plaçant sous le signe Σ, avec un double signe, le *terme principal* (36). On a ainsi, pour le déterminant du deuxième ordre,

$$\begin{vmatrix} a_1^1 & a_1^2 \\ a_2^1 & a_2^2 \end{vmatrix} = \Sigma \pm a_1^1 a_2^2 = a_1^1 a_2^2 - a_1^2 a_2^1,$$

et, pour le déterminant du troisième ordre,

$$\begin{vmatrix} a_1^1 & a_1^2 & a_1^3 \\ a_2^1 & a_2^2 & a_2^3 \\ a_3^1 & a_3^2 & a_3^3 \end{vmatrix} = \Sigma \pm a_1^1 a_2^2 a_3^3$$

$$= a_1^1 a_2^2 a_3^3 - a_1^1 a_2^3 a_3^2 + a_1^3 a_2^1 a_3^2 - a_1^2 a_2^1 a_3^3 + a_1^2 a_2^3 a_3^1 - a_1^3 a_2^2 a_3^1.$$

Si l'on voulait permuter les indices inférieurs au lieu des indices supérieurs, on aurait identiquement, pour le déterminant du deuxième ordre et pour celui du troisième ordre,

$$\begin{vmatrix} a_1^1 & a_1^2 \\ a_2^1 & a_2^2 \end{vmatrix} = \Sigma \pm a_1^1 a_2^2 = a_1^1 a_2^2 - a_2^1 a_1^2,$$

$$\begin{vmatrix} a_1^1 & a_1^2 & a_1^3 \\ a_2^1 & a_2^2 & a_2^3 \\ a_3^1 & a_3^2 & a_3^3 \end{vmatrix} = \Sigma \pm a_1^1 a_2^2 a_3^3$$

$$= a_1^1 a_2^2 a_3^3 - a_1^1 a_3^2 a_2^3 + a_3^1 a_1^2 a_2^3 - a_2^1 a_1^2 a_3^3 + a_2^1 a_3^2 a_1^3 - a_3^1 a_2^2 a_1^3.$$

40. Au lieu de distinguer les deux indices de chaque lettre en indice inférieur et indice supérieur, on peut les écrire horizontalement à côté l'un de l'autre, en les séparant par une virgule, quand on peut craindre qu'il n'y ait confusion avec les exposants. Le terme principal du déterminant prend alors la forme

$$a_{1,1} a_{2,2} a_{3,3} \ldots a_{n,n}.$$

Le premier indice répond à la ligne; le second, à la colonne.

Nous croyons la première notation plus rapide et plus expressive.

41. On peut aussi conserver les indices inférieurs en changeant les lettres d'une colonne à l'autre du déterminant. L'indice correspond alors à la ligne, et la lettre à la colonne

occupée par l'élément. On emploie très souvent cette notation.

L'expression du déterminant du $n^{\text{ième}}$ ordre devient, dans ce cas,

$$\begin{vmatrix} a_1 & b_1 & c_1 & \dots & l_1 \\ a_2 & b_2 & c_2 & \dots & l_2 \\ a_3 & b_3 & c_3 & \dots & l_3 \\ \dots & \dots & \dots & \dots & \dots \\ a_n & b_n & c_n & \dots & l_n \end{vmatrix},$$

et il a pour terme principal le produit

$$a_1 b_2 c_3 \dots l_n.$$

On déduit, comme précédemment, tous les termes du déterminant de ce terme principal, en laissant les indices invariables et en permutant les lettres de toutes les manières possibles. L'ordre régulier des lettres est l'ordre $a, b, c, \dots, l$. Il y a *inversion* quand cet ordre est modifié d'une lettre à une des lettres suivantes. Le terme considéré est *positif* ou *négatif*, suivant qu'il présente un nombre *pair* ou *impair* d'inversions.

42. Il est bien entendu que, une fois le déterminant formé d'après les règles précédentes, on peut en écrire les différents termes dans tel ordre qu'on veut, ainsi que les facteurs de ces termes.

Il est important d'ajouter que les éléments du déterminant peuvent être représentés d'une manière tout à fait quelconque, c'est-à-dire indépendamment de toute notation régulière, sans que ces mêmes règles, qui se rapportent simplement aux rangs des lignes et des colonnes, soient modifiées.

43. Étant donné, d'une manière générale, le déterminant d'ordre ou de degré n, il est facile d'en déduire le déterminant d'ordre ou de degré $n+1$.

Soit

$$T = \pm\, a_\alpha b_\beta c_\gamma \dots l_\lambda$$

un terme quelconque du déterminant d'ordre n. Désignons par m_μ un *nouvel* élément quelconque du déterminant d'ordre $n+1$. Si nous l'écrivons à la suite des facteurs qui composent T, nous obtiendrons évidemment un terme T′ du déterminant qu'on veut former, et ce terme aura pour expression

$$T' = \pm a_\alpha b_\beta c_\gamma \ldots l_\lambda m_\mu.$$

Son signe sera le même que celui de T, puisque aucune nouvelle inversion n'a été introduite dans T'.

Si l'on fait passer le facteur m_μ successivement du dernier rang au premier, en modifiant à chaque fois le signe du produit (32), on obtient successivement des termes du nouveau déterminant avec leurs signes. Le nombre total des termes ainsi formés est évidemment $n+1$.

En opérant de même pour tous les termes du déterminant du $n^{\text{ième}}$ ordre, en nombre égal à $1.2.3\ldots n$ (38), on forme tous les termes du déterminant du $(n+1)^{\text{ième}}$ ordre, en nombre égal à $1.2\ldots n(n+1)$.

Cette remarque concorde avec la première définition des déterminants et la première loi de formation indiquée (35).

Déterminants mineurs.

44. On désigne souvent un déterminant dans son ensemble par la lettre Δ.

Lorsqu'on supprime dans un déterminant Δ plusieurs lignes et un même nombre de colonnes, le déterminant formé par les lignes et les colonnes conservées est un déterminant *mineur* du déterminant donné. L'ordre d'un déterminant mineur dépend du nombre des lignes ou des colonnes supprimées.

Si le déterminant Δ est de l'ordre ou du degré n et si l'on y supprime une ligne α_1 et une colonne β_1, le déterminant mineur correspondant, qui est évidemment de l'ordre ou du degré $n-1$, est dit de *première classe*. On peut le représenter par la notation $\Delta_{\alpha_1}^{\beta_1}$, qui veut dire : déterminant Δ où l'on a supprimé la ligne α_1 et la colonne β_1.

Si l'on supprime dans Δ deux lignes α_1, α_2 et deux colonnes β_1, β_2, le déterminant mineur correspondant, qui est de l'ordre ou du degré $n-2$, est dit de *deuxième classe*. On peut le représenter par la notation $\Delta_{\alpha_1\,\alpha_2}^{\beta_1\,\beta_2}$.

D'une manière générale, si l'on supprime dans Δ un nombre p de lignes $\alpha_1, \alpha_2, \ldots, \alpha_p$ et un nombre p de colonnes $\beta_1, \beta_2, \ldots, \beta_p$, le déterminant mineur correspondant est de l'ordre ou du degré $n-p$, et il est de la $p^{\text{ième}}$ *classe*. On peut le représenter par la notation expressive $\Delta_{\alpha_1\alpha_2\ldots\alpha_p}^{\beta_1\beta_2\ldots\beta_p}$.

En ajoutant l'ordre et la classe d'un déterminant mineur, on reproduit toujours l'ordre du déterminant primitif.

Propriétés générales des déterminants.

45. I. *Un déterminant ne change pas quand on y substitue les lignes aux colonnes et les colonnes aux lignes.*

On a alors, en effet, à comparer les deux déterminants

$$\begin{vmatrix} a_1 & b_1 & c_1 & \ldots & l_1 \\ a_2 & b_2 & c_2 & \ldots & l_2 \\ a_3 & b_3 & c_3 & \ldots & l_3 \\ \ldots & \ldots & \ldots & \ldots & \ldots \\ a_n & b_n & c_n & \ldots & l_n \end{vmatrix} \quad \text{et} \quad \begin{vmatrix} a_1 & a_2 & a_3 & \ldots & a_n \\ b_1 & b_2 & b_3 & \ldots & b_n \\ c_1 & c_2 & c_3 & \ldots & c_n \\ \ldots & \ldots & \ldots & \ldots & \ldots \\ l_1 & l_2 & l_3 & \ldots & l_n \end{vmatrix}.$$

Or la diagonale du carré des éléments reste la même dans ces deux déterminants; ils ont donc même terme principal et sont identiques d'après la loi de formation indiquée (36).

Ce théorème se confond, en réalité, avec la proposition du n° 37 et montre de nouveau que tout ce qui peut se dire des lignes s'applique aux colonnes, et inversement.

46. II. *Quand on échange, dans un déterminant, deux lignes entre elles ou deux colonnes entre elles, ce déterminant est multiplié par* -1.

En effet, cette modification revient à échanger, dans chaque terme du déterminant, deux indices ou deux lettres (36, 37, 41); par suite, la permutation représentée par chaque terme doit elle-même changer de classe ou de signe (32).

Tous les termes du déterminant changeant de signe, sa valeur est bien multipliée par -1.

47. III. *Lorsqu'un déterminant présente deux lignes ou deux colonnes identiques, ce déterminant est égal à zéro.*

En effet, si l'on échange les deux lignes ou les deux colonnes identiques, le déterminant reste à la fois identique à lui-même, et sa valeur Δ est multipliée par -1 (46). Cette valeur est donc nécessairement nulle; car, de

$$\Delta = -\Delta,$$

on déduit

$$2\Delta = 0 \quad \text{ou} \quad \Delta = 0.$$

48. IV. Théorème fondamental. — *Tout déterminant est une fonction linéaire et homogène des éléments d'une même ligne ou d'une même colonne, et, par suite, on peut toujours l'ordonner suivant les éléments de cette ligne ou de cette colonne.*

En effet, chaque terme du déterminant contenant, par définition (36), un élément de chaque ligne ou de chaque colonne, et un seul, ce déterminant est une fonction linéaire (c'est-à-dire du premier degré) des éléments d'une même ligne ou d'une même colonne, *choisie à volonté*. De plus, chaque terme étant du premier degré par rapport à l'élément de la ligne ou de la colonne désignée qu'il renferme, le déterminant est lui-même une fonction homogène de ces éléments.

Cela posé, en mettant en évidence, dans chaque terme, l'élément qui appartient à la ligne ou à la colonne choisie, on pourra *ordonner* le déterminant suivant les éléments de cette ligne ou de cette colonne.

Soit, par exemple, le déterminant du troisième ordre

$$\begin{vmatrix} a_1 & b_1 & c_1 \\ a_2 & b_2 & c_2 \\ a_3 & b_3 & c_3 \end{vmatrix}.$$

En choisissant comme *éléments ordonnateurs* ceux de la première colonne, on peut l'écrire sous la forme.

$$A_1 a_1 + A_2 a_2 + A_3 a_3.$$

Aucun des coefficients A_1, A_2, A_3 ne peut contenir l'élément qui le multiplie (36).

Il reste à trouver la loi de formation de ces coefficients.

49. Prenons, pour plus de généralité, le déterminant du $n^{\text{ième}}$ ordre ou du $n^{\text{ième}}$ degré, ordonné par rapport aux éléments de la première colonne. Il aura alors pour expression

$$A_1 a_1 + A_2 a_2 + A_3 a_3 + \ldots + A_n a_n.$$

Tous les termes du déterminant qui contiennent a_1, par

exemple, ne peuvent contenir aucun autre élément de la première ligne et de la première colonne dont a_1 fait à la fois partie (36). Dans ces différents termes, a_1 doit donc être multiplié par toutes les dispositions possibles de $n-1$ éléments choisis dans les $n-1$ autres lignes et dans les $n-1$ autres colonnes. Or ces dispositions forment précisément le déterminant mineur du $(n-1)^{\text{ième}}$ ordre et de la première classe (44), qu'on obtient en supprimant dans le déterminant considéré la première ligne et la première colonne; A_1 n'est donc autre chose que ce déterminant mineur.

En répétant le même raisonnement de proche en proche, on conclut que *les éléments ordonnateurs $a_1, a_2, a_3, \ldots, a_n$, ont respectivement pour coefficients $A_1, A_2, A_3, \ldots, A_n$, les déterminants mineurs de la première classe, qu'on déduit du déterminant proposé, en y supprimant successivement la ligne et la colonne qui se coupent sur l'élément ordonnateur considéré.*

50. La nouvelle forme qu'on peut ainsi donner à un déterminant conduit à des conséquences importantes.

Avant de les indiquer, nous écrirons les n valeurs du déterminant Δ ordonné successivement suivant les éléments des différentes *colonnes*. Ces valeurs seront

$$\begin{aligned}
\Delta &= A_1a_1 + A_2a_2 + A_3a_3 + \ldots + A_na_n,\\
\Delta &= B_1b_1 + B_2b_2 + B_3b_3 + \ldots + B_nb_n,\\
\Delta &= C_1c_1 + C_2c_2 + C_3c_3 + \ldots + C_nc_n,\\
&\ldots\ldots\ldots\ldots\ldots\ldots\ldots\ldots\ldots\ldots,\\
\Delta &= L_1l_1 + L_2l_2 + L_3l_3 + \ldots + L_nl_n.
\end{aligned}$$

B_1 est le déterminant mineur de première classe obtenu en supprimant dans Δ la première ligne et la deuxième colonne qui se croisent sur b_1; C_1 est le déterminant mineur obtenu en supprimant dans Δ la première ligne et la troisième colonne qui se croisent sur $c_1, \ldots$; L_1 est le déterminant mineur obtenu en supprimant dans Δ la première ligne et la $n^{\text{ième}}$ colonne qui se croisent sur l_1, et ainsi de suite.

On voit donc que les colonnes verticales qui apparaissent lorsqu'on écrit les équations précédentes les unes au-dessous des autres représentent à leur tour les valeurs du déterminant Δ, ordonné suivant les éléments des différentes *lignes*.

Ces n valeurs sont donc

$$\begin{aligned}
\Delta &= A_1 a_1 + B_1 b_1 + C_1 c_1 + \ldots + L_1 l_1,\\
\Delta &= A_2 a_2 + B_2 b_2 + C_2 c_2 + \ldots + L_2 l_2,\\
\Delta &= A_3 a_3 + B_3 b_3 + C_3 c_3 + \ldots + L_3 l_3,\\
&\ldots\ldots\ldots\ldots\ldots\ldots\ldots\ldots,\\
\Delta &= A_n a_n + B_n b_n + C_n c_n + \ldots + L_n l_n.
\end{aligned}$$

51. V. *Si, dans un déterminant, tous les éléments d'une même ligne ou d'une même colonne sont nuls, à l'exception d'un seul, le déterminant proposé est égal au produit de cet élément par le déterminant mineur qu'on obtient en supprimant la ligne et la colonne qui se croisent sur ledit élément.*

Soit le déterminant

$$\begin{vmatrix}
a_1^1 & a_1^2 & a_1^3 & \ldots & a_1^\beta & \ldots & a_1^n\\
a_2^1 & a_2^2 & a_2^3 & \ldots & a_2^\beta & \ldots & a_2^n\\
a_3^1 & a_3^2 & a_3^3 & \ldots & a_3^\beta & \ldots & a_3^n\\
\ldots & \ldots & \ldots & \ldots & \ldots & \ldots & \ldots\\
a_\alpha^1 & a_\alpha^2 & a_\alpha^3 & \ldots & a_\alpha^\beta & \ldots & a_\alpha^n\\
\ldots & \ldots & \ldots & \ldots & \ldots & \ldots & \ldots\\
a_n^1 & a_n^2 & a_n^3 & \ldots & a_n^\beta & \ldots & a_n^n
\end{vmatrix}.$$

Supposons que, dans ce déterminant, tous les éléments de la ligne α soient nuls, excepté celui de la colonne β.

D'une manière générale, si on veut l'ordonner suivant les éléments de la ligne α, on a, pour sa valeur, une expression de la forme (48, 49, 50)

$$\Delta = K_1 a_\alpha^1 + K_2 a_\alpha^2 + K_3 a_\alpha^3 + \ldots + K_\beta a_\alpha^\beta + \ldots + K_n a_\alpha^n.$$

Or cette expression, où $K_1, K_2, K_3, \ldots, K_\beta, \ldots, K_n$ représentent les déterminants mineurs de première classe qu'on obtient en supprimant successivement la ligne et la colonne qui se croisent sur les éléments $a_\alpha^1, a_\alpha^2, a_\alpha^3, \ldots, a_\alpha^\beta, \ldots, a_\alpha^n$, se réduit évidemment, d'après l'hypothèse faite, à

$$\Delta = K_\beta a_\alpha^\beta = a_\alpha^\beta K_\beta.$$

Il résulte immédiatement de ce théorème que *tout déterminant peut être mis,* si cela est nécessaire, *sous la forme d'un déterminant d'un ordre plus élevé.*

On a, par exemple,

$$\begin{vmatrix} a_1 & b_1 & c_1 \\ a_2 & b_2 & c_2 \\ a_3 & b_3 & c_3 \end{vmatrix} = \begin{vmatrix} 1 & 0 & 0 & 0 \\ x_1 & a_1 & b_1 & c_1 \\ x_2 & a_2 & b_2 & c_2 \\ x_3 & a_3 & b_3 & c_3 \end{vmatrix},$$

quelles que soient les valeurs données à x_1, x_2, x_3.

52. VI. *Lorsque tous les éléments d'une même ligne ou d'une même colonne sont nuls, le déterminant a une valeur nulle.*

Cette proposition résulte immédiatement de la précédente, comme celle-ci résulte du théorème fondamental du n° 48.

53. VII. *Lorsque, dans un déterminant, tous les éléments situés d'un même côté de la diagonale du carré des éléments sont nuls, la valeur du déterminant se réduit à celle de son terme principal.*

Pour le démontrer, il suffit d'écrire successivement, d'après le théorème V (51),

$$\begin{vmatrix} a_1 & b_1 & c_1 & \dots & l_1 \\ 0 & b_2 & c_2 & \dots & l_2 \\ 0 & 0 & c_3 & \dots & l_3 \\ . & . & .. & \dots & .. \\ 0 & 0 & 0 & 000 & l_n \end{vmatrix} = a_1 \begin{vmatrix} b_2 & c_2 & \dots & l_2 \\ 0 & c_3 & \dots & l_3 \\ . & .. & \dots & .. \\ 0 & 0 & 000 & l_n \end{vmatrix}$$

$$= a_1 b_2 \begin{vmatrix} c_3 & \dots & l_3 \\ .. & \dots & .. \\ 0 & 000 & l_n \end{vmatrix} = \dots$$

$$= a_1 b_2 c_3 \dots l_n.$$

54. VIII. *Lorsqu'on multiplie ou qu'on divise par un même nombre tous les éléments d'une même ligne ou d'une même colonne, la valeur du déterminant est multipliée ou divisée par ce nombre.*

En effet, si l'on multiplie ou si l'on divise tous les éléments de la ligne α du déterminant par un facteur p, la valeur Δ du déterminant, telle qu'on l'a écrite d'une manière générale au n° 51, est elle-même multipliée ou divisée par p.

Ce théorème entraîne les conséquences suivantes :

On ne change pas la valeur d'un déterminant en supprimant ou en introduisant un facteur commun aux éléments d'une même ligne ou d'une même colonne, pourvu qu'on mette ce facteur en évidence comme multiplicateur ou diviseur du déterminant.

En particulier, *si l'on change les signes de tous les éléments d'une même ligne ou d'une même colonne,* on change également le signe de la valeur du déterminant, puisque le facteur introduit est alors égal à -1. Donc, pour rendre au déterminant sa valeur primitive, *il faut diviser ou multiplier par -1 la valeur obtenue.*

55. IX. *Lorsqu'un déterminant comprend deux lignes ou deux colonnes proportionnelles* (c'est-à-dire composées d'éléments respectivement proportionnels), *sa valeur est égale à zéro.*

En effet, si le rapport des éléments de la première ligne considérée aux éléments correspondants de la seconde ligne est égal à p, on peut multiplier cette seconde ligne par p, pourvu qu'on divise la valeur du nouveau déterminant par ce même facteur (54). Mais, dans le nouveau déterminant, la seconde ligne est devenue identique à la première : sa valeur est donc nulle (47), et il en est de même de celle du déterminant primitif.

56. X. *Si les éléments d'une même ligne ou d'une même colonne sont des sommes d'un même nombre de quantités, le déterminant proposé est la somme d'autant de déterminants que l'un de ces éléments contient de termes. Ces déterminants se forment en associant respectivement les différents termes des éléments de la ligne ou de la colonne composée avec les éléments des autres lignes ou des autres colonnes simples.*

Ce théorème se démontre immédiatement en ordonnant le déterminant suivant les éléments de la ligne ou de la colonne *composée,* c'est-à-dire en se reportant au théorème fondamental (48, 49).

On a, par exemple,

$$\begin{vmatrix} a_1+k_1 & b_1 & c_1 \\ a_2+k_2 & b_2 & c_2 \\ a_3+k_3 & b_3 & c_3 \end{vmatrix} = \begin{vmatrix} a_1 & b_1 & c_1 \\ a_2 & b_2 & c_2 \\ a_3 & b_3 & c_3 \end{vmatrix} + \begin{vmatrix} k_1 & b_1 & c_1 \\ k_2 & b_2 & c_2 \\ k_3 & b_3 & c_3 \end{vmatrix}.$$

57. XI. *On ne change pas la valeur d'un déterminant en ajoutant aux éléments d'une même ligne ou d'une même colonne ceux d'autres lignes ou d'autres colonnes respectivement multipliés par des facteurs constants.*

On n'a, pour démontrer cette proposition, qu'à réunir les théorèmes X et IX (56, 55).

On a, par exemple (56),

$$\begin{vmatrix} a_1+mb_1+pc_1 & b_1 & c_1 \\ a_2+mb_2+pc_2 & b_2 & c_2 \\ a_3+mb_3+pc_3 & b_3 & c_3 \end{vmatrix}$$

$$= \begin{vmatrix} a_1 & b_1 & c_1 \\ a_2 & b_2 & c_2 \\ a_3 & b_3 & c_3 \end{vmatrix} + \begin{vmatrix} mb_1 & b_1 & c_1 \\ mb_2 & b_2 & c_2 \\ mb_3 & b_3 & c_3 \end{vmatrix} + \begin{vmatrix} pc_1 & b_1 & c_1 \\ pc_2 & b_2 & c_2 \\ pc_3 & b_3 & c_3 \end{vmatrix}.$$

Les deux derniers déterminants présentant deux colonnes proportionnelles ont des valeurs nulles (55), et l'énoncé est justifié.

Cet énoncé s'étend évidemment au cas où l'on modifie de la même manière plusieurs lignes ou plusieurs colonnes du déterminant, et à celui où les coefficients constants, tels que m et p, sont égaux à ± 1.

Il résulte encore du théorème qu'on vient de démontrer que, *si les éléments correspondants d'un certain nombre de lignes ou de colonnes sont liés, dans le déterminant proposé, par des relations linéaires et homogènes, ce déterminant est nul.*

Admettons, en effet, que ces relations linéaires et homogènes soient précisément exprimées par les équations

$$a_1+mb_1+pc_1=0,$$
$$a_2+mb_2+pc_2=0,$$
$$a_3+mb_3+pc_3=0.$$

Le nouveau déterminant, considéré ci-dessus et identique

au proposé, aura alors une colonne d'éléments nuls et sera nul (52), ainsi que le déterminant primitif

$$\begin{vmatrix} a_1 & b_1 & c_1 \\ a_2 & b_2 & c_2 \\ a_3 & b_3 & c_3 \end{vmatrix}.$$

58. XII. *Lorsque deux déterminants ne diffèrent que par une ligne ou une colonne, on peut les réunir en un seul déterminant égal à leur somme ou à leur différence, en ajoutant ou en retranchant terme à terme les deux lignes ou les deux colonnes non identiques et en conservant toutes les autres.*

C'est la réciproque du théorème X (56). Si l'on a, par exemple, les deux déterminants

$$D = \begin{vmatrix} a_1 & b_1 & c_1 \\ a_2 & b_2 & c_2 \\ a_3 & b_3 & c_3 \end{vmatrix} \quad \text{et} \quad \Delta = \begin{vmatrix} \alpha_1 & b_1 & c_1 \\ \alpha_2 & b_2 & c_2 \\ \alpha_3 & b_3 & c_3 \end{vmatrix},$$

qui ne diffèrent que par leurs premières colonnes, on peut les ordonner respectivement (48, 49) suivant les éléments de cette première colonne et écrire, d'après la notation adoptée (44) et en désignant par A_1^1, A_2^1, A_3^1 les déterminants mineurs de première classe obtenus en supprimant, dans les deux déterminants, la première colonne concurremment avec la première, la deuxième ou la troisième ligne,

$$D = a_1 A_1^1 + a_2 A_2^1 + a_3 A_3^1, \qquad \Delta = \alpha_1 A_1^1 + \alpha_2 A_2^1 + \alpha_3 A_3^1.$$

Il en résulte, en prenant ensemble les signes supérieurs et les signes inférieurs,

$$D \pm \Delta = (a_1 \pm \alpha_1) A_1^1 + (a_2 \pm \alpha_2) A_2^1 + (a_3 \pm \alpha_3) A_3^1,$$

c'est-à-dire

$$D + \Delta = \begin{vmatrix} a_1 + \alpha_1 & b_1 & c_1 \\ a_2 + \alpha_2 & b_2 & c_2 \\ a_3 + \alpha_3 & b_3 & c_3 \end{vmatrix} \quad \text{et} \quad D - \Delta = \begin{vmatrix} a_1 - \alpha_1 & b_1 & c_1 \\ a_2 - \alpha_2 & b_2 & c_2 \\ a_3 - \alpha_3 & b_3 & c_3 \end{vmatrix}.$$

Loi de formation d'un déterminant.

59. Soit le déterminant

$$\begin{vmatrix} a_1 & b_1 & c_1 & \dots & l_1 \\ a_2 & b_2 & c_2 & \dots & l_2 \\ \cdot\cdot & \cdot\cdot & \cdot\cdot & \dots & \cdot\cdot \\ a_\alpha & b_\alpha & c_\alpha & \dots & l_\alpha \\ \cdot\cdot & \cdot\cdot & \cdot\cdot & \dots & \cdot\cdot \\ a_n & b_n & c_n & \dots & l_n \end{vmatrix}.$$

On veut l'écrire, en l'ordonnant *effectivement* suivant les éléments d'une même ligne ou d'une même colonne. Choisissons, par exemple, la ligne α. Nous aurons, d'une manière générale (48), pour la valeur du déterminant,

$$(1) \qquad \Delta = A_\alpha a_\alpha + B_\alpha b_\alpha + C_\alpha c_\alpha + \dots + L_\alpha l_\alpha.$$

Dans cette expression, les coefficients A_α, B_α, C_α, ..., L_α sont les déterminants mineurs de première classe qui correspondent successivement à la suppression de la première, de la deuxième, de la troisième, ..., de la $n^{\text{ième}}$ colonne, combinée avec la suppression de la ligne considérée de rang α (49).

Pour former ces déterminants mineurs, il est commode d'opérer comme il suit.

Faisons monter la ligne α au premier rang, en la permutant successivement avec les lignes précédentes; nous changerons chaque fois le signe de la valeur du déterminant (46). Pour conserver à cette valeur son véritable signe, il faudra donc aussi chaque fois multiplier le déterminant par -1. Le nombre des échanges effectués étant $\alpha - 1$, le facteur multiplicateur sera finalement $(-1)^{\alpha-1}$ ou, ce qui revient au même, $(-1)^{\alpha+1}$, puisque $(-1)^2 = 1$. On peut donc écrire

$$\Delta = (-1)^{\alpha+1} \begin{vmatrix} a_\alpha & b_\alpha & c_\alpha & \dots & l_\alpha \\ a_1 & b_1 & c_1 & \dots & l_1 \\ a_2 & b_2 & c_2 & \dots & l_2 \\ \cdot\cdot & \cdot\cdot & \cdot\cdot & \dots & \cdot\cdot \\ a_{\alpha-1} & b_{\alpha-1} & c_{\alpha-1} & \dots & l_{\alpha-1} \\ a_{\alpha+1} & b_{\alpha+1} & c_{\alpha+1} & \dots & l_{\alpha+1} \\ \cdots & \cdots & \cdots & \dots & \cdots \\ a_n & b_n & c_n & \dots & l_n \end{vmatrix}.$$

Maintenant, supposons nuls tous les éléments de la ligne α (amenée en tête), à l'exception du premier a_α. D'après la formule (1), la valeur du déterminant se réduira d'une part à

$$\Delta = A_\alpha a_\alpha.$$

D'autre part, on aura, pour cette valeur (51),

$$\Delta = (-1)^{\alpha+1} \begin{vmatrix} a_\alpha & 0 & 0 & \dots & 0 \\ a_1 & b_1 & c_1 & \dots & l_1 \\ a_2 & b_2 & c_2 & \dots & l_2 \\ \dots & \dots & \dots & \dots & \dots \\ a_{\alpha-1} & b_{\alpha-1} & c_{\alpha-1} & \dots & l_{\alpha-1} \\ a_{\alpha+1} & b_{\alpha+1} & c_{\alpha+1} & \dots & l_{\alpha+1} \\ \dots & \dots & \dots & \dots & \dots \\ a_n & b_n & c_n & \dots & l_n \end{vmatrix}$$

$$= (-1)^{\alpha+1} a_\alpha \begin{vmatrix} b_1 & c_1 & \dots & l_1 \\ b_2 & c_2 & \dots & l_2 \\ \dots & \dots & \dots & \dots \\ b_{\alpha-1} & c_{\alpha-1} & \dots & l_{\alpha-1} \\ b_{\alpha+1} & c_{\alpha+1} & \dots & l_{\alpha+1} \\ \dots & \dots & \dots & \dots \\ b_n & c_n & \dots & l_n \end{vmatrix}.$$

En comparant les deux valeurs de Δ, on a donc

$$A_\alpha = (-1)^{\alpha+1} \begin{vmatrix} b_1 & c_1 & \dots & l_1 \\ b_2 & c_2 & \dots & l_2 \\ \dots & \dots & \dots & \dots \\ b_{\alpha-1} & c_{\alpha-1} & \dots & l_{\alpha-1} \\ b_{\alpha+1} & c_{\alpha+1} & \dots & l_{\alpha+1} \\ \dots & \dots & \dots & \dots \\ b_n & c_n & \dots & l_n \end{vmatrix}.$$

On trouve B_α d'une manière identique, en remarquant seulement que, pour faire passer à la fois au premier rang la ligne α et l'élément b_α, il faut *une permutation de plus* entre la première et la deuxième colonne; il faut donc aussi *faire croître d'une unité* l'exposant du facteur multiplicateur. On a, par conséquent,

$$B_\alpha = (-1)^{\alpha+2} \begin{vmatrix} a_1 & c_1 & \dots & l_1 \\ a_2 & c_2 & \dots & l_2 \\ \dots & \dots & \dots & \dots \\ a_{\alpha-1} & c_{\alpha-1} & \dots & l_{\alpha-1} \\ a_{\alpha+1} & c_{\alpha+1} & \dots & l_{\alpha+1} \\ \dots & \dots & \dots & \dots \\ a_n & c_n & \dots & l_n \end{vmatrix}.$$

On forme de même l'expression de C_α en faisant croître encore d'une unité l'exposant du facteur multiplicateur, puisqu'on doit opérer une permutation de plus entre la première et la troisième colonne, et en faisant suivre ce facteur du déterminant mineur obtenu en supprimant, dans le déterminant primitif, la ligne α et la troisième colonne qui se croisent sur l'élément c_α.

La loi est évidente. On voit que les coefficients obtenus sont alternativement positifs et négatifs, ou inversement, suivant le point de départ, et que la formation effective d'un déterminant peut toujours être ramenée à celle de déterminants mineurs de plus en plus simples.

60. En appliquant l'algorithme qu'on vient de démontrer au déterminant du troisième ordre, ordonné suivant les éléments de la première ligne, on a

$$\Delta = A_1 a_1 + B_1 b_1 + C_1 c_1,$$

c'est-à-dire en faisant $\alpha = 1$ dans les résultats du numéro précédent,

$$A_1 = (-1)^{1+1} \begin{vmatrix} b_2 & c_2 \\ b_3 & c_3 \end{vmatrix} = b_2 c_3 - c_2 b_3,$$

$$B_1 = (-1)^{1+2} \begin{vmatrix} a_2 & c_2 \\ a_3 & c_3 \end{vmatrix} = -(a_2 c_3 - c_2 a_3),$$

$$C_1 = (-1)^{1+3} \begin{vmatrix} a_2 & b_2 \\ a_3 & b_3 \end{vmatrix} = a_2 b_3 - b_2 a_3.$$

On a effectivement

$$\Delta = a_1(b_2 c_3 - c_2 b_3) - b_1(a_2 c_3 - c_2 a_3) + c_1(a_2 b_3 - b_2 a_3)$$
$$= a_1 b_2 c_3 - a_1 c_2 b_3 + c_1 a_2 b_3 - b_1 a_2 c_3 + b_1 c_2 a_3 - c_1 b_2 a_3.$$

Le déterminant du quatrième ordre, ordonné suivant les éléments de la première ligne, peut de même s'écrire immédiatement

$$\begin{vmatrix} a_1 & b_1 & c_1 & d_1 \\ a_2 & b_2 & c_2 & d_2 \\ a_3 & b_3 & c_3 & d_3 \\ a_4 & b_4 & c_4 & d_4 \end{vmatrix} = a_1 \begin{vmatrix} b_2 & c_2 & d_2 \\ b_3 & c_3 & d_3 \\ b_4 & c_4 & d_4 \end{vmatrix} - b_1 \begin{vmatrix} a_2 & c_2 & d_2 \\ a_3 & c_3 & d_3 \\ a_4 & c_4 & d_4 \end{vmatrix}$$

$$+ c_1 \begin{vmatrix} a_2 & b_2 & d_2 \\ a_3 & b_3 & d_3 \\ a_4 & b_4 & d_4 \end{vmatrix} - d_1 \begin{vmatrix} a_2 & b_2 & c_2 \\ a_3 & b_3 & c_3 \\ a_4 & b_4 & c_4 \end{vmatrix}.$$

Il ne reste plus qu'à effectuer, comme nous venons de le faire, les déterminants mineurs qui sont du troisième ordre.

61. Voici encore deux autres exemples. Le premier déterminant est ordonné suivant les éléments de la première colonne; le second, suivant les éléments de la première ligne.

$$\begin{vmatrix} 1 & x & y \\ 1 & x' & y' \\ 1 & x'' & y'' \end{vmatrix} = 1 \begin{vmatrix} x' & y' \\ x'' & y'' \end{vmatrix} - 1 \begin{vmatrix} x & y \\ x'' & y'' \end{vmatrix} + 1 \begin{vmatrix} x & y \\ x' & y' \end{vmatrix}$$

$$= xy' - yx' + x'y'' - y'x'' + x''y - y''x.$$

$$\begin{vmatrix} A & B'' & B' \\ B'' & A' & B \\ B' & B & A'' \end{vmatrix} = A \begin{vmatrix} A' & B \\ B & A'' \end{vmatrix} - B'' \begin{vmatrix} B'' & B \\ B' & A'' \end{vmatrix} + B' \begin{vmatrix} B'' & A' \\ B' & B \end{vmatrix}$$

$$= A(A'A'' - B^2) - B''(B''A'' - BB') + B'(B''B - A'B')$$

$$= AA'A'' + 2BB'B'' - AB^2 - A'B'^2 - A''B''^2.$$

Le déterminant qu'on vient d'effectuer, et qui joue un rôle important dans la théorie des surfaces du second degré, est un déterminant *symétrique*. On appelle ainsi tout déterminant dans lequel les éléments *conjugués*, c'est-à-dire placés symétriquement de part et d'autre de la diagonale du carré des éléments, sont égaux.

62. L'emploi du déterminant du troisième ordre, dont nous avons donné l'expression au n° 60, étant très fréquent, nous indiquerons encore, pour le former, la règle suivante due à Sarrus.

Écrivons le déterminant, en répétant à sa droite ses deux premières colonnes. Nous aurons le Tableau

$$\begin{matrix} a_1 & b_1 & c_1 & a_1 & b_1 \\ a_2 & b_2 & c_2 & a_2 & b_2 \\ a_3 & b_3 & c_3 & a_3 & b_3 \end{matrix}$$

On voit alors que les termes *positifs* du déterminant

$$(a_1 b_2 c_3,\ b_1 c_2 a_3,\ c_1 a_2 b_3)$$

sont donnés par les diagonales *complètes* qui *descendent de gauche à droite,* et les termes *négatifs*

$$(b_1 a_2 c_3,\ a_1 c_2 b_3,\ c_1 b_2 a_3)$$

par les diagonales *complètes* qui *descendent de droite à gauche.*

Calcul de la valeur d'un déterminant.

63. Pour calculer la valeur d'un déterminant, on peut toujours employer la méthode générale indiquée au n° 58; mais on arrive souvent plus rapidement au résultat en cherchant à ramener *directement,* à l'aide des théorèmes précédemment démontrés, le calcul du déterminant proposé à celui d'un déterminant mineur d'ordre moindre d'une unité, et en opérant ainsi successivement jusqu'à ce qu'on parvienne à un déterminant mineur du second ordre. Ce déterminant du second ordre s'évalue alors immédiatement, d'après la définition du n° 35 ou d'après la loi de formation générale (58).

Nous avons déjà donné plusieurs exemples de la marche à suivre à cet égard (*Alg. élém.,* 194, 195, 196). Nous en donnerons encore ici quelques-uns, en entrant dans plus de détails.

64. Cherchons d'abord la valeur du déterminant

$$\begin{vmatrix} 3 & 13 & 17 & 4 \\ 6 & 28 & 33 & 8 \\ 10 & 40 & 54 & 13 \\ 8 & 37 & 46 & 11 \end{vmatrix}.$$

Ajoutons la première colonne à la deuxième et retranchons ensuite la deuxième colonne ainsi modifiée de la troisième colonne, ce qui est permis (57); nous aurons

$$\begin{vmatrix} 3 & 16 & 1 & 4 \\ 6 & 34 & -1 & 8 \\ 10 & 50 & 4 & 13 \\ 8 & 45 & 1 & 11 \end{vmatrix}.$$

En ajoutant maintenant respectivement la deuxième ligne à la première et à la quatrième, et en ajoutant cette même deuxième ligne, multipliée par 4, à la troisième ligne, il viendra successivement (51)

$$\begin{vmatrix} 9 & 50 & 0 & 12 \\ 6 & 34 & -1 & 8 \\ 34 & 186 & 0 & 45 \\ 14 & 79 & 0 & 19 \end{vmatrix} = -1 \begin{vmatrix} 9 & 50 & 12 \\ 34 & 186 & 45 \\ 14 & 79 & 19 \end{vmatrix}.$$

Retranchons de la deuxième colonne du dernier déterminant la troisième colonne, multipliée par 4; puis, retranchons également une fois la troisième ligne de la première ligne et deux fois cette troisième ligne de la deuxième; puis, enfin, ajoutons trois fois la première ligne à la troisième : nous aurons successivement, en appliquant toujours le théorème du n° 51 aussitôt que cela est possible, les résultats ci-après :

$$-1 \begin{vmatrix} 9 & 2 & 12 \\ 34 & 6 & 45 \\ 14 & 3 & 19 \end{vmatrix} = -1 \begin{vmatrix} -5 & -1 & -7 \\ 6 & 0 & 7 \\ 14 & 3 & 19 \end{vmatrix} = -1 \begin{vmatrix} -5 & -1 & -7 \\ 6 & 0 & 7 \\ -1 & 0 & -2 \end{vmatrix}$$

$$= +1 \begin{vmatrix} 6 & 7 \\ -1 & -2 \end{vmatrix} = +1(-12+7) = -5.$$

65. On peut, sinon simplifier les calculs, du moins éviter tout essai et tout tâtonnement, en appliquant un théorème que nous allons démontrer et qui résulte immédiatement des propriétes générales des déterminants.

On peut toujours ramener un déterminant donné à présenter une ligne ou une colonne composée d'éléments tous égaux à l'unité.

Prenons, par exemple, le déterminant du troisième ordre

$$\begin{vmatrix} a_1 & b_1 & c_1 \\ a_2 & b_2 & c_2 \\ a_3 & b_3 & c_3 \end{vmatrix}.$$

Cherchons le plus petit commun multiple des éléments de

la première colonne. Soit m ce plus petit commun multiple. On aura

$$m = a_1 q_1 = a_2 q_2 = a_3 q_3.$$

Multiplions respectivement les trois lignes du déterminant par les quotients q_1, q_2, q_3. En désignant par Δ sa valeur, il viendra (54)

$$\Delta = \frac{1}{q_1 q_2 q_3}\begin{vmatrix} m & b_1 q_1 & c_1 q_1 \\ m & b_2 q_2 & c_2 q_2 \\ m & b_3 q_3 & c_3 q_3 \end{vmatrix} = \frac{m}{q_1 q_2 q_3}\begin{vmatrix} 1 & b_1 q_1 & c_1 q_1 \\ 1 & b_2 q_2 & c_2 q_2 \\ 1 & b_3 q_3 & c_3 q_3 \end{vmatrix};$$

ce qui justifie l'énoncé.

En retranchant successivement la première ligne des autres lignes, on arrive ensuite immédiatement (51) au déterminant mineur d'ordre moindre d'une unité, auquel on peut appliquer la même transformation s'il y a lieu.

On aurait, pour le déterminant précédent,

$$= \frac{m}{q_1 q_2 q_3}\begin{vmatrix} 1 & b_1 q_1 & c_1 q_1 \\ 0 & b_2 q_2 - b_1 q_1 & c_2 q_2 - c_1 q_1 \\ 0 & b_3 q_3 - b_1 q_1 & c_3 q_3 - c_1 q_1 \end{vmatrix}$$

$$= \frac{m}{q_1 q_2 q_3}[(b_2 q_2 - b_1 q_1)(c_3 q_3 - c_1 q_1) - (c_2 q_2 - c_1 q_1)(b_3 q_3 - b_1 q_1)].$$

66. Appliquons ce procédé au déterminant déjà calculé au n° 64.

$$\begin{vmatrix} 3 & 13 & 17 & 4 \\ 6 & 28 & 33 & 8 \\ 10 & 40 & 54 & 13 \\ 8 & 37 & 46 & 11 \end{vmatrix}.$$

Le plus petit commun multiple des éléments de la première colonne étant 120, on multipliera respectivement les quatre lignes du déterminant par les nombres 40, 20, 12, 15. On a ainsi, pour sa valeur,

$$\frac{1}{40.20.12.15}\begin{vmatrix} 120 & 520 & 680 & 160 \\ 120 & 560 & 660 & 160 \\ 120 & 480 & 648 & 156 \\ 120 & 555 & 690 & 165 \end{vmatrix}$$

$$= \frac{120}{40.20.12.15}\begin{vmatrix} 1 & 520 & 680 & 160 \\ 1 & 560 & 660 & 160 \\ 1 & 480 & 648 & 156 \\ 1 & 555 & 690 & 165 \end{vmatrix}.$$

En retranchant la troisième ligne des autres lignes, le déterminant devient successivement

$$\frac{120}{40.20.12.15}\begin{vmatrix} 0 & 40 & 32 & 4 \\ 0 & 80 & 12 & 4 \\ 1 & 480 & 648 & 156 \\ 0 & 75 & 42 & 9 \end{vmatrix} = \frac{120}{40.20.12.15}\begin{vmatrix} 40 & 32 & 4 \\ 80 & 12 & 4 \\ 75 & 42 & 9 \end{vmatrix}.$$

Nous chercherons alors le plus petit commun multiple des éléments de la troisième colonne du dernier déterminant. Ce plus petit commun multiple étant 36, on multipliera respectivement les trois lignes du déterminant par les nombres 9, 9 et 4. On aura comme résultat, en retranchant finalement la première ligne des deux autres,

$$\frac{120}{40.20.12.15.9.9.4}\begin{vmatrix} 360 & 288 & 36 \\ 720 & 108 & 36 \\ 300 & 168 & 36 \end{vmatrix}$$

$$= \frac{120.36}{40.20.12.15.9.9.4}\begin{vmatrix} 360 & 288 & 1 \\ 720 & 108 & 1 \\ 300 & 168 & 1 \end{vmatrix}$$

$$= \frac{1}{1200.9}\begin{vmatrix} 360 & 288 & 1 \\ 360 & -180 & 0 \\ -60 & -120 & 0 \end{vmatrix} = \frac{1}{1200.9}\begin{vmatrix} 360 & -180 \\ -60 & -120 \end{vmatrix}$$

$$= \frac{-360.120 - 180.60}{1200.9} = \frac{-54000}{10800} = -5.$$

67. Soit le déterminant symétrique

$$\begin{vmatrix} a & b & c \\ b & c & a \\ c & a & b \end{vmatrix}.$$

En ajoutant les deux dernières colonnes à la première, on peut lui substituer le déterminant

$$\begin{vmatrix} a+b+c & b & c \\ a+b+c & c & a \\ a+b+c & a & b \end{vmatrix} = (a+b+c)\begin{vmatrix} 1 & b & c \\ 1 & c & a \\ 1 & a & b \end{vmatrix}.$$

Si l'on retranche respectivement la première ligne des deux autres, la valeur du déterminant est représentée par

$$(a+b+c)\begin{vmatrix} 1 & b & c \\ 0 & c-b & a-c \\ 0 & a-b & b-c \end{vmatrix}$$

$$=(a+b+c)\begin{vmatrix} c-b & a-c \\ a-b & b-c \end{vmatrix}$$

$$=(a+b+c)[(c-b)(b-c)-(a-c)(a-b)]$$

$$=(a+b+c)(ab+ac+bc-a^2-b^2-c^2)$$

$$=3abc-a^3-b^3-c^3.$$

68. Soit encore le déterminant symétrique

$$\begin{vmatrix} 0 & x & y & z \\ x & 0 & z & y \\ y & z & 0 & x \\ z & y & x & 0 \end{vmatrix}.$$

On voit qu'en ajoutant les trois dernières lignes à la première, tous les éléments de la première ligne deviennent égaux à la somme $x+y+z$. Le déterminant admet donc cette somme comme facteur (54).

De même, en ajoutant successivement à la première ligne la deuxième, la troisième et la quatrième ligne, et en retranchant chaque fois du résultat les deux lignes restantes, on trouve aussi successivement, comme éléments de la première ligne,

$$\pm(y+z-x),\quad \pm(x+z-y),\quad \pm(x+y-z).$$

Le déterminant proposé admet donc encore comme facteurs les sommes

$$y+z-x,\quad x+z-y,\quad x+y-z.$$

Comme ce déterminant est du quatrième ordre ou du quatrième degré, il ne peut pas présenter d'autres facteurs algébriques que les quatre sommes indiquées. En désignant par k un coefficient constant, on a donc, pour sa valeur,

$$\Delta = k(x+y+z)(y+z-x)(x+z-y)(x+y-z).$$

Mais chaque ligne du déterminant contenant x dans une colonne différente, l'un de ses termes est nécessairement $+x^4$ (36). D'ailleurs, en effectuant le produit des facteurs algébriques qui entrent dans Δ, le terme de ce produit du degré le plus élevé en x est évidemment $-x^4$. Il en résulte, pour la constante k, la valeur -1, et l'on a finalement

$$\Delta = -(x+y+z)(y+z-x)(x+z-y)(x+y-z).$$

On peut remarquer que $-\Delta$ est égal à seize fois le carré de l'aire du triangle, dont les trois côtés seraient x, y, z (*Trigon.*, 171).

69. Pour terminer ces exemples, nous étudierons le déterminant du $n^{\text{ième}}$ ordre

$$\Delta = \begin{vmatrix} 1 & 1 & 1 & \dots & 1 & 1 \\ a & b & c & \dots & k & l \\ a^2 & b^2 & c^2 & \dots & k^2 & l^2 \\ a^3 & b^3 & c^3 & \dots & k^3 & l^3 \\ \dots & \dots & \dots & \dots & \dots & \dots \\ a^{n-1} & b^{n-1} & c^{n-1} & \dots & k^{n-1} & l^{n-1} \end{vmatrix}.$$

Ce déterminant est formé des puissances de degrés $0, 1, 2, 3, \dots, n-1$, des n quantités quelconques a, b, c, ..., k, l.

Si l'on suppose égales entre elles deux quelconques des quantités qui composent la deuxième ligne, le déterminant présente deux colonnes identiques, et sa valeur devient nulle (47). Il est donc nécessairement et séparément divisible (13) par tous les facteurs ou par toutes les différences binômes qu'on obtient, en retranchant successivement de l'un quelconque des termes de la deuxième ligne tous les termes qui le suivent dans cette même ligne.

Le produit de toutes ces différences constitue d'ailleurs le polynôme P représenté ci-dessous :

$$\begin{aligned} P = (a-b)(a-c)(a-d)\dots(a-k)(a-l) \\ \times(b-c)(b-d)\dots(b-k)(b-l) \\ \times(c-d)\dots(c-k)(c-l) \\ \times\dots\dots\dots\dots\dots\dots \\ \times(h-k)(h-l) \\ .\times(k-l). \end{aligned}$$

Le degré de Δ, comme on le voit facilement par son terme principal, est égal à la somme des $(n-1)$ premiers nombres

$$1+2+3+\dots+n-1 = \frac{(n-1)n}{2} \quad (\textit{Alg. élém.}, 330);$$

c'est aussi, évidemment, le degré de P.

Comme P divise exactement Δ, d'après ce qui précède, et qu'ils sont de même degré, ils ne peuvent différer que par un facteur constant qui reste à trouver.

Pour déterminer ce facteur, il suffit de comparer deux termes de Δ et de P formés respectivement des mêmes puissances de a, b, c, ..., k, l, c'est-à-dire se correspondant dans les deux développements. Le rapport de leurs coefficients sera la constante cherchée.

Le terme principal du déterminant Δ est

$$1.b.c^2.d^3\ldots k^{n-2}l^{n-1},$$

et il a pour coefficient l'unité.

Le terme correspondant du polynôme P est, en considérant les colonnes verticales,

$$(-1)b(-1)^2c^2(-1)^3d^3\ldots(-1)^{n-2}k^{n-2}(-1)^{n-1}l^{n-1},$$

et il a pour coefficient

$$(-1)^{1+2+3+\cdots+(n-2)+(n-1)}=(-1)^{\frac{(n-1)n}{2}}.$$

On a donc

$$\frac{\Delta}{P}=\frac{1}{(-1)^{\frac{(n-1)n}{2}}}=\pm 1$$

ou

$$\Delta=\pm P,$$

suivant que $\frac{(n-1)n}{2}$ est un nombre *pair* ou *impair*.

CHAPITRE V.

MULTIPLICATION DES DÉTERMINANTS.

70. Prenons d'abord deux déterminants P et Q de même ordre ou de même degré n. Nous rapporterons le premier à la lettre (a), le second à la lettre (b), et nous les écrirons de la manière suivante :

$$P = \begin{vmatrix} a_1^1 & a_1^2 & a_1^3 & \ldots & a_1^n \\ a_2^1 & a_2^2 & a_2^3 & \ldots & a_2^n \\ a_3^1 & a_3^2 & a_3^3 & \ldots & a_3^n \\ \ldots & \ldots & \ldots & \ldots & \ldots \\ a_n^1 & a_n^2 & a_n^3 & \ldots & a_n^n \end{vmatrix},$$

$$Q = \begin{vmatrix} b_1^1 & b_1^2 & b_1^3 & \ldots & b_1^n \\ b_2^1 & b_2^2 & b_2^3 & \ldots & b_2^n \\ b_3^1 & b_3^2 & b_3^3 & \ldots & b_3^n \\ \ldots & \ldots & \ldots & \ldots & \ldots \\ b_n^1 & b_n^2 & b_n^3 & \ldots & b_n^n \end{vmatrix}.$$

Nous nous proposons de trouver le produit PQ sous forme de déterminant.

Multiplions respectivement les éléments d'une ligne quelconque de P, désignée par i, par les éléments correspondants d'une ligne quelconque de Q désignée par k (nous voulons dire : le premier élément d'une ligne par le premier élément de l'autre, le deuxième élément par le deuxième élément, et ainsi de suite).

En ajoutant les produits obtenus, nous aurons une expression de la forme

$$a_i^1 b_k^1 + a_i^2 b_k^2 + a_i^3 b_k^3 + \ldots + a_i^n b_k^n,$$

que nous pourrons représenter par

$$c_i^k,$$

l'indice inférieur de la lettre (c) se rapportant au rang de la ligne considérée dans P, et l'indice supérieur au rang de la ligne considérée dans Q.

Comme il s'agit de deux déterminants du $n^{\text{ième}}$ ordre, nous pourrons former n^2 quantités analogues à c_i^k et constituer avec ces n^2 quantités un déterminant du $n^{\text{ième}}$ ordre que nous appellerons R et qui sera

$$R = \begin{vmatrix} c_1^1 & c_1^2 & c_1^3 & \dots & c_1^n \\ c_2^1 & c_2^2 & c_2^3 & \dots & c_2^n \\ c_3^1 & c_3^2 & c_3^3 & \dots & c_3^n \\ \dots & \dots & \dots & \dots & \dots \\ c_n^1 & c_n^2 & c_n^3 & \dots & c_n^n \end{vmatrix}.$$

Le terme principal de R est

$$c_1^1 c_2^2 c_3^3 \dots c_n^n.$$

Mais, d'une manière générale, on a, d'après ce qui précède,

$$c_i^k = \Sigma a_i^\varepsilon b_k^\varepsilon,$$

en faisant varier l'indice supérieur ε, simultanément pour a_i et b_k, depuis 1 jusqu'à n.

On peut donc écrire, sous cette condition,

$$(1) \quad \begin{cases} c_1^1 c_2^2 c_3^3 \dots c_n^n = (\Sigma a_1^\alpha b_1^\alpha)(\Sigma a_2^\beta b_2^\beta)(\Sigma a_3^\gamma b_3^\gamma)\dots(\Sigma a_n^\lambda b_n^\lambda) \\ \qquad = \Sigma(a_1^\alpha a_2^\beta a_3^\gamma \dots a_n^\lambda b_1^\alpha b_2^\beta b_3^\gamma \dots b_n^\lambda), \end{cases}$$

les nombres α, β, γ, ..., λ devant varier simultanément pour a_1 et b_1, a_2 et b_2, a_3 et b_3, ..., a_n et b_n, depuis 1 jusqu'à n.

Pour former maintenant le déterminant R à l'aide de son terme principal, il faut ajouter à ce terme tous ceux qu'on en déduit en laissant, par exemple, invariables les indices inférieurs des lettres (c) et en permutant leurs indices supérieurs (**36**, **37**).

C'est laisser en même temps invariables les lignes considérées dans P et permuter les lignes considérées dans Q.

Dans cette hypothèse, les deux indices des lettres (a) écrites dans le second membre de l'expression (1) demeurent invariables, tandis qu'on doit permuter les indices inférieurs des lettres (b), comme on permute les indices supérieurs des lettres (c) dans le premier membre de l'expression (1).

Il en résulte que le produit des lettres (b) représente alors un certain déterminant, dont nous désignerons la valeur par Q′, en posant (39)

$$Q' = \pm \Sigma b_1^\alpha b_2^\beta b_3^\gamma \ldots b_n^\lambda,$$

et l'on aura (39)

$$(2) \qquad R = \pm \Sigma a_1^\alpha a_2^\beta a_3^\gamma \ldots a_n^\lambda (Q').$$

Dans Q′, les indices supérieurs conservent une position fixe, mais chacun d'eux doit recevoir d'une manière quelconque l'une des valeurs 1, 2, 3, ... n. Il y a donc autant de valeurs de Q′ que d'assemblages possibles pour ces valeurs 1, 2, 3, ..., n.

Or, pour tous ceux de ces assemblages qui rendront deux indices supérieurs des lettres (b) égaux entre eux, le déterminant Q′ offrira deux colonnes identiques et sera égal à zéro (47). Il en sera donc de même du déterminant R, d'après l'équation (2).

Nous ne donnerons, par conséquent, aux nombres α, β, γ, ..., λ que des valeurs *différentes* choisies dans la suite 1, 2, 3, ..., n, et, par la permutation des indices inférieurs des lettres (b), ces valeurs *différentes* se trouveront en réalité choisies de toutes les manières possibles *compatibles avec la non-nullité de* Q′.

Mais, dans ce cas, le déterminant Q′ obtenu n'est autre chose que le déterminant Q (36, 37), et l'on a aussi (39), les nombres α, β, γ, ..., λ devant recevoir les mêmes valeurs pour a_1 et b_1, a_2 et b_2, a_3 et b_3, ..., a_n et b_n,

$$\pm \Sigma a_1^\alpha a_2^\beta a_3^\gamma \ldots a_n^\lambda = P,$$

de sorte que l'équation (2) devient

$$(3) \qquad R = Q(\pm \Sigma a_1^\alpha a_2^\beta a_3^\gamma \ldots a_n^\lambda) = PQ.$$

On peut donc énoncer ce théorème fondamental :

Le produit de deux déterminants de degré n est un déterminant de même degré, formé, comme nous l'avons indiqué, *en prenant pour éléments les sommes des produits des termes qui se correspondent verticalement dans chaque ligne du premier déterminant comparée à chaque ligne du second.*

71. Nous allons vérifier ce théorème en supposant $n = 3$ et nous allons montrer que le déterminant

$$R = \begin{vmatrix} a_1\alpha_1 + b_1\beta_1 + c_1\gamma_1 & a_1\alpha_2 + b_1\beta_2 + c_1\gamma_2 & a_1\alpha_3 + b_1\beta_3 + c_1\gamma_3 \\ a_2\alpha_1 + b_2\beta_1 + c_2\gamma_1 & a_2\alpha_2 + b_2\beta_2 + c_2\gamma_2 & a_2\alpha_3 + b_2\beta_3 + c_2\gamma_3 \\ a_3\alpha_1 + b_3\beta_1 + c_3\gamma_1 & a_3\alpha_2 + b_3\beta_2 + c_3\gamma_2 & a_3\alpha_3 + b_3\beta_3 + c_3\gamma_3 \end{vmatrix}$$

est bien le *produit* des deux déterminants

$$P = \begin{vmatrix} a_1 & b_1 & c_1 \\ a_2 & b_2 & c_2 \\ a_3 & b_3 & c_3 \end{vmatrix} \quad \text{et} \quad Q = \begin{vmatrix} \alpha_1 & \beta_1 & \gamma_1 \\ \alpha_2 & \beta_2 & \gamma_2 \\ \alpha_3 & \beta_3 & \gamma_3 \end{vmatrix}.$$

En effet, d'après le théorème du n° 58, on peut commencer par décomposer le déterminant R en trois déterminants, en prenant successivement, au lieu de la première colonne, chacune des trois colonnes partielles qui la constituent et en conservant les deux autres colonnes composées. On pourra opérer de même sur les trois déterminants obtenus, en décomposant également leur deuxième colonne en trois colonnes partielles, ce qui donnera en tout neuf déterminants. Enfin, en opérant encore de même sur la troisième colonne de ces neuf déterminants, on verra finalement que le déterminant R est la somme de vingt-sept déterminants à colonnes simples.

On voit par là d'une manière générale que si, dans un déterminant, chaque élément est la somme d'un certain nombre de termes tels que chaque colonne puisse se résoudre en colonnes partielles, la première en m colonnes, la deuxième en n colonnes, la troisième en p colonnes, etc., le déterminant proposé est égal à la somme de tous ceux qu'on obtient en prenant successivement, dans le déterminant proposé et dans les déterminants qui en dérivent, au lieu de chaque colonne composée, l'une des colonnes partielles qui la constituent, c'est-à-dire, dans le cas indiqué, à la somme de $mnp\ldots$ déterminants simples.

Revenons à notre vérification.

Le déterminant R étant la *somme* de vingt-sept déterminants, si l'on prend ensemble les premières, ou les deuxièmes, ou les troisièmes colonnes partielles des colonnes composées, on en a évidemment *trois* de la forme

$$\begin{vmatrix} a_1\alpha_1 & a_1\alpha_2 & a_1\alpha_3 \\ a_2\alpha_1 & a_2\alpha_2 & a_2\alpha_3 \\ a_3\alpha_1 & a_3\alpha_2 & a_3\alpha_3 \end{vmatrix} = a_1 a_2 a_3 \begin{vmatrix} \alpha_1 & \alpha_2 & \alpha_3 \\ \alpha_1 & \alpha_2 & \alpha_3 \\ \alpha_1 & \alpha_2 & \alpha_3 \end{vmatrix} = 0 \ (54, 47).$$

En prenant successivement deux colonnes partielles de même rang dans deux des colonnes composées et en les associant avec une colonne partielle de rang différent prise dans la colonne composée restante, on a *dix-huit* déterminants de la forme

$$\begin{vmatrix} a_1\alpha_1 & a_1\alpha_2 & b_1\beta_3 \\ a_2\alpha_1 & a_2\alpha_2 & b_2\beta_3 \\ a_3\alpha_1 & a_3\alpha_2 & b_3\beta_3 \end{vmatrix} = \alpha_1\alpha_2\beta_3 \begin{vmatrix} a_1 & a_1 & b_1 \\ a_2 & a_2 & b_2 \\ a_3 & a_3 & b_3 \end{vmatrix} = 0 \quad (54, 47).$$

Il ne reste plus que *six* déterminants qu'on obtiendra en prenant une colonne partielle de rang différent dans chaque colonne composée de R, et qui seront successivement

$$\begin{vmatrix} a_1\alpha_1 & b_1\beta_2 & c_1\gamma_3 \\ a_2\alpha_1 & b_2\beta_2 & c_2\gamma_3 \\ a_3\alpha_1 & b_3\beta_2 & c_3\gamma_3 \end{vmatrix} = \alpha_1\beta_2\gamma_3 \begin{vmatrix} a_1 & b_1 & c_1 \\ a_2 & b_2 & c_2 \\ a_3 & b_3 & c_3 \end{vmatrix},$$

$$\begin{vmatrix} a_1\alpha_1 & c_1\gamma_2 & b_1\beta_3 \\ a_2\alpha_1 & c_2\gamma_2 & b_2\beta_3 \\ a_3\alpha_1 & c_3\gamma_2 & b_3\beta_3 \end{vmatrix} = -\alpha_1\gamma_2\beta_3 \begin{vmatrix} a_1 & b_1 & c_1 \\ a_2 & b_2 & c_2 \\ a_3 & b_3 & c_3 \end{vmatrix} \quad (46),$$

$$\begin{vmatrix} b_1\beta_1 & a_1\alpha_2 & c_1\gamma_3 \\ b_2\beta_1 & a_2\alpha_2 & c_2\gamma_3 \\ b_3\beta_1 & a_3\alpha_2 & c_3\gamma_3 \end{vmatrix} = -\beta_1\alpha_2\gamma_3 \begin{vmatrix} a_1 & b_1 & c_1 \\ a_2 & b_2 & c_2 \\ a_3 & b_3 & c_3 \end{vmatrix} \quad (46),$$

$$\begin{vmatrix} b_1\beta_1 & c_1\gamma_2 & a_1\alpha_3 \\ b_2\beta_1 & c_2\gamma_2 & a_2\alpha_3 \\ b_3\beta_1 & c_3\gamma_2 & a_3\alpha_3 \end{vmatrix} = \beta_1\gamma_2\alpha_3 \begin{vmatrix} a_1 & b_1 & c_1 \\ a_2 & b_2 & c_2 \\ a_3 & b_3 & c_3 \end{vmatrix} \quad (46),$$

$$\begin{vmatrix} c_1\gamma_1 & a_1\alpha_2 & b_1\beta_3 \\ c_2\gamma_1 & a_2\alpha_2 & b_2\beta_3 \\ c_3\gamma_1 & a_3\alpha_2 & b_3\beta_3 \end{vmatrix} = \gamma_1\alpha_2\beta_3 \begin{vmatrix} a_1 & b_1 & c_1 \\ a_2 & b_2 & c_2 \\ a_3 & b_3 & c_3 \end{vmatrix} \quad (46),$$

$$\begin{vmatrix} c_1\gamma_1 & b_1\beta_2 & a_1\alpha_3 \\ c_2\gamma_1 & b_2\beta_2 & a_2\alpha_3 \\ c_3\gamma_1 & b_3\beta_2 & a_3\alpha_3 \end{vmatrix} = -\gamma_1\beta_2\alpha_3 \begin{vmatrix} a_1 & b_1 & c_1 \\ a_2 & b_2 & c_2 \\ a_3 & b_3 & c_3 \end{vmatrix} \quad (46),$$

c'est-à-dire qu'on a finalement

$$\mathrm{R} = \begin{vmatrix} a_1 & b_1 & c_1 \\ a_2 & b_2 & c_2 \\ a_3 & b_3 & c_3 \end{vmatrix} \times (\alpha_1\beta_2\gamma_3 - \alpha_1\gamma_2\beta_3 + \gamma_1\alpha_2\beta_3 - \beta_1\alpha_2\gamma_3 + \beta_1\gamma_2\alpha_3 - \gamma_1\beta_2\alpha_3)$$

ou (60)

$$R = \begin{vmatrix} a_1 & b_1 & c_1 \\ a_2 & b_2 & c_2 \\ a_3 & b_3 & c_3 \end{vmatrix} \cdot \begin{vmatrix} \alpha_1 & \beta_1 & \gamma_1 \\ \alpha_2 & \beta_2 & \gamma_2 \\ \alpha_3 & \beta_3 & \gamma_3 \end{vmatrix} = PQ.$$

72. Il est utile de remarquer, en reprenant le théorème du n° 70, qu'on ne change pas les valeurs des déterminants P et Q en échangeant dans ces déterminants les lignes et les colonnes. Il y a donc *quatre* manières différentes de former leur produit R.

Soit, par exemple, les deux déterminants du second ordre

$$\begin{vmatrix} a_1 & b_1 \\ a_2 & b_2 \end{vmatrix} \quad \text{et} \quad \begin{vmatrix} \alpha_1 & \beta_1 \\ \alpha_2 & \beta_2 \end{vmatrix}.$$

On aura, l'ordre adopté dans la multiplication des lignes ne faisant qu'échanger les lignes et les colonnes du résultat (45),

$$\begin{vmatrix} a_1 & b_1 \\ a_2 & b_2 \end{vmatrix} \cdot \begin{vmatrix} \alpha_1 & \beta_1 \\ \alpha_2 & \beta_2 \end{vmatrix} = \begin{vmatrix} a_1\alpha_1 + b_1\beta_1 & a_1\alpha_2 + b_1\beta_2 \\ a_2\alpha_1 + b_2\beta_1 & a_2\alpha_2 + b_2\beta_2 \end{vmatrix},$$

$$\begin{vmatrix} a_1 & a_2 \\ b_1 & b_2 \end{vmatrix} \cdot \begin{vmatrix} \alpha_1 & \beta_1 \\ \alpha_2 & \beta_2 \end{vmatrix} = \begin{vmatrix} a_1\alpha_1 + a_2\beta_1 & a_1\alpha_2 + a_2\beta_2 \\ b_1\alpha_1 + b_2\beta_1 & b_1\alpha_2 + b_2\beta_2 \end{vmatrix},$$

$$\begin{vmatrix} a_1 & b_1 \\ a_2 & b_2 \end{vmatrix} \cdot \begin{vmatrix} \alpha_1 & \alpha_2 \\ \beta_1 & \beta_2 \end{vmatrix} = \begin{vmatrix} a_1\alpha_1 + b_1\alpha_2 & a_1\beta_1 + b_1\beta_2 \\ a_2\alpha_1 + b_2\alpha_2 & a_2\beta_1 + b_2\beta_2 \end{vmatrix},$$

$$\begin{vmatrix} a_1 & a_2 \\ b_1 & b_2 \end{vmatrix} \cdot \begin{vmatrix} \alpha_1 & \alpha_2 \\ \beta_1 & \beta_2 \end{vmatrix} = \begin{vmatrix} a_1\alpha_1 + a_2\alpha_2 & a_1\beta_1 + a_2\beta_2 \\ b_1\alpha_1 + b_2\alpha_2 & b_1\beta_1 + b_2\beta_2 \end{vmatrix}.$$

Les quatre déterminants, obtenus dans les seconds membres des équations précédentes, représentent tous

$$R = (a_1 b_2 - b_1 a_2)(\alpha_1\beta_2 - \beta_1\alpha_2) \quad [70, 39].$$

73. Si le second déterminant Q est égal au premier P, on a

$$R = P^2.$$

Le carré d'un déterminant est donc un déterminant de même degré, et il en est de même de toutes les puissances entières d'un déterminant.

Comme on peut échanger dans P, sans modifier sa valeur, les lignes et les colonnes, il y a *trois* manières différentes de former son carré P^2.

Soit, par un exemple, le déterminant du second ordre

$$\begin{vmatrix} a_1 & b_1 \\ a_2 & b_2 \end{vmatrix}.$$

On aura, en ne confondant pas les exposants avec des indices,

$$\begin{vmatrix} a_1 & b_1 \\ a_2 & b_2 \end{vmatrix} \cdot \begin{vmatrix} a_1 & b_1 \\ a_2 & b_2 \end{vmatrix} = \begin{vmatrix} a_1^2 + b_1^2 & a_1 a_2 + b_1 b_2 \\ a_2 a_1 + b_2 b_1 & a_2^2 + b_2^2 \end{vmatrix},$$

$$\begin{vmatrix} a_1 & a_2 \\ b_1 & b_2 \end{vmatrix} \cdot \begin{vmatrix} a_1 & b_1 \\ a_2 & b_2 \end{vmatrix} = \begin{vmatrix} a_1 & b_1 \\ a_2 & b_2 \end{vmatrix} \cdot \begin{vmatrix} a_1 & a_2 \\ b_1 & b_2 \end{vmatrix}$$

$$= \begin{vmatrix} a_1^2 + b_1 a_2 & a_1 b_1 + b_1 b_2 \\ a_2 a_1 + b_2 a_2 & a_2 b_1 + b_2^2 \end{vmatrix},$$

$$\begin{vmatrix} a_1 & a_2 \\ b_1 & b_2 \end{vmatrix} \cdot \begin{vmatrix} a_1 & a_2 \\ b_1 & b_2 \end{vmatrix} = \begin{vmatrix} a_1^2 + a_2^2 & a_1 b_1 + a_2 b_2 \\ b_1 a_1 + b_2 a_2 & b_1^2 + b_2^2 \end{vmatrix}.$$

D'après la première et la troisième forme, le carré de P est un déterminant *symétrique* (61) : cette propriété est générale.

74. Nous avons supposé jusqu'ici les déterminants P et Q de même degré.

Si ces deux déterminants sont de degrés différents et si Q *est d'ordre moindre, on n'aura qu'à transformer* Q *en un déterminant de même degré que* P (51) *et à appliquer la règle précédente* (70).

Si l'on donne, par exemple, les deux déterminants

$$\begin{vmatrix} a_1 & b_1 & c_1 \\ a_2 & b_2 & c_2 \\ a_3 & b_3 & c_3 \end{vmatrix} \quad \text{et} \quad \begin{vmatrix} \alpha_1 & \beta_1 \\ \alpha_2 & \beta_2 \end{vmatrix},$$

on remplacera le second déterminant par le déterminant identique (51)

$$\begin{vmatrix} \alpha_1 & \beta_1 & 0 \\ \alpha_2 & \beta_2 & 0 \\ \alpha_3 & \beta_3 & 1 \end{vmatrix},$$

où les quantités α_3 et β_3 resteront arbitraires. Le produit des deux déterminants prendra la forme

$$\begin{vmatrix} a_1\alpha_1 + b_1\beta_1 & a_1\alpha_2 + b_1\beta_2 & a_1\alpha_3 + b_1\beta_3 + c_1 \\ a_2\alpha_1 + b_2\beta_1 & a_2\alpha_2 + b_2\beta_2 & a_2\alpha_3 + b_2\beta_3 + c_2 \\ a_3\alpha_1 + b_3\beta_1 & a_3\alpha_2 + b_3\beta_2 & a_3\alpha_3 + b_3\beta_3 + c_3 \end{vmatrix}.$$

75. Dans tout ce qui précède, nous n'avons considéré que des déterminants *carrés*, présentant le même nombre de lignes et de colonnes.

On peut être amené à considérer, nous ne dirons pas des déterminants, mais des tableaux *rectangulaires*, où il n'y a plus égalité entre le nombre des lignes et celui des colonnes.

La notation des éléments reste la même, et l'on peut, pour distinguer ces tableaux rectangulaires des déterminants carrés ou des déterminants proprement dits, *doubler* les traits verticaux qui les limitent.

76. Nous allons étendre succinctement le théorème de la multiplication de deux déterminants (70), en considérant deux pareils tableaux rectangulaires formés de m lignes et de n colonnes ou de mn éléments, et nous poserons

$$P_1 = \left\| \begin{array}{ccccc} a_1^1 & a_1^2 & a_1^3 & \dots & a_1^n \\ a_2^1 & a_2^2 & a_2^3 & \dots & a_2^n \\ a_3^1 & a_3^2 & a_3^3 & \dots & a_3^n \\ \dots & \dots & \dots & \dots & \dots \\ a_m^1 & a_m^2 & a_m^3 & \dots & a_m^n \end{array} \right\|, \qquad Q_1 = \left\| \begin{array}{ccccc} b_1^1 & b_1^2 & b_1^3 & \dots & b_1^n \\ b_2^1 & b_2^2 & b_2^3 & \dots & b_2^n \\ b_3^1 & b_3^2 & b_3^3 & \dots & b_3^n \\ \dots & \dots & \dots & \dots & \dots \\ b_m^1 & b_m^2 & b_m^3 & \dots & b_m^n \end{array} \right\|.$$

Formons alors, comme au n° 70, le déterminant des m^2 quantités analogues à

$$c_i^k = a_i^1 b_k^1 + a_i^2 b_k^2 + a_i^3 b_k^3 + \ldots + a_i^n b_k^n,$$

et posons

$$R = \left| \begin{array}{ccccc} c_1^1 & c_1^2 & c_1^3 & \dots & c_1^m \\ c_2^1 & c_2^2 & c_2^3 & \dots & c_2^m \\ c_3^1 & c_3^2 & c_3^3 & \dots & c_3^m \\ \dots & \dots & \dots & \dots & \dots \\ c_m^1 & c_m^2 & c_m^3 & \dots & c_m^m \end{array} \right|.$$

1° *Si* $m = n$, on retombe sur le théorème du n° 70, et l'on a

$$R = P_1 Q_1.$$

2° *Si* m *est* $> n$, le terme principal de R est

$$c_1^1 c_2^2 c_3^3 \ldots c_m^m = \Sigma(a_1^\alpha a_2^\beta a_3^\gamma \ldots a_m^\mu b_1^\alpha b_2^\beta b_3^\gamma \ldots b_m^\mu),$$

et, *en reprenant l'analyse du n° 70*, on voit que les indices supérieurs $\alpha, \beta, \gamma, \ldots, \mu$, *en nombre m*, devant encore varier depuis 1 jusqu'à n, *deux au moins* recevront *toujours* des valeurs égales. On a donc nécessairement

$$R = 0.$$

3° Enfin, *si m est $< n$*, les indices supérieurs $\alpha, \beta, \gamma, \ldots, \mu$, *en nombre m*, pourront *toujours* recevoir des valeurs inégales choisies dans la suite 1, 2, 3, ..., n, et cela autant de fois qu'on peut établir de combinaisons avec n objets pris m à m ou un nombre de fois représenté par (*Alg. élém.*, 409)

$$\frac{n(n-1)(n-2)\ldots(n-m+1)}{1.2.3\ldots m}.$$

Pour chaque système de valeurs attribuées ainsi aux indices $\alpha, \beta, \gamma, \ldots, \mu$, on aura à considérer m colonnes du tableau Q_1 et m colonnes correspondantes du tableau P_1, formant respectivement deux déterminants Q et P. On aura donc évidemment

$$R = \Sigma(PQ),$$

le signe Σ embrassant tous les produits PQ qui répondent aux systèmes de valeurs qu'on peut donner aux indices α, β, $\gamma, \ldots, \mu$.

77. Quelques exemples ne seront pas inutiles pour bien éclaircir ce qu'on vient de dire :

1° *Soient d'abord les deux tableaux rectangulaires*

$$\left\|\begin{matrix} a_1 & b_1 \\ a_2 & b_2 \\ a_3 & b_3 \end{matrix}\right\| \quad \text{et} \quad \left\|\begin{matrix} \alpha_1 & \beta_1 \\ \alpha_2 & \beta_2 \\ \alpha_3 & \beta_3 \end{matrix}\right\|.$$

On a ici $m = 3$ et $n = 2$. Le déterminant R, qui a pour expression (76)

$$\begin{vmatrix} a_1\alpha_1 + b_1\beta_1 & a_1\alpha_2 + b_1\beta_2 & a_1\alpha_3 + b_1\beta_3 \\ a_2\alpha_1 + b_2\beta_1 & a_2\alpha_2 + b_2\beta_2 & a_2\alpha_3 + b_2\beta_3 \\ a_3\alpha_1 + b_3\beta_1 & a_3\alpha_2 + b_3\beta_2 & a_3\alpha_3 + b_3\beta_3 \end{vmatrix},$$

doit donc être nul (76).

On peut, en effet, le décomposer (71) en *huit* déterminants simples, se partageant en trois groupes.

Deux sont de la forme

$$\begin{vmatrix} a_1\alpha_1 & a_1\alpha_2 & a_1\alpha_3 \\ a_2\alpha_1 & a_2\alpha_2 & a_2\alpha_3 \\ a_3\alpha_1 & a_3\alpha_2 & a_3\alpha_3 \end{vmatrix} = \alpha_1\alpha_2\alpha_3 \begin{vmatrix} a_1 & a_1 & a_1 \\ a_2 & a_2 & a_2 \\ a_3 & a_3 & a_3 \end{vmatrix} = 0.$$

Trois sont de la forme

$$\begin{vmatrix} a_1\alpha_1 & a_1\alpha_2 & b_1\beta_3 \\ a_2\alpha_1 & a_2\alpha_2 & b_2\beta_3 \\ a_3\alpha_1 & a_3\alpha_2 & b_3\beta_3 \end{vmatrix} = \alpha_1\alpha_2\beta_3 \begin{vmatrix} a_1 & a_1 & b_1 \\ a_2 & a_2 & b_2 \\ a_3 & a_3 & b_3 \end{vmatrix} = 0.$$

Les trois derniers sont de la forme

$$\begin{vmatrix} a_1\alpha_1 & b_1\beta_2 & b_1\beta_3 \\ a_2\alpha_1 & b_2\beta_2 & b_2\beta_3 \\ a_3\alpha_1 & b_3\beta_2 & b_3\beta_3 \end{vmatrix} = \alpha_1\beta_2\beta_3 \begin{vmatrix} a_1 & b_1 & b_1 \\ a_2 & b_2 & b_2 \\ a_3 & b_3 & b_3 \end{vmatrix} = 0.$$

2° *Soient* encore *les deux tableaux rectangulaires*

$$\begin{Vmatrix} a_1 & b_1 & c_1 \\ a_2 & b_2 & c_2 \end{Vmatrix} \quad \text{et} \quad \begin{Vmatrix} \alpha_1 & \beta_1 & \gamma_1 \\ \alpha_2 & \beta_2 & \gamma_2 \end{Vmatrix}.$$

On a ici $m = 2$ et $n = 3$. Le déterminant R, qui a pour expression (76)

$$\begin{vmatrix} a_1\alpha_1 + b_1\beta_1 + c_1\gamma_1 & a_1\alpha_2 + b_1\beta_2 + c_1\gamma_2 \\ a_2\alpha_1 + b_2\beta_1 + c_2\gamma_1 & a_2\alpha_2 + b_2\beta_2 + c_2\gamma_2 \end{vmatrix},$$

doit donc être égal à la somme d'autant de produits de déterminants du second ordre qu'on peut faire de combinaisons avec trois colonnes prises deux à deux (76), c'est-à-dire à la somme des trois produits

$$\begin{vmatrix} a_1 & b_1 \\ a_2 & b_2 \end{vmatrix} \cdot \begin{vmatrix} \alpha_1 & \beta_1 \\ \alpha_2 & \beta_2 \end{vmatrix} + \begin{vmatrix} a_1 & c_1 \\ a_2 & c_2 \end{vmatrix} \cdot \begin{vmatrix} \alpha_1 & \gamma_1 \\ \alpha_2 & \gamma_2 \end{vmatrix} + \begin{vmatrix} b_1 & c_1 \\ b_2 & c_2 \end{vmatrix} \cdot \begin{vmatrix} \beta_1 & \gamma_1 \\ \beta_2 & \gamma_2 \end{vmatrix};$$

c'est ce qu'il est facile de vérifier (39) en mettant le déterminant R sous la forme

$$\begin{gathered}(a_1 b_2 - b_1 a_2)(\alpha_1\beta_2 - \beta_1\alpha_2) \\ +(a_1 c_2 - c_1 a_2)(\alpha_1\gamma_2 - \gamma_1\alpha_2) + (b_1 c_2 - c_1 b_2)(\beta_1\gamma_2 - \gamma_1\beta_2).\end{gathered}$$

3° *Soient* enfin, pour terminer, *les deux tableaux rectangulaires identiques*

$$\begin{Vmatrix} a_1 & b_1 & c_1 \\ \alpha_1 & \beta_1 & \gamma_1 \end{Vmatrix} \quad \text{et} \quad \begin{Vmatrix} a_1 & b_1 & c_1 \\ \alpha_1 & \beta_1 & \gamma_1 \end{Vmatrix}.$$

On a encore, dans ce cas, $m = 2$ et $n = 3$.

Le déterminant R, qui a pour expression (76)

$$\begin{vmatrix} a_1^2 + b_1^2 + c_1^2 & a_1\alpha_1 + b_1\beta_1 + c_1\gamma_1 \\ a_1\alpha_1 + b_1\beta_1 + c_1\gamma_1 & \alpha + \beta_1^2 + \gamma_1^2 \end{vmatrix},$$

sera donc la somme des trois produits ou carrés

$$\begin{vmatrix} a_1 & b_1 \\ \alpha_1 & \beta_1 \end{vmatrix} \cdot \begin{vmatrix} a_1 & b_1 \\ \alpha_1 & \beta_1 \end{vmatrix} = \begin{vmatrix} a_1^2 + b_1^2 & a_1\alpha_1 + b_1\beta_1 \\ a_1\alpha_1 + b_1\beta_1 & \alpha_1^2 + \beta_1^2 \end{vmatrix},$$

$$\begin{vmatrix} a_1 & c_1 \\ \alpha_1 & \gamma_1 \end{vmatrix} \cdot \begin{vmatrix} a_1 & c_1 \\ \alpha_1 & \gamma_1 \end{vmatrix} = \begin{vmatrix} a_1^2 + c_1^2 & a_1\alpha_1 + c_1\gamma_1 \\ a_1\alpha_1 + c_1\gamma_1 & \alpha_1^2 + \gamma_1^2 \end{vmatrix},$$

$$\begin{vmatrix} b_1 & c_1 \\ \beta_1 & \gamma_1 \end{vmatrix} \cdot \begin{vmatrix} b_1 & c_1 \\ \beta_1 & \gamma_1 \end{vmatrix} = \begin{vmatrix} b_1^2 + c_1^2 & b_1\beta_1 + c_1\gamma_1 \\ b_1\beta_1 + c_1\gamma_1 & \beta_1^2 + \gamma_1^2 \end{vmatrix}.$$

On doit donc avoir (39)

$$\begin{aligned}(a_1^2 + b_1^2 + c_1^2)(\alpha_1^2 + \beta_1^2 + \gamma_1^2) - (a_1\alpha_1 + b_1\beta_1 + c_1\gamma_1)^2 \\ = (a_1^2 + b_1^2)(\alpha_1^2 + \beta_1^2) - (a_1\alpha_1 + b_1\beta_1)^2 \\ + (a_1^2 + c_1^2)(\alpha_1^2 + \gamma_1^2) - (a_1\alpha_1 + c_1\gamma_1)^2 \\ + (b_1^2 + c_1^2)(\beta_1^2 + \gamma_1^2) - (b_1\beta_1 + c_1\gamma_1)^2.\end{aligned}$$

On en déduit immédiatement l'identité bien connue

$$\begin{aligned}(a_1^2 + b_1^2 + c_1^2)(\alpha_1^2 + \beta_1^2 + \gamma_1^2) - (a_1\alpha_1 + b_1\beta_1 + c_1\gamma_1)^2 \\ = (a_1\beta_1 - b_1\alpha_1)^2 + (c_1\alpha_1 - a_1\gamma_1)^2 + (b_1\gamma_1 - c_1\beta_1)^2.\end{aligned}$$

78. Les propositions précédentes (70, 76) constituent dans leur ensemble un théorème général, auquel on donne souvent le nom de *théorème de* Binet *et* Cauchy, parce que ces deux savants y sont parvenus en même temps, en partant de cas particuliers examinés par Lagrange et Gauss (voir *Journal de l'École Polytechnique,* XVIe Cahier, p. 284, et XVIIe Cahier, p. 111).

CHAPITRE VI.

RÉSOLUTION GÉNÉRALE DES ÉQUATIONS DU PREMIER DEGRÉ.

79. L'emploi des déterminants simplifie beaucoup la résolution générale des équations du premier degré.

Nous démontrerons d'abord les formules ou les règles connues sous le nom de *règles de* CRAMER ; puis nous établirons le *théorème général de* M. EUG. ROUCHÉ, qui nous semble devoir clore définitivement la question.

Règles de Cramer.

80. Considérons un système de n équations du premier degré à n inconnues, que nous représenterons comme il suit :

$$(1)\qquad \left\{\begin{array}{l} a_1 x + b_1 y + c_1 z + \ldots + l_1 t = p_1, \\ a_2 x + b_2 y + c_2 z + \ldots + l_2 t = p_2, \\ \ldots\ldots\ldots\ldots\ldots\ldots\ldots\ldots\ldots, \\ a_n x + b_n y + c_n z + \ldots + l_n t = p_n. \end{array}\right.$$

Désignons par Δ le déterminant formé par les n^2 coefficients des n inconnues. On aura

$$\Delta = \begin{vmatrix} a_1 & b_1 & c_1 & \ldots & l_1 \\ a_2 & b_2 & c_2 & \ldots & l_2 \\ .. & .. & .. & \ldots & .. \\ a_n & b_n & c_n & \ldots & l_n \end{vmatrix}.$$

On peut ordonner Δ suivant les éléments de ses différentes colonnes et l'écrire alors sous les n formes indiquées au n° **50**, à l'aide de ses déterminants mineurs de première classe (**44**).

Prenons en particulier la première de ces n formes de Δ,

c'est-à-dire

$$\Delta = A_1 a_1 + A_2 a_2 + A_3 a_3 + \ldots + A_n a_n.$$

Si l'on remplace successivement, dans le déterminant figuré des coefficients des inconnues, la lettre a par les $(n-1)$ autres lettres $b, c, \ldots, l$, sans toucher aux indices, on obtiendra chaque fois un déterminant qui sera nul comme ayant deux colonnes identiques (47). On pourra donc écrire en même temps les $(n-1)$ équations suivantes, dont les premiers membres résultent des mêmes substitutions successives dans l'expression ci-dessus de Δ :

$$(2)\qquad \left\{\begin{array}{l} A_1 b_1 + A_2 b_2 + A_3 b_3 + \ldots + A_n b_n = 0, \\ A_1 c_1 + A_2 c_2 + A_3 c_3 + \ldots + A_n c_n = 0, \\ \ldots\ldots\ldots\ldots\ldots\ldots\ldots\ldots\ldots\ldots, \\ A_1 l_1 + A_2 l_2 + A_3 l_3 + \ldots + A_n l_n = 0. \end{array}\right.$$

Cela posé, multiplions respectivement les n équations (1) par les mineurs $A_1, A_2, A_3, \ldots, A_n$ et ajoutons ensuite ces équations membre à membre. Les coefficients des $(n-1)$ inconnues $y, z, \ldots, t$ deviennent précisément, dans cette hypothèse, les premiers membres des $(n-1)$ équations (2), de sorte que ces inconnues se trouvent éliminées et que l'équation provenant de la somme effectuée se réduit à

$$(A_1 a_1 + A_2 a_2 + A_3 a_3 + \ldots + A_n a_n) x$$
$$= A_1 p_1 + A_2 p_2 + A_3 p_3 + \ldots + A_n p_n;$$

d'où

$$x = \frac{A_1 p_1 + A_2 p_2 + A_3 p_3 + \ldots + A_n p_n}{A_1 a_1 + A_2 a_2 + A_3 a_3 + \ldots + A_n a_n}.$$

Si l'on veut mettre les deux termes de cette valeur de x sous forme de déterminants, on a évidemment (49)

$$x = \begin{vmatrix} p_1 & b_1 & c_1 & \ldots & l_1 \\ p_2 & b_2 & c_2 & \ldots & l_2 \\ \cdot\cdot & \cdot\cdot & \cdot\cdot & \ldots & \cdot\cdot \\ p_n & b_n & c_n & \ldots & l_n \end{vmatrix} : \begin{vmatrix} a_1 & b_1 & c_1 & \ldots & l_1 \\ a_2 & b_2 & c_2 & \ldots & l_2 \\ \cdot\cdot & \cdot\cdot & \cdot\cdot & \ldots & \cdot\cdot \\ a_n & b_n & c_n & \ldots & l_n \end{vmatrix}.$$

On trouve de la même manière les valeurs des $(n-1)$ autres inconnues $y, z, \ldots, t$, en se servant successivement des $(n-1)$ autres formes de Δ ordonné suivant les éléments de ses $(n-1)$ autres colonnes (50), et l'on a

$$y=\frac{B_1p_1+B_2p_2+B_3p_3+\ldots+B_np_n}{B_1b_1+B_2b_2+B_3b_3+\ldots+B_nb_n},$$

. . . . ,

$$t=\frac{L_1p_1+L_2p_2+L_3p_3+\ldots+L_np_n}{L_1l_1+L_2l_2+L_3l_3+\ldots+L_nl_n}$$

ou

$$y=\begin{vmatrix} a_1 & p_1 & c_1 & \ldots & l_1 \\ a_2 & p_2 & c_2 & \ldots & l_2 \\ \ldots & \ldots & \ldots & \ldots & \ldots \\ a_n & p_n & c_n & \ldots & l_n \end{vmatrix} : \begin{vmatrix} a_1 & b_1 & c_1 & \ldots & l_1 \\ a_2 & b_2 & c_2 & \ldots & l_2 \\ \ldots & \ldots & \ldots & \ldots & \ldots \\ a_n & b_n & c_n & \ldots & l_n \end{vmatrix},$$

. . . . ,

$$t=\begin{vmatrix} a_1 & b_1 & c_1 & \ldots & p_1 \\ a_2 & b_2 & c_2 & \ldots & p_2 \\ \ldots & \ldots & \ldots & \ldots & \ldots \\ a_n & b_n & c_n & \ldots & p_n \end{vmatrix} : \begin{vmatrix} a_1 & b_1 & c_1 & \ldots & l_1 \\ a_2 & b_2 & c_2 & \ldots & l_2 \\ \ldots & \ldots & \ldots & \ldots & \ldots \\ a_n & b_n & c_n & \ldots & l_n \end{vmatrix}.$$

On voit que *le dénominateur commun des formules générales ainsi obtenues est le déterminant* Δ *des coefficients des inconnues et que, pour avoir le numérateur de chaque formule, il faut remplacer dans le dénominateur commun, sans toucher aux indices, le coefficient de l'inconnue dont on veut écrire la valeur par le terme tout connu p pris dans le second membre.*

L'énoncé précédent constitue les *règles de* CRAMER, qui les a données dans son *Introduction à l'analyse des lignes courbes algébriques* (1750) [*voir* p. 657 et 658].

81. *Pour que la démonstration précédente subsiste, il faut que les déterminants mineurs de première classe, par lesquels on doit multiplier respectivement les équations proposées, ne soient pas tous nuls.*

Si cette condition est remplie, chaque équation, telle que

$$\Delta . x = A_1p_1+A_2p_2+A_3p_3+\ldots+A_np_n,$$

est une conséquence nécessaire des équations (1) [80] et peut remplacer l'une quelconque d'entre elles. Il y a donc alors équivalence entre le système proposé et celui auquel on parvient par les formules de Cramer.

82. Il est d'ailleurs facile de vérifier que, *tant que le déterminant* Δ *est différent de zéro, les valeurs données par ces formules satisfont aux équations proposées, qui admettent par conséquent dans ce cas une solution unique et déterminée.*

Si l'on substitue, en effet, ces valeurs à la place des inconnues, la première des équations (1) [80] devient, en chassant le dénominateur commun Δ,

$$\begin{aligned} &a_1(A_1p_1 + A_2p_2 + \ldots + A_np_n) \\ &\quad + b_1(B_1p_1 + B_2p_2 + \ldots + B_np_n) + \ldots \\ &\qquad + l_1(L_1p_1 + L_2p_2 + \ldots + L_np_n) = \Delta . p_1 \end{aligned}$$

ou bien, en ordonnant dans le premier membre par rapport aux termes tout connus $p_1, p_2, \ldots, p_n$,

$$\begin{aligned} &p_1(A_1a_1 + B_1b_1 + \ldots + L_1l_1) \\ &\quad + p_2(A_2a_1 + B_2b_1 + \ldots + L_2l_1) + \ldots \\ &\qquad + p_n(A_na_1 + B_nb_1 + \ldots + L_nl_1) = \Delta . p_1. \end{aligned}$$

Or le coefficient de p_1 est le déterminant Δ ordonné suivant les éléments de la première ligne (50), tandis que les coefficients de $p_2, p_3, \ldots, p_n$, sont ce même déterminant ordonné suivant les éléments de la deuxième, de la troisième, ..., de la $n^{\text{ième}}$ ligne, et où l'on aurait successivement remplacé ces mêmes lignes par la première : on a ainsi, chaque fois, un déterminant à deux lignes identiques ou nul (47), de sorte que le premier membre de l'équation considérée se réduit à $\Delta . p_1$ comme le second membre, et que cette équation est satisfaite par les valeurs mises à la place des inconnues.

On appliquera un raisonnement analogue aux $(n-1)$ autres équations du système (1) [80].

83. En admettant toujours que les déterminants mineurs ne soient pas tous nuls (81), on peut montrer que, *lorsque le déterminant* Δ *est,* au contraire, *égal à zéro, le système des équations proposées est impossible ou indéterminé.*

Car, si l'on substitue, comme on en a le droit, à la première des équations (1) [80], dont les deux membres ont été multipliés par le mineur A_1 supposé différent de zéro, la première des équations répondant aux formules de Cramer, c'est-à-dire l'équation

$$(\alpha) \qquad \Delta . x = A_1 p_1 + A_2 p_2 + A_3 p_3 + \ldots + A_n p_n,$$

on forme un système équivalent au système (1).

Or, si le second membre de l'équation (α) est différent de zéro, cette équation, d'après l'hypothèse $\Delta = 0$, est *impossible* (*Alg. élém.*, **115**), ainsi que le système dont elle fait partie.

Si le second membre de l'équation (α) est aussi nul, cette équation devient une *identité* (*Alg. élém.*, **116**), et le système dont elle fait partie se réduit à un système de ($n - 1$) équations à n inconnues : il est donc *indéterminé* (*Alg. élém.*, **145**).

84. Nous ne croyons pas utile de poursuivre plus loin cette discussion, le théorème général que nous allons démontrer la rendant beaucoup plus simple et, en même temps, plus complète.

Théorème général de M. Eug. Rouché.

85. M. Rouché a fait connaître ce théorème par une Note insérée dans les *Comptes rendus de l'Académie des Sciences* (29 novembre 1875). Il l'a exposé ensuite, avec plus de développements, dans le *Journal de l'École Polytechnique* (XLVIIIe Cahier, 1880), sous le titre de *Note sur les équations linéaires*. C'est cette exposition que nous prendrons pour guide, en simplifiant les définitions d'abord adoptées d'après les nouvelles réflexions que l'auteur a bien voulu nous communiquer.

86. Nous représenterons les inconnues par la même lettre affectée d'indices différents.

Soit donc le système d'équations linéaires

$$(1) \qquad \left\{ \begin{array}{l} a_1^1 x_1 + a_1^2 x_2 + a_1^3 x_3 + \ldots + a_1^m x_m = k_1, \\ a_2^1 x_1 + a_2^2 x_2 + a_2^3 x_3 + \ldots + a_2^m x_m = k_2, \\ \ldots\ldots\ldots\ldots\ldots\ldots\ldots\ldots\ldots\ldots, \\ a_n^1 x_1 + a_n^2 x_2 + a_n^3 x_3 + \ldots + a_n^m x_m = k_n. \end{array} \right.$$

Ce système, formé de n équations renfermant m inconnues, et où n peut être *supérieur*, *égal* ou *inférieur* à m, répond à tous les cas possibles.

D'une manière générale, nous ne pourrons pas (sauf le cas de $n = m$) former un déterminant avec les coefficients des inconnues, mais bien un Tableau rectangulaire analogue à ceux dont nous avons déjà parlé (75). Ce Tableau rectangulaire sera

$$(\mathrm{T}) \qquad \left\| \begin{matrix} a_1^1 & a_1^2 & a_1^3 & \dots & a_1^m \\ a_2^1 & a_2^2 & a_2^3 & \dots & a_2^m \\ \dots & \dots & \dots & \dots & \dots \\ a_n^1 & a_n^2 & a_n^3 & \dots & a_n^m \end{matrix} \right\|,$$

et l'on pourra en déduire des déterminants proprement dits, en y considérant les éléments communs à un certain nombre de lignes et à un nombre égal de colonnes.

87. *Nous supposerons d'abord que tous les éléments du Tableau* (T) *ne sont pas nuls, et qu'il y en a au moins un différent de zéro.*

Dans cette hypothèse, parmi les déterminants déduits du Tableau (T), on en trouvera au moins un *qui ne sera pas nul* et qui sera d'un certain ordre. S'il en existe plusieurs qui ne soient pas nuls, on choisira parmi eux celui *d'ordre supérieur*. S'il y en a plusieurs de cet ordre supérieur, on en choisira parmi eux un à volonté.

Le déterminant ainsi choisi, que nous désignerons par δ, est appelé le *déterminant principal* du système (1), et si p est son ordre, p ne peut évidemment surpasser le plus petit des deux nombres m et n.

D'après cette définition, les déterminants d'ordre supérieur à p, que l'on pourra déduire du Tableau, seront nécessairement nuls.

On peut d'ailleurs, en disposant convenablement les équations (1), supposer, sans restriction aucune, que δ est le déterminant obtenu en combinant les p premières lignes et les p premières colonnes du Tableau (T). On aura ainsi

$$\delta = \left| \begin{matrix} a_1^1 & a_1^2 & a_1^3 & \dots & a_1^p \\ a_2^1 & a_2^2 & a_2^3 & \dots & a_2^p \\ \dots & \dots & \dots & \dots & \dots \\ a_p^1 & a_p^2 & a_p^3 & \dots & a_p^p \end{matrix} \right|.$$

Nous nommerons alors *inconnues principales* les p premières inconnues $x_1, x_2, x_3, \dots, x_p$, c'est-à-dire celles qui ont pour coefficients les éléments du *déterminant principal.*

Supposons maintenant qu'on *borde* ce déterminant, *à sa partie inférieure,* par les p premiers éléments de l'une des lignes du Tableau (T), *non employées pour le former,* et qu'on le *borde* en même temps, *à droite,* par les termes tout connus des équations de même rang que les différentes lignes dont les éléments entrent dans sa composition ainsi modifiée. On obtiendra un déterminant d'ordre $(p+1)$, que nous désignerons par $\delta_{p+\alpha}$ et qui sera

$$\delta_{p+\alpha} = \begin{vmatrix} a_1^1 & a_1^2 & a_1^3 & \dots & a_1^p & k_1 \\ a_2^1 & a_2^2 & a_2^3 & \dots & a_2^p & k_2 \\ \dots & \dots & \dots & \dots & \dots & \dots \\ a_p^1 & a_p^2 & a_p^3 & \dots & a_p^p & k_p \\ a_{p+\alpha}^1 & a_{p+\alpha}^2 & a_{p+\alpha}^3 & \dots & a_{p+\alpha}^p & k_{p+\alpha} \end{vmatrix}$$

$$(\alpha = 1, 2, 3, \dots, n-p).$$

On pourra évidemment déduire ainsi, du déterminant principal δ, $(n-p)$ déterminants d'ordre $(p+1)$, en faisant varier α depuis 1 jusqu'à $n-p$, puisque $(n-p)$ lignes du Tableau (T) n'ont pas été employées dans la formation de δ.

Ces $(n-p)$ déterminants d'ordre $p+1$ sont appelés, à leur tour, les *déterminants caractéristiques* du système (1).

Lorsque p est égal à n, *toutes* les lignes du Tableau (T) figurent par leurs p premiers éléments dans le déterminant principal δ, et il n'existe aucun déterminant caractéristique du système (1).

88. Nous simplifierons l'écriture en posant

$$\begin{aligned} X_r &= a_r^1 x_1 + a_r^2 x_2 + a_r^3 x_3 + \dots + a_r^p x_p, \\ V_r &= k_r - a_r^{p+1} x_{p+1} - a_r^{p+2} x_{p+2} - \dots - a_r^m x_m, \end{aligned}$$

c'est-à-dire en mettant les équations (1) [86] sous la forme

$$(2) \qquad X_r = V_r \qquad (r = 1, 2, 3, \dots, n).$$

Nous considérerons alors les expressions $V_1, V_2, V_3, \dots, V_n$, comme les *seconds membres* des n équations (2). Rien ne sera changé par là au système proposé.

89. Ces préliminaires établis, nous pouvons énoncer la proposition qui renferme toute la théorie des équations du premier degré :

1° *Pour que n équations linéaires à m inconnues soient*

COMPATIBLES, *il faut et il suffit que tous les déterminants caractéristiques du système soient nuls ou qu'il n'en existe aucun.*

2° *Les équations données étant compatibles, le système qu'elles forment admet* UNE SOLUTION UNIQUE ET DÉTERMINÉE, *lorsque toutes les inconnues sont principales (auquel cas $m = n = p$). Lorsque toutes les inconnues ne sont pas principales, le système est* INDÉTERMINÉ.

90. Nous démontrerons d'abord la première partie de cette proposition.

Formons les deux déterminants suivants, en les égalant à zéro,

$$(3)\quad \begin{vmatrix} a_1^1 & \dots & a_1^{\beta-1} & a_1^\beta & a_1^{\beta+1} & \dots & a_1^p & X_1 - V_1 \\ a_2^1 & \dots & a_2^{\beta-1} & a_2^\beta & a_2^{\beta+1} & \dots & a_2^p & X_2 - V_2 \\ \dots & \dots & \dots & \dots & \dots & \dots & \dots & \dots \\ a_p^1 & \dots & a_p^{\beta-1} & a_p^\beta & a_p^{\beta+1} & \dots & a_p^p & X_p - V_p \\ 0 & \dots & 0 & 1 & 0 & \dots & 0 & 0 \end{vmatrix} = 0$$

$$(\beta = 1, 2, 3, \dots, p),$$

$$(3')\quad \begin{vmatrix} a_1^1 & \dots & a_1^p & X_1 - V_1 \\ a_2^1 & \dots & a_2^p & X_2 - V_2 \\ \dots & \dots & \dots & \dots \\ a_p^1 & \dots & a_p^p & X_p - V_p \\ a_{p+\alpha}^1 & \dots & a_{p+\alpha}^p & X_{p+\alpha} - V_{p+\alpha} \end{vmatrix} = 0$$

$$(\alpha = 1, 2, 3, \dots, n-p).$$

Dans le premier, nous ferons varier β depuis 1 jusqu'à p, et nous aurons p équations; dans le second, nous ferons varier α depuis 1 jusqu'à $n-p$, et nous aurons $n-p$ équations. L'ensemble des expressions (3) et (3′) constitue donc un système de n équations entre les m inconnues x_1, x_2, x_3, ..., x_m.

Nous allons comparer le système (2) au système (3, 3′) et prouver leur équivalence.

Il est d'abord évident que toute solution du système (2) satisfait au système (3, 3′); car, pour cette solution, la dernière colonne de chacun des déterminants (3) et (3′) est composée d'éléments nuls, et ces déterminants sont nuls (**52**).

Réciproquement, toute solution du système (3, 3′) satisfait au système (2).

En effet, multiplions respectivement les équations (3), ce qui ne changera pas leurs solutions, par les facteurs

$$a_\gamma^1,\quad a_\gamma^2,\quad a_\gamma^3,\quad \ldots,\quad a_\gamma^p,$$

γ étant l'un des nombres 1, 2, 3, ..., p. Il suffira pour cela de multiplier la dernière ligne du déterminant (3) par le facteur considéré (54), c'est-à-dire de remplacer l'élément 1 de cette dernière ligne par ce facteur. Les nouveaux déterminants obtenus ne différeront que par leur dernière ligne, où tous les éléments sont nuls, excepté le facteur introduit à la place de 1. Par conséquent, β devant varier de 1 à p, ou le rang de la colonne où se trouvait l'élément 1 devant varier de 1 à p, on n'aura, pour ajouter ces nouveaux déterminants, ce qui est permis (*Alg. élém.*, 122), qu'à conserver toutes les autres lignes du déterminant (3), en remplaçant la dernière par la somme de toutes les dernières lignes des nouveaux déterminants (58) ou, à cause des éléments nuls, par la ligne

$$a_\gamma^1\ a_\gamma^2\ a_\gamma^3\ \ldots\ a_\gamma^p\ 0.$$

On a ainsi la relation

$$\begin{vmatrix} a_1^1 & a_1^2 & \ldots & a_1^p & X_1 - V_1 \\ a_2^1 & a_2^2 & \ldots & a_2^p & X_2 - V_2 \\ \ldots & \ldots & \ldots & \ldots & \ldots \\ a_\gamma^1 & a_\gamma^2 & \ldots & a_\gamma^p & X_\gamma - V_\gamma \\ \ldots & \ldots & \ldots & \ldots & \ldots \\ a_p^1 & a_p^2 & \ldots & a_p^p & X_p - V_p \\ a_\gamma^1 & a_\gamma^2 & \ldots & a_\gamma^p & 0 \end{vmatrix} = 0 \quad (\gamma = 1, 2, 3, \ldots, p).$$

En écrivant la dernière colonne comme nous l'indiquons, cette relation devient

$$\begin{vmatrix} a_1^1 & a_1^2 & \ldots & a_1^p & X_1 - V_1 + \quad 0 \\ a_2^1 & a_2^2 & \ldots & a_2^p & X_2 - V_2 + \quad 0 \\ \ldots & \ldots & \ldots & \ldots & \ldots \\ a_\gamma^1 & a_\gamma^2 & \ldots & a_\gamma^p & 0 \quad + X_\gamma - V_\gamma \\ \ldots & \ldots & \ldots & \ldots & \ldots \\ a_p^1 & a_p^2 & \ldots & a_p^p & X_p - V_p + \quad 0 \\ a_\gamma^1 & a_\gamma^2 & \ldots & a^p & 0 \quad + \quad 0 \end{vmatrix} = 0,$$

et l'on voit alors qu'elle se décompose (56) en deux déterminants dont l'un, formé par toutes les colonnes moins la dernière, est nul comme présentant deux lignes identiques (47), et dont l'autre, formé par toutes les colonnes moins l'avant-dernière, est précisément égal en valeur absolue au déterminant principal δ multiplié par le facteur $X_\gamma - V_\gamma$ (51). On a donc, puisque δ n'est pas nul (87),

$$X_\gamma - V_\gamma = 0 \quad \text{ou} \quad X_\gamma = V_\gamma \quad (\gamma = 1, 2, 3, \ldots, p).$$

Si l'on considère maintenant le déterminant (3'), les solutions qu'on vient de trouver annulent tous les éléments de la dernière colonne, moins le dernier. Les équations (3') se réduisent donc (51) à

$$(X_{p+\alpha} - V_{p+\alpha})\delta = 0$$

ou à

$$X_{p+\alpha} = V_{p+\alpha} \quad (\alpha = 1, 2, 3, \ldots, n-p).$$

Il résulte de cette analyse que toute solution du système (3, 3') vérifie le système (2). Ces deux systèmes sont bien, par suite, équivalents, et nous pouvons considérer le système (3, 3') à la place du système (2).

Nous allons simplifier le système (3, 3').

Prenons d'abord le déterminant (3) qui est d'ordre $p+1$. Il équivaut, à cause de l'élément 1 de la dernière ligne (51), au déterminant mineur de première classe obtenu en supprimant la dernière ligne et la colonne de rang β, supposées toutes deux amenées préalablement au premier rang (59). On fera ensuite passer la dernière colonne à la place de la colonne de rang β supprimée. Pour ne rien changer à la valeur du déterminant, on devra, à cause de ces échanges (46), le multiplier par les deux facteurs $(-1)^{p+\beta-1}$ et $(-1)^{p-\beta}$, dont le produit est -1. Ainsi le déterminant (3) devient d'abord

$$(4) \qquad -\begin{vmatrix} a_1^1 & \ldots & a_1^{\beta-1} & X_1 - V_1 & a_1^{\beta+1} & \ldots & a_1^p \\ a_2^1 & \ldots & a_2^{\beta-1} & X_2 - V_2 & a_2^{\beta+1} & \ldots & a_2^p \\ \ldots & \ldots & \ldots & \ldots & \ldots & \ldots & \ldots \\ a_p^1 & \ldots & a_p^{\beta-1} & X_p - V_p & a_p^{\beta+1} & \ldots & a_p^p \end{vmatrix}.$$

A cause de la colonne composée (56), ce déterminant (4) peut ensuite se mettre sous la forme

$$\left|\begin{matrix} a_1^1 & \ldots & a_1^{\beta-1} & V_1 & a_1^{\beta+1} & \ldots & a_1^p \\ a_2^1 & \ldots & a_2^{\beta-1} & V_2 & a_2^{\beta+1} & \ldots & a_2^p \\ \cdot\cdot & \cdots & \cdots & \cdot\cdot & \cdots & \cdots & \cdot\cdot \\ a_p^1 & \ldots & a_p^{\beta-1} & V_p & a_p^{\beta+1} & \ldots & a_p^p \end{matrix}\right| - \left|\begin{matrix} a_1^1 & \ldots & a_1^{\beta-1} & X_1 & a_1^{\beta+1} & \ldots & a_1^p \\ a_2^1 & \ldots & a_2^{\beta-1} & X_2 & a_2^{\beta+1} & \ldots & a_2^p \\ \cdot\cdot & \cdots & \cdots & \cdot\cdot & \cdots & \cdots & \cdot\cdot \\ a_p^1 & \ldots & a_p^{\beta-1} & X_p & a_p^{\beta+1} & \ldots & a_p^p \end{matrix}\right|$$

On obtiendra les équations (3) en égalant ce résultat à zéro et en faisant varier β depuis 1 jusqu'à p.

Mais, à cause de la composition de $X_1, X_2, \ldots, X_p$ (88), la deuxième partie du déterminant (4) est la somme des déterminants obtenus en prenant successivement dans la colonne composée une colonne partielle. En mettant en facteur commun dans cette colonne partielle l'inconnue qu'elle renferme ($x_1, x_2, x_3, \ldots$ ou x_p), on fait apparaître deux colonnes identiques dans le déterminant correspondant qui est, par suite, égal à zéro. Il n'y a d'exception que pour la colonne partielle où l'indice supérieur du coefficient de l'inconnue a la valeur donnée à β et où le facteur commun est x^β. On a donc, en réalité, à la place du déterminant (4) et pour les équations (3),

$$\left|\begin{matrix} a_1^1 & \ldots & a_1^{\beta-1} & V_1 & a_1^{\beta+1} & \ldots & a_1^p \\ a_2^1 & \ldots & a_2^{\beta-1} & V_2 & a_2^{\beta+1} & \ldots & a_2^p \\ \cdot\cdot & \cdots & \cdots & \cdot\cdot & \cdots & \cdots & \cdot\cdot \\ a_p^1 & \ldots & a_p^{\beta-1} & V_p & a_p^{\beta+1} & \ldots & a_p^p \end{matrix}\right| - x_\beta \left|\begin{matrix} a_1^1 & \ldots & a_1^{\beta-1} & a_1^\beta & a_1^{\beta+1} & \ldots & a_1^p \\ a_2^1 & \ldots & a_2^{\beta-1} & a_2^\beta & a_2^{\beta+1} & \ldots & a_2^p \\ \cdot\cdot & \cdots & \cdots & \cdot\cdot & \cdots & \cdots & \cdot\cdot \\ a_p^1 & \ldots & a_p^{\beta-1} & a_p^\beta & a_p^{\beta+1} & \ldots & a_p^p \end{matrix}\right| =$$

ou, le second déterminant n'étant autre chose que le déterminant principal δ,

$$(5) \qquad \delta . x_\beta = \left|\begin{matrix} a_1^1 & \ldots & a_1^{\beta-1} & V_1 & a_1^{\beta+1} & \ldots & a_1^p \\ a_2^1 & \ldots & a_2^{\beta-1} & V_2 & a_2^{\beta+1} & \ldots & a_2^p \\ \cdot\cdot & \cdots & \cdots & \cdot\cdot & \cdots & \cdots & \cdot\cdot \\ a_p^1 & \ldots & a_p^{\beta-1} & V_p & a_p^{\beta+1} & \ldots & a_p^p \end{matrix}\right|$$

$$(\beta = 1, 2, 3, \ldots, p).$$

Quant au déterminant (3′), il est égal, si l'on tient compte de la composition de $X_1, X_2, \ldots, X_p, X_{p+\alpha}$, en même temps que de celle de $V_1, V_2, \ldots, V_p, V_{p+\alpha}$, à la somme des déterminants obtenus en prenant successivement dans la dernière colonne composée une colonne partielle. Tant que le rang de la colonne partielle choisie sera inférieur ou égal à p, le déterminant partiel correspondant sera nul comme ayant deux colonnes proportionnelles (55). Lorsque le rang de la colonne partielle choisie dépassera $p+1$, on obtiendra, sauf le facteur commun $x_{p+\alpha}$ à mettre en évidence, un déterminant partiel d'ordre $p+1$, déduit du Tableau (T) [86]. Ce déterminant d'ordre $p+1$ sera nul, lui aussi, d'après la définition du déterminant principal (87). Il ne restera donc plus, comme valeur du déterminant (3′), que le déterminant partiel correspondant à la colonne partielle de rang $p+1$ (88) ou à la colonne partielle formée par les termes tout connus des équations (1) [86], changés de signe, c'est-à-dire (54)

$$-\begin{vmatrix} a_1^1 & a_1^2 & \ldots & a_1^p & k_1 \\ a_2^1 & a_2^2 & \ldots & a_2^p & k_2 \\ \ldots & \ldots & \ldots & \ldots & \ldots \\ a_p^1 & a_p^2 & \ldots & a_p^p & k_p \\ a_{p+\alpha}^1 & a_{p+\alpha}^2 & \ldots & a_{p+\alpha}^p & k_{p+\alpha} \end{vmatrix}.$$

Or ce déterminant n'est pas autre chose que le *déterminant caractéristique* $\delta_{p+\alpha}$, changé de signe (87).

Il en résulte que les équations (3′) se réduisent à

$$(5') \qquad \delta_{p+\alpha} = 0 \qquad (\alpha = 1, 2, 3, \ldots, n-p).$$

En divisant l'équation (5) par δ qui n'est pas nul, on substituera finalement au système (3, 3′) le système formé par les équations (5, 5′) ou par les équations

$$(6) \qquad x_\beta = \frac{1}{\delta}\begin{vmatrix} a_1^1 & \ldots & a_1^{\beta-1} & V_1 & a_1^{\beta+1} & \ldots & a_1^p \\ a_2^1 & \ldots & a_2^{\beta-1} & V_2 & a_2^{\beta+1} & \ldots & a_2^p \\ \ldots & \ldots & \ldots & \ldots & \ldots & \ldots & \ldots \\ a_p^1 & \ldots & a_p^{\beta-1} & V_p & a_p^{\beta+1} & \ldots & a_p^p \end{vmatrix}$$

$$(\beta = 1, 2, 3, \ldots, p)$$

et

$$(6') \qquad \delta_{p+\alpha} = 0 \qquad (\alpha = 1, 2, 3, \ldots, n-p).$$

Les équations (6′) sont *indépendantes* des inconnues, condition qui n'est pas remplie par les équations (6). Il faut donc, pour que les équations (6, 6′) soient *compatibles*, que les équations (6′) soient satisfaites d'elles-mêmes, c'est-à-dire que le système (1) n'admette pas de déterminants caractéristiques ou que tous ses déterminants caractéristiques δ_{p+1}, δ_{p+2}, δ_{p+3}, ..., δ_n, soient nuls.

Inversement, s'il est ainsi, le système (6, 6′) se réduit aux équations (6). D'ailleurs, δ n'étant pas nul et $V_1, V_2, \ldots, V_p$, étant des fonctions linéaires de $x_{p+1}, x_{p+2}, x_{p+3}, \ldots, x_m$, on voit que, pour tout système de valeurs attribuées arbitrairement à ces inconnues, on obtient, par ces équations (6), pour les autres inconnues $x_1, x_2, x_3, \ldots, x_p$, des valeurs déterminées. En d'autres termes, les équations proposées sont compatibles.

La première partie de la proposition fondamentale, énoncée au n° 89, est donc établie.

91. Cela posé, il y a deux cas à distinguer :

Si toutes les inconnues ne sont pas principales (87), les expressions $V_1, V_2, \ldots, V_p$, renferment linéairement, comme on vient de le rappeler, les $m-p$ inconnues non principales $x_{p+1}, x_{p+2}, \ldots, x_m$, *qui restent arbitraires*, de sorte qu'il y a *indétermination* et que cette indétermination est *de l'ordre* $m-p$.

On peut alors, en revenant aux équations (6), énoncer la règle suivante, tout à fait générale :

Les inconnues principales, fonction des autres inconnues qui demeurent arbitraires, s'expriment sous forme de fractions ayant pour dénominateur commun le déterminant principal δ et, pour numérateurs respectifs, les déterminants qu'on obtient en remplaçant, dans le déterminant δ, les éléments de la colonne de rang égal à l'indice de l'inconnue principale considérée par les seconds membres correspondants $V_1, V_2, \ldots, V_p$.

Si toutes les inconnues sont principales (87), auquel cas on a $m = n = p$, les seconds membres $V_1, V_2, \ldots, V_p$, ne contiennent plus d'inconnues et se réduisent respectivement aux termes tout connus $k_1, k_2, \ldots, k_p$, des équations (1). Le système proposé n'a donc alors qu'*une solution unique et déterminée,* et l'on retrouve exactement les règles de Cramer (80) comme cas particulier du cas général.

La seconde partie de la proposition, énoncée au n° 89, est donc, à son tour, établie.

92. Nous avons laissé de côté le cas où le Tableau (T) aurait tous ses éléments nuls, c'est-à-dire le cas où les coefficients des inconnues dans les équations (1) seraient tous nuls.

Il est évident que, dans cette hypothèse, les équations proposées sont *incompatibles* si les termes tout connus $k_1, k_2, \ldots, k_n$, *ne sont pas tous nuls,* et qu'elles forment un système *totalement indéterminé,* toutes les inconnues étant arbitraires, si ces mêmes termes tout connus *sont tous nuls.*

Applications.

93. Il ne sera pas inutile de préciser, par quelques exemples, le mode d'emploi de la méthode générale de M. Rouché.

94. 1° *Soit à résoudre le système*

$$\begin{aligned} 5x + 3y - 11z &= 13, \\ 4x - 5y + 4z &= 18, \\ 9x - 2y - 7z &= 25. \end{aligned}$$

Nous avons ici $m = n = 3$, c'est-à-dire autant d'inconnues que d'équations. Le *Tableau* des coefficients des inconnues se réduit donc au *déterminant* de ces coefficients. *Le théorème de M. Rouché n'en est pas moins applicable, comme on va le voir.*

Si ce déterminant

$$\begin{vmatrix} 5 & 3 & -11 \\ 4 & -5 & 4 \\ 9 & -2 & -7 \end{vmatrix}$$

n'est pas nul, il sera le *déterminant principal* du système, et il n'existera aucun *déterminant caractéristique,* puisque toutes les lignes du Tableau auront concouru à la formation du déterminant principal (87).

Mais, si l'on retranche la deuxième ligne de la troisième (57), il vient

$$\begin{vmatrix} 5 & 3 & -11 \\ 4 & -5 & 4 \\ 5 & 3 & -11 \end{vmatrix} = 0. \quad (47)$$

Le seul déterminant du troisième ordre qu'on puisse déduire du Tableau étant nul, il faut passer aux déterminants du deuxième ordre qu'on en peut tirer. Prenons le premier

$$\begin{vmatrix} 5 & 3 \\ 4 & -5 \end{vmatrix}$$

qui n'est pas nul et qu'on peut choisir comme déterminant principal. En écrivant au-dessous de ce déterminant les premiers éléments de la troisième ligne du Tableau et, à droite, les termes tout connus qui correspondent aux différentes lignes employées, nous formerons (87) le seul déterminant caractéristique du système. Il est facile de voir que ce déterminant

$$\begin{vmatrix} 5 & 3 & 13 \\ 4 & -5 & 18 \\ 9 & -2 & 25 \end{vmatrix}$$

n'est pas nul. En retranchant d'abord la deuxième ligne de la troisième, puis la troisième ligne de la première, on a, en effet, successivement, d'après des propriétés connues,

$$\begin{vmatrix} 5 & 3 & 13 \\ 4 & -5 & 18 \\ 5 & 3 & 7 \end{vmatrix} = \begin{vmatrix} 0 & 0 & 6 \\ 4 & -5 & 18 \\ 5 & 3 & 7 \end{vmatrix} = 6 \begin{vmatrix} 4 & -5 \\ 5 & 3 \end{vmatrix} = 6(12 + 25) = 222.$$

Il existe donc des déterminants caractéristiques, et ils ne sont pas tous nuls : il en résulte (89, 1°) que le système proposé est *incompatible*, comme il est facile de le vérifier directement.

95. 2° *Soit à résoudre le système*

$$\begin{aligned} 2x - 3y + 4z &= 7, \\ 3x + 2y - 5z &= 8, \\ 5x - y - z &= 15. \end{aligned}$$

On a encore ici $m = n = 3$. Le Tableau des coefficients des inconnues est donc encore le déterminant du troisième ordre

$$\begin{vmatrix} 2 & -3 & 4 \\ 3 & 2 & -5 \\ 5 & -1 & -1 \end{vmatrix}.$$

Mais, en retranchant la deuxième ligne de la troisième, on a, de nouveau,

$$\begin{vmatrix} 2 & -3 & 4 \\ 3 & 2 & -5 \\ 2 & -3 & 4 \end{vmatrix} = 0.$$

Il faut passer aux déterminants du deuxième ordre tirés du Tableau des coefficients; nous choisirons le premier

$$\begin{vmatrix} 2 & -3 \\ 3 & 2 \end{vmatrix},$$

qui n'est pas nul, comme déterminant principal. Nous en déduirons le *seul* déterminant caractéristique du système, dont nous pourrons ajouter les deux premières lignes. Nous aurons ainsi successivement

$$\begin{vmatrix} 2 & -3 & 7 \\ 3 & 2 & 8 \\ 5 & -1 & 15 \end{vmatrix} = \begin{vmatrix} 5 & -1 & 15 \\ 3 & 2 & 8 \\ 5 & -1 & 15 \end{vmatrix} = 0.$$

Il y a un seul déterminant caractéristique, et il est nul : les équations proposées sont donc *compatibles* (89, 1°); mais toutes les inconnues n'étant pas principales, le système est *indéterminé* (89, 2°).

D'après la *Règle générale* énoncée au n° 91, l'indétermination sera de l'ordre $m - p = 3 - 2 = 1$, c'est-à-dire du premier ordre, et les *inconnues principales* x et y seront, en fonction de la troisième inconnue z et d'après les formules générales de M. Rouché,

$$x = \begin{vmatrix} 7-4z & -3 \\ 8+5z & 2 \end{vmatrix} : \begin{vmatrix} 2 & -3 \\ 3 & 2 \end{vmatrix},$$

$$y = \begin{vmatrix} 2 & 7-4z \\ 3 & 8+5z \end{vmatrix} : \begin{vmatrix} 2 & -3 \\ 3 & 2 \end{vmatrix},$$

ou

$$x = \frac{(7-4z)2 + 3(8+5z)}{2.2+3.3} = \frac{38+7z}{13},$$

$$y = \frac{2(8+5z) - (7-4z)3}{2.2+3.3} = \frac{22z-5}{13}.$$

Il est facile de vérifier directement ce résultat.

96. 3° *Soit à résoudre le système*

$$\begin{aligned} 4x - 3y \quad\quad + 2u &= 9,\\ 2x \quad\quad + 6z \quad\quad &= 28,\\ -2y \quad\quad + 4u &= 14,\\ 3x \quad\quad\quad\quad + 4u &= 26. \end{aligned}$$

Le Tableau des coefficients des inconnues est évidemment, en donnant dans chaque équation le coefficient o aux inconnues qui manquent,

$$\begin{vmatrix} 4 & -3 & 0 & 2 \\ 2 & 0 & 6 & 0 \\ 0 & -2 & 0 & 4 \\ 3 & 0 & 0 & 4 \end{vmatrix}.$$

Ce déterminant du quatrième ordre peut-il être déterminant principal?

Il se réduit immédiatement à

$$6\begin{vmatrix} 4 & -3 & 2 \\ 0 & -2 & 4 \\ 3 & 0 & 4 \end{vmatrix}.$$

En multipliant la première ligne par 2, puis en divisant la dernière colonne par 4 et en retranchant enfin la première ligne des deux autres, on trouve que ce dernier déterminant a pour valeur

$$3\begin{vmatrix} 8 & -6 & 4 \\ 0 & -2 & 4 \\ 3 & 0 & 4 \end{vmatrix} = 12\begin{vmatrix} 8 & -6 & 1 \\ 0 & -2 & 1 \\ 3 & 0 & 1 \end{vmatrix} = 12\begin{vmatrix} 8 & -6 & 1 \\ -8 & 4 & 0 \\ -5 & 6 & 0 \end{vmatrix}$$
$$= 12(-48 + 20) = -12.28.$$

Le déterminant du quatrième ordre constitué par le Tableau des coefficients des inconnues, n'étant pas nul, peut être pris pour déterminant principal. *Il n'existe donc pas de déterminant caractéristique,* et le système est *compatible*. Comme toutes les inconnues sont principales, il admet une solution unique et déterminée, qui sera donnée par les formules de Cramer (91, 80).

Le numérateur de la valeur de x sera donc le déterminant

$$\begin{vmatrix} 9 & -3 & 0 & 2 \\ 28 & 0 & 6 & 0 \\ 14 & -2 & 0 & 4 \\ 26 & 0 & 0 & 4 \end{vmatrix} = 6\begin{vmatrix} 9 & -3 & 2 \\ 14 & -2 & 4 \\ 26 & 0 & 4 \end{vmatrix} = 3\begin{vmatrix} 18 & -6 & 4 \\ 14 & -2 & 4 \\ 26 & 0 & 4 \end{vmatrix}$$
$$= 12\begin{vmatrix} 18 & -6 & 1 \\ 14 & -2 & 1 \\ 26 & 0 & 1 \end{vmatrix} = 12\begin{vmatrix} 18 & -6 & 1 \\ -4 & 4 & 0 \\ 8 & 6 & 0 \end{vmatrix}$$
$$= 12\begin{vmatrix} -4 & 4 \\ 8 & 6 \end{vmatrix} = 12(-24 - 32) = -12.56.$$

Puisqu'on a trouvé, pour la valeur du déterminant principal ou du dénominateur commun des formules, -12.28, on a finalement

$$x = \frac{-12.56}{-12.28} = 2.$$

On obtiendra ensuite, soit par les déterminants, soit en revenant aux équations elles-mêmes,

$$y = 3, \qquad z = 4, \qquad u = 5.$$

97. 4° *Soit à résoudre le système*

$$\begin{aligned} ax + by + cz &= b + c, \\ bx + cy + az &= c + a, \\ cx + ay + bz &= a + b. \end{aligned}$$

Le Tableau des coefficients des inconnues est le déterminant du troisième ordre

$$\begin{vmatrix} a & b & c \\ b & c & a \\ c & a & b \end{vmatrix},$$

que nous avons déjà calculé (67) et qui a pour valeur

$$(a+b+c)[(c-b)(b-c)-(a-c)(a-b)].$$

Supposons d'abord ce résultat différent de zéro. Le Tableau des coefficients des inconnues représentera alors le déterminant principal, et il n'existera aucun déterminant caractéristique. Les équations données seront donc compatibles et, puisque toutes les inconnues sont principales, ces équations admettront une solution unique et déterminée, fournie par les formules de Cramer.

On aura, par conséquent,

$$x = \begin{vmatrix} b+c & b & c \\ c+a & c & a \\ a+b & a & b \end{vmatrix} : \begin{vmatrix} a & b & c \\ b & c & a \\ c & a & b \end{vmatrix}.$$

Le numérateur devient d'ailleurs, en ajoutant ses deux dernières colonnes,

$$\begin{vmatrix} b+c & b+c & c \\ c+a & c+a & a \\ a+b & a+b & b \end{vmatrix} = 0 \quad (47).$$

On a donc

$$x = 0.$$

De même

$$y = \begin{vmatrix} a & b+c & c \\ b & c+a & a \\ c & a+b & b \end{vmatrix} : \begin{vmatrix} a & b & c \\ b & c & a \\ c & a & b \end{vmatrix}.$$

Le numérateur devient ici, en retranchant la troisième colonne de la deuxième,

$$\begin{vmatrix} a & b & c \\ b & c & a \\ c & a & b \end{vmatrix},$$

et l'on a

$$y = 1.$$

Enfin

$$z = \begin{vmatrix} a & b & b+c \\ b & c & c+a \\ c & a & a+b \end{vmatrix} : \begin{vmatrix} a & b & c \\ b & c & a \\ c & a & b \end{vmatrix};$$

et, en retranchant dans le numérateur la deuxième colonne de la troisième, on retrouve encore le dénominateur; par conséquent, il en résulte aussi

$$z = 1.$$

Admettons maintenant qu'on ait $a = b = c$.

Le déterminant du troisième ordre constitué par le Tableau des coefficients des inconnues *sera alors nul*, et il faudra considérer le premier déterminant du deuxième ordre déduit du Tableau devenu

$$\begin{vmatrix} a & a & a \\ a & a & a \\ a & a & a \end{vmatrix},$$

tandis que les termes tout connus seront tous égaux à $2a$. Ce déterminant du deuxième ordre

$$\begin{vmatrix} a & a \\ a & a \end{vmatrix} = a^2 - a^2,$$

étant lui-même nul, on sera conduit à prendre pour déterminant principal le déterminant du premier ordre a.

Le *seul* déterminant caractéristique sera alors

$$\begin{vmatrix} a & 2a \\ a & 2a \end{vmatrix} = 2a^2 - 2a^2 = 0.$$

Ainsi, il n'y a qu'un déterminant caractéristique, et il est nul. Les équations données sont donc compatibles; mais, comme il n'y a qu'une inconnue principale sur trois inconnues, ces équations sont indéterminées et l'indétermination est de l'ordre $m - p = 3 - 1 = 2$, c'est-à-dire du deuxième ordre. On a d'ailleurs, pour la seule inconnue principale x, exprimée en fonction des deux autres inconnues y et z, et d'après les formules générales de M. Rouché,

$$x = \frac{2a - ay - az}{a} = 2 - y - z,$$

comme on le vérifie immédiatement sur les équations mêmes.

98. 5° *Soit à résoudre le système*

$$\begin{aligned} x+\quad y+\quad z&=9,\\ 3x-\quad y+2z&=10,\\ 2x+\ 7y-3z&=8,\\ ax-\ by+cz&=20,\\ ax+\ by+cz&=44,\\ 10ax+3by-cz&=26. \end{aligned}$$

Le Tableau des coefficients des inconnues sera

$$\left|\begin{matrix} 1 & 1 & 1\\ 3 & -1 & 2\\ 2 & 7 & -3\\ a & -b & c\\ a & b & c\\ 10a & 3b & -c \end{matrix}\right|.$$

Comme on a $n=6$ et $m=3$, p ne peut dépasser 3. Nous prendrons donc, dans ce Tableau, le déterminant du troisième ordre

$$\begin{vmatrix} 1 & 1 & 1\\ 3 & -1 & 2\\ 2 & 7 & -3 \end{vmatrix} = \begin{vmatrix} 1 & 0 & 0\\ 3 & -4 & -1\\ 2 & 5 & -5 \end{vmatrix} = \begin{vmatrix} -4 & -1\\ 5 & -5 \end{vmatrix} = 25;$$

comme ce déterminant n'est pas nul, nous le choisirons pour déterminant principal. Nous aurons alors *trois* déterminants caractéristiques :

$$\begin{vmatrix} 1 & 1 & 1 & 9\\ 3 & -1 & 2 & 10\\ 2 & 7 & -3 & 8\\ a & -b & c & 20 \end{vmatrix}, \quad \begin{vmatrix} 1 & 1 & 1 & 9\\ 3 & -1 & 2 & 10\\ 2 & 7 & -3 & 8\\ a & b & c & 44 \end{vmatrix}, \quad \begin{vmatrix} 1 & 1 & 1 & 9\\ 3 & -1 & 2 & 10\\ 2 & 7 & -3 & 8\\ 10a & 3b & -c & 26 \end{vmatrix}.$$

Pour que les équations données soient compatibles, il faut que ces trois déterminants caractéristiques soient nuls. Si un seul n'était pas nul, il y aurait incompatibilité.

Il faut donc chercher les valeurs de ces déterminants et les égaler à zéro. On aura ainsi à résoudre trois nouvelles équations, où les inconnues seront a, b, c. Suivant que ces nouvelles équations seront compatibles ou incompatibles, il en sera de même des six équations données.

Considérons le premier déterminant caractéristique et faisons-lui subir les modifications suivantes, qui ne changent pas sa valeur. Retranchons la deuxième ligne de la première; ajoutons ensuite la deuxième colonne à la première et retranchons la troisième colonne de la quatrième; ajoutons enfin la deuxième colonne à la troisième, multipliée par deux. Nous aurons successivement

$$\begin{vmatrix} 1 & 1 & 1 & 9 \\ 3 & -1 & 2 & 10 \\ 2 & 7 & -3 & 8 \\ a & -b & c & 20 \end{vmatrix} = \begin{vmatrix} -2 & 2 & -1 & -1 \\ 3 & -1 & 2 & 10 \\ 2 & 7 & -3 & 8 \\ a & -b & c & 20 \end{vmatrix} = \begin{vmatrix} 0 & 2 & -1 & 0 \\ 2 & -1 & 2 & 8 \\ 9 & 7 & -3 & 11 \\ a-b & -b & c & 20-c \end{vmatrix}$$

$$= \frac{1}{2}\begin{vmatrix} 0 & 2 & 0 & 0 \\ 2 & -1 & 3 & 8 \\ 9 & 7 & 1 & 11 \\ a-b & -b & 2c-b & 20-c \end{vmatrix} = \begin{vmatrix} 2 & 3 & 8 \\ 9 & 1 & 11 \\ a-b & 2c-b & 20-c \end{vmatrix}.$$

Multiplions par 2 les deux premières colonnes du nouveau déterminant; retranchons ensuite la première colonne de la deuxième et la deuxième colonne de la troisième; divisons alors la première colonne par 2, puis la première ligne par le même facteur; enfin retranchons la première colonne des deux dernières. Nous aurons successivement et finalement

$$\begin{vmatrix} 2 & 3 & 8 \\ 9 & 1 & 11 \\ a-b & 2c-b & 20-c \end{vmatrix}$$

$$= \frac{1}{4}\begin{vmatrix} 4 & 6 & 8 \\ 18 & 2 & 11 \\ 2a-2b & 4c-2b & 20-c \end{vmatrix}$$

$$= \frac{1}{4}\begin{vmatrix} 4 & 2 & 2 \\ 18 & -16 & 9 \\ 2a-2b & 4c-2a & 20+2b-5c \end{vmatrix}$$

$$= \frac{1}{2}\begin{vmatrix} 2 & 2 & 2 \\ 9 & -16 & 9 \\ a-b & 4c-2a & 20+2b-5c \end{vmatrix}$$

$$= \begin{vmatrix} 1 & 1 & 1 \\ 9 & -16 & 9 \\ a-b & 4c-2a & 20+2b-5c \end{vmatrix}$$

$$= \begin{vmatrix} 1 & 0 & 0 \\ 9 & -25 & 0 \\ a-b & 4c+b-3a & 20-a+3b-5c \end{vmatrix}$$

$$= -25(20-a+3b-5c).$$

En égalant cette valeur à zéro, nous obtiendrons, pour première équation de condition,

$$a - 3b + 5c = 20.$$

En opérant *d'une manière identique* sur les deux autres déterminants caractéristiques, nous obtiendrons les deux autres équations de condition

$$a + 3b + 5c = 44,$$
$$10a + 9b - 5c = 26.$$

Le Tableau des coefficients des inconnues dans les trois équations de condition est

$$\begin{vmatrix} 1 & -3 & 5 \\ 1 & 3 & 5 \\ 10 & 9 & -5 \end{vmatrix}.$$

En divisant la dernière colonne par 5 et en ajoutant ensuite la troisième ligne aux deux premières, on a, pour sa valeur,

$$5\begin{vmatrix} 1 & -3 & 1 \\ 1 & 3 & 1 \\ 10 & 9 & -1 \end{vmatrix} = 5\begin{vmatrix} 11 & 6 & 0 \\ 11 & 12 & 0 \\ 10 & 9 & -1 \end{vmatrix} = -5\begin{vmatrix} 11 & 6 \\ 11 & 12 \end{vmatrix} = -330.$$

Ce déterminant n'étant pas nul est le déterminant principal du système. Il n'y a donc pas de déterminants caractéristiques, et les équations considérées sont compatibles. Comme toutes les inconnues sont principales, on appliquera les formules de Cramer.

Le numérateur de la valeur de a sera

$$\begin{vmatrix} 20 & -3 & 5 \\ 44 & 3 & 5 \\ 26 & 9 & -5 \end{vmatrix} = 10\begin{vmatrix} 10 & -3 & 1 \\ 22 & 3 & 1 \\ 13 & 9 & -1 \end{vmatrix}$$
$$= 10\begin{vmatrix} 23 & 6 & 0 \\ 35 & 12 & 0 \\ 13 & 9 & -1 \end{vmatrix} = -10\begin{vmatrix} 23 & 6 \\ 35 & 12 \end{vmatrix} = -660.$$

On a donc

$$a = \frac{-660}{-330} = 2.$$

En suivant *une marche identique* pour les numérateurs des valeurs de b et de c, on trouvera

$$b = 4 \quad \text{et} \quad c = 6.$$

Ces valeurs de a, b, c rendant les six équations données compatibles, il suffira de considérer *les trois premières* pour avoir x, y, z et pour achever la résolution du système.

Le Tableau des coefficients des inconnues étant dans ce cas

$$\begin{vmatrix} 1 & 1 & 1 \\ 3 & -1 & 2 \\ 2 & 7 & -3 \end{vmatrix},$$

ce déterminant du troisième ordre sera le déterminant principal des équations choisies, *s'il n'est pas nul.* Or il a pour valeur, en retranchant la première colonne des deux autres,

$$\begin{vmatrix} 1 & 0 & 0 \\ 3 & -4 & -1 \\ 2 & 5 & -5 \end{vmatrix} = \begin{vmatrix} -4 & -1 \\ 5 & -5 \end{vmatrix} = 25.$$

Il n'y a donc pas de déterminant caractéristique, les équations sont bien compatibles et les inconnues, toutes principales, seront fournies par les formules de Cramer. Le numérateur de l'expression de x aura pour valeur, en se servant de la règle indiquée au n° 65, c'est-à-dire en multipliant respectivement les trois lignes du déterminant qui représente ce numérateur par les facteurs 6, 3, 2,

$$\begin{vmatrix} 9 & 1 & 1 \\ 10 & -1 & 2 \\ 8 & 7 & -3 \end{vmatrix} = \frac{1}{36}\begin{vmatrix} 54 & 6 & 6 \\ 30 & -3 & 6 \\ 16 & 14 & -6 \end{vmatrix} = \frac{1}{6}\begin{vmatrix} 54 & 6 & 1 \\ 30 & -3 & 1 \\ 16 & 14 & -1 \end{vmatrix}$$

$$= \frac{1}{6}\begin{vmatrix} 70 & 20 & 0 \\ 46 & 11 & 0 \\ 16 & 14 & -1 \end{vmatrix} = -\frac{1}{6}(70.11 - 20.46) = 25.$$

La valeur de x est donc

$$x = \frac{25}{25} = 1.$$

En suivant *une marche identique* pour les numérateurs des valeurs de y et de z, on trouvera

$$y = 3 \qquad \text{et} \qquad z = 5.$$

99. 6° *Chercher la condition qui doit être remplie pour que deux équations du second degré à une inconnue aient une racine commune* (*Alg. élém.*, **246**).

Soient les deux équations

$$a_1 x^2 + b_1 x = -c_1,$$
$$a_2 x^2 + b_2 x = -c_2,$$

où x^2 et x peuvent être regardées comme deux inconnues différentes au premier degré. Pour la racine commune supposée, ces deux équations doivent être *compatibles*.

Si le déterminant

$$\begin{vmatrix} a_1 & b_1 \\ a_2 & b_2 \end{vmatrix}$$

n'est pas nul, ce sera le déterminant principal du système, et il n'y aura pas de déterminant caractéristique. Le système sera alors compatible. Toutes les inconnues étant principales, on aura, pour valeur de x^2,

$$x^2 = \begin{vmatrix} -c_1 & b_1 \\ -c_2 & b_2 \end{vmatrix} : \begin{vmatrix} a_1 & b_1 \\ a_2 & b_2 \end{vmatrix} = \frac{b_1c_2 - c_1b_2}{a_1b_2 - b_1a_2},$$

et, pour valeur de x,

$$x = \begin{vmatrix} a_1 & -c_1 \\ a_2 & -c_2 \end{vmatrix} : \begin{vmatrix} a_1 & b_1 \\ a_2 & b_2 \end{vmatrix} = \frac{c_1a_2 - a_1c_2}{a_1b_2 - b_1a_2}.$$

La condition cherchée est donc évidemment

$$\frac{(c_1a_2 - a_1c_2)^2}{(a_1b_2 - b_1a_2)^2} = \frac{b_1c_2 - c_1b_2}{a_1b_2 - b_1a_2}$$

ou

$$(c_1a_2 - a_1c_2)^2 = (a_1b_2 - b_1a_2)(b_1c_2 - c_1b_2),$$

et la racine commune a pour expression

$$\frac{c_1a_2 - a_1c_2}{a_1b_2 - b_1a_2}.$$

Si le déterminant du deuxième ordre

$$\begin{vmatrix} a_1 & b_1 \\ a_2 & b_2 \end{vmatrix}$$

était nul, c'est-à-dire si l'on avait

$$a_1b_2 - b_1a_2 = 0,$$

on prendrait a_1 pour déterminant principal du premier ordre. Le déterminant caractéristique correspondant serait

$$\begin{vmatrix} a_1 & -c_1 \\ a_2 & -c_2 \end{vmatrix},$$

et la condition de compatibilité deviendrait

$$c_1a_2 - a_1c_2 = 0;$$

mais toutes les inconnues n'étant pas principales, le système serait indéterminé. Et, en effet, les relations précédentes donnant

$$\frac{a_1}{a_2} = \frac{b_1}{b_2} = \frac{c_1}{c_2},$$

les équations proposées ont les mêmes racines (*Alg. élém.*, 247) ou se réduisent à une seule.

CHAPITRE VII.

ÉQUATIONS ET RELATIONS LINÉAIRES HOMOGÈNES.

Résolution générale des équations linéaires et homogènes.

100. Une expression telle que

$$ax_1 + bx_2 + cx_3 + \ldots + lx_m,$$

où a, b, c, ..., l sont des coefficients numériques ou algébriques indépendants des inconnues x_1, x_2, x_3, ..., x_m, toutes au premier degré, constitue une *forme* linéaire et homogène de ces inconnues.

Une pareille expression égalée à zéro représente une *équation linéaire et homogène* à m inconnues. Ainsi, dans toute équation linéaire et homogène, le terme tout connu est nécessairement nul.

101. Le théorème général de M. Rouché est immédiatement applicable aux systèmes d'équations linéaires et homogènes.

D'après ce qui précède, en effet, les déterminants caractéristiques d'un pareil système, s'il en existe, *sont tous nuls*, leurs dernières colonnes se trouvant composées de termes tout connus ou d'éléments nuls (**87**, **52**). Les équations proposées sont donc *toujours compatibles* (**89**, 1°); ce qui est d'ailleurs évident *a priori*, car elles admettent toujours la solution

$$x_1 = x_2 = x_3 = \ldots = 0.$$

Nous n'avons donc plus à tenir compte que de la seconde partie de l'énoncé général du n° **89** et, en la modifiant légèrement, nous dirons que :

Tout système de n équations linéaires et homogènes à m in-

connues admet la solution unique $x_1 = x_2 = x_3 = \ldots = x_m = 0$ *ou est indéterminé, suivant que les inconnues sont ou non toutes principales.*

Ce nouvel énoncé répond à tous les cas qui peuvent se présenter pour les équations linéaires et homogènes.

102. Supposons $n = m$, c'est-à-dire un nombre égal d'équations et d'inconnues. On a alors le système

$$\begin{array}{l} a_1 x_1 + b_1 x_2 + c_1 x_3 + \ldots + l_1 x_n = 0, \\ a_2 x_1 + b_2 x_2 + c_2 x_3 + \ldots + l_2 x_n = 0, \\ \ldots\ldots\ldots\ldots\ldots\ldots\ldots\ldots\ldots, \\ a_n x_1 + b_n x_2 + c_n x_3 + \ldots + l_n x_n = 0. \end{array}$$

Dans cette hypothèse, le système est ou non indéterminé, suivant que le déterminant des coefficients des inconnues est ou non égal à zéro.

Admettons qu'il soit *indéterminé*; c'est-à-dire que le déterminant des coefficients des inconnues soit égal à zéro, auquel cas il ne pourra pas être déterminant principal: les inconnues ne seront donc pas toutes principales (**87**, **101**).

Il se présente alors un fait remarquable :

Les n *inconnues sont indéterminées, mais les rapports de* $n - 1$ *d'entre elles à la* $n^{\text{ième}}$ *sont, en général, déterminés.*

Divisons en effet les n équations par la dernière inconnue x_n; elles deviendront

$$\begin{array}{l} a_1 \dfrac{x_1}{x_n} + b_1 \dfrac{x_2}{x_n} + c_1 \dfrac{x_3}{x_n} + \ldots = - l_1, \\ a_2 \dfrac{x_1}{x_n} + b_2 \dfrac{x_2}{x_n} + c_2 \dfrac{x_3}{x_n} + \ldots = - l_2, \\ \ldots\ldots\ldots\ldots\ldots\ldots\ldots\ldots\ldots, \\ a_n \dfrac{x_1}{x_n} + b_n \dfrac{x_2}{x_n} + c_n \dfrac{x_3}{x_n} + \ldots = - l_n. \end{array}$$

En prenant pour inconnues les $n - 1$ rapports $\dfrac{x_1}{x_n}$, $\dfrac{x_2}{x_n}$, $\dfrac{x_3}{x_n}$, $\ldots$, $\dfrac{x_{n-1}}{x_n}$, nous aurons à considérer un système de n équations linéaires, non homogènes, à $n - 1$ inconnues.

Dans le *Tableau* des coefficients des inconnues, prenons

les $n - 1$ premières lignes et les $n - 1$ premières colonnes. Si le déterminant correspondant *n'est pas nul,* il sera le déterminant principal du système. On ne pourra alors former que le seul déterminant caractéristique (**87**)

$$\begin{vmatrix} a_1 & b_1 & c_1 & \dots & -l_1 \\ a_2 & b_2 & c_2 & \dots & -l_2 \\ \dots & \dots & \dots & \dots & \dots \\ a_{n-1} & b_{n-1} & c_{n-1} & \dots & -l_{n-1} \\ a_n & b_n & c_n & \dots & -l_n \end{vmatrix}.$$

Pour que les n équations à $n - 1$ inconnues soient *compatibles*, il faut donc que ce déterminant caractéristique soit égal à zéro. S'il en est ainsi, toutes les inconnues étant principales, le système admettra *une solution unique et déterminée* (**89**).

103. La remarque que nous venons de faire conduit en même temps à un théorème qui est d'une grande importance, notamment en Géométrie analytique.

Si l'on a un système de n équations du premier degré contenant $n - 1$ inconnues, le résultat de l'élimination de ces $n - 1$ inconnues s'obtient en général immédiatement en égalant à zéro le déterminant du $n^{ième}$ ordre formé par les n^2 coefficients des équations données, y compris leurs termes tout connus.

En effet, comme on vient de le voir (**102**), en égalant ce déterminant à zéro, on exprime que les équations données sont *compatibles,* ou l'on écrit l'équation de condition qui doit exister entre *leurs coefficients* pour qu'elles soient compatibles. Or cette équation de condition résulte précisément de l'élimination des $n - 1$ inconnues entre les n équations.

L'équation ainsi obtenue s'appelle la *résultante* du système proposé.

Il est évident que cette résultante reste la même, que les termes *tout connus* soient écrits dans le premier ou dans le second membre des équations, car une quantité nulle dont on change le signe (**54**) reste nulle.

Nous avons démontré le théorème précédent d'une autre manière en Algèbre élémentaire (*Alg. élém.,* **193**).

Des relations linéaires et homogènes.

104. *Pour qu'un déterminant Δ soit nul, il faut et il suffit qu'il existe entre les éléments des différentes lignes ou des différentes colonnes des relations linéaires et homogènes.*

Supposons, en effet, qu'on ait

$$\Delta = \begin{vmatrix} a_1 & b_1 & c_1 & \dots & l_1 \\ a_2 & b_2 & c_2 & \dots & l_2 \\ \dots & \dots & \dots & \dots & \dots \\ a_n & b_n & c_n & \dots & l_n \end{vmatrix} = 0.$$

Prenons maintenant les éléments de ce déterminant comme coefficients dans un système de n équations linéaires et homogènes à n inconnues, système toujours *compatible* (101); nous aurons

$$\begin{aligned} a_1 x_1 + b_1 x_2 + c_1 x_3 + \dots + l_1 x_n &= 0, \\ a_2 x_1 + b_2 x_2 + c_2 x_3 + \dots + l_2 x_n &= 0, \\ \dots\dots\dots\dots\dots\dots&\dots\dots, \\ a_n x_1 + b_n x_2 + c_n x_3 + \dots + l_n x_n &= 0. \end{aligned}$$

Si le déterminant Δ est nul, il ne pourra pas être le déterminant principal du système, toutes les inconnues ne seront pas principales, et le système, étant alors indéterminé (101), admettra, pour les *inconnues* $x_1, x_2, x_3, \dots, x_n$, des solutions différentes de zéro. Il existera donc bien entre les *éléments* des différentes lignes du déterminant Δ des relations linéaires et homogènes.

Cette condition entraîne réciproquement la nullité de Δ; car, si les équations linéaires et homogènes indiquées admettent des solutions différentes de zéro, elles forment un système indéterminé (101). Toutes les inconnues ne peuvent donc être principales, et l'on a nécessairement $\Delta = 0$.

Nous avons déjà démontré cette réciproque d'une autre manière à la fin du n° 57.

105. Nous démontrerons encore ce théorème :

Soient les fonctions ou les formes linéaires et homogènes

des n variables $x_1, x_2, x_3, \ldots, x_n,$

$$\begin{aligned}
X_1 &= a_1 x_1 + b_1 x_2 + c_1 x_3 + \ldots + l_1 x_n,\\
X_2 &= a_2 x_1 + b_2 x_2 + c_2 x_3 + \ldots + l_2 x_n,\\
&\ldots\ldots\ldots\ldots\ldots\ldots\ldots\ldots,\\
X_n &= a_n x_1 + b_n x_2 + c_n x_3 + \ldots + l_n x_n.
\end{aligned}$$

Pour qu'il y ait une relation linéaire et homogène entre ces formes $X_1, X_2, \ldots, X_n$, *il faut et il suffit que le déterminant* Δ *des coefficients des variables correspondantes* $x_1, x_2, \ldots, x_n$, *soit égal à zéro.*

En effet, si l'on suppose $\Delta = 0$, les équations

$$X_1 = 0, \qquad X_2 = 0, \qquad \ldots, \qquad X_n = 0$$

formeront un système indéterminé et admettront nécessairement, pour $x_1, x_2, x_3, \ldots, x_n$, des solutions non nulles (**101**). Si l'on désigne une de ces solutions par $\alpha_1, \alpha_2, \alpha_3, \ldots, \alpha_n$, on pourra évidemment écrire, pour cette solution,

$$\alpha_1 X_1 + \alpha_2 X_2 + \alpha_3 X_3 + \ldots + \alpha_n X_n = 0,$$

relation linéaire et homogène entre $X_1, X_2, X_3, \ldots, X_n$.

Réciproquement, si une pareille relation d'identité existe pour des valeurs $\alpha_1, \alpha_2, \alpha_3, \ldots, \alpha_n$, de $x_1, x_2, x_3, \ldots, x_n$, différentes de zéro, les équations $X_1 = 0$, $X_2 = 0$, $\ldots$, $X_n = 0$, admettent des solutions non nulles. Elles forment donc un système indéterminé, et l'on a $\Delta = 0$.

Applications.

106. 1° *Soit à résoudre le système*

$$\begin{aligned}
ax + ay + bz &= 0,\\
ax + cy + bz &= 0,\\
bx + by + az &= 0.
\end{aligned}$$

Le Tableau ou le déterminant des coefficients est

$$\begin{vmatrix} a & a & b \\ a & c & b \\ b & b & a \end{vmatrix}.$$

En retranchant la deuxième ligne de la première, on a immédiatement

$$\begin{vmatrix} 0 & a-c & 0 \\ a & c & b \\ b & b & a \end{vmatrix} = (a-c)\begin{vmatrix} a & b \\ b & a \end{vmatrix} = (a-c)(a^2-b^2).$$

Si les deux facteurs $(a-c)$ et (a^2-b^2) sont différents de zéro, le déterminant posé est le déterminant principal du système, toutes les inconnues sont principales, et le système admet la solution unique et déterminée (101)

$$x=0, \quad y=0, \quad z=0.$$

Si l'on a $a=c$ ou $a^2=b^2$, le déterminant du troisième ordre considéré est nul, toutes les inconnues ne sont pas principales, et le système est indéterminé (101).

Supposons $a=c$. On doit passer au déterminant du deuxième ordre

$$\begin{vmatrix} a & a \\ a & c \end{vmatrix} = ac - a^2 = 0.$$

Comme il est aussi égal à zéro, il faut prendre le déterminant du premier ordre a et employer les formules générales de M. Rouché (91); l'indétermination est du deuxième ordre, et l'on a simplement, y et z demeurant arbitraires,

$$x = \frac{-ay-bz}{a} = -y - \frac{b}{a}z.$$

D'ailleurs l'hypothèse $a=c$ réduit le système aux deux équations

$$ax+ay+bz=0,$$
$$bx+by+az=0.$$

comme elles sont compatibles, on doit alors avoir

$$\frac{b}{a} = \frac{a}{b} \quad \text{ou} \quad b^2=a^2.$$

Ainsi, en même temps que $a=c$, on a nécessairement $b=\pm a$. Il en résulte

$$x=-y-z \quad \text{ou} \quad x=-y+z.$$

107. 2° *On demande d'appliquer la remarque du n° 102 au système de trois équations homogènes à trois inconnues.*

Soient les équations

$$a_1x+b_1y+c_1z=0,$$
$$a_2x+b_2y+c_2z=0,$$
$$a_3x+b_3y+c_3z=0.$$

Si le déterminant des coefficients est supposé nul, le système est indéterminé (101). Cherchons les rapports des deux premières inconnues à la troisième, en divisant par z les deux membres de chaque équation. Nous aurons

$$a_1\frac{x}{z}+b_1\frac{y}{z}=-c_1,$$

$$a_2\frac{x}{z}+b_2\frac{y}{z}=-c_2,$$

$$a_3\frac{x}{z}+b_3\frac{y}{z}=-c_3.$$

En prenant dans le *Tableau* des coefficients des inconnues $\frac{x}{z}$ et $\frac{y}{z}$ les deux premières lignes et les colonnes correspondantes, nous aurons le déterminant

$$\begin{vmatrix} a_1 & b_1 \\ a_2 & b_2 \end{vmatrix}.$$

Ce déterminant, s'il n'est pas nul, représentera le déterminant principal du système, et il conduira à son seul déterminant caractéristique. En égalant à zéro ce dernier déterminant, la relation

$$\begin{vmatrix} a_1 & b_1 & -c_1 \\ a_2 & b_2 & -c_2 \\ a_3 & b_3 & -c_3 \end{vmatrix}=0,$$

qui a nécessairement lieu lorsque le système donné est indéterminé, exprime que le nouveau système qu'on en a déduit est compatible (89). Les inconnues étant d'ailleurs toutes principales, on a, d'après les formules de Cramer,

$$\frac{x}{z}=\begin{vmatrix} -c_1 & b_1 \\ -c_2 & b_2 \end{vmatrix}:\begin{vmatrix} a_1 & b_1 \\ a_2 & b_2 \end{vmatrix}=-\frac{c_1b_2-b_1c_2}{a_1b_2-b_1a_2},$$

$$\frac{y}{z}=\begin{vmatrix} a_1 & -c_1 \\ a_2 & -c_2 \end{vmatrix}:\begin{vmatrix} a_1 & b_1 \\ a_2 & b_2 \end{vmatrix}=-\frac{a_1c_2-c_1a_2}{a_1b_2-b_1a_2}$$

(*Alg. élém.*, 159, 191).

108. 3° *Chercher s'il existe une relation linéaire et homogène entre les trois formes linéaires et homogènes des trois variables* x, y, z,

$$X_1=8x+7y+6z,$$

$$X_2=7x+5y+3z,$$

$$X_3=4x+5y+6z.$$

Considérons le déterminant des coefficients des variables

$$\begin{vmatrix} 8 & 7 & 6 \\ 7 & 5 & 3 \\ 4 & 5 & 6 \end{vmatrix}.$$

En multipliant d'abord sa seconde ligne par 2, nous aurons successivement

$$\frac{1}{2}\begin{vmatrix} 8 & 7 & 6 \\ 14 & 10 & 6 \\ 4 & 5 & 6 \end{vmatrix} = 3\begin{vmatrix} 8 & 7 & 1 \\ 14 & 10 & 1 \\ 4 & 5 & 1 \end{vmatrix} = 3\begin{vmatrix} 4 & 2 & 0 \\ 10 & 5 & 0 \\ 4 & 5 & 1 \end{vmatrix} = 3\begin{vmatrix} 4 & 2 \\ 10 & 5 \end{vmatrix} = 0.$$

La relation cherchée existe donc (105), et les équations $X_1 = 0$, $X_2 = 0$, $X_3 = 0$ forment un système indéterminé.

Prenons le déterminant du deuxième ordre

$$\begin{vmatrix} 8 & 7 \\ 7 & 5 \end{vmatrix} = -9;$$

puisqu'il n'est pas nul, c'est le déterminant principal du système. Comme les inconnues ne sont pas toutes principales, il faut employer les formules générales de M. Rouché (91), et l'on a

$$x = \begin{vmatrix} -6z & 7 \\ -3z & 5 \end{vmatrix} : \begin{vmatrix} 8 & 7 \\ 7 & 5 \end{vmatrix} = \frac{-30z + 21z}{-9} = z,$$

$$y = \begin{vmatrix} 8 & -6z \\ 7 & -3z \end{vmatrix} : \begin{vmatrix} 8 & 7 \\ 7 & 5 \end{vmatrix} = \frac{-24z + 42z}{-9} = -2z.$$

Si l'on fait, par exemple, $z = 1$, on a, en même temps, $x = 1$ et $y = -2$. La relation linéaire et homogène *correspondante* entre les trois formes données est alors

$$X_1 - 2X_2 + X_3 = 0.$$

109. Nous terminerons ces Chapitres fondamentaux sur les déterminants, en disant, avec M. Sylvester :

« La théorie des déterminants peut être regardée comme une Algèbre au-dessus de l'Algèbre, comme un calcul qui permet de combiner et de prédire les résultats des opérations algébriques, de la même manière que l'Algèbre elle-même dispense de l'exécution des opérations particulières de l'Arithmétique. »

CHAPITRE VIII.

DES NOMBRES INCOMMENSURABLES.

Définitions préliminaires.

110. Pour ne laisser aucun point des programmes sans réponse immédiate, nous reviendrons ici sur la théorie des nombres incommensurables, déjà approfondie en Arithmétique.

Nous rappellerons d'abord une série de définitions déjà connues (*Arithm.* et *Géom.*).

111. 1° Lorsqu'une grandeur ou une quantité *variable* X se rapproche indéfiniment d'une grandeur ou d'une quantité *fixe* A, de manière que la valeur *absolue* de la différence A — X puisse *devenir et rester* plus petite que toute quantité donnée aussi petite qu'on voudra, on dit que A est la *limite* de X, et l'on écrit

$$\lim X = A.$$

112. 2° *Une quantité variable ne peut tendre vers deux limites distinctes.*

Supposons, en effet, qu'une pareille quantité puisse avoir deux limites différentes a et b, telles que

$$a - b = d,$$

et soit $\delta < \frac{d}{2}$.

Les intervalles compris, d'une part, entre $a + \delta$ et $a - \delta$ et, d'autre part, entre $b + \delta$ et $b - \delta$, n'ont évidemment rien de commun. Les quantités

$$b - \delta, \quad b + \delta, \quad a - \delta, \quad a + \delta,$$

sont, en effet, rangées par ordre de grandeur ; car la différence entre les deux termes intermédiaires est égale à

$$a - b - 2\delta \quad \text{ou à} \quad d - 2\delta,$$

quantité positive d'après l'hypothèse (*Alg. élém.*, 214).

Cela posé, une quantité variable qui aurait pour limite a finirait par tomber entre $a + \delta$ et $a - \delta$ (**111**), tandis qu'une quantité variable qui aurait pour limite b finirait par tomber entre $b + \delta$ et $b - \delta$. La quantité variable considérée finirait donc, en tendant vers ses deux limites différentes a et b, par être comprise à la fois dans deux régions complètement séparées, ce qui est impossible.

113. 3° Lorsque deux grandeurs sont multiples d'une troisième grandeur, cette troisième grandeur se nomme leur *commune mesure*.

Deux grandeurs sont *commensurables* ou *incommensurables* entre elles, suivant qu'elles ont ou qu'elles n'ont pas de commune mesure.

114. 4° Lorsqu'une grandeur a une commune mesure avec l'unité choisie, cette commune mesure est l'unité elle-même ou une partie aliquote de l'unité. Dans le premier cas, la grandeur considérée est *mesurée* par un nombre entier; dans le second cas, elle est mesurée par un nombre fractionnaire.

Réciproquement, toute grandeur mesurée par un nombre entier ou par un nombre fractionnaire est commensurable avec l'unité; car cette grandeur est un multiple de l'unité ou d'une partie aliquote de l'unité.

Une grandeur incommensurable avec l'unité ne peut donc être *mesurée*, ni par un nombre entier, ni par un nombre fractionnaire.

115. 5° Un nombre est dit *commensurable* ou *incommensurable*, suivant que la grandeur dont il exprime la mesure est commensurable ou incommensurable avec l'unité.

Les nombres commensurables sont les entiers et les nombres fractionnaires.

Les nombres incommensurables ne peuvent être représentés dans leur intégrité que par des symboles particuliers; mais on peut toujours indiquer des nombres commensurables qui en approchent autant qu'on veut. C'est ce que nous allons faire voir.

116. Considérons une grandeur A incommensurable avec l'unité que nous désignerons par B. Elle sera mesurée par un nombre incommensurable α (**115**).

n étant un nombre quelconque, entier ou fractionnaire, formons la grandeur $\frac{B}{n}$, et admettons qu'elle soit contenue m fois dans A, avec un reste moindre que $\frac{B}{n}$: le plus grand multiple de $\frac{B}{n}$ contenu dans A sera $m\frac{B}{n}$, et la grandeur incommensurable A sera comprise entre les deux grandeurs commensurables

$$m\frac{B}{n} \quad \text{et} \quad (m+1)\frac{B}{n}.$$

Si l'on conserve toujours B pour unité, ces deux grandeurs commensurables seront mesurées par les nombres

$$\frac{m}{n} \quad \text{et} \quad \frac{m+1}{n}.$$

On dit alors que $\frac{m}{n}$ et $\frac{m+1}{n}$ sont deux valeurs, *approchées à moins de* $\frac{1}{n}$, du nombre incommensurable α qui mesure A, la première *par défaut*, la seconde *par excès*, et l'on a

$$\frac{m}{n} < \alpha < \frac{m+1}{n}.$$

117. Pour aller plus loin, désignons par a_n et a'_n ces valeurs approchées de α.

Remarquons que, d'une manière générale, *a_n ne croît pas toujours avec n.* Si nous prenons, par exemple, la diagonale d'un carré en choisissant son côté pour unité, cette diagonale est représentée par $\sqrt{2}$ (*Géom.*, **169**), et si l'on extrait cette racine *par défaut*, à $\frac{1}{10}$ près d'abord, à $\frac{1}{11}$ près ensuite (*Arithm.*, 283), on trouve pour résultats $\frac{14}{10}$ et $\frac{15}{11}$, c'est-à-dire $a_{n+1} < a_n$.

Pour lever toute difficulté, nous appellerons *valeur prin-*

cipale (¹) de α, à moins de $\frac{1}{n}$ *par défaut, la plus grande* de toutes les valeurs de a_n quand on fait croître n depuis zéro jusqu'à n, et nous désignerons cette valeur principale par α_n. De cette manière, quand n croîtra, *la valeur principale* α_n croîtra aussi ou, du moins, *ne décroîtra jamais*.

Remarquons, de même, que a'_n *ne décroît pas toujours à mesure que* n *augmente*. Si nous considérons, par exemple, le côté du triangle équilatéral inscrit dans une circonférence dont le rayon est l'unité choisie, ce côté est représenté par $\sqrt{3}$ (*Géom.*, 205), et si l'on extrait cette racine *par excès*, à $\frac{1}{10}$ près d'abord, à $\frac{1}{11}$ près ensuite, on trouve pour résultats $\frac{18}{10}$ et $\frac{20}{11}$, c'est-à-dire $a'_{n+1} > a'_n$.

Nous appellerons donc aussi *valeur principale* de α, à moins de $\frac{1}{n}$ *par excès, la plus petite* de toutes les valeurs de a'_n quand on fait croître n depuis zéro jusqu'à n, et nous désignerons cette valeur principale par α'_n. De cette manière, quand n croîtra, *la valeur principale* α'_n décroîtra ou, du moins, *ne croîtra jamais*.

118. Cela posé, α_n mesurant une grandeur inférieure à A reste également inférieure, quel que soit n, à l'une quelconque des valeurs a'_n approchées par excès ; et, comme α_n ne peut que croître (117) lorsque n croît indéfiniment, la série des valeurs de α_n tend nécessairement vers une certaine limite fixe.

De même, α'_n mesurant une grandeur supérieure à A reste également supérieure, quel que soit n, à l'une quelconque des valeurs a_n approchées par défaut; et, comme α'_n ne peut que décroître (117) lorsque n croît indéfiniment, la série des valeurs de α'_n tend aussi vers une certaine limite fixe.

Ces deux limites de α_n *et de* α'_n *se confondent* d'ailleurs; car, par définition (117), *les valeurs principales* α_n et α'_n sont toujours comprises entre a_n et a'_n et, par suite, leur différence

---

(¹) Voir *Traité de Géométrie*, par Eug. Rouché et Ch. de Comberousse, 5ᵉ édition, revue et augmentée, 1883. Cette idée de *valeur principale* appartient à M. Rouché.

est moindre que

$$a'_n - a_n = \frac{1}{n},$$

fraction qui tend vers zéro autant qu'on veut, quand n croît indéfiniment suivant une loi quelconque.

Cette limite commune qui représente aussi, d'après ce qu'on vient de dire, celle vers laquelle tendent en même temps les deux séries de valeurs correspondantes de a_n et de a'_n, *est le nombre incommensurable* α.

La grandeur incommensurable A est, à son tour, la limite commune des grandeurs commensurables mesurées par ces deux mêmes séries de nombres commensurables.

119. Nous ajouterons, pour préciser les notions qu'on vient de rappeler, que, *dans la pratique,* il importe peu qu'il y ait ou non de commune mesure entre une grandeur et l'unité choisie, parce que les subdivisions de cette unité deviennent rapidement assez petites pour que le reste de la grandeur à évaluer échappe à toute appréciation *physique.*

Mais, quand il s'agit de grandeurs géométriques, par exemple, liées par des relations déterminées, on peut démontrer *théoriquement* leur incommensurabilité. Ainsi on prouve que la diagonale et le côté du carré n'ont aucune commune mesure, et cela, que l'unité choisie soit le côté du carré ou toute autre grandeur.

On voit donc que, si l'on n'étendait pas l'idée de nombre comme nous venons de le faire, il faudrait distinguer les cas où les grandeurs peuvent être exprimées en nombres avec une certaine unité, sans pouvoir l'être avec une autre, ou bien encore se résigner à admettre dans la même question des grandeurs mesurables à côté de grandeurs non susceptibles d'être exprimées en nombres, quelle que soit l'unité choisie ([1]). L'alternative ne saurait être douteuse.

Opérations sur les nombres incommensurables.

120. Nous devons maintenant revenir sur les opérations usuelles appliquées aux nombres incommensurables.

([1]) J.-M.-C. Duhamel, *Des méthodes dans les sciences de raisonnement*, IIe Partie, p. 70.

Puisque les nombres ne sont que la représentation des grandeurs, on est conduit par ce qui précède à cette définition générale :

Le résultat de toute opération sur des nombres incommensurables est la limite des résultats fournis par la même opération appliquée à leurs valeurs approchées à moins de $\frac{1}{n}$, *par défaut ou par excès, lorsque n croît indéfiniment, suivant une loi quelconque.*

Nous allons vérifier, pour chaque opération, que cette limite existe et qu'elle ne dépend pas de la manière dont n croît indéfiniment.

Dans ce qui suit, nous désignerons par α et β les deux nombres incommensurables proposés; a_n et a'_n, b_n et b'_n seront les valeurs de ces nombres approchées par défaut et par excès à moins de $\frac{1}{n}$; α_n et α'_n, β_n et β'_n, les valeurs principales correspondantes; α est la limite commune de a_n, a'_n, α_n, α'_n, comme β celle de b_n, b'_n, β_n, β'_n, quand n croît indéfiniment (**118**).

121. Addition. — Il faut définir la *somme* de deux nombres incommensurables α et β.

Formons les deux sommes $\alpha_n + \beta_n$ et $\alpha'_n + \beta'_n$. Elles constituent deux séries correspondantes, lorsqu'on fait croître n indéfiniment d'une manière quelconque.

Les nombres de la première série, sommes des valeurs principales par défaut, ne pouvant décroître (**117**), croissent en général en restant inférieurs à un nombre quelconque de la seconde série. Les nombres de la seconde série, sommes des valeurs principales par excès, ne pouvant croître (**117**), décroissent en général en restant supérieurs à un nombre quelconque de la première série. Les nombres des deux séries convergent donc respectivement vers une limite *qui est la même pour les deux suites;* car, en s'arrêtant à un rang quelconque, la différence

$$(\alpha'_n + \beta'_n) - (\alpha_n + \beta_n) \quad \text{ou} \quad (\alpha'_n - \alpha_n) + (\beta'_n - \beta_n)$$

est moindre, d'après la définition des valeurs principales, que la différence

$$(a'_n - a_n) + (b'_n - b_n) = \frac{2}{n},$$

fraction qui tend vers zéro autant qu'on veut, pour n croissant indéfiniment suivant une loi quelconque.

C'est cette limite commune qui est la *somme* $\alpha + \beta$.

La même définition s'appliquera évidemment au cas de plus de deux nombres, pourvu que les nombres à ajouter soient en nombre *fini*. Nous reviendrons sur ce point.

122. Soustraction. — On dit que α est *plus grand* que β, si l'on a, quel que soit n, $\alpha_n > \beta'_n$.

Il faut définir la *différence* de deux nombres incommensurables α et β.

Formons les deux différences $\alpha_n - \beta'_n$ et $\alpha'_n - \beta_n$ en associant les valeurs principales par défaut aux valeurs principales par excès, et réciproquement. Elles constituent deux séries correspondantes, lorsqu'on fait croître n indéfiniment d'une manière quelconque.

Les nombres de la première série, ne pouvant décroître d'après la définition des valeurs principales, croissent en général en restant inférieurs à un nombre quelconque de la seconde série. Les nombres de la seconde série, ne pouvant croître, décroissent en général en restant supérieurs à un nombre quelconque de la première série. Les nombres des deux séries convergent donc respectivement vers une limite *qui est la même pour les deux suites;* car, en s'arrêtant à un rang quelconque, la différence

$$(\alpha'_n - \beta_n) - (\alpha_n - \beta'_n) \quad \text{ou} \quad (\alpha'_n - \alpha_n) + (\beta'_n - \beta_n)$$

est moindre que la différence

$$(a'_n - a_n) + (b'_n - b_n) = \frac{2}{n},$$

qui tend vers zéro autant qu'on veut pour n assez grand.

C'est cette limite commune qui est la *différence* $\alpha - \beta$.

Comme on a, quel que soit n,

$$\alpha_n = \beta'_n + (\alpha_n - \beta'_n),$$

on a aussi, à la limite,

$$\alpha = \beta + (\alpha - \beta),$$

et *la différence* $\alpha - \beta$ *est le nombre qui, ajouté à* β, *reproduit* α.

123. Multiplication. — Il faut définir le *produit* de deux nombres incommensurables α et β.

Formons les deux produits $\alpha_n\beta_n$ et $\alpha'_n\beta'_n$ qui constituent deux séries correspondantes quand on fait croître n indéfiniment d'une manière quelconque.

Un raisonnement identique à celui du n° **121** montre que les nombres de ces deux séries convergent respectivement vers une limite *qui est la même pour les deux suites;* car, en s'arrêtant à un rang quelconque, on a

$$\frac{\alpha_n\beta_n}{\alpha'_n\beta'_n} = \frac{\alpha_n}{\alpha'_n}\,\frac{\beta_n}{\beta'_n},$$

et les deux fractions du second membre de cette identité (*Alg. élém.*, **61**) tendent en même temps, autant qu'on veut, vers l'unité (**118**), lorsque n croît indéfiniment suivant une loi quelconque.

C'est cette limite commune qui est le *produit* $\alpha\beta$.

La même définition s'appliquera évidemment au cas d'un nombre quelconque de facteurs incommensurables, pourvu que ce nombre soit *fini*. Nous reviendrons sur ce point.

Comme on a

$$\alpha_n\beta_n = \beta_n\alpha_n,$$

quel que soit n, on a aussi, à la limite,

$$\alpha\beta = \beta\alpha.$$

La valeur du produit $\alpha\beta$, telle qu'on vient de la définir, est donc indépendante de l'ordre des facteurs.

Il en résulte que le théorème fondamental relatif au changement d'ordre des facteurs d'un produit (*Arithm.*, **66**) s'étend, avec toutes ses conséquences, au cas d'un nombre quelconque de facteurs incommensurables.

124. Division. — Il faut définir le *quotient* de deux nombres incommensurables α et β.

En associant les valeurs principales par défaut aux valeurs principales par excès, et inversement, formons les deux quotients $\frac{\alpha_n}{\beta'_n}$ et $\frac{\alpha'_n}{\beta_n}$, qui constituent deux séries correspondantes, quand on fait croître n indéfiniment d'une manière quelconque.

Un raisonnement identique à celui du n° **122** montre que les nombres de ces deux séries convergent respectivement vers une limite *qui est la même pour les deux suites;* car, en s'arrêtant à un rang quelconque, on a

$$\frac{\alpha_n}{\beta'_n} : \frac{\alpha'_n}{\beta_n} = \frac{\alpha_n}{\alpha'_n}\frac{\beta_n}{\beta'_n},$$

et les deux fractions du second membre de cette identité (*Alg. élém.*, 62) tendent en même temps, autant qu'on veut, vers l'unité (**118**), lorsque n croît indéfiniment suivant une loi quelconque.

C'est cette limite commune qui est le *quotient* $\frac{\alpha}{\beta}$.

Comme on a, quel que soit n,

$$\alpha_n = \beta'_n \frac{\alpha_n}{\beta'_n},$$

on a aussi, à la limite,

$$\alpha = \beta \frac{\alpha}{\beta};$$

et *le quotient* $\frac{\alpha}{\beta}$ *est le nombre qui, multiplié par* β, *reproduit* α.

125. Puissances. — Ce que nous avons dit relativement au produit de deux ou de plusieurs facteurs incommensurables (**123**) doit subsister lorsqu'on suppose tous les facteurs égaux entre eux. C'est ce qu'on peut vérifier directement.

m étant un nombre quelconque entier et positif, mais *fini*, il faut définir la puissance $m^{\text{ième}}$ d'un nombre incommensurable α.

Formons les deux puissances $(\alpha_n)^m$ et $(\alpha'_n)^m$. Ces puissances constituent deux séries correspondantes, quand on fait croître n indéfiniment d'une manière quelconque.

Les nombres de la première série, puissances des valeurs principales par défaut, ne pouvant décroître (**117**), croissent en général, en restant inférieurs à un nombre quelconque de la seconde série. Les nombres de la seconde série, puissances des valeurs principales par excès, ne pouvant croître (**117**), décroissent en général, en restant supérieurs à un nombre quelconque de la première série. Les nombres des deux séries convergent donc respectivement vers une limite *qui est la même pour les deux suites;* car, en s'arrêtant à un rang quelconque, on a (*Arithm.*, **218**)

$$\frac{(\alpha_n)^m}{(\alpha'_n)^m} = \left(\frac{\alpha_n}{\alpha'_n}\right)^m,$$

et la fraction entre parenthèses du second membre de cette identité tend autant qu'on veut vers l'unité, lorsque n croît indéfiniment suivant une loi quelconque (**118**).

C'est cette limite commune qui est la *puissance* $m^{\text{ième}}$, x^m, de x.

126. Racines. — C'est l'extraction des racines qui nous a conduit, en Arithmétique, à la notion des nombres incommensurables.

D'une manière générale, extraire la racine $m^{\text{ième}}$ d'un nombre, en supposant m quelconque, *mais entier et positif*, c'est chercher le nombre qui, élevé à la puissance m, reproduit le nombre donné.

Il résulte de cette définition que les racines $m^{\text{ièmes}}$ des nombres entiers qui ne sont pas des puissances exactes du même degré m d'autres nombres entiers, et les racines $m^{\text{ièmes}}$ des fractions irréductibles dont les deux termes ne sont pas des puissances exactes de degré m, sont des nombres incommensurables (*Arithm.*, **218**, **219**).

Si nous considérons un nombre positif A, il y aura donc trois cas à distinguer.

Si A est entier et si l'on peut trouver un nombre entier a, tel qu'on ait

$$a^m = A,$$

a sera la racine $m^{\text{ième}}$ de A.

Si A est fractionnaire et égal à $\frac{p}{q}$, on peut poser

$$A = \frac{pq^{m-1}}{q^m}.$$

Si l'on trouve alors un nombre entier a, tel qu'on ait

$$a^m = pq^{m-1},$$

on a aussi évidemment

$$\left(\frac{a}{q}\right)^m = \frac{p}{q} = \text{A},$$

et le nombre fractionnaire $\frac{a}{q}$ sera la racine $m^{\text{ième}}$ de A.

On voit que *l'extraction de la racine d'un nombre fractionnaire peut toujours se ramener à l'extraction de la racine d'un nombre entier.*

Nous supposerons, par conséquent, comme troisième hypothèse, que A est entier et qu'il ne représente pas une puissance $m^{\text{ième}}$ exacte. Sa racine $m^{\text{ième}}$ sera alors un nombre incommensurable α, qu'il s'agit d'abord de définir.

n étant un entier quelconque, admettons qu'on veuille obtenir la racine $m^{\text{ième}}$ de A, à $\frac{1}{n}$ près, par défaut ou par excès.

Si nous considérons la suite des puissances $m^{\text{ièmes}}$ des nombres entiers consécutifs

$$1^m,\ 2^m,\ 3^m,\ \ldots,\ k^m,\ (k+1)^m,\ \ldots,$$

le produit entier $\text{A}n^m$ tombera nécessairement entre deux termes consécutifs de cette suite, tels que k^m et $(k+1)^m$, de sorte qu'on aura

$$k^m < \text{A}n^m < (k+1)^m$$

ou

$$\left(\frac{k}{n}\right)^m < \text{A} < \left(\frac{k+1}{n}\right)^m.$$

$\frac{k}{n}$ et $\frac{k+1}{n}$ sont les racines $m^{\text{ièmes}}$ de A, à $\frac{1}{n}$ près, par défaut et par excès. Nous les représenterons (120) par a_n et a'_n, et les valeurs principales correspondantes (117) seront α_n et α'_n.

Quand on fait croître n indéfiniment d'une manière quelconque, ces valeurs principales constituent deux séries conjuguées auxquelles le raisonnement général adopté en traitant des autres opérations (121 et suiv.) est encore applicable. Les termes des deux séries convergent donc respectivement vers une limite déterminée, *qui est la même pour les deux suites;* car, en s'arrêtant à un rang quelconque, on a (118)

$$\alpha'_n - \alpha_n < \left(a'_n - a_n = \frac{1}{n}\right),$$

et la fraction $\frac{1}{n}$ tend vers zéro autant qu'on veut, quand n croît indéfiniment suivant une loi quelconque.

Cette limite commune est le *nombre incommensurable*

$$\alpha = \sqrt[m]{A}.$$

127. Si, au lieu d'un nombre entier quelconque A, on a maintenant à considérer *un nombre incommensurable* L, la racine $m^{\text{ième}}$ de L est, *a fortiori*, un nombre incommensurable λ qu'on définit comme il suit.

Remplaçons L par deux valeurs commensurables approchées par défaut et par excès à $\frac{1}{n}$ près, telles que $\frac{r}{n}$ et $\frac{r+1}{n}$, n étant un entier quelconque.

Cherchons la racine $m^{\text{ième}}$ de la première quantité $\frac{r}{n}$ à $\frac{1}{n}$ près *par défaut*, et la racine $m^{\text{ième}}$ de la seconde quantité $\frac{r+1}{n}$ à $\frac{1}{n}$ près *par excès* (126). Nous désignerons ces deux racines par l_n et l'_n. Les valeurs principales correspondantes λ_n et λ'_n constituent deux suites conjuguées tendant chacune vers une limite déterminée, *qui est la même pour les deux suites*, quand n croît indéfiniment.

En effet (126), la limite de λ_n est le nombre incommensurable

$$\lambda = \sqrt[m]{\frac{r}{n}},$$

et celle de λ'_n est le nombre incommensurable

$$\lambda' = \sqrt[m]{\frac{r+1}{n}}.$$

On a donc, par définition,

$$(\lambda')^m - (\lambda)^m = \frac{r+1}{n} - \frac{r}{n} = \frac{1}{n},$$

fraction qui tend vers zéro autant qu'on veut quand on fait croître n indéfiniment suivant une loi quelconque.

On a, d'ailleurs (14, 124, etc.),

$$(\lambda')^m - (\lambda)^m = (\lambda' - \lambda)(\lambda'^{m-1} + \lambda\lambda'^{m-2} + \lambda^2\lambda'^{m-3} + \ldots + \lambda^{m-1}).$$

Si le premier membre de cette égalité tend vers zéro, il faut donc qu'il en soit de même du premier facteur du second membre $(\lambda' - \lambda)$, puisque le facteur qui lui est associé est une somme de nombres positifs.

Il en résulte que λ_n et λ'_n ont bien la même limite.

C'est cette limite commune, dont nous venons de démontrer l'existence, qui est le nombre incommensurable

$$\lambda = \sqrt[m]{L}.$$

CHAPITRE IX.

CALCUL DES VALEURS ARITHMÉTIQUES DES RADICAUX. EXPOSANTS FRACTIONNAIRES ET NÉGATIFS.

Observations préliminaires.

128. *La puissance $m^{\text{ième}}$ d'une expression algébrique est le produit de m facteurs égaux à l'expression donnée.*

On n'a donc, pour obtenir cette puissance, lorsqu'il s'agit d'un monôme, d'un polynôme ou d'un rapport, qu'à appliquer les règles démontrées précédemment (*Alg. élém.*, **23**, **28**, **61**).

Lorsque l'expression proposée est elle-même un produit ou une puissance, on a recours aux théorèmes établis en Arithmétique (*Arithm.*, **76**, **75**), et qui s'étendent immédiatement aux expressions algébriques.

129. *La racine $m^{\text{ième}}$ d'une expression algébrique est l'expression qui, élevée à la puissance m, reproduit l'expression donnée.*

Comme nous l'avons déjà dit souvent, on indique la racine $m^{\text{ième}}$ d'une expression à l'aide du signe $\sqrt{}$, affecté de l'indice m. Si a élevé à la puissance m reproduit A, on écrit

$$a = \sqrt[m]{A}.$$

Nous verrons plus tard que *toute racine $m^{\text{ième}}$ a m valeurs.* Nous nous bornerons ici à quelques remarques indispensables pour préciser la question que nous voulons traiter, et qui découle tout naturellement du Chapitre consacré aux nombres incommensurables.

130. On appelle *réelles* les quantités positives et négatives.

Cela posé, A peut avoir une valeur *positive* ou *négative*, m peut être *pair* ou *impair*.

Examinons ces différents cas :

1° *Si m est pair et que* A *soit positif,* $\sqrt[m]{A}$ admet *deux valeurs réelles,* égales et de signes contraires.

En effet, qu'on affecte la valeur absolue de $\sqrt[m]{A}$ du signe $+$ ou du signe $-$, comme m est pair et que le produit d'un nombre pair de facteurs négatifs est positif (*Alg. élém.,* **38**), on obtient toujours A comme résultat en prenant m facteurs égaux à $+\sqrt[m]{A}$ ou à $-\sqrt[m]{A}$. Si a désigne la valeur absolue de $\sqrt[m]{A}$, on a donc, d'une manière générale,

$$\sqrt[m]{A} = \pm a.$$

2° *Si m est pair et que* A *soit négatif,* $\sqrt[m]{A}$ ne peut être exprimée *par un nombre positif ou négatif,* puisque le produit d'un nombre pair de facteurs positifs ou négatifs est *positif.*

On donne à une pareille expression le nom d'*expression imaginaire,* par opposition aux quantités positives ou négatives qualifiées de *réelles.*

Nous traiterons plus loin de la Théorie et du Calcul des expressions imaginaires (*Algèbre supérieure,* IIe Partie).

3° *Si m est impair,* $\sqrt[m]{A}$ n'a qu'*une seule valeur réelle,* de même signe que A : en effet, un nombre impair de facteurs positifs donne un produit positif, un nombre impair de facteurs négatifs donne un produit négatif.

Si l'on désigne par a la valeur absolue de $\sqrt[m]{A}$, abstraction faite du signe de A, on aura donc, d'une manière générale,

$$\sqrt[m]{A} = +a, \quad \text{si A est positif;}$$

$$\sqrt[m]{A} = -a, \quad \text{si A est négatif.}$$

131. Nous conviendrons, dans ce qui va suivre, de regarder les quantités placées sous les radicaux considérés comme ayant *seulement des valeurs positives,* et nous n'admettrons que les *racines positives* de ces mêmes quantités (130). Nous nous limiterons ainsi à ce qu'on appelle les *valeurs arithmétiques des radicaux.*

Les indices des radicaux seront des nombres entiers et positifs et, jusqu'à indication contraire, les exposants des puissances rempliront la même condition.

Calcul des valeurs arithmétiques des radicaux.

132. Il n'y a pas lieu de s'arrêter à l'*addition* et à la *soustraction* des radicaux. Le plus souvent, on ne peut qu'indiquer l'opération à effectuer. Si des simplifications sont possibles, elles dépendent des transformations que nous allons étudier et de ce qu'on a dit en Algèbre élémentaire sur la réduction des termes semblables.

133. I. *Pour multiplier plusieurs radicaux de même indice, on multiplie les quantités placées sous ces radicaux, et l'on affecte leur produit du radical commun.*

Il faut démontrer l'identité

$$\sqrt[m]{A}.\sqrt[m]{B}.\sqrt[m]{C}=\sqrt[m]{ABC},$$

A, B, C étant des quantités quelconques positives.

Or, pour élever un produit à une puissance, il faut élever à cette puissance chaque facteur du produit (*Arithm.*, **76**). On a, de plus, par définition,

$$(\sqrt[m]{A})^m=A.$$

Enfin, comme nous ne considérons que les valeurs arithmétiques des radicaux (**131**), *un radical n'a qu'une seule valeur*

Si l'on élève alors à la puissance m les deux membres de l'égalité supposée, on trouve

$$(\sqrt[m]{A}.\sqrt[m]{B}.\sqrt[m]{C})^m=ABC,$$

ce qui justifie l'énoncé; car, puisque le premier membre, élevé à la puissance m, reproduit ABC, il représente bien, suivant les conventions admises, $\sqrt[m]{ABC}$.

134. L'identité qu'on vient de démontrer, et qu'on peut écrire

$$\sqrt[m]{ABC}=\sqrt[m]{A}.\sqrt[m]{B}.\sqrt[m]{C},$$

prouve, *réciproquement,* que, *pour extraire la racine d'un produit, il faut extraire la racine de chaque facteur.*

On peut donc simplifier l'expression d'un radical lorsqu'il recouvre le produit de deux facteurs, dont l'un est une puissance exacte par rapport à l'indice du radical.

On a, par exemple,

$$\sqrt[m]{A^{pm}B} = A^p \sqrt[m]{B}.$$

Il résulte de cette identité que, *pour faire sortir un facteur d'un radical, il faut en extraire une racine marquée par l'indice du radical;* et que, réciproquement, *pour faire entrer un facteur sous un radical, il faut l'élever à une puissance marquée par l'indice du radical.*

135. II. *Pour diviser deux radicaux de même indice, on divise les quantités placées sous ces radicaux, et l'on affecte leur quotient du radical commun.*

Il faut démontrer l'identité

$$\frac{\sqrt[m]{A}}{\sqrt[m]{B}} = \sqrt[m]{\frac{A}{B}}.$$

Puisqu'on a toujours (1)

$$A = \frac{A}{B} \times B,$$

on a aussi (**134**)

$$\sqrt[m]{A} = \sqrt[m]{\frac{A}{B}} \times \sqrt[m]{B}, \qquad \text{d'où} \qquad \frac{\sqrt[m]{A}}{\sqrt[m]{B}} = \sqrt[m]{\frac{A}{B}}.$$

136. III. *Pour élever un radical à une puissance, il suffit d'élever à cette puissance la quantité placée sous le radical.*

En effet, élever $\sqrt[m]{A}$ à la puissance p, c'est faire le produit de p facteurs égaux à $\sqrt[m]{A}$. On a donc (**133**)

$$(\sqrt[m]{A})^p = \sqrt[m]{A^p}.$$

137. IV. *Pour extraire une racine d'un radical, on extrait cette racine de la quantité placée sous le radical, ou l'on multiplie l'un par l'autre les deux indices considérés.*

Il faut démontrer qu'on a

(1) $$\sqrt[p]{\sqrt[m]{A}} = \sqrt[m]{\sqrt[p]{A}} = \sqrt[mp]{A}.$$

En effet, on a démontré en Arithmétique que, pour élever une puissance à une autre puissance, il suffit de multiplier les exposants des deux puissances. On a, par exemple,

$$(a^m)^p = (a^p)^m = a^{mp}.$$

Il en résulte que, pour élever a à la puissance mp, on peut indifféremment commencer par élever a à la puissance m, puis le résultat à la puissance p, ou faire l'inverse.

Par conséquent, si l'on élève les trois expressions (1) à la puissance mp, on trouve A, et ces trois expressions sont bien égales comme représentant chacune la racine $mp^{\text{ième}}$ d'une même quantité A.

Comme nous l'avons montré en Algèbre élémentaire (*Alg. élém.*, 76), ce théorème permet de simplifier l'extraction des racines numériques, lorsque leur indice ne renferme que les facteurs premiers 2 et 3.

138. *On ne change pas la valeur d'un radical en multipliant son indice par un certain nombre, pourvu qu'on élève à la puissance marquée par ce nombre la quantité placée sous le radical.*

Si l'on divise l'indice par un certain nombre, on doit, au contraire, pour ne pas changer la valeur du radical, extraire de la quantité placée sous le radical une racine marquée par le diviseur employé.

Ce double énoncé résulte immédiatement du théorème précédent (137). On a, en effet,

$$\sqrt[mp]{A^p} = \sqrt[m]{\sqrt[p]{A^p}} = \sqrt[m]{A}.$$

On peut donc *simplifier l'expression d'un radical, en supprimant les facteurs communs à l'indice de ce radical et à l'exposant de la puissance qu'il recouvre.*

On peut aussi *réduire plusieurs radicaux au même indice,* en suivant une marche analogue à celle qu'on emploie en Arithmétique pour réduire plusieurs fractions au même dénominateur ou au plus petit dénominateur commun (*Arithm.*, 191, 192). C'est ce que nous avons montré en Algèbre élémentaire (*Alg. élém.*, 77).

139. *Pour multiplier ou diviser des radicaux d'indices différents, on les ramène* d'abord *au même indice, puis on applique les règles précédentes* (133, 135).

Des exposants fractionnaires.

140. Puisqu'on peut diviser par un même nombre l'indice d'un radical et l'exposant de la quantité qu'il recouvre (**138**), il est permis d'écrire

$$\sqrt[p]{A^{mp}} = A^m = A^{\frac{mp}{p}}.$$

La fraction $\frac{mp}{p}$ a pour numérateur l'exposant de la quantité placée sous le radical et, pour dénominateur, l'indice de ce radical.

La forme *fractionnaire* de l'exposant n'entraîne ici aucune remarque, puisque cette forme fractionnaire correspond à un quotient *entier;* mais il y a avantage évident ou, pour mieux dire, *le caractère de l'Algèbre conduit* nécessairement *à étendre,* par convention, *cette notation, au cas même où l'exposant de la quantité placée sous le radical n'est pas divisible par l'indice du radical.*

En effet, les règles relatives au calcul des quantités affectées d'exposants, qui ont été démontrées en Arithmétique (*Arithm.,* 73 et suiv.), exigent que ces exposants soient *entiers.* Mais, en Algèbre, les exposants, eux aussi, peuvent être représentés par des *symboles généraux.* Il faut donc qu'on puisse supposer ces symboles remplacés par des valeurs quelconques, et d'abord *par des valeurs fractionnaires,* sans que les règles de calcul soient modifiées, *sauf interprétation finale.*

Or cette extension sera facilement justifiée si nous admettons conventionnellement l'*équivalence* des deux expressions

$$\sqrt[p]{A^m} \quad \text{et} \quad A^{\frac{m}{p}},$$

m et p étant des quantités entières et positives quelconques.

Le numérateur m de l'exposant fractionnaire $\frac{m}{p}$ *indique* alors *à quelle puissance on doit élever* d'abord A, *et le dénominateur p quelle racine on doit extraire* ensuite *du résultat* A^m.

Remarquons, avec soin, que la valeur de la seconde expression $A^{\frac{m}{p}}$ est indépendante de la *forme* donnée à l'exposant fractionnaire $\frac{m}{p}$ (*Arithm.*, 188); il faut donc qu'il en soit de même de la valeur de la première expression $\sqrt[p]{A^m}$. S'il n'en était pas ainsi, la convention proposée pourrait entraîner ambiguïté et ne serait pas complètement légitime.

Or de

$$\frac{m}{p} = \frac{m'}{p'}$$

on déduit

$$A^{\frac{m}{p}} = A^{\frac{m'}{p'}}.$$

Il faut donc qu'on ait aussi

$$\sqrt[p]{A^m} = \sqrt[p']{A^{m'}}.$$

Si l'on ramène les deux radicaux au même indice (138), il vient

$$\sqrt[pp']{A^{mp'}} = \sqrt[pp']{A^{m'p}},$$

et, comme d'après l'hypothèse $\frac{m}{p} = \frac{m'}{p'}$, on a nécessairement (*Arithm.*, 388)

$$mp' = m'p,$$

les deux radicaux, réduits ou non au même indice, sont bien identiques.

Il est utile d'observer que, *pour calculer la valeur numérique d'une puissance fractionnaire, il faut revenir à la forme radicale.*

Après ces considérations, *il reste à prouver que les règles démontrées dans le cas des exposants entiers* (*Arithm.*, 73 et suiv.) *s'étendent* immédiatement *au cas des exposants fractionnaires.*

141. I. *Pour multiplier deux puissances fractionnaires d'une même quantité, on ajoute leurs exposants.*

On a, en effet, d'après les théorèmes précédents et en revenant finalement à la forme fractionnaire

$$A^{\frac{m}{p}} \times A^{\frac{n}{q}} = \sqrt[p]{A^m} \times \sqrt[q]{A^n} = \sqrt[pq]{A^{mq} \times A^{np}}$$
$$= \sqrt[pq]{A^{mq+np}} = A^{\frac{mq+np}{pq}} = A^{\frac{m}{p}+\frac{n}{q}}.$$

On peut supposer m ou n égal à 1, p ou q égal à 1.

142. II. *Pour diviser deux puissances fractionnaires d'une même quantité, on retranche leurs exposants.*

Avec la restriction $\frac{m}{p} > \frac{n}{q}$, qui sera levée bientôt, et en opérant comme on vient de l'indiquer, on a

$$A^{\frac{m}{p}} : A^{\frac{n}{q}} = \sqrt[p]{A^m} : \sqrt[q]{A^n} = \sqrt[pq]{A^{mq} : A^{np}}$$
$$= \sqrt[pq]{A^{mq-np}} = A^{\frac{mq-np}{pq}} = A^{\frac{m}{p}-\frac{n}{q}}.$$

On peut supposer m ou n égal à 1, p ou q égal à 1.

143. III. *Pour élever une puissance fractionnaire à une autre puissance fractionnaire, on multiplie les deux exposants.*

On peut écrire, en effet,

$$\left(A^{\frac{m}{p}}\right)^{\frac{n}{q}} = (\sqrt[p]{A^m})^{\frac{n}{q}} = \sqrt[q]{(\sqrt[p]{A^m})^n}$$
$$= \sqrt[q]{\sqrt[p]{(A^m)^n}} = \sqrt[pq]{A^{mn}} = A^{\frac{mn}{pq}} = A^{\frac{m}{p}\times\frac{n}{q}}.$$

On peut supposer m ou n égal à 1, p ou q égal à 1.

144. IV. *Pour élever un produit à une puissance fractionnaire, il suffit d'élever chaque facteur à cette puissance.*

On a évidemment

$$(ABC)^{\frac{m}{p}} = \sqrt[p]{(ABC)^m} = \sqrt[p]{A^m B^m C^m}$$
$$= \sqrt[p]{A^m}\sqrt[p]{B^m}\sqrt[p]{C^m} = A^{\frac{m}{p}} B^{\frac{m}{p}} C^{\frac{m}{p}}.$$

Des exposants négatifs.

145. La nécessité de conserver aux symboles algébriques toute leur généralité nous a conduit à admettre les *exposants fractionnaires*. Nous devons de même admettre les *exposants négatifs* et chercher l'interprétation dont ils sont susceptibles.

Nous avons vu (*Alg. élém.*, 43) que les exposants négatifs apparaissent lorsqu'on veut appliquer la règle de la division des monômes au cas où l'exposant d'une certaine lettre est plus faible au dividende qu'au diviseur.

Soit l'expression $\frac{A^m}{A^n}$. *Si m surpasse n*, on en déduit immédiatement

$$\frac{A^m}{A^n} = A^{m-n}.$$

Mais, *si m est plus petit que n* et si l'on s'en tient à la définition générale des puissances, l'expression A^{m-n} n'a plus aucun sens.

Posons alors

$$n = m + p,$$

en désignant par p la différence *positive* des deux exposants n et m. On peut écrire

$$\frac{A^m}{A^n} = \frac{A^m}{A^{m+p}} = \frac{A^m}{A^m A^p} = \frac{1}{A^p}.$$

On trouve d'ailleurs, en appliquant la règle de la division des monômes (*Alg. élém.*, 41),

$$\frac{A^m}{A^n} = \frac{A^m}{A^{m+p}} = A^{-p}.$$

Il est donc naturel d'admettre ou de *convenir* que les deux expressions

$$A^{-p} \quad \text{et} \quad \frac{1}{A^p}$$

sont *équivalentes*.

Toute quantité affectée d'un exposant négatif revient ainsi à l'inverse de cette quantité affectée du même exposant pris positivement.

Il faut seulement montrer que la notation des exposants négatifs n'implique pas contradiction, en ce sens que, si elle est admise dans le cas où p est positif, elle subsiste par cela même lorsque p reçoit une valeur négative, telle que $-p'$.

En effet, p' étant positif, on a, par convention,

$$a^{-p'} = \frac{1}{a^{p'}} \qquad \text{ou} \qquad a^{p'} = \frac{1}{a^{-p'}},$$

c'est-à-dire, précisément,

$$a^{-p} = \frac{1}{a^p}.$$

Il est utile d'observer que, *pour calculer la valeur numérique d'une puissance négative, il faut revenir à la forme fractionnaire.*

Après ces considérations, *il reste à prouver que les règles démontrées dans le cas des exposants positifs,* entiers ou fractionnaires, *s'étendent* immédiatement *au cas des exposants négatifs.*

146. I. *Pour multiplier deux puissances négatives d'une même quantité, on ajoute leurs exposants.*

On a, en effet, d'après des théorèmes connus et la convention adoptée,

$$\begin{aligned} A^{-m} \times A^{-q} &= \frac{1}{A^m} \times \frac{1}{A^q} = \frac{1}{A^m A^q} \\ &= \frac{1}{A^{m+q}} = A^{-(m+q)} = A^{(-m)+(-q)}. \end{aligned}$$

147. II. *Pour diviser deux puissances négatives d'une même quantité, on retranche leurs exposants.*

On a de même

$$A^{-m} : A^{-q} = \frac{1}{A^m} : \frac{1}{A^q} = \frac{A^q}{A^m} = A^{q-m} = A^{(-m)-(-q)}.$$

148. III. *Pour élever une puissance négative à une autre puissance négative, on multiplie les deux exposants.*

On peut écrire, en effet,

$$\begin{aligned} (A^{-m})^{-q} &= \left(\frac{1}{A^m}\right)^{-q} = \frac{1}{\left(\frac{1}{A^m}\right)^q} \\ &= \frac{1}{\frac{1}{(A^m)^q}} = \frac{1}{\frac{1}{A^{mq}}} = A^{mq} = A^{(-m)\times(-q)}. \end{aligned}$$

149. IV. *Pour élever un produit à une puissance négative, il suffit d'élever chaque facteur à cette puissance.*

On a, évidemment,

$$(ABC)^{-m} = \frac{1}{(ABC)^m} = \frac{1}{A^m B^m C^m} = \frac{1}{A^m}\,\frac{1}{B^m}\,\frac{1}{C^m} = A^{-m} B^{-m} C^{-m}.$$

150. En résumant ce qu'on vient de dire sur les exposants fractionnaires et négatifs, on peut énoncer les règles suivantes, qui ne sont plus soumises à aucune restriction relativement à la nature des exposants, *entiers* ou *fractionnaires*, *positifs* ou *négatifs* :

1° *Pour multiplier deux puissances d'une même quantité, on ajoute leurs exposants.*

2° *Pour diviser deux puissances d'une même quantité, on retranche leurs exposants.*

3° *Pour élever une puissance à une autre puissance, on multiplie les exposants des deux puissances.*

4° *Pour élever un produit à une puissance, il suffit d'élever chaque facteur à cette puissance.*

CHAPITRE X.

THÉORIE DES FRACTIONS CONTINUES.

Définitions et notions préliminaires.

151. On attribue à lord Brouncker l'invention des fractions continues; mais la découverte de leurs principales propriétés et de leurs précieux avantages est surtout due à Huygens, 1682.

La théorie des *fractions continues* fournit une nouvelle méthode pour obtenir des valeurs de plus en plus approchées d'un nombre donné, et c'est ainsi qu'elles s'introduisent naturellement dans l'Analyse.

S'il s'agit, en effet, de trouver une valeur approchée d'un nombre N, le plus simple est d'indiquer sa partie entière a. On peut alors écrire, en supposant y plus grand que 1,

$$N = a + \frac{1}{y}.$$

On peut évaluer alors la partie entière b de y et poser

$$y = b + \frac{1}{z},$$

en supposant z plus grand que 1. Si c est la partie entière de z, et u une quantité plus grande que 1; si d est la partie entière de u, et v une quantité plus grande que 1, on a, de même,

$$z = c + \frac{1}{u} \quad \text{et} \quad u = d + \frac{1}{v}.$$

En remplaçant successivement, dans l'expression de N, les quantités y, z, u par leurs valeurs, on trouve la valeur de N sous cette forme particulière :

$$(1) \qquad N = a + \cfrac{1}{b + \cfrac{1}{c + \cfrac{1}{d + \cfrac{1}{v}}}}.$$

En continuant les calculs indiqués, deux cas peuvent se présenter.

L'un des nombres y, z, u, v, ... peut être entier. Dans cette hypothèse, l'opération se trouve *terminée,* et l'on dit qu'on a obtenu le *développement exact de* N *en fraction continue.*

Si aucun des nombres y, z, u, v, ... n'est entier, l'opération *ne se termine pas* et peut se poursuivre *d'une manière illimitée,* bien que l'égalité (1) subsiste toujours. Si l'on néglige alors l'une des fractions $\frac{1}{y}, \frac{1}{z}, \frac{1}{u}, \frac{1}{v}, \ldots,$ cette égalité devient approximative, et l'on obtient pour N *des valeurs approchées* qu'on appelle des *réduites* ou des *fractions convergentes.*

La première réduite est ici a $\left(\text{en négligeant } \frac{1}{y}\right)$; la deuxième réduite est $a + \frac{1}{b}$ $\left(\text{en négligeant } \frac{1}{z}\right)$; la troisième réduite est $a + \cfrac{1}{b + \cfrac{1}{c}}$, $\left(\text{en négligeant } \frac{1}{u}\right)$; et ainsi de suite.

Les dénominateurs successifs y, z, u, ... sont des *quotients complets,* tandis que les nombres b, c, d, ..., qui représentent les parties entières de ces dénominateurs, sont des *quotients incomplets.* On donne encore le nom de *fractions intégrantes* aux fractions $\frac{1}{b}, \frac{1}{c}, \frac{1}{d}, \ldots.$

On voit que les quotients incomplets b, c, d, ... sont des nombres entiers positifs au moins égaux à 1, et que a, seul, peut être nul si N est un nombre inférieur à l'unité.

152. I. *Tout nombre commensurable correspond à une fraction continue limitée et,* réciproquement, *toute fraction continue limitée représente un nombre commensurable.*

Soit le nombre commensurable $\frac{A}{B}$. Divisons A par B : soient a le quotient et r le reste. Nous aurons (*Arithm.*, **212**, **185**), en ramenant à l'unité le numérateur de la fraction complémentaire,

$$\frac{A}{B} = a + \frac{r}{B} = a + \frac{1}{\left(\frac{B}{r}\right)}.$$

Divisons B par r : soient b le quotient et r' le reste. Nous aurons de même

$$\frac{B}{r} = b + \frac{r'}{r} = b + \frac{1}{\left(\frac{r}{r'}\right)}.$$

On est ainsi conduit à diviser r par r', et l'on s'aperçoit sans peine que les opérations à effectuer sont précisément celles que l'on doit faire pour chercher le plus grand commun diviseur des nombres entiers A et B. Lors même que ces nombres seraient premiers entre eux, on arrivera donc à un reste qui divisera exactement le reste précédent ou, si l'on veut, à un reste nul (*Arithm.*, **113**), c'est-à-dire que la fraction continue qui représente le développement de $\frac{A}{B}$ aura un nombre limité de termes.

Les quotients fournis par l'opération du plus grand commun diviseur font connaître les quotients incomplets $b, c, d, \ldots$, et les inverses de ces quotients sont les fractions intégrantes $\frac{1}{b}, \frac{1}{c}, \frac{1}{d}, \ldots$.

Réciproquement, soit une fraction continue limitée. Pour démontrer qu'elle représente un nombre commensurable, il n'y a qu'à effectuer, en remontant, sur les fractions intégrantes et les quotients incomplets, les opérations indiquées, et l'on sera nécessairement conduit à une fraction à termes entiers.

Pour fixer les idées, nous prendrons un exemple numérique, et nous supposerons qu'on ait

$$N = 3 + \cfrac{1}{5 + \cfrac{1}{7 + \cfrac{1}{9}}}.$$

Il viendra successivement

$$7+\frac{1}{9}=\frac{64}{9},\qquad 5+\cfrac{1}{7+\cfrac{1}{9}}=5+\frac{9}{64}=\frac{329}{64},$$

$$N=3+\frac{64}{329}=\frac{1051}{329}.$$

153. II. ***Tout nombre incommensurable correspond à une fraction continue illimitée et,*** **réciproquement,** ***toute fraction continue illimitée représente un nombre incommensurable.***

Cette proposition est la conséquence évidente de la précédente (**152**).

154. III. ***Dans toute fraction continue, les valeurs des réduites sont alternativement plus petites et plus grandes que la valeur de la fraction continue elle-même : les réduites de rang impair sont plus petites que la fraction continue, les réduites de rang pair sont plus grandes.***

Considérons, en effet, la fraction continue

$$N=a+\cfrac{1}{b+\cfrac{1}{c+\cfrac{1}{d+\dots}}},$$

qui provient des égalités successives (**151**)

$$N=a+\frac{1}{y}\quad (y>1),$$

$$y=b+\frac{1}{z}\quad (z>1),$$

$$z=c+\frac{1}{u}\quad (u>1),$$

$$u=d+\frac{1}{v}\quad (v>1),$$

$$\dots\dots\dots\dots\dots\dots$$

En prenant a au lieu de N, on néglige la fraction $\frac{1}{y}$: on a donc

$$a<N.$$

En prenant $a + \frac{1}{b}$ au lieu de N, on néglige la fraction $\frac{1}{z}$ dans l'expression exacte

$$N = a + \cfrac{1}{b + \cfrac{1}{z}}.$$

On *diminue* donc le dénominateur de la fraction complémentaire, c'est-à-dire qu'on *augmente* cette fraction : on a donc

$$a + \frac{1}{b} > N.$$

En prenant $a + \cfrac{1}{b + \cfrac{1}{c}}$ au lieu de N, on néglige la fraction $\frac{1}{u}$ dans l'expression *exacte*

$$N = a + \cfrac{1}{b + \cfrac{1}{c + \cfrac{1}{u}}}.$$

On *diminue* donc le dénominateur de la fraction $\cfrac{1}{c + \cfrac{1}{u}}$, c'est-à-dire qu'on *augmente* cette fraction; mais, en même temps, on augmente le dénominateur de la fraction

$$\cfrac{1}{b + \cfrac{1}{c + \cfrac{1}{u}}},$$

c'est-à-dire qu'on la *diminue* elle-même; on a donc

$$a + \cfrac{1}{b + \cfrac{1}{c}} < N.$$

En prenant

$$a + \cfrac{1}{b + \cfrac{1}{c + \cfrac{1}{d}}},$$

au lieu de N, on néglige $\frac{1}{v}$ dans l'expression *exacte*

$$N = a + \cfrac{1}{b + \cfrac{1}{c + \cfrac{1}{d + \cfrac{1}{v}}}}.$$

On *augmente* donc la fraction

$$\frac{1}{d + \frac{1}{v}}.$$

On *diminue*, par suite, la fraction

$$\cfrac{1}{c + \cfrac{1}{d + \cfrac{1}{v}}},$$

et l'on *augmente* la fraction

$$\cfrac{1}{b + \cfrac{1}{c + \cfrac{1}{d + \cfrac{1}{v}}}}.$$

On a donc

$$a + \cfrac{1}{b + \cfrac{1}{c + \cfrac{1}{d}}} > N.$$

Le même raisonnement se poursuivant indéfiniment, la proposition est démontrée.

On peut l'énoncer encore, en disant :

La valeur de toute fraction continue est, nécessairement, *comprise entre les valeurs de deux réduites consécutives quelconques.*

155. IV. Il en résulte que, *dans toute fraction continue, chaque réduite est comprise entre les deux réduites qui la précèdent immédiatement.*

En effet, lorsqu'on s'arrête à une certaine réduite, on peut admettre qu'elle représente une certaine fraction continue limitée qui est, jusque-là, composée des mêmes éléments que la fraction continue proposée.

Or toute fraction continue, quelle qu'elle soit, étant comprise entre deux réduites consécutives quelconques (154), la réduite considérée est alors elle-même comprise entre les deux réduites qui la précèdent immédiatement.

156. V. *Dans toute fraction continue, les réduites de rang impair forment une série croissante, et les réduites de rang pair une série décroissante.*

Considérons la réduite *de rang impair* $2p+1$. Elle est comprise (155) entre la réduite de rang $2p$ et celle de rang $2p-1$.

D'ailleurs, les réduites de rang impair sont toutes plus petites que les réduites de rang pair (154). La réduite de rang $2p+1$, moindre que la réduite de rang $2p$ et comprise entre cette réduite et celle de rang $2p-1$, est donc *supérieure* à la réduite de rang $2p-1$.

Il en résulte que les réduites de rang impair vont en croissant.

De même, la réduite *de rang pair* $2p$, comprise entre les réduites de rang $2p-1$ et $2p-2$, étant plus grande que la réduite de rang $2p-1$, est *inférieure* à la réduite de rang $2p-2$.

Il en résulte que les réduites de rang pair vont en décroissant.

Loi de formation des réduites.

157. Soit la fraction continue quelconque

$$X = a + \cfrac{1}{b + \cfrac{1}{c + \cfrac{1}{d + \dots}}}.$$

Nous allons calculer les quatre premières réduites et chercher si une loi de formation apparaît.

Première réduite :

$$a \quad \text{ou} \quad \frac{a}{1}.$$

Deuxième réduite :

$$a + \frac{1}{b} = \frac{ab+1}{b}.$$

Troisième réduite :

$$a + \cfrac{1}{b + \cfrac{1}{c}} = a + \frac{c}{bc+1} = \frac{abc+c+a}{bc+1}.$$

Quatrième réduite :

$$a + \cfrac{1}{b + \cfrac{1}{c + \cfrac{1}{d}}} = a + \cfrac{1}{b + \cfrac{d}{cd+1}}$$

$$= a + \frac{cd+1}{bcd+b+d} = \frac{abcd+cd+ad+ab+1}{bcd+d+b}.$$

En considérant la troisième et la quatrième réduite, on voit que chacune s'obtient *en multipliant les deux termes de la réduite précédente par le quotient incomplet auquel on s'arrête, et en ajoutant terme à terme le résultat trouvé avec la réduite antéprécédente.*

Il s'agit de montrer que cette loi est *générale*, c'est-à-dire que, *si elle est vraie pour trois réduites consécutives quelconques, elle subsiste nécessairement pour la réduite suivante.* Comme nous venons de la vérifier pour les trois premières réduites, elle sera alors complètement établie.

Soient donc les trois réduites consécutives

$$\frac{P}{P'}, \quad \frac{Q}{Q'}, \quad \frac{R}{R'},$$

pour lesquelles la loi est supposée exister. En désignant par l le dernier quotient incomplet qui fait partie de la réduite $\frac{R}{R'}$, nous aurons, par hypothèse,

$$\frac{R}{R'} = \frac{Ql+P}{Q'l+P'} \quad \left\{ \begin{aligned} R &= Ql+P, \\ R' &= Q'l+P'. \end{aligned} \right.$$

Pour passer maintenant à la réduite suivante $\frac{S}{S'}$, il suffit d'observer qu'elle ne diffère de $\frac{R}{R'}$ que par le changement de

l en $l + \frac{1}{m}$, en appelant m le quotient incomplet qui vient après l. On a donc immédiatement

$$\frac{S}{S'} = \frac{Q\left(l + \frac{1}{m}\right) + P}{Q'\left(l + \frac{1}{m}\right) + P'} = \frac{(Ql + P)m + Q}{(Q'l + P')m + Q'},$$

c'est-à-dire

$$\frac{S}{S'} = \frac{Rm + Q}{R'm + Q'}.$$

La loi de formation indiquée plus haut est donc générale. D'après cette loi, les numérateurs et les dénominateurs des réduites forment deux suites indéfiniment croissantes.

158. Pour appliquer cette loi, il faut que les deux premières réduites aient été formées; mais on peut faire rentrer la deuxième réduite dans la règle énoncée, en introduisant en tête la *réduite fictive* $\frac{1}{0}$. Combinée, d'après la règle, avec la *première réduite effective* $\frac{a}{1}$, elle donne bien $\frac{ab+1}{b}$ pour la valeur de la *deuxième réduite*.

On peut alors employer l'algorithme suivant pour faciliter le calcul des réduites :

	a	b	c	d	...
$\frac{1}{0}$	$\frac{a}{1}$	$\frac{ab+1}{b}$	$\frac{abc+c+a}{bc+1}$	$\frac{abcd+cd+ad+ab+1}{bcd+d+b}$	...

Nous disposerons, sur une première ligne horizontale, les quotients incomplets successifs $a, b, c, d, \ldots$; au-dessous, en les reculant d'un rang, nous écrirons les deux premières réduites $\frac{1}{0}$ et $\frac{a}{1}$, et nous n'aurons plus qu'à former successivement les autres réduites d'après la règle, en les écrivant au-dessous du quotient incomplet qui les termine.

Cette règle consiste (157) à *multiplier les deux termes de la réduite précédente par le quotient incomplet auquel on est parvenu, et à ajouter terme à terme le résultat avec la réduite antéprécédente.*

159. Il est indispensable de remarquer que les considérations précédentes permettent d'obtenir, au lieu de la valeur d'une réduite de rang quelconque, une expression exacte de la valeur X de la fraction continue elle-même, quelle qu'elle soit.

En effet, en remplaçant l par $l+\frac{1}{m}$, nous avons pu passer (157) de la valeur de la réduite $\frac{R}{R'}$ à celle de la réduite suivante $\frac{S}{S'}$. Il est évident que, si nous avions fait la même substitution en prenant au lieu de m le quotient complet t qui lui correspond, nous aurions obtenu, au lieu de la réduite $\frac{S}{S'}$, la valeur X de la fraction continue elle-même, puisqu'on peut toujours l'arrêter à un quotient complet quelconque (151).

Nous écrirons donc, par exemple,

$$X=\frac{Rt+Q}{R't+Q'}.$$

Propriétés fondamentales des réduites.

160. I. *La différence absolue de deux réduites consécutives est une fraction ayant pour numérateur l'unité et pour dénominateur le produit des dénominateurs des deux réduites.*

Soient, en effet,

$$\frac{P}{P'},\quad \frac{Q}{Q'},\quad \frac{R}{R'}$$

trois réduites consécutives quelconques, et l le dernier quotient incomplet qui fait partie de $\frac{R}{R'}$. Nous aurons (157)

$$\frac{R}{R'}=\frac{Ql+P}{Q'l+P'}$$

et, par suite,

$$\frac{R}{R'}-\frac{Q}{Q'}=\frac{Ql+P}{Q'l+P'}-\frac{Q}{Q'}=\frac{PQ'-QP'}{Q'R'},$$

en même temps que

$$\frac{Q}{Q'}-\frac{P}{P'}=\frac{QP'-PQ'}{P'Q'}.$$

Les dénominateurs des deux différences répondent à l'énoncé. Quant aux numérateurs, ils sont égaux et de signes contraires.

Comme nous avons considéré trois réduites consécutives *quelconques*, on peut donc dire que le numérateur de la différence de deux réduites consécutives est *constant* en valeur absolue.

Pour trouver cette constante, il suffit de retrancher les deux premières réduites, par exemple, qui donnent

$$\frac{ab+1}{b} - \frac{a}{1} = \frac{1}{b}.$$

Le théorème énoncé est ainsi démontré.

161. Si l'on veut tenir compte du signe de la différence des deux réduites, il suffit de se rappeler que les réduites de rang pair sont plus grandes que les réduites de rang impair (**154**). Par conséquent, la différence obtenue est positive ou négative, suivant que la première réduite est de rang pair ou de rang impair.

162. II. *Toutes les réduites sont des fractions irréductibles.*

Si l'on considère, en effet, les deux réduites consécutives quelconques

$$\frac{Q}{Q'} \quad \text{et} \quad \frac{R}{R'},$$

et si l'on forme le numérateur de leur différence, on a (**160**, **161**)

$$RQ' - QR' = \pm 1.$$

Cette égalité prouve qu'il ne peut exister aucun facteur commun autre que l'unité, soit entre R et R' ou entre Q et Q', soit même entre R et Q ou entre R' et Q'.

Les réduites quelconques $\frac{Q}{Q'}$ et $\frac{R}{R'}$ ayant leurs deux termes premiers entre eux sont des fractions irréductibles (*Arithm.*, **187**, **188**).

Cette propriété remarquable explique et justifie le nom de *réduites*.

163. III. *Les réduites de rang impair et les réduites de rang pair convergent respectivement vers une limite fixe, qui est la* *valeur de la fraction continue elle-même, et, de deux réduites consécutives, c'est la plus éloignée qui approche le plus de cette valeur.*

En effet, d'après ce qui précède (156), les réduites de rang impair vont constamment en croissant, en restant inférieures à une réduite quelconque de rang pair : elles convergent donc vers une limite fixe. De même, les réduites de rang pair vont constamment en décroissant, en restant supérieures à une réduite quelconque de rang impair : elles convergent donc aussi vers une limite fixe. Cette limite est, d'ailleurs, la même pour les deux suites; car la différence de deux réduites consécutives $\frac{Q}{Q'}$ et $\frac{R}{R'}$, étant égale à

$$\frac{\pm 1}{Q'R'},$$

va constamment en diminuant à mesure qu'on avance dans la fraction continue, et tend vers zéro autant qu'on veut *s'il s'agit d'une fraction continue illimitée,* puisque, d'après la loi de formation des réduites (157), les deux dénominateurs Q' et R' vont constamment en croissant, de manière à pouvoir dépasser toute quantité donnée.

Comme la valeur de la fraction continue reste comprise entre deux réduites consécutives quelconques (154), la limite commune dont nous venons de parler n'est autre que la valeur même de cette fraction continue.

En outre, si les deux réduites consécutives considérées sont $\frac{Q}{Q'}$ et $\frac{R}{R'}$, c'est la plus éloignée $\frac{R}{R'}$ qui approche davantage de la valeur X de la fraction continue.

Pour le prouver, nous n'avons qu'à comparer successivement, à $\frac{Q}{Q'}$ et à $\frac{R}{R'}$, la valeur X de la fraction continue, exprimée en fonction du quotient complet t qui correspond au dernier quotient incomplet m compris dans $\frac{S}{S'}$ (159).

Pour fixer les idées, nous admettrons que $\frac{R}{R'}$ est une réduite de rang pair et qu'on a, par conséquent (154),

$$\frac{Q}{Q'} < X < \frac{R}{R'}.$$

Nous aurons donc (160, 161)

$$\frac{R}{R'} - X = \frac{R}{R'} - \frac{Rt+Q}{R't+Q'} = \frac{RQ'-QR'}{R'(R't+Q')} = \frac{1}{R'(R't+Q')}$$

et

$$X - \frac{Q}{Q'} = \frac{Rt+Q}{R't+Q'} - \frac{Q}{Q'} = \frac{t(RQ'-QR')}{Q'(R't+Q')} = \frac{t}{Q'(R't+Q')}.$$

Or la première différence est évidemment la plus faible des deux, puisque t est au moins égal à 1 et que Q' est nécessairement moindre que R' (157).

C'est la proposition qu'on vient d'établir qui a fait donner aux réduites le nom de *fractions convergentes*.

164. On peut la rendre sensible aux yeux en portant sur une même droite, à partir d'un point fixe O, des longueurs Oi_1, Oi_3, Oi_5, ..., proportionnelles aux valeurs des réduites de rang impair : ces longueurs formeront une série croissante. Si l'on porte, à partir du même point O, des longueurs Op_2, Op_4, Op_6, ..., proportionnelles aux valeurs des réduites de rang pair, elles formeront une série décroissante. Les deux séries obtenues occuperont deux régions distinctes et n'empiéteront pas l'une sur l'autre; mais elles convergeront indéfiniment l'une vers l'autre, de manière à n'avoir finalement qu'un point de démarcation tel que X. La longueur OX sera proportionnelle à la valeur de la fraction continue elle-même.

O i_1 i_3 i_5 X p_6 p_4 p_2

165. Le calcul précédent permet d'indiquer deux limites simples de l'erreur commise, lorsqu'on remplace la fraction continue par l'une de ses réduites.

Nous avons trouvé (163)

$$\frac{R}{R'} - X = \frac{1}{R'(R't+Q')}.$$

Remarquons que le quotient complet t est compris, par hypothèse (163), entre les deux entiers consécutifs m et $m+1$. On aura donc, en valeur absolue, en désignant par $\frac{S}{S'}$ la réduite qui suit $\frac{R}{R'}$,

$$\frac{R}{R'} - X < \frac{1}{R'(R'm + Q')} \quad \text{ou} \quad \frac{R}{R'} - X < \frac{1}{R'S'}.$$

Cette inégalité est évidente *a priori* (**154**, **160**), et elle entraîne la suivante :

$$\frac{R}{R'} - X < \frac{1}{R'^2}.$$

On aura, d'autre part,

$$\frac{R}{R'} - X > \frac{1}{R'[R'(m+1) + Q']} \quad \text{ou} \quad \frac{R}{R'} - X > \frac{1}{R'(R'+S')}.$$

Ainsi, *lorsqu'on s'arrête à une certaine réduite,* on peut dire que *l'erreur commise est moindre que l'unité divisée par le produit des dénominateurs de cette réduite et de la suivante ou que l'unité divisée par le carré du dénominateur de la réduite considérée, et que l'erreur commise est plus grande que l'unité divisée par le produit du dénominateur de la réduite par la somme de ce dénominateur et de celui de la réduite suivante.*

166. Il résulte de ce qu'on vient de dire que, *lorsque la fraction continue est illimitée, on peut toujours former une réduite qui en diffère d'une quantité moindre qu'une quantité donnée* ε.

Il suffit, en effet, d'arriver à une réduite $\frac{R}{R'}$ telle, qu'on ait

$$\frac{1}{R'^2} < \varepsilon \quad \text{ou} \quad R' > \frac{1}{\sqrt{\varepsilon}}.$$

Or, les dénominateurs des réduites formant une suite indéfiniment croissante, on atteindra toujours une réduite pour laquelle cette condition sera remplie.

167. IV. *Un nombre* K *ne peut approcher davantage de la valeur* X *de la fraction continue qu'une réduite* $\frac{R}{R'}$, *sans être compris entre cette réduite et la réduite précédente* $\frac{Q}{Q'}$.

En effet, si K approche plus de X que $\frac{R}{R'}$, il approche *a fortiori* (163) plus de X que $\frac{Q}{Q'}$; et, comme X tombe toujours entre ces deux réduites consécutives (154), il faut évidemment que K remplisse la même condition.

168. V. *Toute fraction ordinaire qui approche davantage de la valeur* X *de la fraction continue qu'une réduite* $\frac{R}{R'}$ *a des termes moins simples, c'est-à-dire respectivement plus grands que ceux de la réduite.*

Considérons, en effet, la réduite $\frac{R}{R'}$ et la réduite $\frac{Q}{Q'}$ qui la précède immédiatement. Admettons que la fraction $\frac{A}{B}$ approche davantage que $\frac{R}{R'}$ de la valeur X de la fraction continue.

La fraction $\frac{A}{B}$ sera d'abord nécessairement comprise entre les deux réduites $\frac{Q}{Q'}$ et $\frac{R}{R'}$ (167). En supposant $\frac{R}{R'}$ de rang pair pour fixer les idées, les quatre quantités considérées, rangées par ordre de grandeur *croissante,* formeront donc la suite

$$\frac{Q}{Q'},\quad X,\quad \frac{A}{B},\quad \frac{R}{R'}\qquad \text{ou}\qquad \frac{Q}{Q'},\quad \frac{A}{B},\quad X,\quad \frac{R}{R'}.$$

Il en résulte

$$\frac{A}{B}-\frac{Q}{Q'}<\frac{R}{R'}-\frac{Q}{Q'}$$

ou (160, 161)

$$\frac{AQ'-BQ}{BQ'}<\frac{1}{R'Q'}.$$

Comme il s'agit de nombres entiers, la différence $AQ'-BQ$ est au moins égale à 1. L'inégalité précédente exige donc qu'on ait

$$BQ'>R'Q'\qquad \text{ou}\qquad B>R'.$$

Si nous renversons maintenant les quantités considérées, leurs inverses formeront, par ordre de grandeur *décroissante,* la suite

$$\frac{Q'}{Q},\ \frac{1}{X},\ \frac{B}{A},\ \frac{R'}{R} \quad \text{ou} \quad \frac{Q'}{Q},\ \frac{B}{A},\ \frac{1}{X},\ \frac{R'}{R}.$$

Il en résulte

$$\frac{Q'}{Q}-\frac{B}{A}<\frac{Q'}{Q}-\frac{R'}{R}$$

ou

$$\frac{AQ'-BQ}{QA}<\frac{1}{QR}.$$

Cette inégalité exige, à son tour, qu'on ait

$$QA > QR \quad \text{ou} \quad A > R.$$

La proposition qu'on vient de démontrer prouve que *les réduites successives expriment la valeur de la fraction continue aussi simplement que possible, eu égard au degré d'approximation obtenu.*

169. Il est utile de s'arrêter un instant sur la propriété précédente, qui imprime aux réduites un caractère tout particulier.

On pourrait croire, au premier abord, que de plus grands dénominateurs répondent à une plus grande approximation. On voit qu'il n'en est rien. Et, en effet, si l'on prend, par exemple, les trois fractions $\frac{6}{11}$, $\frac{3}{5}$, $\frac{7}{11}$, qui, ramenées au même dénominateur, forment la suite croissante $\frac{30}{55}$, $\frac{33}{55}$, $\frac{35}{55}$, on comprend qu'une quantité X puisse tomber entre $\frac{6}{11}$ et $\frac{7}{11}$, en étant beaucoup plus près de $\frac{3}{5}$ que des deux autres fractions. S'il en est ainsi, il sera impossible, avec des onzièmes d'unité d'obtenir pour X une valeur aussi approchée que $\frac{3}{5}$.

Ainsi, en cherchant les valeurs approchées d'une quantité parmi des fractions de dénominateur donné, on peut, dans certains cas, avoir un degré d'approximation moins favorable qu'avec des fractions de dénominateur plus petit. Ce qui est très remarquable, c'est que cela ne se produit jamais pour une fraction continue, lorsque les valeurs approchées sont choisies parmi ses réduites.

L'emploi des fractions continues intervient, par la propriété sur laquelle nous venons d'insister, dans l'établissement des *trains d'engrenages* compliqués, comme ceux que nécessitent les combinaisons de la haute horlogerie ([1]).

170. VI. *Lorsqu'on réduit en fraction continue deux valeurs d'un nombre* N, *l'une approchée par défaut, l'autre approchée par excès, tous les quotients incomplets communs aux deux résultats obtenus appartiennent nécessairement au développement de* N *en fraction continue.*

Désignons par A et B les deux valeurs approchées de N par défaut et par excès, et admettons qu'on ait

$$A = a + \cfrac{1}{b + \cfrac{1}{c + \cfrac{1}{d + \cfrac{1}{e + \dotsb}}}}, \qquad B = a + \cfrac{1}{b + \cfrac{1}{c + \cfrac{1}{d + \cfrac{1}{f + \dotsb}}}}.$$

A et B ont la même partie entière a. Cette partie entière est donc aussi celle de N qui est compris entre A et B, et l'on peut poser à la fois

$$A = a + \frac{1}{y}, \qquad B = a + \frac{1}{y'}, \qquad N = a + \frac{1}{x}.$$

x est alors nécessairement compris entre y et y', et comme, d'après les deux développements supposés, ces deux quotients ont la même partie entière b, cette partie entière est aussi celle de x. On peut donc poser encore

$$y = b + \frac{1}{z}, \qquad y' = b + \frac{1}{z'}, \qquad x = b + \frac{1}{u}.$$

u devant être compris à son tour entre z et z', qui ont la même partie entière c, a aussi cette partie entière, et l'on peut poser de nouveau

$$z = c + \frac{1}{v}, \qquad z' = c + \frac{1}{v'}, \qquad u = c + \frac{1}{t}.$$

([1]) *Voir* les feuilles autographiées de mon *Cours de Cinématique* à l'École Centrale, 1865-1866.

En continuant, on voit que la fraction continue représentant le développement de N commence nécessairement par a et par les fractions intégrantes $\frac{1}{b}$, $\frac{1}{c}$, $\frac{1}{d}$, communes aux deux développements donnés. On a donc

$$N = a + \cfrac{1}{b + \cfrac{1}{c + \cfrac{1}{d + \dots}}}$$

EXEMPLES.

171. 1° *Remplacer la fraction* $\frac{1392}{3024}$ *par des fractions approchées, exprimées aussi simplement que possible, eu égard au degré d'approximation obtenu.*

Il suffit de convertir la fraction donnée en fraction continue et d'en former ensuite les différentes réduites (168), d'après l'algorithme indiqué (158).

Comme le nombre donné ne contient pas de partie entière, on posera

$$\frac{1392}{3024} = \frac{1}{\frac{3024}{1392}}.$$

Il faut chercher le plus grand commun diviseur des nombres 3024 et 1392 en réduisant d'abord le nombre fractionnaire $\frac{3024}{1392}$ à sa plus simple expression (*Arithm.*, 189). On est ainsi conduit à $\frac{63}{29}$. L'opération du plus grand commun diviseur donne alors

	2	5	1	4
63	29	5	4	1
5	4	1	0	

La fraction continue cherchée est donc (152)

$$\frac{1392}{3024} = \cfrac{1}{2 + \cfrac{1}{5 + \cfrac{1}{1 + \cfrac{1}{4}}}}.$$

Nous formerons les différentes réduites d'après le Tableau ci-après, en remarquant que la première réduite est $\frac{a}{1}$ et que a est ici égal à zéro :

	0	2	5	1	4
$\frac{1}{0}$	$\frac{0}{1}$	$\frac{1}{2}$	$\frac{5}{11}$	$\frac{6}{13}$	$\frac{29}{63}$

La dernière réduite reproduit naturellement la fraction proposée ramenée à sa plus simple expression (162).

Si l'on remplace $\frac{1392}{3024}$ par la fraction $\frac{6}{13}$, l'erreur commise est moindre que $\frac{1}{13.63}$ ou que $\frac{1}{819}$, et elle est plus grande que $\frac{1}{13(13+63)}$ ou que $\frac{1}{988}$ (165).

172. 2° *Trouver des fractions ordinaires exprimant le nombre π* (*Géom.*, **228**) *aussi simplement que possible, eu égard au degré d'approximation obtenu, sachant que π est compris entre les deux nombres décimaux*

$$3,1415926 \quad \text{et} \quad 3,1415927.$$

On commencera par réduire ces deux nombres en fraction continue, jusqu'à ce que les fractions intégrantes successivement obtenues deviennent différentes (170).

On trouvera facilement, en passant de la forme décimale à la forme fractionnaire et en suivant la marche rappelée au numéro précédent,

$$\frac{31415926}{10000000} = 3 + \cfrac{1}{7 + \cfrac{1}{15 + \cfrac{1}{1 + \cfrac{1}{243 + \ldots}}}},$$

$$\frac{31415927}{10000000} = 3 + \cfrac{1}{7 + \cfrac{1}{15 + \cfrac{1}{1 + \cfrac{1}{354 + \ldots}}}}$$

On a donc nécessairement

$$\pi = 3 + \cfrac{1}{7 + \cfrac{1}{15 + \cfrac{1}{1 + \ldots}}}$$

On calculera les réduites correspondantes à l'aide du Tableau

	3	7	15	1
$\frac{1}{0}$	$\frac{3}{1}$	$\frac{22}{7}$	$\frac{333}{106}$	$\frac{355}{113}$

Ces réduites, en tenant compte du degré d'approximation qu'elles présentent, approcheront plus de π que toutes les fractions ayant des termes respectivement plus simples. Ainsi $\frac{22}{7}$ est la valeur de π, à $\frac{1}{2}$ centième près, exprimée avec les termes les plus simples possibles.

Remarquons que $\frac{22}{7}$ est précisément la valeur de π trouvée par Archimède; $\frac{333}{106}$, celle qu'on a attribuée aux Hindous; $\frac{355}{113}$, celle qui est due à Adrien Métius.

Des fractions continues périodiques.

173. Lorsque, dans une fraction continue illimitée, et nous en avons défini la valeur au n° **163**, un nombre limité de quotients se reproduisent indéfiniment dans un ordre constant, on dit que cette fraction continue est *périodique*. Les éléments qui se reproduisent constituent la *période*.

Lorsque la période commence dès le premier quotient incomplet, la fraction continue est *périodique simple*. Lorsque la première période ne commence pas dès le premier quotient et est précédée d'éléments qui ne se reproduisent pas, la fraction continue est *périodique mixte*.

Nous nous proposons ici de démontrer le beau théorème de Lagrange sur les fractions continues périodiques [J.-L. Lagrange, *Traité de la résolution des équations numériques de tous les degrés* (1), Chap. VI].

Nous exposerons d'abord la proposition suivante qui, comme le dit Lagrange, était connue depuis longtemps, lorsqu'il en démontra la réciproque, beaucoup plus difficile à établir.

174. I. *Toute fraction continue périodique peut être regardée comme l'une des racines irrationnelles d'une équation du second degré à coefficients rationnels.*

(1) Tome VIII de l'édition complète des *OEuvres de Lagrange*, publiée par les soins de M. J.-A. Serret, sous les auspices de M. le Ministre de l'Instruction publique; Gauthier-Villars, MDCCCLXXIX. — *Cours d'Algèbre supérieure*, par J.-A. Serret, 3e édition, t. I; Gauthier-Villars, 1866.

Lorsque la fraction continue est périodique simple, les racines de l'équation du second degré correspondante sont de signes contraires. Lorsque la fraction continue est périodique mixte, les racines de l'équation du second degré correspondante sont de même signe.

1° Soit la fraction périodique simple x, dont la période est formée des quotients incomplets a, b, c, d. On aura alors indéfiniment

$$x = a + \cfrac{1}{b + \cfrac{1}{c + \cfrac{1}{d + \cfrac{1}{a + \cfrac{1}{b + \cfrac{1}{c + \cfrac{1}{d + \cfrac{1}{a + \ldots}}}}}}}}$$

Comme la fraction continue se poursuit ainsi sans jamais s'arrêter, il est clair qu'on peut écrire

$$x = a + \cfrac{1}{b + \cfrac{1}{c + \cfrac{1}{d + \cfrac{1}{x}}}}.$$

Désignons par $\frac{Q}{Q'}$ et $\frac{R}{R'}$ les deux réduites qui correspondent aux derniers quotients incomplets c et d dans la nouvelle expression de x. Nous aurons (159)

$$x = \frac{Rx + Q}{R'x + Q'},$$

d'où l'on déduit immédiatement

$$R'x^2 - (R - Q')x - Q = 0.$$

Le terme tout connu étant négatif, les racines de cette équation du second degré sont de signes contraires (*Alg. élém.*, 244).

2° Soit la fraction continue périodique mixte x, dont la partie non périodique est formée des quotients incomplets a, b.

c, d, et dont la période est formée des quotients incomplets e, f, g, h. On aura alors indéfiniment

$$= a + \cfrac{1}{b + \cfrac{1}{c + \cfrac{1}{d + \cfrac{1}{e + \cfrac{1}{f + \cfrac{1}{g + \cfrac{1}{h + \cfrac{1}{e + \cfrac{1}{f + \cfrac{1}{g + \cfrac{1}{h + \cfrac{1}{e + \ldots}}}}}}}}}}}}$$

Si l'on désigne par y la valeur de la fraction continue périodique simple

$$e + \cfrac{1}{f + \cfrac{1}{g + \cfrac{1}{h + \cfrac{1}{e + \ldots}}}},$$

comme la fraction continue x se poursuit sans jamais s'arrêter, il est clair qu'on peut écrire à la fois

$$(1) \qquad x = a + \cfrac{1}{b + \cfrac{1}{c + \cfrac{1}{d + \cfrac{1}{y}}}}.$$

et

$$(2) \qquad x = a + \cfrac{1}{b + \cfrac{1}{c + \cfrac{1}{d + \cfrac{1}{e + \cfrac{1}{f + \cfrac{1}{g + \cfrac{1}{h + \cfrac{1}{y}}}}}}}}.$$

Si l'on représente alors par $\frac{q}{q'}$ et $\frac{r}{r'}$ les réduites qui correspondent aux quotients incomplets c et d dans la valeur (1) de x et par $\frac{Q}{Q'}$, et $\frac{R}{R'}$ les réduites qui correspondent aux quotients incomplets g et h dans la valeur (2) de x, on a aussi à la fois (159)

$$(3) \qquad x = \frac{ry+q}{r'y+q'} = \frac{Ry+Q}{R'y+Q'}.$$

Si l'on résout par rapport à y considéré comme fonction de x les deux équations comprises dans la relation (3), et si l'on égale entre eux les résultats obtenus, il vient évidemment

$$(4) \qquad \frac{q-q'x}{r'x-r} = \frac{Q-Q'x}{R'x-R},$$

et l'on en déduit

$$(5) \quad \left\{ \begin{array}{r} (q'R'-r'Q')x^2+(rQ'-qR'+Qr'-Rq')x \\ +qR-rQ=0. \end{array} \right.$$

x est donc encore racine d'une équation du second degré à coefficients rationnels.

Le produit des racines de cette équation est égal (*Alg. élém.*, 242) à

$$(6) \qquad \frac{qR-rQ}{q'R'-r'Q'},$$

et il nous reste à chercher le signe de cette expression.

Désignons par $\frac{p}{p'}$ la réduite qui précède $\frac{q}{q'}$ et par $\frac{P}{P'}$ la réduite qui précède $\frac{Q}{Q'}$. Nous aurons (157)

$$\begin{aligned} r &= qd+p, & R &= Qh+P, \\ r' &= q'd+p', & R' &= Q'h+P'. \end{aligned}$$

En substituant ces valeurs dans l'expression (6), on peut lui donner les formes successives

$$\frac{q(Qh+P)-(qd+p)Q}{q'(Q'h+P')-(q'd+p')Q'} = \frac{Qq(h-d)+qP-pQ}{Q'q'(h-d)+q'P'-p'Q'}$$

$$= \frac{Qq}{Q'q'} \frac{(h-d)+\left(\frac{P}{Q}-\frac{p}{q}\right)}{(h-d)+\left(\frac{P'}{Q'}-\frac{p'}{q'}\right)}.$$

Or h ne peut être égal à d, sans quoi la période commencerait un rang plus tôt, et la différence des deux nombres entiers h et d est au moins égale à 1 en valeur absolue. D'ailleurs, les rapports $\frac{p}{q}$, $\frac{p'}{q'}$, $\frac{P}{Q}$, $\frac{P'}{Q'}$ sont des fractions proprement dites d'après la loi de formation des réduites, et il en est de même, *a fortiori*, des différences $\frac{P}{Q} - \frac{p}{q}$, $\frac{P'}{Q'} - \frac{p'}{q'}$. Les deux termes du second rapport écrit dans la dernière forme donnée à l'expression (6) ont donc nécessairement le même signe, et cette expression est positive. Les deux racines de l'équation (5) sont, par conséquent, de même signe (*Alg. élém.*, **244**).

Remarque. — Le raisonnement employé exige évidemment que la fraction périodique mixte admette *plusieurs quotients* avant la première période.

S'il n'y avait, avant cette période, qu'*un seul quotient a*, on aurait

$$\frac{r}{r'} = \frac{a}{1},$$

et la réduite $\frac{q}{q'}$ deviendrait la *réduite fictive* $\frac{1}{0}$ (158). Par suite, le produit (6) des racines de l'équation (5) serait égal à

$$\frac{R - aQ}{-Q'},$$

rapport qui peut être positif ou négatif; de sorte que, dans ce cas particulier, les deux racines de l'équation (5) peuvent être de même signe ou de signes contraires.

175. II. Théorème de Lagrange. — *Toute racine irrationnelle d'une équation du second degré à coefficients rationnels se développe suivant une fraction continue périodique.*

Lorsque l'équation du second degré considérée a ses racines de signes contraires, la fraction continue est périodique simple ou périodique mixte avec un seul quotient avant la période. Lorsque cette équation a ses racines de même signe, la fraction continue est périodique mixte.

Pour plus de clarté, nous diviserons la démonstration en plusieurs parties.

1° *Conventions préliminaires.*

Toute quantité irrationnelle, racine d'une équation du second degré à coefficients rationnels, est une *irrationnelle du second degré.*

On peut toujours ramener une équation du second degré à coefficients rationnels à avoir ses coefficients *entiers* et, en multipliant l'équation par 2 si cela est nécessaire, à avoir *un nombre pair* pour coefficient de la première puissance de l'inconnue.

Soit donc

$$Ax^2 + 2Bx + C = 0$$

une équation du second degré où les coefficients A, B, C sont des nombres entiers, positifs ou négatifs, tels que la quantité $B^2 - AC$ placée sous le radical de la valeur de x et *supposée positive* (*Alg. élém.*, **237**) ne soit pas un carré parfait. En effet, si $B^2 - AC$ représentait un carré parfait, x serait un nombre commensurable, et son développement en fraction continue serait limité (**152**).

On a, pour les racines de l'équation proposée,

$$x = \frac{-B \pm \sqrt{B^2 - AC}}{A}.$$

En posant $B^2 - AC = F$ et en prenant le radical *toujours positivement,* on peut les écrire

$$x = \frac{\mp B + \sqrt{F}}{\pm A}.$$

On associera ensemble les signes supérieurs et les signes inférieurs. En effet, dans cette hypothèse, la première racine sera $\dfrac{-B + \sqrt{F}}{A}$ et la seconde racine, $\dfrac{+B + \sqrt{F}}{-A}$ ou $\dfrac{-B - \sqrt{F}}{A}$.

Si l'on veut ne tenir compte que des valeurs absolues des racines, on se contentera de prendre le dénominateur A dans la formule précédente avec le signe qui rend l'une ou l'autre racine positive.

Nous poserons maintenant

$$E = \mp B, \qquad D = \pm A.$$

Nous représenterons, en outre, par D_{-1} la valeur de C prise avec un signe tel qu'on ait

$$AC = -D_{-1}D.$$

Nous verrons plus loin le but de cette notation.

Finalement, toute irrationnelle du second degré *prise positivement* peut être représentée par la formule

$$(1) \qquad x = \frac{E + \sqrt{F}}{D},$$

avec la condition

$$(2) \qquad F = B^2 - AC = E^2 + D_{-1}D.$$

F est un entier *positif* dont la racine carrée est irrationnelle. Les nombres E, D, D_{-1} sont des nombres entiers, *positifs ou négatifs.*

2° *Développement en fraction continue de l'irrationnelle positive du second degré*

$$x = \frac{E + \sqrt{F}}{D}.$$

Nous déterminerons la racine du plus grand carré entier contenu dans F et, en divisant par D la somme formée par E et par cette racine, nous trouverons le plus grand entier a contenu dans x. Nous poserons donc, d'après la méthode connue (151),

$$x = a + \frac{1}{x_1}.$$

Le quotient complet x_1 sera donné par la relation

$$x_1 = \frac{1}{x - a} = \frac{D}{-(Da - E) + \sqrt{F}}.$$

Nous rendrons rationnel le dénominateur de l'expression en multipliant ses deux termes par $(Da - E) + \sqrt{F}$. Elle deviendra évidemment

$$x_1 = \frac{D(Da - E + \sqrt{F})}{F - (Da - E)^2};$$

et, en posant

$$E_1 = Da - E, \qquad D_1 = \frac{F - (Da - E)^2}{D},$$

nous la ramènerons à la forme

$$x_1 = \frac{E_1 + \sqrt{F}}{D_1},$$

toute pareille à celle de x.

E_1 est un nombre *entier*, positif ou négatif; D_1 est un nombre *rationnel*, positif ou négatif.

On voit, par ce qui précède, qu'on peut opérer sur x_1 pour trouver le quotient complet suivant x_2, comme on a opéré sur x pour trouver x_1; et ainsi de suite, indéfiniment.

On écrira donc

$$x = \frac{E + \sqrt{F}}{D} = a + \frac{1}{x_1},$$

$$x_1 = \frac{E_1 + \sqrt{F}}{D_1} = a_1 + \frac{1}{x_2},$$

$$x_2 = \frac{E_2 + \sqrt{F}}{D_2} = a_2 + \frac{1}{x_3},$$

$$\ldots\ldots\ldots\ldots\ldots\ldots,$$

$$x_n = \frac{E_n + \sqrt{F}}{D_n} = a_n + \frac{1}{x_{n+1}},$$

$$\ldots\ldots\ldots\ldots\ldots\ldots$$

Nous obtiendrons ainsi les quotients incomplets $a, a_1, a_2, \ldots, a_n, \ldots$ de la fraction continue illimitée que nous cherchons, et nous pourrons calculer les réduites correspondantes.

Nous remarquerons que la quantité radicale $\sqrt{F}$ reste la même dans x et dans tous les quotients complets x_1, x_2, $x_3, \ldots, x_n, \ldots$.

3° *Loi de formation des quotients complets. — Le nombre rationnel* D_n *est toujours entier.*

On a (2°)

$$x_{n-1} = \frac{E_{n-1} + \sqrt{F}}{D_{n-1}} = a_{n-1} + \frac{1}{x_n}.$$

On en déduit, comme précédemment (2°),

$$x_n = \frac{D_{n-1}(D_{n-1}a_{n-1} - E_{n-1} + \sqrt{F})}{F - (D_{n-1}a_{n-1} - E_{n-1})^2};$$

mais, d'après nos notations, on a d'autre part (2°)

$$x_n = \frac{E_n + \sqrt{F}}{D_n}.$$

En comparant les deux expressions de x_n, on a donc nécessairement

$$E_n = D_{n-1} a_{n-1} - E_{n-1} \tag{3}$$

et

$$D_n = \frac{F - (D_{n-1} a_{n-1} - E_{n-1})^2}{D_{n-1}}. \tag{4}$$

On en déduit, comme cela doit être (1° et 2°),

$$F = E_n^2 + D_{n-1} D_n. \tag{5}$$

Si l'on admet que E_0 et D_0 représentent E et D, la formule (5) subsiste, *quel que soit n*, puisque l'on retrouve alors la formule (2) [1°]

$$F = E^2 + D_{-1} D.$$

Éliminons donc F entre les formules (4) et (5), en remplaçant, dans la formule (5), n par $n - 1$. Nous aurons ainsi

$$F = E_{n-1}^2 + D_{n-2} D_{n-1},$$

et, en transportant cette valeur dans l'équation (4), en simplifiant et en divisant par D_{n-1}, il viendra

$$D_n = D_{n-2} - D_{n-1} a_{n-1}^2 + 2 E_{n-1} a_{n-1}.$$

En remplaçant dans cette équation D_{n-1} par sa valeur déduite de l'équation (3) et en simplifiant, nous aurons enfin

$$D_n = D_{n-2} + (E_{n-1} - E_n) a_{n-1}. \tag{6}$$

Les formules (3) et (6), qui font connaître E_n et D_n en fonction des quantités précédemment calculées, contiennent la *loi de formation* des quotients complets.

Nous avons trouvé (2°) pour E_1 un nombre entier, positif ou négatif, et pour D_1 un nombre rationnel, positif ou négatif. Nous trouverons donc pour $E_2, E_3, \ldots, E_n, \ldots$ des nombres *entiers*, positifs ou négatifs, tandis que $D_2, D_3, \ldots, D_n, \ldots$ se présenteront sous la forme de nombres *rationnels*, positifs ou négatifs. Il reste à démontrer que *ces nombres rationnels sont entiers.*

Or la formule (6) ou celle qui la précède prouve immédiatement que D_n sera entier si D_{n-2} et D_{n-1} le sont eux-mêmes. Il suffit donc, en supposant $n=1$, que D_{-1} et D_0 ou D soient entiers, pour pouvoir affirmer qu'il en sera de même successivement de D_1, D_2, D_3, ..., D_n, ... Nos conventions préliminaires (1°) admettant expressément que D_{-1} et D sont des nombres entiers, positifs ou négatifs, nous pouvons dire, d'une manière générale, que D_n est un nombre entier, positif ou négatif, comme E_n.

4° *A partir d'une certaine valeur limite donnée à n, les nombres entiers* E_n *et* D_n *deviennent et restent constamment positifs.*

Pour établir ce fait, nous considérerons les réduites successives de x en les représentant, pour plus d'homogénéité dans les notations, par

$$\frac{P_0}{Q_0},\quad \frac{P_1}{Q_1},\quad \frac{P_2}{Q_2},\quad \ldots,\quad \frac{P_{n-1}}{Q_{n-1}},\quad \frac{P_n}{Q_n},\quad \ldots.$$

Si l'on suppose $P_0=1$ et $Q_0=0$, la première réduite est la réduite *fictive* $\frac{1}{0}$ (158); $\frac{P_n}{Q_n}$ est la $(n+1)^{\text{ième}}$ réduite, et l'on a (159)

$$x=\frac{P_n x_n+P_{n-1}}{Q_n x_n+Q_{n-1}},$$

ou bien (2°)

$$\frac{E+\sqrt{F}}{D}=\frac{P_n\dfrac{E_n+\sqrt{F}}{D_n}+P_{n-1}}{Q_n\dfrac{E_n+\sqrt{F}}{D_n}+Q_{n-1}}=\frac{(P_nE_n+P_{n-1}D_n)+P_n\sqrt{F}}{(Q_nE_n+Q_{n-1}D_n)+Q_n\sqrt{F}}.$$

Chassons les dénominateurs de cette expression et égalons respectivement les parties rationnelles et les parties irrationnelles des deux membres (*Alg. élém.*, 264). Nous aurons

$$E(Q_nE_n+Q_{n-1}D_n)+Q_nF=D(P_nE_n+P_{n-1}D_n),$$
$$EQ_n+Q_nE_n+Q_{n-1}D_n=P_nD.$$

En ordonnant par rapport à E_n et à D_n, on obtient les deux équations du premier degré

$$(7)\qquad (DP_n - EQ_n)E_n + (DP_{n-1} - EQ_{n-1})D_n = Q_n F,$$

$$(8)\qquad Q_n E_n + Q_{n-1} D_n = DP_n - EQ_n.$$

Si l'on élimine D_n entre ces deux équations, le coefficient de E_n se réduit à

$$D(P_n Q_{n-1} - Q_n P_{n-1}),$$

c'est-à-dire à $\pm D$, suivant que n est pair ou impair (160). On peut donc mettre ce coefficient sous la forme $D(-1)^n$ ou $\frac{D}{(-1)^n}$. On trouve ainsi

$$(9)\quad E_n = \frac{(-1)^n}{D}[Q_{n-1}Q_n F - (DP_{n-1} - EQ_{n-1})(DP_n - EQ_n)].$$

En éliminant E_n entre les mêmes équations (7) et (8), et en faisant usage de la même relation

$$P_n Q_{n-1} - Q_n P_{n-1} = \pm 1,$$

on trouve également

$$(10)\qquad D_n = \frac{(-1)^n}{D}[(DP_n - EQ_n)^2 - Q_n^2 F].$$

Considérons d'abord la valeur de D_n.

On peut la mettre sous la forme

$$D_n = \frac{(-1)^n}{D}(DP_n - EQ_n - Q_n\sqrt{F})(DP_n - EQ_n + Q_n\sqrt{F}).$$

En ajoutant et en retranchant alors $2Q_n\sqrt{F}$ dans le dernier facteur du second membre; en mettant ensuite Q_n^2 en facteur commun, ce qui conduit à diviser respectivement par Q_n les deux facteurs entre parenthèses; en divisant enfin le premier de ces facteurs par D, on a évidemment

$$(11)\quad D_n = (-1)^n Q_n^2 \left[\frac{P_n}{Q_n} - \frac{E+\sqrt{F}}{D}\right]\left[2\sqrt{F} + D\left(\frac{P_n}{Q_n} - \frac{E+\sqrt{F}}{D}\right)\right].$$

La formule (11) va nous permettre de montrer que D_n devient et reste positif à partir d'une certaine valeur de n.

En effet, $\frac{E+\sqrt{F}}{D}$ représente x (1°). Le premier facteur entre crochets a donc le signe de $(-1)^n$: il est positif si n

est pair, négatif si n est impair, puisque $\frac{P_n}{Q_n}$ est la réduite correspondante (154). Son produit par $(-1)^n Q_n^2$ est donc *toujours* positif. D'ailleurs la différence entre $\frac{P_n}{Q_n}$ et x peut devenir aussi petite qu'on veut pour n assez grand (166). Il en résulte que, quel que soit le signe de D, la valeur du second facteur entre crochets tend autant qu'on veut vers $2\sqrt{F}$, c'est-à-dire qu'elle devient positive pour toutes les valeurs de n supérieures à une certaine limite. Il en est donc de même de D_n, à partir de cette limite.

Considérons à son tour la valeur de E_n.

Prenons l'équation (8), qu'on peut écrire

$$Q_{n-1}D_n = DP_n - Q_n E - Q_n E_n$$

ou

$$\frac{Q_{n-1}D_n}{Q_n} = \left(D\frac{P_n}{Q_n} - E\right) - E_n.$$

On a d'ailleurs (2°)

$$x_n = \frac{E_n + \sqrt{F}}{D_n} \quad \text{ou} \quad D_n x_n = \sqrt{F} + E_n.$$

En divisant membre à membre les deux dernières équations, on trouve

$$(12) \qquad \frac{Q_{n-1}}{Q_n x_n} = \frac{\left(D\frac{P_n}{Q_n} - E\right) - E_n}{\sqrt{F} + E_n}.$$

La formule (12) va nous permettre de montrer que E_n devient et reste positif, à partir d'une certaine valeur de n.

En effet, on a

$$x = \frac{E + \sqrt{F}}{D}, \quad \text{d'où} \quad Dx - E = \sqrt{F}.$$

Par conséquent, puisque $\frac{P_n}{Q_n}$ tend vers x autant qu'on veut pour n assez grand, le second membre de l'équation (12) devient, à partir d'une certaine valeur de n, aussi près qu'on veut de

$$\frac{\sqrt{F} - E_n}{\sqrt{F} + E_n}.$$

Il est donc impossible que E_n, à partir de cette même limite, soit négatif; car le second membre de l'équation (12) serait alors plus grand que 1, tandis que son premier membre est manifestement inférieur à 1. (On a $Q_{n-1} < Q_n$ d'après la loi de formation des réduites, et $x_n = a_n + \frac{1}{x_{n+1}}$ est supérieur à l'unité.) Ainsi, pour toutes les valeurs de n supérieures à une certaine limite, E_n est et demeure positif.

5° *Toute racine irrationnelle d'une équation du second degré à coefficients rationnels se développe suivant une fraction continue périodique.*

Nous avons établi (2°, 3°, 4°) que E_n et D_n sont *entiers* et que, pour les valeurs de n supérieures à une certaine limite, ils sont *positifs*.

Si nous considérons le développement de la fraction continue illimitée à partir de cette limite, la formule (5)

$$F = E_n^2 + D_{n-1} D_n$$

prouve qu'on a alors *constamment*

$$E_n < \sqrt{F}.$$

La formule (3)

$$E_n = D_{n-1} a_{n-1} - E_{n-1},$$

écrite en remplaçant n par $n+1$, donne alors évidemment

$$D_n a_n = E_{n+1} + E_n \qquad \text{ou} \qquad D_n a_n < 2\sqrt{F};$$

et il en résulte *constamment*

$$D_n < 2\sqrt{F} \qquad \text{et} \qquad a_n < 2\sqrt{F}.$$

Les nombres *entiers* E_n, D_n, a_n sont donc *limités;* et les quotients complets x_n, comme les quotients incomplets a_n, ne peuvent avoir qu'un nombre *fini* de valeurs différentes.

On a

$$x_n = \frac{E_n + \sqrt{F}}{D_n}.$$

On peut faire varier D_n, entier, depuis 1 jusqu'au plus grand entier contenu dans $2\sqrt{F}$, en l'associant avec une valeur de E_n, entier, variant depuis 1 jusqu'au plus grand entier contenu dans $\sqrt{F}$. Le nombre des valeurs de x_n est donc *au maximum* $2\sqrt{F}.\sqrt{F}$ ou $2F$.

Il est finalement démontré qu'en poursuivant la conversion de

$$x=\frac{E+\sqrt{F}}{D}$$

en fraction continue illimitée, on retrouvera nécessairement, après un nombre d'opérations plus ou moins grand, mais qui ne peut excéder $2F$, *un quotient complet déjà obtenu*. A partir de là, il est clair que la suite des quotients complets ou incomplets redeviendra identique à celle qu'on avait trouvée après la première apparition de ce quotient, et qu'elle se reproduira indéfiniment. La fraction continue illimitée égale à x sera donc *périodique simple* ou *périodique mixte*, suivant qu'on retrouvera ou non le premier quotient (**173**).

6° *Lorsque l'équation du second degré considérée a ses racines de signes contraires, la fraction continue correspondante est périodique simple ou périodique mixte avec un seul quotient avant la période. Lorsque cette équation a ses racines de même signe, la fraction continue correspondante est périodique mixte.*

Ce corollaire est la conséquence nécessaire du théorème I (**174**, 1°, 2° et REMARQUE).

Applications.

176. 1° *On donne l'équation du second degré*

$$23x^2-49x+23=0,$$

et l'on demande de convertir ses racines en fractions continues.

L'équation donnée a évidemment ses racines *réelles et de même signe*. Nous devons donc obtenir comme développements des fractions continues *périodiques mixtes* (**175**).

Nous appliquerons d'abord les *formules générales* trouvées (**175**). Préparons donc l'équation en la multipliant par 2 (**175**, 1°). Elle devient

$$46x^2-98x+46=0,$$

d'où

$$x=\frac{49\pm\sqrt{285}}{46}=\frac{\pm 49+\sqrt{285}}{\pm 46}.$$

La racine carrée du plus grand carré entier contenu dans 285 est 16.

Les deux racines x' et x'' ont pour produit l'unité. L'une est plus grande que 1, l'autre est plus petite. Calculons la plus grande.

$$x' = \frac{+49 + \sqrt{285}}{+46} = \frac{E + \sqrt{F}}{D}.$$

Puisque $x'x'' = 1$, nous aurons ensuite $x'' = \frac{1}{x'}$.

Les formules générales à employer sont (175, 3°)

$$(3) \qquad E_n = D_{n-1}a_{n-1} - E_{n-1},$$

$$(6) \qquad D_n = D_{n-2} + (E_{n-1} - E_n)a_{n-1}.$$

On a d'ailleurs (175, 1°)

$$AC = -D_{-1}D,$$

D n'étant autre chose que A pris avec le signe adopté, et il en résulte

$$D_{-1} = -C = -46.$$

a_0 n'est autre chose que a, partie entière de x'.

Cela posé, cherchons d'abord cette partie entière en remplaçant, dans la valeur de x', $\sqrt{285}$ par 16. Nous obtiendrons $a = 1$.

Nous aurons ensuite, en faisant $n = 1$ dans les formules (3) et (6), et d'après (175, 2°),

$$E_1 = -3, \qquad D_1 = 6, \qquad \text{d'où} \qquad x_1 = \frac{E_1 + \sqrt{F}}{D_1} = \frac{-3 + \sqrt{285}}{6}.$$

La partie entière de x_1 est, par conséquent, $a_1 = 2$.

De même, pour $n = 2$,

$$E_2 = 15, \qquad D_2 = 10, \qquad x_2 = \frac{E_2 + \sqrt{F}}{D_2} = \frac{15 + \sqrt{285}}{10}.$$

Par suite, la partie entière de x_2 est $a_2 = 3$.

Pour $n = 3$, on a

$$E_3 = 15, \qquad D_3 = 6, \qquad x_3 = \frac{E_3 + \sqrt{F}}{D_3} = \frac{15 + \sqrt{285}}{6},$$

et la partie entière de x_3 est $a_3 = 5$.

Enfin, pour $n = 4$,

$$E_4 = 15 = E_2, \qquad D_4 = 10 = D_2.$$

Il en résulte

$$x_4 = \frac{E_4 + \sqrt{F}}{D_4} = x_2.$$

La fraction continue cherchée est donc une fraction périodique mixte ayant *pour quotients non répétés* 1 et 2 et, *pour quotients répétés*, 3 et 5.

Nous écrirons donc

$$x' = 1 + \cfrac{1}{2 + \cfrac{1}{3 + \cfrac{1}{5 + \cfrac{1}{3 + \cfrac{1}{5 + \ldots}}}}}$$

et, par suite,

$$x'' = \frac{1}{x'} = \cfrac{1}{1 + \cfrac{1}{2 + \cfrac{1}{3 + \cfrac{1}{5 + \cfrac{1}{3 + \cfrac{1}{5 + \ldots}}}}}}$$

En opérant *directement*, comme nous allons le montrer, on aurait eu des calculs plus longs et plus compliqués, mais très réguliers.

En partant de

$$x' = \frac{49 + \sqrt{285}}{46},$$

on en déduit $a = 1$, comme précédemment. On pose ensuite, comme à l'ordinaire (151),

$$x' = 1 + \frac{1}{x_1}, \qquad \text{d'où} \qquad x_1 = \frac{1}{x' - 1} = \frac{1}{\frac{49 + \sqrt{285}}{46} - 1} = \frac{46}{3 + \sqrt{285}}.$$

La partie entière de x_1 est donc celle de $\frac{46}{19}$ ou $a_1 = 2$.

$x_1 = 2 + \frac{1}{x_2}$ donne

$$x_2 = \frac{1}{x_1 - 2},$$

c'est-à-dire

$$x_2 = \frac{1}{\frac{46}{3 + \sqrt{285}} - 2} = \frac{3 + \sqrt{285}}{40 - 2\sqrt{285}} = \frac{3 + \sqrt{285}}{2(20 - \sqrt{285})}.$$

Il faut alors rendre le dénominateur de l'expression rationnel (*Alg. élém.*, 79), en écrivant

$$x_2 = \frac{(3 + \sqrt{285})(20 + \sqrt{285})}{2(400 - 285)} = \frac{345 + 23\sqrt{285}}{230} = \frac{15 + \sqrt{285}}{10}.$$

La partie entière de x_2 étant $a_2 = 3$, on a

$$x_2 = 3 + \frac{1}{x_3},$$

d'où

$$x_3 = \frac{1}{x_2 - 3} = \frac{1}{\frac{15+\sqrt{285}}{10} - 3} = \frac{10}{\sqrt{285} - 15}$$

$$= \frac{10(\sqrt{285}+15)}{285 - 225} = \frac{10(\sqrt{285}+15)}{60} = \frac{\sqrt{285}+15}{6}.$$

La partie entière de x_3 étant $a_3 = 5$, il vient

$$x_3 = 5 + \frac{1}{x_4},$$

d'où

$$x_4 = \frac{1}{x_3 - 5} = \frac{1}{\frac{\sqrt{285}+15}{6} - 5} = \frac{6}{\sqrt{285} - 15}$$

$$= \frac{6(\sqrt{285}+15)}{285 - 225} = \frac{\sqrt{285}+15}{10} = x_2.$$

L'opération est donc terminée et les résultats sont identiques aux précédents.

177. 2° *Développer en fraction continue l'irrationnelle* $\sqrt{F}$, *sachant que a est la racine carrée du plus grand carré entier contenu dans* F.

On voit immédiatement que $\sqrt{F}$ est l'une des racines de l'équation du second degré

$$x^2 - F = 0.$$

Les deux racines de cette équation étant de signes contraires devront se développer suivant des fractions continues, périodiques simples ou périodiques mixtes *avec un seul quotient avant la période* (175). C'est ce dernier cas qui se réalisera *toujours*. Nous nous contenterons de vérifier le fait sur des exemples particuliers, sans le démontrer d'une manière générale.

Si a^2 est le plus grand carré entier contenu dans F, F pourra varier (en le supposant entier) de $a^2 + 1$ à $a^2 + 2a$ (*Arithm.*, 275). Nous allons considérer les deux valeurs extrêmes en effectuant directement les calculs.

Convertir $x = \sqrt{a^2+1}$ en fraction continue.

La partie entière de x étant a, on a successivement

$$x = a + \frac{1}{x_1}, \qquad x_1 = \frac{1}{x-a} = \frac{1}{\sqrt{a^2+1}-a} = \sqrt{a^2+1}+a$$

La partie entière de x_1 est $a_1 = 2a$. Par suite,

$$x_1 = 2a + \frac{1}{x_2}, \qquad x_2 = \frac{1}{x_1 - 2a} = \frac{1}{\sqrt{a^2+1}-a} = x_1.$$

L'opération est terminée. Le quotient non périodique est a et la période est formée du terme unique $2a$. On a donc

$$x = \sqrt{a^2+1} = a + \cfrac{1}{2a + \cfrac{1}{2a + \cfrac{1}{2a - \ldots}}}$$

Convertir $x = \sqrt{a^2+2a}$ en fraction continue.

La partie entière de x étant a, on a successivement

$$x = a + \frac{1}{x_1}, \qquad x_1 = \frac{1}{x-a} = \frac{1}{\sqrt{a^2+2a}-a} = \frac{\sqrt{a^2+2a}+a}{2a}.$$

La partie entière de x_1 est $a_1 = 1$. Par suite,

$$x_1 = 1 + \frac{1}{x_2},$$

$$x_2 = \frac{1}{x_1 - 1} = \frac{1}{\dfrac{\sqrt{a^2+2a}+a}{2a} - 1}$$

$$= \frac{2a}{\sqrt{a^2+2a}-a} = \frac{2a(\sqrt{a^2+2a}+a)}{2a} = \sqrt{a^2+2a}+a.$$

La partie entière de x_2 est $a_2 = 2a$. On a donc

$$x_2 = 2a + \frac{1}{x_3}, \qquad x_3 = \frac{1}{x_2 - 2a} = \frac{1}{\sqrt{a^2+2a}-a} = x_1.$$

L'opération est terminée. La partie non périodique est a, la période est 1, $2a$, et l'on peut écrire

$$x = \sqrt{a^2+2a} = a + \cfrac{1}{1 + \cfrac{1}{2a + \cfrac{1}{1 + \cfrac{1}{2a + \ldots}}}}$$

178. 3° *Trouver des valeurs approchées aussi simples que possible de $\sqrt{7}$, eu égard au degré d'approximation obtenu.*

Il faut convertir $\sqrt{7}$ en une fraction continue périodique mixte présentant un seul terme non périodique, comme on vient de le voir, et former les réduites successives, jusqu'à ce que l'on atteigne l'approximation voulue.

Nous nous servirons cette fois des formules générales (175).

L'équation du second degré

$$Ax^2 + 2Bx + C = 0$$

se réduisant à

$$x^2 - F = 0,$$

on a

$$x = \frac{E + \sqrt{F}}{D} = \sqrt{F};$$

ce qui entraîne $E = 0$ et $D = 1$. F étant égal à 7, la partie entière de x est $a = 2$. Enfin $D_{-1} = -C = F = 7$.

Les formules

$$(3) \qquad E_n = D_{n-1}a_{n-1} - E_{n-1},$$

$$(6) \qquad D_n = D_{n-2} + (E_{n-1} - E_n)a_{n-1}$$

donnent alors successivement :

Pour $n = 1$,

$$E_1 = 2, \qquad D_1 = 3, \qquad x_1 = \frac{2 + \sqrt{7}}{3}, \qquad a_1 = 1;$$

pour $n = 2$,

$$E_2 = 1, \qquad D_2 = 2, \qquad x_2 = \frac{1 + \sqrt{7}}{2}, \qquad a_2 = 1;$$

pour $n = 3$,

$$E_3 = 1, \qquad D_3 = 3, \qquad x_3 = \frac{1 + \sqrt{7}}{3}, \qquad a_3 = 1;$$

pour $n = 4$,

$$E_4 = 2, \qquad D_4 = 1, \qquad x_4 = \frac{2 + \sqrt{7}}{1}, \qquad a_4 = 4;$$

pour $n = 5$,

$$E_5 = 2, \qquad D_5 = 3, \qquad x_5 = \frac{2 + \sqrt{7}}{3} = x_1.$$

L'opération est donc terminée. La partie non périodique est 2, la période est 1, 1, 1, 4, et l'on a

$$x = \sqrt{7} = 2 + \cfrac{1}{1 + \cfrac{1}{1 + \cfrac{1}{1 + \cfrac{1}{4 + \cfrac{1}{1 + \cfrac{1}{1 + \cfrac{1}{1 + \cfrac{1}{4 + \dots}}}}}}}}$$

Les réduites successives seront déterminées à l'aide du Tableau ci-dessous (158)

	2	1	1	1	4	1	1	1	4	...
$\frac{1}{0}$	$\frac{2}{1}$	$\frac{3}{1}$	$\frac{5}{2}$	$\frac{8}{3}$	$\frac{37}{14}$	$\frac{45}{17}$	$\frac{82}{31}$	$\frac{127}{48}$	$\frac{590}{223}$	....

Si l'on remplace $\sqrt{7}$ par la réduite de rang pair $\frac{127}{48}$, l'erreur commise par excès est moindre (163) que $\frac{1}{48.223}$ ou que $\frac{1}{10704}$.

CHAPITRE XI.

ANALYSE INDÉTERMINÉE DU PREMIER DEGRÉ.

179. L'analyse indéterminée du premier degré est une partie importante de la *Théorie des nombres*.

Son but est le suivant : *Étant données m équations à coefficients entiers, positifs ou négatifs, entre $m+n$ inconnues x, y, z, ..., trouver les solutions entières de ces équations*, c'est-à-dire les systèmes de valeurs entières, positives ou négatives de x, y, z, ..., qui les vérifient.

Nous considérerons d'abord une seule équation à deux inconnues.

Résolution de l'équation $ax + by = c$ en nombres entiers.

180. On peut supprimer tout facteur, commun à la fois aux coefficients a, b, c, sans altérer les solutions de l'équation. Nous admettrons donc que ces coefficients a, b, c sont *premiers entre eux dans leur ensemble* (*Arith.*, **120**).

181. I. *Lorsque les coefficients a et b des inconnues x et y ne sont pas premiers entre eux, l'équation $ax + by = c$ ne peut admettre aucune solution entière.*

Lorsque ces coefficients a et b sont premiers entre eux, l'équation admet nécessairement une solution entière.

En effet, si a et b ont un facteur commun k, différent de 1, les valeurs entières de x et de y, quelles qu'elles soient, rendront le premier membre de l'équation multiple de k, tandis que le second membre ne pourra remplir cette condition, a, b, c étant supposés premiers entre eux (**180**).

Soient donc les coefficients a et b premiers entre eux.

Puisqu'on peut toujours changer les signes des deux membres, il est permis de regarder le coefficient de l'une des inconnues, a par exemple, comme positif. On tire alors de l'équation donnée

$$(1) \qquad x = \frac{c - by}{a}.$$

On peut toujours effectuer la division de deux nombres entiers, quels que soient leurs signes, de manière que le reste de la division soit positif (*Arithm.*, 122). Remplaçons donc successivement y, dans la relation (1), par les valeurs

$$(2) \qquad 0, \quad 1, \quad 2, \quad 3, \quad \ldots, \quad a-1,$$

et cherchons les quotients correspondant aux diverses valeurs du second membre, de façon que les restes des divisions effectuées soient tous positifs.

Il est facile de voir qu'on parviendra ainsi à une valeur *entière* de x, *et à une seule.*

Admettons, pour un instant, que deux valeurs de y appartenant à la suite (2), et que nous désignerons par y' et y'', puissent conduire au même reste r. Les quotients étant q' et q'', on aurait alors

$$c - by' = aq' + r, \qquad c - by'' = aq'' + r;$$

d'où l'on déduirait, par différence,

$$b(y'' - y') = a(q' - q'').$$

a, qui est premier avec b, diviserait alors $y'' - y'$; ce qui est impossible, puisqu'on a, d'après (2),

$$y'' - y' < a.$$

Tous les restes obtenus sont donc *différents.* Comme ils sont entiers, moindres que a et que l'on exécute a divisions, il en résulte que *l'un d'eux est* forcément *nul.*

Si β est la valeur de y qui correspond à ce reste nul, on a

$$x = \frac{c - b\beta}{a} = \alpha \quad \text{(nombre entier)},$$

d'où

$$(3) \qquad a\alpha + b\beta = c,$$

et l'équation proposée admet la *solution entière*

$$x = \alpha, \qquad y = \beta.$$

182. II. *Lorsque l'équation $ax+by=c$ admet une solution entière, elle en admet une infinité.*

Puisqu'on a alors (181)

$$a\alpha+b\beta=c,$$

on peut écrire

$$ax+by=a\alpha+b\beta,$$

d'où l'on déduit

$$x-\alpha=\frac{-b(y-\beta)}{a}.$$

Si l'on désigne alors par θ un entier indéterminé, positif, négatif ou nul, il suffit que y satisfasse à l'équation

$$y-\beta=a\theta,$$

pour que la valeur correspondante de x soit *entière* comme celle attribuée à y.

Tous les systèmes de valeurs entières de x et de y, qui satisfont à l'équation

$$ax+by=c,$$

seront donc données par les relations

$$y-\beta=a\theta \quad \text{et} \quad x-\alpha=-b\theta$$

ou

$$y=\beta+a\theta \quad \text{et} \quad x=\alpha-b\theta,$$

en faisant parcourir à θ toute la série des nombres entiers, positifs ou négatifs.

Les valeurs trouvées pour x et pour y forment deux progressions par différence, illimitées dans les deux sens (*Alg. élém.*, 322). *L'une de ces progressions, celle qui correspond à y, a pour raison le coefficient de x dans l'équation; l'autre, celle qui correspond à x, a pour raison le coefficient de y; mais l'un des deux coefficients est changé de signe.*

183. D'après ce qu'on vient de dire, la résolution de l'équation $ax+by=c$ en nombres entiers revient à trouver *une seule solution entière* de l'équation.

On peut, pour cela, choisir entre trois procédés, que nous allons indiquer successivement.

184. *Premier procédé, fondé sur l'emploi des propriétés des fractions continues.*

Réduisons la fraction irréductible $\frac{a}{b}$, prise positivement en fraction continue. Cette fraction continue sera limitée (**152**). Soit $\frac{R}{R'}$ l'avant-dernière réduite. La dernière sera $\frac{a}{b}$. En formant la différence des deux réduites, nous aurons (**160, 161**)

$$\frac{a}{b}-\frac{R}{R'}=\frac{aR'-bR}{bR'}=\frac{\pm 1}{bR'},$$

c'est-à-dire

$$aR'-bR=\pm 1.$$

Si nous multiplions par c les deux membres de cette égalité, il vient

$$aR'c-bRc=\pm c.$$

En comparant ce résultat à l'équation donnée

$$ax+by=c,$$

on voit immédiatement qu'on obtiendra une solution entière de cette équation, en posant

$$x=\pm R'c \quad \text{et} \quad y=\mp Rc.$$

Toutes les solutions entières seront ensuite données par les formules (**182**)

$$y=\mp Rc+a\theta, \qquad x=\pm R'c-b\theta.$$

185. Application. — Soit l'équation

$$77x-104y=815.$$

En réduisant $\frac{77}{104}$ en fraction continue (**171**), nous trouverons

$$\frac{77}{104}=0+\cfrac{1}{1+\cfrac{1}{2+\cfrac{1}{1+\cfrac{1}{5+\cfrac{1}{1+\frac{1}{3}}}}}}.$$

Les réduites seront donnés par le Tableau ci-dessous :

	0	1	2	1	5	1	3
$\frac{1}{0}$	$\frac{0}{1}$	$\frac{1}{1}$	$\frac{2}{3}$	$\frac{3}{4}$	$\frac{17}{23}$	$\frac{20}{27}$	$\frac{77}{104}$

En retranchant l'une de l'autre les deux dernières réduites, on aura donc

$$77.27 - 104.20 = -1$$

et, en multipliant par -815 les deux membres de cette égalité,

$$77(-27.815) - 104(-20.815) = 815.$$

En comparant ce résultat à l'équation donnée, on voit qu'on obtient une solution entière de cette équation en posant

$$x = -27.815 = -22005 \qquad \text{et} \qquad y = -20.815 = -16300.$$

Toutes les solutions entières cherchées sont alors comprises dans les formules (**182**)

$$y = -16300 + 77\theta \qquad \text{et} \qquad x = -22005 + 104\theta.$$

186. Remarque. — On peut d'ailleurs toujours simplifier les relations fournies par ce *premier procédé*, et dans lesquelles les termes indépendants de θ contiennent comme facteur le terme tout connu de l'équation proposée.

Prenons la valeur de y, par exemple, et divisons 16300 par 77, en rendant le reste de l'opération moindre que la moitié du diviseur, s'il ne l'est déjà. Le quotient sera alors obtenu par défaut ou par excès, à une demi-unité près (*Arithm.*, **122**, **232**). Comme θ est un entier quelconque, positif ou négatif, on a le droit de le remplacer par ce quotient pris avec le signe convenable, et l'on est certain d'obtenir ainsi pour y une valeur entière, inférieure en valeur absolue à la moitié du coefficient de x dans l'équation donnée.

16300 divisé par 77 donne, dans ces conditions, 212 pour quotient et -24 pour reste, de sorte qu'on a

$$16300 = 77.212 - 24 \qquad \text{ou} \qquad 77.212 = 16300 + 24.$$

En faisant $\theta = 212$ dans la valeur de y, il vient donc

$$y = -16300 + 77.212 = 24.$$

La même substitution dans la valeur de x conduit à

$$x = -22005 + 104.212 = 43.$$

On peut donc prendre pour point de départ la solution entière

$$y = 24 \quad \text{et} \quad x = 43,$$

et, pour formules générales plus simples,

$$y = 24 + 77\theta \quad \text{et} \quad x = 43 + 104\theta.$$

Cette première solution entière, où l'une des inconnues a une valeur inférieure à la moitié du coefficient de l'autre inconnue, peut être regardée comme une solution *minimum*.

187. *Deuxième procédé, fondé sur l'existence même d'une solution entière.*

Ce procédé ne convient que lorsque l'un des coefficients des inconnues est *un petit nombre*.

Soit l'équation

$$9x + 4y = 271.$$

En la résolvant par rapport à l'inconnue qui a le plus petit coefficient, il vient

$$y = \frac{271 - 9x}{4}.$$

On est alors certain (181) que, si l'on donne à x les valeurs 0, 1, 2, 3, l'une des valeurs correspondantes de y sera entière. Pour $x = 3$, on trouve

$$y = \frac{271 - 27}{4} = \frac{244}{4} = 61.$$

L'équation donnée admettant la solution entière

$$x = 3, \quad y = 61,$$

toutes ses solutions entières sont renfermées dans les formules (182)

$$x = 3 + 4\theta, \quad y = 61 - 9\theta,$$

où θ désigne un entier quelconque, positif, négatif ou nul.

188. *Troisième procédé fondé sur une remarque particulière.*

Cette remarque, très simple, est la suivante : si, dans l'équation

$$(1) \qquad ax + by = c,$$

le coefficient b, par exemple, est égal à 1, on a immédiatement une solution entière en posant $x = 0$ et $y = c$. Nous allons ramener le cas général à ce cas particulier.

Admettons que a soit *le plus petit coefficient*, et tirons de l'équation (1)

$$x = \frac{c - by}{a}.$$

Divisons c et b par a, en prenant les quotients par défaut ou par excès, de manière à avoir des restes plus petits que $\frac{a}{2}$ en valeur absolue (*Arithm.*, **122**) : nous diminuerons la longueur des calculs, en appliquant toujours cette même simplification.

Si l'on trouve

$$c = aQ \pm R, \qquad b = aq \pm r,$$

la valeur de x deviendra

$$x = Q - qy + \frac{\pm R \mp ry}{a}.$$

Par suite, en désignant par t une nouvelle inconnue, la question est ramenée à trouver une solution entière de l'équation

$$\frac{\pm R \mp ry}{a} = t,$$

c'est-à-dire

$$(2) \qquad at \pm ry = \pm R.$$

Dans cette équation, les coefficients des inconnues sont le plus petit coefficient de l'équation primitive et le reste obtenu en divisant le plus grand coefficient de l'équation primitive par le plus petit. En opérant sur l'équation (2) comme on vient de le faire sur l'équation (1), on verra se poursuivre la même loi.

On en conclut immédiatement que les équations *auxi-*

liaires successivement obtenues *ont toujours pour coefficients des inconnues deux des restes consécutifs qui sont fournis par la recherche du plus grand commun diviseur des nombres a et b.*

Comme ces nombres a et b sont, par hypothèse, premiers entre eux, on parviendra donc toujours à un dernier reste égal à 1 (*Arithm.*, **113**), c'est-à-dire à une dernière équation de la forme

$$mu + v = p.$$

Cette dernière équation aura pour solution entière $u = 0$ et $v = p$; et, en remontant de proche en proche, on en déduira une solution entière de l'équation proposée.

189. Application. — Reprenons l'équation

$$(1) \qquad 77x - 104y = 815,$$

déjà traitée par le *premier procédé* (**185**).

On en tire

$$(2) \qquad x = \frac{815 + 104y}{77} = 11 + y - \frac{32 - 27y}{77} = 11 + y - t,$$

en posant

$$(3) \qquad \frac{32 - 27y}{77} = t \quad \text{ou} \quad 27y + 77t = 32.$$

L'équation (3) donne

$$(4) \qquad y = \frac{32 - 77t}{27} = 1 - 3t + \frac{5 + 4t}{27} = 1 - 3t + t',$$

en posant

$$(5) \qquad \frac{5 + 4t}{27} = t' \quad \text{ou} \quad 4t - 27t' = -5.$$

L'équation (5) donne à son tour

$$(6) \qquad t = \frac{27t' - 5}{4} = 7t' - 1 - \frac{t' + 1}{4} = 7t' - 1 - t'',$$

en posant

$$(7) \qquad \frac{t' + 1}{4} = t'' \quad \text{ou} \quad t' - 4t'' = -1.$$

Nous voilà parvenu à une dernière équation où t' a pour

coefficient l'unité. On peut donc prendre, pour solution entière de cette équation, $t''=0$ et $t'=-1$. Les équations (6), (4) et (2) conduisent alors successivement aux solutions entières

$$t=-8,\qquad y=24,\qquad x=43.$$

Les solutions entières de l'équation (1) sont donc renfermées, comme précédemment, dans les formules

$$y=24+77\theta,\qquad x=43+104\theta.$$

190. Remarque. — Lorsqu'on rencontre, dans les divisions successives exigées par le *deuxième* ou par le *troisième procédé*, un facteur qui se présente au dividende sans entrer dans le diviseur, il faut avoir soin de le mettre en évidence de manière à simplifier les calculs subséquents.

Si l'on arrivait, par exemple, à une fraction, telle que $\dfrac{5+10t}{13}$, on mettrait en évidence le facteur 5 qui entre au dividende sans entrer dans le diviseur, en écrivant $\dfrac{5(1+2t)}{13}$, et l'on poserait seulement $\dfrac{1+2t}{13}=t'$. Le résultat final ne serait pas modifié (*Arithm.*, 155).

Résolution de l'équation $ax+by=c$ en nombres entiers et positifs.

191. Lorsque a et b sont premiers entre eux, l'équation $ax+by=c$ admet *une infinité de solutions entières* (182). Nous voulons séparer, parmi ces solutions entières, celles qui sont *positives*.

Si l'on met en évidence les signes des coefficients a, b, c, on a à considérer les quatre formes suivantes :

$$ax+by=c,$$
$$ax-by=c,$$
$$ax+by=-c,$$
$$ax-by=-c.$$

La troisième forme exclut évidemment l'existence de solutions positives, et la quatrième forme rentre dans la deuxième; car peu importe que ce soit le coefficient b ou le coefficient a qui ait le signe *moins*. Nous garderons donc seulement les deux équations

$$ax + by = c, \qquad ax - by = c.$$

192. Commençons par la deuxième, et soit $x = \alpha$, $y = \beta$, une solution entière quelconque de cette équation. Toutes ses solutions entières seront renfermées dans les formules (**182**)

$$x = \alpha + b\theta, \qquad y = \beta + a\theta.$$

Pour que les solutions soient à la fois *entières et positives*, il suffit de donner à θ les valeurs entières qui satisfont aux inégalités

$$\alpha + b\theta > 0, \qquad \beta + a\theta > 0,$$

ou telles qu'on ait

$$\theta > -\frac{\alpha}{b}, \qquad \theta > -\frac{\beta}{a}.$$

La seule condition est donc de donner à θ les valeurs entières qui surpassent la plus grande des deux limites $-\frac{\alpha}{b}$, $-\frac{\beta}{a}$, et l'on voit que *l'équation $ax - by = c$ admet une infinité de solutions entières et positives.*

193. Passons à l'équation $ax + by = c$. Les formules qui donnent ses solutions entières sont

$$x = \alpha - b\theta, \qquad y = \beta + a\theta.$$

On ne doit donc, dans ce cas, donner à θ que les valeurs entières qui satisfont aux inégalités

$$\alpha - b\theta > 0, \qquad \beta + a\theta > 0,$$

ou telles qu'on ait

$$\theta < \frac{\alpha}{b}, \qquad \theta > -\frac{\beta}{a}.$$

L'équation de condition

$$a\alpha + b\beta = c$$

permet de remplacer $\frac{\alpha}{b}$ par $-\frac{\beta}{a} + \frac{c}{ab}$. On peut donc prendre pour limites

$$\theta < -\frac{\beta}{a} + \frac{c}{ab} \quad \text{et} \quad \theta > -\frac{\beta}{a}.$$

Par conséquent, les solutions entières et positives de l'équation $ax + by = c$ sont données par les valeurs entières de θ comprises entre les nombres $-\frac{\beta}{a}$ et $-\frac{\beta}{a} + \frac{c}{ab}$.

On voit que *l'équation $ax + by = c$ peut n'admettre aucune solution entière et positive et que, dans tous les cas, elle n'en admet qu'un nombre limité.*

Le nombre de ces solutions entières et positives est d'ailleurs le quotient entier qui correspond à $\frac{c}{ab}$, différence des deux limites trouvées pour θ, ou ce quotient augmenté d'une unité.

Ainsi, si les deux limites étaient $29\frac{3}{5}$ et $38\frac{4}{5}$, leur différence serait $9\frac{1}{5}$, et il y a *neuf* nombres entiers entre les deux limites. Si les deux limites étaient $29\frac{3}{5}$ et $39\frac{1}{5}$, leur différence serait $9\frac{3}{5}$, et il y a *dix* nombres entiers entre les deux limites.

Applications.

194. 1° *Indiquer un nombre entier et positif tel, qu'en le divisant par 7, on trouve pour reste 5, et qu'en le divisant par 12, on trouve pour reste 11.*

Si l'on désigne par x et par y les deux nombres entiers et positifs, quotients du nombre cherché par 7 et par 12, ce nombre admettra les deux formes

$$7x + 5 \quad \text{et} \quad 12y + 11.$$

On doit donc satisfaire, en nombres entiers et positifs, à l'équation

$$7x + 5 = 12y + 11 \quad \text{ou} \quad 7x - 12y = 6.$$

On aura une infinité de solutions (**192**).

On déduit de l'équation posée

$$x = \frac{12y + 6}{7} = \frac{6(2y + 1)}{7}.$$

Il suffit, pour trouver une valeur de y qui rende entière l'expression $\frac{2y+1}{7}$, de remplacer y par l'une des valeurs 0, 1, 2, 3, 4, 5, 6 (**181**, **187**). Pour $y = 3$, on a $\frac{2y+1}{7} = 1$ et $x = 6$.

Il en résulte les formules générales

$$x = 6 + 12\theta, \qquad y = 3 + 7\theta.$$

On doit avoir

$$6 + 12\theta > 0 \quad \text{et} \quad 3 + 7\theta > 0,$$

c'est-à-dire

$$\theta > -\frac{1}{2} \quad \text{et} \quad \theta > -\frac{3}{7}.$$

Toutes les valeurs entières et positives de θ conviendront donc à partir de 0.

On a, pour le nombre cherché, les deux expressions

$$7(6 + 12\theta) + 5 = 47 + 84\theta,$$
$$12(3 + 7\theta) + 11 = 47 + 84\theta.$$

Ces deux expressions sont égales, comme on devait s'y attendre et comme il est nécessaire qu'elles le soient si l'on a bien opéré. Tous les nombres demandés sont, en résumé, donnés par la formule

$$47 + 84\theta.$$

Pour $\theta = 1$, par exemple, on a bien

$$131 = 7 \times 18 + 5 = 12 \times 10 + 11.$$

195. 2° *On demande quel est le nombre de pages d'un livre, sachant qu'en les comptant trois à trois, il ne reste rien ; qu'en les comptant sept à sept, il en reste* 1 ; *qu'en les comptant dix à dix, il en reste* 6.

Soit x le nombre cherché. D'après l'énoncé, il doit évidemment rendre les fractions

$$\frac{x}{3}, \quad \frac{x-1}{7}, \quad \frac{x-6}{10},$$

égales à des nombres entiers y, z, u. On aura donc

$$\frac{x}{3} = y, \qquad \frac{x-1}{7} = z, \qquad \frac{x-6}{10} = u,$$

c'est-à-dire

$$x = 3y, \qquad 3y - 7z = 1, \qquad 3y - 10u = 6$$

ou

$$3y = 1 + 7z = 6 + 10u.$$

Il faut donc finalement résoudre en nombres entiers et positifs l'équation

$$7z - 10u = 5.$$

On aura une infinité de solutions (192).

De l'équation posée, on déduit (190)

$$z = \frac{5+10u}{7} = \frac{5(1+2u)}{7}.$$

En posant $\frac{1+2u}{7} = t$, on a la nouvelle équation

$$7t - 2u = 1,$$

d'où

$$u = \frac{7t-1}{2}.$$

On doit donner à t les valeurs 0 et 1 (187).

Pour $t = 1$, on a $u = 3$.

Les formules générales seront donc

$$t = 1 + 2\theta, \qquad u = 3 + 7\theta.$$

Il en résulte $1 + 2\theta > 0$ et $3 + 7\theta > 0$, c'est-à-dire

$$\theta > -\frac{1}{2} \quad \text{et} \quad \theta > -\frac{3}{7}.$$

Toutes les valeurs entières et positives de θ conviennent donc à partir de 0.

Si l'on revient maintenant à $x = 3y = 6 + 10u$, on a

$$x = 6 + 10(3 + 7\theta) = 36 + 70\theta.$$

Si l'énoncé indiquait, en outre, que le nombre des pages du livre est compris, par exemple, entre 400 et 500, la solution deviendrait unique et déterminée et répondrait évidemment à $\theta = 6$: elle serait donc

$$x = 456.$$

196. 3° *Un propriétaire a dépensé* 1000^{fr} *pour payer le travail de ses vendanges à une troupe d'hommes et de femmes : chaque homme a reçu* 19^{fr}, *chaque femme,* 11^{fr}. *Combien y avait-il d'hommes et combien de femmes ?*

Soient x et y les deux nombres cherchés. Il faut résoudre en nombres entiers et positifs l'équation

$$19x + 11y = 1000.$$

Le nombre des solutions sera limité (193).

En tirant de l'équation

$$y = \frac{1000 - 19x}{11}$$

et, en faisant varier x entier depuis 0 jusqu'à 10, on est certain d'obtenir une valeur entière de y (181, 187). Pour $x=4$, on trouve $y=84$. Les formules générales à appliquer sont donc

$$x = 4 - 11\theta \quad \text{et} \quad y = 84 + 19\theta,$$

et l'on doit avoir $4 - 11\theta > 0$, $84 + 19\theta > 0$, c'est-à-dire

$$\theta > -\frac{84}{19} \quad \text{et} \quad \theta < \frac{4}{11}.$$

Le quotient entier de 84 par 19 étant 4, θ ne pourra admettre que les *cinq* valeurs

$$-4, \quad -3, \quad -2, \quad -1, \quad 0.$$

Les solutions du problème sont donc

$$x = 48, \quad 37, \quad 26, \quad 15, \quad 4,$$
$$y = 8, \quad 27, \quad 46, \quad 65, \quad 84.$$

Résolution en nombres entiers de m équations contenant $m+1$ inconnues.

197. Nous considérerons d'abord spécialement le *cas de deux équations à trois inconnues*. Soient ces deux équations

$$(1) \qquad ax + by + cz = d,$$
$$(2) \qquad a'x + b'y + c'z = d'.$$

Ces équations sont supposées ramenées à leur plus simple expression, c'est-à-dire que les coefficients a, b, c, d sont premiers entre eux dans leur ensemble, ainsi que les coefficients a', b', c', d'.

Pour que le problème soit possible, chaque équation doit admettre séparément des solutions entières. Il faut donc évidemment (181) que les coefficients a, b, c soient aussi premiers entre eux dans leur ensemble, ainsi que les coefficients a', b', c'.

Éliminons z entre les équations (1) et (2). Il vient

$$(3) \qquad (ac' - ca')x + (bc' - cb')y = dc' - cd',$$

et l'on peut remplacer le système proposé par le système des équations (1) et (3).

Cherchons les solutions entières de l'équation (3); d'après

ce qui précède, si elle en admet, elles seront de la forme (182)

$$x = \alpha - \frac{bc' - cb'}{\delta}\theta,$$

$$y = \beta + \frac{ac' - ca'}{\delta}\theta.$$

δ est le plus grand commun diviseur des trois coefficients $ac' - ca'$, $bc' - cb'$, $dc' - cd'$; car, avant de traiter l'équation (3), il faut rendre ses coefficients premiers entre eux dans leur ensemble. θ est un entier indéterminé, positif ou négatif; α et β représentent une première solution.

Pour que l'équation (3) admette des solutions entières, il faut d'ailleurs que les quotients qui multiplient θ dans les formules précédentes soient premiers entre eux (181).

Si cette condition est remplie, on substituera les valeurs trouvées pour x et pour y dans l'équation (1), et elle ne renfermera plus que les deux inconnues z et θ, qu'on pourra, *si toutefois l'équation transformée comporte des solutions entières*, exprimer en fonction d'un nouvel entier indéterminé θ'. On pourra donc obtenir x, y, z, en fonction de θ' seulement.

Si les équations données doivent être résolues *en nombres entiers et positifs*, il restera à discuter les valeurs obtenues et à chercher les limites de θ' (192, 193).

198. Remarque. — *Si les coefficients c et c' de l'inconnue z qu'on élimine d'abord sont premiers entre eux, la seule condition de possibilité du problème est que l'équation* (3) *admette des solutions entières.*

En effet, reprenons, dans cette hypothèse, les valeurs

$$x = \alpha - \frac{bc' - cb'}{\delta}\theta,$$

$$y = \beta + \frac{ac' - ca'}{\delta}\theta,$$

et substituons-les dans l'équation (1). Il vient, en simplifiant,

$$(4) \qquad c(ab' - ba')\theta + c\delta z = \delta(d - a\alpha - b\beta).$$

D'autre part, puisque l'équation (3) admet la solution

$x = \alpha, y = \beta$, on a

$$(ac' - ca')\alpha + (bc' - cb')\beta = dc' - cd',$$

d'où l'on tire

$$c(d' - a'\alpha - b'\beta) = c'(d - a\alpha - b\beta).$$

Il en résulte que c, supposé premier avec c', doit diviser exactement $d - a\alpha - b\beta$.

Appelons q le quotient de cette division et reportons-nous à l'équation (4). En divisant ses deux membres par c, elle deviendra

$$(ab' - ba')\theta + \delta z = \delta q.$$

Dans le cas où c est premier avec c', on obtient donc immédiatement *une solution entière* de l'équation (4) ou de l'équation (1) transformée en posant $\theta = 0$ et $z = q$.

La remarque précédente prouve en même temps qu'on a intérêt à éliminer d'abord l'inconnue z dont les coefficients sont supposés premiers entre eux, puisque la résolution ultérieure de l'équation en z et en θ est alors immédiate.

Nous allons préciser par un exemple la marche que nous venons d'indiquer.

199. Application. — *Résoudre le système*

(1) $$3x + 7y + 7z = 77,$$

(2) $$6x + 9y + 8z = 104,$$

en nombres entiers.

Dans l'équation (1) les trois coefficients 7, 7, 77 sont divisibles par 7. En effectuant cette division, il vient

$$\frac{3x}{7} + y + z = 11.$$

x doit donc être un multiple de 7, et l'on peut poser

$$x = 7x'.$$

Dans l'équation (2), les trois coefficients 6, 8, 104, sont divisibles par 2. En effectuant cette division, il vient

$$3x + \frac{9y}{2} + 4z = 52.$$

y doit donc être un multiple de 2, et l'on peut poser

$$y = 2y'.$$

Le système proposé est ainsi ramené au suivant :

(3) $$3x' + 2y' + z = 11,$$

(4) $$21x' + 9y' + 4z = 52.$$

Les coefficients de y' étant *premiers entre eux*, c'est cette inconnue que nous éliminerons de préférence (198). Nous trouverons ainsi l'équation

(5) $$15x' - z = 5,$$

dont on obtient une solution entière immédiate, en faisant

$$x' = 0 \quad \text{et} \quad z = -5.$$

Les solutions entières de l'équation (5) sont donc renfermées dans les formules

$$x' = \theta, \qquad z = -5 + 15\theta.$$

En substituant ces valeurs dans l'équation (3), il vient

$$2y' + 18\theta = 16$$

ou

(6) $$y' + 9\theta = 8,$$

dont on obtient encore une solution entière immédiate en faisant

$$y' = 8 \quad \text{et} \quad \theta = 0.$$

Les solutions entières de l'équation (6) sont donc à leur tour renfermées dans les formules

$$y' = 8 - 9\theta', \qquad \theta = \theta'.$$

On a donc enfin, comme formules générales,

$$x = 7x' = 7\theta', \qquad y = 2y' = 16 - 18\theta', \qquad z = -5 + 15\theta',$$

où θ' est un entier indéterminé, positif, négatif ou nul.

Si l'on voulait n'admettre pour x, y, z que des valeurs *entières et positives*, il faudrait qu'on eût

$$\theta' > 0, \qquad 16 - 18\theta' > 0, \qquad -5 + 15\theta' > 0.$$

$$\theta' < \frac{8}{9} \quad \text{et} \quad \theta' > \frac{1}{3};$$

ce qui montre, puisque θ' doit être d'ailleurs plus grand que o, que les équations proposées ne peuvent admettre aucune solution entière et positive.

200. *Cas de m équations à $m+1$ inconnues.* — La marche que nous venons d'indiquer pour deux équations à trois inconnues (197) est *générale.*

Soit m équations à $m+1$ inconnues x, y, z, u, v, ...

Au système donné désigné par (A), on substituera, par des éliminations successives, un système équivalent désigné par (B). La dernière équation obtenue, que nous désignerons par (B_1), contiendra seulement deux inconnues, x et y; l'avant-dernière équation (B_2) contiendra ces mêmes inconnues, avec une troisième z; l'équation précédente (B_3) contiendra les inconnues x, y, z, avec une quatrième u; et ainsi de suite, en remontant jusqu'à la première équation (B_m) qui contiendra les $m+1$ inconnues x, y, z, u, v, ...

Cela posé, si l'équation (B_1) admet des solutions entières, on exprimera x et y en fonction d'une indéterminée θ. En substituant les valeurs trouvées dans l'équation (B_2), on a une équation à deux inconnues z et θ. Si elle admet à son tour des solutions entières, on exprimera z et θ en fonction d'une nouvelle indéterminée θ', de sorte que x, y, z pourront être exprimées en fonctions de θ'. En portant les valeurs trouvées dans l'équation (B_3), on a encore une équation à deux inconnues u et θ'. Si elle admet, elle aussi, des solutions entières, on exprimera u et θ' en fonction d'une nouvelle indéterminée θ'', de sorte que x, y, z, u pourront être exprimées en fonction de θ''. On continuera de la même manière, jusqu'à ce qu'on ait pu exprimer les $m+1$ inconnues en fonction d'une seule et dernière indéterminée, si cela est possible.

La condition de ne conserver, parmi les solutions entières, que celles qui sont *positives,* imposera, pour la dernière indéterminée, la recherche de *limites* plus ou moins faciles à assigner.

Résolution en nombres entiers d'une équation contenant plus de deux inconnues.

201. Nous considérerons d'abord spécialement le *cas d'une équation à trois inconnues*.

Soit cette équation

$$ax + by + cz = d. \tag{1}$$

Les coefficients a, b, c, d sont des nombres entiers, positifs ou négatifs, qui doivent être rendus préalablement premiers entre eux dans leur ensemble.

Les coefficients a, b, c doivent être *alors* premiers entre eux dans leur ensemble; car, s'ils admettaient un facteur commun autre que l'unité, toute solution entière rendrait le premier membre de l'équation multiple de ce facteur, sans que la même condition fût remplie par le second membre. Il n'y aurait donc pas de solutions entières.

Mais deux quelconques des coefficients a, b, c peuvent être premiers entre eux ou admettre un facteur commun n'appartenant pas au troisième coefficient.

Supposons, en premier lieu, que a et b, par exemple, soient premiers entre eux. En mettant l'équation (1) sous la forme

$$ax + by = d - cz \tag{2}$$

et en attribuant à z une valeur entière quelconque, on pourra trouver pour x et y une infinité de solutions entières (**181**, **182**).

Si, au contraire, a et b ont un plus grand commun diviseur δ, on pourra poser $a = \delta a'$, $b = \delta b'$, et l'équation (2) deviendra

$$a'x + b'y = \frac{d - cz}{\delta}. \tag{3}$$

c et δ étant premiers entre eux, puisque a, b, c ne présentent aucun facteur premier commun (*Arithm.*, **155**), on pourra poser

$$\frac{d - cz}{\delta} = \theta,$$

θ étant un entier quelconque. On aura alors

$$cz + \delta\theta = d, \tag{4}$$

et cette équation pourra être vérifiée par une infinité de valeurs entières de z et de θ. Pour chaque valeur de θ, l'équation (3) admettra à son tour une infinité de solutions entières pour x et y.

On voit que, dans les conditions indiquées, on peut toujours trouver facilement une solution entière de l'équation (1).

202. Il s'agit maintenant de *trouver les formules générales renfermant toutes les solutions entières de l'équation*

$$(1) \qquad ax + by + cz = d.$$

Soient $x = \alpha$, $y = \beta$, $z = \gamma$ une première solution entière. Nous aurons l'équation de condition

$$(2) \qquad a\alpha + b\beta + c\gamma = d.$$

Il est clair que les valeurs suivantes :

$$\begin{aligned} x &= \alpha - b\theta, \\ y &= \beta + a\theta, \\ z &= \gamma, \end{aligned}$$

où θ est un entier indéterminé, satisfont toujours à l'équation (1), comme on peut d'ailleurs facilement le vérifier; car, en les substituant dans cette équation, on retombe sur l'identité (2). Mais il est clair aussi que ces formules ne donnent pas toutes les solutions cherchées, puisque, d'après ce qui précède (**201**), z peut recevoir une infinité de valeurs entières convenables, et non pas la seule valeur γ.

Nous allons démontrer que, si l'on représente par θ' et θ'' deux nouvelles indéterminées analogues à θ, les formules générales renfermant toutes les solutions entières de l'équation (1) sont

$$(3) \qquad \left\{ \begin{aligned} x &= \alpha - b\theta + c\theta', \\ y &= \beta + a\theta + c\theta'', \\ z &= \gamma - a\theta' - b\theta''. \end{aligned} \right.$$

Ces valeurs conviennent toujours; car, en les substituant dans l'équation (1), on retrouve encore l'équation de condition (2).

Il reste à établir qu'elles ne laissent échapper aucune solution entière.

Soient, en effet, $x = \alpha'$, $y = \beta'$, $z = \gamma'$, l'une quelconque des solutions entières de l'équation (1). Il faut prouver qu'on peut toujours assigner des valeurs entières des indéterminées θ, θ', θ'', telles qu'on ait précisément

$$(4)\quad \begin{cases} \alpha' = \alpha - b\theta + c\theta', \\ \beta' = \beta + a\theta + c\theta'', \\ \gamma' = \gamma - a\theta' - b\theta'', \end{cases} \quad \text{ou} \quad \begin{cases} b\theta - c\theta' = \alpha - \alpha', \\ -a\theta - c\theta'' = \beta - \beta', \\ a\theta' + b\theta'' = \gamma - \gamma'. \end{cases}$$

On voit facilement que les trois équations (4) se réduisent à deux; car, si on les ajoute, après les avoir multipliées respectivement par les coefficients a, b, c, on a

$$(5)\qquad 0 = a(\alpha - \alpha') + b(\beta - \beta') + c(\gamma - \gamma');$$

ce qui est une identité, en vertu de l'équation de condition (2) et de l'équation $a\alpha' + b\beta' + c\gamma' = d$, qui résulte de l'hypothèse faite.

Nous prendrons donc seulement les deux premières équations du système (4),

$$(6)\qquad \begin{cases} b\theta - c\theta' = \alpha - \alpha', \\ -a\theta - c\theta'' = \beta - \beta', \end{cases}$$

et nous allons montrer qu'elles seront satisfaites *simultanément* par les mêmes valeurs entières des indéterminées θ, θ', θ''.

Chacune des équations (6) admet *séparément* des solutions entières (**181**); car, d'après l'identité (5), le plus grand commun diviseur de b et de c, si ces coefficients ne sont pas premiers entre eux, doit diviser exactement $\alpha - \alpha'$; et le plus grand commun diviseur de a et de c, si ces coefficients ne sont pas premiers entre eux, doit diviser exactement $\beta - \beta'$.

Admettons que le plus grand commun diviseur de b et de c soit δ_1 et que θ_1 et θ'_1 représentent une solution entière de la première équation (6). Admettons de même que le plus grand commun diviseur de a et de c soit δ_2 et que θ_2 et θ''_2 représentent une solution entière de la seconde équation (6).

Les solutions entières des équations (6) considérées *séparément* seront alors renfermées *respectivement* dans les formules générales suivantes, où t_1 et t_2 désignent deux nouveaux entiers indéterminés (182)

$$(7)\qquad \begin{cases} \theta = \theta_1 + \dfrac{c}{\delta_1} t_1, \\ \theta' = \theta'_1 + \dfrac{b}{\delta_1} t_1, \end{cases} \quad \text{et} \quad \begin{cases} \theta = \theta_2 + \dfrac{c}{\delta_2} t_2, \\ \theta'' = \theta''_2 - \dfrac{a}{\delta_2} t_2. \end{cases}$$

Et il est évident qu'il suffit qu'on puisse trouver des valeurs entières de t_1 et de t_2 rendant identiques les deux valeurs entières de θ fournies par les équations (7) pour que les équations (6) soient satisfaites *simultanément* par les mêmes valeurs entières des indéterminées θ, θ', θ''.

Nous poserons donc

$$\theta_1 + \frac{c}{\delta_1} t_1 = \theta_2 + \frac{c}{\delta_2} t_2$$

ou

$$(8)\qquad \frac{c}{\delta_2} t_2 - \frac{c}{\delta_1} t_1 = \theta_1 - \theta_2.$$

Or, en substituant dans chaque équation (6) la solution entière supposée, θ_1 et θ'_1 pour l'une, θ_2 et θ''_2 pour l'autre, il vient

$$b\theta_1 - c\theta'_1 = \alpha - \alpha',$$
$$-a\theta_2 - c\theta''_2 = \beta - \beta'.$$

En ajoutant ces deux équations, après les avoir multipliées respectivement par les coefficients a et b, on a

$$ab(\theta_1 - \theta_2) - c(a\theta'_1 + b\theta''_2) = a(\alpha - \alpha') + b(\beta - \beta'),$$

ou, à cause de l'identité (5),

$$ab(\theta_1 - \theta_2) - c(a\theta'_1 + b\theta''_2) = -c(\gamma - \gamma').$$

En faisant passer tous les termes dans le premier membre et en divisant par le produit $\delta_1\delta_2$ des plus grands communs diviseurs des coefficients b et c, a et c, on a finalement

$$(9)\qquad \frac{ab}{\delta_1\delta_2}(\theta_1 - \theta_2) - \frac{c}{\delta_1\delta_2}(a\theta'_1 + b\theta''_2 + \gamma' - \gamma) = 0.$$

$\dfrac{c}{\delta_1\delta_2}$ est un nombre entier, premier à la fois avec $\dfrac{b}{\delta_1}$ et $\dfrac{a}{\delta_2}$.

D'après l'équation (9), ce nombre entier doit donc diviser

exactement $\theta_1 - \theta_2$ et, en représentant le quotient entier correspondant par l, on a

$$\theta_1 - \theta_2 = l\frac{c}{\delta_1\delta_2}.$$

L'équation (8) devient ainsi

$$\frac{c}{\delta_2}t_2 - \frac{c}{\delta_1}t_1 = l\frac{c}{\delta_1\delta_2}$$

ou

(10) $$\delta_1 t_2 - \delta_2 t_1 = l;$$

et cette équation admet une infinité de solutions entières, puisque les coefficients δ_1 et δ_2 sont premiers entre eux (**181**, **182**). Les formules générales cherchées sont donc bien les formules (3), où les indéterminées θ, θ', θ'' recevront toutes les valeurs entières, positives ou négatives.

EXEMPLE.

203. *Résoudre en nombres entiers l'équation*

$$15x + 6y + 20z = 171.$$

On aperçoit immédiatement la solution entière

$$x = 1, \qquad y = 26, \qquad z = 0.$$

Par suite, *toutes* les solutions entières de l'équation seront renfermées dans les formules (**202**)

$$\begin{aligned} x &= 1 - 6\theta + 20\theta', \\ y &= 26 + 15\theta + 20\theta'', \\ z &= -15\theta' - 6\theta''. \end{aligned}$$

204. Passons maintenant au *cas d'une équation contenant un nombre quelconque d'inconnues.*

Soit

(1) $$ax + by + cz + du + \ldots = k,$$

cette équation générale, où les coefficients a, b, c, d, ..., k sont des nombres entiers, positifs ou négatifs. On doit toujours la supposer ramenée à sa plus simple expression, de sorte que les coefficients a, b, c, d, ..., k n'aient plus aucun facteur commun.

Tous les coefficients du premier membre doivent être alors *premiers entre eux dans leur ensemble;* car, s'ils admettaient un facteur commun autre que l'unité, toute solution entière rendrait le premier membre divisible par ce facteur sans que le second membre le fût. L'équation ne pourrait donc en comporter aucune.

Les coefficients $a, b, c, d, \ldots$ du premier membre doivent être premiers entre eux dans leur ensemble; mais a et b, par exemple, peuvent n'être pas premiers entre eux. Désignons par δ leur plus grand commun diviseur et, par a' et b', les quotients $\frac{a}{\delta}$ et $\frac{b}{\delta}$. Nous pourrons mettre l'équation (1) sous la forme

$$a'x + b'y = \frac{k - cz - du - \ldots}{\delta},$$

et la question sera ramenée à résoudre en nombres entiers l'équation

$$\frac{k - cz - du - \ldots}{\delta} = t,$$

qui renferme une inconnue de moins, puisqu'*au lieu des deux inconnues x et y, on n'a qu'une nouvelle inconnue t.*

En opérant ainsi, de proche en proche, tout dépendra finalement de la résolution d'une équation à deux inconnues.

CHAPITRE XII.

QUELQUES CAS PARTICULIERS DE L'ANALYSE INDÉTERMINÉE DU SECOND DEGRÉ.

205. C'est Bachet de Méziriac qui a donné, en 1624, l'analyse indéterminée du premier degré dans ses *Récréations mathématiques*. Lagrange a fait connaître, en 1770, dans un de ses beaux Mémoires, l'analyse indéterminée du second degré. Il a simplifié et généralisé sa méthode dans ses *Additions aux éléments d'Algèbre* d'Euler, 1798. La question est une des plus délicates de l'Algèbre. Lagrange ajoute dans son *Avertissement :* « A l'égard des équations indéterminées des degrés supérieurs au second, on n'a encore que des méthodes particulières pour les résoudre dans quelques cas, et il est à présumer que, pour ces sortes d'équations, la résolution générale devient impossible passé le second degré, comme elle paraît l'être passé le quatrième pour les équations déterminées ([1]) »

Nous nous proposons seulement dans ce Chapitre d'indiquer comment on peut résoudre en nombres entiers l'équation du second degré à deux variables x et y, lorsque le carré de l'une des variables manque dans l'équation.

Premier cas ($C = 0$).

206. Prenons l'équation générale du second degré à deux inconnues et à coefficients entiers, positifs ou négatifs,

$$Ax^2 + Bxy + Cy^2 + Dx + Ey + F = 0,$$

et *supposons qu'on ait* $C = 0$.

L'équation deviendra du premier degré en y, et l'on aura,

([1]) *Œuvres de Lagrange*, édition J.-A. Serret, t. VII, p. 7; Gauthier-Villars, M DCCC LXXVII.

en rendant d'ailleurs les coefficients premiers entre eux dans leur ensemble, s'ils ne le sont déjà,

$$(1) \qquad (Bx+E)y+Ax^2+Dx+F=0.$$

On en déduit

$$(2) \qquad y=\frac{-Ax^2-Dx-F}{Bx+E},$$

et l'on effectue la division indiquée dans le second membre.

On trouve pour quotient

$$-\frac{A}{B}x+\frac{AE-BD}{B^2},$$

et pour reste

$$\frac{BDE-(AE^2+B^2F)}{B^2}.$$

Il en résulte (2)

$$(3) \qquad y=-\frac{A}{B}x+\frac{AE-BD}{B^2}+\frac{BDE-(AE^2+B^2F)}{B^2(Bx+E)},$$

ou, en multipliant les deux membres par B^2 et en posant pour abréger $N=BDE-(AE^2+B^2F)$,

$$(4) \qquad B^2y=-ABx+AE-BD+\frac{N}{Bx+E}.$$

Comme x et y doivent être des nombres entiers, positifs ou négatifs, il faut donc que le quotient

$$\frac{N}{Bx+E}$$

soit lui-même un nombre entier, positif ou négatif, c'est-à-dire que $Bx+E$ soit un *diviseur* de N.

On cherchera, par conséquent, tous les diviseurs du nombre entier N et, en désignant l'un quelconque d'entre eux par Δ, on posera

$$Bx+E=\pm\Delta,$$

d'où

$$(5) \qquad x=\frac{-E\pm\Delta}{B}.$$

Lorsque les valeurs de x fournies par la formule (5) seront entières, il faudra les substituer dans l'équation (4) pour voir si elles correspondent à des valeurs entières de y.

L'analyse précédente montre que *le nombre des solutions entières est toujours limité* et qu'il peut n'en exister aucune.

207. Remarque. — Le reste de la division effectuée peut être *nul.*

On a, dans cette hypothèse et d'après les équations (2) et (3),

$$y(Bx+E) = -Ax^2 - Dx - F$$
$$= (Bx+E)\left(-\frac{A}{B}x + \frac{AE-BD}{B^2}\right)$$

ou

$$(Bx+E)(B^2y + ABx + BD - AE) = 0.$$

Il faudra alors poser séparément

$$Bx+E=0, \qquad B^2y+ABx+BD-AE=0;$$

et il est évident que, si ces équations admettent une solution entière, *il n'y en aura qu'une seule.*

Deuxième cas ($C = 0$ et $B = 0$).

208. Lorsqu'on a, à la fois, $C=0$ et $B=0$, la marche qu'on vient d'indiquer doit être modifiée. On a alors simplement

$$(1) \qquad y = \frac{-Ax^2 - Dx - F}{E}.$$

Admettons qu'il existe *une solution entière correspondant à* $x=\alpha$ et posons

$$x = \alpha + E\theta,$$

en désignant par θ un entier indéterminé. Si nous substituons cette valeur de x dans l'équation (1), il vient, en simplifiant,

$$(2) \qquad y = \frac{-A\alpha^2 - D\alpha - F}{E} - (2A\alpha + D)\theta - AE\theta^2.$$

Par hypothèse, la quantité

$$\frac{-A\alpha^2 - D\alpha - F}{E}$$

est un entier. Il en résulte que, si $x=\alpha$ donne une valeur entière de y, $x=\alpha+E\theta$ en donne nécessairement une nouvelle, de sorte que *l'équation proposée admet alors une infinité de solutions entières.*

La question est donc ramenée à trouver, s'il est possible, une solution entière.

Or, si α était connue, comme θ peut être positif ou négatif, on pourrait déterminer θ de manière que $x = \alpha + E\theta$ fût compris entre $-\frac{E}{2}$ et $\frac{E}{2}$. En d'autres termes, si les solutions entières existent, il y aura une valeur entière de x, comprise entre $-\frac{E}{2}$ et $\frac{E}{2}$, qui donnera une valeur entière de y.

On substituera donc dans l'équation (1) toutes les valeurs entières de x comprises entre les deux limites $-\frac{E}{2}$ et $\frac{E}{2}$; le nombre des essais ne dépassera pas E; et, suivant que ces essais réussiront ou non, l'équation proposée admettra une infinité de solutions entières ou n'en admettra aucune.

Applications.

209. 1° *Résoudre en nombres entiers l'équation*

$$2x^2 + xy - 37x - 3y + 57 = 0.$$

On en déduit

$$y = \frac{-2x^2 + 37x - 57}{x - 3},$$

d'où

$$y = -2x + 31 + \frac{36}{x-3}.$$

On cherchera donc (**206**) tous les diviseurs de 36, qui sont

$$1,\quad 2,\quad 3,\quad 4,\quad 6,\quad 9,\quad 12,\quad 18,\quad 36,$$

et, en les prenant positivement et négativement, on les égalera à $x - 3$.

On trouve ainsi les dix-huit solutions entières suivantes :

$$x = 4,\ 2,\ 5,\ 1,\ 6,\ 0,\ 7,\ -1,\ 9,\ -3,\ 12,\ -6,\ 15,\ -9,\ 21,\ -15,\ 39,\ -33,$$

$$y = 59,\ -9,\ 39,\ 11,\ 31,\ 19,\ 26,\ 24,\ 19,\ 31,\ 11,\ 39,\ 4,\ 46,\ -8,\ 58,\ -46,\ 96.$$

Parmi ces dix-huit solutions, il y en a neuf *positives*.

210. 2° *Résoudre en nombres entiers l'équation*

$$2xy - 3x^2 + y - 1 = 0.$$

On en déduit

$$y = \frac{3x^2+1}{2x+1} = \frac{3}{2}x - \frac{3}{4} + \frac{7}{4(2x+1)}$$

ou

$$4y = 6x - 3 + \frac{7}{2x+1}.$$

Les diviseurs de 7 sont ± 1 et ± 7. En les égalant à $2x+1$, on trouve les quatre solutions entières suivantes :

$$x = 0, \quad -1, \quad 3, \quad -4,$$
$$y = 1, \quad -4, \quad 4, \quad -7.$$

Il y a deux solutions *positives*.

211. 3° *Resoudre en nombres entiers l'équation*

$$3x^2 - 2x - 3y + 1 = 0.$$

On en déduit

$$y = \frac{3x^2 - 2x + 1}{3}.$$

Nous devrons donc (208) essayer de trouver une solution entière, en faisant varier x de $+\frac{3}{2}$ à $-\frac{3}{2}$, c'est-à-dire en lui donnant les valeurs entières 1, 0, -1. Pour $x = -1$, on trouve $y = 2$. L'équation proposée admet donc une infinité de solutions entières, et les valeurs entières de x sont renfermées dans la formule (208)

$$x = -1 - 3\theta,$$

où θ est un entier quelconque, positif, négatif ou nul.

En substituant cette valeur générale de x dans l'équation donnée, on trouve facilement la valeur générale de l'autre variable

$$y = 9\theta^2 + 8\theta + 2.$$

Si l'on ne veut admettre que des solutions entières positives, il faut satisfaire aux deux inégalités

$$-1 - 3\theta > 0 \quad \text{et} \quad 9\theta^2 + 8\theta + 2 > 0.$$

La première exige qu'on ait

$$\theta < -\frac{1}{3},$$

et la seconde est satisfaite, quelle que soit la valeur entière donnée à θ, parce que les racines du trinôme $9\theta^2 + 8\theta + 2$ égalé à zéro sont imaginaires (*Alg. élém.*, **252**). On obtiendra donc une infinité de solutions entières positives, en donnant à θ toutes les valeurs entières négatives à partir de -1.

212. 4° *Déterminer un triangle rectangle tel, que ses côtés soient exprimés par des nombres entiers et que son aire soit exprimée par le même nombre que son périmètre.*

Les côtés de l'angle droit étant x et y, et z l'hypoténuse, on doit avoir

$$(1) \qquad x^2 + y^2 = z^2,$$

$$(2) \qquad x + y + z = \frac{xy}{2}.$$

En éliminant z entre les équations (1) et (2), il vient évidemment

$$\sqrt{x^2 + y^2} = \frac{xy}{2} - (x + y)$$

ou, en élevant les deux membres au carré,

$$x^2 + y^2 = \frac{x^2y^2}{4} - xy(x + y) + (x + y)^2,$$

c'est-à-dire, en simplifiant,

$$0 = \frac{x^2y^2}{4} - xy(x + y) + 2xy.$$

x et y étant supposés différents de zéro, on peut diviser par xy, et l'on trouve ainsi

$$\frac{xy}{4} - (x + y) + 2 = 0$$

ou

$$xy - 4x - 4y + 8 = 0.$$

On en tire

$$(3) \qquad y = \frac{4x - 8}{x - 4} = 4 + \frac{8}{x - 4}.$$

Nous devons donc égaler à $x - 4$ (**206**) les diviseurs de 8, qui sont : ± 1, ± 2, ± 4, ± 8.

On trouve alors les solutions entières suivantes :

$$\begin{array}{lrrrrrrrr} x = & 5, & 3, & 6, & 2, & 8, & 0, & 12, & -4, \\ y = & 12, & -4, & 8, & 0, & 6, & 2, & 5, & 3. \end{array}$$

Comme on doit rejeter les solutions nulles et les solutions négatives, on n'a à tenir compte que des quatre solutions

$$x = 5,\ 6,\ 8,\ 12,$$
$$y = 12,\ 8,\ 6,\ 5.$$

Mais, x étant un côté quelconque de l'angle droit, il n'y a en réalité que *deux solutions* distinctes :

$$x = 5 \quad \text{avec} \quad y = 12,$$
$$x = 6 \quad \text{avec} \quad y = 8.$$

L'équation (1) donne, dans la première hypothèse, $z = 13$, et, dans la seconde, $z = 10$.

LIVRE DEUXIÈME.

COMBINAISONS. — BINOME. — PUISSANCES, RACINES ET ACCROISSEMENTS D'UN POLYNOME.

CHAPITRE PREMIER.

THÉORIE DES COMBINAISONS.

Définitions.

213. Considérons m objets quelconques. Si l'on groupe entre eux, de toutes les manières possibles, n quelconques de ces m objets, *en ne tenant compte que de l'ordre des objets,* on forme ce qu'on appelle les *arrangements de* ces *m objets pris n à n.* Deux arrangements diffèrent donc au moins par l'ordre des objets qui les composent.

Si, parmi les arrangements obtenus, *on ne conserve que ceux qui diffèrent au moins par un objet, ces arrangements particuliers constituent* ce qu'on appelle *les combinaisons des m objets pris n à n.* Dans les combinaisons, *l'ordre des objets n'intervient pas.*

On donne quelquefois aux combinaisons le nom de *produits différents.*

Arrangements.

214. Pour fixer les idées, nous supposerons que les objets qu'on veut grouper soient représentés par les lettres de l'alphabet $a, b, c, d, \ldots, h, k, l, \ldots$.

Soient, par exemple, les quatre objets ou les quatre lettres a, b, c, d.

Pour avoir leurs arrangements *deux à deux,* on écrira, à la droite de chacune d'elles, les trois autres lettres. On aura ainsi

$$\begin{array}{lll} ab, & ac, & ad; \\ ba, & bc, & bd; \\ ca, & cb, & cd; \\ da, & db, & dc. \end{array}$$

Pour avoir les arrangements *trois à trois,* on écrira successivement, à la droite de chaque arrangement deux à deux, les deux lettres qui n'y entrent pas. Il viendra

$$\begin{array}{llllll} abc, & abd, & acb, & acd, & adb, & adc; \\ bac, & bad, & bca, & bcd, & bda, & bdc; \\ cab, & cad, & cba, & cbd, & cda, & cdb; \\ dab, & dac, & dba, & dbc, & dca, & dcb. \end{array}$$

On continuera de la même manière, quels que soient m et n, en se servant toujours des arrangements de l'ordre précédent.

215. Nous voulons chercher la formule qui fait connaître le *nombre* des arrangements de m objets pris n à n.

Nous indiquerons ce nombre par la notation A_m^n, l'indice marquant le nombre total des objets considérés, et l'exposant le nombre de ceux qui doivent entrer dans chaque arrangement.

On peut procéder par induction pour trouver, en opérant de proche en proche, la formule dont il s'agit (*Alg. élém.*, 407); mais on peut aussi établir directement la loi qui lie les deux nombres A_m^{n-1} et A_m^n, et en déduire la formule cherchée.

A_m^{n-1} représentant le nombre des arrangements des m objets ou des m lettres données prises $n-1$ à $n-1$, il suffit évidemment, pour avoir *tous* les arrangements n à n, et d'après ce qui précède (214), d'écrire *successivement,* après chaque arrangement $n-1$ à $n-1$, les $m-(n-1)$ ou les $m-n+1$ lettres qui n'y entrent pas.

En effet, on obtient bien de cette manière *tous* les arrangements n à n; car on peut toujours former un arrangement n à n *désigné,* en plaçant la $n^{\text{ième}}$ lettre considérée à la suite d'un certain arrangement des $n-1$ autres lettres.

De plus, tous les arrangements n à n ainsi trouvés sont *distincts;* car ceux qui correspondent à un même arrangement

$n-1$ à $n-1$ diffèrent par leur dernière lettre, et ceux qui sont terminés par la même lettre correspondent à des arrangements $n-1$ à $n-1$ différents.

Cela posé, puisque chaque arrangement $n-1$ à $n-1$ donne naissance à $m-n+1$ arrangements n à n, on a

$$A_m^n = A_m^{n-1}(m-n+1).$$

En faisant dans cette relation $n=2, 3, 4, \ldots, n$, on obtient successivement

$$\begin{aligned} A_m^2 &= A_m^1(m-1), \\ A_m^3 &= A_m^2(m-2), \\ A_m^4 &= A_m^3(m-3), \\ &\ldots\ldots\ldots\ldots\ldots, \\ A_m^n &= A_m^{n-1}(m-n+1). \end{aligned}$$

Si l'on multiplie toutes ces égalités membre à membre, et si l'on remarque que le premier membre de chaque égalité est reproduit par le premier facteur du second membre de l'égalité suivante, on a, en opérant les réductions et en remplaçant A_m^1 par sa valeur évidente m,

$$A_m^n = m(m-1)(m-2)(m-3)\ldots(m-n+1).$$

Cette formule, qui *donne le nombre des arrangements n à n de m objets quelconques,* est composée de n facteurs ; le premier facteur est m; les autres facteurs diminuent successivement d'une unité jusqu'au $n^{\text{ième}}$ qui est $m-n+1$.

Permutations.

216. Si l'on fait $n=m$ dans la formule précédente, on a le nombre des arrangements de m objets pris m à m.

Ces arrangements, où entrent tous les objets donnés, ont reçu le nom de permutations

Si l'on désigne leur nombre par P_m et si l'on renverse l'ordre des facteurs du second membre, on a évidemment

$$P_m = 1.2.3.4\ldots m.$$

Les facteurs du second membre forment la suite naturelle des nombres entiers, depuis 1 jusqu'à m.

On voit que le nombre des permutations augmente très rapidement avec le nombre des objets considérés. On a

$$P_{10} = 3628800.$$

217. On rencontre très souvent en Analyse le produit des m premiers nombres entiers consécutifs. On le représente symboliquement par la notation $m!$ Dans ces conditions, la formule du nombre de permutations de m objets devient

$$P_m = m!$$

Les analystes ont donné aux produits de cette forme le nom de *factorielles*, et en ont étudié les propriétés.

218. Pour obtenir les permutations d'un certain nombre d'objets, on adopte la marche suivante :

Soient, par exemple, les trois objets ou les trois lettres a, b, c. On commence par écrire les permutations *des deux premières lettres* a et b. Il n'y en a évidemment que deux,

$$ab, \quad ba.$$

On prend alors la troisième lettre c, et on lui fait occuper *toutes les places, de droite à gauche,* dans chacune des permutations précédentes. On a ainsi

$$abc, \quad acb, \quad cab, \quad bac, \quad bca, \quad cba.$$

On continue de même pour quatre lettres, cinq lettres, ..., m lettres, en se servant toujours des permutations de l'ordre précédent.

219. On peut, d'après cela, donner de la formule des permutations (**216**) une démonstration indépendante de la formule des arrangements.

Supposons qu'on connaisse le nombre des permutations de k objets ou P_k.

Si, à chacune de ces permutations, on adjoint un nouvel objet ou une nouvelle lettre, en lui faisant occuper successivement toutes les places de droite à gauche, places qui sont évidemment au nombre de $k+1$, on aura toutes les permutations de $k+1$ objets, sans en oublier ni sans en répéter aucune. On peut donc écrire

$$P_{k+1} = P_k(k+1).$$

En faisant successivement $k = 1, 2, 3, \ldots, m-1$, on a

$$P_2 = P_1 2, \quad P_3 = P_2 3, \quad P_4 = P_3 4, \quad \ldots, \quad P_m = P_{m-1} m.$$

En multipliant toutes ces égalités membre à membre, en supprimant les facteurs communs et en remarquant que $P_1 = 1$, il vient, comme précédemment,

$$P_m = 1.2.3.4 \ldots m = m!$$

Combinaisons.

220. Prenons, par exemple, cinq objets ou cinq lettres a, b, c, d, e, et cherchons les combinaisons (**213**) de ces cinq lettres prises trois à trois.

Nous commencerons par former les combinaisons de ces lettres prises *deux à deux*, en écrivant successivement, après chacune d'elles, les lettres qui la suivent dans l'ordre naturel. Nous aurons

$$\begin{array}{llll} ab, & ac, & ad, & ae, \\ bc, & bd, & be, & \\ cd, & ce, & & \\ de. & & & \end{array}$$

Nous écrirons successivement, à la suite des combinaisons précédentes, les lettres qui, dans l'ordre naturel, viennent après la dernière lettre de chaque combinaison, et nous aurons toutes les combinaisons des cinq lettres prises trois à trois :

$$\begin{array}{llllll} abc, & abd, & abe, & acd, & ace, & ade, \\ bcd, & bce, & bde, & & & \\ cde. & & & & & \end{array}$$

On continuera de la même manière, quels que soient m et n, en se servant toujours des combinaisons de l'ordre précédent.

221. Nous voulons chercher la formule qui fait connaître le *nombre* des combinaisons de m objets pris n à n, nombre représenté par C_m^n.

Nous donnerons d'abord une démonstration indirecte, fondée sur les résultats précédents.

Supposons qu'on ait formé les combinaisons n à n de m objets, c'est-à-dire les arrangements n à n de ces m objets qui diffèrent au moins par l'un des objets qui y entrent (**213**). En prenant toutes ces combinaisons et en effectuant les permutations (**216**) des n objets qui composent chacune d'elles, on obtient *tous* les arrangements n à n des m objets donnés.

En effet, chaque permutation donne un arrangement n à n. *Aucun arrangement n'est omis;* car chaque combinaison correspond à un certain arrangement, en laissant de côté l'ordre des objets qui y entrent; et, en effectuant toutes les permutations de ces objets, on doit trouver l'arrangement particulier qu'on a en vue. *Aucun arrangement n'est répété;* car ceux qui proviennent d'une même combinaison diffèrent par l'ordre des objets, et ceux qui ne proviennent pas d'une même combinaison diffèrent au moins par l'un des objets qui les composent.

Chaque combinaison contenant n lettres donne lieu à un nombre P_n de permutations. On a donc, d'après ce qu'on vient d'établir,

$$A_m^n = C_m^n P_n.$$

On en déduit (**215**, **216**)

$$C_m^n = \frac{A_m^n}{P_n} = \frac{m(m-1)(m-2)(m-3)\ldots(m-n+1)}{1\ .\ 2\ .\ 3\ .\ 4\ \ldots\ n}.$$

Cette formule générale renferme n facteurs entiers au numérateur et n au dénominateur. Les premiers vont en décroissant depuis m jusqu'à $m-n+1$; les seconds vont en croissant depuis 1 jusqu'à n.

222. Tout nombre de combinaisons étant nécessairement entier, la formule obtenue démontre immédiatement ce théorème :

Le produit de n nombres entiers consécutifs quelconques est toujours divisible par le produit des n premiers nombres entiers.

223. On peut donner à la formule des combinaisons une autre expression qui est souvent plus commode.

On ne change rien au nombre qu'elle représente, en multipliant ses deux termes par le produit $1.2.3\ldots(m-n)$. On complète ainsi les facteurs du numérateur depuis m jusqu'à 1. Il vient alors, en renversant l'ordre de ces mêmes facteurs,

$$C_m^n = \frac{1.2.3.4\ldots\qquad(m-2)(m-1)m}{1.2.3.4\ldots n \times 1.2.3.4\ldots(m-n)}.$$

Le numérateur contient, dans ce cas, m facteurs qui sont les nombres entiers de 1 à m; le dénominateur en contient aussi m, qui sont les nombres entiers de 1 à n et de 1 à $m-n$. On peut donc écrire, symboliquement (217),

$$C_m^n = \frac{m!}{n!\,(m-n)!}.$$

224. La nouvelle forme obtenue démontre immédiatement ce théorème :

Le produit des m premiers nombres entiers est toujours divisible par le produit des n premiers nombres entiers multiplié par celui des m — n premiers nombres entiers, quel que soit n, pourvu qu'il soit moindre que m.

225. On peut présenter, comme il suit, une démonstration *directe* de la formule des combinaisons.

Supposons que l'on connaisse les combinaisons de m objets pris p à p. En associant successivement à chacune d'elles les $m-p$ objets qui n'y entrent pas, on formera des combinaisons de m objets pris $p+1$ à $p+1$, en nombre égal à

$$C_m^p(m-p).$$

Aucune combinaison $p+1$ à $p+1$ ne peut ainsi échapper, puisqu'on emploie toutes les combinaisons p à p; mais les combinaisons obtenues ne sont pas toutes distinctes. En effet, prenons l'une de ces combinaisons : quel que soit l'objet qu'on y supprime, parmi les $p+1$ qu'elle renferme, on retrouvera une combinaison p à p *différente*. Il en résulte évidemment que la même combinaison $p+1$ à $p+1$ reparaîtra, dans l'opération effectuée, de $p+1$ manières différentes.

Le nombre exact des combinaisons de m objets pris $p+1$ à $p+1$ est donc

$$C_m^{p+1} = C_m^p \frac{m-p}{p+1}.$$

En faisant successivement, dans cette relation,

$$p = 1, 2, 3, \ldots, n-1,$$

on a

$$C_m^2 = C_m^1 \frac{m-1}{2},$$

$$C_m^3 = C_m^2 \frac{m-2}{3},$$

$$C_m^4 = C_m^3 \frac{m-3}{4},$$

$$\ldots\ldots\ldots\ldots\ldots,$$

$$C_m^n = C_m^{n-1} \frac{m-n+1}{n}.$$

En multipliant ces égalités membre à membre, en supprimant les facteurs communs et en remarquant que $C_m^1 = m$, on a, comme précédemment (**221**),

$$C_m^n = \frac{m(m-1)(m-2)(m-3)\ldots(m-n+1)}{1\ .\ 2\ .\ 3\ .\ 4\ \ldots\ n}.$$

Nous allons maintenant démontrer, sur les combinaisons, quelques théorèmes utiles.

226. I. *Les nombres de combinaisons dont les exposants sont complémentaires par rapport à l'indice commun sont égaux entre eux.*

On dit que deux exposants sont *complémentaires* quand leur somme reproduit l'indice commun. Il faut, par conséquent, établir la formule

$$C_m^n = C_m^{m-n}.$$

Ce théorème est, pour ainsi dire, évident; car, si l'on choisit, parmi les m objets considérés, une combinaison n à n, les $m-n$ objets qui restent forment, à leur tour, une combinaison $m-n$ à $m-n$. Les deux nombres de combinaisons sont donc nécessairement identiques.

La formule générale, sous la seconde forme indiquée (**223**), le prouve aussi immédiatement; car, si l'on y change n en $m-n$, on a

$$C_m^{m-n} = \frac{1.2.3.4\ldots\ \ (m-2)(m-1)m}{1.2.3.4\ldots(m-n)\times 1.2.3.4\ldots n}.$$

Et, en comparant l'expression de C_m^{m-n} à celle de C_m^n, on voit qu'elle ne présente pas d'autre changement que celui de l'ordre des deux produits $1.2.3.4 \ldots n$ et $1.2.3.4 \ldots (m-n)$ au dénominateur.

227. II. *Si l'on considère les combinaisons n à n de m objets, le nombre de celles qui renferment p objets déterminés s'obtient en retranchant p de l'indice m et de l'exposant n.*

En effet, mettons à part ces p objets, il en restera $m-p$. Si l'on forme alors les combinaisons $n-p$ à $n-p$ de ces $m-p$ objets, et si l'on range à la droite de chacune d'elles les p objets laissés de côté, on a évidemment toutes les combinaisons n à n qui renferment ces p objets. Leur nombre est donc bien égal à

$$C_{m-p}^{n-p}.$$

228. III. *Si l'on considère les combinaisons n à n de m objets, le nombre de celles qui ne renferment aucun objet choisi parmi p objets déterminés s'obtient en retranchant p de l'indice m.*

En effet, si l'on met à part les p objets désignés, il n'en restera plus que $m-p$, qui entreront seuls dans les combinaisons n à n dont on cherche le nombre. Ce nombre est donc bien égal à

$$C_{m-p}^n.$$

229. Il en résulte que, *si l'on considère les combinaisons n à n de m objets, le nombre de celles qui renferment au moins un objet choisi parmi p objets déterminés est égal à*

$$C_m^n - C_{m-p}^n.$$

230. IV. *Le nombre des combinaisons de m objets pris n à n est égal à la somme des nombres de combinaisons de m — 1 objets pris n — 1 à n — 1 et n à n.*

Cette proposition découle immédiatement des propositions établies aux nos 227 et 228, lorsqu'on suppose $p=1$.

On peut toujours, en effet, partager les combinaisons de m objets pris n à n en deux groupes : l'un composé des combinaisons qui renferment toutes un certain objet déterminé, l'autre composé de celles qui ne renferment pas cet objet.

On a ainsi la formule remarquable

$$C_m^n = C_{m-1}^{n-1} + C_{m-1}^n.$$

231. V. *Le nombre des combinaisons de m objets pris n à n est égal à la somme des nombres de combinaisons $n-1$ à $n-1$, de $m-1$, $m-2$, $m-3$, ..., $n-1$ objets.*

On peut, en effet, appliquer de proche en proche la formule précédente, en décomposant, toujours suivant la même règle, le dernier terme du second membre. On s'arrêtera nécessairement à l'égalité où, dans le premier membre, l'indice toujours décroissant sera devenu égal à l'exposant constant (cette dernière égalité se réduit évidemment à l'identité $1=1$). On aura donc successivement

$$\begin{aligned} C_m^n &= C_{m-1}^{n-1} + C_{m-1}^n, \\ C_{m-1}^n &= C_{m-2}^{n-1} + C_{m-2}^n, \\ C_{m-2}^n &= C_{m-3}^{n-1} + C_{m-3}^n, \\ &\dots\dots\dots\dots\dots\dots, \\ C_n^n &= C_{n-1}^{n-1}. \end{aligned}$$

En ajoutant toutes ces relations membre à membre, et en remarquant que le dernier terme du second membre de chaque égalité n'est autre chose que le premier membre de l'égalité suivante, il vient, après simplification,

$$C_m^n = C_{m-1}^{n-1} + C_{m-2}^{n-1} + C_{m-3}^{n-1} + \ldots + C_{n-1}^{n-1}.$$

Arrangements et permutations, avec répétition des objets considérés, supposés toujours distincts.

232. Nous avons supposé jusqu'à présent que les objets ou les lettres considérées ne pouvaient pas être *répétées* dans les arrangements formés.

En admettant cette répétition, on peut demander quel sera le nombre total des arrangements obtenus.

Ce nombre sera évidemment plus grand que lorsqu'il n'y a pas répétition. Si l'on veut, par exemple, obtenir les arrangements deux à deux des trois lettres a, b, c, il faudra joindre aux arrangements ordinaires

$$ab,\quad ac,\quad ba,\quad bc,\quad ca,\quad cb,$$

les nouveaux arrangements

$$aa, \quad bb, \quad cc.$$

Nous trouverons le résultat cherché en appliquant le même procédé qu'au n° **215**.

Désignons par $(\mathrm{AR})_m^n$ le nombre des *arrangements avec répétition* de m objets pris n à n.

Supposons qu'on connaisse les arrangements avec répétition de m objets pris $n-1$ à $n-1$. Pour passer aux arrangements n à n, il est évident qu'il suffit d'écrire successivement, après chaque arrangement $n-1$ à $n-1$, *les m lettres données*, puisque leur répétition est acceptée.

Tous les arrangements n à n seront obtenus, car ils commencent tous par un certain arrangement $n-1$ à $n-1$. Ils seront tous distincts, car ils diffèrent tous par l'arrangement $n-1$ à $n-1$ qui leur a donné naissance ou par leur dernière lettre. On peut donc écrire

$$(\mathrm{AR})_m^n = (\mathrm{AR})_m^{n-1} \times m.$$

En faisant dans cette relation $n = 2, 3, 4, \ldots, n$, en multipliant les égalités correspondantes membre à membre, en simplifiant et en remarquant que $(\mathrm{AR})_m^1 = m$, on a

$$(\mathrm{AR})_m^n = m^n.$$

233. Il en résulte immédiatement que le nombre $(\mathrm{PR})_m$ des *permutations avec répétition* est également

$$(\mathrm{PR})_m = m^m.$$

Combinaisons, avec répétition des objets considérés, supposés toujours distincts.

234. Nous avons supposé jusqu'à présent que les objets ou les lettres considérées ne pouvaient pas être *répétées* dans les combinaisons formées.

En admettant cette répétition, on peut demander quel sera le nombre total des combinaisons obtenues.

Ce nombre sera évidemment plus grand que lorsqu'il n'y a pas répétition. Prenons, par exemple, les quatre objets ou les quatre lettres a, b, c, d, et formons leurs combinaisons trois à trois avec répétition. Nous obtiendrons les combinaisons ordinaires, plus celles où la même lettre peut entrer deux ou trois fois. Nous aurons ainsi les quatre combinaisons connues (220)

$$abc, \quad abd, \quad acd, \quad bcd,$$

plus seize nouvelles combinaisons

$$\begin{array}{ccc} aab, & aac, & aad, \\ bba, & bbc, & bbd, \\ cca, & ccb, & ccd, \\ dda, & ddb, & ddc, \end{array}$$

$$aaa, \quad bbb, \quad ccc, \quad ddd;$$

en tout, vingt au lieu de quatre.

235. Pour obtenir la formule générale des combinaisons avec répétition, nous ferons usage du principe suivant.

Désignons par $(CR)_m^n$ le nombre des *combinaisons avec répétition* de m objets pris n à n, et supposons formé le Tableau de toutes ces combinaisons.

Nous allons chercher, de deux manières différentes, combien de fois une certaine lettre désignée entre dans ce Tableau, et, en égalant les deux expressions correspondantes, nous aurons la formule cherchée.

Soit a la lettre désignée.

Dans chaque combinaison, il y a n lettres. Le nombre total des lettres du Tableau est donc

$$n(CR)_m^n;$$

mais toutes les lettres entrant *identiquement* dans le Tableau, il suffit de diviser ce nombre total par m pour avoir le nombre de fois

$$\frac{n}{m}(CR)_m^n$$

que la lettre a entre dans le Tableau. C'est là notre première expression.

Mettons maintenant de côté ou supprimons, *mais une seule fois,* la lettre désignée a dans toutes les combinaisons où elle entre. Les combinaisons ainsi modifiées seront alors les combinaisons avec répétition des m lettres données prises $n-1$ à

$n-1$, et le nombre de ces combinaisons sera représenté par

$$(\mathrm{CR})_m^{n-1}.$$

D'après ce qu'on vient de voir, a entrera encore dans ces combinaisons un nombre de fois marqué par

$$\frac{n-1}{m}(\mathrm{CR})_m^{n-1}.$$

D'ailleurs a a été supprimé ou mis de côté un nombre de fois égal au nombre des combinaisons résultant de cette suppression, c'est-à-dire marqué précisément par

$$(\mathrm{CR})_m^{n-1}.$$

Par conséquent, une seconde expression du nombre de fois que a entre dans le Tableau des combinaisons est fournie par la somme

$$\frac{n-1}{m}(\mathrm{CR})_m^{n-1}+(\mathrm{CR})_m^{n-1},$$

et l'on a finalement

$$\frac{n}{m}(\mathrm{CR})_m^{n}=\frac{n-1}{m}(\mathrm{CR})_m^{n-1}+(\mathrm{CR})_m^{n-1},$$

c'est-à-dire

$$(\mathrm{CR})_m^{n}=\frac{m+n-1}{n}(\mathrm{CR})_m^{n-1}.$$

Si l'on fait successivement dans cette relation $n=2, 3, 4, \ldots, n$, on a

$$(\mathrm{CR})_m^{2}=\frac{m+1}{2}(\mathrm{CR})_m^{1},$$

$$(\mathrm{CR})_m^{3}=\frac{m+2}{3}(\mathrm{CR})_m^{2},$$

$$(\mathrm{CR})_m^{4}=\frac{m+3}{4}(\mathrm{CR})_m^{3},$$

$$\ldots\ldots\ldots\ldots\ldots\ldots\ldots,$$

$$(\mathrm{CR})_m^{n}=\frac{m+n-1}{n}(\mathrm{CR})_m^{n-1}.$$

En multipliant toutes ces égalités membre à membre, en supprimant les facteurs communs et en remarquant que

$$(\mathrm{CR})_m^{1}=m,$$

il vient évidemment, les facteurs du numérateur étant écrits en ordre décroissant,

$$(\mathrm{CR})_m^n = \frac{(m+n-1)(m+n-2)\ldots(m+3)(m+2)(m+1)m}{1 \quad . \quad 2 \quad \ldots \quad n}.$$

On voit alors immédiatement (221) que le nombre de combinaisons *avec répétition* de m objets pris n à n équivaut au nombre de combinaisons *sans répétition* de $m+n-1$ objets pris n à n, d'où (226)

$$(\mathrm{CR})_m^n = \mathrm{C}_{m+n-1}^n = \mathrm{C}_{m+n-1}^{m-1}.$$

On peut mettre la formule sous une autre forme, en complétant les facteurs du numérateur jusqu'à 1, c'est-à-dire en multipliant les deux termes de l'expression par le produit

$$1.2.3\ldots(m-1).$$

On a alors (217)

$$(\mathrm{CR})_m^n = \frac{(m+n-1)!}{n!(m-1)!}.$$

236. On peut remarquer enfin que, dans les combinaisons ordinaires dont le nombre est indiqué par C_m^n, l'exposant n est nécessairement moindre que l'indice m; tandis que, lorsque la répétition d'une même lettre est permise, rien n'empêche n de surpasser m.

Par exemple, les combinaisons avec répétition des trois lettres a, b, c, prises quatre à quatre, seront

aabc, *aabb*, *aacc*, *bbac*, *bbcc*, *ccab*,
aaab, *aaac*, *bbba*, *bbbc*, *ccca*, *cccb*,
aaaa, *bbbb*, *cccc*.

Permutations, lorsque les objets considérés se partagent en groupes d'objets identiques.

237. Nous admettrons maintenant que, parmi les m objets ou les m lettres données, il y en ait un certain nombre α qui deviennent toutes a, un certain nombre β qui deviennent toutes b, un certain nombre γ qui deviennent toutes c, etc.

On peut demander quel est le nombre des arrangements,

ou des permutations, ou des combinaisons *distinctes* formées avec les m objets ou les m lettres ainsi modifiées.

Avec la répétition permise des objets considérés supposés différents, nous venons de trouver des résultats plus grands que ceux qu'on obtient sans répétition. Avec la modification indiquée, nous devrons avoir, au contraire, des résultats plus faibles.

Et, en effet, des arrangements, ou des permutations, ou des combinaisons, qui resteraient différentes si les objets proposés demeuraient distincts, se confondront lorsque ces objets deviendront en partie identiques.

Prenons, par exemple, les arrangements deux à deux des trois lettres a, b, c, qui sont

$$ab, \quad ac, \quad ba, \quad bc, \quad ca, \quad cb.$$

Si l'on suppose que b soit identique à a, ces six arrangements deviennent

$$aa, \quad ac, \quad aa, \quad ac, \quad ca, \quad ca$$

et se réduisent à trois différents

$$aa, \quad ac, \quad ca.$$

On a de même, pour les permutations de ces trois lettres a, b, c,

$$abc, \quad acb, \quad cab, \quad bac, \quad bca, \quad cba.$$

Quand on suppose b identique à a, ces permutations se transforment en

$$aac, \quad aca, \quad caa, \quad aac, \quad aca, \quad caa$$

et se réduisent à trois

$$aac, \quad aca, \quad caa.$$

Leur nombre était $P_3 = 1.2.3$; il devient

$$\frac{P_3}{P_2} = \frac{1.2.3}{1.2} = 3.$$

S'il s'agit des combinaisons des cinq lettres a, b, c, d, e, prises trois à trois (220), qui sont

$$\begin{array}{llllll} abc, & abd, & abe, & acd, & ace, & ade, \\ bcd, & bce, & bde, & & & \\ cde, & & & & & \end{array}$$

elles deviennent, pour $b = a$,

$$\begin{array}{llllll} aac, & aad. & aae, & acd, & ace, & ade, \\ acd, & ace, & ade, & & & \\ cde & & & & & \end{array}$$

et se réduisent à sept au lieu de dix.

238. Nous nous bornerons à chercher le nombre $P_m^{\alpha,\beta,\gamma,\ldots}$ de permutations de m objets ou de m lettres se partageant en groupes de α lettres a, β lettres b, γ lettres c, ...

Soient d'abord m lettres différentes $a, b, c, d, \ldots$. Parmi ces lettres, rendons-en α égales à a, en les désignant pour un instant par $a_1, a_2, a_3, \ldots, a_\alpha$. Formons alors les permutations des m lettres comme à l'ordinaire; nous en obtiendrons un nombre P_m.

Appelons x le nombre des permutations *distinctes* obtenues quand on rend α lettres égales à a. Si, dans ces x permutations, on permute les lettres $a_1, a_2, a_3, \ldots, a_\alpha$ sans toucher aux autres lettres, chacune d'elles donne naissance à P_α permutations, qui n'en représentent en réalité qu'une seule, puisque $a_1 = a_2 = a_3 = \ldots = a_\alpha = a$. Comme on reproduit d'ailleurs ainsi le Tableau des P_m permutations primitives, on a nécessairement

$$x . P_\alpha = P_m,$$

d'où

$$x = \frac{P_m}{P_\alpha}.$$

Supposons maintenant qu'en faisant α lettres égales à a, on en fasse en outre β égales à b, en les désignant, pour un instant, par $b_1, b_2, b_3, \ldots, b_\beta$. Un nouveau nombre de permutations disparaîtra par suite de cette hypothèse. Appelons x_1 le nombre des permutations qui restent *distinctes* après cette nouvelle modification.

Si, dans ces x_1 permutations, on permute les lettres $b_1, b_2, b_3, \ldots, b_\beta$ sans toucher aux autres lettres, chacune d'elles donne naissance à P_β permutations, qui n'en représentent en réalité qu'une seule, puisque $b_1 = b_2 = b_3 = \ldots = b_\beta = b$. Comme on reproduit d'ailleurs ainsi le Tableau des x permutations précédentes, on a

$$x_1 . P_\beta = x,$$

d'où

$$x_1 = \frac{x}{P_\beta} = \frac{P_m}{P_\alpha P_\beta}.$$

En continuant toujours le même raisonnement, on arrive évidemment à la formule générale

$$P_m^{\alpha, \beta, \gamma, \ldots} = \frac{P_m}{P_\alpha P_\beta P_\gamma} = \ldots = \frac{m!}{\alpha! \beta! \gamma! \ldots}.$$

Notions fondamentales sur la théorie des probabilités.

239. Sans entrer dans un détail qui serait hors de sa place, nous pouvons dire que l'origine de la théorie des probabilités, ainsi que celle de la théorie des combinaisons, remonte à PASCAL (1623-1662), auquel le chevalier de Méré avait proposé deux problèmes sur le jeu (1654).

En raison de l'importance de cette théorie, utile dans toutes les sciences d'observation, nous en exposerons rapidement les premières notions.

240. La réalisation d'un événement quelconque dépend, en général, de certaines conditions qu'on appelle les *chances* de cet événement : les unes sont *favorables*, les autres sont *contraires* à sa production. Par exemple, si l'on désire tirer une figure dans un jeu de 32 cartes, on a 12 chances *pour* et 20 *contre*, puisque, dans ce jeu, il y a 12 figures seulement.

Un événement est *probable*, quand le nombre des chances favorables l'emporte; il n'est que *possible*, quand le nombre des chances contraires est supérieur. Et, à mesure que ce dernier nombre augmente, l'événement devient de moins en moins probable, sans cesser d'être possible.

Si *toutes* les chances sont favorables, la certitude remplace la probabilité.

241. *La probabilité mathématique d'un événement est le rapport du nombre des cas favorables ou des cas désignés au nombre des cas possibles, lorsqu'on les suppose tous également possibles.*

Indiquons quelques exemples.

Si une urne renferme 20 boules, 12 blanches et 8 noires, la probabilité, pour la sortie d'une boule blanche, est représentée par $\frac{12}{20}$ ou $\frac{3}{5}$ et, pour la sortie d'une boule noire, par $\frac{8}{20}$ ou $\frac{2}{5}$.

La probabilité de tirer du premier coup une figure dans un jeu de 32 cartes est représentée par $\frac{12}{32}$ ou $\frac{3}{8}$.

Un dé à jouer présente six faces marquées des points 1, 2, 3, 4, 5, 6. La probabilité d'amener un de ces points au premier coup de dé, sur la face supérieure ou sur la face opposée à celle qui repose sur la table, est égale à $\frac{1}{6}$, puisqu'il n'y a qu'une chance favorable sur six supposées également possibles.

Tout le monde sait que la roue de l'ancienne *loterie de France*, supprimée en 1839, pouvait amener 90 numéros, dont 5 sortaient à chaque tirage.

Prendre un *extrait*, c'était désigner un numéro qui devait se trouver parmi les cinq sortants pour qu'on eût gagné. Le nombre des cas *possibles* était égal au nombre des combinaisons de 90 objets pris 5 à 5, c'est-à-dire (**221**) à

$$\frac{90.89.88.87.86}{1.2.3.4.5}.$$

Le nombre des cas *favorables* était celui des combinaisons de 90 objets pris 5 à 5, qui contiennent un objet déterminé (**227**), c'est-à-dire celui des combinaisons de 89 objets pris 4 à 4 ou

$$\frac{89.88.87.86}{1.2.3.4}.$$

La probabilité mathématique de gagner l'extrait était donc égale au rapport des deux expressions précédentes ou à

$$\frac{5}{90}=\frac{1}{18}.$$

Sur 18 cas possibles, il y en avait donc 1 favorable à la personne qui prenait l'extrait, et 17 favorables à la loterie. On pariait 1 contre 17. La loterie, équitablement, aurait donc dû payer au gagnant 17 fois sa mise: elle ne la lui payait que 15 fois.

Lorsque, *sur les cinq numéros sortants*, on désignait *deux*, *trois*, *quatre* ou *cinq* numéros, on prenait un *ambe*, un *terne*, un *quaterne* ou un *quine*.

En raisonnant absolument comme nous venons de le faire pour l'extrait, on trouverait :

Pour la probabilité mathématique favorable à la sortie d'un ambe donné,

$$\frac{2}{801} \quad \text{ou} \quad \frac{1}{400+\frac{1}{2}};$$

on pariait 1 contre $399+\frac{1}{2}$, et la loterie ne payait au gagnant que 270 fois sa mise;

Pour la probabilité favorable à la sortie d'un terne donné,

$$\frac{1}{11748},$$

et la loterie ne payait au gagnant que 5500 fois sa mise;

Pour la probabilité favorable à la sortie d'un quaterne donné,

$$\frac{1}{511038},$$

et la loterie ne payait au gagnant que 75 000 fois sa mise;

Pour la probabilité favorable à la sortie d'un quine donné,

$$\frac{1}{43949268},$$

et la loterie ne payait au gagnant que 1 million de fois sa mise.

L'administration avait fini par supprimer le quine.

242. D'après la définition adoptée (**241**), *la probabilité mathématique reste la même quand on fait croître ou décroître dans un même rapport le nombre des cas favorables et le nombre total des cas possibles.* C'est ce qui résulte numériquement de la propriété fondamentale des fractions (*Arithm.*, **185**).

Mais il n'est peut-être pas inutile d'étayer ce résultat d'un raisonnement dû à Laplace.

Concevons deux urnes, l'une renfermant 20 billets blancs et 15 billets noirs, l'autre renfermant le double de billets de chaque couleur, c'est-à-dire 40 et 30. Pour montrer qu'il est indifférent au joueur que le tirage se fasse dans la première urne ou dans la seconde, on peut imaginer les billets blancs de la seconde urne, aussi bien que les billets noirs, réunis deux par deux par des fils. On aura ainsi 20 couples blancs et 15 couples noirs. La main qui viendra saisir et extraire un billet en entraînera deux de même couleur au lieu d'un; mais cela ne changera rien aux chances qu'elle a de tomber sur un billet blanc ou noir. D'ailleurs, en vertu des liaisons établies par les fils, le tirage dans la première urne équivaut au tirage dans la seconde, chaque couple de celle-ci remplaçant seulement un billet simple de celle-là.

On peut donc conclure que, dans le cas d'un événement aléatoire, l'apparition de l'événement ne dépend que du rapport du nombre des chances favorables au nombre total des chances, quelle que soit l'expression de ce rapport.

243. Il faut apprécier avec soin l'importance de ce qui précède au point de vue de la théorie des combinaisons et de celles des probabilités.

Il ne s'agit plus, en effet, de calculer les deux termes d'un rapport, mais le rapport lui-même. Or les formules combinatoires conduiraient rapidement, lorsque le nombre des éléments considérés croît un peu, à des calculs pour ainsi dire inexécutables, s'il fallait obtenir numériquement les deux termes de ces formules; tandis que la valeur approchée du rapport correspondant ne dépend sensiblement que des plus hautes unités entrant dans l'expression de ces deux termes, et peut être évaluée beaucoup plus facilement.

Remarquons, à cet égard, que les éléments à combiner et, *a fortiori*, les combinaisons elles-mêmes, peuvent être en nombre infini et non assignable, sans, pour cela, que le rapport du nombre des chances favorables au nombre total des chances possibles cesse d'être fini et assignable.

Le calcul de la probabilité mathématique devient ainsi plus vaste que la théorie des combinaisons qui lui sert de fondement, puisqu'il s'applique à des cas où il serait impossible de calculer le nombre illimité des combinaisons.

C'est par cette condition qu'il peut intervenir dans les applications aux phénomènes naturels où le nombre des combinaisons comme celui des chances est, ordinairement, infini, c'est-à-dire où les chances se fondent, en quelque sorte, en un tout ou en une étendue continue.

Dans ce qui va suivre, nous supposerons que les chances sont en nombre fini.

244. D'une manière générale, considérons un certain événement. Soient f le nombre des chances favorables et c le nombre des chances contraires à cet événement; $f+c$ sera le nombre total des chances, supposées toutes également possibles; et la probabilité p, *favorable* à l'événement, aura pour expression (241)

$$p = \frac{f}{f+c}.$$

La probabilité q, *contraire* à l'événement, sera, à son tour,

$$q = \frac{c}{f+c}.$$

On a

$$p+q=1 \qquad \text{ou} \qquad q=1-p.$$

Il suffit donc de retrancher de 1 la probabilité favorable à l'événement, pour obtenir la probabilité qui lui est contraire.

Si c est nul, c'est-à-dire s'il n'y a que des chances favorables à l'événement, la probabilité favorable est exprimée par le rapport $\frac{f}{f}$ ou *par l'unité*. Ainsi, *l'unité représente la certitude*, et toute probabilité p qui n'équivaut pas à la certitude est exprimée par une fraction proprement dite.

245. Remarquons que nous n'entendons parler ici que de la *probabilité mathématique*, applicable aux chances égales susceptibles d'être évaluées exactement et numériquement.

La *probabilité morale*, où les déductions numériques font place à des hypothèses impossibles à vérifier logiquement et à des intuitions de l'esprit, est tout autre chose.

246. Examinons le cas où *un événement peut avoir lieu dans diverses hypothèses ou dans différents cas dont les probabilités sont inégales.*

Supposons, par exemple, qu'une urne renferme n boules blanches, n' boules rouges et n'' boules noires, avec un nombre quelconque de boules d'autres couleurs, de manière que le nombre total des boules soit N.

La probabilité d'amener du premier coup une boule de l'une des trois couleurs indiquées sera évidemment (**241**) le rapport

$$\frac{n+n'+n''}{N} \quad \text{ou} \quad \frac{n}{N}+\frac{n'}{N}+\frac{n''}{N}.$$

On a donc cet énoncé : *Lorsqu'un événement peut se produire dans diverses hypothèses dont les probabilités sont inégales, la probabilité de cet événement est la somme des probabilités des hypothèses favorables à l'événement.*

247. Au lieu de *probabilités absolues* comme les précédentes, on peut avoir à considérer des *probabilités relatives.*

Supposons, dans l'exemple précédent, qu'on ne tienne compte que des tirages amenant une boule blanche, une boule rouge ou une boule noire. On peut demander quelle est la probabilité d'amener plutôt une boule blanche qu'une boule rouge ou une boule noire. Ce sera une probabilité relative qui aura évidemment pour valeur (**241**)

$$\frac{n}{n+n'+n''}=\frac{\frac{n}{N}}{\frac{n}{N}+\frac{n'}{N}+\frac{n''}{N}}.$$

La probabilité relative d'un événement désigné parmi plusieurs autres est donc *le rapport de la probabilité absolue de l'événement désigné à la somme des probabilités absolues de tous les événements comparés.*

248. Un événement peut résulter du concours de plusieurs autres. Sa probabilité devient *composée* en raison des événements dont il dépend. Il y a alors *deux cas à distinguer.*

249. 1° *Les événements supposés simples dont dépend l'événement composé sont indépendants entre eux.*

Supposons, par exemple, deux urnes renfermant : la première, m boules blanches et n boules noires, la seconde, m' boules blanches et n' boules noires. On demande quelle est la probabilité de tirer successivement de chaque urne une boule blanche.

Le nombre des chances favorables est le nombre des arrangements qu'on peut former en plaçant après chaque boule blanche de la première urne chaque boule blanche de la seconde, c'est-à-dire

$$mm'.$$

Le nombre total des chances est le nombre des arrangements qu'on peut former en plaçant après chaque boule de la première urne chaque boule de la seconde, c'est-à-dire

$$(m+n)(m'+n').$$

La probabilité de l'événement désigné ou la *probabilité composée* est donc

$$\frac{mm'}{(m+n)(m'+n')} = \frac{m}{m+n} \cdot \frac{m'}{m'+n'}.$$

On a donc pour résultat le produit des deux probabilités favorables à l'existence des deux événements simples qui constituent l'événement composé.

On peut généraliser en considérant plus de deux urnes et dire que *la probabilité d'un événement composé d'un nombre quelconque d'événements simples indépendants est le produit des probabilités des événements simples.*

Par exemple, la probabilité de tirer un as d'un jeu de 32 cartes étant $\frac{4}{32}$ ou $\frac{1}{8}$, la probabilité de tirer successivement un as de trois jeux de 32 cartes séparés sera

$$\frac{1}{8} \cdot \frac{1}{8} \cdot \frac{1}{8} \quad \text{ou} \quad \frac{1}{512}.$$

Dans l'ancienne loterie génoise, une urne contenait 90 boules portant les n°s 1, 2, 3, 4, ..., 90. Le tirage d'une boule désignée répondait à l'*extrait simple*, celui de deux boules à l'*ambe*, etc. L'ambe devenait *déterminé*, lorsqu'on indiquait en outre l'*ordre de sortie* des deux numéros. La probabilité de sortie du premier numéro indiqué était $\frac{1}{90}$, celle du second numéro était évidemment $\frac{1}{89}$. Par suite, la probabilité de l'événement composé avait pour valeur

$$\frac{1}{90} \cdot \frac{1}{89} = \frac{1}{8010}.$$

Quand on jouait sur l'ambe déterminé, on avait donc une chance pour gagner contre 8009 pour perdre.

250. 2° *Les événements supposés simples dont dépend l'événement composé ne sont pas indépendants entre eux.*

Il faut alors tenir compte de la succession des événements simples dans l'évaluation de la probabilité de l'événement composé.

Soit une urne contenant N boules, dont n sont blanches. Quelle est la probabilité d'amener successivement 2 boules blanches, sans remettre la première tirée ?

Le nombre des chances favorables est le nombre des arrangements 2 à 2 des n boules blanches ou

$$n(n-1).$$

Le nombre total des chances est le nombre des arrangements 2 à 2 de toutes les boules ou

$$N(N-1).$$

La probabilité composée est donc

$$\frac{n(n-1)}{N(N-1)} = \frac{n}{N} \cdot \frac{n-1}{N-1}.$$

$\frac{n}{N}$ est la probabilité du premier événement simple. Comme on ne remet pas dans l'urne la première boule blanche tirée, il n'en reste plus que $n-1$, sur $N-1$ boules en totalité; $\frac{n-1}{N-1}$ est donc la probabilité du deuxième événement simple *dépendant du premier.*

On peut facilement généraliser le résultat obtenu, en supposant qu'on doive tirer successivement de l'urne plus de deux boules blanches, sans en remettre aucune.

Quand les événements simples ne sont pas indépendants, la probabilité de l'événement composé est donc *le produit de la probabilité du premier événement simple, d'abord par la probabilité du deuxième événement simple quand le premier a eu lieu, ensuite par la probabilité du troisième événement simple quand les deux premiers ont eu lieu, etc.*

Par exemple, la probabilité d'extraire successivement les trois figures de carreau, dans un ordre quelconque, d'un jeu de 32 cartes, est représentée par le produit

$$\frac{3}{32} \cdot \frac{2}{31} \cdot \frac{1}{30} = \frac{1}{4960}.$$

De même, la probabilité de tirer successivement l'as, le deux et le trois dans un paquet de 13 cartes de la même couleur, pris dans un jeu de 52 cartes, est représentée par le produit

$$\frac{1}{13} \cdot \frac{1}{12} \cdot \frac{1}{11} = \frac{1}{1716}.$$

251. Un événement composé peut avoir lieu, comme un événement simple (**246**), dans diverses hypothèses ou dans différents cas dont les probabilités sont inégales.

Soient, par exemple, deux urnes, l'une contenant m boules blanches et n boules noires; l'autre, m' boules blanches et n' boules noires. Quelle est la probabilité d'amener une boule blanche en tirant au hasard dans la première ou dans la seconde urne ?

La probabilité de commencer le tirage par la première urne est évidemment $\frac{1}{2}$ (**241**). La probabilité d'en tirer en outre une boule blanche est, de même, $\frac{m}{m+n}$.

Ainsi, relativement à la première urne, la probabilité composée est (**249**)

$$\frac{1}{2}\cdot\frac{m}{m+n}.$$

Le même raisonnement donne, pour la seconde urne, la probabilité composée

$$\frac{1}{2}\cdot\frac{m'}{m'+n'}.$$

La probabilité d'amener, dès le premier tirage, une boule blanche, est donc finalement (**246**)

$$\frac{1}{2}\cdot\frac{m}{m+n}+\frac{1}{2}\cdot\frac{m'}{m'+n'}.$$

La probabilité d'amener une boule noire serait

$$\frac{1}{2}\cdot\frac{n}{m+n}+\frac{1}{2}\cdot\frac{n'}{m'+n'}.$$

La somme des deux probabilités est égale à 1; et, en effet, il y a certitude qu'on amènera une boule blanche ou une boule noire.

En généralisant, on peut dire que *la probabilité d'un événement composé, qui a des probabilités inégales dans différentes hypothèses, est la somme des probabilités composées obtenues dans chaque hypothèse.*

252. On aurait pu être tenté, dans la question précédente, de prendre pour probabilité du tirage d'une boule blanche dans l'une ou l'autre urne le rapport du nombre total de boules blanches contenues dans les deux urnes au nombre total des boules considérées, savoir (**241**)

$$\frac{m+m'}{m+n+m'+n'}.$$

On aurait ainsi négligé l'influence de la répartition inégale des boules dans les deux urnes, et l'on voit que l'on aurait commis une grave erreur.

Si, au contraire, la répartition des boules était identique dans les deux urnes, les deux formules, comme cela doit être, conduiraient au même résultat.

253. Avant de terminer ces premières notions que nous compléterons plus loin, il n'est pas inutile de remarquer que des considérations spéciales, tirées des conditions physiques ou intrinsèques de la question peuvent, dans certains cas, dispenser de toute formule et de tout calcul. Ces simplifications spontanées, qui tiennent au fond même du sujet, se présentent dans toutes les branches des Mathématiques, et nous en donnerons ici un exemple.

Le jeu de *passe-dix* consiste à jeter trois dés sur une table. Le joueur gagne si la somme des points ainsi amenés surpasse dix. On demande la probabilité qu'il a de gagner ou de perdre.

Comme chaque dé présente six faces marquées comme nous l'avons dit (**241**), et que la *répétition* du même résultat sur la face supérieure de chaque dé est admise, le nombre des arrangements possibles des six numéros pris 3 à 3 est (**232**) 6^3 ou 216.

Il faudrait, pour décider, énumérer, parmi ces 216 arrangements, ceux pour lesquels il y a *passe-dix*. Le rapprochement suivant résout immédiatement le problème sans aucun calcul.

Les points des dés à jouer se correspondent, de manière que leur somme, sur deux faces opposées, est toujours *sept*. Quand on jette les trois dés, la somme des points qui se trouvent sur leurs faces supérieures et sur les faces opposées reposant sur la table est toujours *vingt et un*. Par conséquent, si la somme des points supérieurs *passe* dix, la somme des points inférieurs remplit la condition contraire, et inversement. Il en résulte qu'à chaque arrangement qui fait gagner le joueur en répond un autre, écrit sur les faces opposées, et qui le ferait perdre si les dés tombaient en se retournant. La probabilité de gagner ou de perdre est donc la même, c'est-à-dire égale à $\frac{1}{2}$.

CHAPITRE II.

FORMULE DU BINOME. — TRIANGLE ARITHMÉTIQUE DE PASCAL.

Formule du binôme.

254. Nous nous proposons de trouver le développement de $(x+a)^m$ ordonné suivant les puissances décroissantes de x, m étant un exposant *entier et positif*. Ce développement si important porte le nom de *formule du binôme*. Nous l'établirons à l'aide de la théorie des combinaisons.

Nous avons vu (*Alg. élém.*, 29) que le produit de n polynômes s'obtient en formant *tous les produits n à n* (213) des termes des polynômes proposés, c'est-à-dire que, dans chaque terme d'un de ces produits, il doit entrer comme facteurs un terme du premier polynôme, un terme du deuxième, un terme du troisième, ..., un terme du $n^{\text{ième}}$.

Appliquons cette règle à la formation du produit des m binômes

$$(x+a)(x+b)(x+c)\ldots(x+l),$$

où tous les premiers termes sont égaux à x et où tous les seconds termes sont *différents*, et supposons qu'on ordonne le produit par rapport aux puissances décroissantes de x.

En prenant les m premiers termes des m binômes, on a évidemment x^m.

En prenant le premier terme x dans $m-1$ binômes et le second terme a, b, c, ..., ou l, dans le $m^{\text{ième}}$ binôme, on obtient des termes de la forme ax^{m-1}; et la somme de tous ces termes est

$$(a+b+c+\ldots+l)x^{m-1}.$$

Si l'on représente par S_1 la somme de tous les seconds termes des binômes, le terme en x^{m-1} du développement prend la forme S_1x^{m-1}.

En prenant le premier terme x dans $m-2$ binômes et les seconds termes a et b, a et c, a et d, ..., ou k et l, dans les deux binômes restants, on obtient des termes de la forme abx^{m-2}; et la somme de tous ces termes est

$$(ab+ac+ad+\ldots+kl)x^{m-2}.$$

Si l'on représente par S_2 la somme des produits 2 à 2 des seconds termes des binômes, le terme en x^{m-2} du développement prend la forme $S_2 x^{m-2}$.

Si l'on représente par S_3 la somme des produits 3 à 3 des seconds termes des binômes, on voit de même que le terme en x^{m-3} du développement est de la forme $S_3 x^{m-3}$.

D'une manière générale, si l'on prend dans $m-n$ binômes leur premier terme x et, dans les n binômes restants, leur second terme, on obtient des termes en x^{m-n}; et la somme de tous ces termes ou le terme en x^{m-n} du développement a pour expression $S_n x^{m-n}$, en représentant par S_n la somme des produits n à n des seconds termes des binômes.

On obtient enfin le terme de degré 0 par rapport à x en prenant les m seconds termes des m binômes. Ce terme, produit des m seconds termes, est $abcd\ldots kl$, et on le représentera par S_m.

Nous aurons donc finalement l'égalité

$$\begin{aligned}(x+a)(x+b)(x+c)\ldots.(x+l)\\ = x^m + S_1 x^{m-1} + S_2 x^{m-2} + \ldots + S_n x^{m-n} + \ldots + S_{m-1} x + S_m.\end{aligned}$$

255. Supposons maintenant, dans l'égalité précédente, *tous les seconds termes des binômes égaux à a.*

Le premier membre devient évidemment $(x+a)^m$. Il faut chercher ce que deviennent dans le second membre les quantités $S_1, S_2, \ldots, S_n, \ldots, S_m$.

S_1 est la somme des seconds termes des binômes: ces seconds termes devenant tous égaux à a et leur nombre étant m, on a

$$S_1 = ma.$$

S_2 est la somme des produits 2 à 2 des seconds termes des m binômes ou la somme des combinaisons 2 à 2 formées avec ces seconds termes. Ces seconds termes devenant tous égaux à a, toutes les combinaisons deviennent égales à a^2. S_2 représente donc le produit de a^2 par le nombre des combinaisons de m objets pris 2 à 2, et l'on a (221)

$$S_2 = \frac{m(m-1)}{1.2} a^2.$$

On trouve de même

$$S_3 = \frac{m(m-1)(m-2)}{1.2.3} a^3.$$

D'une manière générale, S_n est la somme des produits n à n des seconds termes des m binômes ou la somme des combinaisons n à n de ces seconds termes. Ces seconds termes devenant tous égaux à a, toutes les combinaisons deviennent égales à a^n; S_n représente donc le produit de a^n par le nombre des combinaisons de m objets pris n à n, et l'on a (221)

$$S_n = \frac{m(m-1)(m-2)\ldots(m-n+1)}{1.2.3\ldots n} a^n.$$

Enfin, S_m, représentant le produit des m seconds termes des binômes, devient égal à a^m, et l'on peut écrire

$$\begin{aligned}(x+a)^m = x^m + \frac{m}{1} a x^{m-1} + \frac{m(m-1)}{1.2} a^2 x^{m-2} + \ldots \\ + \frac{m(m-1)(m-2)\ldots(m-n+1)}{1.2.3\ldots n} a^n x^{m-n} + \ldots \\ + \frac{m}{1} a^{m-1} x + a^m.\end{aligned}$$

C'est la *formule du binôme,* dans le cas d'un exposant entier et positif.

256. Cette formule contient $m+1$ termes.

Les termes extrêmes sont x^m et a^m. Dans les termes intermédiaires, l'exposant de x va en diminuant et l'exposant de a va en croissant d'une unité, lorsqu'on passe d'un terme au suivant. Il en résulte que, dans chaque terme, la somme des exposants des deux lettres est toujours égale à m.

Quant aux coefficients, les termes extrêmes ont pour coefficients l'unité et, les termes intermédiaires, les différents nombres de combinaisons qu'on peut former en prenant m objets 1 à 1, 2 à 2, 3 à 3, n à n, ..., $m-1$ à $m-1$.

On peut dire aussi que le coefficient du dernier terme est

le nombre des combinaisons de m objets pris m à m, puisque ce nombre est égal à l'unité.

La formule du binôme s'écrit donc encore commodément comme il suit, en employant la notation habituelle des nombres de combinaisons :

$$(x+a)^m = x^m + C_m^1 a x^{m-1} + C_m^2 a^2 x^{m-2} + C_m^3 a^3 x^{m-3} + \ldots$$
$$+ C_m^n a^n x^{m-n} + \ldots + C_m^{m-1} a^{m-1} x + C_m^m a^m.$$

257. *Dans la formule du binôme, les coefficients des termes situés à égale distance des extrêmes sont égaux.*

En effet, le coefficient du terme *qui en a n avant lui* est C_m^n.

Le terme *qui en a n après lui* en a $m-n$ avant lui, puisque le développement comprend $m+1$ termes; son coefficient est donc C_m^{m-n}, et l'on a démontré (**226**) l'identité

$$C_m^n = C_m^{m-n}.$$

258. Si l'exposant m est *impair*, le nombre $m+1$ des termes du développement est *pair*; les coefficients des termes intermédiaires se reproduisent alors deux à deux, à égale distance des extrêmes, et il suffit de calculer la *moitié* de ces coefficients.

Si l'exposant m est *pair*, le nombre $m+1$ des termes du développement est *impair*; les coefficients des termes intermédiaires se reproduisent alors deux à deux, à égale distance des extrêmes, à l'exception du coefficient du terme du milieu qui n'a pas de correspondant; il faut alors calculer la *moitié plus un* de ces coefficients.

259. *Les termes du développement se déduisent successivement les uns des autres, d'après une loi très simple.*

Le *terme général* étant celui qui en a n avant lui, écrivons ce terme et celui qui le précède immédiatement, en les désignant par T_n et T_{n-1}. Nous aurons

$$T_n = \frac{m(m-1)(m-2)\ldots(m-n+1)}{1.2.3\ldots n} a^n x^{m-n},$$

$$T_{n-1} = \frac{m(m-1)(m-2)\ldots(m-n+2)}{1.2.3\ldots(n-1)} a^{n-1} x^{m-n+1}.$$

Et l'on peut remarquer que l'exposant de a indique combien le terme considéré a de termes *avant lui*, tandis que l'exposant de x indique combien ce terme en a *après lui*.

En divisant membre à membre les deux égalités posées, il vient évidemment

$$T_n = T_{n-1} \frac{m-n+1}{n} \frac{a}{x};$$

ce qui démontre que, *pour passer d'un terme quelconque du développement au suivant, il faut multiplier le coefficient du terme donné par l'exposant de x dans ce terme et le diviser par l'exposant de a dans le terme qu'on veut former; puis augmenter l'exposant de a et diminuer celui de x d'une unité.*

260. Si l'on a à effectuer le développement d'une puissance entière et positive d'un binôme de forme quelconque, tel que $8a^3 + 5a^2b$, on pose

$$8a^3 = \text{A}, \qquad 5a^2b = \text{B},$$

et l'on détermine, d'après la règle précédente, la puissance correspondante du binôme A + B. On exprime ensuite les différentes puissances de A et de B, en fonction de a et de b.

261. La formule trouvée (**256**) ne dépend pas du signe de a. Si le second terme du binôme donné change de signe, cette formule subsiste donc. Seulement, dans le développement, les termes qui contiennent a à une puissance impaire changent de signe, de sorte que les termes sont alternativement positifs et négatifs. On a ainsi

$$\begin{aligned}(x-a)^m = x^m - \text{C}_m^1 a x^{m-1} + \text{C}_m^2 a^2 x^{m-2} - \text{C}_m^3 a^3 x^{m-3} + \ldots \\ \pm \text{C}_m^n a^n x^{m-n} \mp \ldots \pm \text{C}_m^m a^m.\end{aligned}$$

Remarques et conséquences relatives à la formule du binôme.

262. Nous croyons utile de préciser les remarques faites au n° **258**.

D'après la règle établie au n° **259**, en multipliant le coefficient du *terme général* T_n par la fraction

$$\frac{m-n}{n+1},$$

nous formerons le coefficient du terme suivant. Les coefficients du développement vont donc *en augmentant* tant que cette expression est supérieure à l'unité ou que la condition

$$(1) \qquad \frac{m-n}{n+1} > 1$$

est satisfaite. De cette inégalité, on déduit

$$(2) \qquad n < \frac{m-1}{2},$$

et l'on doit distinguer deux cas :

1° m est *impair*. — Si m est impair, $m-1$ est pair, et n peut recevoir la valeur $\frac{m-1}{2}$. L'inégalité (2) se changeant alors en égalité, il en est de même de l'inégalité (1). L'expression $\frac{m-n}{n+1}$ devient donc égale à l'unité, et le terme T_{n+1} a le même coefficient que le terme T_n.

Dans cette hypothèse, le rang $n+1$ du terme T_n est égal à

$$\frac{m-1}{2} + 1 = \frac{m+1}{2}.$$

On est donc, à cet instant, parvenu *au milieu* du développement : le terme T_n en termine la première moitié, le terme T_{n+1} en commence la seconde.

L'exposant de a dans le terme T_n est $n = \frac{m-1}{2}$; l'exposant de x dans le même terme est (256) $m - n = \frac{m+1}{2}$.

Dans le cas où m est impair, on reconnaît donc qu'on est arrivé au milieu du développement, à ce fait que, dans le dernier terme formé, l'exposant de x est supérieur d'une unité à l'exposant de a.

2° m est *pair*. — Si m est pair, $m-1$ est impair, et n ne peut recevoir la valeur $\frac{m-1}{2}$.

Pour $n = \frac{m}{2} - 1$, l'inégalité (2) est toujours satisfaite, et le coefficient du terme T_{n+1} augmente encore. Mais, pour

$n = \frac{m}{2}$, l'inégalité (2) change de sens, et il en est de même de l'inégalité (1). L'expression $\frac{m-n}{n+1}$ devient donc moindre que l'unité, et les coefficients du développement commencent à diminuer.

Le coefficient maximum répond, par suite, à $n = \frac{m}{2}$. Dans cette hypothèse, le rang $n+1$ du terme T_n est égal à

$$\frac{m}{2} + 1.$$

On est donc, à cet instant, parvenu *au milieu* du développement, et le coefficient du terme T_n ne se répète pas.

L'exposant de a dans le terme du milieu étant $n = \frac{m}{2}$, l'exposant de x dans le même terme est $m - n = \frac{m}{2}$.

Dans le cas où m est pair, on reconnaît donc qu'on est arrivé au milieu du développement, à ce fait que, dans le dernier terme formé, les exposants de x et de a sont égaux.

263. Ce qui précède conduit immédiatement à la solution de la question suivante :

Parmi les nombres de combinaisons qu'on peut obtenir avec m objets, en les prenant 1 à 1, 2 à 2, 3 à 3, ..., m à m, quel est le nombre maximum?

On n'a évidemment (**256**) qu'à chercher quel est le plus grand coefficient du développement de la $m^{\text{ième}}$ puissance d'un binôme quelconque.

Si m est impair, il y a au milieu du développement deux coefficients égaux plus grands que tous les autres, et qui ont pour expressions (**262**)

$$C_m^{\frac{m-1}{2}} \quad \text{et} \quad C_m^{\frac{m+1}{2}}.$$

Si m est pair, le coefficient maximum du développement est celui du terme du milieu et a pour expression (**262**)

$$C_m^{\frac{m}{2}}.$$

La question posée est ainsi résolue.

Par exemple, on obtient le plus grand nombre de combinaisons qu'on puisse former avec 7 objets, en les prenant 3 à 3 ou 4 à 4. On obtient le plus grand nombre de combinaisons qu'on puisse former avec 10 objets, en les prenant 5 à 5.

264. Si l'on suppose, dans la seconde expression du développement de $(x+a)^m$ (256), $x=a=1$, on trouve

$$2^m = 1 + C_m^1 + C_m^2 + C_m^3 + \ldots + C_m^n + \ldots + C_m^m.$$

La somme des nombres de combinaisons qu'on peut former en prenant m objets 1 à 1, 2 à 2, 3 à 3, ..., m à m, est donc égale à $2^m - 1$.

265. Si l'on suppose aussi, dans l'expression du développement de $(x-a)^m$ (261), $x=a=1$, on trouve

$$0 = 1 - C_m^1 + C_m^2 - C_m^3 + \ldots \pm C_m^n \mp \ldots \pm C_m^m.$$

Quand on considère toutes les combinaisons formées en prenant m objets 1 à 1, 2 à 2, 3 à 3, ..., m à m, le nombre des combinaisons où il entre un nombre impair d'objets surpasse donc toujours d'une unité le nombre des combinaisons où il entre un nombre pair d'objets.

Nous venons de voir (264) que la somme de ces deux nombres est $2^m - 1$. Le premier a, par conséquent, pour expression 2^{m-1} (c'est un nombre pair), et le second, $2^{m-1} - 1$ (c'est un nombre impair).

266. Il résulte de là un fait assez curieux qui montre bien que, dans le Calcul des probabilités (239 à 253), il faut se défier des premiers aperçus. On pourrait être tenté de croire que, en prenant au hasard un certain nombre de boules dans une urne, il est indifférent de parier qu'on en tirera un nombre pair ou impair. Pourtant, en pariant pour un nombre impair, on a toujours une chance de plus qu'en pariant pour un nombre pair, puisque le nombre des combinaisons impaires l'emporte toujours d'une unité sur le nombre des combinaisons paires (265). En d'autres termes, au jeu de pair ou non, on a avantage à parier impair.

267. Nous avons démontré (230) la relation

$$C_m^n = C_{m-1}^{n-1} + C_{m-1}^n.$$

On a donc, en remplaçant m par $m+1$,

$$C_{m+1}^{n} = C_{m}^{n-1} + C_{m}^{n}.$$

Sous cette forme, la relation indiquée prouve que, *dans le développement de* $(x+a)^{m+1}$, *un terme quelconque a pour coefficient* (256) *la somme des coefficients du terme de même rang et du terme précédent dans le développement de* $(x+a)^m$.

Si l'on a, par exemple,

$$(x+a)^7 = x^7 + 7ax^6 + 21a^2x^5 + 35a^3x^4 + 35a^4x^3 + 21a^5x^2 + 7a^6x + a^7,$$

on peut en déduire immédiatement

$$\begin{aligned}(x+a)^8 = x^8 &+ (7+1)ax^7 \\ &+ (21+7)a^2x^6 + (35+21)a^3x^5 \\ &+ (35+35)a^4x^4 + (21+35)a^5x^3 \\ &+ (7+21)a^6x^2 + (1+7)a^7x + a^8,\end{aligned}$$

c'est-à-dire

$$(x+a)^8 = x^8 + 8ax^7 + 28a^2x^6 + 56a^3x^5 + 70a^4x^4 + 56a^5x^3 + 28a^6x^2 + 8a^7x + a^8.$$

Triangle arithmétique de Pascal.

268. Pascal a donné dans la construction de son *triangle arithmétique,* et sous une forme originale, l'équivalent de la *formule du binôme* qu'on attribue souvent à Newton.

En réalité, Newton ne l'a découverte que quelque temps après Pascal; mais ce dernier, en laissant de côté l'emploi des symboles algébriques, s'est privé des avantages considérables attachés à cet emploi.

269. Considérons le binôme $x+a$, et élevons-le aux puissances $1, 2, 3, \ldots, m, \ldots$.

Écrivons régulièrement, sur des lignes horizontales successives, les coefficients de chaque développement.

Nous formerons ainsi le Tableau suivant, dont la disposition est un peu différente de celle adoptée par Pascal dans l'opuscule intitulé : *Usage du triangle arithmétique pour les parties de jeu.*

1	1									
1	2	1								
1	3	3	1							
1	4	6	4	1						
1	5	10	10	5	1					
1	6	15	20	15	6	1				
1	7	21	35	35	21	7	1			
1	8	28	56	70	56	28	8	1		
1	9	36	84	126	126	84	36	9	1	
1	10	45	120	210	252	210	120	45	10	1
.	....									
1	C_m^1	C_m^2	C_m^3	C_m^4						

Une fois qu'on a écrit les deux premières lignes horizontales (ou même seulement la première), toutes les autres s'ensuivent immédiatement d'après le théorème rappelé au n° **267** et exprimé par la relation fondamentale

$$C_{m+1}^n = C_m^{n-1} + C_m^n.$$

D'après cette relation, en effet, chaque coefficient du Tableau doit être égal au coefficient immédiatement supérieur augmenté de celui qui est placé à gauche.

Ainsi, dans la troisième ligne horizontale, le deuxième terme 3 est la somme du terme 2 qui est au-dessus, et du terme 1 qui précède 2 ; le troisième terme 3 est la somme de $1+2$; le quatrième terme 1 est la somme de $0+1$. On continuera de la même manière pour former successivement les autres lignes. Il est peut-être plus commode de renverser l'ordre, c'est-à-dire d'effectuer les calculs en allant *de gauche à droite*. On dira, par exemple, pour la quatrième ligne : $0+1=1$, $1+3=4$, $3+3=6$, $3+1=4$, $1+0=1$.

270. Une fois le triangle arithmétique construit, *nous ferons complètement abstraction de la première colonne verticale* ou de la colonne des unités. C'est ce que nous avons marqué par le trait de séparation indiqué.

Cela posé, comme les différents nombres de combinaisons qui servent de coefficients dans le développement du binôme ne commencent qu'au deuxième terme, on voit, d'une manière générale, que la $m^{\text{ième}}$ ligne horizontale du triangle renferme les nombres de combinaisons de m objets pris 1 à 1, 2 à 2, 3 à 3, ..., m à m, tandis que la $n^{\text{ième}}$ colonne verticale renferme les combinaisons n à n de n, $n+1$, $n+2$, ... objets. A la rencontre de la $m^{\text{ième}}$ ligne horizontale et de la $n^{\text{ième}}$ colonne verticale, on trouve donc le nombre de combinaisons de m objets pris n à n ou C_m^n.

En d'autres termes, *le rang d'une ligne horizontale,* indiqué évidemment par son premier terme, *est l'indice des nombres de combinaisons qui s'y trouvent,* tandis que *le rang d'une colonne verticale,* marqué évidemment par celui de la ligne horizontale où elle commence, *est l'exposant des nombres de combinaisons qu'elle renferme.*

271. Les termes de la première colonne verticale du triangle, toujours abstraction faite de la colonne des unités (**270**), sont dits *nombres figurés du premier ordre;* ceux de la deuxième colonne verticale, *nombres figurés du deuxième ordre*. ... ; ceux de la $n^{\text{ième}}$ colonne verticale, *nombres figurés du $n^{\text{ième}}$ ordre.*

Les nombres figurés du premier ordre sont *les nombres naturels*. Les nombres figurés du deuxième ordre sont encore appelés *nombres triangulaires,* et ceux du troisième ordre, *nombres pyramidaux,* etc. Nous verrons bientôt la raison de ces dénominations.

272. Si l'on considère de gauche à droite deux colonnes verticales successives du triangle, sa loi de formation (**269**) montre immédiatement qu'un nombre quelconque de la seconde colonne est égal à la somme de tous les nombres qui, dans la colonne précédente, sont situés au-dessus de la ligne horizontale à laquelle appartient le nombre choisi dans la seconde colonne.

Prenons, par exemple (**269**), le nombre 252 dans la cinquième colonne verticale du triangle. Nous aurons successivement (**269**)

$$252 = 126 + 126, \qquad 126 = 56 + 70, \qquad 56 = 21 + 35,$$
$$21 = 6 + 15, \qquad 6 = 1 + 5, \qquad 1 = 0 + 1,$$

c'est-à-dire, en ajoutant toutes ces égalités membre à membre et en simplifiant,

$$252 = 126 + 70 + 35 + 15 + 5 + 1.$$

En d'autres termes, *le $p^{\text{ième}}$ nombre figuré du $n^{\text{ième}}$ ordre* (**271**) *est égal à la somme des p nombres figurés du $(n-1)^{\text{ième}}$ ordre qui lui sont supérieurs.*

En admettant que le $p^{\text{ième}}$ nombre figuré du $n^{\text{ième}}$ ordre appartienne à la $m^{\text{ième}}$ ligne horizontale, ce résultat correspond précisément à la formule généralisée du n° **231**, savoir

$$C_m^n = C_{m-1}^{n-1} + C_{m-2}^{n-1} + C_{m-3}^{n-1} + \ldots + C_{n-1}^{n-1},$$

qui est, à proprement parler, le fondement du triangle arithmétique.

273. Proposons-nous enfin de *chercher l'expression du $p^{\text{ième}}$ nombre figuré du $n^{\text{ième}}$ ordre.*

La $n^{\text{ième}}$ colonne verticale, qui contient les nombres figurés du $n^{\text{ième}}$ ordre (**271**), commence à la $n^{\text{ième}}$ ligne horizontale (**270**). Le $p^{\text{ième}}$ nombre de cette $n^{\text{ième}}$ colonne verticale appartient donc à la $(n+p-1)^{\text{ième}}$ ligne horizontale, et il a pour expression (**270**, **226**)

$$C_{n+p-1}^n = C_{n+p-1}^{p-1},$$

c'est-à-dire (**221**)

$$\frac{(n+p-1)(n+p-2)(n+p-3)\ldots p}{1.2.3\ldots n}$$
$$= \frac{(n+p-1)(n+p-2)(n+p-3)\ldots(n+1)}{1.2.3\ldots(p-1)}.$$

274. Nous allons montrer comment on peut appliquer le triangle arithmétique à la solution de plusieurs questions intéressantes.

1° *Somme des m premiers nombres naturels.* — Cette somme est celle des m premiers nombres figurés du premier ordre : elle est donc égale (**272**) au $m^{\text{ième}}$ nombre figuré du deuxième ordre.

Pour trouver ce nombre, il suffit de faire $p = m$ et $n = 2$ dans l'une des formules du n° **273**, la première, par exemple. On trouve ainsi, pour la somme des m premiers nombres,

$$\frac{m(m+1)}{2},$$

résultat déjà connu (*Alg. élém.*, **330**).

2° *Somme des carrés des m premiers nombres naturels.* — Nous ferons usage de la transformation suivante.

Soit l'identité

$$x^2 = x + x(x-1) = x + 2\frac{x(x-1)}{2}.$$

Si on la rapproche du résultat précédent (1°), en remplaçant successivement x par 1, 2, 3, ..., m, elle prouve évidemment que la somme demandée est égale à la somme des m premiers nombres naturels, augmentée du double de la somme des $m-1$ premiers nombres figurés du deuxième ordre, c'est-à-dire du $(m-1)^{\text{ième}}$ nombre figuré du troisième ordre (**272**). Pour obtenir ce dernier nombre, il faut d'ailleurs faire, dans l'une des formules du n° **273**, $p = m-1$ et $n = 3$; ce qui donne

$$\frac{(m+1)m(m-1)}{1.2.3}.$$

On trouve ainsi, pour la somme des carrés des m premiers nombres,

$$\frac{m(m+1)}{2} + \frac{(m+1)m(m-1)}{3} = \frac{m(m+1)(2m+1)}{6}.$$

3° *Somme des cubes des m premiers nombres naturels.* — Une transformation est encore ici nécessaire.

Soit l'identité

$$x^3 = x + x(x^2-1) = x + 6\frac{(x-1)x(x+1)}{1.2.3}.$$

Si on la rapproche du calcul précédent (2°), en remplaçant successivement x par 1, 2, 3, ..., m, elle prouve évidemment que la somme demandée est égale à la somme des m premiers nombres naturels, augmentée de 6 fois la somme des $(m-1)$ premiers nombres figurés du troisième ordre ou de 6 fois le $(m-1)^{\text{ième}}$ nombre figuré du quatrième ordre (**272**). Pour obtenir ce dernier nombre, il faut d'ailleurs faire, dans l'une des formules du n° **273**, $p = m-1$ et $n = 4$; ce qui donne

$$\frac{(m+2)(m+1)m(m-1)}{1.2.3.4}.$$

On trouve ainsi, pour la somme des cubes des m premiers nombres,

$$\frac{m(m+1)}{2}+\frac{(m+2)(m+1)m(m-1)}{4}$$

ou

$$\left[\frac{m(m+1)}{2}\right]^2.$$

Ce résultat montre que la somme des cubes des m premiers nombres est égale au carré de la somme de ces m premiers nombres.

Sans aller plus loin, on voit que, par l'artifice employé, le triangle arithmétique permettrait de déterminer de proche en proche les sommes des puissances semblables des m premiers nombres.

CHAPITRE III.

APPLICATIONS DE LA FORMULE DU BINOME.

Somme des puissances semblables des termes d'une progression arithmétique.

275. La formule générale à laquelle nous allons parvenir permet de trouver d'une autre manière les sommes des puissances semblables des m premiers nombres (274).

Soient $a, b, c, d, \ldots, h, k, l$ *les* $m+1$ *premiers termes* d'une progression par différence, de raison r. Nous aurons (*Alg. élém.*, 322)

$$b = a + r, \qquad c = b + r, \qquad \ldots, \qquad l = k + r.$$

Élevons *à la puissance* $n+1$ toutes ces égalités. Nous aurons, d'après la formule du binôme (255),

$$b^{n+1} = a^{n+1} + \frac{n+1}{1} r a^n + \frac{(n+1)n}{1.2} r^2 a^{n-1} + \ldots + \frac{n+1}{1} r^n a + r^{n+1},$$

$$c^{n+1} = b^{n+1} + \frac{n+1}{1} r b^n + \frac{(n+1)n}{1.2} r^2 b^{n-1} + \ldots + \frac{n+1}{1} r^n b + r^{n+1},$$

. . . .

$$l^{n+1} = k^{n+1} + \frac{n+1}{1} r k^n + \frac{(n+1)n}{1.2} r^2 k^{n-1} + \ldots + \frac{n+1}{1} r^n k + r^{n+1}.$$

Représentons par $S_1, S_2, \ldots, S_{n-1}, S_n$ les sommes des premières, deuxièmes, ..., $(n-1)^{\text{ièmes}}$, $n^{\text{ièmes}}$ puissances *des m premiers termes a, b, c, d, ..., h, k* de la progression considérée.

En ajoutant alors toutes les égalités précédentes membre à membre et en supprimant les termes communs, nous aurons évidemment

$$(1)\quad \left\{ \begin{aligned} l^{n+1} = a^{n+1} + \frac{n+1}{1} r S_n + \frac{(n+1)n}{1.2} r^2 S_{n-1} + \ldots \\ + \frac{n+1}{1} r^n S_1 + m r^{n+1}. \end{aligned} \right.$$

Cette formule générale permet d'exprimer l'une quelconque des sommes $S_1, S_2, \ldots, S_{n-1}, S_n$ en fonction de toutes les autres et des quantités données, et, par conséquent, d'obtenir ces sommes successivement de proche en proche dès qu'on en connaît une.

Il n'est pas inutile de se rappeler (256) que le nombre des termes du second membre est $n+2$.

276. Supposons maintenant qu'on prenne pour progression arithmétique la suite

$$\div 1.2.3\ldots m.m+1$$

des $m+1$ premiers nombres entiers.

On aura alors

$$a = 1, \qquad l = m+1, \qquad r = 1,$$

et les sommes $S_1, S_2, \ldots, S_{n-1}, S_n$ se rapporteront *aux m premiers nombres entiers*. La formule générale (1) deviendra d'ailleurs

$$(2)\quad \left\{ \begin{aligned} (m+1)^{n+1} = 1 + \frac{n+1}{1} S_n + \frac{(n+1)n}{1.2} S_{n-1} + \ldots \\ + \frac{n+1}{1} S_1 + m. \end{aligned} \right.$$

Nous allons l'appliquer à la recherche des sommes S_1, S_2, S_3, S_4, en remarquant qu'on a (*Alg. élém.*, 42)

$$S_0 = 1^0 + 2^0 + 3^0 + \ldots + m^0 = m.$$

277. *Pour calculer* S_1 *ou la somme des m premiers nombres*, nous ferons $n = 1$ dans la formule (2), dont le second membre contiendra alors (275) $n+2$ ou 3 termes. Il viendra donc

$$(m+1)^2 = 1 + 2S_1 + S_0.$$

Il en résulte, en remplaçant S_0 par m,

$$S_1 = \frac{(m+1)^2-(m+1)}{2} = \frac{m(m+1)}{2},$$

comme nous venons de le retrouver (274).

278. *Pour calculer* S_2 *ou la somme des carrés des m premiers nombres*, nous ferons $n=2$ dans la formule (2), dont le second membre contiendra 4 termes. Il viendra donc

$$(m+1)^3 = 1 + 3S_2 + 3S_1 + S_0.$$

Il en résulte, en substituant à S_0 et à S_1 leurs valeurs,

$$3S_2 = (m+1)^3 - (m+1) - 3\frac{m(m+1)}{2},$$

et l'on en déduit facilement, comme précédemment (274),

$$S_2 = \frac{m(m+1)(2m+1)}{6}.$$

279. *Pour calculer* S_3 ou *la somme des cubes des m premiers nombres*, nous ferons $n=3$ dans la formule (2) dont le second membre contiendra 5 termes. Nous aurons donc

$$(m+1)^4 = 1 + 4S_3 + 6S_2 + 4S_1 + S_0.$$

Il en résulte, en substituant à S_0, S_1, S_2 leurs valeurs,

$$4S_3 = (m+1)^4 - (m+1) - 2m(m+1) - m(m+1)(2m+1),$$

et l'on en déduit facilement, comme précédemment (274),

$$S_3 = \frac{m^2(m+1)^2}{4} = \left[\frac{m(m+1)}{2}\right]^2.$$

280. *Pour calculer* enfin S_4 ou *la somme des quatrièmes puissances des m premiers nombres*, nous ferons $n=4$ dans la formule (2), dont le second membre contiendra six termes. Il viendra donc

$$(m+1)^5 = 1 + 5S_4 + 10S_3 + 10S_2 + 5S_1 + S_0,$$

Il en résulte, en remplaçant S_0, S_1, S_2, S_3 par leurs valeurs,

$$5S_4 = (m+1)^5 - (m+1) - 5\frac{m(m+1)}{2}$$
$$- 10\frac{m(m+1)(2m+1)}{6} - 10\frac{m^2(m+1)^2}{4}.$$

On en déduit facilement

$$30 S_4 = m(m+1)(6m^3 + 9m^2 + m - 1).$$

Le dernier facteur du second membre s'annulant pour $m = -\frac{1}{2}$, il est exactement divisible par $m + \frac{1}{2}$ (13), et l'on obtient le quotient $6m^2 + 6m - 2$. Ce dernier facteur peut donc être remplacé par le produit

$$\left(m + \frac{1}{2}\right)(6m^2 + 6m - 2) = (2m+1)(3m^2 + 3m - 1).$$

On a, par conséquent,

$$S_4 = \frac{m(m+1)(2m+1)(3m^2 + 3m - 1)}{30}.$$

Sommation des piles de boulets.

281. Aujourd'hui, on emploie deux espèces de projectiles : les projectiles *cylindroconiques,* destinés aux pièces *rayées,* et les projectiles *sphériques,* destinés aux pièces *à âme lisse.*

Les premiers se rangent d'une seule manière dans les arsenaux; pour les seconds, on peut adopter plusieurs dispositions.

Nous nous proposons de trouver des formules simples permettant de calculer rapidement le nombre de projectiles de même calibre contenus dans une pile déterminée.

282. I. Piles de projectiles cylindroconiques. — Pour construire cette pile, on forme une première file de m projectiles reposant sur le sol et se touchant tout le long d'une génératrice cylindrique. Au-dessus, on établit une file de $m - 1$ projectiles, posés de façon que chacun d'eux soit appuyé sur deux projectiles du premier rang dont il remplit l'intervalle. De même, la deuxième file reçoit et supporte une troisième file de $m-2$ projectiles. Et, ainsi de suite, jusqu'à ce qu'on ne puisse plus placer qu'un projectile sur les deux précédents.

Il est évident que la tranche verticale ainsi obtenue représente un triangle équilatéral dont le côté renferme m projectiles; car, pour arriver à un seul boulet, il faut de m retrancher $m-1$, ou placer $m-1$ files au-dessus de la première.

A la suite de la tranche triangulaire et verticale ainsi construite, on en place parallèlement plusieurs autres. Toutes ces tranches sont en contact et présentent ainsi plus de stabilité. On voit que la pile complète offre l'aspect d'un prisme triangulaire droit couché sur l'une de ses faces latérales.

Comptons d'abord le nombre de projectiles d'une tranche. Il est évidemment égal à

$$m+(m-1)+(m-2)+\ldots+2+1.$$

C'est la somme des m premiers nombres naturels ou le $m^{\text{ième}}$ nombre figuré du deuxième ordre (272, 274, 1°)

$$\frac{m(m+1)}{2}.$$

Ce rapprochement explique pourquoi les nombres figurés du deuxième ordre ont reçu le nom de *nombres triangulaires* (271).

Si la pile contient p tranches, il suffit de répéter p fois le résultat précédent, et l'on a simplement, pour le nombre total de projectiles cylindroconiques qu'elle renferme,

$$p\frac{m(m+1)}{2}.$$

Pour se servir de cette formule, il suffit de compter sur le sol le nombre des projectiles, tant dans le sens de leur largeur, c'est m, que dans le sens de leur longueur, c'est p.

283. II. Piles de projectiles sphériques.

1° *Piles triangulaires.* — Prenons d'abord une pile triangulaire. Cette pile est formée de tranches horizontales représentant des triangles équilatéraux, comme les tranches verticales que nous venons de considérer (282). La tranche qui repose sur le sol a un côté renfermant m boulets; la suivante, un côté renfermant $m-1$ boulets; et ainsi de suite, jusqu'à ce qu'on parvienne à un seul boulet. Chaque boulet, à partir de la deuxième tranche, repose ainsi sur trois boulets, et la pile complète offre l'aspect d'une pyramide triangulaire ou, plus exactement, d'un tétraèdre régulier; car toutes les arêtes latérales sont égales comme contenant m boulets.

Il résulte de ce qui précède (**282**) que le nombre total de boulets renfermés dans la pile, somme des nombres de boulets des différentes tranches, est la somme des m premiers nombres figurés du deuxième ordre ou le $m^{\text{ième}}$ nombre figuré du troisième ordre (**272**, **274**, 2°), c'est-à-dire

$$\frac{m(m+1)(m+2)}{6}.$$

Ce rapprochement explique pourquoi les nombres figurés du troisième ordre sont appelés aussi *nombres pyramidaux* (**271**).

2° *Piles à base carrée ou piles quadrangulaires.* — Une pareille pile est formée de tranches carrées dont les côtés contiennent successivement un boulet de moins, jusqu'à ce qu'on arrive à un seul boulet. Ici, chaque boulet repose sur quatre boulets, et la pile complète a l'aspect d'une pyramide quadrangulaire à base carrée.

Si m est le nombre de boulets contenu dans le côté de la première tranche reposant sur le sol, cette tranche renferme m^2 boulets. La tranche suivante, dont le côté contient $m-1$ boulets, en renferme $(m-1)^2$; et ainsi de suite. On a donc à calculer la somme des carrés des m premiers nombres

$$m^2+(m-1)^2+(m-2)^2+\ldots+2^2+1,$$

et le résultat cherché est (**274**, 2°, **278**)

$$\frac{m(m+1)(2m+1)}{6}.$$

3° *Piles rectangulaires.* — Ce sont les plus usitées. On les construit en formant sur le sol un rectangle dont les deux côtés renferment respectivement n et m boulets $(n<m)$: on a ainsi *n files de m boulets* en contact. Posons

$$m-n=p.$$

La première tranche horizontale est, comme on vient de le dire, un rectangle comprenant n files de m boulets. La deuxième tranche horizontale, dont chaque boulet repose sur quatre boulets de la première tranche, est un rectangle qui comprend évidemment $n-1$ files de $m-1$ boulets; la troisième tranche est un rectangle qui comprend $n-2$ files de $m-2$ boulets; et ainsi de suite. La $n^{\text{ième}}$ tranche, qui est la dernière, comprend $n-(n-1)$ ou 1 *file* de $m-(n-1)$ ou de $m-n+1$ boulets, c'est-à-dire *de* $p+1$ *boulets*.

Ainsi, la pile rectangulaire a l'aspect d'un prisme triangulaire reposant sur une de ses faces latérales et tronqué régulièrement à ses deux extrémités (*Géom.*, 504) ou, si l'on aime mieux, d'un comble à quatre pentes. En partant de sa partie supérieure, on peut dire qu'elle est composée de 1 file de $p+1$ boulets, reposant sur 2 files de $p+2$ boulets, reposant sur 3 files de $p+3$ boulets, ..., reposant sur n files de $p+n$ boulets.

Le nombre total des boulets renfermés dans la pile, ou le nombre à calculer, est donc égal à

$$p+1+2(p+2)+3(p+3)+\ldots+n(p+n);$$

cette somme revient à

$$p(1+2+3+\ldots+n)+(1^2+2^2+3^2+\ldots+n^2)$$

et, par suite (277, 278), à

$$p\,\frac{n(n+1)}{2}+\frac{n(n+1)(2n+1)}{6}.$$

En effectuant et en simplifiant, la formule cherchée est donc finalement

$$\frac{n(n+1)(3p+2n+1)}{6}=\frac{n(n+1)(3m-n+1)}{6}.$$

Si l'on fait $n=m$, on retombe sur la formule applicable aux piles à base carrée (2°).

Les deux expressions dont nous avons dû faire la somme pour arriver au résultat définitif montrent que la pile rectangulaire peut être considérée comme l'ensemble d'une pile à base carrée (2°) dont le côté renfermerait n boulets et d'un prisme triangulaire analogue à celui des piles cylindro-coniques (282), sauf l'obliquité; ce qui est évident au point de vue géométrique.

284. Les piles que nous avons considérées successivement peuvent être *tronquées*. On les calcule alors en les regardant comme la *différence* de deux piles complètes, faciles à restituer.

Prenons, par exemple, pour fixer les idées, le cas d'une pile rectangulaire tronquée ayant à la base m et n boulets et, à la tranche supérieure, $m'+1$ et $n'+1$ boulets. Il lui manque évidemment, pour être complète, tous les boulets renfermés dans la pile rectangulaire complète qui aurait à sa base m' et n' boulets. Le nombre de boulets de la pile tronquée sera donc

$$\frac{n(n+1)(3m-n+1)}{6} - \frac{n'(n'+1)(3m'-n'+1)}{6}.$$

285. Remarque générale. — Nous terminerons, en observant que les calculs précédents dépendent d'une seule formule qu'on peut trouver directement, sans s'appuyer sur le triangle arithmétique ou la sommation générale des puissances semblables des termes d'un progression arithmétique.

Toutes les relations démontrées aux nos **282** et **283** n'exigent, en effet, que la connaissance de la somme des m premiers nombres naturels et celle de la somme de leurs carrés qu'on appelle aussi *nombres carrés*. C'est ce qui a été mis en lumière pour les piles cylindroconiques, les piles à base carrée et les piles rectangulaires. Nous allons le prouver pour les piles triangulaires (**283**, 1°).

Les tranches d'une pareille pile, à partir de celle qui repose sur le sol, contiennent successivement (**282**), en changeant m en $m-1$, $m-2$, ...,

$\frac{m(m+1)}{2}$	boulets	ou	$\frac{1}{2}m^2+\frac{1}{2}m,$
$\frac{(m-1)(m-1+1)}{2}$	»	»	$\frac{1}{2}(m-1)^2+\frac{1}{2}(m-1),$
$\frac{(m-2)(m-2+1)}{2}$	»	»	$\frac{1}{2}(m-2)^2+\frac{1}{2}(m-2),$
....			...............,
	»	»	$\frac{1}{2}1^2+\frac{1}{2}1.$

Par suite, le nombre total de boulets est égal à

$$\frac{1}{2}\sum_1^m m^2 + \frac{1}{2}\sum_1^m m,$$

la notation employée signifiant que les deux sommes doivent être appliquées aux valeurs entières de m, comprises entre 1 et m.

La sommation des piles de projectiles exige donc simplement que l'on connaisse, en dehors de la somme des m premiers nombres, *la somme de leurs carrés,* et on l'obtient immédiatement par le calcul suivant, qui n'est, d'ailleurs, qu'un cas particulier de la sommation générale des puissances semblables des termes d'une progression arithmétique.

Posons

$$\begin{aligned}
2^3 &= (1+1)^3 &&= 1^3 + 3.1^2 + 3.1 + 1,\\
3^3 &= (2+1)^3 &&= 2^3 + 3.2^2 + 3.2 + 1,\\
&\dots\dots\dots\dots\dots\dots\dots\dots,\\
m^3 &= (m-1+1)^3 &&= (m-1)^3 + 3(m-1)^2 + 3(m-1) + 1,\\
(m+1)^3 &= (m+1)^3 &&= m^3 + 3m^2 + 3m + 1.
\end{aligned}$$

Si nous ajoutons toutes ces égalités membre à membre, en simplifiant et en représentant par S_0, S_1, S_2 les sommes des puissances zéro, des premières puissances et des carrés des m premiers nombres, il vient évidemment

$$(m+1)^3 = 1 + 3S_2 + 3S_1 + S_0;$$

c'est la formule obtenue au n° **278**, et nous en déduirons de même

$$S_2 = \frac{m(m+1)(2m+1)}{6}.$$

On en conclura, pour le nombre total des boulets contenus dans la pile triangulaire,

$$\frac{1}{2}\,\frac{m(m+1)(2m+1)}{6} + \frac{1}{2}\,\frac{m(m+1)}{2},$$

c'est-à-dire

$$\frac{m(m+1)(2m+1+3)}{12} = \frac{m(m+1)(m+2)}{6},$$

comme précédemment (283, 1°).

De la probabilité mathématique dans les épreuves répétées.

286. On entend par *épreuves répétées* celles qu'on renouvelle successivement *dans des circonstances identiques* : ce sera, par exemple, la recherche des jets successifs d'un même point avec un dé à jouer, ou bien la recherche des tirages des mêmes cartes prises dans un jeu déterminé *et remises chaque fois* pour ne pas altérer les conditions du tirage.

Quand il s'agit d'épreuves répétées, la solùtion dépend du principe des *probabilités composées* (249, 1°, 251) et devient une application de la formule du binôme.

287. Pour aider à comprendre ce qui va suivre, prenons d'abord un *cas particulier*.

Soit l'événement simple A dont la probabilité est p, et l'événement contraire B dont la probabilité est q. Si l'on répète *deux fois* l'épreuve d'amener A ou B, on forme un événement composé, possible de quatre manières différentes, figurées, si l'on veut, par les notations AA, AB, BA, BB.

La probabilité simple d'amener A une fois étant p, celle de l'amener deux fois de suite ou de produire l'événement composé AA sera $p \times p$ ou p^2 (249, 1°).

La probabilité d'amener l'événement composé AB sera, de même, pq, et celle d'amener l'événement composé BA sera qp.

Enfin la probabilité d'amener l'événement composé BB sera q^2.

Si l'on convient *de ne pas tenir compte de l'ordre de succession* des événements simples formant l'événement composé, l'événement AB sera identique à l'événement BA, et, par suite, la probabilité d'amener cet événement AB sera (251) $pq + qp = 2pq$.

En résumé, les probabilités des événements composés AA, AB, BB, sont exprimées par

$$p^2, \quad 2pq, \quad q^2,$$

c'est-à-dire par les termes du développement $(p+q)^2$.

Si les épreuves sont répétées *trois fois*, on forme un événement composé, possible de huit manières différentes, figurées par les notations

AAA,	AAB,	ABB,	BBB.
	ABA,	BAB,	
	BAA,	BBA.	

Si l'on ne tient pas compte de l'ordre de succession des événements simples formant l'événement composé, il n'y a plus que quatre événements composés différents :

AAA, AAB, ABB, BBB,

dont les probabilités sont exprimées par

$$p^3, \quad 3p^2q, \quad 3pq^2, \quad q^3,$$

c'est-à-dire par les termes du développement $(p+q)^3$.

On pourrait continuer ainsi de proche en proche; mais il vaut mieux passer immédiatement à la *démonstration générale*.

288. On peut toujours assimiler les épreuves répétées relatives aux mêmes chances à des tirages successifs de boules de diverses couleurs contenues dans une urne, la boule extraite étant rejetée dans l'urne après chaque tirage, afin que tous soient effectués dans des conditions identiques.

Supposons donc, par exemple, une urne renfermant k boules blanches et l boules noires. La chance d'extraire une boule blanche sera $p = \frac{k}{k+l}$; la chance contraire, c'est-à-dire celle d'extraire une boule noire, sera $q = \frac{l}{k+l}$, et l'on aura $p + q = 1$ (**244**).

Admettons qu'on fasse m tirages successifs ou m *épreuves répétées*.

D'après la règle des probabilités composées (**249**, 1°), la chance d'extraire d'abord $m-n$ boules blanches, puis ensuite n boules noires, sera le produit de $(m-n)$ facteurs égaux à la probabilité simple p et de n facteurs égaux à la probabilité simple q, c'est-à-dire $p^{m-n}q^n$.

Mais, si l'on ne doit tenir aucun compte de l'ordre de succession des boules blanches et des boules noires, et si l'on demande seulement la probabilité d'extraire en m tirages successifs $m-n$ boules blanches et n boules noires dans n'importe quel ordre, il est clair (**251**, **287**) que cette probabilité sera représentée par le produit $p^{m-n}q^n$, répété autant de fois qu'on peut faire de combinaisons avec m objets pris $m-n$ à $m-n$ ou n à n (**226**).

Il résulte immédiatement de là que, si l'on forme la $m^{\text{ième}}$ puissance du binôme $(p+q)$ (**256**),

$$(p+q)^m = p^m + C_m^1 p^{m-1}q + C_m^2 p^{m-2}q^2 + \dots + C_m^n p^{m-n}q^n + \dots + C_m^m q^m,$$

le premier terme p^m exprime la probabilité d'amener m boules blanches en m tirages; le deuxième terme $C_m^1 p^{m-1}q$, la probabilité d'amener

$m-1$ boules blanches et 1 boule noire; le troisième terme $C_m^2 p^{m-2} q^2$, la probabilité d'amener $m-2$ boules blanches et 2 boules noires; et ainsi de suite.

Le terme général $C_m^n p^{m-n} q^n$ répond à la question posée et *exprime la probabilité d'amener $m-n$ boules blanches et n boules noires, en m tirages successifs.*

Le dernier terme $C_m^m q^m$ exprime la probabilité d'amener m boules noires.

Remarquons que la somme de toutes ces probabilités est égale à 1, puisqu'on a $p+q=1$. Et, en effet, cette somme représente une *certitude* (**244**), en ce sens que m tirages successifs ne peuvent donner que l'un quelconque des résultats que nous venons d'énumérer.

289. *En définitive,* en laissant de côté l'urne que nous venons de considérer et les boules qu'elle renferme, *si nous appelons p la probabilité d'un événement simple A et q la probabilité de l'événement contraire* B, *la probabilité de répéter, dans m épreuves successives et identiques, $m-n$ fois l'événement A et n fois l'événement* B, *est représentée par le terme général du développement $(p+q)^m$.*

290. Nous avons vu que, si un événement composé peut arriver dans plusieurs hypothèses dont les probabilités sont inégales, sa probabilité est la somme des probabilités composées favorables à l'événement dans chaque hypothèse (**251**).

Par suite, si l'on veut savoir quelle est la probabilité que, dans m épreuves répétées, l'événement B, dont la probabilité est q, n'arrive *pas plus de n fois* (il pourra arriver moins de n fois), il suffit de faire *la somme* des termes du développement de $(p+q)^m$ (**288**), depuis le premier terme p^m jusqu'au terme général $C_m^n p^{m-n} q^n$, qui contient q^n. Cette même somme exprime quelle est la probabilité que, dans les m épreuves répétées, l'événement A, dont la probabilité est p, n'arrive *pas moins* de $m-n$ fois (il pourra arriver plus de $m-n$ fois).

291. Exemples. 1° *D'un jeu de 32 cartes, on tire successivement 5 cartes, qu'on remet chaque fois pour l'épreuve suivante. Quelle est la probabilité d'amener 3 cœurs?*

On a ici

$$p=\frac{8}{32}=\frac{1}{4}, \qquad q=\frac{3}{4}, \qquad m=5.$$

Il faut développer $(p+q)^5$ et prendre le terme du développement qui contient p^3 (**288**, **289**), c'est-à-dire le terme

$$10p^3q^2=10\,\frac{1}{4^3}\,\frac{9}{4^2}=\frac{90}{4^5}=\frac{45}{2.4^4}=\frac{45}{512}.$$

La probabilité d'amener trois cœurs sur cinq cartes tirées est donc la fraction $\frac{45}{512}$ comprise entre $\frac{1}{11}$ et $\frac{1}{12}$.

2° *On jette un dé 4 fois de suite, et l'on demande quelle est la probabilité d'amener l'as* au moins *deux fois.*

On a ici

$$p = \frac{1}{6}, \qquad q = \frac{5}{6}, \qquad m = 4.$$

Il faut développer $(p+q)^4$ et faire la somme des termes du développement jusques et y compris celui qui contient p^2 (190), c'est-à-dire la somme des termes

$$p^4 + 4p^3q + 6p^2q^2 = \frac{1}{6^4} + 4\,\frac{5}{6^4} + 6\,\frac{25}{6^4} = \frac{171}{1296}.$$

La probabilité d'amener l'as *au moins* deux fois dans quatre jets successifs est donc la fraction $\frac{171}{1296}$ comprise entre $\frac{1}{7}$ et $\frac{1}{8}$.

292. La somme de tous les termes du développement de $(p+q)^m$ est égale à l'unité (**288**). D'autre part, le nombre des termes du développement ou le nombre des hypothèses relatives à la manière dont l'événement direct et l'événement contraire peuvent se produire dans les m épreuves répétées est égal à $m+1$. Par conséquent, *à mesure que m* ou le nombre des épreuves *devient plus grand*, les différents termes du développement ou *les différentes probabilités doivent décroître*, en conservant de certains rapports.

293. Cherchons quel est *le plus grand terme du développement* de $(p+q)^m$.

On a (**259**) pour le terme général T_n, comparé à celui qui le précède et à celui qui le suit immédiatement,

$$T_n = T_{n-1}\frac{m-n+1}{n}\,\frac{q}{p}, \qquad T_{n+1} = T_n\frac{m-n}{n+1}\,\frac{q}{p}.$$

Pour que le terme T_n soit le plus grand terme du développement, il faut qu'on ait à la fois (**262**)

$$(1) \qquad \frac{m-n+1}{n}\,\frac{q}{p} > 1 \qquad \text{et} \qquad \frac{m-n}{n+1}\,\frac{q}{p} < 1.$$

Il en résulte

$$(2) \qquad \frac{m-n}{n} > \frac{p}{q} - \frac{1}{n} \qquad \text{et} \qquad \frac{m-n}{n} < \frac{p}{q} + \frac{1}{n}\,\frac{p}{q}.$$

On satisfait évidemment à ces deux dernières inégalités en posant

$$(3)\qquad \frac{m-n}{n} = \frac{p}{q}.$$

On voit alors que, *si l'on fait croître indéfiniment les deux nombres $m-n$ et n sans changer leur rapport*, les termes $\frac{1}{n}$ et $\frac{1}{n}\frac{p}{q}$ tendent vers zéro autant qu'on veut. On ne peut donc satisfaire aux inégalités (2) que par l'égalité (3).

On arrive ainsi à ce résultat remarquable :

En général, *quand il s'agit d'un grand nombre d'épreuves répétées, l'événement composé dont la probabilité est la plus grande est celui dans lequel les nombres d'événements simples composants sont dans le même rapport que les probabilités de ces événements.*

Par exemple, si l'on tire un très grand nombre de cartes d'un jeu de 32 cartes, en remettant chaque fois la carte tirée, la probabilité d'amener un cœur est $\frac{8}{32}$ ou $\frac{1}{4}$, et celle d'amener une carte d'une autre couleur est $\frac{3}{4}$. On a donc une probabilité plus grande que toutes les autres que le nombre des cœurs sera à celui des autres cartes tirées dans le rapport de $\frac{1}{4}$ à $\frac{3}{4}$ ou de 1 à 3.

291. Nous allons chercher à comparer le terme maximum que nous venons de déterminer avec les termes qui le suivent ou qui le précèdent.

Désignons par M le terme maximum et par K un terme placé k rangs *après* le terme maximum.

Nous aurons

$$\mathrm{M} = \frac{m(m-1)(m-2)\ldots(m-n+1)}{1.2.3\ldots n} p^{m-n} q^n,$$

avec la condition

$$\frac{m-n}{n} = \frac{p}{q}$$

et

$$= \frac{m(m-1)(m-2)\ldots(m-n+1)(m-n)\ldots(m-n-k+1)}{1.2.3\ldots n(n+1)\ldots(n+k)} p^{m-n-k} q^{n+}$$

Leur rapport sera

$$(4)\qquad \frac{\mathrm{K}}{\mathrm{M}} = \frac{(m-n)(m-n-1)\ldots(m-n-k+1)}{(n+1).(n+2)\ldots(n+k)} \frac{q^k}{p^k}.$$

On peut poser évidemment (*Arithm.*, 188, 190)

$$m-n=rp \quad \text{et} \quad n=rq.$$

En divisant alors par r^k les deux termes de l'expression (4), ce qui se fera en divisant par r chacun des facteurs du coefficient fractionnaire, qui sont en nombre égal à k au numérateur et au dénominateur, il viendra

$$(4\ bis)\quad \frac{\mathrm{K}}{\mathrm{M}}=\frac{p\left(p-\frac{1}{r}\right)\left(p-\frac{2}{r}\right)\cdots\left(p-\frac{k-1}{r}\right)}{\left(q+\frac{1}{r}\right)\left(q+\frac{2}{r}\right)\left(q+\frac{3}{r}\right)\cdots\left(q+\frac{k}{r}\right)}\frac{q^k}{p^k}.$$

Si l'on fait maintenant croître indéfiniment le nombre des épreuves, $m-n$ et n croîtront indéfiniment, et il en sera de même de r. L'expression (4 *bis*) tendra donc elle-même indéfiniment vers la valeur

$$\frac{p^k}{q^k}\frac{q^k}{p^k},$$

c'est-à-dire *vers l'unité*.

Lorsqu'on multiplie suffisamment le nombre des épreuves, *la probabilité exprimée par un terme* K *du développement de* $(p+q)^m$, *situé* k *rangs* APRÈS *le terme maximum* M, *tend donc à devenir égale à la probabilité maximum exprimée par ce terme.* La même propriété existe, comme on peut le démontrer d'une manière analogue, pour un terme K' situé k rangs AVANT le terme M.

En résumé, quand on fait croître le nombre des épreuves, les probabilités exprimées par les termes qui se succèdent de K' à K, K étant d'ailleurs quelconque, mais fixe, vont toutes en se rapprochant autant qu'on veut de la probabilité maximum exprimée par le terme M.

295. Reprenons l'expression (4) à un autre point de vue. Laissons m et n très grands, mais fixes, et faisons croître k.

L'expression (4) peut s'écrire

$$\frac{\mathrm{K}}{\mathrm{M}}=\frac{rp}{rq+1}\,\frac{rp-1}{rq+2}\,\frac{rp-2}{rq+3}\cdots\frac{rp-(k-1)}{rq+k}\,\frac{q^k}{p^k}$$

ou, en décomposant le dernier terme fractionnaire du second membre de manière à multiplier par $\frac{q}{p}$ chacune des k fractions qui précèdent ce dernier terme,

$$\frac{\mathrm{K}}{\mathrm{M}}=\frac{rpq}{rqp+p}\,\frac{rpq-q}{rqp+2p}\,\frac{rpq-2q}{rqp+3p}\cdots\frac{rpq-(k-1)q}{rqp+kp}.$$

On voit alors que les fractions du second membre vont en diminuant de la première à la dernière, puisque leurs numérateurs vont en décroissant et leurs dénominateurs en croissant. Il en résulte que, si on les remplace toutes par la plus grande d'entre elles qui est la première, on a, leur nombre étant k,

$$\frac{K}{M} < \left(\frac{rpq}{rqp+p}\right)^k.$$

Comme la quantité élevée à la puissance k dans le second membre de cette inégalité est moindre que l'unité, on peut, en faisant croître suffisamment $k < m$, rendre cette puissance moindre qu'une quantité donnée δ (*Alg. élém.*, 336). Il en résulte qu'en prenant k assez grand, on peut *a fortiori* rendre $\frac{K}{M}$ moindre que δ.

La même propriété existe, comme on peut le démontrer d'une manière analogue, pour un terme K' situé k rangs *avant* le terme M.

Les probabilités exprimées par les termes qui s'éloignent indéfiniment du terme maximum M dans un sens ou dans l'autre sont donc de plus en plus petites par rapport à ce terme.

En rapprochant ce résultat du n° **294**, on voit que les termes du développement qui ont, après le terme maximum M, les plus grandes valeurs, s'agglomèrent pour ainsi dire dans son voisinage, et que leur somme constitue la plus grosse partie du développement total.

296. Tout ce qui précède conduit à une proposition fondamentale qu'on doit à Jacques Bernoulli, qui l'a démontrée dans son *Ars conjectandi* publié après sa mort, en 1713, et qui a justement conservé son nom. Elle peut s'énoncer comme il suit :

Théorème de Jacques Bernoulli. — *A mesure qu'on multiplie les épreuves concernant un événement simple* A *et l'événement contraire* B, *on a une probabilité toujours croissante que le rapport du nombre des événements* A *à celui des événements* B *ne s'écartera pas, en plus ou en moins, du rapport de leurs probabilités respectives* p *et* q, *d'une quantité supérieure à une limite donnée ; quelque resserrée que soit la limite indiquée, cette probabilité croissante peut, d'ailleurs, tendre indéfiniment vers l'unité, pourvu que le nombre des épreuves augmente suffisamment.*

En effet, représentons par $T_1, T_2, T_3, \ldots, T_k$, les termes du développement de $(p+q)^m$ qui sont distants du terme maximum M, de 1, 2, 3, ..., k rangs, comptés *après* ce terme. Les termes qui suivent T_k seront $T_{k+1}, T_{k+2}, T_{k+3}, \ldots, T_{2k}, \ldots$.

A mesure qu'on s'éloigne du terme maximum M, le rapport de chaque terme à celui qui le précède va en diminuant (**295**); le rapport inverse va, par conséquent, en augmentant. On peut donc écrire

$$\frac{M}{T_1} < \frac{T_k}{T_{k+1}}, \qquad \frac{T_1}{T_2} < \frac{T_{k+1}}{T_{k+2}},$$
$$\frac{T_2}{T_3} < \frac{T_{k+2}}{T_{k+3}}, \qquad \ldots, \qquad \frac{T_{k-1}}{T_k} < \frac{T_{2k-1}}{T_{2k}}.$$

On en conclut évidemment

$$(1)\qquad \frac{M}{T_k} < \frac{T_1}{T_{k+1}} < \frac{T_2}{T_{k+2}} < \frac{T_3}{T_{k+3}} < \cdots < \frac{T_k}{T_{2k}}.$$

On a aussi, identiquement,

$$\frac{M}{T_k} = \frac{\frac{M}{T_k}T_{k+1} + \frac{M}{T_k}T_{k+2} + \frac{M}{T_k}T_{k+3} + \ldots + \frac{M}{T_k}T_{2k}}{T_{k+1} + T_{k+2} + T_{k+3} + \ldots + T_{2k}}.$$

Si l'on remplace alors, dans le second membre de cette identité, $\frac{M}{T_k}$ par les rapports successifs, tous plus grands, indiqués dans les inégalités (1), il vient, en simplifiant,

$$(2)\qquad \frac{M}{T_k} < \frac{T_1 + T_2 + T_3 + \ldots + T_k}{T_{k+1} + T_{k+2} + T_{k+3} + \ldots + T_{2k}}.$$

La valeur de k qui rend $\frac{M}{T_k}$ plus grand qu'une quantité donnée $\frac{1}{\delta}$ (293) rend donc *a fortiori* le second membre de l'inégalité (2) plus grand que cette quantité.

Le terme M, qui renferme p^{m-n} et q^n, a $m-n$ termes après lui; le terme T_k, situé k rangs après M, en aura donc $m-n-k$ après lui.

Si l'on désigne par α l'entier immédiatement supérieur à $\frac{m-n-k}{k}$, on pourra partager ces $m-n-k$ termes en $\alpha-1$ groupes de k termes chacun, plus un dernier groupe contenant moins de k termes. Comme les termes considérés à partir de T_1 vont en diminuant de l'un à l'autre (293), la somme des termes de chaque groupe sera nécessairement inférieure à la somme des termes allant de T_1 à T_k. Or, si l'on représente la quantité donnée $\frac{1}{\delta}$, aussi grande qu'on veut pour k assez grand, par $N\alpha$, N sera lui-même aussi grand qu'on voudra et, puisqu'on a, par hypothèse, $\frac{M}{T_k} > \frac{1}{\delta}$, on aura aussi, d'après l'inégalité (2),

$$T_1 + T_2 + T_3 + \ldots + T_k > N\alpha(T_{k+1} + T_{k+2} + T_{k+3} + \ldots + T_{2k}).$$

Le premier groupe de k termes après le terme maximum M peut donc être rendu plus grand que $N\alpha$ fois le groupe de k termes qui vient après T_k et, *a fortiori*, plus grand que N fois la somme de tous les termes qui viennent après T_k, puisque les $(\alpha-1)$ groupes de k termes qui suivent T_k et le dernier groupe contenant moins de k termes et terminant le développement diminuent de l'un à l'autre.

On démontrera, d'une manière analogue, que la somme des k termes qui précèdent immédiatement le terme maximum M, et qu'on peut désigner, en remontant, par T'_1, T'_2, T'_3, ..., T'_k, peut être rendue plus grande que N fois la somme de tous les termes qui précèdent T'_k.

Il en résulte que la somme des termes qui vont de T'_k à T_k, en laissant même de côté le terme maximum M, peut être rendue plus grande que N fois la somme de tous les autres termes du développement de $(p+q)^m$.

Si l'on désigne par S_k la somme des termes allant inclusivement de T'_k à T_k et, par R, le reste du développement de $(p+q)^m$, avant et après, on peut donc toujours prendre k assez grand pour avoir, en désignant par ρ une quantité finie,

$$S_k = NR + \rho;$$

ce qui donne, pour le développement entier, l'expression

$$NR + \rho + R.$$

Mais les probabilités exprimées par T'_k, ..., T'_3, T'_2, T'_1, et par T_1, T_2, T_3, ..., T_k, sont, pour m assez grand, aussi proches qu'on veut de la probabilité maximum M (**294**) qui répond à la condition $\frac{m-n}{n} = \frac{p}{q}$ (**293**), c'est-à-dire qui représente la probabilité p que l'événement A se produira $m-n$ fois sur m épreuves répétées.

Il s'ensuit que, si la répartition des événements A et B a lieu conformément aux exposants qui affectent p et q dans l'un des termes de S_k, cette répartition différera aussi peu qu'on voudra, pour m assez grand, de celle qui donnerait $m-n$ fois l'événement A sur m épreuves, $\frac{m-n}{m}$ étant égal à la probabilité p de l'événement simple A.

Or la probabilité que la répartition des événements A et B répondra à l'un des termes de S_k étant désignée par P, on a évidemment

$$P = \frac{NR+\rho}{NR+\rho+R} = \frac{1+\frac{\rho}{NR}}{1+\frac{\rho}{NR}+\frac{1}{N}}.$$

Comme, en multipliant suffisamment le nombre m des épreuves, on peut augmenter $k < m$ et, par suite, NR et N autant qu'on veut, la probabilité P, toujours croissante, tend indéfiniment vers l'unité. *C'est précisément ce qu'on voulait démontrer.*

Cherchons, comme application, quelle est la probabilité d'extraire une figure d'un jeu de 52 cartes, lorsqu'on multiplie les tirages dans les mêmes conditions. Comme il y a 12 figures, la probabilité pour l'événement simple est $\frac{12}{52} = \frac{3}{13}$. D'après le théorème de Jacques Bernoulli, la probabilité que, pour un très grand nombre de tirages, le rapport du nombre de figures tirées au nombre total des tirages ne différera pas de $\frac{3}{13}$, en plus ou en moins, d'une quantité supérieure à la limite ε aussi resserrée qu'on voudra, et restera compris entre $\frac{3}{13} - \varepsilon$ et $\frac{3}{13} + \varepsilon$. cette probabilité approchera de l'unité et, par conséquent, de la certitude autant qu'on voudra, à la seule condition de multiplier suffisamment les épreuves.

297. Un cas particulier doit être mentionné.

Lorsqu'on demande la probabilité qu'un événement désigné arrivera *au moins une fois* dans un nombre donné d'épreuves répétées, le calcul peut se faire très simplement.

La seule chance contraire est, en effet, que l'événement désigné n'arrive pas du tout. On n'a donc qu'à calculer la probabilité correspondante et à la retrancher de l'unité.

Veut-on, par exemple, chercher quelle est la probabilité de marquer l'as au moins une fois en jetant trois fois de suite un dé à jouer? La probabilité de ne pas jeter l'as étant $\frac{5}{6}$, la probabilité de ne pas le jeter dans les trois épreuves répétées sera (**279**) $\frac{5}{6}\,\frac{5}{6}\,\frac{5}{6} = \frac{125}{216}$. La probabilité de le jeter au moins une fois dans les trois épreuves sera donc $1 - \frac{125}{216} = \frac{91}{216}$, fraction comprise entre $\frac{1}{2}$ et $\frac{1}{3}$, mais beaucoup plus voisine de $\frac{1}{2}$.

298. Il n'est peut-être pas inutile de rappeler, en terminant cet exposé, que le terme de *probabilité* doit toujours être entendu dans le sens mathématique de la définition du n° **241**. Par exemple, la proposition relative au terme maximum du développement de $(p+q)^m$ (**293**) signifie simplement que, parmi toutes les hypothèses qu'on peut faire sur l'apparition des événements simples A et B, celles qui donnent, pour le rapport du nombre des événements A à celui des événements B dans une série d'épreuves répétées, la valeur même du rapport $\frac{p}{q}$ des probabilités des événements simples A et B, sont en plus grand nombre que les hypothèses donnant au premier rapport une valeur différente de $\frac{p}{q}$.

299. On se demandera sans doute, d'après cela, quel est le degré de confiance qu'on doit accorder à la théorie des probabilités, et il faut répondre qu'on se tromperait gravement en croyant que l'expérience justifie toujours, même à peu près, les prévisions du calcul. Ce n'est que dans le cas des épreuves répétées qu'il peut en être ainsi, puisqu'on a alors la latitude, en multipliant le nombre des épreuves, de rendre la probabilité aussi voisine qu'on veut de la certitude d'après le théorème de Jacques Bernoulli, dont on aperçoit ainsi l'extrême importance.

C'est ce que n'ignorent pas ceux qui établissent des maisons de jeux de hasard. Comme le nombre des joueurs ou des épreuves est considérable, les conventions, tout en semblant favorables aux joueurs, peuvent facilement être calculées de manière que, en définitive et malgré les fluctuations apparentes du sort, les entrepreneurs soient assurés d'un bénéfice estimé d'avance et les joueurs de la perte correspondante.

300. Nous remarquerons, en dernier lieu, que nous avons supposé jusqu'ici toutes les chances possibles complètement énumérées et toutes ces chances également possibles. Mais il est bien évident que, pour les événements fortuits dont l'homme n'a pas déterminé directement les conditions, les causes qui donnent telles chances à tel événement sont presque toujours inconnues ou trop compliquées pour que nous puissions les analyser rigoureusement.

Pour nous faire mieux comprendre, prenons des exemples physiques.

Quand on joue à *pile ou face* avec une pièce de monnaie, il n'y a, au premier abord, que deux chances possibles, puisque la pièce doit nécessairement tomber, même lorsqu'elle roule en touchant le sol, sur l'un de ses deux côtés. La probabilité mathématique de chaque événement est donc $\frac{1}{2}$. Mais la pièce pourrait n'être pas homogène, elle pourrait être frappée de manière à tomber plus facilement sur l'un de ses côtés. Si, en consultant l'expérience, on la voyait marquer régulièrement trois fois *face* et une fois *pile*, on devrait dire que le jet de la pièce est soumis à quatre chances, trois pour *face*, une pour *pile*, et les probabilités mathématiques des deux événements seraient $\frac{3}{4}$ et $\frac{1}{4}$.

De même, quand un dé à jouer est bien construit, il doit tomber avec une égale facilité sur chacune de ses faces. Mais, en altérant le dé, soit sous le rapport de la forme, soit sous le rapport de l'homogénéité de la matière, on peut rendre la probabilité du jet de l'as, par exemple, aussi grande ou aussi petite que l'on veut.

On pourrait d'ailleurs jouer avec des dés ainsi *pipés*, à la condition de connaître leurs irrégularités et de tenir exactement compte des chances diverses attachées au jet de chaque point.

301. Cette inégalité dans les chances, sur laquelle nous venons d'appeler l'attention, se reproduit à chaque instant dans l'appréciation des probabilités qui se rapportent à la succession des phénomènes naturels ou sociaux. La difficulté est seulement rendue encore infiniment plus grande par l'ignorance où nous sommes des conditions ou des causes agissantes.

Il faut alors s'aider de considérations nouvelles, telles que celles qui concernent les moyennes et les limites d'erreurs, par exemple, pour estimer la probabilité d'un événement.

Les probabilités des événements dont on connaît le nombre et la nature des chances sont des probabilités *a priori* : ce sont celles dont nous nous sommes occupé. Les probabilités des événements dont le nombre et la nature des chances sont inconnus sont des probabilités *a posteriori*.

Pour ces dernières, qui sont les plus importantes à déterminer, il faut recourir à l'expérience. C'est le théorème de Jacques Bernoulli qui permet cette détermination expérimentale. Car si, en m épreuves, l'événement désigné est arrivé n fois, m et n étant suffisamment grands, la probabilité P que la probabilité inconnue x de cet événement différera de $\frac{n}{m}$, en plus ou en moins, d'une quantité ε aussi petite qu'on voudra, tendra indéfiniment vers l'unité ou vers la certitude, en faisant croître indéfiniment m et n.

Prenons, par exemple, la question des *naissances des deux sexes*. Nous sommes dans une grande ignorance des conditions qui déterminent la proportion des sexes dans chaque espèce animale; et c'est un des plus curieux problèmes qu'on puisse se proposer, que de prévoir en particulier, par l'observation, la probabilité ou la chance d'une naissance masculine et celle contraire d'une naissance féminine.

Dès le commencement du XVIIIe siècle, en compulsant les registres publics, on put remarquer que le nombre des naissances masculines *l'emporte*, d'une manière générale, sur celui des naissances féminines. Et c'est là, aujourd'hui, un fait que l'ensemble des documents recueillis par la Statistique a parfaitement constaté.

En consultant les relevés officiels reproduits dans l'*Annuaire du Bureau des Longitudes*, on trouve qu'il y a eu en France, pendant la période décennale qui s'étend de 1817 à 1827 exclusivement, un nombre de *naissances masculines* égal à 4 981 766 et un nombre de *naissances féminines* égal à 4 674 569. Le rapport du premier nombre au second étant 1,0657, il doit y avoir, d'après ce qui précède, une très grande probabilité que le rapport du nombre des naissances masculines à celui des naissances féminines s'écartera peu de ce résultat pour l'année 1827.

Or, en consultant l'*Annuaire*, on trouve, pour cette année 1827, 505 307 naissances masculines et 474 889 naissances féminines, c'est-à-dire un rapport égal à 1,0641. L'écart n'est ainsi, en moins, que de 0,0016.

Si l'on pouvait adopter pour la France le rapport 1,06, il répondrait à très peu près à 18 naissances masculines contre 17 naissances féminines.

Nous n'insisterons pas davantage sur ces notions.

CHAPITRE IV.

PUISSANCES ET RACINES D'UN POLYNOME.

Puissances d'un polynôme.

302. On peut présenter de deux manières la recherche de la puissance $m^{\text{ième}}$ d'un polynôme quelconque, m étant entier et positif.

Dans la première méthode, on s'appuie sur la formule du binôme; dans la seconde méthode, dont l'exposition est beaucoup plus simple et plus rapide, on opère directement en ayant recours à la théorie des permutations avec groupes d'objets identiques et des combinaisons avec répétition des objets.

303. *Première méthode.* — En considérant deux termes d'un trinôme comme n'en formant qu'un seul, on peut ramener à la formule du binôme les puissances de ce trinôme; et, en appliquant de proche en proche le même procédé, on peut ramener à la formule du binôme les puissances d'un polynôme quelconque.

Soit d'abord le trinôme $(a+b+c)$ à élever à la puissance m. En regardant $a+b$ comme un seul terme, il vient (255)

$$a+b+c)^m = (a+b)^m + \frac{m}{1}(a+b)^{m-1}c + \frac{m(m-1)}{1.2}(a+b)^{m-2}c^2 + \dots$$
$$+ \frac{m(m-1)(m-2)\dots(m-p+1)}{1.2.3\dots p}(a+b)^{m-p}c^p + \dots + c^m$$

Il reste à développer dans le second membre les différentes puissances du binôme $(a+b)$.

On obtiendra ainsi évidemment une série de termes dans

lesquels la somme des exposants des lettres a, b, c, sera constamment égale à m.

Par exemple, les termes provenant du terme général

$$\frac{m(m-1)(m-2)\ldots(m-p+1)}{1.2.3\ldots p}(a+b)^{m-p}c^p$$

contiendront tous le produit de c^p par des puissances de a et de b dont la somme des exposants sera toujours $m-p$.

Réciproquement, si α, β, γ désignent trois nombres entiers satisfaisant à la condition

$$\alpha+\beta+\gamma=m,$$

le développement renfermera nécessairement un terme en $a^\alpha b^\beta c^\gamma$.

En effet, le développement renferme un terme en c^γ qui est

$$(1)\qquad \frac{m(m-1)(m-2)\ldots(m-\gamma+1)}{1.2.3\ldots\gamma}(a+b)^{m-\gamma}c^\gamma,$$

et $(a+b)^{m-\gamma}$ renferme un terme dans lequel a et b ont des exposants α et β tels que la condition $\alpha+\beta=m-\gamma$ ou $\alpha+\beta+\gamma=m$ soit satisfaite.

Cherchons l'expression du coefficient du terme en $a^\alpha b^\beta c^\gamma$.

Par une transformation connue (**223**), on peut mettre ce terme représenté par l'expression (1) sous la forme

$$\frac{m!}{\gamma!(m-\gamma)!}(a+b)^{m-\gamma}c^\gamma.$$

Dans le développement de $(a+b)^{m-\gamma}$, le terme en $a^\alpha b^\beta$ ou en $a^\alpha b^{m-\gamma-\alpha}$ a d'ailleurs pour coefficient, d'après la même transformation,

$$\frac{(m-\gamma)!}{\alpha!(m-\gamma-\alpha)!}.$$

Le coefficient du terme en $a^\alpha b^\beta c^\gamma$ est donc

$$\frac{m!}{\gamma!(m-\gamma)!}\,\frac{(m-\gamma)!}{\alpha!(m-\gamma-\alpha)!}=\frac{m!}{\gamma!\,\alpha!(m-\gamma-\alpha)!},$$

et ce terme lui-même a pour expression, en tenant compte de la relation $\alpha+\beta+\gamma=m$,

$$(2)\qquad \frac{m!}{\alpha!\,\beta!\,\gamma!}a^\alpha b^\beta c^\gamma.$$

Pour avoir maintenant tous les termes du développement de $(a+b+c)^m$, il suffit de substituer dans l'expression précédente toutes les valeurs de α, β, γ, qui, en restant comprises entre o et m, satisfont à la condition $\alpha+\beta+\gamma=m$.

304. Il faut seulement faire cette restriction que, *pour* $\alpha=0$, *par exemple, la suite correspondante* $\alpha!$ *doit être remplacée par l'unité.*

En effet, le terme considéré répond alors au dernier terme du développement auxiliaire de $(a+b)^{\alpha+\beta}$ ou de $(a+b)^{m-\gamma}$, qui se réduit à b^β ou à $b^{m-\gamma}$ affecté du coefficient 1. Il faut donc que le coefficient

$$\frac{(m-\gamma)!}{\alpha!\,(m-\gamma-\alpha)!},$$

qui devient $\frac{1}{\alpha!}$ dans le cas de $\alpha=0$, représente lui-même l'unité dans cette hypothèse; ce qui conduit à la convention indiquée.

305. Le même raisonnement est applicable à la recherche du terme général de la puissance $m^{\text{ième}}$ d'un polynôme quelconque

$$a+b+c+d+\ldots.$$

Posons, en effet,

$$x=b+c+d+\ldots.$$

La puissance cherchée deviendra

$$(a+x)^m,$$

et son terme général sera

$$\frac{m!}{\alpha!\,(m-\alpha)!}\,a^\alpha x^{m-\alpha}.$$

Posons alors

$$y=c+d+\ldots,$$

nous aurons

$$x^{m-\alpha}=(b+y)^{m-\alpha},$$

et le terme général de ce nouveau développement sera

$$\frac{(m-\alpha)!}{\beta!\,(m-\alpha-\beta)!}\,b^\beta y^{m-\alpha-\beta}.$$

Le terme général du développement $(a+x)^m$ ou du développement cherché deviendra donc

$$\frac{m!}{\alpha!\,(m-\alpha)!}\,\frac{(m-\alpha)!}{\beta!\,(m-\alpha-\beta)!}\,a^\alpha b^\beta y^{m-\alpha-\beta}$$

ou, en simplifiant,

$$\frac{m!}{\alpha!\,\beta!\,(m-\alpha-\beta)!}\,a^\alpha b^\beta y^{m-\alpha-\beta}.$$

Posons encore

$$z = d + \ldots,$$

et nous aurons

$$y^{m-\alpha-\beta} = (c+z)^{m-\alpha-\beta}.$$

Le terme général de ce dernier développement étant

$$\frac{(m-\alpha-\beta)!}{\gamma!\,(m-\alpha-\beta-\gamma)!}\,c^\gamma z^{m-\alpha-\beta-\gamma},$$

le terme général du développement cherché deviendra, après simplification,

$$\frac{m!}{\alpha!\,\beta!\,\gamma!\,(m-\alpha-\beta-\gamma)!}\,a^\alpha b^\beta c^\gamma z^{m-\alpha-\beta-\gamma}.$$

La loi est évidente et, en continuant, on trouvera, pour terme général du développement de

$$(a+b+c+d+\ldots)^m,$$

l'expression

$$\frac{m!}{\alpha!\,\beta!\,\gamma!\,\delta!\ldots}\,a^\alpha b^\beta c^\gamma d^\delta\ldots.$$

On en déduira tous les termes du développement en substituant à α, β, γ, δ, ..., toutes les valeurs qui, en restant comprises entre o et m, satisfont à la condition

$$\alpha+\beta+\gamma+\delta+\ldots = m,$$

pourvu que l'on convienne de remplacer par l'unité les suites $\alpha!$, $\beta!$, $\gamma!$, $\delta!$, ..., pour les valeurs particulières $\alpha = 0$, $\beta = 0$, $\gamma = 0$, $\delta = 0$, ... (304).

306. *Seconde méthode.* — Élever un polynôme quelconque

$$a+b+c+d+\ldots$$

à la puissance m, c'est multiplier entre eux m polynômes égaux au polynôme donné. Chaque terme du produit comprendra donc un terme de chacun de ces m polynômes (*Alg. élém.*, **29**).

D'ailleurs, comme ces m polynômes sont égaux, la lettre a pourra se présenter α fois comme facteur; la lettre b, β fois; la lettre c, γ fois, etc. Le terme général qu'il s'agit de former contiendra donc le produit $a^\alpha b^\beta c^\gamma d^\delta \ldots$ et il aura un coefficient égal au nombre de permutations qu'on peut faire avec m objets, en en supposant α égaux à a, β égaux à b, γ égaux à c, etc. Ce coefficient sera donc (**238**).

$$\frac{P_m}{P_\alpha P_\beta P_\gamma P_\delta \ldots} \quad \text{ou} \quad \frac{m!}{\alpha!\beta!\gamma!\delta!\ldots}.$$

Le développement cherché pourra donc être représenté par la formule

$$(a+b+c+d+\ldots)^m = \sum \frac{m!}{\alpha!\beta!\gamma!\delta!\ldots} a^\alpha b^\beta c^\gamma d^\delta \ldots.$$

Pour avoir tous ses termes, il suffira de donner à α, β, γ, δ, ..., toutes les valeurs compatibles avec la condition

$$\alpha+\beta+\gamma+\delta+\ldots = m,$$

en acceptant toujours la convention $\alpha! = 1$ pour $\alpha = 0$ ou, d'une manière générale, la convention $P_0 = 1$.

307. On peut demander quel est le nombre des termes du développement, le polynôme donné $(a+b+c+d+\ldots)$ comprenant n termes.

Il est clair que ce nombre est celui des combinaisons qu'on obtient en prenant n objets m à m, avec permission de répétition et n pouvant être moindre que m. En effet, chaque terme du développement doit renfermer comme facteurs, avec permission de répétition, un des n termes de chacun des m polynômes égaux au polynôme donné, qu'on multiplie entre eux. Le résultat cherché est donc (**235**)

$$(1) \qquad (\text{CR})_n^m = \frac{n(n+1)(n+2)\ldots(n+m-1)}{1.2.3\ldots m}.$$

C'est aussi, comme on l'a déjà remarqué, le nombre de combinaisons *sans répétition* de $(n+m-1)$ objets pris m à m.

Comme on a (226)

$$C_{n+m-1}^{m} = C_{n+m-1}^{n-1},$$

on peut encore, en remplaçant m par $n-1$ et, par conséquent, n par $m+1$, prendre pour résultat

$$(2) \quad (\mathrm{CR})_n^m = \frac{(m+1)(m+2)(m+3)\ldots(m+n-1)}{1.2.3\ldots(n-1)}.$$

On emploiera la formule (1) ou la formule (2), suivant que m sera plus petit ou plus grand que $n-1$.

Applications.

308. 1° *Carré d'un polynôme.* — Soit le polynôme $(a+b+c+d+\ldots)$ à élever au carré.

On devra faire $m=2$ dans la formule générale du n° 306 et, par conséquent, il n'entrera que deux lettres dans chaque terme du développement. On aura ainsi

$$(a+b+c+d+\ldots)^2 = \sum \frac{P_2}{P_\alpha P_\beta} a^\alpha b^\beta,$$

avec la condition $\alpha+\beta=m=2$.

Si l'on suppose $\alpha=2$, on a $\beta=0$.

Par suite, $P_2=2$, $P_\alpha=2$, $P_\beta=1$ (d'après la convention du n° 304), et l'on déduit du terme général des termes de la forme a^2.

Si l'on suppose $\alpha=1$, on a $\beta=1$.

Par suite, $P_2=2$, $P_\alpha=1$, $P_\beta=1$, et l'on déduit du terme général des termes de la forme $2ab$.

Si l'on suppose $\alpha=0$, on a $\beta=2$, et l'on retombe sur le premier résultat.

On a donc finalement

$$(a+b+c+d+\ldots)^2 = \Sigma a^2 + \Sigma 2ab.$$

C'est la loi connue (*Alg. élém.*, 224) qu'on énonce en disant que *le carré d'un polynôme renferme les carrés de tous ses termes et les doubles produits de tous ses termes pris deux à deux.*

309. 2° *Cube d'un polynôme.* — Soit le polynôme $(a+b+c+d+\ldots)$ à élever au cube.

On devra faire $m=3$ dans la formule générale du n° 306 et, par conséquent, il n'entrera que trois lettres dans chaque terme du développement. On aura ainsi

$$(a+b+c+d+\ldots)^3 = \sum \frac{P_3}{P_\alpha P_\beta P_\gamma} a^\alpha b^\beta c^\gamma,$$

avec la condition $\alpha+\beta+\gamma=3$.

Si l'on suppose $\alpha = 3$, on a $\beta = 0$ et $\gamma = 0$.

Par suite, $P_3 = 6$, $P_\alpha = 6$, $P_\beta = 1$, $P_\gamma = 1$ (par convention), et l'on déduit du terme général des termes de la forme a^3.

Si l'on suppose $\alpha = 2$, on a $\beta = 1$ et $\gamma = 0$ *ou* $\beta = 0$ et $\gamma = 1$.

On a donc, dans les deux hypothèses, $P_3 = 6$, $P_\alpha = 2$, $P_\beta = 1$, $P_\gamma = 1$, et l'on déduit du terme général des termes de la forme $3a^2b$ *ou* $3a^2c$, c'est-à-dire de la même forme.

Si l'on suppose $\alpha = 1$, on a en même temps $\beta = 2$ et $\gamma = 0$, *ou* $\beta = 1$ et $\gamma = 1$ *ou* $\beta = 0$ et $\gamma = 2$.

On a donc, successivement,

$$P_3 = 6, \qquad P_\alpha = 1, \qquad P_\beta = 2, \qquad P_\gamma = 1,$$

ou

$$P_3 = 6, \qquad P_\alpha = 1, \qquad P_\beta = 1, \qquad P_\gamma = 1,$$

ou

$$P_3 = 6, \qquad P_\alpha = 1, \qquad P_\beta = 1, \qquad P_\gamma = 2,$$

et le terme général conduit à des termes de la forme $3ab^2$ ou $6abc$ ou $3ac^2$, c'est-à-dire à des termes de la forme $3a^2b$ déjà obtenue et à des termes de la forme $6abc$.

Enfin, pour $\alpha = 0$, on retombe évidemment sur l'un des résultats précédents.

On obtient, par suite, la formule

$$(a + b + c + d + \ldots)^3 = \Sigma a^3 + \Sigma 3a^2b + \Sigma 6abc.$$

On en conclut que *le cube d'un polynôme est égal à la somme des cubes de tous ses termes plus trois fois la somme de tous les produits résultant de la multiplication du carré d'un terme par la première puissance d'un autre terme, plus six fois la somme des produits de tous les termes pris trois à trois.*

310. 3° *Formule du binôme.* — La formule générale, que nous avons démontrée par notre seconde méthode (306), doit contenir celle du binôme. En effet, si le polynôme donné est $x + a$, on a, d'après cette formule générale,

$$(x + a)^m = \sum \frac{P_m}{P_\alpha P_\beta} a^\alpha x^\beta,$$

avec la condition $\alpha + \beta = m$, d'où $\beta = m - \alpha$.

Il vient donc

$$(x + a)^m = \sum \frac{P_m}{P_\alpha P_{m-\alpha}} a^\alpha x^{m-\alpha}.$$

Le coefficient placé sous le signe Σ étant égal à

$$\frac{m!}{\alpha!(m-\alpha)!} \quad \text{ou à} \quad C_m^\alpha \quad (223),$$

le terme général du développement n'est autre chose que

$$C_m^\alpha a^\alpha x^{m-\alpha},$$

et se confond avec le terme général de la formule du binôme (256).

Racines d'un polynôme.

311. Admettons qu'un polynôme entier P, ordonné suivant les puissances décroissantes d'une certaine lettre ordonnatrice, soit la puissance $m^{\text{ième}}$ d'un autre polynôme entier Q ordonné de la même manière. Le polynôme Q est alors la racine $m^{\text{ième}}$ du polynôme P, et l'on peut poser

$$Q = a + b + c + d + \ldots + k + l = \sqrt[m]{P}.$$

Connaissant P, on se propose de trouver Q.

312. Si l'on regarde Q comme un binôme formé de son premier terme a et de l'ensemble de tous ses autres termes considérés comme un seul terme, on aura (255)

$$(1)\quad \left\{ \begin{aligned} P = Q^m &= (a + \overbrace{b + c + d + \ldots + k + l})^m \\ &= a^m + m a^{m-1}(b + c + d + \ldots + k + l) \\ &\quad + \frac{m(m-1)}{1.2} a^{m-2}(b + c + d + \ldots + k + l)^2 + \ldots \end{aligned} \right.$$

L'expression (1) est une identité. Comme on suppose les deux polynômes ordonnés de la même manière, le premier terme de P doit être égal à a^m et, par suite, le premier terme a de la racine Q est la racine $m^{\text{ième}}$ du premier terme de P.

On peut donc énoncer cette première règle :

Pour trouver le premier terme de la racine $m^{\text{ième}}$ d'un polynôme, on n'a qu'à extraire la racine $m^{\text{ième}}$ du premier terme de ce polynôme.

Si le premier terme de P est Ax^n, on aura donc

$$a = \sqrt[m]{Ax^n} = x^{\frac{n}{m}} \sqrt[m]{A}.$$

Les deux polynômes P et Q étant supposés entiers par rapport à x et de plus réels, *n devra être un multiple de m* et A devra être positif si m est pair (130, 2°). On pourra alors accepter les deux valeurs réelles de $\sqrt[m]{A}$, qui sont égales et de signes contraires (130, 1°). Si m est impair, $\sqrt[m]{A}$ n'aura qu'une seule valeur réelle de même signe que A (130, 3°).

Nous remarquerons immédiatement, avant d'aller plus loin, que *le dernier terme de la racine supposée exacte peut s'obtenir immédiatement* comme le premier terme, *en extrayant la racine $m^{ième}$ du dernier terme de* P.

En effet, si l'on regarde la racine Q comme formée de l'ensemble de tous ses termes, moins le dernier, et de ce dernier terme l, le dernier terme de Q^m est évidemment l^m. Si L est le dernier terme de P, on a donc identiquement

$$L = l^m \quad \text{ou} \quad l = \sqrt[m]{L}.$$

313. Il s'agit maintenant d'obtenir les autres termes de la racine Q, à partir du deuxième terme.

Pour cela, nous déduirons de l'égalité (1) la valeur de $P - a^m$, et nous aurons ainsi un premier reste R_1 qui sera

$$(2)\quad \left\{ \begin{aligned} R_1 &= m a^{m-1}(b + c + d + \ldots + k + l) \\ &\quad + \frac{m(m-1)}{1.2} a^{m-2}(b + c + d + \ldots + k + l)^2 + \ldots. \end{aligned} \right.$$

Il est évident que le premier terme de R_1, qui est en même temps le premier terme de $P - a^m$ ou le second terme de P, est sans réduction $ma^{m-1}b$, puisque les deux polynômes sont ordonnés suivant les puissances décroissantes de la même lettre et que ce terme $ma^{m-1}b$ contient alors la lettre ordonnatrice avec un exposant plus élevé que tous les autres termes du second membre de l'égalité (2).

Il en résulte qu'en divisant le premier terme de R_1 par ma^{m-1}, on obtiendra nécessairement pour quotient le deuxième terme b de la racine Q.

Continuons. La partie écrite à la racine étant $a + b$, regardons Q comme composé d'un premier terme $(a + b)$ et de l'ensemble de tous ses autres termes comme second terme. Nous aurons ainsi

$$(3)\quad \left\{ \begin{aligned} P = Q^m &= (\overbrace{a + b} + \overbrace{c + d + \ldots + k + l})^m \\ &= (a + b)^m + m(a + b)^{m-1}(c + d + \ldots + k + l) \\ &\quad + \frac{m(m-1)}{1.2}(a + b)^{m-2}(c + d + \ldots + k + l)^2 + \ldots. \end{aligned} \right.$$

Nous déduirons de l'égalité (3) la valeur de $P-(a+b)^m$, et nous aurons ainsi un deuxième reste R_2 qui sera

$$(4)\quad \begin{cases} R_2 = m(a+b)^{m-1}(c+d+\ldots+k+l) \\ \quad + \dfrac{m(m-1)}{1.2}(a+b)^{m-2}(c+d+\ldots+k+l)^2+\ldots \end{cases}$$

Il est évident que le premier terme de R_2 est, sans réduction, $ma^{m-1}c$, parce que ce terme contient la lettre ordonnatrice avec un exposant plus élevé que tous les autres termes du second membre de l'égalité (4).

Il en résulte qu'en divisant le premier terme de R_2 par ma^{m-1}, on obtiendra nécessairement pour quotient le troisième terme c de la racine Q.

On peut poursuivre d'une manière analogue; la loi est générale, et l'on peut énoncer cette seconde règle :

Pour trouver les différents termes de la racine, à partir du deuxième terme, on n'a qu'à diviser par le diviseur constant ma^{m-1}, *c'est-à-dire par m fois la* $(m-1)^{ième}$ *puissance du premier terme de la racine, le premier terme de chacun des restes successifs* R_1, R_2, R_3, ..., *ces restes s'obtenant d'ailleurs en retranchant du polynôme* P *la* $m^{ième}$ *puissance du premier terme, des deux premiers termes, des trois premiers termes, etc. de la racine* Q.

314. Lorsqu'on parvient au dernier terme l de la racine Q, on doit obtenir un reste nul, puisqu'on retranche alors Q^m de P.

Réciproquement, un reste nul indique que la racine est complète, puisque la $m^{ième}$ puissance de cette racine reproduit le polynôme donné.

315. Nous ne nous arrêterons pas au cas où la lettre ordonnatrice entrerait avec le même exposant dans plusieurs termes de P. Il n'y a alors qu'à se reporter à ce qui a été dit sur ce sujet, pour la division et l'extraction de la racine carrée des polynômes (*Alg. élém.*, **47**, **226**).

Des racines inexactes.

316. Nous avons supposé jusqu'à présent que P était la puissance $m^{ième}$ exacte d'un certain polynôme Q.

Si cette condition n'est pas remplie, mais si l'on peut, toutefois, commencer l'extraction de la racine $m^{\text{ième}}$ de P en appliquant les deux règles énoncées plus haut (**312**, **313**), on voit, d'après ce qui précède, que le polynôme P sera, à un instant donné, égal à la $m^{\text{ième}}$ puissance de la partie S écrite jusque-là à la racine, plus le reste R correspondant, et qu'on aura l'identité

$$P = S^m + R.$$

Mais l'opération n'aura pas de fin, puisque R ne peut pas être nul, et, en la poursuivant, on obtiendra une suite illimitée de termes où l'exposant de la lettre ordonnatrice deviendra négatif et croîtra indéfiniment en valeur absolue. Ces exposants négatifs n'apparaîtront que si l'on atteint le reste de degré inférieur à S par rapport à la lettre ordonnatrice.

On peut remarquer l'analogie qui existe ici entre l'extraction des racines et la division des polynômes (*Alg. élém.*, **90**, **227**).

317. Lorsque le premier et le dernier terme du polynôme P ne sont pas tous deux des puissances $m^{\text{ièmes}}$ exactes, on peut affirmer qu'aucun polynôme Q, tel que nous l'avons défini, ne peut être la racine $m^{\text{ième}}$ de P (**312**).

Si la racine $m^{\text{ième}}$ du premier terme de P a un coefficient irrationnel, il peut se faire que la racine $m^{\text{ième}}$ de P, alors à coefficients irrationnels, soit rationnelle par rapport à la lettre ordonnatrice. Mais, si la racine $m^{\text{ième}}$ du premier terme de P est complètement rationnelle, l'opération continuée ne peut amener à la racine que des termes rationnels. Il faut donc que le dernier terme de la racine soit aussi rationnel, c'est-à-dire que le dernier terme de P soit, comme son premier terme, une puissance $m^{\text{ième}}$ exacte. S'il n'en est pas ainsi, l'extraction de la racine est impossible exactement.

318. Il est inutile d'appuyer sur l'analogie qui existe entre l'extraction de la racine $m^{\text{ième}}$ des polynômes et celle de leur racine carrée, et de revenir sur la théorie de cette dernière, développée précédemment (*Alg. élém.*, **226** à **229**).

Nous ferons seulement remarquer que, si n est le degré d'un polynôme P, on ne peut commencer l'extraction de la racine carrée dans les conditions admises, que si n est pair. Alors, en poursuivant l'opération jusqu'à ce qu'on parvienne à un reste R de degré inférieur à la partie S écrite à la racine ou de degré inférieur à $\frac{n}{2}$, on obtient l'identité

$$P = S^2 + R.$$

On peut dire, dans ce cas, que $\pm S$ est la *racine carrée de* P, et R *le reste de l'opération*.

Il est d'ailleurs facile de voir que cette décomposition de P n'est possible que de la manière indiquée.

Supposons, en effet, qu'on puisse avoir

$$P = S^2 + R \qquad \text{et} \qquad P = S'^2 + R'.$$

Il en résulterait identiquement

$$S^2 + R = S'^2 + R'$$

ou

$$S^2 - S'^2 = (S + S')(S - S') = R' - R.$$

Mais S et S' sont de degré $\frac{n}{2}$ par rapport à la lettre ordonnatrice, R et R' sont de degré inférieur. L'identité précédente est donc impossible (18), à moins qu'elle ne se réduise à $0 = 0$. Mais on a, dans cette hypothèse,

$$(S + S')(S - S') = 0 \qquad \text{et} \qquad R' - R = 0$$

ou

$$S = \pm S' \qquad \text{et} \qquad R = R'.$$

La racine carrée de P n'admet donc bien que deux valeurs égales et de signes contraires, et l'opération conduit toujours au même reste.

Applications.

319. 1° *Extraction de la racine $m^{\text{ième}}$ des nombres entiers.* — Comme un nombre entier peut toujours être regardé comme la somme de ses dizaines et de ses unités, il est facile de lui appliquer les principes précédents, quel que soit le degré de la racine qu'on veuille extraire, en raisonnant d'ailleurs comme nous l'avons fait en Arithmétique pour la racine carrée et pour la racine cubique.

Quand le degré de la racine est un nombre composé de facteurs premiers 2 et 3, on n'a qu'à extraire successivement des racines carrées et cubiques (137). Ainsi,

$$\sqrt[12]{a} = \sqrt[3]{\sqrt[4]{a}} = \sqrt[3]{\sqrt{\sqrt{a}}}.$$

Mais, quand les facteurs premiers de l'indice de la racine sont différents de 2 et de 3 ou quand ce degré est lui-même un autre nombre premier, il faut opérer directement.

Soit, par exemple, à extraire la racine *cinquième* d'un nombre.

On commencera par former le tableau des puissances cinquièmes des neuf premiers nombres. Ce tableau permettra d'obtenir, à l'unité près, la racine cinquième des nombres moindres que 10^5, c'est-à-dire qui n'ont pas plus de cinq chiffres (*Arithm.*, 278).

Quand le nombre donné aura plus de cinq chiffres, sa racine cinquième en aura au moins deux, et l'on pourra la regarder comme composée de a dizaines et de b unités. Cette racine sera alors exprimée par $(a.10+b)$, et l'on aura (235)

$$(a.10+b)^5 = a^5.10^5 + 5a^4.10^4.b + \ldots.$$

Soit, pour fixer les idées, le nombre 14348907 dont on veut extraire la racine cinquième.

La cinquième puissance des dizaines de la racine ne pouvant donner que des centaines de mille, on est conduit à partager ce nombre en tranches de *cinq* chiffres. Ici, on n'a que deux tranches, et l'on doit extraire la racine cinquième de la plus grande cinquième puissance renfermée dans la dernière tranche 143. Comme on a $2^5 = 32$ et $3^5 = 243$, le chiffre des dizaines de la racine est égal à 2. En retranchant $2^5.10^5$ du nombre proposé, on a pour reste 11148907. Ce reste est supérieur au deuxième terme $5a^4.10^4.b$ du développement de la racine, qui ne peut donner d'ailleurs que des dizaines de mille. Il en résulte que le nombre 1114 des dizaines de mille du reste est *au moins égal* à $5a^4b$. En divisant 1114 par $5a^4$, ou par $5.2^4 = 80$, on obtiendra donc un chiffre égal ou supérieur au chiffre b des unités de la racine.

$$\begin{array}{r|l} 143.48907 & 27 \\ 32 & \overline{5.2^4 = 80} \\ \hline 1114.8907 & \\ 27^5 = 1434\ 8907 & \\ \hline 0 & \end{array}$$

Le quotient de 1114 par 80 étant supérieur à 10, on essayera d'abord le chiffre 9, en cherchant si la cinquième puissance de 29 peut se retrancher du nombre considéré. Comme cette puissance est trop grande et qu'il en est de même de celle de 28, nous descendrons jusqu'à 7, qui est le chiffre b des unités; 27^5 reproduit précisément le nombre donné, et l'on a exactement

$$\sqrt[5]{14348907} = 27.$$

Quand on a besoin d'extraire des racines numériques de degré élevé, il est d'ailleurs toujours plus simple d'opérer par logarithmes.

320. 2° *Dans toute progression par différence dont la raison est l'unité, le produit de quatre termes consécutifs quelconques augmenté de 1 est toujours un carré parfait.*

Soit x un terme quelconque de la progression. Les quatre termes consécutifs que nous devons considérer seront x, $x+1$, $x+2$, $x+3$. et il faut prouver que

$$N = x(x+1)(x+2)(x+3)+1 = x^4+6x^3+11x^2+6x+1$$

est un carré parfait.

Nous n'avons qu'à essayer d'extraire la racine carrée de N suivant la règle connue qui se confond avec la règle générale (312, 313). Nous aurons (*Alg. élém.*, 226)

$$\begin{array}{r|l} x^4+6x^3+11x^2+6x+1 & x^2+3x+1 \\ \cline{2-2} 6x^3+11x^2+6x+1 & (2x^2+3x)3x \\ 2x^2+6x+1 & (2x^2+6x+1)1 \\ 0 & \end{array}$$

On trouve un reste nul, et l'on a

$$N = (x^2+3x+1)^2.$$

Le théorème est donc démontré.

321. 3° *Trouver les conditions nécessaires et suffisantes pour que le polynôme du quatrième degré*

$$A_0x^4+A_1x^3+A_2x^2+A_3x+A_4$$

soit un carré parfait.

On essayera l'extraction de la racine carrée du polynôme, et l'on poursuivra l'opération jusqu'à ce qu'on parvienne à un reste du premier degré en x. En écrivant que ce reste est identiquement nul, on obtiendra évidemment les conditions cherchées.

Le calcul se présente comme il suit :

$$\begin{array}{r|l} A_0x^4+A_1x^3+A_2x^2+A_3x+A_4 & \sqrt{A_0}\,x^2+\dfrac{A_1}{2\sqrt{A_0}}x+\dfrac{4A_0A_2-A_1^2}{8A_0\sqrt{A_0}} \\ \cline{2-2} A_1x^3+A_2x^2+A_3x+A_4 & 2\sqrt{A_0}\,x^2+\dfrac{A_1}{2\sqrt{A_0}}x \\ \left(A_2-\dfrac{A_1^2}{4A_0}\right)x^2+A_3x+A_4 & \qquad\qquad\dfrac{A_1}{2\sqrt{A_0}}x \\ \cline{2-2} \left[A_3-\dfrac{A_1(4A_0A_2-A_1^2)}{8A_0^2}\right]x+\left[A_4-\dfrac{(4A_0A_2-A_1^2)^2}{64A_0^3}\right] & 2\sqrt{A_0}\,x^2+\dfrac{A_1}{\sqrt{A_0}}x+\dfrac{4A_0A_2-A_1^2}{8A_0\sqrt{A_0}} \\ & \qquad\qquad\qquad\qquad\dfrac{4A_0A_2-A_1^2}{8A_0\sqrt{A_0}} \\ \cline{2-2} \end{array}$$

Le reste du premier degré en x peut donc se mettre sous la forme

$$\frac{8A_0^2A_3 - 4A_0A_1A_2 + A_1^3}{8A_0^2}x + \frac{64A_0^3A_4 - 16A_0^2A_2^2 + 8A_0A_1^2A_2 - A_1^4}{64A_0^3},$$

et les conditions pour que le polynôme donné soit un carré parfait sont évidemment

$$(1)\qquad A_1^3 - 4A_0A_1A_2 + 8A_0^2A_3 = 0,$$

$$(2)\qquad A_1^4 - 8A_0A_1^2A_2 + 16A_0^2A_2^2 - 64A_0^3A_4 = 0.$$

On pourrait traiter la question d'une autre manière en se reportant à l'exemple du n° **29**, où nous avons cherché les conditions de divisibilité du même polynôme du quatrième degré par le trinôme du second degré $B_0x^2 + B_1x + B_2$. En exprimant que ce diviseur et le quotient trouvé alors sont identiques, on pourra éliminer les coefficients B_0, B_1, B_2 du diviseur qui deviendra la racine carrée obtenue ci-dessus. Puis, en introduisant les valeurs de B_0, B_1, B_2 dans les équations de condition (1) et (2) du n° **29**, on retombera sur les équations de condition que nous venons d'écrire.

322. 4° *Appliquer la méthode des coefficients indéterminés* (Livre Ier, Ch. III) *à l'extraction de la racine $m^{ième}$ des polynômes.*

Admettons que le polynôme inconnu

$$\alpha_0x^n + \alpha_1x^{n-1} + \ldots + \alpha_n$$

soit la racine $m^{ième}$ exacte du polynôme donné

$$A_0x^p + A_1x^{p-1} + \ldots + A_p.$$

On devra avoir identiquement

$$(\alpha_0x^n + \alpha_1x^{n-1} + \ldots + \alpha_n)^m = A_0x^p + A_1x^{p-1} + \ldots + A_p.$$

Les deux polynômes devant être de même degré (**18**), on aura

$$mn = p.$$

Il faut donc, *pour que le problème soit possible, que p soit un multiple de m.* Si cette condition est remplie, $n = \frac{p}{m}$ sera le degré de la racine, et l'on connaîtra le nombre de ses coefficients α_0, α_1, α_2, ..., α_n.

En élevant cette racine à la puissance m, on obtiendra un polynôme de degré p comme le polynôme donné et, en égalant, pour les $n+1$ premiers termes, les coefficients des mêmes puissances de x dans les deux polynômes, on aura $n+1$ équations pour déterminer les $n+1$ inconnues. Les équations qui exprimeront l'identité des termes suivants des deux polynômes, et dont le nombre sera égal à $p-n$, seront des équations de condition qui devront être satisfaites d'elles-mêmes.

Les $n+1$ équations qui déterminent les coefficients de la racine ont une forme qui rend leur résolution très facile. La première équation ne renferme que α_0; la deuxième équation ne contient que α_0 et α_1, et α_0 étant connu, elle donne α_1 qui n'y entre qu'au premier degré; la troisième équation ne contient que α_0, α_1, α_2, et α_0 et α_1 étant connus, elle donne α_2 qui n'y entre qu'au premier degré; et ainsi de suite.

Remarquons, en effet, que, si l'on effectue le développement de

$$(\alpha_0 x^n + \alpha_1 x^{n-1} + \alpha_2 x^{n-2} + \ldots + \alpha_i x^{n-i} + \ldots + \alpha_n)^m,$$

α_i ne peut appartenir à aucun terme dont le degré en x soit plus élevé que $(m-1)n+n-i$ ou que $mn-i$ (305). Les i premières équations d'identité (il y en a en tout $mn+1$ ou $p+1$) ne contiendront donc pas α_i. Quant à la $(i+1)^{\text{ième}}$ équation, elle renferme α_i au premier degré; car, dans le développement ci-dessus, il n'y a qu'un seul terme du degré $mn-i$ par rapport à x, et il a pour expression (306)

$$\frac{P_m}{P_1 P_{m-1}} \alpha_i x^{n-i} (\alpha_0 x^n)^{m-1} \quad \text{ou} \quad m \alpha_i \alpha_0^{m-1} x^{mn-i}.$$

323. 5° *Chercher, par la méthode des coefficients indéterminés, les conditions pour que le polynôme*

$$A_0 x^3 + A_1 x^2 + A_2 x + A_3$$

soit un cube parfait.

La racine cubique, supposée exacte, de ce polynôme est de la forme $\alpha_0 x + \alpha_1$. On posera donc

$$\begin{aligned} &A_0 x^3 + A_1 x^2 + A_2 x + A_3 \\ &\quad = (\alpha_0 x + \alpha_1)^3 = \alpha_0^3 x^3 + 3\alpha_0^2 \alpha_1 x^2 + 3\alpha_0 \alpha_1^2 x + \alpha_1^3. \end{aligned}$$

On a, par suite, pour conditions d'identité,

$$\alpha_0^3 = A_0, \qquad 3\alpha_0^2 \alpha_1 = A_1, \qquad 3\alpha_0 \alpha_1^2 = A_2, \qquad \alpha_1^3 = A_3.$$

On déduit des deux premières

$$\alpha_0 = \sqrt[3]{A_0} \qquad \text{et} \qquad \alpha_1 = \frac{A_1}{3\alpha_0^2} = \frac{A_1}{3\sqrt[3]{A_0^2}} = \frac{A_1 \sqrt[3]{A_0}}{3 A_0}.$$

La racine cubique du polynôme donné est ainsi

$$\sqrt[3]{A_0}\, x + \frac{A_1 \sqrt[3]{A_0}}{3 A_0}.$$

Les deux autres relations d'identité sont les équations de conditions cherchées. En remplaçant α_0 et α_1 par les valeurs précédentes, elles deviennent

$$3\sqrt[3]{A_0}\,\frac{A_1^2\sqrt[3]{A_0^2}}{9A_0^2} = A_2 \quad \text{et} \quad \frac{A_1^3 A_0}{27 A_0^3} = A_3,$$

c'est-à-dire

$$A_1^2 = 3A_0A_2, \tag{1}$$

$$A_1^3 = 27A_0^2A_3. \tag{2}$$

CHAPITRE V.

DÉVELOPPEMENT DE L'ACCROISSEMENT D'UN POLYNOME ENTIER SUIVANT LES PUISSANCES DES ACCROISSEMENTS DES VARIABLES.

Cas d'une seule variable.

324. Soit un polynôme *entier par rapport à* x

$$A_0 x^m + A_1 x^{m-1} + A_2 x^{m-2} + \ldots + A_{m-1} x + A_m,$$

dans lequel les coefficients $A_0, A_1, A_2, \ldots$, sont des constantes réelles quelconques, et x la variable dont la valeur du polynôme dépend. Ce polynôme est alors une *fonction de* x et peut être représenté par $F(x)$ (*Alg. élém.*, **309**).

Si l'on remplace x par $x+h$, h désignant une variation ou un accroissement quelconque de x, il vient

$$F(x+h) = A_0(x+h)^m + A_1(x+h)^{m-1} + A_2(x+h)^{m-2} + \ldots + A_{m-1}(x+h) + A_m.$$

On peut alors développer chaque terme du second membre suivant la formule du binôme (**255**). On a ainsi

$$\begin{array}{lll}
A_0 & (x+h)^m = A_0 & x^m + \frac{m}{1} A_0 x^{m-1} h + \frac{m(m-1)}{1.2} A_0 x^{m-2} h^2 + \ldots + \frac{m}{1} A_0 x h^{m-1} + A_0 h^m, \\
A_1 & (x+h)^{m-1} = A_1 & x^{m-1} + \frac{m-1}{1} A_1 x^{m-2} h + \frac{(m-1)(m-2)}{1.2} A_1 x^{m-3} h^2 + \ldots + A_1 h^{m-1}, \\
A_2 & (x+h)^{m-2} = A_2 & x^{m-2} + \frac{m-2}{1} A_2 x^{m-3} h + \frac{(m-2)(m-3)}{1.2} A_2 x^{m-4} h^2 + \ldots \\
\ldots & \ldots\ldots\ldots & \ldots\ldots\ldots\ldots\ldots\ldots\ldots\ldots\ldots\ldots\ldots\ldots, \\
A_{m-1} & (x+h) = A_{m-1} x & + A_{m-1} h, \\
A_m & = A_m. &
\end{array}$$

Si l'on ajoute ces résultats, en ordonnant leur somme suivant les puissances croissantes de l'accroissement h, on trouve évidemment

$$F(x+h) = \begin{array}{l} A_0 x^m \\ + A_1 x^{m-1} \\ + A_2 x^{m-2} \\ + \ldots\ldots \\ \vdots \\ + A_{m-1} x \\ + A_m \end{array}
\begin{array}{r} + \qquad m A_0 x^{m-1} \\ + (m-1) A_1 x^{m-2} \\ + (m-2) A_2 x^{m-3} \\ + \ldots \quad \ldots\ldots\ldots \\ \vdots \\ + \qquad A_{m-1} \\ \end{array}
\left| \frac{h}{1} \begin{array}{l} + m(m-1) A_0 x^{m-2} \\ + (m-1)(m-2) A_1 x^{m-3} \\ + (m-2)(m-3) A_2 x^{m-4} \\ + \ldots\ldots\ldots\ldots\ldots \end{array} \right| \frac{h^2}{1.2}
\begin{array}{l} + \ldots + m A_0 x \\ + \ldots + \quad A_1 \\ + \ldots \end{array}
\left| h^{m-1} + A_0 h^m \right.$$

Si l'on considère le second membre de cette relation, on voit que les termes indépendants de h forment le polynôme proposé luim-ême, comme cela doit être, puisque, pour $h = 0$, on doit retrouver $F(x)$.

Quant au coefficient de la première puissance de h, c'est ce qu'on appelle le *polynôme dérivé* ou la *dérivée* du polynôme proposé. On représente la dérivée du polynôme $F(x)$ à l'aide de la notation $F'(x)$.

Le polynôme

$$F'(x) = mA_0x^{m-1} + (m-1)A_1x^{m-2} + (m-2)A_2x^{m-3} + \ldots + A_{m-1}$$

se déduit du polynôme $F(x)$ suivant une loi très simple : *il suffit*, pour l'obtenir, *de multiplier chaque terme de ce polynôme par l'exposant de x dans ce terme, en diminuant en même temps l'exposant de x d'une unité.*

Le premier terme de $F'(x)$ est ainsi mA_0x^{m-1} et le dernier A_{m-1}, car le dernier terme A_m de $F(x)$ doit être regardé comme contenant x^0.

En examinant les coefficients de $\frac{h^2}{1.2}$, $\frac{h^3}{1.2.3}$, $\ldots$, on voit facilement que *chacun d'eux se déduit du précédent suivant la règle qu'on vient d'énoncer.* Il en résulte que le coefficient de $\frac{h^2}{1.2}$ est la *dérivée* de $F'(x)$ ou ce qu'on appelle la *dérivée seconde* de $F(x)$. Cette seconde dérivée est représentée par la notation $F''(x)$. De même, le coefficient de $\frac{h^3}{1.2.3}$ est la *dérivée* de $F''(x)$ ou la *dérivée seconde* de $F'(x)$ ou la *dérivée troisième* de $F(x)$, de sorte que sa notation est $F'''(x)$. On continuera de la même manière, jusqu'aux derniers termes du second membre de la relation que nous étudions.

Il faut observer, à ce sujet, que, si l'on applique la règle aux deux derniers coefficients (seuls représentés ci-dessous), *au lieu de les écrire directement d'après la formule du binôme* (255), comme nous l'avons fait, ces coefficients, qui sont ceux de h^{m-1} et de h^m, prendront la forme

$$m(m-1)(m-2)\ldots2.A_0x + (m-1)(m-2)(m-3)\ldots1.A_1$$

et

$$m(m-1)(m-2)\ldots2.1.A_0,$$

au lieu des expressions indiquées

$$mA_0x + A_1 \quad \text{et} \quad A_0.$$

Pour appliquer partout la même notation, nous écrirons donc les deux derniers termes du développement comme il suit, en désignant par $F^{(m-1)}(x)$ et par $F^{(m)}(x)$ la $(m-1)^{\text{ième}}$ et la $m^{\text{ième}}$ dérivée du polynôme $F(x)$:

$$F^{(m-1)}(x)\left|\frac{h^{m-1}}{1.2.3\ldots(m-1)} + F^{(m)}(x)\right|\frac{h^m}{1.2.3\ldots m}.$$

(On fera de même, s'il y a lieu, pour les termes précédents.)

Nous aurons finalement

$$(1)\quad \left\{\begin{aligned} F(x+h) = F(x) + F'(x)\frac{h}{1} &+ F''(x)\frac{h^2}{1.2} \\ &+ F'''(x)\frac{h^3}{1.2.3} + \ldots \\ &+ F^{(m-1)}(x)\frac{h^{m-1}}{1.2.3\ldots(m-1)} \\ &+ F^{(m)}(x)\frac{h^m}{1.2.3\ldots m}. \end{aligned}\right.$$

L'accroissement pris par le polynôme $F(x)$, *lorsque la variable* x *subit elle-même l'accroissement ou la variation positive ou négative* h, *a* donc *pour expression*

$$(2)\quad \left\{\begin{aligned} F(x+h) - F(x) = F'(x)\frac{h}{1} &+ F''(x)\frac{h^2}{1.2} \\ &+ F'''(x)\frac{h^3}{1.2.3} + \ldots \\ &+ F^{(m-1)}(x)\frac{h^{m-1}}{1.2.3\ldots(m-1)} \\ &+ F^{(m)}(x)\frac{h^m}{1.2.3\ldots m}. \end{aligned}\right.$$

325. Il est important de remarquer que, d'une manière générale, *lorsqu'on prend les dérivées successives d'un polynôme* $F(x)$, *le degré de chaque dérivée est moindre d'une unité.*

Ainsi, le polynôme proposé étant du degré m, sa dérivée première est du degré $m-1$, sa dérivée deuxième du degré

$m-2$, sa dérivée troisième du degré $m-3$, etc., sa $m^{\text{ième}}$ dérivée du degré $m-m$ ou zéro.

Cette $m^{\text{ième}}$ dérivée ne renferme donc *plus x, elle se réduit à une constante, et les dérivées suivantes sont nulles ou n'existent pas.*

A chaque nouvelle dérivée, il entre un coefficient de moins, parmi les coefficients les plus éloignés du polynôme donné, dans l'expression de la dérivée, et la $m^{\text{ième}}$ ou dernière dérivée ne contient plus que le coefficient A_0 du premier terme du polynôme supposé ordonné suivant les puissances décroissantes de la variable x.

Prenons, par exemple,

$$F(x) = \overset{[A_0]}{2}x^4 - 7x^3 + 5x^2 + 3x - 1;$$

il viendra (324)

$$\begin{aligned}
F'(x) &= 8x^3 - 21x^2 + 10x + 3,\\
F''(x) &= 24x^2 - 42x + 10,\\
F'''(x) &= 48x - 42,\\
F^{IV}(x) &= 48 = 1.2.3.4.\overset{[A_0]}{2}.
\end{aligned}$$

326. Nous terminerons par une remarque qui nous sera utile plus tard.

Dans la formule (1) du n° 324, permutons x et h, ce qui ne modifiera pas l'expression du premier membre; nous aurons évidemment

$$(3)\quad \left\{\begin{aligned}
F(x+h) &= F(h) + F'(h)\frac{x}{1} + F''(h)\frac{x^2}{1.2}\\
&\quad + F'''(h)\frac{x^3}{1.2.3} + \ldots\\
&\quad + F^{(m)}(h)\frac{x^m}{1.2.3\ldots m}.
\end{aligned}\right.$$

Ce nouveau développement permet de calculer plus rapidement le résultat de la substitution de $x+h$ à la place de x dans le polynôme $F(x)$.

Cherchons, par exemple, ce que devient le polynôme ci-dessus (325), $2x^4 - 7x^3 + 5x^2 + 3x - 1$, lorsqu'on y remplace x par $x+3$.

Il suffit, d'après la formule (3), de former les différentes dérivées de ce polynôme et d'y faire $x=3$. On a ainsi, d'après. les résultats précédents (325),

$$F'(3)=60, \qquad F''(3)=100, \qquad F'''(3)=102, \qquad F^{IV}(3)=48.$$

On a d'ailleurs

$$F(3)=26.$$

On peut donc écrire, en renversant l'ordre des termes et en tenant compte des dénominateurs,

$$F(x+3)=2x^4+17x^3+50x^2+60x+26.$$

Cas de deux variables.

327. Nous dévons d'abord donner quelques indications préliminaires.

Considérons un polynôme *entier par rapport à x et à y*, en désignant ainsi *deux variables indépendantes* ou deux quantités qui varient d'une manière arbitraire et indépendamment l'une de l'autre.

Ce polynôme entier sera alors une *fonction de x et de y*, et nous le représenterons par $F(x,y)$.

On peut, dans cette fonction, regarder y comme *constante*, et prendre le polynôme dérivé ou la dérivée de la fonction par rapport à la *variable x* (324). On obtient alors ce qu'on appelle la *dérivée partielle de la fonction par rapport à x*.

De même, si l'on regarde au contraire x comme *constante*, et si l'on prend le polynôme dérivé ou la dérivée de la fonction par rapport à la *variable y*, on obtient ce qu'on appelle la *dérivée partielle de la fonction par rapport à y*.

On représente ces deux dérivées partielles, qui sont des dérivées *premières* ou des dérivées *du premier ordre*, par les notations

$$F'_x(x,y) \quad \text{et} \quad F'_y(x,y)$$

ou, plus simplement, par les notations

$$F'_x \quad \text{et} \quad F'_y.$$

L'accent indique l'ordre de la dérivée partielle et, l'indice, la variable indépendante par rapport à laquelle on a pris cette dérivée partielle.

On peut former également les dérivées partielles des premières dérivées partielles obtenues, qui sont elles-mêmes, en général, des fonctions de x et de y. On trouve ainsi des dérivées partielles qui sont des dérivées *secondes* ou des dérivées partielles *du second ordre* de $F(x, y)$.

Comme les deux dérivées successives peuvent être prises, soit deux fois par rapport à x, soit une fois par rapport à x et une fois par rapport à y, soit deux fois par rapport à y, on a, de cette manière, trois dérivées partielles du second ordre représentées par les notations

$$F''_{x^2}(x, y), \quad F''_{x,y}(x, y), \quad F''_{y^2}(x, y),$$

ou par les notations

$$F''_{x^2}, \quad F''_{x,y}, \quad F''_{y^2}.$$

On voit que l'ordre de dérivation correspond à l'accentuation de la lettre F et que l'indice de cette lettre indique les variables par rapport auxquelles les dérivées partielles successives ont été prises. L'indice x^2 ou l'indice y^2 remplace simplement, par convention, l'indice x, x ou l'indice y, y.

Si l'on forme encore les dérivées partielles des dérivées partielles du second ordre, on trouve des dérivées partielles *du troisième ordre* de $F(x, y)$. Les trois dérivées partielles successives pouvant être prises, soit trois fois par rapport à x, soit deux fois par rapport à x et une fois par rapport à y, soit une fois par rapport à x et deux fois par rapport à y, soit trois fois par rapport à y, elles seront représentées par les notations

$$F'''_{x^3}(x, y), \quad F'''_{x^2,y}(x, y), \quad F'''_{x,y^2}(x, y), \quad F'''_{y^3}(x, y),$$

ou par les notations

$$F'''_{x^3}, \quad F'''_{x^2,y}, \quad F'''_{x,y^2}, \quad F'''_{y^3}.$$

On continuera de la même manière.

328. Lorsqu'il s'agit d'une fonction entière, le degré des dérivées partielles des différents ordres va toujours en diminuant d'une unité (325). On arrive donc nécessairement à des constantes pour les dérivées partielles d'un certain ordre, et toutes les dérivées partielles suivantes sont nulles.

Soit, par exemple, la fonction entière du troisième degré

$$F(x, y) = A_0 x^3 + A_1 x^2 y + A_2 x y^2 + A_3 y^3$$
$$+ B_0 x^2 + B_1 x y + B_2 y^2 + C_0 x + C_1 y + D_0.$$

On en déduit successivement (324, 327)

$$F'_x = 3A_0 x^2 + 2A_1 xy + A_2 y^2 + 2B_0 x + B_1 y + C_0,$$
$$F'_y = A_1 x^2 + 2A_2 xy + 3A_3 y^2 + B_1 x + 2B_2 y + C_1,$$

$$F''_{x^2} = 6A_0 x + 2A_1 y + 2B_0,$$
$$F''_{x,y} = 2A_1 x + 2A_2 y + B_1,$$
$$F''_{y^2} = 2A_2 x + 6A_3 y + 2B_2;$$

$$F'''_{x^3} = 6A_0, \qquad F'''_{x^2,y} = 2A_1, \qquad F'''_{x,y^2} = 2A_2. \qquad F'''_{y^3} = 6A_3.$$

Toutes les dérivées partielles du troisième ordre étant des constantes, les dérivées partielles d'ordre supérieur sont toutes nulles.

On peut remarquer que l'on a

$$F''_{y,x} = 2A_1 x + 2A_2 y + B_1 = F''_{x,y},$$
$$F'''_{y,x^2} = 2A_1 = F'''_{x^2,y}, \qquad F'''_{y^2,x} = 2A_2 = F'''_{x,y^2}.$$

Il en résulte que, pour le cas considéré, si les indices de F sont composés des mêmes lettres affectées des mêmes exposants et que l'on prenne ces lettres dans un ordre quelconque, les dérivées partielles correspondantes demeurent identiques, c'est-à-dire que *l'ordre suivant lequel on forme les dérivées partielles successives est indifférent.* Nous reviendrons plus tard sur ce point important (*voir* Livre V).

329. Reprenons maintenant le polynôme entier quelconque $F(x, y)$ et donnons respectivement aux deux variables x et y (327) les accroissements h et k. Il s'agit de trouver le développement de $F(x + h, y + k)$, pour en déduire ensuite l'accroissement correspondant

$$F(x + h, y + k) - F(x, y)$$

subi par le polynôme.

Dans $F(x, y)$, nous pouvons d'abord faire varier x seulement, en regardant y comme une constante. Nous aurons alors évidemment, d'après ce qui précède (324, 327),

$$F(x+h, y) = F(x, y) + F'_x(x, y)\frac{h}{1} + F''_{x^2}(x, y)\frac{h^2}{1.2} + F'''_{x^3}(x, y)\frac{h^3}{1.2.3} + \ldots + F^{(n)}_{x^n}(x, y)\frac{h^n}{1.2.3\ldots n} + \ldots$$

Dans cette relation, nous pouvons regarder x comme une constante et faire varier y à son tour en lui substituant la valeur $y+k$. Le premier membre deviendra alors l'expression $F(x+h, y+k)$ dont nous cherchons le développement, et les différents termes du second membre prendront les valeurs suivantes :

$$F\ (x, y+k) = F(x, y) + F'_y(x, y)\frac{k}{1} + F''_{y^2}(x, y)\frac{k^2}{1.2} + F'''_{y^3}(x, y)\frac{k^3}{1.2.3} + \ldots,$$

$$F'_x\ (x, y+k)\frac{h}{1} = F'_x(x, y)\frac{h}{1} + F''_{x,y}(x, y)\frac{hk}{1} + F'''_{x,y^2}(x, y)\frac{hk^2}{1.2} + F^{\text{IV}}_{x,y^3}(x, y)\frac{hk^3}{1.2.3} + \ldots$$

$$F''_{x^2}(x, y+k)\frac{h^2}{1.2} = F''_{x^2}(x, y)\frac{h^2}{1.2} + F'''_{x^2,y}(x, y)\frac{h^2k}{1.2} + F^{\text{IV}}_{x^2,y^2}(x, y)\frac{h^2k^2}{1.2.1.2} + F^{\text{V}}_{x^2,y^3}(x, y)\frac{h^2k^3}{1.2.1.2.3} + \ldots,$$

. . . .

$$F^{(n)}_{x^n}(x, y+k)\frac{h^n}{1.2.3\ldots n} = F^{(n)}_{x^n}(x, y)\frac{h^n}{1.2.3\ldots n} + F^{(n+1)}_{x^n,y}(x, y)\frac{h^n k}{1.2.3\ldots n} + F^{(n+2)}_{x^n,y^2}(x, y)\frac{h^n k^2}{1.2.3\ldots n.1.2}$$
$$+ F^{(n+3)}_{x^n,y^3}(x, y)\frac{h^n k^3}{1.2.3\ldots n.1.2.3} + \ldots + F^{(n+m)}_{x^n,y^m}(x, y)\frac{h^n k^m}{1.2.3\ldots n.1.2.3\ldots m} + \ldots$$

En ordonnant le second membre suivant les puissances réunies des accroissements h et k, et en le disposant en colonnes verticales, on obtient la formule

$$
(1)\quad \left\{
\begin{aligned}
\mathrm{F}(x+h,y+k) = \mathrm{F}(x,y) &+ \mathrm{F}'_x(x,y)\frac{h}{1} + \mathrm{F}''_{x^2}(x,y)\frac{h^2}{1.2} + \mathrm{F}'''_{x^3}(x,y)\frac{h^3}{1.2.3} + \ldots + \mathrm{F}^{(n)}_{x^n}(x,y)\frac{h^n}{1.2.3\ldots n} + \ldots \\
&+ \mathrm{F}'_y(x,y)\frac{k}{1} + \mathrm{F}''_{x,y}(x,y)\frac{h.k}{1} + \mathrm{F}'''_{x^2,y}(x,y)\frac{h^2.k}{1.2} + \ldots + \mathrm{F}^{(n)}_{x^{n-1},y}(x,y)\frac{h^{n-1}.k}{1.2.3\ldots(n-1)} + \ldots \\
&+ \mathrm{F}''_{y^2}(x,y)\frac{k^2}{1.2} + \mathrm{F}'''_{x,y^2}(x,y)\frac{h.k^2}{1.2} + \ldots + \mathrm{F}^{(n)}_{x^{n-2},y^2}(x,y)\frac{h^{n-2}.k^2}{1.2.3\ldots(n-2).1.2} + \ldots \\
&+ \mathrm{F}'''_{y^3}(x,y)\frac{k^3}{1.2.3} + \ldots + \mathrm{F}^{(n)}_{x^{n-3},y^3}(x,y)\frac{h^{n-3}.k^3}{1.2.3\ldots(n-3).1.2.3} + \ldots \\
&+ \ldots\ldots\ldots\ldots\ldots\ldots\ldots\ldots + \ldots \\
&+ \mathrm{F}^{(n)}_{x,y^{n-1}}(x,y)\frac{h.k^{n-1}}{1.2.3\ldots(n-1)} + \ldots \\
&+ \mathrm{F}^{(n)}_{y^n}(x,y)\frac{k^n}{1.2.3\ldots n} + \ldots \\
&+ \ldots
\end{aligned}
\right.
$$

Comme il s'agit d'une fonction entière, ce développement se termine nécessairement comme le précédent (324, 325, 328). Quand la fonction entière considérée est du degré m, le nombre des colonnes verticales du second membre est égal à $m+1$.

330. Remarquons que le terme général du développement obtenu, qui est le dernier écrit ci-dessus, revient à

$$\frac{1}{1.2.3\ldots n}\Big[F^{(n)}_{x^n}(x,y)h^n + n\,F^{(n)}_{x^{n-1},y}(x,y)h^{n-1}k + \frac{n(n-1)}{1.2}F^{(n)}_{x^{n-2},y^2}(x,y)h^{n-2}k^2$$
$$+\frac{n(n-1)(n-2)}{1.2.3}F^{(n)}_{x^{n-3},y^3}(x,y)h^{n-3}k^3+\ldots+F^{(n)}_{y^n}(x,y)k^n\Big].$$

En se reportant à la formule du binôme (255), on peut donc le mettre *sous la forme symbolique*

$$\frac{1}{1.2.3\ldots n}[F'_x(x,y)h + F'_y(x,y)k]^n,$$

en convenant que les exposants qui doivent alors affecter successivement $F'_x(x,y)$ et $F'_y(x,y)$ indiqueront seulement le nombre d'accents de la lettre F et l'exposant de son indice. D'ailleurs, dans chaque terme du développement, les accents des deux lettres F devront s'ajouter, de manière que chacun d'eux contiendra $F^{(n)}(x,y)$, et l'on réunira en même temps, pour $F^{(n)}$, les indices x et y dont la somme des exposants sera toujours égale à n.

331. D'après la formule (1) (329), l'accroissement pris par le polynôme entier $F(x,y)$, lorsque les variables x et y reçoivent d'une manière indépendante les accroissements simultanés h et k, a pour expression

$$(2)\quad\left\{\begin{aligned}
&F(x+h,y+k)-F(x,y)\\
&\quad= F'_x(x,y)\frac{h}{1} + F''_{x^2}(x,y)\frac{h^2}{1.2} + F'''_{x^3}(x,y)\frac{h^3}{1.2.3}+\ldots\\
&\quad+ F'_y(x,y)\frac{k}{1} + F''_{x,y}(x,y)\frac{hk}{1} + F'''_{x^2,y}(x,y)\frac{h^2k}{1.2}+\ldots\\
&\qquad\qquad + F''_{y^2}(x,y)\frac{k^2}{1.2} + F'''_{x,y^2}(x,y)\frac{hk^2}{1.2}+\ldots\\
&\qquad\qquad\qquad + F'''_{y^3}(x,y)\frac{k^3}{1.2.3}+\ldots\\
&\qquad\qquad\qquad\qquad +\ldots
\end{aligned}\right.$$

ou, symboliquement (330) et en abrégeant l'écriture,

$$(3)\quad \left\{\begin{aligned} &F(x+h, y+k) - F(x, y) \\ &\quad = (F'_x h + F'_y k) + \frac{1}{1.2}(F'_x h + F'_y k)^2 \\ &\qquad + \frac{1}{1.2.3}(F'_x h + F'_y k)^3 + \ldots \\ &\qquad + \frac{1}{1.2.3\ldots n}(F'_x h + F'_y k)^n + \ldots. \end{aligned}\right.$$

332. La démonstration donnée pour le cas de deux variables x et y peut s'étendre sans difficulté au cas d'un plus grand nombre de variables.

On trouvera, par exemple, pour un polynôme entier $F(x, y, z)$, fonction des trois variables indépendantes x, y, z, ces trois variables recevant respectivement les accroissements h, k, l, et en abrégeant l'écriture dans le second membre (327),

$$\begin{aligned} &F(x+h, y+k, z+l) - F(x, y, z) \\ &= F'_x \frac{h}{1} + F''_{x^2} \frac{h^2}{1.2} + F'''_{x^3} \frac{h^3}{1.2.3} + \ldots \\ &+ F'_y \frac{k}{1} + F''_{y^2} \frac{k^2}{1.2} + F'''_{y^3} \frac{k^3}{1.2.3} + \ldots \\ &+ F'_z \frac{l}{1} + F''_{z^2} \frac{l^2}{1.2} + F'''_{z^3} \frac{l^3}{1.2.3} + \ldots \\ &\qquad + F''_{x,y} \frac{hk}{1} + F'''_{x^2,y} \frac{h^2 k}{1.2} + \ldots \\ &\qquad + F''_{x,z} \frac{hl}{1} + F'''_{x^2,z} \frac{h^2 l}{1.2} + \ldots \\ &\qquad + F''_{y,z} \frac{kl}{1} + F'''_{x,y^2} \frac{hk^2}{1.2} + \ldots \\ &\qquad\qquad + F'''_{x,z^2} \frac{hl^2}{1.2} + \ldots \\ &\qquad\qquad + F'''_{y^2,z} \frac{k^2 l}{1.2} + \ldots \\ &\qquad\qquad + F'''_{y,z^2} \frac{kl^2}{1.2} + \ldots \\ &\qquad\qquad + F''_{x,y,z} \frac{hkl}{1} + \ldots \end{aligned}$$

Le terme général du développement serait ici, *sous forme symbolique* (330, 303),

$$\frac{1}{1.2.3\ldots n}(F'_x h + F'_y k + F'_z l)^n.$$

333. Les *développements* précédents (324, 329, 332) constituent ce qu'on appelle la *série de Taylor* appliquée aux polynômes entiers, bien que Taylor n'ait donné sa célèbre formule que pour une suite *illimitée.*

L'utilité de ces développements, que nous généraliserons en les appliquant à une fonction quelconque, apparaîtra complètement lorsque nous étudierons la Théorie des dérivées et des différentielles (Livre V).

LIVRE TROISIÈME.

NOTIONS SUR LES SÉRIES.

CHAPITRE PREMIER.

MÉTHODE DES LIMITES.

Préliminaires.

334. Nous ferons précéder l'étude des séries de la démonstration de théorèmes sur les limites, qui nous seront fréquemment utiles par la suite, et qui, bien qu'à peu près évidents, nous permettront néanmoins d'insister sur quelques remarques importantes.

Nous avons déjà donné, sur ce sujet (*Géom.*, 215 à 220), les indications qui nous étaient alors indispensables. Nous avons rappelé, dans la première Partie de ce Volume (111), la définition des limites, et nous avons ensuite prouvé (112) qu'*une quantité variable ne peut avoir qu'une seule limite.*

On énonce souvent ce principe, qu'on pourrait regarder comme un axiome, sous cette autre forme plus directement applicable :

Si deux quantités variables sont constamment égales entre elles dans tous les états de grandeur qu'elles affectent, et si l'une tend vers une certaine limite, l'autre tend nécessairement vers une limite égale.

335. Il est bien entendu que, lorsqu'on pose, entre une quantité fixe A et une quantité variable X, la relation

$$\lim X = A,$$

qui signifie que la différence entre A et X doit devenir et rester moindre que toute quantité désignée, la variable X peut demeurer toujours au-dessus ou toujours au-dessous de A, ou bien se trouver tantôt supérieure et tantôt inférieure à A.

La seule condition imposée, c'est que, lorsque la différence entre A et X est devenue moindre que la quantité désignée, il faut qu'elle reste telle pour les variations ultérieures de X. Si cette différence, après être devenue plus petite que la quantité désignée, devenait plus grande et oscillait pour ainsi dire autour de cette quantité, en s'en rapprochant et en s'en éloignant successivement, A ne serait plus la limite de X dans le sens que nous attachons à ce mot.

336. Lorsqu'une quantité variable a pour limite zéro, on dit qu'elle devient *infiniment petite*, et on la nomme *un infiniment petit*.

Un infiniment petit n'est pas une quantité déterminée, c'est une quantité essentiellement variable tendant vers zéro.

La différence entre une quantité variable et sa limite, tendant vers zéro, *est toujours un infiniment petit*.

337. Lorsqu'une quantité variable croît indéfiniment (ou sans limite), de manière à pouvoir devenir et rester supérieure à une quantité désignée aussi grande qu'on voudra le supposer, cette quantité variable est dite *infiniment grande* ou, pour abréger, *infinie*, et on la représente souvent par le symbole $\frac{m}{0}$ ou ∞ (*Alg. élém.*, **115**).

338. Ces termes d'*infiniment petit* et d'*infiniment grand* n'ont d'autre but que la rapidité du langage.

Il est indispensable, surtout, de ne pas se méprendre sur le sens du mot *infini*, qui signifie simplement l'absence de bornes quelconques, et qui, par cela même, exclut toute idée de comparaison, sous le rapport de la grandeur, entre plusieurs infinis.

Nous avons montré (*Alg. élém.*, **206**) que l'infini peut se présenter de deux manières : soit comme solution directe indiquant l'impossibilité du problème; soit comme solution auxiliaire admissible, lorsque la quantité principale dépend d'une autre quantité pouvant croître au delà de toute limite à mesure que cette quantité principale approche d'une certaine valeur fixe.

339. Soit l'expression

$$y = \frac{a}{x - a},$$

où a est une quantité positive donnée et x une quantité variable.

Assignons à x une valeur très peu différente de a, et posons

$$x = a \pm \varepsilon,$$

ε étant une quantité aussi petite qu'on voudra. On aura alors

$$y = \frac{a}{\pm \varepsilon}.$$

ε étant un infiniment petit, y sera un infiniment grand, positif ou négatif. Ainsi, l'infini peut être positif ou négatif.

Théorèmes sur les limites.

340. I. *Si la quantité variable* X *a pour limite* A, *et si* P *est un nombre fixe, le produit* PX *a pour limite* PA.

Si nous multiplions la différence $A - X$ par P, nous aurons constamment

$$P(A - X) = PA - PX;$$

les deux membres de cette égalité ont donc la même limite (**334**).

Mais, puisque X a pour limite A, le premier membre a pour limite zéro (**336**), et il en est de même du second. On a, par conséquent,

$$\lim(PA - PX) = 0 \qquad \text{ou} \qquad \lim PX = PA.$$

341. II. *La limite de la différence de deux quantités variables est égale à la différence des limites de ces quantités.*

Soient X et Y les deux quantités variables, l_1 et l_2 leurs limites, α et β les différences qui existent à un instant donné entre X et Y et leurs limites, différences qui sont des infiniment petits (336). On a d'abord

$$X = l_1 + \alpha \qquad \text{et} \qquad Y = l_2 + \beta,$$

d'où

$$X - Y = (l_1 - l_2) + (\alpha - \beta).$$

A la limite, α et β s'annulent, et il reste

$$\lim(X - Y) = l_1 - l_2.$$

342. III. *La limite de la somme de n quantités variables est égale à la somme des limites de ces quantités, pourvu que n soit un nombre fini.*

Considérons les n quantités variables X, Y, Z, ..., dont les limites sont $l_1, l_2, l_3, \ldots$.

Les différences $l_1 - X$, $l_2 - Y$, $l_3 - Z$, ... sont des infiniment petits (336).

La somme de ces n différences est moindre que n fois la plus grande d'entre elles, que nous désignerons par α; mais, la limite de α étant zéro, il en sera de même de celle du produit $n\alpha$ (340) et, *a fortiori*, de celle de la somme des n différences considérées. On peut donc poser

$$\lim[(l_1 - X) + (l_2 - Y) + (l_3 - Z) + \ldots] = 0$$

ou

$$\lim[(l_1 + l_2 + l_3 + \ldots) - (X + Y + Z + \ldots)] = 0,$$

c'est-à-dire

$$\lim(X + Y + Z + \ldots) = l_1 + l_2 + l_3 + \ldots.$$

Ainsi, *la limite d'une somme est la somme des limites de ses parties.*

La démonstration et le théorème seraient en défaut, si n n'était pas un nombre fini. L'Algèbre l'indique en donnant au produit $n\alpha$, pour $n = \infty$, la forme indéterminée $\infty \times 0$ (*Alg. élém.*, 119).

On le voit d'ailleurs bien simplement, en partageant un nombre donné a en n parties égales. On a alors, quel que soit n,

$$a = \frac{a}{n} + \frac{a}{n} + \frac{a}{n} + \ldots (n \text{ fois}).$$

Si l'on fait croître indéfiniment n, la limite de chaque partie est zéro, et la limite de leur somme est cependant toujours égale à a.

343. IV. *La limite du produit de n facteurs variables est égale au produit des limites de ces facteurs, pourvu que n soit un nombre fini.*

Soient X, Y, Z, ..., W les n facteurs variables, et l_1, l_2, l_3, ..., l_n, leurs limites respectives. En désignant par α, β, γ, ..., ν les différences qui existent à un instant donné entre ces facteurs et leurs limites, et qui sont des infiniment petits (**336**), on peut poser les égalités

$$X = l_1 + \alpha, \quad Y = l_2 + \beta, \quad Z = l_3 + \gamma, \quad \ldots, \quad W = l_n + \nu.$$

En multipliant toutes ces égalités membre à membre, il vient

$$XYZ\ldots W = (l_1 + \alpha)(l_2 + \beta)(l_3 + \gamma)\ldots(l_n + \nu).$$

Le second membre de cette dernière égalité contient un nombre de termes représenté par 2^n (*Alg. élém.*, **29**). Le premier de ces termes est évidemment $l_1 l_2 l_3 \ldots l_n$. Tous les autres termes, en nombre égal à $2^n - 1$, renferment au moins un des infiniment petits α, β, γ, ..., ν, et tendent, par conséquent, vers zéro quand les facteurs variables tendent vers leurs limites (**336, 340**). Il en est donc de même de leur somme, *à la condition expresse que* $2^n - 1$ *ou n soit un nombre fini* (**342**). On a alors, à la limite,

$$\lim XYZ\ldots W = l_1 l_2 l_3 \ldots l_n.$$

344. V. *La limite du quotient de deux quantités variables est égale au quotient des limites du dividende et du diviseur.*

Désignons par l_1 et l_2 les limites des quantités variables X et Y; soient Z leur quotient à un instant donné, et λ sa limite.

De l'égalité

$$\frac{X}{Y} = Z,$$

on déduit

$$X = YZ.$$

On a donc (**343**)

$$\lim X = \lim Y \lim Z,$$

c'est-à-dire

$$l_1 = l_2\lambda \quad \text{ou} \quad \lambda = \frac{l_1}{l_2}.$$

345. VI. *La puissance entière d'une quantité variable a pour limite la même puissance de la limite de cette quantité, pourvu que l'exposant de la puissance soit un nombre fini.*

Soient X la quantité variable élevée à la puissance p et l la limite de X.

X^p étant le produit de p facteurs égaux à X, la limite de X^p sera le produit des p limites de ces facteurs, c'est-à-dire l^p, puisqu'on suppose p fini (343). On aura donc

$$\lim X^p = l^p = (\lim X)^p.$$

346. VII. *La racine d'une quantité variable a pour limite la même racine de la limite de cette quantité.*

Soit X la quantité variable, dont on a à prendre la racine $m^{\text{ième}}$; soient l la limite de X et λ la limite de $\sqrt[m]{X}$.

On a identiquement

$$(\sqrt[m]{X})^m = X.$$

Les deux membres de cette égalité étant constamment égaux ont des limites égales (334). On a donc, en appliquant le théorème précédent (345) au premier membre,

$$\lambda^m = l \quad \text{ou} \quad \lambda = \sqrt[m]{l}.$$

On voit que m doit être un nombre fini.

347. Ce qui précède permet de généraliser le théorème VI et de l'étendre aux cas où l'exposant de la puissance considérée est *fractionnaire* ou *négatif*.

Soit d'abord la quantité variable X dont la limite est l. Désignons par λ la limite de $X^{\frac{p}{m}}$ ou de $\sqrt[m]{X^p}$ (140).

La limite de X^p étant l^p (345), la limite de $\sqrt[m]{X^p}$ sera $\sqrt[m]{l^p}$ (346). On aura donc

$$\lambda = \sqrt[m]{l^p} \quad \text{ou} \quad \lambda = l^{\frac{p}{m}}.$$

Soit maintenant la puissance négative X^{-q}, dont nous désignerons encore la limite par λ, celle de X étant toujours l.

Comme on a constamment (145)

$$X^{-q} = \frac{1}{X^q},$$

on a aussi (334)

$$\lim X^{-q} = \lim \frac{1}{X^q},$$

c'est-à-dire (344, 345)

$$\lambda = \frac{1}{l^q} \qquad \text{ou} \qquad \lambda = l^{-q}.$$

Le théorème relatif aux puissances (345) est donc complètement généralisé, et *la puissance d'une quantité variable a* toujours *pour limite la même puissance de la limite de cette quantité, que l'exposant de cette puissance soit entier ou fractionnaire, positif ou négatif, pourvu qu'il reste fini.*

Principe fondamental.

348. Tous les théorèmes démontrés ci-dessus ne sont que des cas particuliers du principe fondamental qui constitue, en réalité, la méthode des limites et que nous avons déjà indiqué (*Géom.*, 217).

Nous rappelons ici en quoi il consiste.

Quand on veut trouver une relation entre des grandeurs qui ne se prêtent pas immédiatement aux comparaisons nécessaires, on peut essayer de les remplacer par des grandeurs variables plus simples, dont elles soient les limites. Si l'on y parvient, le problème est résolu. C'est ce que nous avons fait constamment en Géométrie, pour la mesure des lignes et des surfaces courbes et pour celle des volumes terminés par des surfaces courbes.

Considérons, pour préciser, une équation quelconque entre des grandeurs variables $x, y, z, \ldots$, qui tendent vers leurs limites $a, b, c, \ldots$. Cette équation sera de la forme

$$(1) \qquad F(x, y, z, \ldots) = \varphi(x, y, z, \ldots),$$

et nous admettons que les fonctions F et φ demeurent *continues* (*Alg. élém.*, 310), au moins lorsque les variables $x, y, z, \ldots$ sont voisines de leurs limites respectives $a, b, c, \ldots$. Les différences de $x, y, z, \ldots$, à leurs limites, pourront alors être assez petites pour que les fonctions $F(x, y, z, \ldots)$ et $\varphi(x, y, z, \ldots)$ diffèrent elles-mêmes aussi peu qu'on voudra de $F(a, b, c, \ldots)$ et de $\varphi(a, b, c, \ldots)$, qui représenteront, par conséquent, les limites des deux membres de l'équation (1). Comme les limites de deux quantités égales sont égales (334), on aura finalement

$$(2) \qquad F(a, b, c, \ldots) = \varphi(a, b, c, \ldots).$$

Ainsi, lorsqu'on veut obtenir une relation entre des quantités considérées comme limites de quantités variables d'une espèce plus simple, on cherche d'abord une relation entre ces quantités variables; puis, on n'a plus qu'à y substituer aux quantités variables leurs limites, pour avoir la relation qui lie ces dernières.

En d'autres termes, *lorsque des grandeurs variables tendent vers leurs limites, toute fonction de ces variables tend*, en général, *vers la même fonction de ces limites.*

Cette proposition fondamentale résume la méthode des limites, et l'on voit qu'elle renferme tous les théorèmes précédents, qu'on aurait pu énoncer immédiatement comme il suit, en vertu de ce principe :

Lorsque des quantités variables tendent vers leurs limites, leur somme a pour limite la somme de ces limites, leur produit a pour limite le produit de ces limites, etc.

Théorème relatif aux moyennes.

349. Nous terminerons ce Chapitre en démontrant un théorème sur les moyennes, qui se rattache utilement aux applications de la méthode des limites.

On appelle, comme on sait, *moyenne* de plusieurs quantites données, une quantité formée à l'aide de ces quantités et comprise entre la plus petite et la plus grande (*Arithm.*, 198).

Soient $a, a', a'', \ldots$ des quantités de même signe, et $b, b', b'', \ldots$ des quantités de signes quelconques, en nombre égal aux précédentes.

Désignons par γ et par δ le plus grand et le plus petit des rapports $\frac{b}{a}, \frac{b'}{a'}, \frac{b''}{a''}, \ldots$.

Les différences

$$\gamma - \frac{b}{a}, \quad \gamma - \frac{b'}{a'}, \quad \gamma - \frac{b''}{a''}, \quad \ldots,$$

d'une part, et

$$\frac{b}{a} - \delta, \quad \frac{b'}{a'} - \delta, \quad \frac{b''}{a''} - \delta, \quad \ldots,$$

d'autre part, seront toutes de même signe (*Alg. élém.*, 214).

En multipliant les termes des deux suites respectivement par a, a', a'', ..., on aura encore des termes de même signe, savoir

$$a\gamma - b, \quad a'\gamma - b', \quad a''\gamma - b'', \quad \ldots,$$
$$b - a\delta, \quad b' - a'\delta, \quad b'' - a''\delta, \quad \ldots.$$

Faisons maintenant la somme des termes de chacune des nouvelles suites obtenues et divisons chaque résultat par $a + a' + a'' + \ldots$. On aura, pour quotients,

$$\gamma - \frac{b + b' + b'' + \ldots}{a + a' + a'' + \ldots} \quad \text{et} \quad \frac{b + b' + b'' + \ldots}{a + a' + a'' + \ldots} - \delta,$$

et ces quotients seront encore de même signe.

Il en résulte que la quantité

$$\frac{b + b' + b'' + \ldots}{a + a' + a'' + \ldots}$$

est une *moyenne* entre les rapports $\frac{b}{a}, \frac{b'}{a'}, \frac{b''}{a''}, \ldots,$ comme si les quantités b, b', b'', ... étaient toutes de même signe (*Alg. élém.*, 66); ce qu'on peut indiquer en écrivant

$$(1) \qquad \frac{b + b' + b'' + \ldots}{a + a' + a'' + \ldots} = \text{moy.}\left(\frac{b}{a}, \frac{b'}{a'}, \frac{b''}{a''}, \ldots\right).$$

Si toutes les quantités a, a', a'', ..., en nombre n, deviennent égales à l'unité, on retrouve, en particulier, pour des quantités de signes quelconques, l'expression de la *moyenne arithmétique* (*Arithm.*, 198)

$$(2) \qquad \frac{b + b' + b'' + \ldots}{n} = \text{moy.}(b, b', b'', \ldots).$$

Enfin, si l'on remplace, dans la relation (1), b, b', b'', ..., respectivement par les produits ab, $a'b'$, $a''b''$, ..., ce qui est permis, puisque $b, b', b'', \ldots$ sont des quantités quelconques de signes quelconques, il vient, en chassant le dénominateur,

$$(3)\quad ab + a'b' + a''b'' + \ldots = (a + a' + a'' + \ldots)\ \text{moy.}(b, b', b'', \ldots).$$

La somme des produits ab, $a'b'$, $a''b''$, ... est donc égale à la somme des facteurs de même signe a, a', a'', ..., multipliée par une moyenne entre les facteurs de signes quelconques b, b', b'', ...

CHAPITRE II.

CONSIDÉRATIONS GÉNÉRALES SUR LES SÉRIES.

Définitions.

350. Une *série* est une suite indéfinie ou illimitée de termes ou de quantités, qui se déduisent les uns des autres suivant une loi déterminée, quelle qu'elle soit.

Il en résulte qu'il suffit, pour former un terme de la série, de connaître son rang.

L'expression qui fait connaître un terme en fonction du rang qu'il occupe constitue le *terme général* de la série.

351. Nous représenterons, en général, une série par la somme des termes

$$u_0 + u_1 + u_2 + u_3 + \ldots$$
$$+ u_{n-1} + u_n + u_{n+1} + \ldots + u_{n+p-1} + u_{n+p} + \ldots.$$

Le *rang* du terme est alors en avance d'une unité sur son *indice*, le $n^{\text{ième}}$ terme étant u_{n-1}.

Nous désignerons par S_n la somme des n premiers termes de la série, et nous poserons

$$S_n = u_0 + u_1 + u_2 + u_3 + \ldots + u_{n-1}.$$

Cela posé, nous aurons *trois cas*, c'est-à-dire *trois espèces de séries* à distinguer.

352. 1° Si la somme S_n des n premiers termes de la série tend vers une limite fixe et déterminée S, à mesure que n croît indéfiniment, la série est une *série convergente*.

La limite S est souvent appelée la *somme* même de la série.

La différence $S - S_n$ est le *reste de la série*, qu'on exprime par R_n.

2° Si la somme S_n des n premiers termes de la série peut croître, en valeur absolue, au delà de toute limite, lorsque n croît indéfiniment, la série est une *série divergente.*

3° Si la somme S_n des n premiers termes de la série, sans croître indéfiniment, ne présente aucune limite fixe, mais passe d'une valeur finie à une autre valeur finie, sans s'arrêter à aucune, lorsque n croît indéfiniment, la série est une *série indéterminée.*

353. Par exemple, toute progression par quotient, *décroissante et illimitée,* est une série convergente (*Alg. élém.*, **342**).

Toute progression par quotient, *croissante et illimitée,* est une série divergente (*Alg. élém.*, **345**).

La série

$$+1-1+1-1+1-1+1-1+\ldots,$$

dans laquelle la somme des n premiers termes passe constamment de 1, lorsque n est impair, à 0, lorsque n est pair, est une série indéterminée.

Emploi des séries.

354. On emploie les séries, en général, pour remplacer certaines fonctions compliquées, dont elles doivent faire connaître les valeurs avec une approximation d'autant plus grande que l'on considère un plus grand nombre de termes dans ces séries.

On arrive ainsi à calculer plus simplement et plus rapidement les valeurs numériques des fonctions, ou à étudier plus facilement leurs propriétés. Mais, pour que cette simplification soit permise, il faut que la série substituée ait réellement pour limite la fonction proposée, c'est-à-dire il faut que cette série soit *convergente.*

L'ensemble des termes qu'on néglige après les n premiers termes de la série, ou le *reste de la série*, représente l'erreur commise ou l'approximation obtenue.

On voit par là que les séries divergentes et les séries indéterminées ne peuvent être, en général, d'aucun usage.

355. Lorsqu'une série est convergente, peu importe le nombre de termes qu'il faut y conserver lorsqu'il s'agit d'une démonstration indépendante de toute considération numérique. Au contraire, si l'on a en vue d'obtenir des valeurs numériques, suffisamment approchées, de la fonction, il est nécessaire, pour que les calculs ne deviennent pas impraticables, qu'on n'ait pas à conserver dans la série un nombre de termes trop considérable. C'est ce qu'on exprime en disant que la série doit être alors *rapidement convergente*.

356. Les premières séries qu'on ait rencontrées sont celles qu'on a obtenues en appliquant la règle de la division à la fonction $\frac{1}{a+bx}$ et celle de l'extraction de la racine carrée à l'expression $\sqrt{a+bx}$. Elles se sont donc présentées naturellement comme ordonnées suivant les puissances entières et croissantes de la variable x.

Divisons, par exemple, 1 par $1-x$. Nous avons trouvé précédemment (11)

$$\frac{1}{1-x} = 1 + x + x^2 + x^3 + \ldots + x^{n-1} + \frac{x^n}{1-x}.$$

Si l'on a $x<1$, la quantité x^n peut devenir aussi petite qu'on voudra, pour n assez grand (*Alg. élém.*, 336), et la fonction $\frac{1}{1-x}$ peut être remplacée par la série *convergente* (*Alg. élém.*, 342)

$$1 + x + x^2 + x^3 + \ldots + x^{n-1} + \ldots,$$

dont la limite est précisément la fonction $\frac{1}{1-x}$.

Si l'on a, au contraire, $x>1$, la quantité x^n peut devenir aussi grande qu'on voudra, pour n assez grand (*Alg. élém.*, 336). La série

$$1 + x + x^2 + x^3 + \ldots + x^{n-1} + \ldots$$

est alors *divergente* (*Alg. élém.*, 345), et elle ne peut pas remplacer la fonction $\frac{1}{1-x}$.

Exemples de séries convergentes.

357. L'identité suivante

$$(1)\quad \begin{cases} u_0 = (u_0 - u_1) + (u_1 - u_2) \\ \qquad + (u_2 - u_3) + \ldots + (u_{n-1} - u_n) + \ldots, \end{cases}$$

où $u_0, u_1, u_2, u_3, \ldots, u_{n-1}, u_n, \ldots$ sont des nombres assujettis seulement à la condition que u_n devienne infiniment petit (336) pour n infiniment grand (337), renferme un très grand nombre de séries dont la somme est connue, c'est-à-dire de séries *convergentes*.

La somme de la série est le premier membre de l'identité; ses termes sont les différences indiquées dans le second membre. Cette série est convergente, car la somme des n premiers termes se réduit à $u_0 - u_n$, c'est-à-dire, à la limite à u_0, puisque, pour n assez grand, u_n est un infiniment petit.

358. Nous allons faire quelques applications de l'identité (1).

1° Soient

$$u_0 = 1, \quad u_1 = x, \quad u_2 = x^2, \quad u_3 = x^3, \quad \ldots,$$
$$u_{n-1} = x^{n-1}, \quad u_n = x^n, \quad \ldots$$

et

$$x < 1.$$

L'identité (1) devient

$$1 = (1 - x) + (x - x^2) + (x^2 - x^3) + \ldots + (x^{n-1} - x^n) + \ldots$$

ou, en divisant les deux membres par $1 - x$,

$$\frac{1}{1-x} = 1 + x + x^2 + x^3 + \ldots + x^{n-1} + \ldots,$$

comme au n° 356.

2° Soient

$$u_0 = 1, \quad u_1 = \frac{1}{2}, \quad u_2 = \frac{1}{3}, \quad u_3 = \frac{1}{4}, \quad \ldots, \quad u_{n-1} = \frac{1}{n}, \quad \ldots.$$

L'identité (1) devient

$$1 = \left(1 - \frac{1}{2}\right) + \left(\frac{1}{2} - \frac{1}{3}\right) + \left(\frac{1}{3} - \frac{1}{4}\right) + \ldots + \left(\frac{1}{n} - \frac{1}{n+1}\right) + \ldots,$$

c'est-à-dire

$$1 = \frac{1}{1.2} + \frac{1}{2.3} + \frac{1}{3.4} + \ldots + \frac{1}{n(n+1)} + \ldots.$$

3° Soient

$$u_0 = 1, \qquad u_1 = \frac{1}{3}, \qquad u_2 = \frac{1}{5}, \qquad u_3 = \frac{1}{7}, \qquad \ldots,$$

$$u_{n-1} = \frac{1}{2n-1}, \qquad \ldots.$$

L'identité (1) nous donne

$$1 = \left(1 - \frac{1}{3}\right) + \left(\frac{1}{3} - \frac{1}{5}\right) + \left(\frac{1}{5} - \frac{1}{7}\right) + \ldots + \left(\frac{1}{2n-1} - \frac{1}{2n+1}\right) + \ldots,$$

c'est-à-dire

$$1 = \frac{2}{3} + \frac{2}{15} + \frac{2}{35} + \ldots + \frac{2}{(2n-1)(2n+1)} + \ldots$$

et, par suite,

$$\frac{1}{2} = \frac{1}{3} + \frac{1}{15} + \frac{1}{35} + \ldots + \frac{1}{(2n-1)(2n+1)} + \ldots.$$

4° Soient, enfin,

$$u_0 = \text{arc tang}\,\frac{c}{a}, \qquad u_1 = \text{arc tang}\,\frac{c}{a+b}, \qquad u_2 = \text{arc tang}\,\frac{c}{a+2b},$$

$$u_3 = \text{arc tang}\,\frac{c}{a+3b}, \qquad \ldots, \qquad u_{n-1} = \text{arc tang}\,\frac{c}{a+(n-1)b}, \qquad \ldots.$$

La condition imposée (337) est toujours remplie; car, pour n infiniment grand,

$$u_n = \text{arc tang}\,\frac{c}{a+nb}$$

est infiniment petit (*Trigon.*, **22**).

L'identité (1) devient

$$\begin{aligned} \text{arc tang}\,\frac{c}{a} = &\left(\text{arc tang}\,\frac{c}{a} - \text{arc tang}\,\frac{c}{a+b}\right) \\ &+ \left(\text{arc tang}\,\frac{c}{a+b} - \text{arc tang}\,\frac{c}{a+2b}\right) \\ &+ \left(\text{arc tang}\,\frac{c}{a+2b} - \text{arc tang}\,\frac{c}{a+3b}\right) + \ldots \\ &+ \left[\text{arc tang}\,\frac{c}{a+(n-1)b} - \text{arc tang}\,\frac{c}{a+nb}\right] + \end{aligned}$$

et, en remarquant que l'on a, d'une manière générale (*Trigon.* 55),

$$\operatorname{arc\,tang}\frac{c}{a+(n-1)b}-\operatorname{arc\,tang}\frac{c}{a+nb}$$

$$=\operatorname{arc\,tang}\frac{\dfrac{c}{a+(n-1)b}-\dfrac{c}{a+nb}}{1+\dfrac{c^2}{[a+(n-1)b][a+nb]}}$$

$$=\operatorname{arc\,tang}\frac{bc}{[a+(n-1)b][a+nb]+c^2};$$

on peut l'écrire

$$\operatorname{arc\,tang}\frac{c}{a}=\operatorname{arc\,tang}\frac{bc}{a(a+b)+c^2}$$
$$+\operatorname{arc\,tang}\frac{bc}{(a+b)(a+2b)+c^2}$$
$$+\operatorname{arc\,tang}\frac{bc}{(a+2b)(a+3b)+c^2}+\ldots$$
$$+\operatorname{arc\,tang}\frac{bc}{[a+(n-1)b][a+nb]+c^2}+\ldots.$$

On peut maintenant faire dans cette formule les hypothèses qu'on voudra sur les quantités a, b, c.

Prenons, par exemple, $a=1$, $b=1$, $c=1$, et nous trouverons (*Trigon.*, **22**)

$$\operatorname{arc\,tang}1=\frac{\pi}{4}=\operatorname{arc\,tang}\frac{1}{3}+\operatorname{arc\,tang}\frac{1}{7}+\operatorname{arc\,tang}\frac{1}{13}$$
$$+\operatorname{arc\,tang}\frac{1}{21}+\ldots+\operatorname{arc\,tang}\frac{1}{n^2+n+1}+\ldots.$$

359. On peut ramener, dans certains cas, la série proposée à la forme affectée par l'identité (1) (**357**), et la sommer alors immédiatement.

Soit la série

$$\frac{1}{x(x+1)}+\frac{1}{(x+1)(x+2)}+\frac{1}{(x+2)(x+3)}+\ldots$$
$$+\frac{1}{(x+n-1)(x+n)}+\ldots.$$

On a évidemment, quel que soit x,

$$\frac{1}{x(x+1)} = \frac{1}{x} - \frac{1}{x+1},$$

$$\frac{1}{(x+1)(x+2)} = \frac{1}{x+1} - \frac{1}{x+2},$$

$$\frac{1}{(x+2)(x+3)} = \frac{1}{x+2} - \frac{1}{x+3},$$

$$\ldots\ldots\ldots\ldots\ldots\ldots\ldots\ldots\ldots,$$

$$\frac{1}{(x+n-1)(x+n)} = \frac{1}{x+n-1} - \frac{1}{x+n}.$$

$$\ldots\ldots\ldots\ldots\ldots\ldots\ldots\ldots\ldots$$

En ajoutant toutes ces identités membre à membre, on trouve évidemment

$$\frac{1}{x} = \frac{1}{x(x+1)} + \frac{1}{(x+1)(x+2)} + \frac{1}{(x+2)(x+3)} + \ldots + \frac{1}{(x+n-1)(x+n)} + \ldots.$$

360. On peut aussi, dans certains cas, obtenir la somme d'une série en la décomposant, par le partage approprié de chacun de ses termes, en séries plus simples ayant des sommes connues.

Posons

$$S = 1 + 2x + 3x^2 + 4x^3 + \ldots + nx^{n-1} + (n+1)x^n + \ldots,$$

x étant un nombre positif ou négatif, plus petit que 1 en valeur absolue.

On peut mettre la relation précédente sous la forme

$$\begin{aligned} S = 1 + x + x^2 + x^3 + \ldots + x^{n-1} + x^n + \ldots \\ + x + x^2 + x^3 + \ldots + x^{n-1} + x^n + \ldots \\ + x^2 + x^3 + \ldots + x^{n-1} + x^n + \ldots \\ + x^3 + \ldots + x^{n-1} + x^n + \ldots \\ \ldots\ldots\ldots\ldots\ldots\ldots \end{aligned}$$

La première ligne de la valeur de S représente $\frac{1}{1-x}$ (336); la deuxième ligne, en mettant x en facteur commun, représente $\frac{x}{1-x}$; la troisième ligne, en mettant x^2 en facteur commun, représente $\frac{x^2}{1-x}$, etc.; la $(n+1)^{\text{ième}}$ ligne, en mettant x^n en facteur commun, représente $\frac{x^n}{1-x}$;

On a donc finalement (356)

$$S = \frac{1}{1-x} + \frac{x}{1-x} + \frac{x^2}{1-x} + \frac{x^3}{1-x} + \ldots + \frac{x^n}{1-x} + \ldots$$
$$= \frac{1 + x + x^2 + x^3 + \ldots + x^n + \ldots}{1-x} = \frac{1}{(1-x)^2}.$$

361. Ces exemples suffisent pour montrer qu'il existe un nombre, pour ainsi dire indéfini, de développements que l'on peut effectuer ou de séries convergentes que l'on peut sommer par des procédés simples.

On en trouvera de très intéressants dans le beau *Traité de Calcul différentiel et de Calcul intégral* de M. J. Bertrand.

Premier caractère incomplet de convergence. — Exemple de série divergente : série harmonique.

362. I. *Pour qu'une série soit convergente, il faut que, à partir d'un certain rang n, la valeur de ses termes tende vers zéro autant qu'on veut, à mesure que n augmente.*

Considérons, en effet, la série supposée convergente

$$S = u_0 + u_1 + u_2 + u_3 + \ldots + u_{n-1} + u_n + u_{n+1} + \ldots.$$

Si n est suffisamment grand, nous pourrons, par définition (352), poser à la fois

$$S = \lim S_n \qquad \text{et} \qquad S = \lim S_{n+1}.$$

Il en résultera (341)

$$\lim S_{n+1} - \lim S_n = \lim(S_{n+1} - S_n) = 0 \qquad \text{ou} \qquad \lim u_n = 0.$$

Pour qu'une série soit convergente, il est donc *nécessaire* que ses termes aient pour limite zéro, puisqu'il en est ainsi pour toute série supposée convergente; mais *cette condition nécessaire n'est pas suffisante,* comme nous allons l'établir pour une série remarquable, dite *série harmonique,* et comme on peut l'établir pour un grand nombre d'autres séries.

363. II. Considérons la série

$$1 + \frac{1}{2} + \frac{1}{3} + \frac{1}{4} + \frac{1}{5} + \ldots + \frac{1}{n} + \frac{1}{n+1} + \frac{1}{n+2} + \ldots,$$

dont les termes ont évidemment zéro pour limite : nous allons prouver que cette série est *divergente*.

Laissons de côté les deux premiers termes $1 + \frac{1}{2}$ et groupons les autres termes en en prenant deux d'abord, puis quatre, puis huit, puis seize, etc., indéfiniment, en doublant toujours le nombre des termes lorsqu'on passe d'un groupe au suivant. En remarquant que le dernier terme de chaque groupe est le plus faible, nous aurons alors les inégalités

$$\frac{1}{3} + \frac{1}{4} > \left(\frac{2}{4} = \frac{1}{2}\right),$$

$$\frac{1}{5} + \frac{1}{6} + \frac{1}{7} + \frac{1}{8} > \left(\frac{4}{8} = \frac{1}{2}\right),$$

$$\frac{1}{9} + \frac{1}{10} + \frac{1}{11} + \frac{1}{12} + \frac{1}{13} + \frac{1}{14} + \frac{1}{15} + \frac{1}{16} > \left(\frac{8}{16} = \frac{1}{2}\right),$$

. . . . ,

$$\frac{1}{p+1} + \frac{1}{p+2} + \frac{1}{p+3} + \ldots + \frac{1}{2p} > \left(\frac{p}{2p} = \frac{1}{2}\right),$$

. . . .

On voit que, k étant le *rang* du groupe qui commence par la fraction $\frac{1}{p+1}$, on a $p = 2^k$ et que le groupe comprend 2^k termes.

Il résulte des inégalités précédentes que, si l'on met à part les deux premiers termes de la série, on peut la décomposer en groupes successifs, *tous supérieurs à* $\frac{1}{2}$. Comme la série se poursuit d'ailleurs indéfiniment, on obtient autant de groupes que l'on veut, de sorte que la somme des termes de la série croît indéfiniment à mesure qu'on en prend davantage et que la série est, par conséquent, *divergente* (352).

364. La série qu'on vient de considérer s'appelle la *série harmonique*. Il n'est pas inutile d'indiquer d'où lui vient ce nom.

Nous avons rappelé (*Géom.*, 137) que trois quantités a, b, c, rangées par ordre de grandeur, forment une *proportion harmonique* lorsqu'elles satisfont à la relation

$$\frac{a-b}{b-c} = \frac{a}{c}.$$

Le second nombre b est la *moyenne harmonique* entre les deux nombres extrêmes a et c.

Ainsi, les trois nombres 15, 12, 10, forment une proportion harmonique, puisqu'on a

$$\frac{15-12}{12-10}=\frac{15}{10}.$$

Or, si l'on se reporte aux notions d'Acoustique données en Physique, on trouve que les nombres 15, 12 et 10 sont précisément proportionnels aux longueurs des cordes sonores qui, sous la même tension, rendent les notes *ut*, *mi*, *sol* de l'accord parfait, ce qui justifie l'expression de proportion harmonique.

Cela posé, il est facile de voir que, *lorsque trois quantités forment une proportion harmonique, leurs inverses sont en progression par différence et réciproquement.*

De

$$\frac{a-b}{b-c}=\frac{a}{c},$$

on déduit, en effet,

$$ac-bc=ab-ac;$$

et, en divisant par abc les deux membres de cette égalité, on a

$$\frac{1}{b}-\frac{1}{a}=\frac{1}{c}-\frac{1}{b}.$$

Les quantités $\frac{1}{a}, \frac{1}{b}, \frac{1}{c}$ sont donc bien en progression par différence (*Alg. élém.*, 322).

Réciproquement, si les quantités $\frac{1}{a}, \frac{1}{b}, \frac{1}{c}$ sont en progression par différence, leurs inverses a, b, c constituent une proportion harmonique: car, de

$$\frac{1}{b}-\frac{1}{a}=\frac{1}{c}-\frac{1}{b},$$

on déduit immédiatement

$$\frac{a-b}{ab}=\frac{b-c}{bc} \quad \text{ou} \quad \frac{a-b}{b-c}=\frac{a}{c}.$$

D'une manière générale, *des quantités a, b, c, d, e, f, ..., en nombre quelconque et rangées par ordre de grandeur, forment une progression harmonique quand trois termes consécutifs forment une proportion harmonique. Les inverses de ces quantités forment alors*, d'après ce qu'on vient de démontrer, *une progression par différence.*

Réciproquement, *les inverses des termes d'une progression par différence forment une progression harmonique.*

Or la plus simple des progressions par différence étant

$$\div 1.2.3.4.5\ldots n.(n+1).(n+2).\ldots,$$

la plus simple des progressions harmoniques est la série

$$1+\frac{1}{2}+\frac{1}{3}+\frac{1}{4}+\frac{1}{5}+\ldots+\frac{1}{n}+\frac{1}{n+1}+\frac{1}{n+2}+\ldots,$$

d'où son nom de *série harmonique*.

Caractère général de convergence.

365. III. *Pour qu'une série soit convergente, il faut et il suffit que, pour n assez grand, la somme des p termes qui suivent les n premiers soit inférieure, en valeur absolue, à une quantité donnée aussi petite qu'on voudra et ait pour limite zéro quand n croît indéfiniment, lors même que p serait infiniment grand.*

Nous remarquerons d'abord que cet énoncé exige que, à partir d'un certain rang, les termes de la série tendent vers zéro (**362**). Cela posé, soit la série supposée convergente

$$S = u_0 + u_1 + u_2 + u_3 + \ldots \\ + u_{n-1} + u_n + u_{n+1} + \ldots + u_{n+p-1} + u_{n+p} + u_{n+p+1} + \ldots.$$

Pour n assez grand, on peut poser à la fois, par définition (**352**),

$$\lim S_n = S \quad \text{et} \quad \lim S_{n+p} = S;$$

on en déduit (**341**), S_n étant la somme des termes de la série jusqu'à u_{n-1} et S_{n+p} la somme des termes de la série jusqu'à u_{n+p-1},

$$\lim S_{n+p} - \lim S_n = \lim(S_{n+p} - S_n) = 0,$$

c'est-à-dire

$$(1) \qquad \lim(u_n + u_{n+1} + u_{n+2} + \ldots + u_{n+p-1}) = 0.$$

La condition énoncée est donc *nécessaire*, puisqu'elle est remplie par toute série supposée convergente.

Elle est *suffisante;* car, toutes les fois qu'elle est remplie, la série considérée est convergente.

En effet, si, l'égalité (1) étant satisfaite, la série proposée n'était pas convergente, elle serait nécessairement divergente ou indéterminée (352). Nous allons montrer que l'une ou l'autre de ces hypothèses est inadmissible.

Supposons que la série soit divergente : la somme de ses termes doit alors croître indéfiniment à mesure qu'on en prend davantage. Or, S_n est une quantité finie et la somme des p termes qui suivent les n premiers diminue et tend vers zéro, quel que soit p, à mesure que n augmente. La somme totale des termes ne peut donc pas croître indéfiniment et la série ne saurait être divergente.

Supposons que la série soit indéterminée. La somme de ses termes doit alors passer successivement et indéfiniment, à partir d'un certain rang, d'une valeur finie A à une autre valeur finie B, différente de la première. Or, quelque grand que soit p, on peut toujours faire en sorte que S_n corresponde à A et S_{n+p} à B. Dans ce cas, la somme des p termes qui suivent les n premiers se trouverait égale à la différence finie $B - A$ et n'aurait pas pour limite zéro, ce qui est contraire à l'égalité (1). La série proposée n'est donc pas indéterminée.

Puisque cette série ne peut être ni divergente, ni indéterminée, elle est convergente.

366. La proposition suivante est une conséquence immédiate du théorème général qu'on vient d'établir :

IV. *Une série étant convergente lorsqu'on prend tous ses termes positivement, si on les multiplie, à partir d'un certain rang, par des nombres quelconques, positifs ou négatifs, mais finis, on forme une nouvelle série convergente.*

Soit la série convergente

$$(1)\qquad \left\{\begin{array}{l} u_0 + u_1 + u_2 + u_3 + \ldots \\ \quad + u_{n-1} + u_n + u_{n+1} + \ldots + u_{n+p-1} + \ldots; \end{array}\right.$$

la condition (365)

$$\lim(u_n + u_{n+1} + u_{n+2} + \ldots + u_{n+p-1}) = 0$$

sera alors remplie.

Multiplions respectivement les termes de la série (1), à partir de u_n, par les nombres quelconques A, B, C, ..., L, ...

finis en valeur absolue. Nous obtiendrons une seconde série

$$(2)\quad \left\{\begin{array}{l} u_0 + u_1 + u_2 + u_3 + \ldots \\ \qquad + u_{n-1} + \mathrm{A}u_n + \mathrm{B}u_{n+1} + \mathrm{C}u_{n+2} + \ldots + \mathrm{L}u_{n+p-1} + \ldots, \end{array}\right.$$

dont il faut prouver la convergence.

Or on a, d'après le théorème relatif aux moyennes (349),

$$\begin{aligned} &\mathrm{A}u_n + \mathrm{B}u_{n+1} + \mathrm{C}u_{n+2} + \ldots + \mathrm{L}u_{n+p-1} \\ &\quad = (u_n + u_{n+1} + u_{n+2} + \ldots + u_{n+p-1})\ \mathrm{moy.}(\mathrm{A}, \mathrm{B}, \mathrm{C}, \ldots, \mathrm{L}). \end{aligned}$$

Par hypothèse, le premier facteur du second membre de cette égalité tend vers zéro, quel que soit p, pour n assez grand, et le second facteur a nécessairement une valeur finie. Ce second membre a donc pour limite zéro (340). Il en est, par suite, de même du premier membre; ce qui démontre (365) la convergence de la série (2).

367. Comme les nombres A, B, C, ..., L, ... peuvent être tous des fractions proprement dites, ou bien se réduire tous à l'unité en valeur absolue, on peut, d'après la proposition précédente (366), énoncer encore les théorèmes suivants :

V. *Une série étant convergente lorsqu'on prend tous ses termes positivement, toute série qui, à partir d'un certain rang, a des termes moindres en valeur absolue, est aussi convergente.*

VI. *Une série devenant convergente lorsqu'on prend tous ses termes positivement, elle l'est encore lorsque, à partir d'un certain rang, on rend à ses différents termes les signes positifs ou négatifs qu'ils ont réellement.*

Il est clair que, lorsqu'une série devient *divergente* lorsqu'on prend tous ses termes positivement, on ne peut plus rien affirmer sur sa véritable nature.

368. Il est souvent difficile de reconnaître que la somme d'un nombre quelconque de termes de la série considérée, supposée convergente, tombe, à partir d'un certain rang, au-dessous de toute quantité donnée.

Il faut alors, pour se rendre compte de la nature de la série, recourir à des théorèmes spéciaux, plus aisés à appliquer que le théorème général (365).

Nous allons indiquer, parmi ces théorèmes, les plus simples et les plus usuels, en étudiant d'abord les séries dont les termes ont tous le même signe. On peut alors, évidemment, les regarder comme tous positifs, quitte à donner ensuite le signe *moins* à la somme de la série supposée convergente, si tous ses termes sont en réalité négatifs.

CHAPITRE III.

SÉRIES DONT LES TERMES SONT TOUS POSITIFS. RÈGLES DE CONVERGENCE.

Indications préliminaires.

369. *Lorsque les termes d'une série sont tous positifs, la somme de ces termes croît sans cesse à mesure qu'on en prend davantage. La condition nécessaire et suffisante pour qu'une pareille série soit convergente est donc que la somme de ses termes, quelque loin qu'on la prolonge, ne puisse pas croître au delà de toute limite.*

En effet, si les résultats croissants obtenus en prenant un nombre de termes de plus en plus grand ne peuvent pas dépasser toute limite, ils approchent nécessairement autant qu'on veut du plus petit nombre qu'ils ne peuvent pas surpasser, de sorte que la série a une limite déterminée.

Il suffit donc, pour prouver la convergence d'une série à termes positifs, de reconnaître que la somme de ses termes ne croît pas indéfiniment.

Une série à termes tous positifs ne peut pas être *indéterminée* (**352**) : elle ne peut être que convergente ou divergente.

370. Il est évident que, si la série donnée a ses termes, à partir d'un certain rang, constamment plus petits que les termes correspondants d'une autre série convergente à termes positifs, elle est elle-même convergente (**369**).

Si elle a, au contraire, à partir d'un certain rang, ses termes constamment plus grands que les termes correspondants d'une autre série divergente à termes positifs, elle est divergente (**369**).

Nous disons : *à partir d'un certain rang;* car, si l'on donne à n une valeur finie, la convergence ou la divergence se manifeste seulement dans les termes qui suivent S_n et qui constituent R_n (351, 362).

La comparaison s'établit, en général, pour les séries convergentes, avec une progression par quotient décroissante et illimitée convenablement choisie et, pour les séries divergentes, avec une progression par quotient croissante et illimitée ou avec la série harmonique (363, 364).

Théorèmes I, II, III, IV.

371. I. *Si, à partir d'un certain rang, le rapport d'un terme au précédent est constamment moindre qu'un nombre fixe k plus petit que* 1, *la série est convergente.*

Soit la série

$$u_0 + u_1 + u_2 + u_3 + \ldots + u_{n-1} + u_n + u_{n+1} + \ldots.$$

Admettons que, à partir du $(n+1)^{\text{ième}}$ rang, on puisse poser

$$\frac{u_{n+1}}{u_n} < k, \qquad \frac{u_{n+2}}{u_{n+1}} < k, \qquad \frac{u_{n+3}}{u_{n+2}} < k, \qquad \ldots.$$

On en déduit

$$\begin{array}{lll} u_{n+1} < ku_n, & & \\ u_{n+2} < ku_{n+1} & \text{et, } a\ fortiori, & u_{n+2} < k^2 u_n, \\ u_{n+3} < ku_{n+2} & \text{et, } a\ fortiori, & u_{n+3} < k^3 u_n, \\ \ldots\ldots & \ldots\ldots & \ldots\ldots \end{array}$$

Il en résulte que, à partir du $(n+1)^{\text{ième}}$ rang, les termes de la série sont inférieurs aux termes successifs de la progression par quotient décroissante et illimitée

$$u_n + ku_n + k^2 u_n + k^3 u_n + \ldots.$$

La série proposée est donc convergente (370).

Ce théorème est important, en ce qu'il fournit immédiatement une limite supérieure de l'erreur commise quand on s'arrête dans la série à un certain terme.

En effet, si l'on s'arrête inclusivement au terme u_{n-1} ou si l'on conserve dans la série les n premiers termes, le reste

$R_n = S - S_n$ (352) est moindre que la limite de la somme des termes de la progression par quotient décroissante et illimitée

$$u_n + ku_n + k^2 u_n + k^3 u_n + \ldots,$$

c'est-à-dire que (*Alg. élém.*, 342)

$$\frac{u_n}{1-k}.$$

Telle est donc la limite supérieure de l'erreur commise en ne conservant dans la série que les n premiers termes : elle est égale au premier terme négligé divisé par l'excès de l'unité sur le nombre fixe k.

372. II. Inversement, *si, à partir d'un certain rang, le rapport d'un terme au précédent est constamment supérieur à un nombre fixe k plus grand que* 1, *la série est divergente.*

Admettons que, à partir du $(n+1)^{\text{ième}}$ rang, on puisse poser

$$\frac{u_{n+1}}{u_n} > k, \qquad \frac{u_{n+2}}{u_{n+1}} > k, \qquad \frac{u_{n+3}}{u_{n+2}} > k, \qquad \ldots.$$

On en déduit évidemment

$$u_{n+1} > ku_n, \qquad u_{n+2} > k^2 u_n, \qquad u_{n+3} > k^3 u_n, \qquad \ldots.$$

Il en résulte que, à partir du $(n+1)^{\text{ième}}$ rang, les termes de la série sont supérieurs aux termes successifs de la progression par quotient croissante et illimitée

$$u_n + ku_n + k^2 u_n + k^3 u_n + \ldots.$$

La série proposée est donc divergente (370).

373. III. *Lorsque, dans une série, le rapport* $\frac{u_{n+1}}{u_n}$ *tend vers une limite déterminée* l, *à mesure qu'on fait croître* n *indéfiniment, la série est convergente ou divergente, suivant que cette limite* l *est plus petite ou plus grande que* 1.

En effet, dans le premier cas, on peut choisir entre l et 1 un nombre fixe k, alors < 1, au-dessous duquel le rapport $\frac{u_{n+1}}{u_n}$ tombera nécessairement en tendant vers sa limite l : la série est donc convergente (371).

Dans le second cas, on peut choisir entre 1 et l un nombre fixe k, alors >1, au-dessus duquel le rapport $\frac{u_{n+1}}{u_n}$ tombera nécessairement en tendant vers sa limite l : la série est donc divergente (372).

374. *La limite l peut être égale à l'unité.* Il y a alors deux cas à distinguer :

1° Le rapport $\frac{u_{n+1}}{u_n}$ peut s'approcher de sa limite $l=1$, en lui restant toujours supérieur. Les termes de la série vont alors constamment en croissant, à partir d'un certain rang, et la série est nécessairement divergente (352, 362).

2° Le rapport $\frac{u_{n+1}}{u_n}$ peut s'approcher de sa limite $l=1$, en lui restant toujours inférieur. On est alors dans le doute; car les termes de la série vont constamment en diminuant à partir d'un certain rang, mais leur somme va constamment en augmentant, et l'on ne sait pas d'avance si cet accroissement se produit sans limite.

Nous énoncerons donc ce quatrième théorème :

375. IV. *Si, à partir d'un certain rang et n croissant indéfiniment, le rapport $\frac{u_{n+1}}{u_n}$ tend vers une limite égale à l'unité, la série est divergente lorsque ce rapport finit par rester constamment supérieur à sa limite; il y a doute, c'est-à-dire que la série peut être convergente ou divergente, lorsque ce rapport finit par rester constamment inférieur à sa limite.*

Les théorèmes I, II, III, IV constituent, dans leur ensemble, l'une des propositions les plus utiles et les plus fréquemment employées pour l'étude des séries.

CAS OU LA SÉRIE EST ORDONNÉE SUIVANT LES PUISSANCES D'UNE VARIABLE.

376. La série considérée peut se trouver ordonnée suivant les puissances entières et croissantes d'une variable x. La proposition précédente est encore applicable. Seulement, la variable x entre alors nécessairement dans l'expression du rapport dont on a à chercher la limite; et, par suite, la con-

vergence ou la divergence de la série dépend, en général, des valeurs spéciales attribuées à cette variable.

Soit, par exemple, la série

$$A_0 + A_1 x + A_2 x^2 + A_3 x^3 + \ldots$$
$$+ A_{n-1} x^{n-1} + A_n x^n + A_{n+1} x^{n+1} + \ldots .$$

On a, dans ce cas,

$$l = \lim \frac{u_{n+1}}{u_n} = \lim \frac{A_n x^n}{A_{n-1} x^{n-1}} = \lim \frac{A_n}{A_{n-1}} x,$$

c'est-à-dire, en désignant par λ la limite du rapport $\frac{A_n}{A_{n-1}}$ quand n croît indéfiniment,

$$l = \lambda x.$$

La série sera donc convergente pour $\lambda x < 1$, ou *tant qu'on aura* $x < \frac{1}{\lambda}$; elle sera divergente pour $\lambda x > 1$, *ou tant qu'on aura* $x > \frac{1}{\lambda}$ (373).

La série restera ainsi convergente pour toutes les valeurs de x comprises entre $+\frac{1}{\lambda}$ et $-\frac{1}{\lambda}$; car une série, qui est convergente lorsque tous les termes sont positifs, l'est encore lorsqu'on en prend un certain nombre négativement (367).

Il pourra y avoir doute, si l'on a $\lambda x = 1$ ou $x = \pm \frac{1}{\lambda}$. Néanmoins, si, à partir d'un certain rang, $\frac{A_n}{A_{n-1}}$ reste toujours supérieur à λ, $\frac{u_{n+1}}{u_n}$ restera en même temps supérieur à $\lambda x = 1$, et la série sera divergente pour $x = + \frac{1}{\lambda}$ (375).

La remarque que nous venons de faire, relativement aux séries ordonnées, subsiste aussi pour les théorèmes analogues aux précédents, que nous avons encore à démontrer.

Applications des théorèmes I, II, III, IV.

377. Nous nous proposons de vérifier, à l'aide de ces théorèmes, la convergence ou la divergence de quelques séries. Nous les rapporterons toujours à la série type

$$u_0 + u_1 + u_2 + u_3 + \ldots + u_{n-1} + u_n + u_{n+1} + \ldots.$$

1° *Soit la série*

$$a + 2a^2 + 3a^3 + 4a^4 + \ldots + na^n + (n+1)a^{n+1} + \ldots,$$

où a est un nombre positif quelconque.

Elle est évidemment divergente pour $a = 1$ ou pour $a > 1$ (362), et il ne peut y avoir de difficulté que pour $a < 1$.

On a ici (373, 375)

$$l = \lim \frac{u_{n+1}}{u_n} = \lim \frac{(n+2)a^{n+2}}{(n+1)a^{n+1}} = \lim \frac{n+2}{n+1} a = \lim \frac{1 + \frac{2}{n}}{1 + \frac{1}{n}} a.$$

Pour $n = \infty$, il vient $l = a$.

Pour $a < 1$, la série est donc convergente.

La règle que nous appliquons indique aussi qu'elle est divergente pour $a > 1$ et pour $a = 1$, comme nous venons de le dire.

Dans cette dernière hypothèse, il ne peut y avoir doute, parce que la fraction $\frac{n+2}{n+1}$ étant toujours plus grande que 1, le rapport $\frac{u_{n+1}}{u_n}$ reste constamment supérieur à sa limite 1.

2° *Soit la série*

$$\frac{1}{1.2} + \frac{1}{2.3} + \frac{1}{3.4} + \ldots + \frac{1}{(n-1)n} + \frac{n}{n(n+1)} + \frac{1}{(n+1)(n+2)} + \ldots.$$

On a ici

$$\frac{u_{n+1}}{u_n} = \frac{\frac{1}{(n+2)(n+3)}}{\frac{1}{(n+1)(n+2)}} = \frac{n+1}{n+3} = \frac{1 + \frac{1}{n}}{1 + \frac{3}{n}},$$

dont la limite, pour $n = \infty$, est 1.

Comme $\frac{n+1}{n+3}$ reste constamment inférieur à 1, il y a doute (375). Mais, en se servant du procédé général indiqué au n° 359, on peut poser

$$\frac{1}{n(n+1)} = \frac{1}{n} - \frac{1}{n+1},$$

et, par suite, la série donnée deviendra

$$\left(1 - \frac{1}{2}\right) + \left(\frac{1}{2} - \frac{1}{3}\right) + \left(\frac{1}{3} - \frac{1}{4}\right) + \ldots + \left(\frac{1}{n} - \frac{1}{n+1}\right) + \ldots.$$

Elle a donc une somme égale à 1 et elle est convergente, comme nous l'avons déjà trouvé (358, 2°).

3° *Soit la série remarquable*

$$\frac{1}{1^\mu}+\frac{1}{2^\mu}+\frac{1}{3^\mu}+\frac{1}{4^\mu}+\ldots+\frac{1}{n^\mu}+\frac{1}{(n+1)^\mu}+\ldots,$$

sur laquelle nous reviendrons plus loin, et où μ représente un nombre positif quelconque.

Si l'on suppose $\mu = 1$, on retrouve la série harmonique (363, 364) qui est divergente.

Si l'on suppose $\mu < 1$, les dénominateurs des termes de la série devenant moindres que ceux des termes correspondants de la série harmonique, tandis que les numérateurs ne changent pas, les termes de la série surpassent ceux de la série harmonique et, par suite, pour $\mu < 1$, on a encore une série divergente (370).

Notre recherche est ainsi bornée au cas de $\mu > 1$.

On a alors

$$\frac{u_{n+1}}{u_n}=\frac{\dfrac{1}{(n+2)^\mu}}{\dfrac{1}{(n+1)^\mu}}=\left(\frac{n+1}{n+2}\right)^\mu=\left(\frac{1+\dfrac{1}{n}}{1+\dfrac{2}{n}}\right)^\mu.$$

Pour $n=\infty$, ce rapport a évidemment 1 pour limite; mais, comme il demeure constamment inférieur à l'unité avant d'atteindre sa limite, nous restons dans le doute (375).

Nous allons opérer comme il suit, pour établir la convergence de la série.

En laissant de côté son premier terme 1, nous allons grouper ses termes en en prenant deux, puis quatre, puis huit, puis seize, ..., en doublant toujours indéfiniment.

En remarquant que le premier terme de chaque groupe est le plus grand, on pourra écrire les inégalités suivantes :

$$\frac{1}{2^\mu}+\frac{1}{3^\mu}<\left[2\frac{1}{2^\mu}=\frac{1}{2^{\mu-1}}\right],$$

$$\frac{1}{4^\mu}+\frac{1}{5^\mu}+\frac{1}{6^\mu}+\frac{1}{7^\mu}<\left[4\frac{1}{4^\mu}=\frac{1}{4^{\mu-1}}=\frac{1}{2^{2(\mu-1)}}\right],$$

$$\frac{1}{8^\mu}+\frac{1}{9^\mu}+\frac{1}{10^\mu}+\frac{1}{11^\mu}+\frac{1}{12^\mu}+\frac{1}{13^\mu}+\frac{1}{14^\mu}+\frac{1}{15^\mu}<\left[8\frac{1}{8^\mu}=\frac{1}{8^{\mu-1}}=\frac{1}{2^{3(\mu-1)}}\right],$$

....,

$$\frac{1}{(2^p)^\mu}+\frac{1}{(2^p+1)^\mu}+\frac{1}{(2^p+2)^\mu}+\ldots+\frac{1}{(2^{p+1}-1)^\mu}<\left[2^p\frac{1}{(2^p)^\mu}=\frac{1}{(2^p)^{\mu-1}}=\frac{1}{2^{p(\mu-1)}}\right]$$

....

Nous supposons que la dernière inégalité posée correspond au $p^{\text{ième}}$ groupe, de sorte que le dénominateur de la première fraction du premier membre y est bien $(2^p)^\mu$ et, le dénominateur de la dernière, $(2^{p+1}-1)^\mu$. De plus, le nombre des termes du premier membre est égal à $(2^{p+1}-1-2^p)+1$, c'est-à-dire à $2^{p+1}-2^p$ ou à 2^p.

En ajoutant membre à membre toutes les inégalités précédentes, on voit que, sauf le premier terme 1, la somme des termes de la série est inférieure à la somme des termes de la progression par quotient

$$\frac{1}{2^{\mu-1}}+\frac{1}{2^{2(\mu-1)}}+\frac{1}{2^{3(\mu-1)}}+\ldots+\frac{1}{2^{p(\mu-1)}}+\ldots,$$

qui a pour raison $\frac{1}{2^{\mu-1}}$, c'est-à-dire qui est décroissante et illimitée. La somme des termes de la série ne peut donc pas croître indéfiniment, et elle est bien convergente (369) lorsque μ est >1.

4° *Soit la série ordonnée*

$$\frac{x}{1}+\frac{x^2}{2}+\frac{x^3}{3}+\frac{x^4}{4}+\ldots+\frac{x^n}{n}+\frac{x^{n+1}}{n+1}+\ldots.$$

Il est clair que la série est divergente pour $x=1$ ou pour $x>1$, puisqu'on retrouve alors la série harmonique ou une série dont les termes sont plus grands que les termes correspondants de la série harmonique.

Il reste donc à considérer le cas de $x<1$, en valeur absolue (376). On a ici

$$\frac{u_{n+1}}{u_n}=\frac{\frac{x^{n+2}}{n+2}}{\frac{x^{n+1}}{n+1}}=\frac{n+1}{n+2}x=\frac{1+\frac{1}{n}}{1+\frac{2}{n}}x.$$

La limite de ce rapport, pour $n=\infty$, est x. La série est donc convergente pour $x<1$ en valeur absolue.

La série restera, par conséquent, convergente quand on fera varier x depuis -1 jusqu'à $+1$, en excluant $+1$. Nous verrons plus tard que, pour $x=-1$, elle est encore convergente.

Admettons que l'on conserve dans la série, supposée convergente, les n premiers termes. Le premier terme négligé sera $\frac{x^{n+1}}{n+1}$, et l'on aura (352)

$$R_n=\frac{x^{n+1}}{n+1}+\frac{x^{n+2}}{n+2}+\frac{x^{n+3}}{n+3}+\ldots,$$

c'est-à-dire

$$R_n<\frac{x^{n+1}}{n+1}(1+x+x^2+x^3+\ldots)$$

ou (356)

$$R_n<\frac{x^{n+1}}{n+1}\,\frac{1}{1-x},$$

puisque x est moindre que l'unité.

5° *Soit*, enfin, *la série ordonnée*

$$1+\frac{1}{2}x+\frac{1.3}{2.4}x^2+\frac{1.3.5}{2.4.6}x^3+\frac{1.3.5.7}{2.4.6.8}x^4+\ldots$$
$$+\frac{1.3.5.7\ldots(2n-1)}{2.4.6.8\ldots 2n}x^n+\frac{1.3.5.7\ldots(2n+1)}{2.4.6.8\ldots(2n+2)}x^{n+1}+\ldots.$$

On a, dans ce cas, évidemment,

$$\frac{u_{n+1}}{u_n}=\frac{2n+1}{2n+2}x=\frac{1+\frac{1}{2n}}{1+\frac{1}{n}}x.$$

Pour $n=\infty$, la limite de ce rapport est x.

La série est donc divergente pour $x>1$ et, convergente, pour $x<1$ en valeur absolue, c'est-à-dire pour toutes les valeurs de x comprises entre -1 et $+1$.

Il y a doute pour $x=1$, parce que le rapport $\frac{u_{n+1}}{u_n}$ reste alors constamment inférieur à sa limite (375).

Pour lever ce doute, comparons la série proposée, en y faisant $x=1$, à la série harmonique (363)

$$1+\frac{1}{2}+\frac{1}{3}+\frac{1}{4}+\frac{1}{5}+\ldots+\frac{1}{n}+\frac{1}{n+1}+\ldots.$$

Pour passer du $n^{\text{ième}}$ terme de la série harmonique au suivant, il faut multiplier $\frac{1}{n}$ par $\frac{n}{n+1}$.

Pour passer du $n^{\text{ième}}$ terme de la série proposée, qui est

$$\frac{1.3.5.7\ldots(2n-3)}{2.4.6.8\ldots(2n-2)},$$

au suivant, il faut le multiplier par $\frac{2n-1}{2n}$.

Comme les deux premiers termes des deux séries sont les mêmes, il suffit alors de comparer les deux multiplicateurs. Or on a évidemment, quel que soit le rang n,

$$\frac{2n-1}{2n}>\frac{n}{n+1},$$

puisque cette inégalité revient à $n>1$.

Ainsi, à partir du troisième terme, les termes de la série proposée sont constamment supérieurs aux termes correspondants de la série harmonique, et elle est, par suite, divergente (370).

Théorèmes V, VI, VII, VIII.

378. V. *Si, à partir d'un certain rang, l'expression* $u_n^{\frac{1}{n}}$ *ou* $\sqrt[n]{u_n}$ *est constamment moindre qu'un nombre fixe* k *plus petit que* 1, *la série est convergente; elle est divergente si cette expression est constamment supérieure à un nombre fixe* k *plus grand que* 1.

En effet, on a, dans la première hypothèse,

$$\begin{array}{lcl} \sqrt[n]{u_n} < k & \text{ou} & u_n < k^n, \\ \sqrt[n+1]{u_{n+1}} < k & \text{ou} & u_{n+1} < k^{n+1}, \\ \sqrt[n+2]{u_{n+2}} < k & \text{ou} & u_{n+2} < k^{n+2}, \\ \dots\dots & & \dots\dots \end{array}$$

Il en résulte que, à partir de u_n, les termes successifs de la série considérée sont inférieurs aux termes de la progression par quotient, décroissante et illimitée,

$$\because k^n : k^{n+1} : k^{n+2} : k^{n+3} : \dots .$$

Cette série est donc convergente (370).

La limite de l'erreur commise en s'arrêtant aux n premiers termes de la série est alors inférieure à

$$\frac{k^n}{1-k}.$$

Dans la seconde hypothèse, on a

$$\begin{array}{lcl} \sqrt[n]{u_n} > k & \text{ou} & u_n > k^n, \\ \sqrt[n+1]{u_{n+1}} > k & \text{ou} & u_{n+1} > k^{n+1}, \\ \sqrt[n+2]{u_{n+2}} > k & \text{ou} & u_{n+2} > k^{n+2}, \\ \dots\dots & & \dots\dots \end{array}$$

Il en résulte que, à partir de u_n, les termes successifs de la série considérée sont supérieurs aux termes de la progression par quotient, croissante et illimitée,

$$\because k^n : k^{n+1} : k^{n+2} : k^{n+3} : \dots .$$

Cette série est donc divergente (370).

379. On applique, en général, ce théorème comme le précédent (373, 375); car, ordinairement, l'expression $u_n^{\frac{1}{n}}$ ou $\sqrt[n]{u_n}$ tend vers une limite déterminée, lorsque n croît indéfiniment.

Nous nous bornerons donc à cet énoncé :

380. VI. *Lorsque, dans une série, l'expression $u_n^{\frac{1}{n}}$ ou $\sqrt[n]{u_n}$ tend vers une limite déterminée l, quand on fait croître n indéfiniment, la série est convergente ou divergente, suivant que cette limite l est plus petite ou plus grande que* 1. *Lorsque cette limite l est égale à l'unité, la série est divergente, si l'expression $\sqrt[n]{u_n}$ reste, à partir d'un certain rang, constamment supérieure à l'unité; lorsqu'elle reste constamment inférieure, il y a doute, et la série peut être convergente ou divergente.*

381. Il est intéressant de montrer que la proposition que nous venons d'établir (378, 380) rentre, avec toutes ses conséquences, dans la proposition précédente (371, 372, 373, 375), c'est-à-dire que les deux expressions $\frac{u_{n+1}}{u_n}$ et $\sqrt[n]{u_n}$ ont précisément la même limite.

Soit, en effet, la série

$$u_0 + u_1 + u_2 + u_3 + \ldots + u_{n-1} + u_n + u_{n+1} + \ldots.$$

Admettons qu'elle donne

$$\lim \frac{u_{n+1}}{u_n} = l \qquad \text{et} \qquad \lim \sqrt[n]{u_n} = l_1.$$

Il faut prouver qu'on a toujours $l = l_1$.

Pour cela, nous introduirons la variable x et nous considérerons la série auxiliaire

$$u_0 + u_1 x + u_2 x^2 + u_3 x^3 + \ldots$$
$$+ u_{n-1} x^{n-1} + u_n x^n + u_{n+1} x^{n+1} + \ldots.$$

Il est clair que les deux limites l et l_1 se trouveront simplement multipliées par x (376).

Par conséquent, la série auxiliaire sera convergente, si l'on a

$$lx < 1 \qquad \text{ou} \qquad x < \frac{1}{l};$$

et elle sera divergente, si l'on a

$$l_1 x > 1 \qquad \text{ou} \qquad x > \frac{1}{l_1}.$$

Or, si l'on n'avait pas $\frac{1}{l} = \frac{1}{l_1}$ ou $l = l_1$, on pourrait attribuer à x des valeurs comprises entre $\frac{1}{l_1}$ et $\frac{1}{l}$ et, pour ces valeurs spéciales, la série auxiliaire serait à la fois divergente et convergente, ce qui est absurde.

On a donc nécessairement $l = l_1$.

382. VII. *Si, à partir d'un certain rang, le rapport* $\frac{\log \frac{1}{u_n}}{\log n}$ *est constamment supérieur à un nombre fixe k plus grand que* 1, *la série est convergente; si ce rapport est constamment inférieur à un nombre fixe k plus petit que* 1, *la série est divergente.*

Dans la première hypothèse, la condition

$$\frac{\log \frac{1}{u_n}}{\log n} > k$$

conduit successivement (*Alg. élém.*, 353, 354, 80, 350) aux relations

$$\log \frac{1}{u_n} > k \log n, \qquad \log \frac{1}{u_n} > \log n^k, \qquad \frac{1}{u_n} > n^k.$$

On peut donc écrire

$$u_n < \frac{1}{n^k}, \qquad u_{n+1} < \frac{1}{(n+1)^k}, \qquad u_{n+2} < \frac{1}{(n+2)^k}, \qquad \cdots.$$

Il en résulte que les termes de la série proposée sont, à partir de u_n, inférieurs aux termes de la série

$$\frac{1}{n^k} + \frac{1}{(n+1)^k} + \frac{1}{(n+2)^k} + \ldots,$$

qui est convergente puisque k est > 1 (377, 3°).

La série proposée est, par suite, elle-même convergente (370).

Dans la seconde hypothèse, la condition

$$\frac{\log \frac{1}{u_n}}{\log n} < k$$

conduit successivement aux relations

$$\log \frac{1}{u_n} < k \log n, \qquad \log \frac{1}{u_n} < \log n^k, \qquad \frac{1}{u_n} < n^k.$$

On peut donc écrire

$$u_n > \frac{1}{n^k}, \qquad u_{n+1} > \frac{1}{(n+1)^k}, \qquad u_{n+2} > \frac{1}{(n+2)^k}, \qquad \cdots.$$

Il en résulte que les termes de la série proposée sont, à partir de u_n, supérieurs aux termes de la série

$$\frac{1}{n^k} + \frac{1}{(n+1)^k} + \frac{1}{(n+2)^k} + \ldots,$$

qui est divergente, puisque k est < 1 (377, 3°). La série proposée est, par suite, elle-même divergente (370).

383. On applique, en général, ce théorème comme les précédents; car, ordinairement, le rapport $\dfrac{\log \frac{1}{u_n}}{\log n}$ tend vers une limite déterminée, lorsqu'on fait croître n indéfiniment.

Nous nous bornerons donc à cet énoncé :

384. VIII. *Lorsque, dans une série, le rapport* $\dfrac{\log \frac{1}{u_n}}{\log n}$ *tend vers une limite déterminée l, quand n croît indéfiniment, la série est convergente ou divergente, suivant que cette limite l est plus grande ou plus petite que 1. Lorsque la limite l est égale à l'unité, la série est divergente si le rapport considéré finit par être constamment inférieur à 1; lorsqu'il finit par être constamment supérieur, il y a doute, et la série peut être convergente ou divergente.*

Théorèmes IX et X.

385. IX. *Soient les deux séries*

(1) $u_0 + u_1 + u_2 + u_3 + \ldots + u_{n-1} + u_n + u_{n+1} + \ldots,$

(2) $v_0 + v_1 + v_2 + v_3 + \ldots + v_{n-1} + v_n + v_{n+1} + \ldots.$

Si, à partir d'un certain rang, on a constamment

$$\frac{v_{n+1}}{v_n} < \frac{u_{n+1}}{u_n},$$

la convergence de la première série entraîne la convergence de la seconde; si, à partir d'un certain rang, on a, au contraire, constamment

$$\frac{v_{n+1}}{v_n} > \frac{u_{n+1}}{u_n},$$

la divergence de la première série entraîne la divergence de la seconde.

Soit, d'abord,

$$\frac{v_{n+1}}{v_n} < \frac{u_{n+1}}{u_n} \quad \text{ou} \quad \frac{v_{n+1}}{u_{n+1}} < \frac{v_n}{u_n}.$$

On en déduit

$$v_{n+1} < u_{n+1} \frac{v_n}{u_n},$$

$$v_{n+2} < u_{n+2} \frac{v_{n+1}}{u_{n+1}} \quad \text{et, } a\ fortiori, \quad v_{n+2} < u_{n+2} \frac{v_n}{u_n},$$

$$v_{n+3} < u_{n+3} \frac{v_{n+2}}{u_{n+2}} \quad \text{et, } a\ fortiori, \quad v_{n+3} < u_{n+3} \frac{v_n}{u_n},$$

. . . .

La série (1), étant supposée convergente, le restera (366) quand on multipliera tous ses termes, à partir de u_{n+1}, par le facteur $\frac{v_n}{u_n}$. Mais alors tous ses termes, à partir du terme $u_{n+1} \frac{v_n}{u_n}$, deviendront plus grands, d'après les inégalités précédentes, que les termes correspondants de la série (2). La série (2) est donc, *a fortiori*, convergente (370).

Soit, maintenant,

$$\frac{v_{n+1}}{v_n} > \frac{u_{n+1}}{u_n} \quad \text{ou} \quad \frac{v_{n+1}}{u_{n+1}} > \frac{v_n}{u_n}.$$

On en déduit

$$v_{n+1} > u_{n+1}\frac{v_n}{u_n},$$

$$v_{n+2} > u_{n+2}\frac{v_{n+1}}{u_{n+1}} \quad \text{et, } a\ fortiori, \quad v_{n+2} > u_{n+2}\frac{v_n}{u_n},$$

$$v_{n+3} > u_{n+3}\frac{v_{n+2}}{u_{n+2}} \quad \text{et, } a\ fortiori, \quad v_{n+3} > u_{n+3}\frac{v_n}{u_n},$$

....

La série (1) étant supposée divergente, la somme de ses termes croît sans limite. Il en sera encore de même, et elle restera divergente, quand on multipliera tous ses termes, à partir de u_{n+1}, par le facteur $\frac{v_n}{u_n}$. Mais alors tous ces termes, à partir du terme $u_{n+1}\frac{v_n}{u_n}$, deviendront plus petits, d'après les inégalités précédentes, que les termes correspondants de la série (2). La série (2) est donc, *a fortiori*, divergente (370).

386. X. *Si les termes d'une série*

$$(1) \qquad u_1 + u_2 + u_3 + u_4 + \ldots + u_{n-1} + u_n + u_{n+1} + \ldots$$

vont constamment en décroissant à partir du premier, cette série est convergente ou divergente en même temps que la série

$$(2) \quad u_1 + a u_a + a^2 u_{a^2} + a^3 u_{a^3} + \ldots + a^{n-1} u_{a^{n-1}} + a^n u_{a^n} + \ldots,$$

quel que soit le nombre entier désigné par a, *et les multiplicateurs et indices* $1, a, a^2, a^3, \ldots, a^n, \ldots$, *formant une progression par quotient dont le premier terme est* 1 *et la raison* a.

Supposons la série (1) convergente et considérons le terme général $a^n u_{a^n}$ de la série (2). Puisque les termes de la série (1) vont en décroissant, la somme des termes successifs de cette série

$$u_{a^{n-1}+1} + u_{a^{n-1}+2} + u_{a^{n-1}+3} + \ldots + u_{a^n}$$

est plus grande que le dernier terme u_{a^n} répété autant de fois qu'il y a de termes dans la suite considérée. Or, de $u_{a^{n-1}+1}$ à u_{a^n}, il y a un nombre de termes égal à

$$a^n - a^{n-1} = a^{n-1}(a-1).$$

On peut donc poser, en multipliant de part et d'autre par a,

$$(a-1)a^n u_{a^n} < a(u_{a^{n-1}+1} + u_{a^{n-1}+2} + u_{a^{n-1}+3} + \ldots + u_{a^n});$$

et, *a fortiori*, puisque $a-1$ est un nombre entier,

$$a^n u_{a^n} < a(u_{a^{n-1}+1} + u_{a^{n-1}+2} + u_{a^{n-1}+3} + \ldots + u_{a^n}).$$

En faisant successivement, dans cette inégalité, $n = 2$, $3, \ldots, n, \ldots$, on a, en écrivant d'abord les deux identités

$$u_1 = u_1,$$
$$au_a = au_a,$$
$$a^2 u_{a^2} < a(u_{a+1} + u_{a+2} + u_{a+3} + \ldots + u_{a^2}),$$
$$a^3 u_{a^3} < a(u_{a^2+1} + u_{a^2+2} + u_{a^2+3} + \ldots + u_{a^3}),$$
$$\ldots\ldots\ldots\ldots\ldots\ldots\ldots\ldots\ldots\ldots,$$
$$a^n u_{a^n} < a(u_{a^{n-1}+1} + u_{a^{n-1}+2} + u_{a^{n-1}+3} + \ldots + u_{a^n}),$$
$$\ldots\ldots\ldots\ldots\ldots\ldots\ldots\ldots\ldots\ldots$$

Si l'on ajoute toutes ces relations membre à membre, il vient évidemment, puisque les indices se suivent sans interruption dans les seconds membres,

$$u_1 + au_a + a^2 u_{a^2} + a^3 u_{a^3} + \ldots + a^n u_{a^n} + \ldots$$
$$< u_1 + a(u_a + u_{a+1} + u_{a+2} + u_{a+3} + \ldots + u_{a^n} + \ldots).$$

Comme la série (1), dont tous les termes, en dehors de u_1, figurent dans le second membre de l'inégalité obtenue, à partir de u_a, est supposée convergente, ce second membre ne peut pas croître indéfiniment. Il en est donc de même, *a fortiori*, de la série (2), qui se trouve reproduite tout entière dans le premier membre, et cette série (2) est convergente (**369**).

Supposons, au contraire, la série (1) divergente. Puisque les termes de cette série vont en décroissant, la somme

$$u_{a^n} + u_{a^n+1} + u_{a^n+2} + \ldots + u_{a^{n+1}-1}$$

est plus petite que le premier terme u_{a^n} répété autant de fois qu'il y a de termes dans la suite considérée. Or, de u_{a^n} à

$u_{a^{n+1}-1}$, il y a un nombre de termes égal à

$$a^{n+1}-1-a^n+1=a^n(a-1).$$

On peut donc poser

$$(a-1)a^n u_{a^n} > u_{a^n}+u_{a^n+1}+u_{a^n+2}+\ldots+_{a^{n+1}-1}.$$

En faisant successivement, dans cette inégalité, $n=1, 2, 3, \ldots, n, \ldots$, on a

$$(a-1)a\, u_a > u_a + u_{a+1} + u_{a+2} + \ldots + u_{a^2-1},$$
$$(a-1)a^2 u_{a^2} > u_{a^2} + u_{a^2+1} + u_{a^2+2} + \ldots + u_{a^3-1},$$
$$(a-1)a^3 u_{a^3} > u_{a^3} + u_{a^3+1} + u_{a^3+2} + \ldots + u_{a^4-1},$$
$$\ldots\ldots\ldots\ldots\ldots\ldots\ldots\ldots\ldots\ldots,$$
$$(a-1)a^n u_{a^n} > u_{a^n} + u_{a^n+1} + u_{a^n+2} + \ldots + u_{a^{n+1}-1},$$
$$\ldots\ldots\ldots\ldots\ldots\ldots\ldots\ldots\ldots\ldots$$

En ajoutant toutes ces inégalités membre à membre, il vient évidemment, puisque les termes des seconds membres se suivent sans lacunes,

$$(a-1)(au_a + a^2 u_{a^2} + a^3 u_{a^3} + \ldots + a^n u_{a^n} + \ldots)$$
$$> u_a + u_{a+1} + u_{a+2} + u_{a+3} + \ldots + u_{a^{n+1}-1} + \ldots.$$

Comme la série (1), dont tous les termes, à partir de u_a, figurent dans le second membre de l'inégalité obtenue est divergente, ce second membre croît indéfiniment et sans limite. Il en est donc de même, *a fortiori*, du premier membre, et, comme $a-1$ est un nombre fixe, le second facteur de ce premier membre, qui représente la série (2), moins le premier terme u_1, croît lui-même sans limite. La série (2) est donc divergente (369).

En supposant successivement la série (1) convergente et divergente, nous avons épuisé les cas possibles. Les réciproques sont donc *vraies* (*Géom.*, 40). Ainsi, les séries (1) et (2) sont toujours, *ensemble*, convergentes ou divergentes.

Applications des théorèmes IX et X.

387. 1° *Soit la série*

$$(\mathrm{V})\quad \left\{ \begin{aligned} &1+\frac{1}{2}+\frac{1.3}{2.4}+\frac{1.3.5}{2.4.6}+\ldots \\ &+\frac{1.3.5\ldots(2n-1)}{2.4.6\ldots 2n}+\frac{1.3.5\ldots(2n+1)}{2.4.6\ldots(2n+2)}+\ldots, \end{aligned} \right.$$

déjà considérée (377, 5°). Nous allons démontrer sa divergence à l'aide du théorème IX.

Si on la compare à la série harmonique

$$\text{(U)} \qquad 1+\frac{1}{2}+\frac{1}{3}+\frac{1}{4}+\ldots+\frac{1}{n}+\frac{1}{n+1}+\frac{1}{n+2}+\ldots,$$

il est facile de voir qu'on a ici (385)

$$\frac{v_{n+1}}{v_n}>\frac{u_{n+1}}{u_n}.$$

En effet, le premier rapport est égal à $\frac{2n+1}{2n+2}$ et, le second, à $\frac{n+1}{n+2}$. Il faut donc prouver que l'on a

$$\frac{2n+1}{2n+2} \quad \text{ou} \quad \frac{n+1+n}{n+2+n}>\frac{n+1}{n+2}.$$

C'est ce qui est évident, puisque $\frac{n+1}{n+2}$ est une fraction proprement dite (*Arithm.*, 196).

La série (U) étant divergente, il en est donc de même de la série (V).

2° *Soit la série*

$$(1) \qquad 1+\frac{1}{2^\mu}+\frac{1}{3^\mu}+\frac{1}{4^\mu}+\ldots+\frac{1}{n^\mu}+\frac{1}{(n+1)^\mu}+\ldots,$$

déjà considérée (377, 3°).

Nous allons l'étudier de nouveau, très rapidement, à l'aide du théorème X, qui est dû à Cauchy.

En supposant $a=2$, on voit (386) que la série (1) sera convergente ou divergente en même temps que la série

$$(2) \qquad 1+\frac{2}{2^\mu}+\frac{4}{4^\mu}+\frac{8}{8^\mu}+\frac{16}{16^\mu}+\ldots,$$

qui n'est autre chose que la progression par quotient, illimitée,

$$1+\frac{1}{2^{\mu-1}}+\frac{1}{2^{2(\mu-1)}}+\frac{1}{2^{3(\mu-1)}}+\frac{1}{2^{4(\mu-1)}}+\ldots,$$

dont la raison est $\frac{1}{2^{\mu-1}}$. Cette raison sera évidemment *inférieure* ou *supérieure à l'unité*, et la progression sera *décroissante* ou *croissante*, suivant que l'on aura $\mu>$ ou <1.

Par suite, la série (1) est convergente pour $\mu>1$ et divergente pour $\mu<1$.

CHAPITRE IV.

SÉRIES DONT LES TERMES ONT DES SIGNES QUELCONQUES. RÈGLES DE CONVERGENCE.

388. Lorsque les termes d'une série ont des signes quelconques, il semble plus difficile de trouver des règles de convergence. Les théorèmes suivants sont, par cela même, très importants.

Théorèmes I, II.

389. I. *Lorsqu'une série, dont les termes ont des signes quelconques, devient convergente lorsqu'on prend tous ses termes positivement, elle est convergente, et on peut la regarder comme la différence de deux séries convergentes formées par ses termes positifs d'une part, et par ses termes négatifs, d'autre part.*

La série proposée, étant convergente lorsqu'on prend tous ses termes positivement, est nécessairement convergente, puisqu'on a le droit de multiplier par -1 quelques-uns des termes de la série à termes tous positifs ainsi obtenue, *c'est-à-dire de revenir à la série proposée*, sans que la convergence cesse d'exister (**367**, **VI**).

On peut donc appliquer aux valeurs absolues de ses termes toutes les règles de convergence démontrées pour les séries à termes positifs.

En second lieu, on peut considérer les termes positifs et les termes négatifs de la série comme constituant deux séries distinctes, convergentes toutes deux.

En effet, la série proposée étant convergente lorsqu'on prend tous ses termes positivement, la somme des valeurs absolues de ses termes reste au-dessous d'une certaine limite fixe. Il en est donc de même, *a fortiori*, de la partie de cette somme qui correspond aux termes positifs et de celle qui correspond aux termes négatifs.

Cela posé, considérons les n premiers termes de la série donnée, et admettons que, sur ces n termes, il y en ait n' positifs et n'' négatifs. Désignons par S_n, $S'_{n'}$, $S''_{n''}$ les trois sommes correspondantes. Nous aurons alors

$$S_n = S'_{n'} - S''_{n''}.$$

Si l'on fait maintenant croître n indéfiniment, il en sera de même évidemment de n' et de n''. Par suite, les trois sommes indiquées marcheront à la fois vers leurs limites S, S', S'', qu'elles atteindront ensemble, et l'on trouvera finalement

$$S = S' - S''.$$

Cette conclusion est indépendante de l'ordre dans lequel on écrit les termes de la série proposée, et il est permis, par conséquent, de choisir celui qui paraîtra le plus convenable.

On peut d'ailleurs, si l'on en doutait, démontrer directement le théorème qui suit.

390. II. *Lorsqu'une série, dont les termes ont des signes quelconques, devient convergente quand on les prend tous positivement, on peut intervertir arbitrairement l'ordre de ses termes, sans que la convergence cesse d'exister et sans que la valeur de la série soit modifiée.*

Ce théorème doit être signalé, surtout parce qu'il peut permettre, par un autre groupement des termes, d'obtenir des séries plus rapidement convergentes.

Désignons par (U) la série

$$(\text{U}) \quad u_0 + u_1 + u_2 + u_3 + \ldots + u_{n-1} + u_n + u_{n+1} + \ldots + u_{n+p-1} + \ldots$$

telle qu'elle est donnée, et par S sa limite.

Désignons par (Q) la série

$$(\text{Q}) \quad q_0 + q_1 + q_2 + q_3 + \ldots + q_{n-1} + q_n + q_{n+1} + \ldots,$$

obtenue en prenant tous les termes de (U) positivement.

Désignons enfin par (V) la série

$$(\text{V}) \quad v_0 + v_1 + v_2 + v_3 + \ldots + v_{n-1} + v_n + v_{n+1} + \ldots,$$

formée en disposant d'une manière différente et arbitraire les termes de (U), et soit Σ la limite de (V).

Si l'on considère la somme Σ_m des m premiers termes de (V), on peut toujours prendre m assez grand pour que Σ_m renferme les n premiers termes de (U), plus $m-n$ autres termes d'un rang plus élevé, de manière à avoir

$$\Sigma_m = S_n + u_\alpha + u_\beta + u_\gamma + \ldots + u_\lambda.$$

On peut admettre d'ailleurs que ces $m-n$ autres termes, les uns positifs, les autres négatifs, soient compris, par exemple, *entre* u_{n-1} et u_{n+p}.

Il en résultera successivement, les termes de la série (U) étant pris avec leurs signes,

$$(1)\quad \Sigma_m - S_n = u_\alpha + u_\beta + u_\gamma + \ldots + u_\lambda \leqq q_\alpha + q_\beta + q_\gamma + \ldots + q_\lambda,$$

$$(2)\quad q_\alpha + q_\beta + q_\gamma + \ldots + q_\lambda \leqq q_n + q_{n+1} + q_{n+2} + \ldots + q_{n+p-1}.$$

Si l'on fait maintenant croître n indéfiniment, il en sera de même de m qui comprend n. Le second membre de l'inégalité (2) et, par suite, son premier membre, aura alors zéro pour limite, quel que soit p, puisque la série (Q) est convergente (365).

On aura donc aussi, d'après l'égalité (1),

$$\lim(\Sigma_m - S_n) = 0,$$

c'est-à-dire (341)

$$\lim \Sigma_m - \lim S_n = 0 \qquad \text{ou} \qquad \Sigma = S.$$

Il faut remarquer avec soin que la démonstration qui précède est fondée sur la convergence de la série (Q).

Influence de l'ordre des termes.

391. *La réciproque du théorème I* (389) *n'est pas vraie*, c'est-à-dire qu'on ne peut pas affirmer qu'une série dont les termes ont des signes quelconques et qui devient divergente lorsqu'on les prend tous positivement est réellement divergente : *elle peut être convergente.*

Il y a ainsi deux espèces de séries convergentes. Dans les unes, la convergence n'est due qu'au décroissement *convenable* des termes; dans les autres, elle résulte seulement de la succession des signes. Les premières restent nécessairement convergentes quand on prend tous leurs termes positivement, les secondes deviennent divergentes.

392. Il résulte alors de la démonstration du théorème II (**390**) que, *dans une série convergente, qui ne reste pas telle quand on prend tous ses termes positivement* (**391**), *on n'a plus le droit de modifier l'ordre des termes d'une manière quelconque.* Ce serait s'exposer à changer la somme et même la nature de la série.

393. C'est ce que nous allons prouver, en prenant pour exemple la série même employée par Lejeune-Dirichlet pour justifier cette intéressante et utile observation.

Cette série est la suivante :

$$(1)\quad 1-\frac{1}{2}+\frac{1}{3}-\frac{1}{4}+\frac{1}{5}-\frac{1}{6}+\frac{1}{7}-\frac{1}{8}+\ldots+\frac{1}{2n-1}-\frac{1}{2n}+\ldots.$$

Elle est évidemment convergente, car on peut écrire

$$1-\frac{1}{2}=\frac{1}{1.2},\qquad \frac{1}{3}-\frac{1}{4}=\frac{1}{3.4},\qquad \frac{1}{5}-\frac{1}{6}=\frac{1}{5.6},\qquad \ldots,$$
$$\frac{1}{2n-1}-\frac{1}{2n}=\frac{1}{(2n-1)2n},\qquad \ldots;$$

et la série ainsi obtenue

$$\frac{1}{1.2}+\frac{1}{3.4}+\frac{1}{5.6}+\frac{1}{7.8}+\ldots+\frac{1}{(2n-1)2n}+\ldots,$$

identique à la proposée, est elle-même convergente (**370**), puisque ses termes sont respectivement inférieurs à ceux de la série

$$\frac{1}{1.2}+\frac{1}{2.3}+\frac{1}{3.4}+\frac{1}{4.5}+\ldots+\frac{1}{n(n+1)}+\ldots,$$

dont nous avons déjà établi la convergence (**377**, 2°).

Or la série (1), dont nous venons de démontrer la convergence, devient divergente lorsqu'on prend tous ses termes positivement. Elle est, en effet, remplacée alors par la série harmonique (**363**).

Cela posé, nous allons grouper autrement les termes de la

série (1), en prenant constamment deux termes positifs et un terme négatif dans l'ordre même fourni par les termes de la série. On obtient, de cette manière, une nouvelle série

$$(2) \qquad 1+\frac{1}{3}-\frac{1}{2}+\frac{1}{5}+\frac{1}{7}-\frac{1}{4}+\frac{1}{9}+\frac{1}{11}-\frac{1}{6}+\ldots,$$

où les termes positifs sont *avancés* et les termes négatifs *reculés*. Bien que les termes soient identiques de part et d'autre, nous allons montrer que *les deux séries n'ont pas la même limite*.

Remarquons que, lorsqu'on prend deux par deux les termes de la série (1), le $n^{\text{ième}}$ groupe a pour expression

$$(\alpha) \qquad \frac{1}{2n-1}-\frac{1}{2n}.$$

En faisant dans cette expression $n=1, 2, 3, \ldots, n$, on obtient, deux par deux et dans leur ordre, les différents termes de la série. Par suite, on peut égaler la limite S de la somme de la série (1) à la somme des valeurs obtenues en donnant à n, dans l'expression (α), toutes les valeurs entières possibles depuis $n=1$ jusqu'à $n=\infty$. C'est ce qu'on exprime en posant

$$(\text{A}) \qquad S=\sum_{n=1}^{n=\infty}\left(\frac{1}{2n-1}-\frac{1}{2n}\right).$$

On peut également prendre quatre par quatre les termes de la série (1). Le $n^{\text{ième}}$ groupe a, dans ce cas, pour expression

$$(\beta) \qquad \frac{1}{4n-3}-\frac{1}{4n-2}+\frac{1}{4n-1}-\frac{1}{4n}.$$

En y faisant, de même, $n=1, 2, 3, \ldots, n$, on obtient, quatre par quatre et dans leur ordre, les différents termes de la série. Par suite, on peut égaler aussi la limite S à la somme des valeurs obtenues en donnant à n, dans l'expression (β), toutes les valeurs entières possibles depuis $n=1$ jusqu'à $n=\infty$. On a donc encore

$$(\text{B}) \qquad S=\sum^{n=\infty}\left(\frac{1}{4n-3}-\frac{1}{4n-2}+\frac{1}{4n-1}-\frac{1}{4n}\right).$$

D'autre part, si l'on prend trois par trois les termes de la série (2), le $n^{\text{ième}}$ groupe a pour expression

$$(\gamma) \qquad \frac{1}{4n-3} + \frac{1}{4n-1} - \frac{1}{2n}.$$

En y faisant $n = 1, 2, 3, \ldots, n$, on obtient, trois par trois et dans leur ordre, les différents termes de la série. Par suite, en désignant par S′ la limite de la somme de la série (2), on peut l'égaler à la somme des valeurs obtenues en donnant à n, dans l'expression (γ), toutes les valeurs entières possibles depuis $n = 1$ jusqu'à $n = \infty$, et poser

$$(\text{C}) \qquad S' = \sum_{n=1}^{n=\infty} \left(\frac{1}{4n-3} + \frac{1}{4n-1} - \frac{1}{2n} \right).$$

Retranchons, à présent, l'expression (β) de l'expression (γ). Le résultat de cette soustraction est

$$\frac{1}{4n-2} - \frac{1}{2n} + \frac{1}{4n} = \frac{1}{4n-2} - \frac{1}{4n} = \frac{1}{2}\left(\frac{1}{2n-1} - \frac{1}{2n}\right).$$

Ainsi, la différence des deux expressions (γ) et (β) est précisément la moitié de l'expression (α). On a donc identiquement, c'est-à-dire quel que soit n,

$$\frac{1}{4n-3} + \frac{1}{4n-1} - \frac{1}{2n}$$
$$= \left(\frac{1}{4n-3} - \frac{1}{4n-2} + \frac{1}{4n-1} - \frac{1}{4n}\right) + \frac{1}{2}\left(\frac{1}{2n-1} - \frac{1}{2n}\right).$$

Si nous donnons à n, dans cette identité, toutes les valeurs entières possibles depuis $n = 1$ jusqu'à $n = \infty$, et si nous ajoutons membre à membre tous les résultats obtenus, nous aurons évidemment, d'après les formules (A), (B), (C),

$$S' = S + \frac{1}{2}S = \frac{3}{2}S,$$

quelle que soit S.

Comme la série (1) est convergente, il résulte de là que la série (2), *tout en changeant de somme,* est restée convergente : c'est ce qui n'arrivera pas toujours.

Des séries à signes alternés (théorème III).

394. III. *Lorsque les termes d'une série sont alternativement positifs et négatifs, et qu'ils décroissent indéfiniment en valeur absolue en ayant pour limite zéro, la série est convergente.*

Nous donnerons deux démonstrations de ce théorème remarquable.

Première démonstration. — On peut appliquer directement le caractère général de convergence des séries (365).

Soit, *en mettant les signes des termes en évidence,* la série

$$u_0 - u_1 + u_2 - u_3 + u_4 - \ldots \mp u_{n-1} \pm u_n \mp u_{n+1} \pm \ldots.$$

Pour qu'elle soit convergente, il faut et il suffit qu'on ait

$$\lim \pm (u_n - u_{n+1} + u_{n+2} - u_{n+3} + \ldots - u_{n+p-1}) = 0,$$

quel que soit p, quand n croît indéfiniment. Mais, s'il s'agit de démontrer qu'une quantité dont la valeur absolue est Δ a pour limite zéro, son signe n'exerce aucune influence, puisqu'on a (340)

$$\lim \pm \Delta = \pm \lim \Delta.$$

Il suffit donc de considérer l'expression

$$u_n - u_{n+1} + u_{n+2} - u_{n+3} + \ldots - u_{n+p-1}.$$

Comme on a, par hypothèse,

$$u_n > u_{n+1} > u_{n+2} > u_{n+3} > \ldots > u_{n+p-1},$$

il est évident que cette expression est, à la fois, positive et plus petite que u_n. On peut, en effet, l'écrire des deux manières suivantes :

$$(u_n - u_{n+1}) + (u_{n+2} - u_{n+3}) + \ldots + (u_{n+p-2} - u_{n+p-1})$$

et

$$u_n - (u_{n+1} - u_{n+2}) - (u_{n+3} - u_{n+4}) - \ldots - u_{n+p-1}.$$

Elle est donc comprise entre 0 et u_n, et c'est une moyenne entre ces deux extrêmes. Comme d'ailleurs u_n tend vers zéro quand n croît indéfiniment, elle a donc finalement zéro pour limite, et la série proposée est convergente.

On voit que, lorsqu'on conserve seulement les $n-1$ premiers termes de la série, l'erreur absolue qu'on commet est inférieure à u_n.

Deuxième démonstration. — Soient S la somme de la série, supposée convergente, et $S_1, S_2, S_3, \ldots, S_n$ les sommes partielles formées par le premier, les deux premiers, les trois premiers, ..., les n premiers termes de la série.

En remarquant que les sommes d'indices impairs sont terminées par un terme positif et celles d'indices pairs par un terme négatif, on peut écrire ces sommes partielles comme il suit :

$$S_1 = u_0,$$
$$S_2 = u_0 - u_1,$$
$$S_3 = u_0 - (u_1 - u_2),$$
$$S_4 = (u_0 - u_1) + (u_2 - u_3),$$
$$S_5 = u_0 - (u_1 - u_2) - (u_3 - u_4),$$
$$S_6 = (u_0 - u_1) + (u_2 - u_3) + (u_4 - u_5),$$
$$\ldots\ldots\ldots\ldots\ldots\ldots\ldots\ldots\ldots\ldots\ldots$$

Comme on a, par hypothèse,

$$u_0 > u_1 > u_2 > u_3 > u_4 > u_5 > u_6 > \ldots,$$

on voit que les sommes d'indices impairs vont constamment en diminuant, tandis que les sommes d'indices pairs vont constamment en augmentant. Les sommes d'indices impairs constituent donc une suite indéfiniment décroissante et, les sommes d'indices pairs, une suite indéfiniment croissante.

Il est d'ailleurs facile de prouver que les sommes d'indices impairs sont toutes plus grandes que les sommes d'indices pairs, quelles que soient les sommes que l'on compare.

n et n' étant des entiers quelconques, prenons, par exemple, les sommes

$$S_{2n+1} \quad \text{et} \quad S_{2n'}.$$

Nous distinguerons deux cas, suivant que n' sera $<$ ou $> n$.

Soit $n' < n$.

Les sommes d'indices pairs allant en augmentant, on a alors

$$S_{2n} > S_{2n'}.$$

Mais, puisque $S_{2n+1} = S_{2n} + u_{2n}$, on en conclut, *a fortiori*,

$$S_{2n+1} > S_{2n}.$$

Soit $n' > n$.

Les sommes d'indices impairs allant en diminuant, on a

$$S_{2n+1} > S_{2n'+1}.$$

Mais, puisque $S_{2n'+1} = S_{2n'} + u_{2n'}$, on en conclut, *a fortiori*,

$$S_{2n+1} > S_{2n'}.$$

Il résulte de là que, si les sommes d'indices impairs vont constamment en diminuant, elles restent toujours supérieures à une somme quelconque d'indice pair. Elles tendent donc vers une certaine limite fixe, qui est le plus petit nombre au-dessous duquel elles ne peuvent pas tomber.

De même, si les sommes d'indices pairs vont constamment en croissant, elles restent toujours inférieures à une somme quelconque d'indice impair. Elles tendent donc aussi vers une certaine limite fixe, qui est le plus grand nombre qu'elles ne peuvent pas dépasser.

Nous n'avons plus qu'à prouver que les deux limites indiquées sont les mêmes et qu'elles représentent la somme S de la série.

En effet, *d'après la loi de décroissance des termes*, les sommes d'indices impairs étant terminées par un terme positif l'emportent toutes sur S, et les restes correspondants de la série sont négatifs.

De même, les sommes d'indices pairs étant terminées par un terme négatif sont toutes inférieures à S, et les restes correspondants de la série sont positifs.

En prenant deux sommes partielles consécutives, S_{2n} et S_{2n+1}, on peut donc écrire, quel que soit n,

$$S_{2n} < S < S_{2n+1}.$$

Or on a

$$S_{2n+1} - S_{2n} = u_{2n}$$

et, par hypothèse, à mesure que n croît indéfiniment, u_{2n} tend vers la limite zéro. Les sommes partielles considérées, dont la différence est un infiniment petit (336), tendent donc constamment vers une limite commune et, comme elles comprennent toujours entre elles la somme S, cette limite commune est précisément S.

La convergence de la série est ainsi démontrée.

D'après ce qui précède, la limite supérieure de l'erreur commise en s'arrêtant à un certain terme de la série est représentée en valeur absolue par le terme suivant. En prenant S_{2n} au lieu de S, l'erreur commise est, en valeur absolue, moindre que le premier terme négligé u_{2n}.

Si le premier terme négligé est positif, l'erreur est par défaut; si le premier terme négligé est négatif, l'erreur est par excès.

395. Nous avons supposé, dans notre deuxième démonstration, que la série commençait par un terme positif. La seule différence, si elle commençait par un terme négatif, c'est que la série et toutes les sommes partielles considérées seraient négatives au lieu d'être positives.

396. Il n'est pas inutile de représenter graphiquement les résultats qu'on vient d'obtenir.

Sur une ligne droite indéfinie OX, à partir d'une origine fixe O, portons, dans le même sens, des longueurs proportionnelles aux différentes sommes partielles.

O S_2 S_4 S_6 ... S_{2n} S S_{2n+1} ... S_5 S_3 . S_1 X

Les longueurs OS_1, OS_3, OS_5, ..., correspondant aux sommes d'indices impairs, vont en diminuant; les longueurs OS_2, OS_4, OS_6, ..., correspondant aux sommes d'indices pairs, vont en augmentant. Les extrémités de ces deux suites de longueurs occupent sur la droite OX des régions complètement distinctes et qui ne peuvent empiéter l'une sur l'autre; mais elles se rapprochent constamment, de sorte que, à la limite, il n'y a plus, entre les deux régions, qu'un simple point de démarcation S. La longueur OS est proportionnelle à la somme S de la série.

Applications.

397. 1° *Soit la série*

$$\frac{1}{1.2} - \frac{1}{1.2.3} + \frac{1}{1.2.3.4} - \frac{1}{1.2.3.4.5} + \frac{1}{1.2.3.4.5.6} - \dots$$

D'après le théorème III (394), cette série est convergente, puisque ses termes, alternativement positifs et négatifs, décroissent indéfiniment en valeur absolue en tendant vers zéro.

Si l'on prend, par exemple, les 11 premiers termes de la série, l'erreur commise ou le reste de la série est moindre que la valeur absolue du douzième terme

$$-\frac{1}{1.2.3.4.5\ldots 11.12.13} = -0,000\,000\,000\,16,$$

et elle est *par excès*.

On voit que cette série est rapidement convergente.

2° *Soit la série*

$$x - \frac{x^2}{2} + \frac{x^3}{3} - \frac{x^4}{4} + \frac{x^5}{5} - \frac{x^6}{6} + \ldots \pm \frac{x^n}{n} \mp \frac{x^{n+1}}{n+1} \pm \ldots$$

Cherchons si elle est convergente lorsqu'on prend tous ses termes positivement, en appliquant les théorèmes des n°s 373 et 376. On a ici

$$\frac{u_{n+1}}{u_n} = \frac{n+1}{n+2}\,x = \frac{1+\frac{1}{n}}{1+\frac{2}{n}}\,x.$$

La limite de ce rapport, quand n croît indéfiniment, est x. La série est donc convergente, tant que x est moindre que 1 en valeur absolue, c'est-à-dire pour toutes les valeurs de x comprises entre -1 et $+1$.

Pour $x = 1$, la série est encore convergente, puisque ses termes, alternativement positifs et négatifs, décroissent alors indéfiniment en valeur absolue et tendent vers zéro (394).

Mais, pour $x = -1$, la série est divergente, car elle n'est alors que la série harmonique prise avec le signe *moins*.

Il en résulte immédiatement que la série est divergente pour toutes les valeurs de x inférieures à -1. On a, en effet, dans ce cas, une série dont les termes, tous négatifs, sont respectivement plus grands, en valeur absolue, que les termes correspondants de la série harmonique changée de signe.

Il ne reste plus qu'à chercher ce que devient la série pour les valeurs de x supérieures à 1.

D'après la valeur du rapport $\frac{u_{n+1}}{u_n}$, cette série est bien divergente pour $x > 1$, lorsqu'on prend tous ses termes positivement; mais cela ne permet pas d'affirmer qu'elle est réellement divergente (391).

Si l'on essaye d'appliquer le théorème III (394), on voit facilement que les termes de la série, bien qu'alternativement positifs et négatifs, ne vont pas en décroissant en valeur absolue, et n'ont pas zéro pour limite, si x est > 1.

En effet, considérons la valeur absolue $\frac{x^{n+1}}{n+1}$ du terme général de la série. Supposons qu'on ait $x = 1 + \alpha$. On en déduit (255)

$$x^{n+1} = (1+\alpha)^{n+1} = 1 + (n+1)\alpha + \frac{(n+1)n}{1.2}\alpha^2 + \ldots$$

ou, évidemment,

$$\frac{x^{n+1}}{n+1} > \frac{1}{n+1} + \alpha.$$

Ainsi, les valeurs absolues des termes de la série, à mesure que n augmente, restent supérieures à α.

Par suite, les termes de la série ne tendent pas vers zéro, et la série n'est pas convergente (362). Comme elle ne peut pas être indéterminée, elle est divergente.

En résumé, la série proposée est divergente depuis $x = -\infty$ jusqu'à $x = -1$ inclusivement; elle est convergente pour toutes les valeurs de x supérieures à -1, jusqu'à $+1$ inclusivement; elle est de nouveau divergente pour toutes les valeurs de x supérieures à $+1$, jusqu'à $x = +\infty$.

3° *Soient les deux séries*

$$x - \frac{x^3}{1.2.3} + \frac{x^5}{1.2.3.4.5} - \frac{x^7}{1.2.3.4.5.6.7} + \ldots$$
$$\mp \frac{x^{2n+1}}{1.2.3\ldots(2n+1)}$$
$$\pm \frac{x^{2n+3}}{1.2.3\ldots(2n+1)(2n+2)(2n+3)} \mp \ldots,$$

$$1 - \frac{x^2}{1.2} + \frac{x^4}{1.2.3.4} - \frac{x^6}{1.2.3.4.5.6} + \ldots$$
$$\mp \frac{x^{2n}}{1.2.3\ldots 2n} \pm \frac{x^{2n+2}}{1.2.3\ldots 2n(2n+1)(2n+2)} \mp \ldots,$$

que nous retrouverons plus tard comme développements de $\sin x$ et de $\cos x$.

Appliquons à ces séries le théorème du n° 373, en ne considérant que les valeurs absolues de leurs termes. Nous aurons, pour la première série,

$$\frac{u_{n+1}}{u_n} = \frac{x^2}{(2n+2)(2n+3)}$$

et, pour la seconde série,

$$\frac{u_{n+1}}{u_n} = \frac{x^2}{(2n+1)(2n+2)}.$$

Ces deux rapports, pour toute valeur déterminée de x, tendent évidemment vers la limite zéro quand n tend vers l'infini.

Les séries proposées sont donc convergentes, pour toute valeur finie de x, lorsqu'on prend tous leurs termes positivement.

Il en résulte qu'elles le sont en réalité (389) pour toute valeur de x, positive ou négative, mais finie.

CHAPITRE V.

ÉTUDE DE LA SÉRIE e. — LIMITE DE $\left(1+\frac{1}{m}\right)^m$ QUAND m CROIT INDÉFINIMENT. — SÉRIE e^x.

Étude de la série e.

398. La série connue sous ce nom et qui joue un rôle si important en Analyse est la suivante :

$$1+\frac{1}{1}+\frac{1}{1.2}+\frac{1}{1.2.3}+\frac{1}{1.2.3.4}+\ldots$$
$$+\frac{1}{1.2.3.4\ldots n}+\frac{1}{1.2.3.4\ldots n(n+1)}+\ldots.$$

Nous allons démontrer que cette série est convergente et qu'elle a pour limite un nombre incommensurable, qu'on peut calculer avec une approximation quelconque en prenant dans la série un nombre suffisant de termes.

399. 1° *Convergence de la série.*

Nous avons ici (373)

$$\frac{u_{n+1}}{u_n}=\frac{1}{n+1}.$$

Ce rapport, plus petit que 1, tend vers la limite zéro, lorsque n croît indéfiniment : la série est donc convergente.

400. 2° *Limite de l'erreur commise sur la somme de la série, en s'arrêtant à un certain terme.*

Supposons qu'on s'arrête au terme u_n inclusivement, et cherchons la limite de l'erreur que l'on commet alors sur la valeur de la série.

On a

$$u_n = \frac{1}{1.2.3\ldots n},$$

et, à partir de ce terme, le rapport d'un terme au précédent est égal, puis inférieur à $\frac{1}{n+1}$. On a, par exemple,

$$\frac{u_{n+2}}{u_{n+1}} = \frac{1}{n+2}.$$

On peut donc prendre le nombre fixe $k < 1$, au-dessous duquel le rapport $\frac{u_{n+1}}{u_n}$ finit toujours par tomber en tendant vers sa limite (371, 373), égal à $\frac{1}{n+1}$. Alors, le premier terme négligé u_{n+1} a pour expression ku_n, et les suivants sont moindres que k^2u_n, k^3u_n, ..., de sorte que (371) la limite de l'erreur commise en conservant les $(n+1)$ premiers termes de la série est inférieure (*Alg. élém.*, 342) à

$$\frac{ku_n}{1-k},$$

c'est-à-dire à

$$u_n \frac{\frac{1}{n+1}}{1-\frac{1}{n+1}} = \frac{1}{n} u_n.$$

Si l'on désigne par ε l'erreur commise en s'arrêtant à u_n inclusivement, on a finalement

$$\varepsilon < \frac{1}{n} \cdot \frac{1}{1.2.3\ldots n}.$$

401. 3° *La limite de la somme de la série est un nombre incommensurable compris entre* $2\frac{1}{2}$ *et* 3.

La somme de la série est comprise entre les nombres $2\frac{1}{2}$ et 3.

En effet, les trois premiers termes de la série constituant une somme égale à $2\frac{1}{2}$, la valeur de la série est supérieure à ce nombre.

D'autre part, les termes suivants de la série satisfont évidemment aux inégalités

$$\frac{1}{1.2.3} < \frac{1}{2^2}, \qquad \frac{1}{1.2.3.4} < \frac{1}{2^3}, \qquad \frac{1}{1.2.3.4.5} < \frac{1}{2^4}, \qquad \ldots,$$

$$\frac{1}{1.2.3\ldots n} < \frac{1}{2^{n-1}}, \qquad \ldots.$$

Le reste de la série, au delà du troisième terme, est donc inférieur à la limite de la somme des termes de la progression par quotient, décroissante et illimitée, qui a pour premier terme $\frac{1}{2^2}$ et, pour raison, $\frac{1}{2}$, c'est-à-dire à

$$\frac{\frac{1}{2^2}}{1-\frac{1}{2}} = \frac{1}{2}.$$

La limite de la série est, par conséquent, inférieure à $2\frac{1}{2} + \frac{1}{2}$ ou au nombre 3.

Il reste à prouver que cette limite est un nombre incommensurable.

Admettons, pour un instant, qu'elle soit égale à un nombre commensurable $\frac{p}{q}$. On aurait alors évidemment, p et q étant des entiers,

$$\begin{aligned} &= 1 + \frac{1}{1} + \frac{1}{1.2} + \frac{1}{1.2.3} + \ldots + \frac{1}{1.2.3\ldots q} \\ &+ \frac{1}{1.2.3\ldots q}\left[\frac{1}{q+1} + \frac{1}{(q+1)(q+2)} + \frac{1}{(q+1)(q+2)(q+3)} + \ldots\right] \end{aligned}$$

Multiplions les deux membres de cette égalité *supposée* par le produit $1.2.3\ldots q$. Le premier membre deviendra le nombre entier $p.1.2.3\ldots(q-1)$. Dans le second membre, tous les termes, depuis 1 jusqu'à la fraction $\frac{1}{1.2.3\ldots q}$, se transformeront en nombres entiers dont on représentera la somme par l'entier N, et le multiplicateur de la parenthèse se trouvera réduit à l'unité. On aura donc finalement

$$\begin{aligned} &p.1.2.3\ldots(q-1) \\ &\quad = N + \left[\frac{1}{q+1} + \frac{1}{(q+1)(q+2)} + \frac{1}{(q+1)(q+2)(q+3)} + \ldots\right]. \end{aligned}$$

Mais, à partir du second terme, les différents termes de la parenthèse du second membre sont respectivement inférieurs aux fractions

$$\frac{1}{(q+1)^2}, \quad \frac{1}{(q+1)^3}, \quad \frac{1}{(q+1)^4}, \quad \ldots.$$

La parenthèse elle-même est donc inférieure à la limite de la somme des termes de la progression par quotient, décroissante et illimitée,

$$\frac{1}{q+1}+\frac{1}{(q+1)^2}+\frac{1}{(q+1)^3}+\frac{1}{(q+1)^4}+\ldots,$$

c'est-à-dire à

$$\frac{\frac{1}{q+1}}{1-\frac{1}{q+1}}=\frac{1}{q},$$

quantité qui est une fraction proprement dite.

L'égalité *supposée* conduirait donc à admettre qu'un nombre entier peut être égal à un autre nombre entier augmenté d'une fraction proprement dite, ce qui est absurde. Cette égalité ne saurait donc subsister, et la limite de la série convergente que nous étudions, ne pouvant être un nombre commensurable, est nécessairement un nombre incommensurable.

C'est ce nombre incommensurable qu'on désigne en Mathématiques par la lettre e.

On a ainsi

$$e=\lim\left(1+\frac{1}{1}+\frac{1}{1.2}+\frac{1}{1.2.3}+\ldots+\frac{1}{1.2.3\ldots n}+\ldots\right).$$

402. Quand on s'arrête inclusivement au terme $\frac{1}{1.2.3\ldots q}$ ou au terme u_q, on conserve $q+1$ termes dans la série. Le reste R_{q+1} de la série peut alors se mettre sous la forme

$$R_{q+1}=\frac{1}{1.2.3\ldots q}\left[\frac{1}{q+1}+\frac{1}{(q+1)(q+2)}+\frac{1}{(q+1)(q+2)(q+3)}+\ldots\right]$$

et l'on a, la parenthèse étant inférieure à $\frac{1}{q}$ d'après ce qu'on vient de voir (**401**),

$$R_{q+1} < \frac{1}{q}\,\frac{1}{1.2.3\ldots q}.$$

On retrouve, par cette autre voie, pour la limite supérieure de l'erreur commise en s'arrêtant dans la série à un certain terme, le même résultat qu'au n° **400**.

403. *Calcul de e.* — Proposons-nous d'effectuer le calcul de e, de manière à obtenir ce nombre incommensurable, dont nous connaissons déjà la partie entière (**401**), *avec neuf décimales exactes.*

Nous déterminerons alors, *avec dix décimales,* chacun des termes que nous devrons conserver dans la série, et nous ferons en sorte que l'erreur commise sur chacun d'eux soit inférieure à une demi-unité du dixième ordre décimal, par excès ou par défaut. Lorsque l'erreur sera par excès, nous l'indiquerons par un point placé au-dessus du dernier chiffre du terme calculé.

Nous obtiendrons ainsi le Tableau ci-après, qui montre comment on doit déduire chaque résultat du précédent et qui prouve qu'il faut s'arrêter dans la série, eu égard au degré d'approximation demandé, au 14e terme inclusivement, puisque le 15e terme, et les suivants *a fortiori,* ne peuvent donner aucune unité du dixième ordre décimal.

Les trois premiers termes	2,50000 00000
4e terme, $\frac{1}{3}$ de $\frac{1}{2}$..................	0,16666 6666$\dot{7}$
5e terme, $\frac{1}{4}$ du 4e terme...........	0,04166 6666$\dot{7}$
6e terme, $\frac{1}{5}$ du 5e terme...........	0,00833 33333
7e terme, $\frac{1}{6}$ du 6e terme...........	0,00138 8888$\dot{9}$
8e terme, $\frac{1}{7}$ du 7e terme...........	0,00019 8412$\dot{7}$
9e terme, $\frac{1}{8}$ du 8e terme...........	0,00002 4801$\dot{6}$
10e terme, $\frac{1}{9}$ du 9e terme...........	0,00000 27557
11e terme, $\frac{1}{10}$ du 10e terme.........	0,00000 0275$\dot{6}$
12e terme, $\frac{1}{11}$ du 11e terme.........	0,00000 0025$\dot{1}$
13e terme, $\frac{1}{12}$ du 12e terme.........	0,00000 0002$\dot{1}$
14e terme, $\frac{1}{13}$ du 13e terme.........	0,00000 0000$\dot{2}$
	2,71828 18286

Le calcul représenté par ce Tableau est entaché de deux erreurs.

La *première* est une erreur *par défaut*, qui répond aux termes négligés dans la série. Puisque nous en conservons les 14 premiers termes, le reste correspondant R_{14} est moindre (402) que $\frac{1}{13} u_{13}$ ou que

$$\frac{1}{13} \frac{1}{1.2.3\ldots 11.12.13} = \frac{1}{80951270400},$$

c'est-à-dire, *a fortiori*, moindre que

$$\frac{1}{8.10^{10}}$$

ou que *le huitième d'une unité du dixième ordre décimal.*

La *seconde erreur* provient de la manière même dont nous avons dirigé le calcul, en faisant sur chaque nombre du Tableau une erreur moindre qu'une demi-unité du dernier ordre, par excès ou par défaut.

En comptant les points on voit que, *de ce fait*, on a commis *par excès* une erreur moindre que $4\frac{1}{2}$ unités du dernier ordre, tandis que, *par défaut*, l'erreur est moindre qu'une unité du même ordre.

On est donc assuré, en ajoutant la *première* et la *seconde* erreur, que l'erreur commise sur le dernier chiffre décimal 6 de l'expression obtenue est une erreur *par excès* qui ne peut dépasser 4 unités du même ordre. Par conséquent, en négligeant ce dernier chiffre, dont la valeur vraie peut varier, d'après ce qu'on vient de dire, de 2 à 6, on est certain d'obtenir la valeur de *e par défaut, avec neuf décimales exactes et*, très probablement, *à moins d'une demi-unité du neuvième ordre décimal.*

Cette valeur est donc

$$e = 2,718281828\ldots.$$

En calculant la valeur de e avec vingt décimales exactes, on trouve, en effet,

$$e = 2,71828\ 18284\ 59045\ 23536\ldots.$$

La valeur de e, avec neuf décimales, est facile à retenir, les chiffres qui suivent 2,7 formant la date 1828 deux fois répétée.

Introduction de la variable x dans la série e.

404. La série e n'est qu'un cas particulier de la série

$$1+\frac{x}{1}+\frac{x^2}{1.2}+\frac{x^3}{1.2.3}+\ldots$$
$$+\frac{x^n}{1.2.3\ldots n}+\frac{x^{n+1}}{1.2.3\ldots n(n+1)}+\ldots.$$

Cette dernière série est convergente, *quel que soit* x, pourvu que sa valeur soit déterminée. Elle donne, en effet,

$$\frac{u_{n+1}}{u_n}=\frac{x}{n+1},$$

dont la limite est alors zéro, pour $n=\infty$.

405. Si l'on s'arrête au terme $\frac{x^n}{1.2.3\ldots n}$ ou si l'on ne conserve que les $(n+1)$ premiers termes de la série, l'erreur commise ou le reste R_{n+1} a pour expression

$$R_{n+1}=\frac{x^n}{1.2.3\ldots n}\left[\frac{x}{n+1}+\frac{x^2}{(n+1)(n+2)}+\frac{x^3}{(n+1)(n+2)(n+3)}+\ldots\right].$$

On a, par suite,

$$R_{n+1}<\frac{x^n}{1.2.3\ldots n}\left[\frac{x}{n+1}+\frac{x^2}{(n+1)^2}+\frac{x^3}{(n+1)^3}+\ldots\right]$$

ou, en supposant $\frac{x}{n+1}<1$, c'est-à-dire $n+1-x>0$,

$$R_{n+1}<\frac{x^n}{1.2.3\ldots n}\,\frac{\frac{x}{n+1}}{1-\frac{x}{n+1}}$$

ou

$$R_{n+1}<\frac{x^{n+1}}{1.2.3\ldots n}\,\frac{1}{n+1-x}.$$

406. Il est facile de trouver, pour une valeur déterminée de x, quel est le plus grand terme de la série.

Supposons que cette valeur de x soit comprise entre les deux entiers consécutifs q et $q+1$. Le plus grand terme de la série sera

$$\frac{x^q}{1.2.3\ldots q};$$

car, en décomposant ce terme en facteurs

$$\frac{x}{1}\frac{x}{2}\frac{x}{3}\cdots\frac{x}{q},$$

on voit que, tant qu'ils sont plus grands que 1, leur produit va en augmentant à mesure qu'on en prend davantage, jusqu'à ce qu'on parvienne au maximum qui est le terme indiqué. Au delà et pour les termes suivants de la série, les facteurs $\frac{x}{q+1}$, $\frac{x}{q+2}$, ..., étant moindres que l'unité, il y aurait, au contraire, diminution du produit.

407. En faisant dans la série qu'on vient de considérer et dans les résultats obtenus $x=1$, on retrouve la série e, ainsi que l'expression de l'erreur commise lorsqu'on s'arrête dans cette série à un certain terme (**402**).

Limite de $\left(1+\frac{1}{m}\right)^m$ quand m, entier et positif, croît indéfiniment.

408. Le nombre e représente aussi la limite d'une autre expression remarquable que nous allons étudier à son tour.

Désignons par m un nombre entier et positif, croissant indéfiniment, et cherchons la limite de l'expression

$$\left(1+\frac{1}{m}\right)^m,$$

quand m tend vers l'infini.

La quantité $1+\frac{1}{m}$ tend alors vers 1; mais, en même temps, le nombre des facteurs égaux à $1+\frac{1}{m}$ croît indéfiniment. On ne peut donc pas appliquer le théorème connu (**343**) et dire que la limite du produit est égale au produit des limites des facteurs ou à l'unité; car ce théorème exige expressément que le nombre des facteurs considérés soit *fini*.

Nous devons donc chercher directement la limite de l'expression indiquée qui, pour $m=\infty$, se présente sous la forme indéterminée 1^∞.

409. Nous établirons d'abord un *lemme* préliminaire.

Si les quantités α, β, γ, δ, ... *sont des fractions proprement dites, on a la double inégalité*

$$1>(1-\alpha)(1-\beta)(1-\gamma)(1-\delta)\ldots>1-(\alpha+\beta+\gamma+\delta+\ldots).$$

La première inégalité est évidente, le produit d'un nombre quelconque de fractions étant toujours inférieur à 1 (*Arithm.*, **206**).

Quant à la seconde inégalité, considérons d'abord les deux premiers facteurs. On a

$$(1-\alpha)(1-\beta)=1-\alpha-\beta+\alpha\beta.$$

Si l'on néglige le terme positif $\alpha\beta$ dans le second membre de cette égalité, il en résulte

$$(1-\alpha)(1-\beta)>1-(\alpha+\beta).$$

Multiplions les deux membres de cette inégalité par le troisième facteur $1-\gamma$, ce qui est permis (*Alg. élém.*, **215**); nous aurons

$$(1-\alpha)(1-\beta)(1-\gamma)>(1-\gamma)-(\alpha+\beta)(1-\gamma),$$

c'est-à-dire

$$(1-\alpha)(1-\beta)(1-\gamma)>1-\alpha-\beta-\gamma+(\alpha+\beta)\gamma.$$

En négligeant dans le second membre de cette inégalité le terme positif $(\alpha+\beta)\gamma$, on peut poser, *a fortiori*,

$$(1-\alpha)(1-\beta)(1-\gamma)>1-(\alpha+\beta+\gamma).$$

On continuera évidemment de la même manière et l'on arrivera à un résultat analogue, quel que soit le nombre des facteurs.

410. Il résulte immédiatement du lemme qu'on vient de démontrer que *le produit*

$$P=\left(1-\frac{1}{m}\right)\left(1-\frac{2}{m}\right)\left(1-\frac{3}{m}\right)\cdots\left(1-\frac{n-1}{m}\right)$$

a pour limite l'unité lorsque, l'entier n étant quelconque, mais constant et fini, l'entier m croît indéfiniment.

En effet, on a (409), pourvu que m surpasse $n-1$,

$$1 > \left(1-\frac{1}{m}\right)\left(1-\frac{2}{m}\right)\left(1-\frac{3}{m}\right)\cdots\left(1-\frac{n-1}{m}\right)$$
$$> 1-\left(\frac{1}{m}+\frac{2}{m}+\frac{3}{m}+\ldots+\frac{n-1}{m}\right),$$

c'est-à-dire (274)

$$1 > P > 1-\frac{(n-1)n}{2m}.$$

Le produit P est ainsi compris entre l'unité et une quantité qui a l'unité pour limite lorsqu'on fait croître m indéfiniment, puisque l'expression $\frac{(n-1)n}{2m}$ est un infiniment petit (336). On a donc bien, pour $m=\infty$,

$$\lim P = 1.$$

411. Revenons maintenant à l'expression proposée. Supposons d'abord m très grand, mais fini, et développons

$$\left(1+\frac{1}{m}\right)^m$$

d'après la formule du binôme (255). Nous aurons

$$\left(1+\frac{1}{m}\right)^m = 1+\frac{m}{1}\cdot\frac{1}{m}+\frac{m(m-1)}{1.2}\cdot\frac{1}{m^2}+\frac{m(m-1)(m-2)}{1.2.3}\cdot\frac{1}{m^3}+\ldots$$
$$+\frac{m(m-1)(m-2)\ldots(m-n+1)}{1.2.3\ldots n}\cdot\frac{1}{m^n}+\ldots.$$

Remarquons que, dans les différents termes du développement, à partir du deuxième, le numérateur contient toujours autant de facteurs qu'il y a d'unités dans l'exposant de la puissance de m, qui se trouve en dénominateur. On peut donc, dans chacun de ces termes, effectuer la division par la puissance correspondante de m en divisant chaque facteur du numérateur par m; si l'on remplace alors partout $\frac{m}{m}$ par 1, en n'écrivant pas ce facteur en dehors des parenthèses, l'expression considérée prend évidemment la forme

$$(1)\quad \begin{cases} \left(1+\frac{1}{m}\right)^m = 1 + \frac{1}{1} + \frac{1-\frac{1}{m}}{1.2} + \frac{\left(1-\frac{1}{m}\right)\left(1-\frac{2}{m}\right)}{1.2.3} + \ldots \\ + \frac{\left(1-\frac{1}{m}\right)\left(1-\frac{2}{m}\right)\ldots\left(1-\frac{n-1}{m}\right)}{1.2.3\ldots n} + \ldots \end{cases}$$

Supposons à présent que m augmente en restant fini. Les fractions $\frac{1}{m}, \frac{2}{m}, \frac{3}{m}, \ldots,$ vont alors en diminuant, et il en résulte que les facteurs $1-\frac{1}{m}, 1-\frac{2}{m}, 1-\frac{3}{m}, \ldots,$ qui entrent dans les numérateurs des différents termes du développement, vont en croissant. Ces termes, tous positifs, augmentent donc eux-mêmes, et l'on peut dire, par conséquent, que l'expression $\left(1+\frac{1}{m}\right)^m$ croît en même temps que m. Il est facile de voir que c'est en s'approchant d'une certaine limite fixe.

Observons, en premier lieu, que les numérateurs des termes du développement sont, à partir du troisième terme, tous moindres que 1; car ils sont composés de facteurs moindres que l'unité (409).

Cela posé, *comparons l'expression* (1) *à la série e* (400)

$$(2)\quad e = 1 + \frac{1}{1} + \frac{1}{1.2} + \frac{1}{1.2.3} + \ldots + \frac{1}{1.2.3\ldots n} + \ldots.$$

Les deux premiers termes sont les mêmes. Les autres termes ont les mêmes dénominateurs; mais les numérateurs des termes du développement sont *inférieurs* aux numérateurs des termes de la série, qui sont tous égaux à l'unité.

L'expression (1) est donc *moindre* que la série e, pour deux raisons : les termes de l'expression (1) sont moindres que les termes correspondants de la série, et la série est illimitée, tandis que l'expression (1) est composée d'un nombre fini de termes tant qu'on suppose m fini.

Si l'on fait croître m, l'expression (1) comprend plus de termes, et elle augmente; mais le même raisonnement subsiste.

Par suite, *l'expression* $\left(1+\frac{1}{m}\right)^m$, *à mesure que m augmente, tend vers une certaine limite fixe, inférieure à e ou,* tout au plus, *égale à e.*

Il reste à démontrer que cette limite est rigoureusement e.

En effet, considérons à la fois les $n+1$ premiers termes du développement (1) et de la série (2), et supposons n *fini,* mais assez grand pour que la somme de la série diffère de la somme de ses $(n+1)$ premiers termes d'une quantité moindre que l'infiniment petit α (336). Comme on a trouvé (402)

$$R_{n+1} < \frac{1}{n}\cdot\frac{1}{1.2.3\ldots n},$$

il suffit, pour que cette condition soit remplie, qu'on ait

$$\frac{1}{n}\cdot\frac{1}{1.2.3\ldots n} \leqq \alpha.$$

Si nous désignons par e_{n+1} la somme des $n+1$ premiers termes de la série, nous aurons ainsi

$$(3) \qquad e - e_{n+1} < \alpha.$$

D'autre part, à mesure que m croîtra, les numérateurs des termes du développement tendront *tous* vers l'unité autant qu'on voudra, d'après le *lemme* du n° 409, et auront *tous* pour limite l'unité lorsque m deviendra infini, puisque, par hypothèse, n reste constant et fini.

Les $n+1$ premiers termes du développement tendront donc, à leur tour, respectivement vers les $n+1$ premiers termes de la série et en approcheront autant qu'on voudra, pour m assez grand.

Si nous désignons par Σ_{n+1} la somme des $n+1$ premiers termes du développement, et si nous remarquons que, Σ_{n+1} étant composée d'un nombre *fini* de termes, la somme de ces termes a pour limite la somme de leurs limites (342), on pourra toujours donner à m une valeur assez grande pour que la différence entre e_{n+1} et Σ_{n+1} soit *aussi* moindre que α, de manière à avoir, comme nouvelle inégalité,

$$(4) \qquad e_{n+1} - \Sigma_{n+1} < \alpha.$$

On aura donc, par addition des inégalités (3) et (4),

$$e - \Sigma_{n+1} < 2\alpha.$$

Or nous avons montré que la limite de $\left(1+\frac{1}{m}\right)^m$ est moindre que e, et cette limite est nécessairement supérieure à Σ_{n+1}. On peut, par suite, écrire *a fortiori*

$$e - \lim\left(1+\frac{1}{m}\right)^m < 2\alpha;$$

et, comme 2α est un infiniment petit, on a rigoureusement, pour $m=\infty$,

$$e = \lim\left(1+\frac{1}{m}\right)^m.$$

Conséquences.

412. Nous avons supposé, dans ce qui précède, que m était *entier et positif*. Nous allons prouver que, lorsqu'il reçoit des valeurs *fractionnaires* ou *négatives*, tout en croissant indéfiniment en valeur absolue, la limite de l'expression $\left(1+\frac{1}{m}\right)^m$ reste toujours la même.

413. 1° *Cas de m fractionnaire.* — Admettons que m, positif et croissant indéfiniment, puisse recevoir des valeurs fractionnaires.

Soient deux entiers consécutifs p et $p+1$, qui peuvent croître indéfiniment. S'ils comprennent toujours entre eux m, c'est-à-dire si l'on a constamment

$$p < m < p+1,$$

m remplira la même condition. On aura alors évidemment la double inégalité

$$\left(1+\frac{1}{p+1}\right)^p < \left(1+\frac{1}{m}\right)^m < \left(1+\frac{1}{p}\right)^{p+1};$$

car, dans la première, on élève une quantité moindre à une puissance plus faible et, dans la seconde, on élève une quantité plus grande à une puissance supérieure. Or cette double inégalité peut se mettre sous la forme

$$\frac{\left(1+\frac{1}{p+1}\right)^{p+1}}{1+\frac{1}{p+1}} < \left(1+\frac{1}{m}\right)^m < \left(1+\frac{1}{p}\right)^p\left(1+\frac{1}{p}\right).$$

Lorsque le nombre fractionnaire m tend vers l'infini, il en est de même des nombres entiers p et $p+1$ entre lesquels il doit toujours tomber. Les deux puissances $\left(1+\frac{1}{p+1}\right)^{p+1}$ et $\left(1+\frac{1}{p}\right)^{p}$ ont donc alors e pour limite commune (411); et, en même temps, l'unité est la limite commune du diviseur $1+\frac{1}{p+1}$ et du multiplicateur $1+\frac{1}{p}$. Les deux expressions extrêmes tendent donc vers la même limite e, de sorte que la quantité qu'elles comprennent remplit nécessairement la même condition, et qu'on peut poser, pour $m=\infty$, dans l'hypothèse de m fractionnaire comme dans celle de m entier,

$$e=\lim\left(1+\frac{1}{m}\right)^{m}.$$

414. 2° *Cas de m négatif.* — Admettons que m puisse recevoir des valeurs négatives, tout en croissant indéfiniment en valeur absolue.

Nous poserons $m=-m'$, m' étant supposé positif. Pour $m=-\infty$, il viendra $m'=\infty$.

Nous aurons alors successivement (*Alg. élém.*, 85)

$$\left(1+\frac{1}{m}\right)^{m}=\left(1-\frac{1}{m'}\right)^{-m'}=\left(\frac{m'-1}{m'}\right)^{-m'}=\left(\frac{m'}{m'-1}\right)^{m'}.$$

En effectuant la division de m' par $m'-1$, il viendra

$$\left(1+\frac{1}{m}\right)^{m}=\left(1+\frac{1}{m'-1}\right)^{m'}=\left(1+\frac{1}{m'-1}\right)^{m'-1}\left(1+\frac{1}{m'-1}\right).$$

Or, quand le nombre m', entier ou fractionnaire, mais positif, tend vers l'infini, l'expression $\left(1+\frac{1}{m'-1}\right)^{m'-1}$ tend vers e (411), et le multiplicateur $1+\frac{1}{m'-1}$ tend vers 1. On a donc encore, pour $m=-\infty$,

$$e=\lim\left(1+\frac{1}{m}\right)^{m}.$$

415. En résumé, *que m soit entier ou fractionnaire, positif ou négatif, si sa valeur absolue tend vers l'infini, la limite de l'expression* $\left(1+\frac{1}{m}\right)^{m}$ *est toujours égale à e.*

C'est là un résultat important, qu'on a souvent à appliquer sous la forme suivante.

416. *Limite de* $(1+\alpha)^{\frac{1}{\alpha}}$, *quand* α *tend vers zéro.*

Dans l'expression précédente, posons $\frac{1}{m}=\alpha$, d'où $m=\frac{1}{\alpha}$.

Lorsque m tendra vers l'infini, α tendra vers zéro, et réciproquement. On peut donc dire immédiatement que la limite de l'expression $(1+\alpha)^{\frac{1}{\alpha}}$, lorsque α va toujours en diminuant de manière à tendre vers zéro autant qu'on veut, est égale à e. C'est ce qu'on peut indiquer de cette manière :

$$\lim(1+\alpha)^{\frac{1}{\alpha}}_{[\alpha=0]}=e.$$

417. *Limite de* $\left(1+\frac{1}{m}\right)^{-m}$ *ou de* $\left(1-\frac{1}{m}\right)^{m}$, *quand* m *tend vers l'infini.*

Il peut arriver que, dans l'expression $\left(1+\frac{1}{m}\right)^{m}$, le dénominateur de la fraction comprise dans la parenthèse et l'exposant de la puissance soient de signes contraires. La limite de la nouvelle expression, pour $m=\infty$, est alors l'inverse de la limite précédente ou $\frac{1}{e}$.

En effet, on a évidemment

$$\left(1+\frac{1}{m}\right)^{-m}=\frac{1}{\left(1+\frac{1}{m}\right)^{m}},$$

c'est-à-dire (344, 415)

$$\lim\left(1+\frac{1}{m}\right)^{-m}_{[m=\infty]}=\frac{1}{e}.$$

De même, on a

$$\left(1-\frac{1}{m}\right)^{m}=\frac{1}{\left(1-\frac{1}{m}\right)^{-m}},$$

c'est-à-dire (344, 415)

$$\lim\left(1-\frac{1}{m}\right)^{m}_{[m=\infty]}=\frac{1}{e}.$$

Série e^x.

418. Au lieu de l'expression $\left(1+\frac{1}{m}\right)^m$, considérons enfin l'expression

$$\left(1+\frac{x}{m}\right)^m,$$

où m est supposé tendre vers l'infini et où la variable x a une valeur quelconque, mais déterminée.

En prenant d'abord m entier, positif et très grand, pour pouvoir appliquer la formule du binôme, on prouvera, en raisonnant comme on l'a fait au n° **411**, puis aux n^{os} **413** et **414**, que l'expression proposée a *toujours* pour limite (**415**), au lieu de la série e, la série

$$1+\frac{x}{1}+\frac{x^2}{1.2}+\frac{x^3}{1.2.3}+\ldots+\frac{x^n}{1.2.3\ldots n}+\ldots;$$

dont la série e n'est qu'un cas particulier et que nous avons étudiée au n° **404**.

Cette série est convergente, comme on l'a vu, pour toutes les valeurs déterminées de x, quelles qu'elles soient.

On a d'ailleurs, identiquement (**150**),

$$\left(1+\frac{x}{m}\right)^m=\left[\left(1+\frac{x}{m}\right)^{\frac{m}{x}}\right]^x.$$

On peut poser $\frac{x}{m}=\alpha$, d'où $\frac{m}{x}=\frac{1}{\alpha}$. L'expression précédente devient ainsi, en fonction de α,

$$\left(1+\frac{x}{m}\right)^m=\left[(1+\alpha)^{\frac{1}{\alpha}}\right]^x.$$

Comme, par hypothèse, x a une valeur déterminée, α tend vers zéro quand m tend vers l'infini, et réciproquement. A la limite, pour $m=\infty$ ou $\alpha=0$, l'expression $(1+\alpha)^{\frac{1}{\alpha}}$ devient égale à e (**416**). On a donc finalement (**345**)

$$\lim\left(1+\frac{x}{m}\right)^m_{[m=\infty]}=e^x;$$

c'est-à-dire que la série précédente a pour somme e^x et qu'on peut écrire

$$e^x = 1 + \frac{x}{1} + \frac{x^2}{1.2} + \frac{x^3}{1.2.3} + \ldots + \frac{x^n}{1.2.3\ldots n} + \ldots,$$

développement important que nous retrouverons plus loin.

CHAPITRE VI.

DES DÉVELOPPEMENTS EN SÉRIES.

Emploi de la méthode des coefficients indéterminés.

419. Cette méthode (25) a fait connaître un grand nombre de développements en séries. Son application est simple et rapide; mais il ne faut pas oublier la remarque déjà faite relativement à son mode d'emploi (30), et l'on doit vérifier avec soin l'exactitude des résultats auxquels elle conduit.

420. Proposons-nous, par exemple, de développer en série une certaine fonction de la variable x. Admettons que cette fonction $F(x)$ demeure réelle et varie d'une manière continue (*Alg. élém.*, 310), lorsqu'on fait croître la variable x elle-même d'une manière continue à partir de zéro, et cherchons la série qui peut légitimement représenter la fonction, *en la supposant ordonnée suivant les puissances ascendantes de x, entières et positives.*

Nous poserons alors

$$(1) \qquad F(x) = A + Bx + Cx^2 + Dx^3 + Ex^4 + \ldots,$$

en désignant par A, B, C, ..., les *coefficients indéterminés,* indépendants de x, dont il faut calculer la valeur dans la série du second membre.

En ayant alors recours à une propriété de la fonction $F(x)$ facile à mettre en évidence, on cherchera à exprimer cette propriété à l'aide de la série supposée, de manière à parvenir à une égalité telle que

$$(2) \qquad P + Qx + Rx^2 + Sx^3 + Tx^4 + \ldots = 0.$$

Dans cette nouvelle égalité, P, Q, R, ... seront des quantités indépendantes de x, composées avec les coefficients indéterminés A, B, C, ... Mais l'égalité (2) devant subsister, quel que soit x, est une véritable identité (**16**, **17**) conduisant aux conditions

$$(3)\qquad P=0,\qquad Q=0,\qquad R=0,\qquad \ldots.$$

Ces équations (3) permettent, en général, de trouver tous les coefficients A, B, C, ... Il faut, dans certains cas, quelques-uns de ces coefficients demeurant inconnus, remonter à l'équation (1) pour les découvrir en faisant usage de propriétés spéciales de la fonction donnée $F(x)$.

421. On ne peut d'ailleurs opérer comme on vient de l'indiquer, que si, dans la relation (1), la série représente légitimement la fonction, au moins pour certaines valeurs de x, qui seront ordinairement les petites valeurs de la variable, inférieures à l'unité. Il est donc indispensable que la série soit convergente pour ces petites valeurs de x (**354**). Et, si cette convergence n'est pas établie *a priori*, il faut la vérifier après coup avec le plus grand soin et montrer que la série représente bien la fonction dans les limites indiquées.

422. Il est clair qu'*une même fonction* $F(x)$ *ne peut correspondre qu'à une seule série convergente* de la forme

$$A+Bx+Cx^2+Dx^3+\ldots.$$

Si l'on trouvait un second développement de même forme,

$$A'+B'x+C'x^2+D'x^3+\ldots,$$

il devrait être égal au premier, et l'on aurait

$$(4)\qquad \begin{cases} A+Bx+Cx^2+Dx^3+\ldots \\ \quad =A'+B'x+C'x^2+D'x^3+\ldots \end{cases}$$

ou

$$(A-A')+(B-B')x+(C-C')x^2+(D-D')x^3+\ldots=0.$$

Comme cette dernière égalité, vraie quel que soit x dans les limites convenables, est une identité, on en déduit immédiatement (**17**)

$$A=A',\qquad B=B',\qquad C=C',\qquad D=D',\qquad \ldots.$$

En d'autres termes, *deux séries convergentes, ordonnées suivant les puissances ascendantes de x, entières et positives, ne peuvent être égales sans être identiques.*

EXEMPLE.

423. Pour bien fixer les idées sur les considérations précédentes, nous traiterons l'exemple suivant :

Développer en série ordonnée le produit indéfini

$$(1+x)(1+x^2)(1+x^4)(1+x^8)(1+x^{16})\ldots.$$

Désignons ce produit par $\mathfrak{P}$, et posons

$$\mathfrak{P} = 1 + A_1 x + A_2 x^2 + A_3 x^3 + \ldots,$$

A_1, A_2, A_3, ... étant les coefficients à déterminer dans la série supposée.

Si l'on change x en x^2 dans cette série, elle devient

$$1 + A_1 x^2 + A_2 x^4 + A_3 x^6 + \ldots.$$

D'autre part, si l'on effectue le même changement dans le produit donné, il devient évidemment

$$(1+x^2)(1+x^4)(1+x^8)(1+x^{16})(1+x^{32})\ldots,$$

c'est-à-dire

$$\frac{\mathfrak{P}}{1+x}.$$

On doit donc avoir

$$1 + A_1 x^2 + A_2 x^4 + A_3 x^6 + \ldots = \frac{1 + A_1 x + A_2 x^2 + A_3 x^3 + \ldots}{1+x}.$$

Au lieu de former la relation

$$P + Qx + Rx^2 + Sx^3 + \ldots = 0$$

du n° 420, et d'égaler ses coefficients à zéro, il revient au même de chasser le dénominateur $1+x$ et d'égaler les coefficients des mêmes puissances de x dans les deux membres de l'égalité qu'on vient d'obtenir.

On trouve ainsi, successivement,

$$A_1 = 1, \quad A_1 = A_2, \quad A_1 = A_3, \quad A_2 = A_4, \quad A_2 = A_5,$$
$$A_3 = A_6, \quad A_3 = A_7, \quad \ldots,$$

c'est-à-dire

$$A_1 = 1, \quad A_1 = A_2, \quad A_2 = A_3, \quad A_3 = A_4, \quad A_4 = A_5, \quad \ldots.$$

On a donc, finalement,

$$(1)\quad \begin{cases} (1+x)(1+x^2)(1+x^4)(1+x^8)(1+x^{16})\ldots \\ \quad = 1 + x + x^2 + x^3 + x^4 + x^5 + x^6 + \ldots. \end{cases}$$

Le second membre de l'égalité (1) représente légitimement le quotient $\frac{1}{1-x}$, lorsque x est < 1 (356); il représente donc aussi légitimement, sous la même condition, le premier membre de cette égalité. On a, en effet, identiquement,

$$\begin{aligned} \frac{1}{1-x} &= \frac{1+x}{1-x^2} = \frac{(1+x)(1+x^2)}{1-x^4} \\ &= \frac{(1+x)(1+x^2)(1+x^4)}{1-x^8} = \ldots \\ &= \frac{(1+x)(1+x^2)(1+x^4)\ldots(1+x^{2^{n-2}})}{1-x^{2^{n-1}}}. \end{aligned}$$

Pour la $n^{\text{ième}}$ fraction, n entier tend vers l'infini et, x étant < 1, $x^{2^{n-1}}$ est un infiniment petit qui s'annule à la limite (336). On trouve donc alors, pour valeur du premier membre de l'égalité (1), le quotient $\frac{1}{x-1}$ ou le second membre de cette égalité.

Le développement en série est ainsi justifié.

Développements en séries des fractions continues dont les numérateurs des fractions intégrantes sont tous égaux à l'unité.

424. Nous rappellerons d'abord que, lorsqu'on réduit une quantité quelconque en fraction continue (**151**), les réduites de rang impair, inférieures à cette quantité, forment une suite croissante, tandis que les réduites de rang pair, supérieures à cette quantité, forment une suite décroissante (**154**, **155**, **156**). Ces deux suites se terminent quand la quantité considérée est commensurable, et la dernière réduite reproduit sa valeur. Quand cette quantité est un nombre incommensurable, la différence de deux réduites consécutives allant toujours en diminuant et tendant vers zéro, les deux suites indiquées se rapprochent indéfiniment et convergent vers une limite commune qui est ce nombre incommensurable (**163**).

425. Soit X la quantité réduite en fraction continue. Représentons les réduites successives par

$$\frac{P_1}{Q_1}, \quad \frac{P_2}{Q_2}, \quad \frac{P_3}{Q_3}, \quad \ldots, \quad \frac{P_n}{Q_n}, \quad \ldots.$$

On peut écrire identiquement, comme valeur de la réduite $\frac{P_n}{Q_n}$,

$$(1) \quad \begin{cases} \frac{P_n}{Q_n} = \frac{P_1}{Q_1} + \left(\frac{P_2}{Q_2} - \frac{P_1}{Q_1}\right) + \left(\frac{P_3}{Q_3} - \frac{P_2}{Q_2}\right) \\ \qquad + \left(\frac{P_4}{Q_4} - \frac{P_3}{Q_3}\right) + \ldots + \left(\frac{P_n}{Q_n} - \frac{P_{n-1}}{Q_{n-1}}\right). \end{cases}$$

En considérant les fractions renfermées dans les parenthèses du second membre de cette identité, on sait que le numérateur de la différence de deux réduites consécutives est toujours ± 1 suivant le rang de la première réduite (160, 161). Nous aurons donc à la limite, puisque $\frac{P_n}{Q_n}$ converge autant qu'on veut vers X à mesure que l'entier n tend vers l'infini,

$$(2) \quad \begin{cases} X = \lim \frac{P_n}{Q_n} \\ \quad = \lim \left(\frac{P_1}{Q_1} + \frac{1}{Q_1 Q_2} - \frac{1}{Q_2 Q_3} + \frac{1}{Q_3 Q_4} - \ldots + \frac{(-1)^n}{Q_{n-1} Q_n} \ldots\right). \end{cases}$$

X sera ainsi la limite de la série convergente écrite dans le second membre de l'égalité (2) et obtenue en fonction des éléments de la fraction continue qui correspond à X.

426. Tout développement en fraction continue pouvant ainsi donner lieu à un développement en série, il est naturel de chercher, réciproquement, à développer en fraction continue toute série convergente.

Mais alors on est conduit, comme nous le verrons bientôt, à des fractions continues *dont les numérateurs des fractions intégrantes ne sont plus tous égaux à l'unité*.

Avant d'aller plus loin, nous croyons donc nécessaire d'exposer succinctement les propriétés de ces fractions continues, *plus générales* que celles que nous avons considérées jusqu'à présent.

Digression sur les fractions continues dont tous les éléments peuvent être des nombres quelconques.

427. Nous allons considérer des *fractions continues* de la forme

$$a+\cfrac{a_1}{b_1+\cfrac{a_2}{b_2+\cfrac{a_3}{b_3+\cfrac{a_4}{b_4+\dots}}}},$$

où les numérateurs $a_1, a_2, a_3, \dots,$ des *fractions intégrantes* (151) $\frac{a_1}{b_1}, \frac{a_2}{b_2}, \frac{a_3}{b_3}, \dots,$ peuvent être des nombres quelconques différents de l'unité.

428. Calculons d'abord les premières réduites, pour chercher à découvrir leur *loi de formation*.

Les quatre premières réduites sont les suivantes :

Première réduite :

$$\frac{a}{1}.$$

Deuxième réduite :

$$a+\frac{a_1}{b_1}=\frac{ab_1+a_1}{b_1}.$$

Troisième réduite :

$$a+\cfrac{a_1}{b_1+\cfrac{a_2}{b_2}}=a+\frac{a_1b_2}{b_1b_2+a_2}=\frac{ab_1b_2+a_1b_2+aa_2}{b_1b_2+a_2}.$$

Quatrième réduite :

$$a+\cfrac{a_1}{b_1+\cfrac{a_2}{b_2+\cfrac{a_3}{b_3}}}=a+\cfrac{a_1}{b_1+\cfrac{a_2b_3}{b_2b_3+a_3}}$$

$$=a+\frac{a_1b_2b_3+a_1a_3}{b_1b_2b_3+b_1a_3+a_2b_3}$$

$$=\frac{ab_1b_2b_3+a_1b_2b_3+aa_2b_3+ab_1a_3+a_1a_3}{b_1b_2b_3+a_2b_3+b_1a_3}.$$

On aperçoit immédiatement, pour la troisième et la quatrième réduite, qu'*il faut multiplier les deux termes de la dernière réduite calculée par le dénominateur de la nouvelle fraction intégrante introduite et ajouter le résultat obtenu terme à terme avec la réduite antéprécédente, en multipliant préalablement les deux termes de celle-ci par le numérateur de la nouvelle fraction intégrante.*

Nous allons généraliser ce résultat, en remarquant que, si les numérateurs des fractions intégrantes sont tous égaux à l'unité, on retombe sur la loi connue (157).

Désignons symboliquement les réduites successives de la fraction continue par

$$\frac{P_0}{Q_0}, \quad \frac{P_1}{Q_1}, \quad \frac{P_2}{Q_2}, \quad \frac{P_3}{Q_3}, \quad \ldots, \quad \frac{P_n}{Q_n}, \quad \ldots,$$

l'indice se trouvant ainsi en retard d'une unité sur le rang de la réduite.

Si l'on applique l'énoncé précédent à trois réduites consécutives quelconques $\frac{P_{n-1}}{Q_{n-1}}$, $\frac{P_n}{Q_n}$, $\frac{P_{n+1}}{Q_{n+1}}$, on obtient la formule

$$(1) \qquad \frac{P_{n+1}}{Q_{n+1}} = \frac{P_n b_{n+1} + P_{n-1} a_{n+1}}{Q_n b_{n+1} + Q_{n-1} a_{n+1}},$$

où les termes des deux fractions sont séparément identiques, c'est-à-dire satisfont aux relations

$$P_{n+1} = P_n b_{n+1} + P_{n-1} a_{n+1},$$
$$Q_{n+1} = Q_n b_{n+1} + Q_{n-1} a_{n+1}.$$

Pour montrer que la formule (1) subsiste toujours, il suffit, suivant un tour de démonstration usité, de prouver que, si elle est vraie lorsque l'on considère les fractions intégrantes jusqu'à $\frac{a_{n+1}}{b_{n+1}}$, elle l'est encore lorsqu'on passe à la fraction intégrante $\frac{a_{n+2}}{b_{n+2}}$.

Or, en se reportant à l'expression de la fraction continue (427), on voit que, pour déduire la réduite $\frac{P_{n+2}}{Q_{n+2}}$ de la réduite $\frac{P_{n+1}}{Q_{n+1}}$, on n'a qu'à changer, dans le second membre de la formule (1), b_{n+1} en $b_{n+1}+\frac{a_{n+2}}{b_{n+2}}$. On trouve ainsi

$$\frac{P_{n+2}}{Q_{n+2}}=\frac{P_n\left(b_{n+1}+\frac{a_{n+2}}{b_{n+2}}\right)+P_{n-1}a_{n+1}}{Q_n\left(b_{n+1}+\frac{a_{n+2}}{b_{n+2}}\right)+Q_{n-1}a_{n+1}},$$

ou, en chassant le dénominateur b_{n+2},

$$\frac{P_{n+2}}{Q_{n+2}}=\frac{(P_n b_{n+1}+P_{n-1}a_{n+1})b_{n+2}+P_n a_{n+2}}{(Q_n b_{n+1}+Q_{n-1}a_{n+1})b_{n+2}+Q_n a_{n+2}}.$$

On en déduit immédiatement, d'après la formule (1),

$$\frac{P_{n+2}}{Q_{n+2}}=\frac{P_{n+1}b_{n+2}+P_n a_{n+2}}{Q_{n+1}b_{n+2}+Q_n a_{n+2}}.$$

Ainsi, lorsque l'on considère une nouvelle fraction intégrante et une nouvelle réduite, la formule (1), *supposée applicable jusque-là,* se trouve encore vérifiée. Comme on l'a démontré directement pour la troisième et la quatrième réduite, elle se trouve établie pour la cinquième, et ainsi de suite. Elle est donc tout à fait générale et exprime la loi de formation des réduites.

429. On peut facilement, comme nous l'avons fait pour les fractions continues spéciales, étendre cette loi de formation à la *deuxième réduite* elle-même.

En introduisant, en dehors des réduites réelles, la *réduite fictive* $\frac{1}{0}$, nous aurons la suite (428)

$$\frac{1}{0},\quad \frac{P_0}{Q_0}=\frac{a}{1},\qquad \frac{P_1}{Q_1}=\frac{ab_1+a_1}{b_1},$$

et la deuxième réduite $\frac{P_1}{Q_1}$ sera bien liée, suivant la même règle, aux réduites $\frac{P_0}{Q_0}$ et $\frac{1}{0}$.

430. Proposons-nous de déterminer la *différence de deux réduites consécutives.*

On a

$$\frac{P_{n+1}}{Q_{n+1}}-\frac{P_n}{Q_n}=\frac{P_{n+1}Q_n-Q_{n+1}P_n}{Q_nQ_{n+1}}.$$

Il faut trouver l'*expression générale du numérateur de cette différence,* qui se réduit à ± 1 quand tous les numérateurs des fractions intégrantes sont égaux à l'unité (161). Prenons les relations (428)

$$P_{n+1} = P_n b_{n+1} + P_{n-1} a_{n+1},$$
$$Q_{n+1} = Q_n b_{n+1} + Q_{n-1} a_{n+1}.$$

En substituant ces valeurs de P_{n+1} et de Q_{n+1} dans le numérateur $P_{n+1}Q_n - Q_{n+1}P_n$, il vient

$$(P_n b_{n+1} + P_{n-1} a_{n+1})Q_n - (Q_n b_{n+1} + Q_{n-1} a_{n+1})P_n$$
$$= -(P_n Q_{n-1} - Q_n P_{n-1}) a_{n+1}.$$

On obtient donc la formule générale

$$(1) \quad P_{n+1}Q_n - Q_{n+1}P_n = (-1)(P_n Q_{n-1} - Q_n P_{n-1}) a_{n+1}.$$

En faisant successivement, dans cette formule (1), $n = 1$, $2, 3, 4, \ldots, n$, on en déduit les relations

$$P_2 Q_1 - Q_2 P_1 = (-1)(P_1 Q_0 - Q_1 P_0) a_2,$$
$$P_3 Q_2 - Q_3 P_2 = (-1)(P_2 Q_1 - Q_2 P_1) a_3,$$
$$P_4 Q_3 - Q_4 P_3 = (-1)(P_3 Q_2 - Q_3 P_2) a_4,$$
$$\ldots\ldots\ldots\ldots\ldots\ldots\ldots\ldots\ldots\ldots,$$
$$P_{n+1}Q_n - Q_{n+1}P_n = (-1)(P_n Q_{n-1} - Q_n P_{n-1}) a_{n+1}.$$

Remarquons que les deux premières réduites (428)

$$\frac{P_0}{Q_0} = \frac{a}{1} \qquad \text{et} \qquad \frac{P_1}{Q_1} = \frac{ab_1 + a_1}{b_1}$$

ont précisément, pour numérateur de leur différence,

$$P_1 Q_0 - Q_1 P_0 = a_1.$$

Il en résulte évidemment que, si l'on multiplie membre à membre toutes les relations précédentes, on obtient, après simplification,

$$(2) \qquad P_{n+1}Q_n - Q_{n+1}P_n = (-1)^n a_1 a_2 a_3 a_4 \ldots a_{n+1}.$$

Si les numérateurs $a_1, a_2, a_3, \ldots, a_{n+1}$ des fractions intégrantes sont tous égaux à l'unité, on retrouve bien la formule connue (161). En effet, l'indice $n+1$ indique (428) qu'il s'agit, comme première réduite, de la réduite de rang $n+2$. Or, $n+2$ est pair ou impair en même temps que n.

431. Il suit de la formule (2) (**430**) qu'on a

$$(3)\qquad \begin{cases} \dfrac{P_{n+1}}{Q_{n+1}} - \dfrac{P_n}{Q_n} = \dfrac{P_{n+1}Q_n - Q_{n+1}P_n}{Q_nQ_{n+1}} \\[2ex] \qquad\qquad = \dfrac{(-1)^n a_1a_2a_3a_4\ldots a_{n+1}}{Q_nQ_{n+1}}. \end{cases}$$

Si l'on fait, dans cette formule (3), $n=0, 1, 2, 3, \ldots, n$, on trouve successivement

$$\frac{P_1}{Q_1} - \frac{P_0}{Q_0} = \frac{a_1}{Q_0Q_1},$$

$$\frac{P_2}{Q_2} - \frac{P_1}{Q_1} = -\frac{a_1a_2}{Q_1Q_2},$$

$$\frac{P_3}{Q_3} - \frac{P_2}{Q_2} = \frac{a_1a_2a_3}{Q_2Q_3},$$

$$\frac{P_4}{Q_4} - \frac{P_3}{Q_3} = -\frac{a_1a_2a_3a_4}{Q_3Q_4},$$

$$\ldots\ldots\ldots\ldots\ldots\ldots\ldots,$$

$$\frac{P_{n+1}}{Q_{n+1}} - \frac{P_n}{Q_n} = \frac{(-1)^n a_1a_2a_3a_4\ldots a_{n+1}}{Q_nQ_{n+1}}.$$

En remarquant que la première réduite $\dfrac{P_0}{Q_0}$ est $\dfrac{a}{1}$, on obtient, en ajoutant toutes ces égalités membre à membre et en simplifiant, le développement

$$(4)\qquad \begin{cases} \dfrac{P_{n+1}}{Q_{n+1}} = \dfrac{a}{1} + \dfrac{a_1}{Q_0Q_1} - \dfrac{a_1a_2}{Q_1Q_2} + \dfrac{a_1a_2a_3}{Q_2Q_3} - \ldots \\[2ex] \qquad\qquad + \dfrac{(-1)^n a_1a_2a_3\ldots a_{n+1}}{Q_nQ_{n+1}}, \end{cases}$$

qui, sauf un changement de notation, concorde avec celui que nous avons indiqué au n° **425**, lorsqu'on suppose égaux à l'unité tous les numérateurs des fractions intégrantes.

Si la fraction continue générale, dont nous venons d'étudier les propriétés les plus simples, est illimitée, on fera tendre n vers l'infini, et l'expression (4) représentera le développement en série de cette fraction continue.

Nous allons maintenant traiter quelques cas de la question inverse (**426**). Nous y sommes mieux préparé.

Transformation des séries en fractions continues.

432. I. Considérons d'abord une série S de la forme

$$S = \frac{1}{a_1} - \frac{1}{a_2} + \frac{1}{a_3} - \frac{1}{a_4} + \cdots$$

On peut écrire identiquement

$$(1) \qquad \frac{1}{a_1} - \frac{1}{a_2} = \frac{a_2 - a_1}{a_1 a_2} = \cfrac{1}{a_1 + \cfrac{a_1^2}{a_2 - a_1}}.$$

Remplaçons dans cette égalité $\frac{1}{a_2}$ par $\frac{1}{a_2} - \frac{1}{a_3}$, c'est-à-dire par

$$\frac{a_3 - a_2}{a_2 a_3} = \cfrac{1}{\cfrac{a_2 a_3}{a_3 - a_2}}.$$

Cela revient évidemment à remplacer a_2, dans $\frac{1}{a_2}$, ou a_2, d'une manière générale, par

$$\frac{a_2 a_3}{a_3 - a_2} = \cfrac{a_2}{1 - \cfrac{a_2}{a_3}} = a_2 + \cfrac{\cfrac{a_2^2}{a_3}}{1 - \cfrac{a_2}{a_3}} = a_2 + \frac{a_2^2}{a_3 - a_2}.$$

En effectuant les deux changements correspondants dans les deux membres de l'égalité (1), nous aurons

$$(2) \quad \frac{1}{a_1} - \frac{1}{a_2} + \frac{1}{a_3} = \cfrac{1}{a_1 + \cfrac{a_1^2}{a_2 + \cfrac{a_2^2}{a_3 - a_2} - a_1}} = \cfrac{1}{a_1 + \cfrac{a_1^2}{a_2 - a_1 + \cfrac{a_2^2}{a_3 - a_2}}}.$$

Nous pourrons de même remplacer, dans le premier membre de l'égalité (2), $\frac{1}{a_3}$ par $\frac{1}{a_3} - \frac{1}{a_4}$ et, dans le second membre, a_3 par $a_3 + \frac{a_3^2}{a_4 - a_3}$.

La loi est évidente et, en continuant toujours la même transformation, on voit que la valeur de la série indéfinie S en fraction continue illimitée est la suivante :

$$(3)\qquad S = \cfrac{1}{a_1 + \cfrac{a_1^2}{a_2 - a_1 + \cfrac{a_2^2}{a_3 - a_2 + \cfrac{a_3^2}{a_4 - a_3 + \dots}}}}$$

La fraction continue présente la même convergence que la série, puisque le nombre des fractions intégrantes conservées dans le second membre de la formule (3) est égal à celui des termes considérés dans la série.

Il est clair que, si la série donnée était divergente, la fraction continue correspondante, qui est une fraction continue *générale* (427), le serait aussi.

EXEMPLES.

433. 1° *Soit la série*

$$S = 1 - \frac{1}{2} + \frac{1}{3} - \frac{1}{4} + \frac{1}{5} - \frac{1}{6} + \dots$$

Nous en avons démontré la convergence (397, 2°).

Son développement en fraction continue sera, en faisant, dans la formule (3) du n° 432, $a_1 = 1$, $a_2 = 2$, $a_3 = 3$, $a_4 = 4$. ...,

$$S = \cfrac{1}{1 + \cfrac{1}{1 + \cfrac{4}{1 + \cfrac{9}{1 + \cfrac{16}{1 + \dots}}}}}$$

2° *Soit la série*

$$\frac{\pi}{4} = 1 - \frac{1}{3} + \frac{1}{5} - \frac{1}{7} + \frac{1}{9} - \dots,$$

que nous retrouverons plus tard en traitant des séries circulaires. D'après la même formule, elle devient, sous forme de fraction continue,

$$\frac{\pi}{4} = \cfrac{1}{1 + \cfrac{1}{2 + \cfrac{9}{2 + \cfrac{25}{2 + \cfrac{49}{2 + \dots}}}}}$$

Cette formule remarquable a été donnée pour la première fois, sans démonstration, par **Brounker**.

434. II. La série S pourrait être donnée sous la forme

$$S = b_1 - b_2 + b_3 - b_4 + \ldots.$$

Il suffira évidemment, pour trouver sa représentation en fraction continue, de remplacer, dans la formule (3) du n° 432,

a_1 par $\frac{1}{b_1}$, a_2 par $\frac{1}{b_2}$, a_3 par $\frac{1}{b_3}$, a_4 par $\frac{1}{b_4}$, ...

On aura ainsi

$$S = \cfrac{1}{\cfrac{1}{b_1} + \cfrac{\cfrac{1}{b_1^2}}{\cfrac{1}{b_2} - \cfrac{1}{b_1} + \cfrac{\cfrac{1}{b_2^2}}{\cfrac{1}{b_3} - \cfrac{1}{b_2} + \cfrac{\cfrac{1}{b_3^2}}{\cfrac{1}{b_4} - \cfrac{1}{b_3} + \ldots}}}}$$

ou bien, en réduisant,

$$(4) \qquad S = \cfrac{b_1}{1 + \cfrac{b_2}{b_1 - b_2 + \cfrac{b_1 b_3}{b_2 - b_3 + \cfrac{b_2 b_4}{b_3 - b_4 + \ldots}}}}$$

435. Nous avons supposé, dans ce qui précède (432, 434), les termes de la série alternativement positifs et négatifs. Cela ne change rien à la généralité des formules obtenues, puisque les lettres employées peuvent toujours représenter indifféremment des nombres positifs ou négatifs. C'est ce que montre l'exemple suivant.

EXEMPLE.

436. *Soit la série*

$$S = 1 + x + x^2 + x^3 + \ldots + x^{n-1} + x^n + \ldots,$$

qui est convergente, comme on le sait, pour $x < 1$ (356) et qui représente alors le quotient $\frac{1}{1-x}$.

En appliquant la formule (4) du n° 434 et en y faisant $b_1 = 1$, $b_2 = -x$, $b_3 = x^2$, $b_4 = -x^3$, ..., nous aurons

$$S = \cfrac{1}{1 - \cfrac{x}{1 + x + \cfrac{x^2}{-x - x^2 + \cfrac{x^4}{x^2 + x^3 + \cfrac{x^6}{-x^3 - x^4 + \ldots}}}}},$$

c'est-à-dire

$$S = \cfrac{1}{1 - \cfrac{x}{1 + x - \cfrac{x^2}{x + x^2 - \cfrac{x^4}{x^2 + x^3 - \cfrac{x^6}{x^3 + x^4 - \ldots}}}}},$$

valeur qu'on peut facilement ramener à la forme plus simple

$$S = \cfrac{1}{1 - \cfrac{x}{1 + x - \cfrac{x}{1 + x - \cfrac{x}{1 + x - \cfrac{x}{1 + x - \ldots}}}}}$$

En s'arrêtant dans la fraction continue à la fraction intégrante de rang n, il est facile de vérifier que la fraction limitée correspondante représente la somme des n premiers termes de la série.

437. III. Nous terminerons en considérant une série de la forme

$$S = \frac{1}{a} - \frac{1}{ab} + \frac{1}{abc} - \frac{1}{abcd} + \frac{1}{abcde} - \ldots.$$

On a identiquement

$$(1) \quad \frac{1}{a} - \frac{1}{ab} = \frac{1}{a}\left(1 - \frac{1}{b}\right) = \frac{b-1}{ab} = \frac{1}{\cfrac{ab}{b-1}} = \frac{1}{a + \cfrac{a}{b-1}}.$$

Mais la somme des trois premiers termes de la série

$$\frac{1}{a} - \frac{1}{ab} + \frac{1}{abc} = \frac{1}{a}\left(1 - \frac{1}{b} + \frac{1}{bc}\right)$$

Il faut donc, pour avoir le développement des trois premiers termes de la série, remplacer simplement, dans l'égalité (1), $\frac{1}{b}$ par $\frac{1}{b}-\frac{1}{bc}$ ou, dans le second membre de cette égalité, b par

$$\frac{1}{\frac{1}{b}-\frac{1}{bc}}=\frac{bc}{c-1}=b+\frac{b}{c-1}.$$

On a alors

$$(2)\qquad \frac{1}{a}-\frac{1}{ab}+\frac{1}{abc}=\cfrac{1}{a+\cfrac{a}{b-1+\cfrac{b}{c-1}}}.$$

De même, la somme des quatre premiers termes de la série

$$\frac{1}{a}-\frac{1}{ab}+\frac{1}{abc}-\frac{1}{abcd}=\frac{1}{a}\left(1-\frac{1}{b}+\frac{1}{bc}-\frac{1}{bcd}\right).$$

Il faut donc, pour avoir le développement de ces quatre premiers termes, remplacer simplement, dans l'égalité (2), $\frac{1}{c}$ par $\frac{1}{c}-\frac{1}{cd}$ ou, dans le second membre de cette égalité, c par

$$\frac{1}{\frac{1}{c}-\frac{1}{cd}}=\frac{cd}{d-1}=c+\frac{c}{d-1}.$$

Il en résulte

$$\frac{1}{a}-\frac{1}{ab}+\frac{1}{abc}-\frac{1}{abcd}=\cfrac{1}{a+\cfrac{a}{b-1+\cfrac{b}{c-1+\cfrac{c}{d-1}}}}.$$

La loi est évidente, et, en continuant toujours le même calcul, on voit que la série S transformée en fraction continue illimitée a pour valeur

$$(3)\qquad S=\cfrac{1}{a+\cfrac{a}{b-1+\cfrac{b}{c-1+\cfrac{c}{d-1+\cfrac{d}{e-1+\cfrac{e}{f-1+\dots}}}}}}$$

EXEMPLE.

438. *Soit la série*

$$\frac{1}{1.2}-\frac{1}{1.2.3}+\frac{1}{1.2.3.4}-\frac{1}{1.2.3.4.5}+\frac{1}{1.2.3.4.5.6}-\ldots,$$

étudiée précédemment (397, 1°).

Si l'on se reporte à la marche suivie (411) pour obtenir, à l'aide de la formule du binôme, le développement de $\left(1+\frac{1}{m}\right)^m$, quand m croît indéfiniment, on voit facilement que cette série représente, dans les mêmes conditions, le développement de $\left(1-\frac{1}{m}\right)^m$, c'est-à-dire (417) la quantité incommensurable $\frac{1}{e}$.

En faisant, dans la formule (3) du n° 437, $a=2$, $b=3$, $c=4$, $d=5$, $e=6$, $f=7$, ..., on aura donc, pour le développement de $\frac{1}{e}$ en fraction continue,

$$\frac{1}{e}=\cfrac{1}{2+\cfrac{2}{2+\cfrac{3}{3+\cfrac{4}{4+\cfrac{5}{5+\cfrac{6}{6+\ldots}}}}}}$$

En prenant l'inverse de ce résultat, on obtient, comme développement du nombre e (403) en fraction continue, cette expression remarquable

$$e=2+\cfrac{2}{2+\cfrac{3}{3+\cfrac{4}{4+\cfrac{5}{5+\cfrac{6}{6+\ldots}}}}}$$

LIVRE QUATRIÈME.

CONTINUITÉ. — FONCTION EXPONENTIELLE. LOGARITHMES CONSIDÉRÉS COMME EXPOSANTS.

CHAPITRE PREMIER.

NOTIONS SUR LA CONTINUITÉ.

Variables et fonctions.

439. En Algèbre, où l'on emploie des symboles généraux, il semble qu'on puisse toujours substituer à ces symboles des valeurs quelconques. Mais il y a lieu de distinguer, dans chaque question, entre les *variables* et les *constantes*.

On appelle *variable* toute quantité qui, dans la question proposée, est regardée comme devant prendre successivement des valeurs différentes.

On appelle *constante* toute quantité qui, dans cette même question, est regardée comme devant conserver une valeur fixe.

Les variables sont, par cela même, indéterminées; les constantes sont déterminées.

C'est en étudiant l'énoncé de la question qu'on sépare dans chaque cas les variables et les constantes.

440. Toute quantité qui dépend, suivant une loi quelconque, d'une ou de plusieurs autres quantités, et qui varie en même temps qu'elles, par suite de leurs propres variations, est dite *fonction* de ces quantités.

441. Soient, par exemple, les deux quantités x et y, supposées telles, que si l'on donne à x une valeur déterminée,

y prenne à son tour et nécessairement une autre valeur déterminée. y *dépendra* alors de x et, quelles que soient la nature de cette dépendance et la série des opérations à effectuer pour déduire, de la valeur donnée à x, la valeur correspondante ou simultanée de y, cette quantité variable y sera une *fonction* de la quantité variable x. D'ailleurs, comme c'est x que l'on fait, dans cette hypothèse, varier directement et arbitrairement, on dit que x est la *variable indépendante*.

On conçoit que x est *réciproquement* une fonction de y regardée comme variable indépendante.

Cette fonction y de x et cette fonction x de y, qui ne sont que deux modes d'expression d'une liaison identique, sont dites *inverses* l'une de l'autre. Nous reviendrons sur les *fonctions inverses*.

442. On peut avoir plus de deux variables à considérer.

Si la quantité variable u dépend, comme on vient de l'expliquer pour y comparée à x, de plusieurs autres quantités variables $x, y, z, \ldots$, c'est-à-dire si u est nécessairement déterminée lorsqu'on donne à $x, y, z, \ldots$ des valeurs déterminées, on dit que u est une *fonction* de $x, y, z, \ldots$, regardées comme *variables indépendantes*.

443. Pour indiquer d'une manière générale qu'une variable est fonction d'une seule variable x, sans préciser par quelles opérations elles dépendent l'une de l'autre, on emploie les notations

$$F(x), \quad f(x), \quad \varphi(x), \quad F_1(x), \quad X, \quad \ldots.$$

De même, on indique une fonction de plusieurs variables x, y, z, ... par les notations analogues

$$F(x, y, z, \ldots), \quad f(x, y, z, \ldots), \quad \varphi(x, y, z, \ldots), \quad F_1(x, y, z, \ldots).$$

Nous en avons déjà vu de nombreux exemples.

On peut toujours employer les notations précédentes, dès qu'on est certain que les quantités considérées sont fonctions l'une de l'autre ou l'une des autres, lors même que la loi qui les lie n'est pas exactement connue ou n'est pas susceptible d'une expression analytique.

Comme on le sait déjà, si l'on attribue à x une valeur spéciale a, le résultat de la substitution de a à la place de x dans $F(x)$ est représenté par $F(a)$. De même, $F(a, b, c, \ldots)$ représente le résultat de la substitution des valeurs a, b, c, ..., à la place de x, y, z, ..., dans la fonction $F(x, y, z, \ldots)$.

444. Supposons qu'on ait

$$y = F(x).$$

Si l'on conçoit cette équation résolue par rapport à x, on en déduit

$$x = \varphi(y).$$

Les deux fonctions désignées par les signes F et φ sont ce que nous avons appelé des *fonctions inverses*. La remarque faite à ce sujet (441) acquiert une pleine évidence, lorsqu'on regarde y comme l'ordonnée de la courbe qui représente *graphiquement* la fonction $y = F(x)$ et x comme son abscisse (*Alg. élém.*, 312 et suiv.). La courbe étant construite, il est clair que l'on peut aussi bien regarder l'ordonnée d'un de ses points comme fonction de l'abscisse, que l'abscisse elle-même comme fonction de l'ordonnée.

445. En général, les variables qui entrent dans une question sont liées entre elles par un système d'équations exprimant toutes les conditions de l'énoncé.

Il y a toujours plus de variables que d'équations; sans quoi, elles seraient, en général, *déterminées*, et ne joueraient plus le rôle de variables.

Supposons, par exemple, qu'on ait six variables et quatre équations. On choisira alors deux variables qu'on regardera comme devant recevoir des valeurs arbitraires et qui seront les *variables indépendantes*. Les quatre autres variables, déterminées par les valeurs des deux premières, à l'aide des quatre équations posées, seront des *fonctions* de ces deux premières variables.

Si l'on cherche l'aire d'un cercle, les deux variables sont l'aire du cercle et son rayon, liés par une seule équation (*Géom.*, 259). On peut alors prendre le rayon pour variable indépendante, et dire que l'aire du cercle est fonction de son rayon.

De même, si l'on cherche le volume d'un cylindre de révolution, les trois variables sont le volume du cylindre, sa hauteur et le rayon de sa base circulaire, liés par une seule équation (*Géom.*, 443). On peut alors prendre la hauteur et le rayon pour variables indépendantes et dire que le volume du cylindre de révolution est fonction de sa hauteur et du rayon de sa base.

Différentes espèces de fonctions.

446. Les fonctions appartiennent naturellement à deux catégories principales : elles sont *algébriques* ou *transcendantes.*

Dans le sens le plus général, *y est une fonction algébrique de x, quand chaque couple de valeurs correspondantes de x et de y satisfait à une équation de la forme*

$$F(x, y) = 0,$$

dont le premier membre est un polynôme entier et rationnel en x et en y.

Cette définition s'étend aux fonctions de plusieurs variables. Ainsi z est une fonction algébrique de x et de y quand chaque couple de valeurs correspondantes, de z d'une part, et de x et de y, d'autre part, satisfait à une équation de la forme

$$F(x, y, z) = 0,$$

dont le premier membre est un polynôme entier et rationnel en x, y, z.

Les fonctions transcendantes sont toutes celles qui échappent à la définition précédente, comme

$$y = a^x, \qquad y = \log x, \qquad y = \sin x, \qquad y = \operatorname{tang} x,$$

$$z = m \operatorname{arctang} \frac{y}{x}.$$

447. *Tout polynôme entier en x,* tel que

$$A_0 x^m + A_1 x^{m-1} + A_2 x^{m-2} + \ldots + A_{m-1} x + A_m,$$

où m est un nombre entier et positif et $A_0, A_1, A_2, \ldots, A_m$ des nombres constants, *est une fonction entière de x.*

Le quotient de deux polynômes entiers en x, tel que

$$\frac{A_0 x^m + A_1 x^{m-1} + A_2 x^{m-2} + \ldots + A_{m-1} x + A_m}{B_0 x^n + B_1 x^{n-1} + B_2 x^{n-2} + \ldots + B_{n-1} x + B_n},$$

est une fonction rationnelle de x.

Lorsque la fonction algébrique définie (446) par l'équation

$$F(x, y) = 0$$

est du *premier degré* en y, on voit qu'elle donne précisément pour y : ou un polynôme entier en x, *c'est le cas de la fonction entière;* ou le quotient de deux polynômes entiers en x, *c'est le cas de la fonction rationnelle.*

448. L'étude des fonctions entières constitue précisément la *Théorie générale des équations* (*Algèbre supérieure,* IIe Partie). Quant aux fonctions rationnelles, nous examinerons également dans cette seconde Partie la décomposition importante à laquelle on peut toujours les soumettre (*Décomposition des fractions rationnelles en fractions simples*).

449. Une fonction est dite *explicite,* lorsqu'elle est exprimée immédiatement au moyen des variables dont elle dépend, c'est-à-dire lorsque les opérations à effectuer sur les valeurs des variables pour obtenir les valeurs correspondantes de la fonction sont indiquées immédiatement par les signes connus.

Ainsi les fonctions

$$y = x \pm \sqrt{x^2 - a^2}, \qquad y = \log x$$

sont des fonctions explicites de x : la première est algébrique, la deuxième est transcendante.

La forme générale des fonctions explicites est

$$u = F(x, y, z, \ldots).$$

450. Une fonction est dite *implicite,* lorsqu'elle est mêlée aux variables dont elle dépend dans des équations *non résolues,* de sorte que les opérations à effectuer sur les valeurs des variables pour obtenir la valeur correspondante de la fonction n'apparaissent pas; ou bien, lorsque la fonction est liée aux variables par des conditions non exprimées.

Si l'on a, par exemple,

$$4x^2 - 2xy + y^2 - 3a^2 = 0,$$

y est une fonction implicite de x, comme x une fonction implicite de y. En résolvant l'équation donnée par rapport à l'une des variables y, on passe de la fonction implicite à la fonction explicite

$$y = x \pm \sqrt{3(a^2 - x^2)}.$$

La forme générale des fonctions implicites est

$$F(x, y, z, \ldots) = 0.$$

Extension de l'idée de fonction. Intervalles. Fonctions finies et non finies.

451. On peut étendre l'idée de fonction. Nous n'indiquons cette extension qu'à un point de vue absolument théorique, et pour faciliter la compréhension des notions qui suivront.

Nous dirons d'abord un mot de ce qu'on entend par un *ensemble* de nombres.

Quand des nombres satisfont exclusivement à une certaine condition déterminée, ils forment un *ensemble :* ils peuvent être rationnels ou irrationnels, égaux ou inégaux, en nombre fini ou infini.

L'ensemble de ces nombres est *défini,* lorsqu'on peut reconnaître que tel nombre donné appartient ou non à l'ensemble. Ainsi, les nombres entiers forment un ensemble, d'où sont exclus immédiatement les nombres fractionnaires et les nombres incommensurables.

Quand aucun des nombres considérés ne surpasse une certaine limite L, l'ensemble admet une *limite supérieure* L; quand aucun de ces nombres ne tombe au-dessous d'une certaine limite l, l'ensemble admet une *limite inférieure* l. Ou bien les deux limites seront atteintes et feront partie de l'ensemble, ou bien on pourra en approcher autant qu'on voudra.

452. Cela posé, prenons un ensemble de nombres tous distincts et regardons-les comme les valeurs attribuées à une variable x. Si, à chacune de ces valeurs de x, on fait correspondre un nombre y, on peut dire que y est une *fonction définie* de x pour les nombres appartenant à l'ensemble choisi.

Soient maintenant deux nombres quelconques a et b ($a < b$). On peut appeler *intervalle* (a, b) l'ensemble de tous les nombres, rationnels ou non, compris entre a et b, les deux extrêmes a et b faisant aussi partie de l'intervalle.

L'étendue de l'intervalle est alors la différence $b-a$; et si les nombres a', b' appartiennent à l'intervalle (a, b), l'intervalle (a', b') lui-même est *contenu* dans l'intervalle (a, b).

Pour qu'une fonction y de x soit *définie* dans l'intervalle (a, b), il faut qu'à chaque valeur de x représentée par un des nombres de l'intervalle corresponde une valeur déterminée de y, qu'on peut d'ailleurs assigner d'une manière complètement arbitraire.

On obtiendra par cette voie les fonctions les plus variées, sans grande utilité apparente, il est vrai; car ce sont les besoins et les développements de la Science qui ont conduit et qui conduisent, successivement et naturellement, à l'étude des fonctions présentant un véritable intérêt. Les considérations précédentes vont néanmoins nous servir à préciser des points délicats.

453. Une fonction $y=F(x)$ définie dans l'intervalle (a, b) a, par hypothèse (**452**), une valeur déterminée pour chaque valeur de la variable x appartenant à cet intervalle.

Toute fonction entière de x est évidemment *définie* dans un intervalle quelconque. Il en est de même de toute fonction rationnelle de x, pourvu que l'intervalle considéré ne renferme aucune valeur de x annulant le dénominateur de la fonction (447).

Une fonction est dite *finie* dans l'intervalle (a, b), s'il existe un nombre positif A tel que, dans cet intervalle, chaque valeur de la fonction soit, *abstraction faite du signe*, inférieure à A.

Lorsqu'une fonction $y=F(x)$ est *finie* dans un intervalle (a, b), elle admet, en général, dans cet intervalle une *limite supérieure* L et une *limite inférieure* l, c'est-à-dire que chaque valeur de y, pour une valeur de x appartenant à l'intervalle considéré, est *au plus* égale à L et *au moins* égale à l. En effet, quelles que soient les variations de la fonction, elle ne pourra pas, par définition, s'élever positivement au-dessus de $+A$, et elle ne pourra pas descendre négativement au-dessous de $-A$.

Il est clair que A peut se confondre, en valeur absolue et sauf un infiniment petit, avec L *ou* avec l. Dans tous les cas, si L et l sont de mêmes signes, on a forcément $L>l$; et cette condition est remplie *a fortiori*, si L et l sont de signes contraires.

D'après cela, la différence $L - l$, où L et l entrent avec leurs signes, est toujours *positive*. Cette différence (qui peut être nulle) est l'*oscillation* de la fonction dans l'intervalle (a, b).

Cette oscillation a évidemment $2A$ pour limite supérieure, en admettant que L et l soient de signes contraires et aient même valeur absolue; elle peut être beaucoup plus faible.

Si l'on divise l'intervalle (a, b) en n intervalles partiels et si l'on désigne dans chacun d'eux, par $L_1, L_2, L_3, \ldots, L_n$, les limites supérieures de la fonction et par $l_1, l_2, l_3, \ldots, l_n$, ses limites inférieures, L sera le plus grand des premiers nombres et l, le plus petit des seconds.

L'oscillation de la fonction dans un intervalle (a', b') *contenu dans l'intervalle* (a, b) (452), *est au plus égale à l'oscillation* $L - l$.

454. Soient une fonction $y = F(x)$ définie dans l'intervalle (a, b) et deux valeurs *quelconques* de la variable, x_1 et x_2, appartenant à cet intervalle.

A étant un nombre positif donné, si l'on a, en valeur absolue, pour la différence des valeurs correspondantes de la fonction,

$$F(x_1) - F(x_2) < A,$$

on peut affirmer que la fonction est *finie* dans l'intervalle considéré (453).

En effet, sa valeur absolue reste, dans cet intervalle, toujours inférieure à $F(a) + A$.

Son oscillation est, en même temps, au plus égale à A (453).

455. Réciproquement, si une fonction $y = F(x)$ est *définie* dans l'intervalle (a, b) (452), *sans être finie* (453), cela signifie que, quel que soit le nombre positif donné A, il y a, dans l'intervalle (a, b), au moins une valeur de x telle, que la valeur absolue de $F(x)$ surpasse A.

Si l'on divise alors l'intervalle (a, b) en un nombre quelconque n d'intervalles partiels, il y aura au moins un de ces intervalles partiels (x_1, x_2) pour lequel la fonction *ne sera pas finie* et pour lequel on aura, en valeur absolue (454),

$$F(x_1) - F(x_2) > A.$$

De la continuité des fonctions d'une seule variable.

456. On dit qu'une variable est *continue* dans un certain intervalle, lorsqu'elle ne peut passer de sa première valeur à la dernière sans parcourir toutes les valeurs intermédiaires (*Alg. élém.*, 310).

Il est entendu que ces valeurs peuvent être négatives ou positives, et que leur ordre de grandeur est toujours réglé d'après la définition adoptée précédemment (*Alg. élém.*, 214, 218).

Par exemple, la variable x est continue dans l'intervalle $(-5, -3)$, lorsqu'elle ne passe d'une limite à l'autre qu'en prenant toutes les valeurs négatives dont la valeur absolue est comprise entre 5 et 3. De même, elle est continue dans l'intervalle $(-2, 7)$, lorsqu'elle prend successivement la valeur -2, toutes les valeurs comprises entre -2 et 7, et la valeur 7. Les valeurs intermédiaires sont ici toutes les valeurs négatives de -2 à 0, le nombre 0 lui-même, et toutes les valeurs positives de 0 à 7.

457. Il faut maintenant définir la *continuité* d'une fonction $y = F(x)$ dans un intervalle (a, b).

Soient x_1 et x_2 deux valeurs *quelconques* de x appartenant à l'intervalle, et h un certain nombre positif tel qu'on ait

$$(1) \qquad x_1 - x_2 < h.$$

Désignons par k un autre nombre positif. La fonction sera *continue* dans l'intervalle (a, b), si l'on a, en même temps que (1), et en valeur absolue,

$$(2) \qquad F(x_1) - F(x_2) < k.$$

458. Remarquons qu'*une fonction continue dans l'intervalle (a, b) est nécessairement finie* (453) *dans cet intervalle.*

On peut, en effet, choisir k arbitrairement et déterminer ensuite la valeur corrélative de h (457); puis, diviser l'intervalle (a, b) en un nombre n d'intervalles partiels, tel que chacun d'eux soit moindre que h. La valeur de la fonction restera alors (454) moindre que $F(a) + k$ dans le premier intervalle partiel, moindre que $F(a) + 2k$ dans le deuxième intervalle, ..., moindre que $F(a)+nk$ dans le $n^{\text{ième}}$ intervalle. Elle sera donc finie dans l'intervalle (a, b) (454).

On voit, en même temps, que l'oscillation de la fonction continue dans chaque intervalle partiel sera au plus égale à k; car, s'il n'en était pas ainsi, on aurait en même temps que $x_1 - x_2 < h$, et contre l'hypothèse, $F(x_1) - F(x_2) > k$.

459. Réciproquement, *si la fonction* $F(x)$ *est finie dans l'intervalle* (a, b), *elle est continue dans cet intervalle.*

En effet, on peut alors diviser l'intervalle (a, b) en n intervalles partiels tels, que dans chacun d'eux l'oscillation de la fonction soit moindre qu'un nombre positif donné k (453). En désignant alors par h un nombre positif moindre que l'étendue du plus petit de ces intervalles partiels, on pourra prendre deux valeurs x_1 et x_2 de la variable x, appartenant à l'intervalle (a, b) et présentant une différence inférieure à h.

Si x_1 et x_2 appartiennent à un même intervalle partiel, on aura nécessairement (453)

$$F(x_1) - F(x_2) < k,$$

en même temps que

$$x_1 - x_2 < h.$$

Si x_1 et x_2 appartiennent à deux intervalles partiels contigus, dont l'origine commune réponde à une certaine valeur X de la variable x, on aura

$$F(x_1) - F(x_2) = [F(x_1) - F(X)] + [F(X) - F(x_2)],$$

c'est-à-dire

$$F(x_1) - F(x_2) < 2k.$$

La continuité de la fonction $F(x)$ dans l'intervalle (a, b) est donc établie (457).

460. La fonction $F(x)$ étant continue dans l'intervalle (a, b), si, au lieu de prendre, dans cet intervalle, deux valeurs quelconques x_1 et x_2, on suppose que la variable x croisse d'une manière continue (456), il est clair que la différence $x_1 - x_2$ tendra vers zéro autant qu'on voudra, en même temps que le nombre positif h qui est simplement une limite supérieure de $x_1 - x_2$ (457).

D'autre part, le nombre n des intervalles partiels pour chacun desquels l'oscillation de la fonction est moindre que le nombre positif k (458) tendant alors vers l'infini, tandis que l'oscillation totale de la fonction dans l'intervalle (a, b) est une quantité finie qui a pour limite supérieure nk (458), le nombre $k > F(x_1) - F(x_2)$ tendra aussi vers zéro (*Alg. élém.*, 118).

On peut donc dire encore que, *si une fonction* $y = F(x)$ *est continue dans un intervalle* (a, b), *elle est continue pour chaque valeur de* x *appartenant à cet intervalle, en ce sens qu'à un accroissement infiniment petit* (336) *de la variable* x *correspond toujours un accroissement infiniment petit de la fonction* y, *de sorte que, la variable passant d'une certaine valeur à une valeur infiniment voisine, il en est de même de la fonction.*

461. Réciproquement, *si une fonction* $y = F(x)$ *est continue pour chaque valeur de* x *appartenant à un intervalle* (a, b), *dans les conditions qu'on vient d'indiquer* (460), *elle est continue dans ce même intervalle* (457).

Il faut bien comprendre d'abord que cette proposition n'est pas évidente et qu'elle a besoin d'être démontrée.

Et, en effet, si la fonction $y = F(x)$ est continue dans l'intervalle (a, b) pour chaque valeur de x appartenant à cet intervalle, on peut, en se donnant le nombre positif k, faire correspondre à chaque valeur de x un nombre positif h, tel que l'oscillation de la fonction soit moindre que k dans tout intervalle partiel moindre que h, *qui comprend* x. Mais on ne peut pas affirmer *a priori* que toutes les valeurs de h ainsi trouvées *et qui sont seulement plus grandes que zéro* soient supérieures à un certain nombre positif h' : ce qui permettrait de conclure immédiatement que, dans tout intervalle partiel moindre que h' compris dans (a, b), l'oscillation de la fonction est moindre que k, et qu'elle est, par suite, continue et finie dans l'intervalle (a, b) (457).

Admettons donc que, de quelque manière que l'intervalle (a, b) ait été divisé en intervalles partiels, l'oscillation de la fonction, *dans l'un, au moins, de ces intervalles*, soit égale ou supérieure à k. Nous allons montrer que cette supposition entraîne nécessairement la *non-continuité* ou la discontinuité de la fonction pour une certaine valeur de x appartenant à l'intervalle (a, b).

Supposons qu'on divise cet intervalle en 10^n parties égales.

Les valeurs successives de la variable x, qui correspondront aux extrémités des intervalles partiels obtenus, seront évidemment

$$a,\quad a+\frac{b-a}{10^n},\quad a+2\frac{b-a}{10^n},\quad \ldots,\quad a+(10^n-1)\frac{b-a}{10^n},\quad b.$$

A mesure qu'on poursuivra l'opération, c'est-à-dire qu'on fera croître l'entier n, l'étendue d'un intervalle partiel, représentée par $\frac{b-a}{10^n}$, tendra vers zéro autant qu'on voudra. Il en résulte que, dans celui où, quel que soit n, l'oscillation de la fonction est supposée égale ou supérieure à k, les deux extrémités se rapprocheront indéfiniment d'une certaine valeur de x comprise dans cet intervalle partiel et pour laquelle, par conséquent, la condition $F(x_1)-F(x_2)<k$ ne pourra plus être remplie. La fonction, pour cette valeur spéciale de x, ne serait donc plus continue (457).

Mais, puisque, par hypothèse, elle est continue pour toute valeur de x appartenant à l'intervalle (a, b), il est impossible d'admettre l'existence d'un certain intervalle partiel où l'oscillation de la fonction serait égale ou supérieure à k. Dans tous, cette oscillation est donc inférieure à k, et la fonction est continue dans l'intervalle (a, b) [457].

Exemples de fonctions continues dans le cas d'une seule variable.

462. I. *Toute fonction entière de x est une fonction continue* (447).

Nous considérerons d'abord la fonction

$$y = Ax^p, \tag{1}$$

p étant un nombre entier et positif, et A un nombre constant. C'est la *fonction simple algébrique* dans le cas d'un exposant entier et positif.

Supposons que la variable x, à partir d'une valeur quelconque, reçoive l'accroissement h. La fonction y deviendra

$$y+k = A(x+h)^p \tag{2}$$

et prendra l'accroissement k, qui aura pour expression, en retranchant les équations (1) et (2) et d'après la formule du binôme,

$$(3)\quad \begin{cases} k = A(x+h)^p - Ax^p \\ \quad = A\left[px^{p-1}h + \dfrac{p(p-1)}{1.2}x^{p-2}h^2 + \ldots + h^p\right]. \end{cases}$$

Il est facile de prouver que chacun des termes du second membre de cette expression peut devenir moindre qu'une quantité donnée δ aussi petite qu'on voudra, en donnant à h une valeur suffisamment petite.

Posons, en effet, le terme général

$$A\frac{p(p-1)(p-2)\ldots(p-n+1)}{1.2.3\ldots n}x^{p-n}h^n < \delta.$$

On en déduit

$$h^n < \frac{1.2.3\ldots n.\delta}{A.p(p-1)(p-2)\ldots(p-n+1)x^{p-n}},$$

et l'on voit qu'il suffit de donner à l'accroissement h une valeur moindre que la racine $n^{\text{ième}}$ du second membre de cette inégalité, pour que le terme général soit plus petit que δ.

Mais, si l'on peut attribuer à h une valeur telle, que chacun des termes de l'accroissement k, dont le nombre est p, soit moindre que δ, l'accroissement k lui-même sera alors inférieur à $p\delta$.

Par conséquent, pour que cet accroissement soit moindre, à son tour, qu'une quantité désignée ε aussi petite qu'on voudra, on n'a qu'à poser $p\delta < \varepsilon$ et à prendre

$$\delta < \frac{\varepsilon}{p}.$$

Ainsi, lorsque, pour chaque valeur de la variable x, l'accroissement h assigné à cette variable reçoit une valeur suffisamment petite, l'accroissement k pris par la fonction y peut devenir lui-même plus petit que toute quantité donnée. La fonction $y = Ax^p$ est donc une fonction continue de x (460, 461).

Soit, maintenant, une fonction entière quelconque de x

$$y = A_0x^m + A_1x^{m-1} + A_2x^{m-2} + \ldots + A_{m-1}x + A_m.$$

Nous venons d'établir qu'on peut donner à x un accroissement assez petit pour que l'accroissement correspondant de chacun des m termes *variables* de la fonction soit moindre que toute quantité donnée. Il en sera donc de même, d'après ce qui précède, de l'accroissement de la somme de ces m termes ou de l'accroissement total de la fonction; ce qui démontre la continuité de toute fonction entière de x.

463. II. *La somme algébrique ou le produit de fonctions continues en nombre fini est encore une fonction continue.*

Considérons, par exemple, la démonstration étant analogue pour les deux cas, le produit de p fonctions continues, telles que

$$F_1(x)F_2(x)F_3(x)\ldots F_p(x).$$

Donnons à la variable x, à partir d'une certaine valeur, un accroissement h. L'accroissement correspondant k du produit aura pour expression

$$\begin{aligned}k = {} & F_1(x+h)F_2(x+h)F_3(x+h)\ldots F_p(x+h)\\ & - F_1(x)F_2(x)F_3(x)\ldots F_p(x).\end{aligned}$$

Les fonctions proposées étant continues, les facteurs qui composent le premier terme de cette expression tendent indéfiniment, à mesure que h diminue, vers $F_1(x)$, $F_2(x)$, $F_3(x)$, ..., $F_p(x)$, qui sont alors leurs limites. Comme il y a un nombre fini p de facteurs, la limite de leur produit est égale au produit de leurs limites (343). Il en résulte que le premier terme de la valeur de k s'approchant indéfiniment du second terme de cette valeur, k diminue autant qu'on veut et peut devenir moindre que toute quantité donnée pour h assez petit, ce qui justifie l'énoncé.

464. III. *Le quotient de deux fonctions continues est une fonction continue.*

Cette proposition est soumise à une restriction (453).

Lorsqu'il y a continuité, la fonction a pour chaque valeur de la variable une valeur finie et déterminée (458).

Si l'on a comme fonction le quotient $\frac{F_1(x)}{F_2(x)}$, il ne faut donc considérer x, au point de vue du théorème à démontrer, que dans un intervalle où aucune de ses valeurs ne puisse annuler le dénominateur $F_2(x)$; car, pour une pareille valeur, l'expression de la fonction n'aurait plus aucun sens, du moins par elle-même. Dans tous les cas, comme le quotient proposé croît alors sans limite à mesure que x s'approche de la valeur qui, laissant le numérateur fini, annule le dénominateur, ce quotient, dans cette hypothèse, ne peut plus être une fonction continue.

Le théorème ne peut donc être vrai que lorsque x se maintient dans un intervalle tel, qu'aucune valeur de x ne puisse annuler le dénominateur $F_2(x)$.

Cette condition étant supposée remplie, donnons à x, à partir d'une certaine valeur, un accroissement h. La fonction prendra un accroissement correspondant k, représenté par

$$k = \frac{F_1(x+h)}{F_2(x+h)} - \frac{F_1(x)}{F_2(x)} = \frac{F_1(x+h)F_2(x) - F_1(x)F_2(x+h)}{F_2(x)F_2(x+h)}.$$

Or, à mesure que h diminue, le dénominateur de cette expression s'approche autant qu'on veut de $\overline{F_2(x)}^2$, tandis que le numérateur converge évidemment vers zéro, puisque les fonctions données sont continues. Il en résulte que la condition de continuité est remplie par la fonction $\frac{F_1(x)}{F_2(x)}$, sous la réserve de la remarque précédente.

Le théorème subsiste quand le numérateur $F_1(x)$ se réduit à une constante.

465. IV. *Toute racine d'une fonction continue est une fonction continue, dans tout intervalle où cette racine conserve une valeur réelle* (**130, 131**).

Soit la racine $p^{\text{ième}}$ d'une fonction continue $F(x)$, considérée dans un intervalle où cette racine demeure réelle. Donnons à x, à partir d'une certaine valeur, un accroissement h. L'accroissement correspondant k pris par la fonction sera

$$k = \sqrt[p]{F(x+h)} - \sqrt[p]{F(x)}.$$

Il faut prouver qu'on peut toujours rendre k aussi petit qu'on voudra, en donnant à h une valeur suffisamment petite. Nous emploierons ici la méthode de réduction à l'absurde (*Géom.*, **34**).

Si k ne satisfaisait pas à la condition indiquée, il resterait supérieur à une quantité désignée δ, quelque petit que fût h, de sorte qu'on aurait alors

$$\sqrt[p]{F(x+h)} - \sqrt[p]{F(x)} > \delta$$

ou

$$F(x+h) > (\sqrt[p]{F(x)} + \delta)^p.$$

Or cette inégalité est impossible; car, h tendant vers zéro, la limite du premier membre est $F(x)$, puisque cette fonction est continue, tandis que le second membre est un nombre constant, évidemment supérieur à $F(x)$.

k peut donc devenir aussi petit qu'on veut pour h assez petit, et la fonction $\sqrt[p]{F(x)}$ est continue si elle est réelle.

466. La fonction donnée $F(x)$ peut être une fonction entière de x ou, ce qui revient au même (**302** et suiv.), une pareille fonction élevée à une puissance entière. Il est, par suite, permis de dire qu'*une fonction entière de x élevée à une puissance fractionnaire quelconque est encore une fonction continue,* pourvu que la condition indiquée (**465**) soit remplie.

Il en est de même d'une fonction entière de x élevée à une puissance négative (**464**).

En résumé, *toute fonction entière de x élevée à une puissance quelconque, entière ou fractionnaire, positive ou négative, ne cesse pas d'être une fonction continue,* sauf la restriction ci-dessus.

Cas des fonctions de plusieurs variables.

467. Les notions qui précèdent s'étendent aux fonctions de plusieurs variables.

Une fonction $F(x, y, z)$, par exemple, peut être regardée comme *continue* dans un intervalle donné ou entre deux groupes de valeurs connues des variables x, y, z, si elle reste constamment réelle et finie dans cet intervalle, en variant par degrés insensibles, lorsqu'on fait varier x, y, z de la même manière dans les limites assignées.

Ainsi h, k, l désignant les accroissements attribués respectivement à x, y, z, à partir d'un groupe de valeurs simultanées compris dans l'intervalle donné, l'accroissement correspondant de la fonction, représenté par

$$F(x+h, y+k, z+l) - F(x, y, z),$$

devra tendre vers zéro à mesure que h, k, l diminueront, si la fonction proposée est continue.

En d'autres termes, dans cette hypothèse, si l'on fait tendre les variables x, y, z vers des valeurs limites a, b, c, la fonction $F(x, y, z)$ devra approcher indéfiniment de $F(a, b, c)$. C'est le principe général de la méthode des limites (348).

468. Nous croyons utile d'indiquer ici les propositions suivantes : la première se rapporte aux *fonctions de fonctions* et la seconde aux *fonctions composées* (*voir* Livre V).

469. I. *Si $y = F(x)$ est une fonction continue de x dans un certain intervalle, et si $u = \varphi(y)$ est une fonction continue de y dans cet intervalle, u est une fonction continue de x dans le même intervalle.*

Car, si l'on donne à x, à partir d'une certaine valeur appartenant à l'intervalle considéré, un accroissement infiniment petit, y prendra à son tour un accroissement infiniment petit, de sorte qu'il en sera de même de u. Par conséquent, lorsque x prend un accroissement infiniment petit dans les limites assignées, u prend aussi un accroissement infiniment petit. Dans ces limites, u est donc une fonction continue de x.

470. II. *u et v étant des fonctions continues de x dans un intervalle donné, si $F(u, v)$ est une fonction continue de u et de v dans le même intervalle, $F(u, v)$ est, dans cet intervalle, une fonction continue de x.*

Car, si l'on donne à x, à partir d'une certaine valeur prise dans l'intervalle considéré, un accroissement h, u et v prendront à leur tour les accroissements respectifs α et β et deviendront $u + \alpha$ et $v + \beta$. L'accroissement correspondant de la fonction $F(u, v)$ sera alors

$$F(u + \alpha, v + \beta) - F(u, v).$$

En vertu de la continuité supposée et pour h assez petit, α et β tendront vers zéro autant qu'on voudra. Il en sera donc de même de l'accroissement de la fonction $F(u, v)$. Par conséquent, lorsque x prend un accroissement infiniment petit dans les limites assignées, $F(u, v)$ prend aussi un accroissement infiniment petit et est une fonction continue de x dans les mêmes limites.

471. Si l'on voulait mettre en évidence la part de chaque accroissement de u et de v dans l'accroissement total de $F(u, v)$, on écrirait cet accroissement (470) comme il suit :

$$F(u+\alpha, v+\beta) - F(u+\alpha, v) + F(u+\alpha, v) - F(u, v).$$

En faisant varier seulement u, on a, en effet, comme premier accroissement de la fonction $F(u, v)$,

$$F(u+\alpha, v) - F(u, v);$$

puis, en faisant varier v à son tour dans le premier résultat $F(u+\alpha, v)$, on a, comme nouvel accroissement de la fonction,

$$F(u+\alpha, v+\beta) - F(u+\alpha, v).$$

La somme des deux différences obtenues, dont la première s'annule pour $\alpha = 0$ et la seconde pour $\beta = 0$, est l'accroissement total de $F(u, v)$, nul pour $\alpha = 0$ et $\beta = 0$.

Discontinuité.

472. En s'aidant du mode de représentation graphique, dont nous avons déjà donné un aperçu succinct en Algèbre élémentaire (*Alg. élém.*, 312 et suiv.), on prend une idée très nette de la continuité d'une fonction dans un certain intervalle, aussi bien que des particularités qui peuvent se présenter et interrompre cette continuité, comme nous l'avons vu en traitant quelques exemples choisis (*Alg. élém.*, 314 à 321). On dit alors que la fonction est *discontinue*.

Ainsi, pour une certaine valeur attribuée à x, les opérations par lesquelles on doit en déduire la valeur correspondante de la fonction peuvent conduire à des résultats n'ayant par eux-mêmes aucun sens, comme $\frac{m}{0}$ ou ∞, $\frac{0}{0}$, $0.\infty$, ... Il faut, dans ce cas, faire tendre x indéfiniment vers l'une des valeurs qui entraînent ces résultats et chercher vers quelle limite converge la valeur simultanée de la fonction. Si cette limite existe ou est susceptible d'interprétation, elle fait connaître la valeur de la fonction pour la valeur spéciale de x qu'on a considérée.

Si l'on trouvait deux limites différentes de la fonction, comme $\pm\infty$, par exemple (*Alg. élém.*, *loco cit.*), pour une valeur $x = x_1$, la fonction s'approcherait indéfiniment de l'une ou de l'autre de ces deux limites, à mesure que la variable x tendrait vers x_1, en restant constamment plus grande ou plus petite que cette valeur x_1.

473. Nous terminerons ces notions en citant encore un cas où il y a, pour ainsi parler, à la fois continuité et discontinuité. C'est celui où la fonction admet régulièrement plusieurs valeurs pour chaque valeur assignée à la variable dans un certain intervalle.

C'est ce qui a lieu, par exemple, en général, pour une fonction algébrique $F(x, y) = 0$ (**446**), où y entre à un degré supérieur au premier (**449**, **450**).

La fonction est alors dite à *détermination multiple*.

Il faut, dans cette hypothèse, pour étudier la continuité réelle de la fonction, isoler les différents systèmes de valeurs ainsi associés, c'est-à-dire ne joindre à la valeur de x qu'une seule des valeurs correspondantes de y.

Les remarques que nous venons de faire sur la discontinuité et que la *Géométrie analytique* (t. V) mettra dans tout leur jour s'appliquent à plus forte raison aux fonctions de plusieurs variables.

CHAPITRE II.

ÉTUDE DE LA FONCTION EXPONENTIELLE.

Définitions et théorèmes préliminaires. Exposants incommensurables.

474. Quand la variable est *en exposant*, la fonction est dite *exponentielle*.

Nous allons l'étudier sous sa forme la plus simple

$$y = a^x.$$

Nous supposons que *a est un nombre donné positif*, et que la variable x peut parcourir toute l'échelle des grandeurs réelles, de $-\infty$ à $+\infty$ (*Alg. élém.*, 218).

475. *Quand x est commensurable, l'expression a^x a un sens parfaitement déterminé.*

Le cas de x entier ne présente aucune difficulté (128).

Soit $x = \frac{m}{n}$, m et n étant des entiers positifs.

On a alors, par définition (140),

$$a^x = a^{\frac{m}{n}} = \sqrt[n]{a^m}.$$

Comme a est positif, si l'on convient de ne considérer que les *valeurs arithmétiques des radicaux* (131), a^m aura une valeur positive, et il en sera de même de $\sqrt[n]{a^m}$. C'est cette *seule* valeur que nous conserverons. Il ne peut donc y avoir aucune ambiguïté.

Soit, enfin, $x = -p$, p étant un nombre entier positif ou un nombre fractionnaire à termes positifs. On a, dans ce cas, par définition (145),

$$a^x = a^{-p} = \frac{1}{a^p};$$

et a^p ayant, d'après ce qu'on vient de dire, une seule valeur positive, la valeur de a^x est encore parfaitement déterminée.

476. Avant d'aller plus loin, remarquons qu'il est nécessaire de supposer *a positif*.

Si ce nombre constant était, en effet, *négatif*, a^m serait négatif pour m impair, et $\sqrt[n]{a^m}$ aurait alors une valeur *imaginaire* pour toute valeur paire de n (**130**, 2°). En faisant varier la valeur commensurable de x d'une manière quelconque, la fonction a^x pourrait donc être alternativement réelle et imaginaire, et nous ne voulons l'étudier ici que dans ses valeurs réelles et même positives.

477. Il nous reste à examiner l'hypothèse de x *incommensurable*. Que signifie, dans ce cas, l'expression a^x et quelle interprétation doit-elle recevoir?

Quand x est un nombre incommensurable, on regarde a^x comme la limite des valeurs déterminées qu'on obtient en remplaçant x par des valeurs commensurables de plus en plus approchées (**116** et suiv.)

Pour justifier cette définition, il faut prouver que la limite indiquée existe et qu'elle ne dépend pas de la manière dont on fait tendre les valeurs commensurables auxiliaires vers leur limite x.

Nous y parviendrons à l'aide des théorèmes suivants, d'ailleurs très utiles à connaître en dehors même de la question que nous traitons.

478. I. *Les puissances entières successives d'un nombre positif plus grand que* 1, *toujours supérieures à* 1, *vont constamment en croissant et peuvent surpasser toute quantité donnée.*

Les puissances entières successives d'un nombre positif plus petit que 1, *toujours inférieures à* 1, *vont constamment en diminuant et ont zéro pour limite* (*Alg. élém.*, **336**).

Au lieu de s'appuyer sur les propriétés des progressions,

on peut d'ailleurs démontrer directement cette importante proposition en faisant intervenir la formule du binôme (255).

En effet, α étant une quantité positive, tout nombre positif plus grand que 1 peut être représenté par $1+\alpha$ et tout nombre positif plus petit que 1, par $\frac{1}{1+\alpha}$. La formule du binôme donnant

$$(1+\alpha)^m = 1 + m\alpha + \frac{m(m-1)}{1.2}\alpha^2 + \ldots,$$

on a alors, évidemment,

$$(1+\alpha)^{m+1} > (1+\alpha)^m \quad \text{et} \quad (1+\alpha)^m > 1 + m\alpha;$$

$$\left(\frac{1}{1+\alpha}\right)^{m+1} < \left(\frac{1}{1+\alpha}\right)^m \quad \text{et} \quad \left(\frac{1}{1+\alpha}\right)^m < \frac{1}{1+m\alpha}.$$

En faisant croître indéfiniment l'entier m, ces inégalités justifient l'énoncé.

479. II. *Les racines successives d'un nombre positif plus grand que* 1 *vont constamment en diminuant et ont l'unité pour limite inférieure.*

Les racines successives d'un nombre positif plus petit que 1 *vont constamment en augmentant et ont l'unité pour limite supérieure.*

1° *Soit* $a > 1$.

Toute racine de a sera plus grande que 1; car il n'y a qu'un nombre plus grand que 1, qui, élevé à une certaine puissance entière, puisse donner un nombre plus grand que 1 (478).

Cela posé, on a (138, 135)

$$\sqrt[m]{a} = \sqrt[m(m+1)]{a^{m+1}},$$

$$\sqrt[m+1]{a} = \sqrt[m(m+1)]{a^m}.$$

On en déduit

$$\frac{\sqrt[m]{a}}{\sqrt[m+1]{a}} = \sqrt[m(m+1)]{a} > 1,$$

c'est-à-dire

$$\sqrt[m+1]{a} < \sqrt[m]{a}.$$

Désignons maintenant par δ une quantité positive aussi petite qu'on voudra, et posons

$$\sqrt[m]{a} < 1 + \delta.$$

Il en résulte (*Alg. élém.*, **217**)

$$a < (1 + \delta)^m.$$

Cette inégalité sera satisfaite *a fortiori* (**478**) si l'on a

$$a < 1 + m\delta.$$

Il suffit donc de prendre

$$m > \frac{a - 1}{\delta},$$

pour que la racine $m^{\text{ième}}$ de a, toujours supérieure à 1, diffère de 1 d'une quantité inférieure à δ.

2° *Soit* $a < 1$.

Toute racine de a sera plus petite que 1; car il n'y a qu'un nombre plus petit que 1 qui, élevé à une certaine puissance entière, puisse donner un nombre plus petit que 1 (**478**).

Cela posé et en suivant la même marche, on trouve comme précédemment (1°)

$$\frac{\sqrt[m]{a}}{\sqrt[m+1]{a}} = \sqrt[m(m+1)]{a} < 1,$$

c'est-à-dire

$$\sqrt[m+1]{a} > \sqrt[m]{a}.$$

Remarquons maintenant que, a étant moindre que 1, on peut poser, en désignant par α une quantité positive quelconque (**478**),

$$a = \frac{1}{1 + \alpha}.$$

Il en résulte (**128**, **129**)

$$\sqrt[m]{a} = \frac{1}{\sqrt[m]{1 + \alpha}}.$$

Or, $1 + \alpha$ étant supérieur à 1, on peut prendre m assez grand pour que $\sqrt[m]{1 + \alpha}$, supérieure à 1, diffère de 1 d'aussi peu qu'on voudra (1°). Il en sera donc alors de même de $\sqrt[m]{a}$, toujours inférieure à 1.

480. III. *Si a est plus grand que* 1, *ses puissances positives sont plus grandes que* 1, *et ses puissances négatives sont plus petites. C'est l'inverse, lorsque a est moindre que* 1.

Soit $a > 1$.

On a (479)

$$a^{\frac{m}{n}} = \sqrt[n]{a^m} > 1$$

et

$$a^{-p} = \frac{1}{a^p} < 1,$$

puisque a^p est plus grand que 1 (478).

Soit $a < 1$.

On a (479)

$$a^{\frac{m}{n}} = \sqrt[n]{a^m} < 1$$

et

$$a^{-p} = \frac{1}{a^p} > 1,$$

puisque a^p est plus petit que 1 (478).

481. IV. *Quand on donne à l'exposant x des valeurs commensurables croissantes, la fonction a^x varie toujours dans le même sens, en augmentant quand a est plus grand que* 1, *en diminuant quand a est plus petit que* 1.

Soit $a > 1$ *et* $q > p$.

Nous aurons (480)

$$\frac{a^q}{a^p} = a^{q-p} > 1,$$

c'est-à-dire

$$a^q > a^p.$$

Soit $a < 1$ *et* $q > p$.

Nous aurons (480)

$$\frac{a^q}{a^p} = a^{q-p} < 1,$$

c'est-à-dire

$$a^q < a^p.$$

482. V. La fonction exponentielle simple $y = a^x$ est une fonction continue (457, 460, 461).

Il faut démontrer que si, à partir d'une valeur commensurable quelconque, la variable x croît d'une quantité commensurable h, la fonction y croît ou décroît d'une quantité k, qui tend vers zéro en même temps que h.

Les deux valeurs de la fonction étant

$$a^x \quad \text{et} \quad a^{x+h},$$

l'accroissement k a pour expression, dans le cas de $a > 1$ (481),

$$k = a^{x+h} - a^x = a^x(a^h - 1);$$

et, dans le cas de $a < 1$ (481),

$$k = a^x - a^{x+h} = a^x(1 - a^h).$$

Mais h, étant commensurable, peut toujours se mettre sous la forme $\frac{1}{p}\cdot$ On a alors

$$a^h = a^{\frac{1}{p}} = \sqrt[p]{a}.$$

Pour faire tendre h vers zéro, il suffit de faire croître p indéfiniment. Dans cette hypothèse, $\sqrt[p]{a}$ tend autant qu'on veut vers l'unité (479), en restant supérieure à 1 et en décroissant quand a est plus grand que 1, en restant inférieure à 1 et en croissant quand a est plus petit que 1.

a^x ayant une valeur déterminée, k tend donc *toujours* vers zéro en même temps que h, et la proposition est démontrée.

483. Nous pouvons maintenant définir rigoureusement la valeur de a^x, lorsque l'exposant x est incommensurable, *en supposant d'abord* $a > 1$.

a^x *est*, dans ce cas (481), *un nombre plus grand que ceux qu'on obtient en remplaçant x par des valeurs commensurables plus petites, et un nombre plus petit que ceux qu'on obtient en remplaçant x par des valeurs commensurables plus grandes.*

A mesure qu'on resserre les deux suites de nombres commensurables, en faisant croître, *d'une manière quelconque*, les valeurs commensurables plus petites que x et en faisant décroître, *de même*, les valeurs commensurables plus grandes, *on approche autant qu'on veut, pour ces deux suites, d'une limite commune et déterminée, qui est la valeur de la fonction a^x pour la valeur incommensurable de x que l'on considère.*

En effet, si l'on donne à x des valeurs commensurables *croissantes*, plus petites que la valeur incommensurable dont il s'agit, on forme une suite de nombres que nous désignerons par (S) et qui vont en *croissant* (481) tout en restant *plus petits* que a^x. D'autre part, si l'on donne à x des valeurs commensurables *décroissantes*, plus grandes que cette même valeur incommensurable, on forme une autre suite de nombres (S′), qui vont en *décroissant* (481) tout en restant *plus grands* que a^x.

Les nombres (S), étant plus petits qu'un nombre quelconque de la suite (S′), augmentent en s'approchant d'une certaine limite. Les nombres (S′), étant plus grands qu'un nombre quelconque de la suite (S), diminuent en s'approchant d'une certaine limite. Les deux limites sont d'ailleurs les mêmes: car, si m et m' appartiennent respectivement aux deux séries d'exposants commensurables, les puissances a^m et $a^{m'}$ appartiennent aussi respectivement aux suites (S) et (S′); et leur différence

$$a^{m'} - a^m = (a^{m'} - a^x) + (a^x - a^m)$$

peut être rendue aussi petite qu'on veut en rapprochant m et m' qui, par hypothèse, convergent vers x, puisque la fonction a^x est une fonction continue (482).

484. Nous venons de définir (483) a^x, pour x incommensurable, dans le cas de $a > 1$.

Si a est plus petit que 1, on peut toujours le ramener à la forme

$$a = \frac{1}{a'},$$

a' étant plus grand que 1. On a alors

$$a^x = \frac{1}{a'^x},$$

et, comme a'^x est défini, a^x le sera par cette formule même.

485. Il est évident, d'après ce qui précède (483), que toutes

les règles démontrées pour les exposants commensurables s'appliquent sans changement aux exposants incommensurables.

Supposons qu'on ait, par exemple, à multiplier a^x par a^y, x et y étant des nombres incommensurables. On a nécessairement (150)

$$a^x a^y = a^{x+y}.$$

On peut, en effet, considérer les deux suites indéfinies de nombres incommensurables, croissants *ou* décroissants (116 et suiv.),

$$x_1, \quad x_2, \quad x_3, \quad \ldots, \quad x_n, \quad \ldots,$$

$$y_1, \quad y_2, \quad y_3, \quad \ldots, \quad y_n, \quad \ldots,$$

dont x et y représentent respectivement les limites.

Si l'on forme en même temps la suite

$$x_1 + y_1, \quad x_2 + y_2, \quad x_3 + y_3, \quad \ldots, \quad x_n + y_n, \quad \ldots,$$

la limite d'une somme étant égale à la somme des limites des parties (342), cette nouvelle suite indéfinie aura pour limite $x + y$.

Il en résulte que les trois suites

$$a^{x_1}, \quad a^{x_2}, \quad a^{x_3}, \quad \ldots, \quad a^{x_n}, \quad \ldots,$$

$$a^{y_1}, \quad a^{y_2}, \quad a^{y_3}, \quad \ldots, \quad a^{y_n}, \quad \ldots,$$

$$a^{x_1+y_1}, \quad a^{x_2+y_2}, \quad a^{x_3+y_3}, \quad \ldots, \quad a^{x_n+y_n}, \quad \ldots$$

auront pour limites respectives a^x, a^y, a^{x+y} et, comme on a constamment, et quel que soit n,

$$a^{x_n} a^{y_n} = a^{x_n+y_n},$$

et que la limite d'un produit est égale au produit des limites des facteurs (343), on aura aussi (334)

$$a^x a^y = a^{x+y}.$$

Les autres règles connues s'ensuivront ou se démontreront de la même manière.

En d'autres termes, tout ce qui aura lieu pour des exposants commensurables s'étendra toujours au cas où ces exposants deviendraient incommensurables.

Propriété caractéristique de la fonction exponentielle.

486. Proposons-nous de *trouver la forme la plus générale de la fonction f, telle qu'on ait, pour toutes les valeurs réelles de x et de y,*

$$f(x)f(y)=f(x+y). \tag{1}$$

La fonction exponentielle satisfait à cette condition, puisque, comme nous venons de le montrer (485), on a toujours

$$a^x a^y = a^{x+y}.$$

Il faut prouver qu'aucune autre fonction *continue* ne jouit de cette propriété qui caractérise, par suite, la fonction exponentielle.

D'abord, si une fonction f satisfait à la relation (1), quels que soient x et y, elle y satisfera encore quand on remplacera à la fois x et y par $\frac{x}{2}$, d'où

$$\left[f\left(\frac{x}{2}\right)\right]^2=f(x).$$

Il en résulte que la fonction f doit être *positive*, quel que soit x.

De même, si une fonction f satisfait à la relation (1), quels que soient x et y, elle y satisfera encore en supposant y égal à un multiple quelconque de x, c'est-à-dire

$$y=x,\ 2x,\ 3x,\ \ldots,\ mx,\ \ldots;$$

d'où, successivement,

$$[f(x)]^2=f(2x),\qquad f(x)f(2x)=f(3x)$$

ou

$$[f(x)]^3=f(3x),\qquad \ldots,\qquad f(x)f[(m-1)x]=f(mx)$$

ou

$$[f(x)]^m=f(mx),\qquad \ldots.$$

Ainsi, toute fonction f qui satisfait à la relation (1) satisfait aussi à la relation

$$[f(x)]^m=f(mx). \tag{2}$$

Nous allons étendre cette relation (2) à toutes les valeurs réelles de m, qu'elles soient fractionnaires au lieu d'être entières, ou négatives au lieu d'être positives.

La relation (2) indique que la fonction f se trouve élevée à la puissance m, quand la valeur *arbitraire* de la variable x est multipliée par m.

Il en résulte qu'en divisant, au contraire, la variable par un nombre entier m, on obtient la racine $m^{\text{ième}}$ de la fonction; car, si l'on part de la valeur $\frac{x}{m}$ de la variable et de la valeur correspondante $f\left(\frac{x}{m}\right)$ de la fonction, on n'a qu'à multiplier $\frac{x}{m}$ par m pour obtenir la puissance $m^{\text{ième}}$ de $f\left(\frac{x}{m}\right)$. Or, on trouve alors x pour la variable; on doit donc trouver $f(x)$ pour la puissance $m^{\text{ième}}$ de $f\left(\frac{x}{m}\right)$, c'est-à-dire que $f\left(\frac{x}{m}\right)$ est précisément la racine $m^{\text{ième}}$ de $f(x)$. On peut donc écrire

$$(3) \qquad f\left(\frac{x}{m}\right) = [f(x)]^{\frac{1}{m}}.$$

C'est la détermination arithmétique qu'il faut prendre pour $\sqrt[m]{f(x)}$ et il n'y a qu'une seule valeur à considérer, puisque, d'après ce qui précède, $f\left(\frac{x}{m}\right)$ doit être positive aussi bien que $f(x)$.

On peut maintenant multiplier la variable x par un nombre commensurable quelconque $\frac{p}{q}$.

En effet, en prenant pour point de départ la relation (3) sous la forme

$$f\left(\frac{x}{q}\right) = [f(x)]^{\frac{1}{q}},$$

on a, en multipliant la variable $\frac{x}{q}$ par l'entier p et en élevant en même temps la fonction $[f(x)]^{\frac{1}{q}}$ à la puissance p,

$$f\left(\frac{p}{q}x\right) = [f(x)]^{\frac{p}{q}}.$$

La fonction cherchée doit donc satisfaire à la relation (2) quel que soit x, et pour toutes les valeurs commensurables positives de m; par conséquent, aussi, pour toutes les valeurs incommensurables positives de m, d'après la théorie générale des limites (348); car, si $m_1, m_2, m_3, \ldots, m_n, \ldots$ forment une suite de nombres commensurables ayant pour limite le nombre incommensurable m, on aura, quel que soit l'indice choisi,

$$[f(x)]^{m_n} = f(m_n x).$$

Lorsque n augmente indéfiniment, m_n tend vers m par hypothèse et, en vertu de la continuité de la fonction exponentielle simple (482), x ayant une valeur déterminée, $[f(x)]^{m_n}$ tend vers $[f(x)]^m$; d'autre part, $m_n x$ tend vers mx et, la fonction cherchée étant supposée continue, $f(m_n x)$ tend en même temps vers $f(mx)$.

Ainsi, quelle que soit la valeur *positive* de m, on a

$$[f(x)]^m = f(mx).$$

Il reste à considérer les valeurs *négatives* de m.

Si l'on remplace, dans la relation (1), y par $-x$, on a

$$f(x)f(-x) = f(0).$$

Pour connaître $f(0)$, nous ferons $y = 0$ dans la relation (1), d'où

$$f(x)f(0) = f(x),$$

c'est-à-dire

$$f(0) = 1.$$

Il en résulte

$$f(-x) = \frac{1}{f(x)}. \tag{4}$$

Posons maintenant, m' étant un nombre positif quelconque,

$$m = -m'.$$

Nous aurons d'après la relation (4), puisqu'on peut multiplier la variable par un nombre positif quelconque,

$$f(-m'x) = \frac{1}{f(m'x)}.$$

Mais, d'après la relation (2), $f(m'x)$ n'est autre chose que $[f(x)]^{m'}$. Par suite,

$$f(-m'x) = \frac{1}{[f(x)]^{m'}} = [f(x)]^{-m'},$$

ce qui revient à

$$f(mx) = [f(x)]^m.$$

La relation (2) se trouve ainsi complètement généralisée.

Nous arrivons donc à ce résultat : toute fonction satisfaisant à la relation (1), quelles que soient les valeurs réelles de x et de y, satisfait à la relation (2), quelles que soient les valeurs réelles de x et de m. On a donc le droit d'échanger x et m dans cette relation (2). Comme son premier membre demeure alors identique à lui-même, on a

$$(5) \qquad f(mx) = [f(x)]^m = [f(m)]^x.$$

Si, en s'appuyant sur la relation (3), on extrait la racine $m^{\text{ième}}$ des deux termes extrêmes de la relation (5), il vient enfin

$$(6) \qquad f(x) = [f(m)]^{\frac{x}{m}} = \left[f(m)^{\frac{1}{m}}\right]^x.$$

Il s'ensuit que la fonction $f(x)$ ne peut être que la puissance x d'une quantité indépendante de x, cette quantité indépendante étant une constante positive. Si on la désigne par a, on retrouve

$$f(x) = a^x.$$

La substitution de la relation (2) à la relation (1) n'a introduit d'ailleurs *aucune solution étrangère;* car, si l'on remplace, dans la relation (1), $f(x)$ par a^x, $f(y)$ par a^y, $f(x+y)$ par a^{x+y}, cette relation est satisfaite identiquement, quelle que soit la constante positive a.

L'exponentielle a^x est donc la fonction la plus générale répondant à la condition imposée.

Remarquons que, si l'on fait $m = 1$ dans la relation (6), on trouve

$$a = f(1).$$

Cette constante est, par suite, la valeur de la fonction pour $x = 1$.

Limite de $\frac{a^x}{x}$, quand x croît indéfiniment.

487. *Si l'on fait croître x indéfiniment, le rapport $\frac{a^x}{x}$ a pour limite l'infini quand a est > 1, et zéro quand a est < 1.*

N'oublions pas que, lorsqu'on dit qu'un rapport a pour limite l'*infini*, cela signifie simplement (338) qu'il peut croître de manière à surpasser toute quantité donnée.

1° *Soit* $a > 1$.

x croissant indéfiniment, il en est de même de a^x (478, 485).

α étant un nombre positif convenable, on peut toujours poser

$$a = 1 + \alpha, \qquad \text{d'où} \qquad \alpha = a - 1.$$

On a alors, par la formule du binôme, en donnant à x des valeurs entières et positives,

$$(1 + \alpha)^x = 1 + x\alpha + \frac{x(x-1)}{1.2}\alpha^2 + \ldots,$$

c'est-à-dire, évidemment,

$$(1 + \alpha)^x > 1 + x\alpha + \frac{x(x-1)}{1.2}\alpha^2.$$

Remplaçons dans le premier membre $1 + \alpha$ par a et divisons tout par x. Nous aurons

$$\frac{a^x}{x} > \frac{1}{x} + \alpha + \frac{x-1}{2}\alpha^2$$

et, *a fortiori*,

$$\frac{a^x}{x} > \frac{x-1}{2}\alpha^2.$$

Comme $x - 1$ croît, en même temps que x, au delà de toute limite, on voit que $\frac{a^x}{x}$ va constamment en augmentant à mesure qu'on fait croître x, supposé entier et positif, et que, pour $x = \infty$, on a

$$\lim \frac{a^x}{x} = \infty.$$

Si l'on veut, par exemple, avoir

$$\frac{a^x}{x} > \text{K},$$

il suffit de satisfaire à l'inégalité

$$\frac{x-1}{2}\alpha^2 > \text{K}.$$

c'est-à-dire, α étant $a-1$, de donner à x une valeur entière égale ou supérieure à

$$1+\frac{2K}{(a-1)^2}.$$

Nous avons supposé x entier et positif; admettons qu'il devienne fractionnaire ou incommensurable, en restant positif.

Dans cette hypothèse, x croissant tombera toujours, à un instant quelconque, entre deux entiers consécutifs p et $p+1$, qui croîtront en même temps que lui.

Mais, si l'on a

$$p<x<p+1,$$

on a aussi, nécessairement (485),

$$a^p<a^x<a^{p+1}$$

et, *a fortiori*,

$$\frac{a^p}{p+1}<\frac{a^x}{x}<\frac{a^{p+1}}{p};$$

ce qu'on peut écrire

$$\frac{1}{a}\frac{a^{p+1}}{p+1}<\frac{a^x}{x}<a\frac{a^p}{p}.$$

p étant entier et croissant indéfiniment, les deux quantités extrêmes croîtront sans limites, comme on vient de l'établir. Il en sera donc de même de la quantité intermédiaire.

2° *Soit* $a<1$.

A mesure que x augmente, a^x diminue indéfiniment et a pour limite zéro (478, 485). Il en est donc de même, *a fortiori*, du rapport $\frac{a^x}{x}$.

Étude des variations de la fonction a^x.

488. Nous allons chercher la série des valeurs prises par la fonction continue $y=a^x$, quand on fait parcourir à la variable x toute l'échelle des grandeurs réelles, depuis $-\infty$ jusqu'à $+\infty$.

1° *Soit* $a > 1$.

On sait que la fonction reste positive et va constamment en croissant avec la variable (**478**, **481**, **485**).

Pour $x = -\infty$, on a, évidemment,

$$\lim y = \lim a^{-\infty} = \lim \frac{1}{a^\infty} = 0.$$

Pour $x = 0$, on a (*Alg. élém.*, **42**)

$$y = a^0 = 1.$$

Pour $x = +\infty$, on a

$$\lim y = \lim a^\infty = \infty.$$

y croissant constamment avec x, chaque valeur de la fonction ne se présente qu'une fois. Lorsque la variable parcourt toute l'échelle des grandeurs réelles, la fonction parcourt toute l'échelle des grandeurs positives. Lorsque la variable varie de $-\infty$ à 0, c'est-à-dire reste *négative*, la fonction prend toutes les valeurs positives de 0 à 1 ou *moindres que* 1; et, lorsque la variable varie de 0 à $+\infty$, c'est-à-dire reste *positive*, la fonction prend toutes les valeurs positives de 1 à ∞ ou *plus grandes que* 1.

2° *Soit* $a < 1$.

On sait que la fonction reste positive et va constamment en diminuant, à mesure que la variable croît (**478**, **481**, **485**).

Pour $x = -\infty$, on a, évidemment,

$$\lim y = \lim a^{-\infty} = \lim \frac{1}{a^\infty} = \frac{1}{0} = \infty.$$

Pour $x = 0$, on a

$$y = a^0 = 1.$$

Pour $x = +\infty$, on a

$$\lim y = \lim a^\infty = 0.$$

y diminuant constamment avec x, chaque valeur de la fonction ne se présente qu'une fois. La fonction parcourt encore toute l'échelle des grandeurs positives pendant que la variable parcourt toute l'échelle des grandeurs réelles, mais *en sens inverse*. En d'autres termes, la fonction prend toutes les valeurs positives de ∞ à 1 ou *plus grandes que* 1, lorsque la variable varie de $-\infty$ à o, c'est-à-dire reste *négative;* et elle prend toutes les valeurs positives de 1 à o ou *moindres que* 1, lorsque la variable varie de o à $+\infty$, c'est-à-dire reste *positive.*

489. Cette discussion peut être utilement résumée dans le Tableau suivant et représentée par un tracé graphique correspondant (*fig.* 1), sur l'exécution duquel nous n'avons pas à insister après les détails donnés à ce sujet en Algèbre élémentaire (*Alg. élém.*, **312** et suiv.) :

$$(y = a^x)$$

$a > 1$		$a < 1$	
x.	y.	x.	y.
$-\infty$	o	$-\infty$	∞
croît	croît	croît	décroît
o	1	o	1
croît	croît	croît	décroît
$+\infty$	∞	$+\infty$	o

Fig. 1.

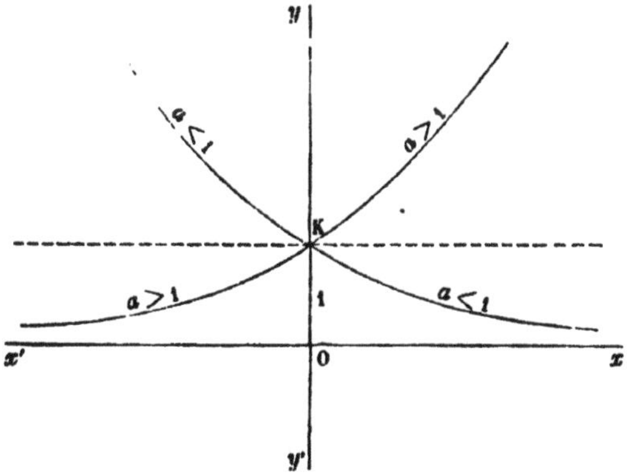

La courbe qui s'élève à droite de la figure correspond à $a > 1$; celle qui s'élève à gauche, à $a < 1$. Ces deux courbes se coupent au point K situé sur l'axe des y et tel que $OK = 1$, puisqu'elles présentent toutes deux une ordonnée égale à 1

pour $x = 0$. Elles ont l'axe des x pour asymptote commune. Pour la première courbe, c'est la partie négative de cet axe qui est asymptote ; pour la seconde courbe, c'est sa partie positive. En effet, lorsque a est > 1, on a $y = 0$ pour $x = -\infty$; et, lorsque a est < 1, on a $y = 0$ pour $x = +\infty$. Nous avons vu (487) que, dans le cas de $a > 1$, la limite du rapport $\frac{a^x}{x}$ ou $\frac{y}{x}$ est égale à l'infini, lorsque x croît indéfiniment. L'ordonnée de la première courbe croît donc beaucoup plus rapidement que son abscisse. Au contraire, dans le cas de $a < 1$, la limite du rapport $\frac{a^x}{x}$ ou $\frac{y}{x}$ est égale à zéro, lorsque x croît indéfiniment, et c'est l'abscisse de la seconde courbe qui croît beaucoup plus rapidement que son ordonnée ne décroît.

CHAPITRE III.

THÉORIE DES LOGARITHMES CONSIDÉRÉS COMME EXPOSANTS.

Définition des logarithmes algébriques.

490. Nous avons déjà présenté, avec le plus grand soin et avec tous les détails nécessaires pour l'application, la théorie élémentaire des logarithmes (*Alg. élém.*, Livre IV, Chap. II). Nous avons alors pris, pour fondement de notre théorie, le point de vue même de l'inventeur (NEPER), c'est-à-dire la comparaison facile à établir entre une progression par quotient et une progression par différence où se correspondent les termes 1 et 0.

En nous servant des propriétés de la fonction exponentielle, nous pouvons adopter une nouvelle définition qui offre de grands avantages.

491. Cette définition est la suivante : *le logarithme d'un nombre est l'exposant de la puissance à laquelle il faut élever un nombre constant et positif, appelé* BASE, *pour reproduire le nombre donné.*

Si la base est a et si b représente le nombre donné, le logarithme x de ce nombre sera déterminé par l'équation (*Alg. élém.*, 374)

$$a^x = b,$$

et l'on écrira

$$x = \log_a b;$$

ce qu'on doit lire : *x égale le logarithme de b, lorsque la base choisie est a.*

Il résulte immédiatement de l'étude que nous venons de faire (488, 489) des variations de la fonction exponentielle a^x

que *tous les nombres positifs ont des logarithmes positifs ou négatifs, tandis que les nombres négatifs n'en ont pas, ou plutôt n'en ont pas de réels.*

Si a est > 1, ce sont les nombres plus grands que 1 qui ont des logarithmes positifs, et les nombres plus petits que 1, des logarithmes négatifs. C'est l'inverse lorsque a est < 1.

Quand a est > 1, les logarithmes croissent en même temps que les nombres correspondants. C'est l'inverse quand a est < 1, les plus grands nombres ayant alors les plus petits logarithmes.

Pour chaque valeur de la variable x, la fonction a^x n'a qu'une seule valeur. Donc, *lorsque deux nombres sont égaux, leurs logarithmes le sont aussi, et réciproquement.*

492. L'ensemble des logarithmes des différents nombres positifs pris dans une certaine base constitue un *système de logarithmes.*

Quand la base change, tous les logarithmes changent.

Il y a donc une infinité de systèmes de logarithmes, distingués entre eux par leur base; mais tous jouissent de propriétés générales fort importantes, que nous connaissons déjà, et que nous allons démontrer en faisant usage de la nouvelle définition adoptée.

Propriétés générales des logarithmes algébriques.

493. I. *Le logarithme d'un produit de plusieurs facteurs est égal à la somme des logarithmes des facteurs.*

La base étant a, supposons

$$a^x = b, \quad \text{c'est-à-dire} \quad x = \log_a b,$$
$$a^{x'} = b', \quad \text{»} \quad x' = \log_a b',$$
$$a^{x''} = b'', \quad \text{»} \quad x'' = \log_a b''.$$

Multiplions membre à membre les premières égalités. Nous aurons (**485**, **150**)

$$a^{x+x'+x''} = bb'b''$$

ou

$$x + x' + x'' = \log_a(bb'b'').$$

Il en résulte immédiatement, d'après les secondes égalités (en supprimant l'indice a, qui est inutile, puisque nous ne considérons qu'une seule base ou que tous les logarithmes sont pris dans le même système, et en renversant les deux membres),

$$\log(bb'b'') = \log b + \log b' + \log b''.$$

494. II. *Le logarithme d'un quotient est égal à la différence des logarithmes du dividende et du diviseur.*

Cette proposition découle immédiatement de la précédente, puisque le dividende est le produit du diviseur par le quotient.

Pour la démontrer directement, supposons

$$a^x = b, \qquad \text{c'est-à-dire} \qquad x = \log b,$$
$$a^{x'} = b', \qquad \text{»} \qquad x' = \log b'.$$

Divisons membre à membre les premières égalités. Nous aurons (**485**, **150**)

$$a^{x-x'} = \frac{b}{b'} \qquad \text{ou} \qquad x - x' = \log\left(\frac{b}{b'}\right).$$

Il en résulte, d'après les secondes égalités et en renversant les deux membres,

$$\log\left(\frac{b}{b'}\right) = \log b - \log b'.$$

495. III. *Le logarithme d'une puissance est égal au produit du logarithme du nombre élevé à la puissance par l'exposant de cette puissance.*

Supposons

$$a^x = b, \qquad \text{c'est-à-dire} \qquad x = \log b.$$

m étant une quantité réelle quelconque, élevons à la puissance m les deux membres de la première égalité. Nous aurons (**485**, **150**)

$$a^{mx} = b^m \qquad \text{ou} \qquad mx = \log b^m.$$

Il en résulte, d'après la seconde égalité et en renversant les deux membres,

$$\log b^m = m \log b.$$

Soit, *en particulier*, $m = \frac{1}{p}$, p étant un entier positif. Il viendra alors (140)

$$\log b^{\frac{1}{p}} = \log \sqrt[p]{b} = \frac{\log b}{p}.$$

Le logarithme d'un radical est donc *égal au logarithme de la quantité placée sous le radical, divisé par l'indice de ce radical.*

496. IV. *Dans tout système de logarithmes, le logarithme de la base est* 1, *le logarithme de* 1 *est* 0, *le logarithme de* 0 *est* $\mp\infty$ *et le logarithme de l'infini est* $\pm\infty$.

En effet, si, dans la relation $a^x = b$ qui définit le système de logarithmes adopté, on donne successivement à b les valeurs a, 1, 0, ∞, on trouve successivement (488, 489)

$a^x = a,$	c'est-à-dire	$x = \log a = 1,$	
$a^x = 1,$	»	$x = \log 1 = 0,$	
$a^x = 0,$		$x = \log 0 = \mp\infty$	suivant que a est >1 ou <1,
$a^x = \infty,$		$x = \log\infty = \pm\infty$	suivant que a est >1 ou <1.

497. On donne aux logarithmes, tels que nous les avons considérés en Algèbre élémentaire, le nom de *logarithmes arithmétiques*, pour les distinguer des *logarithmes algébriques*.

On voit que les propriétés des logarithmes arithmétiques et des logarithmes algébriques sont absolument les mêmes.

On se servira donc des logarithmes algébriques comme des logarithmes arithmétiques, pour simplifier les opérations numériques, en ramenant les opérations les plus compliquées aux opérations les plus simples, comme il a été indiqué précédemment (*Alg. élém.*, 355).

Il suffit, pour cela, de construire des Tables, dites *Tables de logarithmes*. Nous sommes entré, au sujet *de la construction et de l'usage des Tables,* dans les détails les plus circonstanciés (voir *Alg. élém.*, 358 à 374, et *Trigonom.*, 119 à 136). Nous y renverrons donc le lecteur.

Nous démontrerons seulement ici la parfaite identité, non seulement quant aux propriétés, mais en eux-mêmes, des logarithmes arithmétiques et des logarithmes algébriques. Les *mêmes Tables peuvent ainsi servir, quel que soit le point de vue adopté.*

Identité des logarithmes arithmétiques et des logarithmes algébriques.

498. I. Partons d'abord du point de vue arithmétique et considérons deux progressions, l'une par quotient, l'autre par différence, où se correspondent les termes 1 et 0. Les nombres inscrits dans la progression par quotient ont alors pour logarithmes les termes correspondants de la progression par différence.

Ainsi, les deux progressions étant

$$\because 1 : q : q^2 : q^3 : \ldots : q^m : \ldots,$$
$$\div 0 . r . 2r . 3r . \ldots . mr . \ldots,$$

la définition élémentaire (*Alg. élém.*, 347) donne pour logarithme, au nombre q^m de la progression par quotient, le terme correspondant mr de la progression par différence. Posons

$$(1) \qquad mr = \gamma.$$

Nous aurons, *arithmétiquement parlant*,

$$(2) \qquad \log q^m = \gamma.$$

Mais, de (1), on déduit $m = \frac{\gamma}{r}$, et l'on a, par suite,

$$q^m = q^{\frac{\gamma}{r}} = \left(q^{\frac{1}{r}}\right)^{\gamma}.$$

On voit par là que, γ étant le *logarithme arithmétique* de q^m, il faut, pour reproduire q^m, élever précisément le nombre constant $q^{\frac{1}{r}}$ à la puissance γ.

Il y a par suite identité entre les logarithmes arithmétiques et les logarithmes algébriques (491).

La base du système se reconnaît, dans les deux cas (496 et *Alg. élém.*, 356), à ce que son logarithme est égal à l'unité. Ici, $q^{\frac{1}{r}}$ est la base du système des logarithmes arithmétiques, comme elle est celle du système des logarithmes algébriques;

car, au point de vue arithmétique, le logarithme de $q^{\frac{1}{r}}$ est $\frac{1}{r} r = 1$.

499. II. Partons maintenant du point de vue algébrique. On peut toujours considérer des nombres en progression par quotient tels, que

$$\because a : aq : aq^2 : aq^3 : \ldots : aq^m : \ldots.$$

Les logarithmes algébriques de ces nombres forment évidemment (493, 495) une progression arithmétique correspondante

$$\div \log a . (\log a + \log q) . (\log a + 2 \log q) . (\log a + 3 \log q)$$
$$\ldots . (\log a + m \log q) . \ldots.$$

Quand des nombres forment une progression par quotient, leurs logarithmes algébriques forment donc une progression par différence.

Si l'on suppose $\log q = r$ et $a = 1$, c'est-à-dire $\log a = 0$, les deux progressions deviennent

$$\because 1 : q : q^2 : q^3 : \ldots : q^m : \ldots.$$
$$\div 0 . r . 2r . 3r . \ldots . mr . \ldots,$$

et l'on est ramené complètement à la définition des logarithmes arithmétiques (498).

Il y a par suite identité réciproque entre les logarithmes algébriques et les logarithmes arithmétiques.

Des différents systèmes de logarithmes.

500. Théorème fondamental. — *Le rapport des logarithmes d'un même nombre reste constant, lorsqu'on passe, en faisant varier la base, d'un système de logarithmes à un autre.*

Il résulte de cette remarquable propriété que, une Table de logarithmes étant construite dans un certain système, on obtiendra la Table répondant à tout autre système, en multipliant simplement les logarithmes insérés dans la première Table par un facteur constant.

Soient deux systèmes de logarithmes, le premier rapporté à la base a, le second à la base A. Considérons un même nombre b, et désignons par x et par x' ses logarithmes dans les deux systèmes. Nous aurons, par définition (491),

$$a^x = b \quad \text{et} \quad A^{x'} = b,$$

c'est-à-dire

$$a^x = A^{x'}.$$

Prenons les logarithmes des deux membres de cette égalité, d'abord dans le système dont la base est a, ensuite dans le système dont la base est A, en nous rappelant que, dans tout système, le logarithme de la base est 1 (496). Il viendra (495)

$$x \log_a a = x' \log_a A \quad \text{ou} \quad x = x' \log_a A,$$

$$x \log_A a = x' \log_A A \quad \text{ou} \quad x \log_A a = x'.$$

On en déduit

$$\frac{x'}{x} = \frac{1}{\log_a A} \quad \text{ou} \quad \frac{x'}{x} = \log_A a.$$

Ainsi, le rapport des deux logarithmes x' et x demeure bien constant, quel que soit le nombre considéré b.

Ce rapport constant est appelé le *module relatif du système* A *par rapport au système* a. C'est le nombre par lequel il faut multiplier tous les logarithmes du système a, *regardé comme ancien système*, pour avoir tous les logarithmes du système A, *regardé comme nouveau système*.

En résumé, *le module relatif a pour expression l'inverse du logarithme de la nouvelle base pris dans l'ancien système* ou *le logarithme de l'ancienne base pris dans le nouveau système*. L'expression pratique est, évidemment, la première.

On représente, en général, par M le module relatif. Nous aurons donc ici, pour les bases a et A,

$$M = \frac{1}{\log_a A} = \log_A a.$$

On voit que, si l'on connaît A, on peut déduire immédiatement le système A du système a. *La base d'un système suffit donc pour le définir.*

501. Il est facile de vérifier, *a posteriori*, l'identité qu'on vient d'obtenir, c'est-à-dire

$$\frac{1}{\log_a A} = \log_A a \qquad \text{ou} \qquad \log_A a . \log_a A = 1.$$

Posons, en effet,

$$\log_A a = y, \qquad \log_a A = z.$$

Il faut prouver qu'on a $yz = 1$.

La première égalité signifie que, pour avoir a, il faut élever la base A du second système à la puissance y (491). On a donc

$$A^y = a.$$

La seconde égalité revient de même à

$$a^z = A.$$

En élevant à la puissance y les deux membres de cette dernière relation, on trouve

$$a^{yz} = A^y = a,$$

c'est-à-dire, nécessairement, $yz = 1$ (496).

502. Soient les deux nombres quelconques N et N'. D'après ce qu'on vient de démontrer (500), on a, en prenant leurs logarithmes dans les systèmes de base a et de base A,

$$\frac{\log_a N}{\log_A N} = \frac{\log_a N'}{\log_A N'},$$

relation qu'on peut écrire (*Alg. élém.*, 67)

$$\frac{\log_a N}{\log_a N'} = \frac{\log_A N}{\log_A N'}.$$

Le rapport des logarithmes de deux nombres quelconques reste donc *constant, quand on passe d'un système à un autre.*

C'est une autre forme du théorème fondamental établi au n° 500 (*Alg. élém.*, 357).

Des logarithmes népériens ou hyperboliques.

503. Le premier système qui fut employé par Neper a reçu le nom de *système naturel* ou, mieux, de *système népérien.* On lui donne encore le nom de *système hyperbolique,* à cause du rapport intime qui existe entre les logarithmes correspondants et la mesure des aires hyperboliques (voir *Géom. anal.*, t. V).

Neper, en considérant les logarithmes arithmétiques, partait de ces deux progressions (*Alg. élém.*, 347 et suiv.) :

$$\begin{array}{l} \because 1 : (1+\alpha) : (1+\alpha)^2 : (1+\alpha)^3 : \ldots : (1+\alpha)^m : \ldots, \\ \div 0 \;.\; \beta \;.\; 2\beta \;.\; 3\beta \;\ldots\ldots\; m\beta \;\ldots\ldots \end{array}$$

Pour introduire autant de nombres que possible dans la progression par quotient, il faisait tendre α vers zéro, et il en était alors de même de β; car, si $(1+\alpha)$ a pour logarithme β dans un certain système de base plus grande que 1 et si $1+\alpha$ diminue, il en est de même de β (481). Mais, quelque petits que soient les accroissements simultanés α et β des termes 1 et 0 à l'origine, on conçoit qu'on puisse néanmoins établir entre eux un certain rapport, d'ailleurs complètement arbitraire, et poser

$$\frac{\beta}{\alpha} = \mu.$$

μ sera le *module* du système de logarithmes constitué par les deux progressions considérées; et, en faisant varier μ, on fera varier ce système lui-même.

Neper choisit la relation la plus simple, en prenant $\beta = \alpha$ ou le *module μ égal à* 1.

Son système de logarithmes se trouva ainsi représenté par les deux progressions

$$\begin{array}{l} \because 1 : (1+\alpha) : (1+\alpha)^2 : (1+\alpha)^3 : \ldots : (1+\alpha)^m : \ldots, \\ \div 0 \;.\; \alpha \;.\; 2\alpha \;.\; 3\alpha \;\ldots\ldots\; m\alpha \;\ldots\ldots \end{array}$$

504. Cherchons, d'après cela, *la base du système des logarithmes népériens.*

Cette base est le nombre qui a pour logarithme l'unité.

Si l'on suppose que l'unité fasse partie de la progression par différence (**503**), la réponse est immédiate.

Soit

$$m\alpha = 1, \qquad \text{d'où} \qquad m = \frac{1}{\alpha}.$$

La base sera

$$(1+\alpha)^m, \quad \text{c'est-à-dire} \quad (1+\alpha)^{\frac{1}{\alpha}}.$$

Mais, d'après ce qui précède (**503**), α doit être regardé comme une quantité qui tend indéfiniment vers zéro. Par suite, *la base du système népérien tend autant qu'on veut vers la limite de* $(1+\alpha)^{\frac{1}{\alpha}}$ pour $\alpha = 0$, c'est-à-dire (**416**) *vers le nombre e.*

Si l'on suppose que l'unité ne fasse pas partie de la progression par différence (**503**), elle tombera du moins entre deux termes consécutifs de cette progression, et l'on aura, par exemple,

$$m\alpha < 1 < (m+1)\alpha.$$

En désignant par x la base du système des logarithmes népériens, on aura en même temps (**481**)

$$(1+\alpha)^m < x < (1+\alpha)^{m+1}.$$

Mais, d'après les premières inégalités, on a alors

$$\frac{1}{m} > \alpha > \frac{1}{m+1},$$

c'est-à-dire *a fortiori*, en revenant aux secondes inégalités,

$$\left(1+\frac{1}{m+1}\right)^m < x < \left(1+\frac{1}{m}\right)^{m+1}.$$

Or, pour faire tendre α vers zéro, il faut évidemment faire tendre m vers l'infini; et, alors, comme on l'a vu précédemment (**413**), les deux quantités qui comprennent x ont pour limite commune le nombre e.

On parvient donc au même résultat.

505. On indique, en général, les *logarithmes népériens* par la notation L ou l; et les *logarithmes vulgaires*, dont la base est 10 (*Alg. élém.*, **358**), par la notation log.

506. *On peut facilement passer des logarithmes népériens aux logarithmes vulgaires, et réciproquement.*

Le *module relatif* M, qui permet le premier passage, a pour valeur (500)

$$M = \frac{1}{L.10} = \log e = 0,43429\,44819\,03251\ldots.$$

Le *module relatif* M_1, qui permet au contraire de revenir des logarithmes vulgaires aux logarithmes népériens, a pour valeur

$$M_1 = \frac{1}{\log e} = L.10 = 2,30258\,50929\,94045\ldots.$$

Ainsi,

$$\text{de } lN = k, \quad \text{on déduit} \quad \log N = k \log e$$

et,

$$\text{de } \log N_1 = k_1 \quad \text{on déduit} \quad lN_1 = \frac{k_1}{\log e}.$$

Fonction logarithmique.

507. Si l'on considère la fonction exponentielle

$$x = a^y,$$

où x et a sont des nombres positifs et où y peut être positif ou négatif (488, 489), et si l'on prend les logarithmes des deux membres dans le système dont la base est a, en se souvenant que le logarithme de la base est toujours 1 (496), on a

$$y = \log_a x.$$

y est la *fonction logarithmique, inverse de la fonction exponentielle* x (441, 444).

508. Pour étudier les variations de la fonction logarithmique, on distinguera toujours les deux cas de $a > 1$ et de $a < 1$.

1° *Soit* $a > 1$.

y étant le logarithme du nombre x, on sait que la fonction y et la variable x croissent simultanément (491). En se reportant à l'étude des variations de la fonction exponentielle et en faisant varier la variable x de o à $+\infty$, on a (488, 489, 496)

$$\text{Pour } x = 0, \quad y = \log 0 = -\infty;$$
$$\text{Pour } x = 1, \quad y = \log 1 = 0;$$
$$\text{Pour } x = \infty, \quad y = \log \infty = +\infty.$$

2° *Soit* $a < 1$.

Dans cette hypothèse, la fonction y diminue quand la variable x augmente (491). On a

$$\text{Pour } x = 0, \quad y = \log 0 = +\infty;$$
$$\text{Pour } x = 1, \quad y = \log 1 = 0;$$
$$\text{Pour } x = \infty, \quad y = \log \infty = -\infty.$$

509. Cette discussion peut être résumée dans le Tableau suivant et représentée par un tracé graphique correspondant (*fig.* 2).

$(y = \log_a x.)$

$a > 1$		$a < 1$	
x.	y.	x.	y.
o	$-\infty$	o	$+\infty$
croît	croît	croît	décroît.
1	o	1	o
croît	croît	croît	décroît
∞	$+\infty$	∞	$-\infty$

Fig. 2.

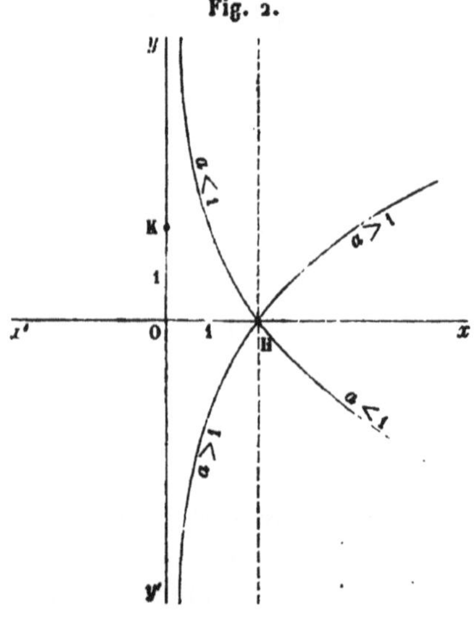

Une remarque est nécessaire. Les Tableaux des nos 489

et **509** devraient être identiques, ainsi que les *fig.* 1 et 2 qui les représentent graphiquement, puisque, lorsqu'on considère deux fonctions *inverses* (**441**, **444**), la relation entre les *variables* x et y reste toujours la même. Mais l'équation exponentielle étudiée au n° **489** est $y = a^x$, tandis que celle adoptée au n° **509** est $x = a^y$.

On a ainsi, en réalité, permuté x et y, et les résultats indiqués au n° **509** doivent présenter la même permutation relativement à ceux du n° **489**. C'est ce qui a lieu, évidemment, pour les deux Tableaux et pour les deux figures.

Recherche de quelques limites.

510. Nous terminerons par la recherche de quelques limites, utiles à connaître, et qu'on peut trouver directement et simplement en s'appuyant sur les propriétés précédentes.

511. I. *Quand x croît indéfiniment, le rapport* $\frac{\log_a x}{x}$ *diminue ou croît, en tendant toujours indéfiniment vers zéro, suivant que a est plus grand ou plus petit que* 1.

Pour $x = \infty$, le rapport considéré prend la forme indéterminée $\pm\frac{\infty}{\infty}$ (**496**). Nous allons lever cette indétermination (*Alg. élém.*, **119**).

Si le nombre x a y pour logarithme dans le système dont la base est a, on a, par définition (**491**),

$$x = a^y \qquad \text{et} \qquad \frac{\log_a x}{x} = \frac{y}{a^y}.$$

1° *Soit* $a > 1$.

x et y croissent ensemble indéfiniment (**491**, **496**). Mais, d'après la limite trouvée pour le rapport $\frac{a^x}{x}$, quand x, positif, croît indéfiniment (**487**), on voit immédiatement que le rapport inverse $\frac{x}{a^x}$ ou $\frac{y}{a^y}$ décroît et tend indéfiniment vers zéro, lorsque x ou y croît indéfiniment. Il en est donc de même du rapport $\frac{\log_a x}{x}$.

2° *Soit* $a < 1$.

Pour que x croisse indéfiniment, il faut que y soit négatif et croisse indéfiniment en valeur absolue (509).

Posons donc

$$a = \frac{1}{a'} \quad (a' > 1) \qquad \text{et} \qquad y = -y' \quad (y' > 0).$$

On a alors

$$\frac{y}{a^y} = \frac{-y'}{\left(\frac{1}{a'}\right)^{-y'}} = -\frac{y'}{a'^{y'}}.$$

D'après ce qu'on vient de dire (1°), le rapport positif $\frac{y'}{a'^{y'}}$ diminue et tend indéfiniment vers zéro, quand y' croît indéfiniment. Le rapport négatif $-\frac{y'}{a'^{y'}}$ croîtra donc, en tendant également vers zéro, et il en sera de même du rapport $\frac{\log_a x}{x}$.

512. II. *Quand x croît indéfiniment, la limite de l'expression $x^{\frac{1}{x}}$ est l'unité.*

Pour $x = \infty$, l'expression proposée prend la forme indéterminée ∞^0. Nous allons lever cette indétermination.

Si l'on prend le logarithme de $x^{\frac{1}{x}}$ dans le système dont la base est a, on a (495)

$$\log_a x^{\frac{1}{x}} = \frac{1}{x}\log_a x = \frac{\log_a x}{x}.$$

La limite de ce logarithme sera donc zéro (511), quand x croîtra indéfiniment.

Mais, si la limite du logarithme de $x^{\frac{1}{x}}$ est zéro, c'est que la limite de cette expression, pour $x = \infty$, est elle-même l'unité (496).

513. III. *Quand x tend indéfiniment vers zéro, la limite de l'expression x^x est l'unité.*

Pour $x = 0$, cette expression prend la forme indéterminée 0^0. Nous allons lever cette indétermination.

Posons

$$x = \frac{1}{y}.$$

x tendant vers zéro, $y = \frac{1}{x}$ croîtra indéfiniment. On a d'ailleurs, en élevant à la puissance x les deux membres de la relation précédente,

$$x^x = \frac{1}{y^x} = \frac{1}{y^{\frac{1}{y}}}.$$

Mais, d'après ce qu'on vient de voir (512), la limite de $y^{\frac{1}{y}}$, quand y croît indéfiniment, est égale à l'unité. Il en est donc de même de celle de x^x.

LIVRE CINQUIÈME.

ÉTUDE DES DÉRIVÉES ET DES DIFFÉRENTIELLES.

CHAPITRE PREMIER.

NOTIONS SUR LES INFINIMENT PETITS.

Définitions préliminaires.

514. Nous avons déjà indiqué ce qu'on devait entendre par une *quantité infiniment petite* ou par un *infiniment petit* (336). C'est une quantité ou une grandeur variable qui diminue indéfiniment en tendant vers la limite zéro sans jamais l'atteindre.

515. On a souvent, dans une même question, à considérer plusieurs infiniment petits qui dépendent, en général, les uns des autres.

Bien qu'ils tendent simultanément vers zéro, il y a lieu de les distinguer d'après les limites de leurs rapports mutuels.

On est ainsi conduit à choisir arbitrairement l'un d'eux comme *infiniment petit principal,* et c'est à celui-là qu'on rapporte tous les autres.

516. Cela posé, les infiniment petits du *premier ordre* sont ceux dont le rapport à l'infiniment petit principal tend vers *une limite finie, différente de zéro,* lorsqu'ils tendent en même temps que lui vers zéro.

Les infiniment petits du *deuxième ordre* sont ceux dont le rapport au *carré* de l'infiniment petit principal tend vers *une limite finie;* les infiniment petits du *troisième ordre* sont ceux dont le rapport au *cube* de l'infiniment petit principal tend vers *une limite finie,* et ainsi de suite.

D'une manière générale, *on nomme infiniment petit du*

$n^{\text{ième}}$ ordre tout infiniment petit dont le rapport à la $n^{\text{ième}}$ puissance de l'infiniment petit principal tend vers une limite finie DIFFÉRENTE DE ZÉRO, *lorsqu'ils tendent simultanément vers zéro.*

517. On dit d'ailleurs que *deux infiniment petits sont du même ordre, lorsque leur rapport tend vers une limite finie,* DIFFÉRENTE DE ZÉRO.

518. Désignons par α l'infiniment petit principal, et par ρ un infiniment petit du $n^{\text{ième}}$ ordre. On aura à la fois, par définition,

$$\lim \alpha = 0, \qquad \lim \rho = 0.$$

Représentons par k une quantité finie quelconque, différente de zéro, et par ω une quantité qui tend vers zéro en même temps que α. Nous aurons, par définition (516),

$$\lim \frac{\rho}{\alpha^n} = k \qquad \text{ou} \qquad \frac{\rho}{\alpha^n} = k + \omega,$$

c'est-à-dire

$$\rho = \alpha^n (k + \omega).$$

Telle est la forme générale de tout infiniment petit du $n^{\text{ième}}$ ordre.

Si $n = 1$, on a

$$\rho = \alpha (k + \omega).$$

ρ est alors du premier ordre ou du même ordre (517) que l'infiniment petit principal.

519. On peut avoir à considérer des infiniment petits dont le rapport à une puissance fractionnaire de l'infiniment principal a une limite finie. Leur ordre devient, dans ce cas, *fractionnaire.*

Si l'on a, par exemple,

$$\rho = \alpha^{\frac{p}{q}} (k + \omega),$$

ρ est un infiniment petit de l'ordre $\frac{p}{q}$.

Comparaison des infiniment petits d'ordres différents.

520. Il est évident que, *de deux infiniment petits d'ordres différents, celui de l'ordre le plus élevé est infiniment petit par rapport à l'autre.*

Soient les deux infiniment petits ρ et ρ_1 rapportés à l'infiniment petit principal α et, n_1 étant plus grand que n, supposons qu'on ait (518)

$$\rho = \alpha^n(k+\omega), \qquad \rho_1 = \alpha^{n_1}(k_1+\omega_1);$$

on en déduit

$$\frac{\rho_1}{\rho} = \frac{\alpha^{n_1}(k_1+\omega_1)}{\alpha^n(k+\omega)} = \alpha^{n_1-n}\frac{k_1+\omega_1}{k+\omega}.$$

La limite de ce rapport est évidemment zéro, puisque k_1 et k sont des quantités finies différentes de zéro, et que toute puissance positive de α, dont l'exposant est un nombre fini, tend vers zéro en même temps que α (347).

Il résulte de là que ρ_1 finit par devenir un infiniment petit relativement à ρ, de manière à pouvoir être négligé devant lui dans les cas appropriés.

Opérations sur les infiniment petits.

521. Soient des infiniment petits ρ, ρ_1, ρ_2, ... *d'ordres croissants* n, n_1, n_2, ..., rapportés à l'infiniment petit principal α.

1° *La somme de plusieurs infiniment petits est du même ordre que celui dont l'ordre est le moins élevé.*

On a, en effet,

$$\frac{\rho+\rho_1+\rho_2+\ldots}{\alpha^n} = \frac{\rho}{\alpha^n} + \frac{\rho_1}{\alpha^n} + \frac{\rho_2}{\alpha^n} + \ldots.$$

Et le premier rapport du second membre tend vers une limite finie (516), tandis que tous les autres rapports tendent vers zéro (520); ce qui justifie l'énoncé.

On peut dire, de même, que *la différence de deux infiniment petits est du même ordre que celui dont l'ordre est le moins élevé.*

2° *Quand on multiplie deux infiniment petits, l'ordre du produit est la somme des ordres des facteurs.*

On a, en effet, l'égalité

$$\frac{\rho}{\alpha^n}\,\frac{\rho_1}{\alpha^{n_1}} = \frac{\rho\rho_1}{\alpha^{n+n_1}}.$$

Chaque facteur du premier membre tendant vers une limite finie (516), il en est de même du produit indiqué dans le second membre (343), et l'énoncé est justifié (516).

3° *Quand on divise deux infiniment petits, l'ordre du quotient est la différence des ordres du dividende et du diviseur.*

On a, en effet, l'égalité

$$\frac{\rho_1}{\alpha^{n_1}} : \frac{\rho}{\alpha^n} = \frac{\frac{\rho_1}{\rho}}{\alpha^{n_1-n}}.$$

Chaque rapport du premier membre tendant vers une limite finie, il en est de même du quotient indiqué dans le second membre (344), et l'énoncé est justifié (516).

4° *Quand on élève un infiniment petit à une puissance, l'ordre de cette puissance est le produit de l'ordre de l'infiniment petit par l'exposant de la puissance.*

Soit l'infiniment petit ρ, qui est d'ordre n. Nous aurons, en désignant par p l'exposant de la puissance, l'égalité

$$\left(\frac{\rho}{\alpha^n}\right)^p = \frac{\rho^p}{\alpha^{np}};$$

comme le premier membre tend vers une limite finie, quel que soit p, pourvu qu'il ne soit pas infini (347), il en est de même du second membre; ce qui vérifie l'énoncé (516).

522. *Lorsqu'on remplace l'infiniment principal d'abord choisi par un autre infiniment petit du même ordre, tous les autres infiniment petits engagés dans la question conservent leur ordre.*

Soient ρ un certain infiniment petit du $n^{\text{ième}}$ ordre, et β l'infiniment petit du même ordre que α ou du premier ordre

(518), substitué à l'infiniment petit principal α. On a, identiquement,

$$\frac{\rho}{\beta^n} = \frac{\rho}{\alpha^n}\left(\frac{\alpha}{\beta}\right)^n.$$

Chaque facteur du second membre tendant, évidemment, vers une limite finie (516, 517), il en est de même du premier membre (343), et ρ. comparé à α ou à β, reste toujours de l'ordre n.

523. Il n'est pas inutile de remarquer qu'un infiniment petit peut être d'un *ordre indéterminé*. C'est ce qui arrivera lorsque, en comparant deux infiniment petits α et β, aucune puissance de l'un d'eux pris comme infiniment petit principal ne pourra être du même ordre que l'autre (516, 517). Le rapport $\frac{\alpha}{\beta}$ ne peut, dans ce cas, présenter une limite finie, différente de zéro, puisque les deux infiniment petits seraient alors du même ordre (517); et tout ce qu'on peut dire, c'est que, si ce même rapport a une limite nulle ou infinie, l'ordre de α est supérieur ou inférieur à celui de β (520).

Exemples d'infiniment petits d'ordres différents.

524. La Géométrie et la Trigonométrie fournissent de nombreux exemples d'infiniment petits d'ordres différents pouvant coexister dans une même question.

L'aire d'un rectangle, dont les côtés sont des infiniment petits du premier ordre, est un infiniment petit du deuxième ordre (521, 2°).

Si l'arc de cercle infiniment petit x est choisi comme infiniment petit principal, $\sin x$ et $\operatorname{tang} x$ sont des infiniment petits du premier ordre (517), puisque l'on a alors (*Trigon.*, 104)

$$\lim \frac{\sin x}{x} = \lim \frac{\operatorname{tang} x}{x} = 1.$$

La différence $1 - \cos x$ est, dans la même hypothèse, un infiniment petit du deuxième ordre (516); car on a, d'une manière générale (*Trigon.*, 66),

$$1 - \cos x = 2\sin^2\frac{x}{2} \qquad \text{ou} \qquad \frac{1-\cos x}{x^2} = 2\,\frac{\sin^2\frac{x}{2}}{x^2},$$

c'est-à-dire

$$\lim \frac{1-\cos x}{x^2} = \lim \frac{1}{2}\left(\frac{\sin\frac{x}{2}}{\frac{x}{2}}\right)^2 = \frac{1}{2}.$$

Enfin la différence $x - \sin x$ est, à son tour, un infiniment petit du troisième ordre (516); car on a, d'une manière générale (*Trigon.*, 105),

$$0 < x - \sin x < \frac{x^3}{4},$$

d'où

$$0 < \frac{x - \sin x}{x^3} < \frac{1}{4};$$

et le rapport $\frac{x - \sin x}{x^3}$, étant toujours compris entre 0 et $\frac{1}{4}$ tend nécessairement vers une limite finie différente de zéro. Nous verrons plus tard que cette limite est exactement $\frac{1}{6}$.

On pourrait multiplier ces exemples élémentaires. Nous ne nous y arrêterons pas ici; mais nous considérerons encore la question suivante, dont les résultats sont souvent utilisés.

525. *Soit un triangle rectangle* ABC (*fig.* 3), *dans lequel l'hypoténuse* BC *et l'angle aigu* C *sont des infiniment petits de même ordre.*

Fig. 3.

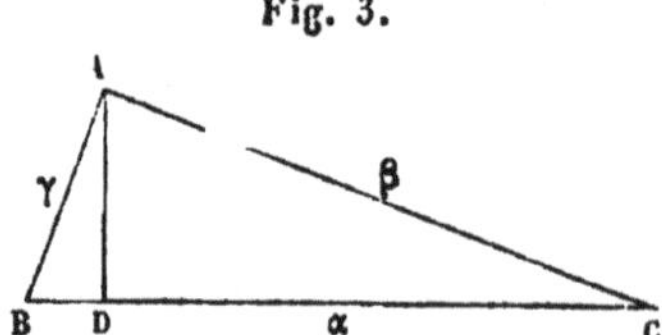

Désignons par α l'hypoténuse, par β et γ les deux côtés de l'angle droit, et prenons α pour infiniment petit principal. Cherchons l'ordre des autres côtés du triangle, nécessairement infiniment petits.

On a (*Trigon.*, 141)

$$\beta = \alpha \cos C, \qquad \frac{\beta}{\alpha} = \cos C, \qquad \lim \frac{\beta}{\alpha} = 1.$$

Le côté β est donc un infiniment petit du premier ordre (517).

On a, d'autre part,

$$\gamma = \alpha \sin C.$$

L'angle C étant du premier ordre, il en est de même de son sinus (524). Par suite, γ, étant le produit de deux infiniment petits du premier ordre, est un infiniment petit du deuxième ordre (521, 2°).

Réciproquement, la relation

$$\sin C = \frac{\gamma}{\alpha}$$

prouve que si, dans un triangle rectangle infiniment petit, un côté γ est du deuxième ordre tandis que l'hypoténuse α est du premier, l'angle C opposé au côté γ est du premier ordre (521, 3°).

Si l'on abaisse la perpendiculaire AD sur l'hypoténuse, on a

$$BD = \gamma \cos B = \gamma \sin C, \qquad CD = \beta \cos C, \qquad AD = \beta \sin C.$$

Par suite, BD est un infiniment petit du troisième ordre; CD est du premier ordre et AD, du deuxième ordre.

Supposons, maintenant, que C restant infiniment petit du premier ordre, l'hypoténuse α ait une longueur finie quelconque. La relation

$$\beta = \alpha \cos C$$

montre que β, projection de α sur β, est alors une quantité finie; mais la différence

$$\alpha - \beta = \alpha(1 - \cos C) = 2\alpha \sin^2 \frac{C}{2} \quad (524)$$

est un infiniment petit du deuxième ordre, puisque $\sin \frac{C}{2}$ est du premier ordre.

Il en résulte que, *lorsqu'on projette une droite finie sur une autre droite qui fait avec elle un angle infiniment petit, la différence entre la droite projetée et sa projection est un infiniment petit du deuxième ordre, relativement à l'angle considéré comme infiniment petit principal.*

Ce résultat est souvent invoqué en *Mécanique*.

Le triangle rectangle infiniment petit considéré plus haut conduit encore à une conséquence qu'il importe de signaler.

Sur une courbe AB (*fig.* 4), prenons deux points infiniment voisins M et M', et menons la tangente MT au point M. Si l'on abaisse la perpendiculaire M'P sur MT, on a

$$M'P = MM' \sin M'MT.$$

Or, d'après la définition de la tangente (*Géom.*, 96), l'angle M'MT est un infiniment petit, et il en résulte que la distance M'P est à son tour un infiniment petit d'ordre supérieur.

Fig. 4.

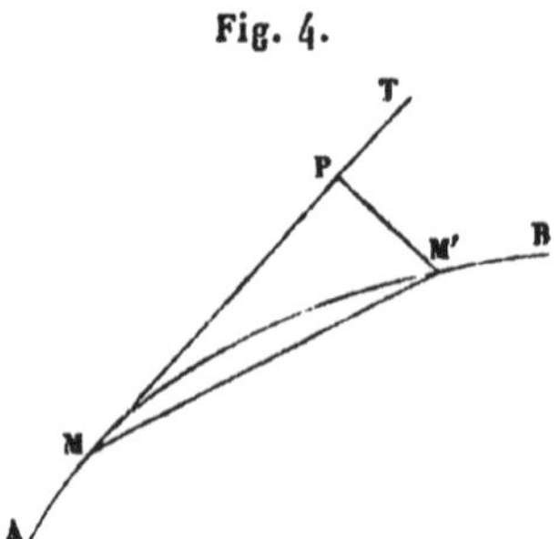

Ainsi, *la distance de l'une des extrémités d'un arc infiniment petit à la tangente menée par l'autre extrémité est un infiniment petit d'ordre supérieur, quand on prend la distance des deux extrémités pour infiniment petit principal.*

Condition de substitution des infiniment petits dans des limites de rapports ou de sommes.

526. Premier principe. — *La limite du rapport de deux quantités infiniment petites reste la même, quand on leur substitue d'autres quantités dont les rapports avec les premières ont respectivement l'unité pour limite.*

D'après l'énoncé même, les infiniment petits ainsi considérés sont deux à deux du même ordre (517).

Soient les deux couples d'infiniment petits α et α_1, β et β_1, tels qu'on ait

$$\lim \frac{\alpha}{\beta} = 1, \qquad \lim \frac{\alpha_1}{\beta_1} = 1;$$

il faut prouver qu'on a, nécessairement,

$$\lim \frac{\alpha}{\alpha_1} = \lim \frac{\beta}{\beta_1}.$$

C'est ce qui est, pour ainsi dire, évident; car (344) la relation

$\lim \frac{\alpha}{\beta} = 1$ revient (344) à

$$\frac{\lim \alpha}{\lim \beta} = 1 \qquad \text{ou à} \qquad \lim \alpha = \lim \beta.$$

De même, la relation $\lim \frac{\alpha_1}{\beta_1} = 1$ revient à

$$\frac{\lim \alpha_1}{\lim \beta_1} = 1 \qquad \text{ou à} \qquad \lim \alpha_1 = \lim \beta_1.$$

On a donc, en divisant membre à membre,

$$\frac{\lim \alpha}{\lim \alpha_1} = \frac{\lim \beta}{\lim \beta_1} \qquad \text{ou bien} \qquad \lim \frac{\alpha}{\alpha_1} = \lim \frac{\beta}{\beta_1}.$$

Appliquons ce premier principe à un exemple : x étant un arc infiniment petit et a et b étant des constantes, supposons qu'on ait à considérer les infiniment petits $\sin ax$ et $\sin bx$. Comme le rapport du sinus à l'arc a pour limite l'unité quand l'arc est infiniment petit, on aura le droit de substituer au rapport $\frac{\sin ax}{\sin bx}$ le rapport $\frac{ax}{bx}$, et il viendra immédiatement

$$\lim \frac{\sin ax}{\sin bx} = \lim \frac{ax}{bx} = \frac{a}{b}.$$

527. On peut donner une autre forme, souvent plus commode, à ce premier principe.

En effet, *lorsque la limite du rapport de deux infiniment petits est égale à l'unité, la différence de ces infiniment petits est infiniment petite relativement à chacun d'eux; et, réciproquement, si la différence de deux infiniment petits est infiniment petite relativement à chacun d'eux, la limite de leur rapport est égale à l'unité.*

Soient α et β les deux infiniment petits, et δ leur différence.

Si l'on a

$$\lim \frac{\alpha}{\beta} = 1 \qquad \text{et} \qquad \alpha - \beta = \delta,$$

on déduit évidemment de la dernière égalité (341, 342)

$$\lim \frac{\alpha}{\beta} = 1 + \lim \frac{\delta}{\beta} \qquad \text{et} \qquad \lim \frac{\beta}{\alpha} = 1 - \lim \frac{\delta}{\alpha}.$$

Ces deux relations justifient la proposition énoncée; car, si l'on a $\lim \frac{\alpha}{\beta} = 1$, ce qui entraîne $\lim \frac{\beta}{\alpha} = 1$, on a, à la fois

$$\lim \frac{\delta}{\alpha} = 0 \quad \text{et} \quad \lim \frac{\delta}{\beta} = 0;$$

et si l'on a, par exemple, $\frac{\delta}{\alpha} = 0$, il en résulte

$$\lim \frac{\beta}{\alpha} = 1, \qquad \lim \frac{\alpha}{\beta} = 1$$

et, par conséquent, $\lim \frac{\delta}{\beta} = 0$.

On peut donc énoncer comme il suit le PREMIER PRINCIPE :

La limite du rapport de deux infiniment petits n'est pas modifiée, lorsqu'on leur substitue d'autres quantités qui en diffèrent respectivement de quantités infiniment petites par rapport à eux-mêmes.

528. LEMME. — *Si la somme de quantités infiniment petites, dont le nombre croît indéfiniment, a une valeur déterminée* S *ou tend vers une limite finie* S, *et qu'on les multiplie respectivement par d'autres quantités infiniment petites, la somme des produits obtenus a pour limite zéro ou est infiniment petite.*

Soient

$$\alpha_1, \quad \alpha_2, \quad \alpha_3, \quad \ldots, \quad \alpha_n,$$

les infiniment petits proposés dont la somme est S ou a pour limite S, quand n croît indéfiniment; soient

$$\omega_1, \quad \omega_2, \quad \omega_3, \quad \ldots, \quad \omega_n,$$

d'autres infiniment petits.

Formons la somme

$$\alpha_1 \omega_1 + \alpha_2 \omega_2 + \alpha_3 \omega_3 + \ldots + \alpha_n \omega_n.$$

Désignons par ω_i la valeur absolue de celui des infiniment petits de la seconde suite qui a la plus grande valeur absolue. Il est évident que la somme que nous venons d'indiquer sera moindre, en valeur absolue, que le produit

$$(\alpha_1 + \alpha_2 + \alpha_3 + \ldots + \alpha_n)\omega_i.$$

Or la limite de ce produit est égale (340, 343) à

$$S \lim \omega_i,$$

c'est-à-dire à zéro. Le lemme est donc démontré.

529. Deuxième principe. — *La limite de la somme de quantités infiniment petites, dont le nombre augmente indéfiniment, reste la même quand on leur substitue d'autres quantités dont les rapports avec les premières ont respectivement l'unité pour limite.*

Soient

$$\alpha_1, \quad \alpha_2, \quad \alpha_3, \quad \ldots, \quad \alpha_n$$

les infiniment petits considérés, et

$$\beta_1, \quad \beta_2, \quad \beta_3, \quad \ldots, \quad \beta_n,$$

les infiniment petits dont les rapports aux précédents ont respectivement l'unité pour limite.

Le théorème est évident quand n est fini, puisque la limite d'une somme de quantités en nombre fini est égale à la somme des limites de ces quantités (342) et que, si l'on a

$$\lim \frac{\alpha_1}{\beta_1} = 1,$$

on a aussi

$$\lim \alpha_1 = \lim \beta_1.$$

Mais il ne l'est plus quand n est infini. Il faut alors une démonstration spéciale, qui nécessite le lemme que nous venons d'établir (528).

Si l'on a

$$\lim \frac{\alpha_1}{\beta_1} = 1, \quad \lim \frac{\alpha_2}{\beta_2} = 1, \quad \lim \frac{\alpha_3}{\beta_3} = 1, \quad \ldots, \quad \lim \frac{\alpha_n}{\beta_n} = 1,$$

les rapports inverses ont aussi l'unité pour limite, et l'on peut poser

$$\frac{\beta_1}{\alpha_1} = 1 + \omega_1, \quad \frac{\beta_2}{\alpha_2} = 1 + \omega_2, \quad \frac{\beta_3}{\alpha_3} = 1 + \omega_3, \quad \ldots, \quad \frac{\beta_n}{\alpha_n} = 1 + \omega_n,$$

en désignant par $\omega_1, \omega_2, \omega_3, \ldots, \omega_n$, d'autres infiniment petits tendant vers zéro en même temps que les précédents.

On déduit évidemment de ces égalités

$$\begin{aligned}&\lim(\beta_1+\beta_2+\beta_3+\ldots+\beta_n)\\ &=\lim(\alpha_1+\alpha_2+\alpha_3+\ldots+\alpha_n)\\ &\quad+\lim(\alpha_1\omega_1+\alpha_2\omega_2+\alpha_3\omega_3+\ldots+\alpha_n\omega_n).\end{aligned}$$

Mais, en supposant que les conditions du lemme (528) soient remplies, la limite de la dernière somme du second membre de l'égalité résultante est zéro, et l'on a simplement

$$\lim(\beta_1+\beta_2+\beta_3+\ldots+\beta_n)=\lim(\alpha_1+\alpha_2+\alpha_3+\ldots+\alpha_n).$$

530. On peut appliquer à l'énoncé du *deuxième principe* la même modification (527) qu'à l'énoncé du *premier principe*.

On peut donc théoriquement les réunir, et leur ensemble constitue le principe fondamental suivant :

Principe fondamental. — *Les limites de rapports ou de sommes d'infiniment petits, dont le nombre augmente indéfiniment, ne sont pas modifiées, lorsqu'on leur substitue d'autres quantités qui en diffèrent respectivement de quantités infiniment petites relativement à eux-mêmes.*

Cet énoncé général permet de supprimer respectivement, dans les quantités infiniment petites qu'on peut avoir à considérer, toutes les parties infiniment petites relativement à ces quantités elles-mêmes. Ainsi, *un infiniment petit d'ordre supérieur est*, en vertu de ce principe, *négligeable devant tout infiniment petit d'ordre moindre* (520). Les calculs peuvent être par là grandement simplifiés; et il n'en résulte aucune erreur dans la recherche des limites de rapports ou de sommes de ces quantités infiniment petites.

Nous en avons rencontré de nombreux exemples en *Géométrie* (t. II).

531. Les principes que nous venons de démontrer (526, 529, 530) ne sont autre chose, en réalité, que la Méthode infinitésimale elle-même, et celle-ci, comme on le voit, n'est qu'une des formes de la Méthode des limites (348).

Les quantités infiniment petites s'introduisent en effet, précisément, *dans le calcul des grandeurs déterminées*, soit en regardant une pareille grandeur comme la limite du rapport de deux infiniment petits, soit en la concevant comme décomposée en un nombre infiniment grand de parties infiniment petites. Le premier point de vue appartient aux modernes; le second point de vue a été celui des anciens et, notamment, d'ARCHIMÈDE.

Le *Calcul différentiel* découle du premier principe (526), tandis que le deuxième principe (529) se rapporte spécialement au *Calcul intégral*.

CHAPITRE II.

DÉFINITIONS DE LA DÉRIVÉE ET DE LA DIFFÉRENTIELLE D'UNE FONCTION D'UNE SEULE VARIABLE.

Définition de la dérivée.

532. Nous nous sommes occupé précédemment de l'expression de l'accroissement d'un polynôme entier en x et de degré m, suivant les puissances ascendantes de l'accroissement de la variable x. En représentant ce polynôme par $F(x)$ et en désignant l'accroissement de la variable par h, nous avons trouvé (324) l'importante formule

$$(1)\quad \begin{cases} F(x+h)-F(x)=F'(x)\dfrac{h}{1}+F''(x)\dfrac{h^2}{1.2} \\ \qquad +F'''(x)\dfrac{h^3}{1.2.3}+\ldots+F^{(m)}(x)\dfrac{h^m}{1.2.3\ldots m}. \end{cases}$$

Nous avons donné alors au polynôme $F'(x)$ le nom de *polynôme dérivé* ou de *première dérivée* de $F(x)$, et nous avons indiqué suivant quelle loi simple il se déduit de $F(x)$. De même, $F''(x)$ est la dérivée de $F'(x)$ ou la *dérivée seconde* de $F(x)$; $F'''(x)$ est la dérivée de $F''(x)$ ou la dérivée seconde de $F'(x)$, ou la *dérivée troisième* de $F(x)$; et ainsi de suite.

533. Cela posé, on peut vouloir chercher le rapport de l'accroissement de la fonction considérée à l'accroissement de la variable. Il suffit, pour l'obtenir, de diviser par h les deux membres de la relation (1). Il vient

$$(2)\quad \begin{cases} \dfrac{F(x+h)-F(x)}{h}=F'(x)+F''(x)\dfrac{h}{1.2} \\ \qquad +F'''(x)\dfrac{h^2}{1.2.3}+\ldots+F^{(m)}(x)\dfrac{h^{m-1}}{1.2.3\ldots m}. \end{cases}$$

La fonction entière $F(x)$ étant continue (462), si l'on fait tendre l'accroissement h de la variable vers zéro, en conservant à x une valeur fixe, il en sera de même (460) de l'accroissement de la fonction $F(x+h)-F(x)$. *Mais le rapport des deux accroissements ne sera pas indéterminé* (*Alg. élém.*, 116). En effet, la limite du premier membre de la relation (2) est égale à la limite du second membre (334). Dans ce second membre, tous les polynômes dérivés conservant des valeurs finies, tous les termes, *à partir du deuxième,* tendent vers zéro quand h tend vers zéro (340); et, comme ces termes sont en nombre fini, la limite de leur somme, égale à la somme de leurs limites (342), est zéro. On a donc, pour h infiniment petit,

$$\text{(3)} \qquad \lim \frac{F(x+h)-F(x)}{h} = F'(x).$$

Ce qui montre que *la dérivée du polynôme entier* $F(x)$ *est, pour une valeur quelconque de* x, *la limite du rapport de l'accroissement de ce polynôme à l'accroissement correspondant de la variable* x, *lorsque celui-ci tend indéfiniment vers zéro* [ou, plus rapidement, puisque la fonction entière $F(x)$ est continue, la limite du rapport des accroissements infiniment petits correspondants de la fonction et de la variable].

534. C'est la définition précédente qu'on adopte pour toutes les fonctions d'une seule variable, lors même qu'il serait impossible de les développer suivant les puissances ascendantes de l'accroissement de la variable, comme nous avons pu le faire pour les fonctions entières, telles que $F(x)$. Et l'on dit que :

La dérivée d'une fonction quelconque de x *telle que* $y=f(x)$ *est, pour une valeur donnée de* x, *la limite du rapport de l'accroissement de la fonction à l'accroissement correspondant de la variable, lorsque celui-ci tend vers zéro.*

On représente la dérivée par la notation

$$f'(x) \quad \text{ou} \quad D\,f(x) \quad \text{ou} \quad Dy.$$

Quand il y a plus de deux variables, il peut être utile d'indiquer que la dérivée de la fonction y est prise spécialement par rapport à la variable x, par exemple, et l'on emploie alors la notation

$$D_x y.$$

La *dérivée première* de la fonction $y = f(x)$ peut admettre, à son tour, une dérivée (532) qui est la *dérivée seconde* de la fonction. La dérivée seconde peut admettre elle-même une dérivée, qui est la dérivée seconde de la dérivée première ou la *troisième dérivée* de la fonction; et ainsi de suite. Ces dérivées successives de la fonction, à partir de la deuxième dérivée, seront représentées par les notations

$$\begin{array}{lllll} f''(x) & \text{ou} & D^2 f(x) & \text{ou} & D^2 y, \\ f'''(x) & \text{ou} & D^3 f(x) & \text{ou} & D^3 y, \\ \ldots & & \ldots & & \ldots, \\ f^{(n)}(x) & \text{ou} & D^n f(x) & \text{ou} & D^n y. \end{array}$$

535. Il faut nous arrêter sur la définition que nous venons de donner de la dérivée d'une fonction d'une seule variable (534). Elle suppose implicitement que la limite du rapport des deux accroissements considérés est, *en général,* une quantité finie et déterminée; sans quoi, il n'y aurait pas lieu de s'occuper de cette limite.

Nous remarquerons qu'on a été conduit à la découverte du Calcul différentiel, qui n'est autre chose que la théorie des dérivées et des différentielles considérées dans leurs principes et leurs applications, en cherchant une méthode générale pour mener les tangentes aux courbes planes susceptibles d'une expression algébrique.

Supposons la fonction $y = f(x)$ et construisons la courbe AMB (*fig.* 5) qui la représente graphiquement, d'après le procédé indiqué en Algèbre élémentaire (*Alg. élém.*, **312** et suiv.), et en choisissant des axes rectangulaires Ox et Oy.

Les coordonnées x et y des points de cette courbe représentent les valeurs simultanées de la variable x et de la fonction y, et nous admettons que la courbe AMB est réelle et continue dans un certain intervalle, comme la fonction elle-même. Proposons-nous, dans cette hypothèse, de mener la tangente à la courbe au point M, dont les coordonnées sont $x = \text{OP}$ et $y = \text{MP}$.

Les modernes, depuis Descartes, définissent la tangente en un point d'une courbe, comme étant la limite des positions d'une sécante variable passant par le point donné et par un second point d'intersection avec la courbe, qui se rapproche indéfiniment du premier (*Géom.*, **96**).

Prenons donc, sur la courbe AMB, un second point M′ voisin du point M, dont les coordonnées soient $x' = \text{OP}'$, $y' = \text{M}'\text{P}'$, et menons par le point M, jusqu'à la rencontre de M′P′, la parallèle MN à l'axe $\text{O}x$.

Fig. 5.

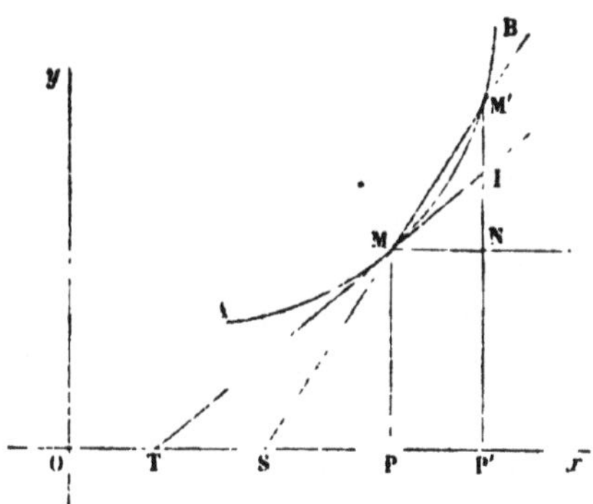

Si nous désignons par h et par k les accroissements correspondants de la variable x et de la fonction y, quand on passe du point M au point M′ de la courbe AMB, les coordonnées du point M′ deviendront

$$\begin{aligned} \text{OP}' &= \text{OP} + \text{PP}' = \text{OP} + \text{MN} = x + h, \\ \text{M}'\text{P}' &= \text{NP}' + \text{M}'\text{N} = \text{MP} + \text{M}'\text{N} = y + k, \end{aligned}$$

et nous aurons

$$h = \text{MN}, \qquad k = \text{M}'\text{N}.$$

Cela posé, le triangle rectangle MNM′ donne (*Trigon.*, **142**)

$$\text{tang}\,\text{M}'\text{MN} = \frac{\text{M}'\text{N}}{\text{MN}} = \frac{k}{h}.$$

Quand le point M′ se rapproche indéfiniment du point M, h diminue et tend indéfiniment vers zéro. En même temps, la sécante M′MS tend indéfiniment vers la tangente IMT au point M, et l'angle M′MN vers l'angle IMN, qui représente celui que fait cette tangente avec l'axe $\text{O}x$. Les limites de deux quantités toujours égales étant égales (**334**), on a donc

$$\text{tang}\,\text{IMN} = \lim \text{tang}\,\text{M}'\text{MN} = \lim \frac{k}{h}.$$

Ainsi, *la limite de* $\frac{k}{h}$ *ou* $f'(x)$ (534) *se trouve représentée par la tangente trigonométrique de l'angle que fait la tangente à la courbe* AMB, *au point* M *dont l'abscisse est* x, *avec l'axe* Ox, tangente trigonométrique, en général, parfaitement déterminée.

Si l'on peut calculer la limite de $\frac{k}{h}$ à l'aide de l'équation de la courbe, la tangente trigonométrique de l'angle IMN sera connue, et la construction de la tangente au point M s'en déduira immédiatement.

Réciproquement, si, la courbe AMB étant construite, on peut lui mener une tangente au point M, la tangente trigonométrique de l'angle IMN fera connaître la valeur de la dérivée de la fonction correspondante $y = f(x)$, pour $x = OP$.

Il y a donc identité entre la recherche des dérivées des fonctions d'une seule variable et celle des tangentes aux courbes planes qui les représentent, et *les dérivées existent comme les tangentes elles-mêmes.*

Ajoutons que la limite du rapport $\frac{k}{h}$ ne dépend nullement de h, mais seulement de la valeur attribuée à x. La dérivée de $f(x)$ sera donc, en général, une nouvelle fonction de x (534).

536. Quand la limite du rapport $\frac{k}{h}$ existe, c'est-à-dire quand cette limite est finie et déterminée, il est clair que la fonction proposée est continue pour la valeur considérée de x (460). Car, si l'on prend h pour infiniment petit principal, le rapport $\frac{k}{h}$ tendant vers une limite finie quand h tend vers zéro, k est alors un infiniment petit du même ordre que h (517), et il ne peut y avoir d'exception que pour des valeurs toutes particulières de la variable x.

Lorsque $\lim \frac{k}{h} = f'(x)$ s'annule pour une certaine valeur de x, l'accroissement de la fonction est d'un ordre supérieur à celui de la variable. C'est le contraire lorsque $f'(x)$ devient infinie (520).

537. Réciproquement, lorsque $f(x)$ est une fonction con-

tinue, on démontre que la dérivée $f'(x)$ est, en général, elle-même une fonction continue, sauf pour des valeurs toutes spéciales de la variable x, pour lesquelles elle peut devenir infinie, indéterminée ou discontinue. Ces valeurs spéciales de x correspondent à leur tour à des directions particulières de la tangente à la courbe $y=f(x)$.

Nous laissons de côté cette démonstration, longue et délicate, que les faits vérifient constamment.

Théorèmes généraux.

538. I. *Une quantité constante,* c'est-à-dire indépendante de x, *a une dérivée constamment nulle,* puisque, quel que soit l'accroissement h donné à la variable x, l'accroissement correspondant k de la fonction n'existe pas.

Mais il n'est pas évident que toute fonction dont la dérivée est constamment nulle se réduise à une constante.

Pour établir cette importante *réciproque,* nous démontrerons d'abord le théorème suivant :

539. II. *Le rapport des accroissements simultanés et finis* H *et* K *de x et de y, dans un intervalle où la fonction $y=f(x)$ est continue et où sa dérivée conserve des valeurs déterminées, est une moyenne entre toutes les valeurs prises par la dérivée $f'(x)$, lorsque la variable parcourt l'étendue renfermée entre ses valeurs extrêmes x et $x+$ H.*

Si nous donnons à x, en restant dans l'intervalle considéré, un accroissement fini H, il en résultera pour y un accroissement également fini K (458).

Nous pourrons alors faire passer la variable de sa première valeur x à sa dernière $x+\mathrm{H}$ par une suite d'accroissements *de même signe* $h_1, h_2, h_3, \ldots, h_n$. Les accroissements correspondants de la fonction y seront $k_1, k_2, k_3, \ldots, k_n$. Nous aurons donc

$$\mathrm{H}=h_1+h_2+h_3+\ldots+h_n, \qquad \mathrm{K}=k_1+k_2+k_3+\ldots+k_n.$$

D'après un théorème connu (349), il en résulte

$$\frac{\mathrm{K}}{\mathrm{H}}=\frac{k_1+k_2+k_3+\ldots+k_n}{h_1+h_2+h_3+\ldots+h_n}=\mathrm{moy}\left(\frac{k_1}{h_1}, \frac{k_2}{h_2}, \frac{k_3}{h_3}, \ldots, \frac{k_n}{h_n}\right),$$

et cette égalité reste vraie, quelque grand que soit n. Mais, quand n croît indéfiniment, les éléments $h_1, h_2, h_3, \ldots h_n$ tendent vers zéro, et les rapports $\frac{k_1}{h_1}, \frac{k_2}{h_2}, \frac{k_3}{h_3}, \ldots, \frac{k_n}{h_n}$ tendent eux-mêmes, autant qu'on veut, vers les valeurs prises successivement par la dérivée $f'(x)$, pendant que x parcourt d'une manière continue l'étendue renfermée entre x et $x+\text{H}$. On peut donc écrire à la limite, en employant une notation expressive,

$$(1) \qquad \frac{\text{K}}{\text{H}} = \underset{x}{\overset{x+\text{H}}{\text{moy}}} f'(x).$$

540. III. *Toute fonction dont la dérivée est constamment nulle se réduit* nécessairement *à une constante.*

Supposons, en effet, en nous reportant au théorème que nous venons d'établir (539), que la dérivée $f'(x)$ soit constamment nulle dans l'étendue considérée. *Tous les rapports* $\frac{k_1}{h_1}, \frac{k_2}{h_2}, \frac{k_3}{h_3}, \ldots, \frac{k_n}{h_n}$ *auront alors respectivement zéro pour limite.* Il en sera donc de même de leur moyenne; et, comme cette moyenne est une quantité constante, elle sera rigoureusement nulle. Il résulte, par conséquent, de l'équation (1) du n° 539 que l'accroissement K de la fonction sera aussi constamment nul pour l'étendue considérée ou pour toute partie de l'intervalle proposé, c'est-à-dire que, dans cet intervalle, la fonction $y=f(x)$ se trouvera réduite à une constante.

Graphiquement, on voit que la fonction

$$y = \text{const.}$$

est représentée par une droite parallèle à l'axe Ox, et que les rapports $\frac{k_1}{h_1}, \frac{k_2}{h_2}, \frac{k_3}{h_3}, \ldots, \frac{k_n}{h_n}$ sont rigoureusement nuls.

541. *Si tous les rapports* $\frac{k_1}{h_1}, \frac{k_2}{h_2}, \frac{k_3}{h_3}, \ldots, \frac{k_n}{h_n}$ *tendaient vers l'infini*, leurs rapports inverses $\frac{h_1}{k_1}, \frac{h_2}{k_2}, \frac{h_3}{k_3}, \ldots, \frac{h_n}{k_n}$ tendraient vers zéro.

D'après ce que nous avons dit des fonctions inverses (444), il est évident que, dans ce cas, c'est la fonction x (y étant regardée comme variable indépendante) qui devient une con stante, et qu'elle est représentée graphiquement par une droite parallèle à l'axe Oy. Les rapports $\frac{h_1}{k_1}, \frac{h_2}{k_2}, \frac{h_3}{k_3}, \ldots, \frac{h_n}{k_n}$ sont alors rigoureusement nuls, et les rapports $\frac{k_1}{h_1}, \frac{k_2}{h_2}, \frac{k_3}{h_3}, \ldots, \frac{k_n}{h_n}$ rigoureusement infinis.

542. D'après ce qu'on vient de voir (540, 541), si le lieu de l'équation $y=f(x)$, supposé réel et continu dans un certain intervalle, ne renferme aucune portion de droite parallèle à l'un des axes, le rapport $\frac{k}{h}$ aura nécessairement une limite finie différente de zéro quand h tendra vers zéro, et les deux infiniment petits h et k seront du même ordre, sauf peut-être pour certaines valeurs particulières de la variable.

Les cas exceptionnels où l'on aura $\lim\frac{k}{h}=0$ ou $\lim\frac{k}{h}=\infty$ correspondront précisément, comme on le verra plus tard (*Géom. anal.*, t. V), les axes coordonnés étant rectangulaires ou, plus généralement, rectilignes, aux points où la tangente à la courbe qui représente $y=f(x)$ se trouve parallèle à l'un ou à l'autre axe.

543. IV. *Lorsque deux fonctions* $f(x)$, $F(x)$ *ne diffèrent que par une constante, pour les valeurs de* x *comprises dans un intervalle donné où elles sont continues, leurs dérivées sont égales pour ces mêmes valeurs de* x.

Réciproquement, *si les dérivées* $f'(x)$, $F'(x)$ *de deux fonctions* $f(x)$, $F(x)$ *sont égales entre elles pour les valeurs de* x *comprises dans un intervalle donné où elles sont continues, ces fonctions ne peuvent différer que par une constante pour ces mêmes valeurs de* x.

Soit, en effet, d'une manière générale, $\varphi(x)$ la différence des deux fonctions considérées. De la relation

$$(1)\qquad \varphi(x)=f(x)-F(x),$$

qui a lieu pour toute valeur de x comprise dans l'intervalle proposé, on déduit, en donnant à la variable l'accroissement h,

$$(2)\qquad \varphi(x+h)=f(x+h)-F(x+h).$$

Il en résulte évidemment, en retranchant l'égalité (1) de l'égalité (2) et en divisant ensuite par h les deux membres de l'égalité résultante,

$$\frac{\varphi(x+h)-\varphi(x)}{h}=\frac{f(x+h)-f(x)}{h}-\frac{F(x+h)-F(x)}{h}.$$

En faisant tendre maintenant h vers zéro, on a, à la limite (534),

$$(3) \qquad \varphi'(x)=f'(x)-F'(x).$$

Si $\varphi(x)$ est une constante, on a $\varphi'(x)=0$ (538), et l'égalité (3) donne

$$f'(x)=F'(x).$$

Réciproquement, si l'on a $f'(x)=F'(x)$, l'égalité (3) donne

$$\varphi'(x)=0,$$

et l'on a $\varphi(x)=\text{const.}$ (540).

544. Remarque. — Nous terminerons ces généralités par une remarque qui n'est pas sans intérêt :

Si la dérivée de la fonction $y=f(x)$ est continue dans un certain intervalle comme la fonction elle-même, le signe qu'on donne à l'accroissement h de la variable à partir d'une valeur de x comprise dans l'intervalle et telle que $x+h$ et $x-h$ y soient aussi renfermées n'influe pas sur la valeur que prend $f'(x)$ pour la valeur attribuée à x.

Donnons à h une valeur positive et soit

$$\lim\frac{k}{h}=f'(x).$$

Soit, maintenant, k_1 l'accroissement pris par la fonction y quand on donne à x l'accroissement $-h$. Il faut trouver la limite de $\frac{k_1}{-h}$.

Or, si, en partant de $x-h$, on donne à la variable l'accroissement h, on retombe sur x. Comme on retombe alors aussi sur y, il faut que la valeur de la fonction qui correspond à $x-h$ croisse en même temps de $-k_1$. On a donc, à la fois,

$$\lim\frac{k}{h}=f'(x) \qquad \text{et} \qquad \lim\frac{-k_1}{h}=\lim\frac{k_1}{-h}=f'(x-h).$$

Mais, par hypothèse, la fonction dérivée restant continue dans l'intervalle considéré, $f'(x-h)$ et $f'(x)$ diffèrent d'une quantité infiniment petite, si h est infiniment petit. Par suite (530), $f'(x)$ peut être regardée aussi bien comme la limite de $\frac{k_1}{-h}$ que comme celle de $\frac{k}{h}$.

Définition de la différentielle.

545. L'accroissement, positif ou négatif, d'une variable quelconque, indépendante ou non, est appelée la *différence* de cette variable; et on le désigne, en général, par la caractéristique Δ suivie de la lettre qui figure la variable.

Ainsi, les accroissements ou les *différences* des variables $x, y, z, \ldots$ seront représentées par

$$\Delta x,\quad \Delta y,\quad \Delta z,\quad \ldots.$$

Nous avons dit précédemment (534) que les fonctions $f(x)$, $F(x)$, $\varphi(x)$, ... ont, pour notations de leurs dérivées,

$$f'(x),\quad F'(x),\quad \varphi'(x),\quad \ldots,$$

ou, encore,

$$Df(x),\quad DF(x),\quad D\varphi(x),\quad \ldots,$$

ou, d'une manière générale, y étant la fonction de x dont il s'agit,

$$Dy.$$

Cela posé, d'après la notation des différences et la définition des dérivées (534), on peut écrire, pour toute fonction $y=f(x)$, et Δx tendant vers zéro,

$$\lim \frac{\Delta y}{\Delta x} = f'(x) = Df(x) = Dy.$$

Par conséquent, avant d'arriver à la limite qui conduit à la dérivée, c'est-à-dire avant de supposer Δx infiniment petit ou aussi proche de zéro qu'on voudra, on aura, en désignant par α une certaine quantité, fonction de x et de Δx, tendant vers zéro en même temps que Δx,

$$(1)\qquad \frac{\Delta y}{\Delta x} = f'(x) + \alpha$$

et

(2) $$\Delta y = f'(x)\,\Delta x + \alpha\,\Delta x.$$

C'est là une relation très importante et très utile.

546. Admettons à présent qu'on fasse tendre Δx vers zéro. La relation (2) (545) montre que l'accroissement infiniment petit d'une fonction continue quelconque peut être regardé comme composé de deux parties

$$f'(x)\,\Delta x \quad \text{et} \quad \alpha\,\Delta x.$$

Comme $f'(x)$ est supposée avoir une valeur finie différente de zéro et bien déterminée, si l'on prend Δx comme infiniment principal, la première partie est un infiniment petit du premier ordre et la deuxième partie est un infiniment petit d'ordre supérieur (521, 2°).

Or, d'après le principe fondamental de la méthode infinitésimale (530), les limites de rapports ou de sommes d'infiniment petits ne sont pas modifiées lorsqu'on remplace ces infiniment petits par d'autres qui en diffèrent respectivement de quantités infiniment petites par rapport à eux-mêmes. Il en résulte que, toutes les fois que Δy entrera dans un calcul comme terme d'un rapport ou d'une somme d'infiniment petits dont on cherche la limite, on aura le droit de le remplacer par

$$f'(x)\,\Delta x,$$

c'est-à-dire de lui substituer le produit de la dérivée de la fonction y par l'accroissement infiniment petit de la variable indépendante.

547. On donne le nom de *différentielles* à ces quantités plus simples que l'on peut substituer aux différences infiniment petites des fonctions.

Elles sont évidemment plus simples, puisqu'on néglige dans ces différences, sans aucun inconvénient relativement à la recherche que l'on poursuit, le terme $\alpha\,\Delta x$, en général extrêmement compliqué. Et ce sont, en réalité, les plus simples possibles, puisqu'elles sont le produit du facteur Δx qu'on ne peut évidemment supprimer par une fonction où ce facteur n'entre pas.

Les *différentielles,* quantités infiniment petites substituées aux *différences infiniment petites* des fonctions dans les cas indiqués, sont désignées par la caractéristique d, substituée elle-même à la caractéristique Δ.

On a ainsi

(3) $$dy = f'(x)\,\Delta x$$

ou

(4) $$\frac{dy}{\Delta x} = f'(x).$$

Par conséquent, *le rapport de la différentielle dy à l'accroissement Δx de la variable est égal à la dérivée de la fonction $y = f(x)$* ou à la limite du rapport de la différence Δy de la fonction à ce même accroissement Δx.

C'est ainsi que la recherche des différentielles et des dérivées ne forme qu'une seule et même question.

548. Supposons que la fonction y soit la variable x elle-même, c'est-à-dire qu'on ait

$$y = x$$

ou la plus simple de toutes les fonctions. On aura alors constamment

$$\Delta y = \Delta x, \qquad f'(x) = 1, \qquad dy = \Delta x \ (547).$$

La différentielle de y ou celle de x est donc, dans ce cas, identique à Δx, et l'on a alors

$$dx = \Delta x.$$

[Si l'on avait

$$y = -x,$$

on aurait constamment

$$\Delta y = -\Delta x, \qquad f'(x) = -1, \qquad dy = -\Delta x,$$

et la différentielle de y serait identique à $-\Delta x$].

Comme il est naturel d'employer une seule caractéristique quand cela est possible, nous conviendrons, toutes les fois que nous aurons à prendre la différentielle d'une fonction de x, de représenter par dx l'accroissement arbitraire (mais infiniment petit) de x. Mais, lorsqu'il s'agira des accroissements exacts ou des différences des fonctions désignées par la caractéristique Δ, nous représenterons par Δx l'accroissement de x, qui pourra être alors fini ou infiniment petit.

549. D'après cette convention, on aura

$$dy = f'(x)\,dx \tag{3 bis}$$

et

$$\frac{dy}{dx} = f'(x). \tag{4 bis}$$

Et l'on voit que l'expression $\frac{dy}{dx}$ peut être considérée indifféremment, soit comme le quotient de dy par dx, soit comme un symbole représentant (545) la limite du rapport $\frac{\Delta y}{\Delta x}$. Sous ce dernier point de vue, la formule (3 *bis*) peut encore s'écrire

$$dy = \frac{dy}{dx}\,dx. \tag{5}$$

La dérivée $f'(x)$ étant, d'après la formule (3 *bis*), le quotient de la différentielle de la fonction par la différentielle de la variable, on lui a souvent donné le nom de *rapport* ou de *coefficient différentiel* de la fonction.

D'après cette même formule, la différentielle de la fonction étant le produit de sa dérivée par la différentielle de la variable, qui ne peut pas être nulle, *les théorèmes généraux relatifs aux dérivées, qu'on a démontrés aux nos* 538, 540, 543, *s'étendent immédiatement aux différentielles.*

550. La différentielle est susceptible, comme la dérivée (535), d'une représentation géométrique.

Reprenons la *fig.* 5 (p. 439), et soit la courbe AMB qui représente la fonction $y = f(x)$ rapportée aux deux axes Ox et Oy. On a (535)

$$\text{tang IMN} = \lim \frac{k}{h} = \lim \frac{\Delta y}{\Delta x} = f'(x).$$

On a aussi

$$\text{IN} = \text{MN tang IMN} = f'(x)\,\Delta x = dy \quad (547).$$

Nous voyons par là que la *différence* de la fonction, $\Delta y = k$, étant représentée par M'N, sa *différentielle* dy est représentée par IN.

Ainsi, remplacer la différence par la différentielle revient, lorsqu'on cherche quel est l'accroissement de l'ordonnée pour un accroissement infiniment petit de l'abscisse en partant du point M, à substituer, dans une étendue infiniment petite, à la courbe elle-même, sa tangente (525).

Fig. 5.

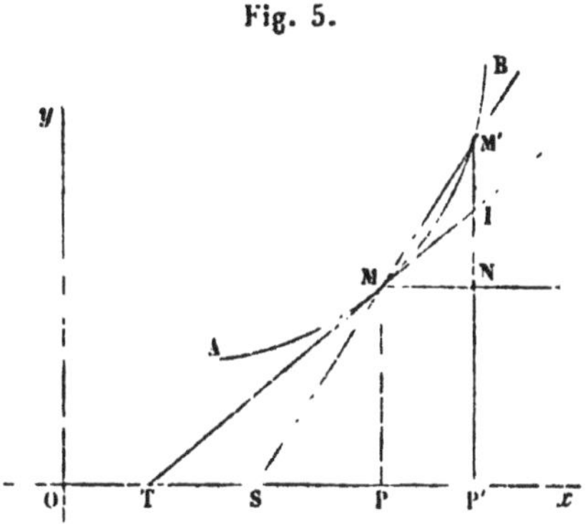

551. L'avantage que peut présenter l'emploi des différentielles sur celui des dérivées, c'est que, dans la formule (3 *bis*) (549), dy et dx figurent absolument de la même manière.

y étant une fonction de x, l'une des différentielles dy et dx est arbitraire, et leur rapport est égal à celui des accroissements infiniment petits que peuvent prendre simultanément les deux variables.

Or, d'après ce que nous avons dit des fonctions inverses (444), rien n'oblige de prendre pour variable indépendante l'une des deux variables plutôt que l'autre, quand il s'agit des différentielles, tandis que l'emploi des dérivées exige nécessairement qu'on ait fait un choix, la dérivée n'ayant un sens déterminé que lorsqu'on sait par rapport à quelle variable on la prend.

Si l'on part de la relation

$$dy = f'(x)\,dx$$

et si c'est x qui est la variable dépendante, si c'est x qui est regardée comme une fonction de y, on en déduit immédiatement

$$dx = \frac{1}{f'(x)} dy.$$

C'est dy qui reçoit alors une valeur arbitraire infiniment petite, et dx s'ensuit.

On comprendra tout à fait l'importance de cette remarque, lorsque nous parlerons plus loin des dérivées et des différentielles des fonctions inverses.

552. Nous terminerons ces notions fondamentales en observant qu'on peut avoir à considérer, dans une même question, une variable indépendante x et plusieurs fonctions y, z, u, v, ... de cette variable.

Représentons par Δy, Δz, Δu, Δv, ..., les accroissements pris par ces fonctions ou leurs *différences* pour un même accroissement ou une même différence Δx ou dx de x. Leurs *différentielles* dy, dz, du, dv, ..., seront toutes dans des rapports constants avec dx et, par conséquent, *les unes avec les autres*, quand dx tendra vers zéro (549). Ces rapports constants sont d'ailleurs les limites des rapports des différences correspondantes, qui ne diffèrent alors des différentielles que de quantités infiniment petites par rapport à elles-mêmes (547).

On a, par exemple,

$$(1) \qquad \frac{du}{dy} = \lim \frac{\Delta u}{\Delta y} = \mathrm{D}_y u \quad (534),$$

et $\frac{du}{dy}$ est la dérivée de *u par rapport à y*, quelle que soit d'ailleurs la variable commune à laquelle on ait rapporté les différentielles du et dy.

Si l'on a $u = f(x)$ et $y = \mathrm{F}(x)$, on a aussi (549)

$$du = f'(x)\,dx, \qquad dy = \mathrm{F}'(x)\,dx,$$

c'est-à-dire (1)

$$(2) \qquad \mathrm{D}_y u = \frac{f'(x)}{\mathrm{F}'(x)}.$$

On peut donc énoncer cette proposition :

La dérivée d'une variable u par rapport à une autre va-

riable y est égale au rapport des dérivées de u et de y prises relativement à une même variable quelconque x, dont elles sont regardées comme dépendantes.

553. Nous engageons le lecteur à bien s'assimiler avant tout les généralités qui précédent. Ce n'est qu'à cette condition qu'il pourra étudier avec fruit les Chapitres qui suivent.

Nous allons, dans ces Chapitres, passer à la recherche pratique des dérivées et des différentielles, que les détails dans lesquels nous venons d'entrer nous permettront de ne plus séparer.

CHAPITRE III.

CLASSEMENT DES FONCTIONS.

554. Trouver la différentielle d'une fonction, c'est exécuter l'opération désignée sous le nom de *différentiation*.

Il y a une infinité de fonctions; mais il en existe un nombre très limité auxquelles on donne le nom de *fonctions simples*, et c'est à ces fonctions que toutes les autres se trouvent ramenées au point de vue de leur différentiation.

555. *Les fonctions simples* correspondent aux opérations *connues jusqu'à présent*.

Elles sont au nombre de *dix*, du moins lorsqu'on représente chacune d'elles par son type le plus simple ou par un seul type, et elles se partagent en fonctions algébriques et en fonctions transcendantes.

Les fonctions algébriques simples correspondent aux six opérations arithmétiques : addition, soustraction, multiplication, division, élévation aux puissances et extraction des racines.

Les fonctions transcendantes simples, dont l'emploi exige la construction de Tables calculées d'avance, sont les fonctions exponentielle et logarithmique, et les fonctions étudiées en Trigonométrie, c'est-à-dire les fonctions trigonométriques proprement dites ou circulaires directes et les fonctions circulaires inverses.

556. Les dix fonctions simples se partagent naturellement en cinq groupes, chaque groupe contenant une opération directe et l'opération inverse.

557. D'après cela, nous présenterons comme il suit le Tableau des dix fonctions simples, en désignant par x la va-

riable indépendante, par y la fonction, par a et par m des constantes.

TABLEAU DES DIX FONCTIONS SIMPLES.

Fonctions algébriques.

1er groupe.	Somme	$y = a + x$
	Différence	$y = a - x$
2e groupe.	Produit	$y = ax$
	Quotient	$y = \frac{a}{x}$
3e groupe.	Puissance	$y = x^m$
	Racine	$y = \sqrt[m]{x}$
	(m, nombre entier et positif.)	

Fonctions transcendantes.

4e groupe.	Fonction exponentielle.....	$y = a^x$,	$y = e^x$
	Fonction logarithmique....	$y = \log_a x$,	$y = \mathrm{L}x$
	(a, nombre positif.)		
5e groupe.	Fonction circulaire directe.	$y = \sin x$	
	Fonction circulaire inverse.	$y = \arcsin x$ (*Trigon.*, 44	

558. Pour les fonctions trigonométriques, directes ou inverses, nous n'avons indiqué qu'un seul type; et il est clair qu'on pourrait regarder aussi, comme fonctions simples de cette espèce,

$$y = \cos x, \quad y = \arccos x, \quad y = \mathrm{tang}\, x, \quad y = \mathrm{arc\,tang}\, x, \quad \ldots.$$

Mais, en considérant le cercle de rayon 1 et en supposant l'arc moindre que $\frac{\pi}{2}$, la connaissance d'un seul rapport trigonométrique de cet arc entraîne celle de tous les autres (*Trigon.*, 9). On peut, par suite, en partant du sinus, par exemple, ne voir dans les autres rapports que des fonctions dépendantes. Ainsi, l'on a

$$\cos x = \sin\left(\frac{\pi}{2} - x\right) = \sqrt{1 - \sin^2 x},$$

$$\mathrm{tang}\, x = \frac{\sin x}{\sqrt{1 - \sin^2 x}},$$

559. Dans chaque fonction simple, sauf dans les deux premières, on peut remplacer la seule lettre x par une fonction simple. On obtient ainsi ce qu'on appelle une *fonction de fonction*. La même transformation peut être répétée plusieurs fois, de manière à conduire à des *fonctions de fonctions*. On *superpose* ainsi évidemment les opérations qui correspondent aux fonctions simples.

Prenons la fonction produit $y = ax$ et remplaçons x par $\mathrm{L}x$, nous aurons la *fonction de fonction* $y = a\mathrm{L}x$. Remplaçons de nouveau x par $\sin x$, nous aurons la *fonction de fonctions* $y = a\mathrm{L}\sin x$. Dans le premier exemple, deux opérations se trouvent superposées; il y en a trois dans le deuxième exemple.

560. D'une manière générale, toute fonction qui dépend de *plusieurs fonctions* de x est une *fonction composée*.

C'est le cas ordinaire des *fonctions explicites* (**449**), où les opérations à effectuer sur la variable pour calculer la fonction sont directement indiquées.

561. On peut trouver facilement, bien qu'un peu longuement, les dérivées des dix fonctions simples et, par suite, leurs différentielles, en suivant une marche parfaitement uniforme, que nous indiquerons ici immédiatement.

Soit la fonction

$$y = f(x). \tag{1}$$

Il suffit de donner à x un certain accroissement Δx. Il en résulte pour y un accroissement Δy, et l'équation (1) devient

$$y + \Delta y = f(x + \Delta x). \tag{2}$$

On a alors, en retranchant (1) de (2),

$$\Delta y = f(x + \Delta x) - f(x)$$

et, en divisant par Δx,

$$\frac{\Delta y}{\Delta x} = \frac{f(x + \Delta x) - f(x)}{\Delta x}. \tag{3}$$

Si l'on fait tendre maintenant Δx indéfiniment vers zéro dans le second membre de la relation (3), ce second membre tend lui-même indéfiniment vers la limite de $\frac{\Delta y}{\Delta x}$ pour Δx infiniment petit, c'est-à-dire vers la dérivée $f'(x)$ que l'on cherche.

Une fois qu'on connaît l'expression de la dérivée $f'(x)$, on a la différentielle dy par la relation fondamentale (549)

$$dy = f'(x)\,dx.$$

562. Dès que l'on connaît les dérivées et les différentielles des dix fonctions simples, on peut passer à celles des fonctions de fonctions et des fonctions composées qui en dépendent nécessairement, en établissant certains théorèmes généraux.

Mais il est plus simple et beaucoup plus rapide de suivre la marche inverse.

Nous commencerons donc par démontrer les principes à l'aide desquels on peut ramener la détermination des dérivées et des différentielles de toutes les fonctions à celle des dérivées et des différentielles des dix fonctions simples; et nous nous occuperons ensuite des fonctions simples elles-mêmes. La question se trouvera d'ailleurs résolue pour quelques-unes d'entre elles, par suite de nos premières recherches.

CHAPITRE IV.

THÉORÈME DES FONCTIONS INVERSES. — DIFFÉRENTIATION DES FONCTIONS DE FONCTIONS. — DIFFÉRENTIATION DES FONCTIONS COMPOSÉES.

Théorème des fonctions inverses.

563. Soit la fonction

$$y = f(x). \tag{1}$$

Admettons qu'en la résolvant par rapport à x, on en déduise

$$x = \varphi(y). \tag{2}$$

Les fonctions indiquées par les signes f et φ sont, comme nous l'avons déjà dit (444), des fonctions *inverses l'une de l'autre*.

Comme les équations (1) et (2) sont la même équation sous deux formes différentes, elles donneront toutes deux les mêmes accroissements *correspondants* pour les variables x et y. En d'autres termes, si l'accroissement Δx conduit dans la première équation à l'accroissement Δy, l'accroissement Δy conduira nécessairement dans la seconde équation à l'accroissement Δx.

Cela posé, on aura (534)

$$f'(x) = \lim \frac{\Delta y}{\Delta x} = \lim \frac{1}{\frac{\Delta x}{\Delta y}} = \frac{1}{\lim \frac{\Delta x}{\Delta y}}$$

$$= \frac{1}{\varphi'(y)} = \frac{1}{\varphi'[f(x)]}.$$

On arrive donc à cette proposition importante (551), connue sous le nom de *théorème des fonctions inverses*.

Quand deux fonctions sont inverses au point de vue algébrique, leurs dérivées sont inverses au point de vue arithmétique.

Supposons qu'on sache trouver la dérivée de la fonction $\varphi(y)$ et qu'on ne connaisse pas encore la dérivée de la fonction $f(x)$. Il suffira, pour obtenir $f'(x)$, de prendre l'inverse $\frac{1}{\varphi'(y)}$ de $\varphi'(y)$ et d'y remplacer y par $f(x)$.

Différentiation des fonctions de fonctions.

564. Considérons une fonction de fonctions de x (559) définie par les équations

$$y = \text{F}(u), \qquad u = f(v), \qquad v = \varphi(x).$$

On voit que y dépend de u, qui dépend de v, qui dépend de x. Finalement, y dépend donc de x et est une fonction de fonctions de x. En éliminant v et u, on pourrait obtenir cette fonction sous la forme

$$y = \text{F}\{f[\varphi(x)]\};$$

mais il est facile d'éviter cette substitution.

Supposons, en effet, qu'on donne à x un accroissement Δx. Il en résultera pour v, u et y, les accroissements correspondants Δv, Δu et Δy. On aura alors, identiquement,

$$(1) \qquad \frac{\Delta y}{\Delta x} = \frac{\Delta y}{\Delta u}\,\frac{\Delta u}{\Delta v}\,\frac{\Delta v}{\Delta x}.$$

Si l'on fait tendre maintenant Δx indéfiniment vers zéro et si le nombre des fonctions superposées dans l'expression de y est fini, la limite du premier membre de l'identité (1) sera égale au produit des limites des facteurs du second membre (342), et il viendra, par définition (534),

$$(2) \qquad \text{D}_x y = \text{F}'(u)\,f'(v)\,\varphi'(x).$$

On peut donc énoncer cette règle fondamentale :

La dérivée d'une fonction de fonctions est égale au produit des dérivées des fonctions successives, chacune de ces dérivées étant prise par rapport à la variable dont la fonction considérée dépend immédiatement.

565. Si l'on veut passer à la différentielle de y, on a (549)

$$D_x y = \frac{dy}{dx}.$$

En substituant dans la relation (2) du n° 564 et en multipliant par dx, il vient

$$(1) \qquad dy = F'(u) f'(v) \varphi'(x)\, dx.$$

Telle est l'expression du *principe de la différentiation des fonctions de fonctions*. Comme on a (553, 549)

$$F'(u) = \frac{dy}{du}, \qquad f'(v) = \frac{du}{dv}, \qquad \varphi'(x)\, dx = dv,$$

on peut encore écrire

$$dy = \left(\frac{dy}{du}\right)\left(\frac{du}{dv}\right) dv$$

ou, plus simplement,

$$(2) \qquad dy = \frac{dy}{du}\,\frac{du}{dv}\, dv.$$

Il faut remarquer avec soin que dy et dv sont les *différentielles* de y et de v prises par rapport à x, tandis que $\frac{dy}{du}$ et $\frac{du}{dv}$ sont des symboles représentant les *dérivées* de y par rapport à u et de u par rapport à v. Dans $\frac{dy}{du}$, u représente la variable indépendante; dans $\frac{du}{dv}$, u représente la fonction.

Expression de l'accroissement infiniment petit d'une fonction de plusieurs variables.

566. Nous avons déjà indiqué ce qu'on devait entendre par les *dérivées partielles* d'une fonction de plusieurs variables, quand cette fonction était entière (332). Nous allons généraliser cette notion fondamentale, en y ajoutant celle des *différentielles partielles* et en considérant une fonction composée quelconque.

Nous prendrons d'abord une fonction y dépendant de deux variables u et v, et nous allons voir que l'accroissement infiniment petit d'une pareille fonction peut s'exprimer comme celui d'une fonction d'une seule variable, à l'aide d'une expression simple qui n'en diffère aussi que d'une portion infiniment petite de sa propre valeur.

Soit donc la fonction

$$y = f(u, v).$$

Nous allons donner à u et à v des accroissements *infiniment petits* Δu, Δv, qui seront ou non indépendants l'un de l'autre, suivant que les variables u et v seront ou non elles-mêmes indépendantes l'une de l'autre; y prendra alors un accroissement correspondant Δy, et l'on aura

$$y + \Delta y = f(u + \Delta u, v + \Delta v),$$

c'est-à-dire, par soustraction,

$$\Delta y = f(u + \Delta u, v + \Delta v) - f(u, v).$$

En ajoutant et en retranchant dans le second membre la même quantité $f(u + \Delta u, v)$, on peut évidemment mettre cette valeur de Δy sous la forme suivante (471) :

$$(1) \qquad \left\{ \begin{aligned} \Delta y = & f(u + \Delta u, v) - f(u, v) \\ & + f(u + \Delta u, v + \Delta v) - f(u + \Delta u, v). \end{aligned} \right.$$

Cela posé, désignons pour un instant par $f'_u(u, v)$ la *dérivée partielle* de $f(u, v)$ ou de *y par rapport à u*, c'est-à-dire la dérivée de la fonction prise en regardant u comme une variable indépendante et v comme une constante.

L'accroissement de la fonction, quand on donne à u seulement l'accroissement Δu, étant

$$f(u + \Delta u, v) - f(u, v),$$

nous pourrons alors écrire (545)

$$(2) \qquad f(u + \Delta u, v) - f(u, v) = [f'_u(u, v) + \alpha] \Delta u,$$

α étant une quantité qui tend vers zéro et qui s'annule en même temps que Δu.

De même, désignons par $f'_v(u + \Delta u, v)$ la *dérivée partielle* de la fonction $f(u + \Delta u, v)$ *par rapport à v*, c'est-à-dire la dérivée de cette fonction prise en regardant v à son tour comme une variable indépendante et $u + \Delta u$ comme une constante.

L'accroissement de la fonction $f(u+\Delta u, v)$, quand on donne à v seulement l'accroissement Δv, étant

$$f(u+\Delta u, v+\Delta v) - f(u+\Delta u, v),$$

nous pourrons écrire encore (545)

$$f(u+\Delta u, v+\Delta v) - f(u+\Delta u, v) = [f'_v(u+\Delta u, v)+\beta]\,\Delta v,$$

β étant une quantité qui tend vers zéro et qui s'annule en même temps que Δv.

Il est clair d'ailleurs que, si $f'_v(u, v)$ est la *dérivée partielle* de $f(u, v)$ ou de y par rapport à v, elle ne peut différer de $f'_v(u+\Delta u, v)$ que d'une quantité infiniment petite γ qui s'annulera avec Δu. En posant $\beta+\gamma=\alpha'$, l'expression précédente deviendra donc

$$(3)\quad f(u+\Delta u, v+\Delta v) - f(u+\Delta u, v) = [f'_v(u, v)+\alpha']\,\Delta v.$$

En ajoutant membre à membre les équations (1), (2), (3) et en simplifiant, il reste évidemment

$$\Delta y = [f'_u(u, v)+\alpha]\,\Delta u + [f'_v(u, v)+\alpha']\,\Delta v.$$

$\alpha\,\Delta u$ est infiniment petit par rapport à la première partie de la valeur de Δy, et il en est de même de $\alpha'\,\Delta v$ par rapport à la seconde partie de cette valeur (520, 530). Par suite, en désignant par ω une quantité infiniment petite par rapport à Δy, on peut poser

$$\omega = \alpha\,\Delta u + \alpha'\,\Delta v$$

et écrire

$$(4)\qquad \Delta y = f'_u(u, v)\,\Delta u + f'_v(u, v)\,\Delta v + \omega.$$

C'est l'expression que nous voulions obtenir.

On représente ordinairement les deux *dérivées partielles* $f'_u(u, v)$ et $f'_v(u, v)$ par les notations

$$\frac{df(u, v)}{du},\quad \frac{df(u, v)}{dv},\quad \text{ou}\quad \frac{dy}{du},\quad \frac{dy}{dv}.$$

Seulement, il faut bien remarquer que, dans les expressions $\frac{dy}{du}$, $\frac{dy}{dv}$, les deux dy sont différents, puisqu'ils représentent respectivement les différentielles de y relatives à la variation d'une seule des variables u, v, ou les *différentielles partielles* de y par rapport à u et par rapport à v.

Pour éviter toute ambiguïté, on pourrait écrire les deux dérivées partielles en les enveloppant ainsi de parenthèses :

$$\left(\frac{dy}{du}\right), \quad \left(\frac{dy}{dv}\right).$$

On les a supprimées, en comptant sur l'attention du lecteur bien prévenu.

Avec cette notation des dérivées partielles, on a

$$(5) \qquad \Delta y = \frac{dy}{du}\Delta u + \frac{dy}{dv}\Delta v + \omega.$$

D'après ce qui précède, l'infiniment petit d'ordre supérieur ω se compose d'une première partie $\alpha\,\Delta u$ qui, divisée par Δu, devient encore nulle pour $\Delta u = 0$, et d'une seconde partie $\alpha'\Delta v$ ou $(\beta+\gamma)\,\Delta v$ qui, après avoir été divisée par Δv, contient des termes s'annulant, les uns pour $\Delta u = 0$, les autres pour $\Delta v = 0$.

On aurait des résultats analogues, comme il est facile de s'en assurer, pour un nombre quelconque de variables, dépendantes ou non les unes des autres ou d'autres variables.

Ces résultats vont nous conduire immédiatement à la différentiation des fonctions composées.

Différentiation des fonctions composées.

567. Soit la fonction

$$y = f(u, v, w, \ldots)$$

et

$$u = \mathrm{F}(x), \qquad v = \varphi(x), \qquad w = \psi(x), \qquad \ldots$$

y sera alors une *fonction composée* de x.

Nous aurons, d'après ce qu'on vient de démontrer (**566**), en supposant toujours des accroissements infiniment petits,

$$\Delta y = \frac{dy}{du}\Delta u + \frac{dy}{dv}\Delta v + \frac{dy}{dw}\Delta w + \ldots + \omega,$$

ω étant infiniment petit relativement à Δy.

En divisant par Δx les deux membres de cette relation, il vient

$$\frac{\Delta y}{\Delta x} = \frac{dy}{du}\frac{\Delta u}{\Delta x} + \frac{dy}{dv}\frac{\Delta v}{\Delta x} + \frac{dy}{dw}\frac{\Delta w}{\Delta x} + \ldots + \frac{\omega}{\Delta x}.$$

En passant alors aux limites (534), ce qui est permis si le nombre des variables u, v, w, ..., est limité (341), on trouve évidemment (343), puisque (566) $\frac{\omega}{\Delta x}$ devient nul,

$$(1)\qquad \frac{dy}{dx} = \frac{dy}{du}\frac{du}{dx} + \frac{dy}{dv}\frac{dv}{dx} + \frac{dy}{dw}\frac{dw}{dx} + \ldots.$$

Il ne faut pas oublier (566) que, dans cette expression, $\frac{dy}{du}$, $\frac{dy}{dv}$, $\frac{dy}{dw}$, ..., sont les *dérivées partielles* de la fonction y par rapport aux différentes variables u, v, w, ..., tandis que $\frac{du}{dx}$, $\frac{dv}{dx}$, $\frac{dw}{dx}$, ..., sont les *dérivées* des variables ou des fonctions u, v, w, ..., par rapport à x.

Quant au premier membre de l'expression (1), c'est, si l'on veut, la *dérivée complète* de la fonction y, dans laquelle on fait varier toutes les quantités dépendantes de x.

On peut observer à ce sujet que, s'il arrivait qu'on eût, par exemple, $u = x$, $\frac{dy}{du}$ deviendrait, dans le second membre de l'expression (1), $\frac{dy}{dx}$ et serait la dérivée partielle de la fonction par rapport à x seulement, le premier membre représentant toujours sa dérivée complète.

En résumé :

La dérivée de la fonction composée y est la somme de toutes ses dérivées partielles par rapport aux variables dont elle dépend, chaque dérivée partielle étant multipliée par la dérivée de la variable correspondante par rapport à x.

En multipliant les deux membres de l'égalité (1) par dx, on a (549)

$$(2)\qquad dy = \frac{dy}{du}du + \frac{dy}{dv}dv + \frac{dy}{dw}dw + \ldots.$$

Si l'on regardait u comme seule variable, on aurait (549), pour la différentielle dy,

$$dy = \frac{dy}{du}du.$$

On peut donc dire, dans le cas de plusieurs variables, que $\frac{dy}{du}du$ est la *différentielle partielle* de la fonction y relativement à u.

D'après l'expression (2), le *principe de la différentiation des fonctions composées* s'énoncera alors comme il suit :

La différentielle d'une fonction composée est égale à la somme de ses différentielles partielles par rapport à chacune des variables qui y entrent explicitement.

CHAPITRE V.

DIFFÉRENTIATION D'UNE SOMME, D'UN PRODUIT, D'UN QUOTIENT, D'UNE PUISSANCE QUELCONQUE. — THÉORÈME DES FONCTIONS HOMOGÈNES.

Différentiation d'une somme.

568. Soit la fonction composée

$$y = u + v - t, \tag{1}$$

où u, v, t, sont des fonctions de x dont les différentielles sont supposées connues et dont le nombre peut être quelconque, pourvu qu'il soit fini.

Si l'on donne à x un accroissement Δx, il en résulte pour les autres variables les accroissements simultanés

$$\Delta u, \quad \Delta v, \quad \Delta t, \quad \Delta y,$$

et l'on a

$$y + \Delta y = u + \Delta u + v + \Delta v - t - \Delta t. \tag{2}$$

Si l'on retranche la relation (1) de la relation (2), il vient

$$\Delta y = \Delta u + \Delta v - \Delta t$$

et, en divisant par Δx,

$$\frac{\Delta y}{\Delta x} = \frac{\Delta u}{\Delta x} + \frac{\Delta v}{\Delta x} - \frac{\Delta t}{\Delta x}.$$

En passant aux limites, ce qui est permis si le nombre des termes, soit positifs, soit négatifs, du second membre est limité, on trouve (549)

$$\frac{dy}{dx} = \frac{du}{dx} + \frac{dv}{dx} - \frac{dt}{dx}$$

et, en multipliant de part et d'autre par dx,

$$dy = du + dv - dt.$$

La dérivée ou la différentielle d'une somme algébrique de fonctions de x est donc *égale à la somme algébrique des dérivées ou des différentielles de ces fonctions.*

Si l'une des fonctions considérées se réduit à une constante, sa dérivée est nulle ainsi que sa différentielle (549). Ainsi, dans la dérivation ou la différentiation de la *fonction somme* entendue dans un sens général, *toute constante disparaît.*

569. Soient les deux premières *fonctions simples* (557)

$$y = a + x, \qquad y = a - x.$$

a étant une constante, nous aurons, pour la *fonction simple somme,*

$$\frac{dy}{dx} = 1, \qquad dy = dx$$

et, pour la *fonction simple différence,*

$$\frac{dy}{dx} = -1, \qquad dy = -dx.$$

Dans le cas de cette dernière, la dérivée et la différentielle sont négatives parce que, lorsque la variable augmente, la fonction diminue. Les accroissements des variables sont alors de signes contraires, et leur rapport est négatif.

On aurait directement, en suivant la marche indiquée au n° 561,

$$y = a + x,$$
$$y + \Delta y = a + x + \Delta x;$$

d'où, par soustraction,

$$\Delta y = \Delta x, \qquad \frac{dy}{dx} = 1, \qquad dy = dx.$$

On aurait, de même,

$$y = a - x,$$
$$y + \Delta y = a - x - \Delta x;$$

d'où, par soustraction,

$$\Delta y = -\Delta x, \qquad \frac{dy}{dx} = -1, \qquad dy = -dx.$$

Différentiation d'un produit.

570. Soit d'abord la fonction composée

$$(1)\qquad y = uv,$$

où u et v sont des fonctions de x.

Si l'on donne à x un accroissement Δx, u, v et y prennent les accroissements simultanés

$$\Delta u,\quad \Delta v,\quad \Delta y.$$

On a donc

$$(2)\qquad \begin{cases} y + \Delta y = (u + \Delta u)(v + \Delta v) \\ \qquad\quad = uv + v\,\Delta u + u\,\Delta v + \Delta u\,\Delta v. \end{cases}$$

Si l'on retranche la relation (1) de la relation (2), il vient

$$\Delta y = v\,\Delta u + u\,\Delta v + \Delta u\,\Delta v$$

ou, en divisant de part et d'autre par Δx,

$$\frac{\Delta y}{\Delta x} = v\frac{\Delta u}{\Delta x} + u\frac{\Delta v}{\Delta x} + \frac{\Delta u}{\Delta x}\frac{\Delta v}{\Delta x}\Delta x.$$

En passant aux limites, ce qui est permis lorsque le second membre ne renferme qu'un nombre limité de termes (342), le dernier terme de ce second membre s'évanouit à cause de $\lim \Delta x = 0$, et l'on trouve

$$\frac{dy}{dx} = v\frac{du}{dx} + u\frac{dv}{dx}$$

ou, en multipliant les deux membres par dx,

$$dy = v\,du + u\,dv.$$

La dérivée ou la différentielle du produit de deux fonctions est donc *égale à la somme des produits obtenus en multipliant chaque fonction par la dérivée ou la différentielle de l'autre.*

571. Supposons que la fonction u devienne une *constante* c, et que l'on ait

$$y = cv.$$

Il faudra faire dans les résultats précédents (570, 569) $\frac{du}{dx} = 0$, $du = 0$, et l'on aura

$$\frac{dy}{dx} = c\frac{dv}{dx} \quad \text{et} \quad dy = c\,dv.$$

La dérivée ou la différentielle d'une fonction multipliée par une constante est donc *égale à la dérivée ou à la différentielle de cette fonction multipliée par la même constante.*

Si l'on considère spécialement la troisième *fonction simple* (557)

$$y = ax,$$

on a immédiatement

$$\frac{dy}{dx} = a, \qquad dy = a\,dx.$$

On aurait directement, en suivant la marche indiquée au n° 561,

$$y = ax,$$
$$y + \Delta y = a(x + \Delta x);$$

d'où, par soustraction,

$$\Delta y = a\,\Delta x, \qquad \frac{dy}{dx} = a, \qquad dy = a\,dx.$$

572. Revenons au produit de deux fonctions u et v (570) et à la formule

$$dy = v\,du + u\,dv.$$

En divisant les deux membres par le produit $y = uv$, on en déduit

$$\frac{dy}{y} = \frac{du}{u} + \frac{dv}{v}.$$

Le rapport de la différentielle d'une fonction à cette fonction a reçu le nom de *différentielle logarithmique* de la fonction.

On peut donc dire encore que *la différentielle logarithmique du produit de deux fonctions est égale à la somme des différentielles logarithmiques de ces fonctions.*

Cette propriété, analogue à la propriété fondamentale des logarithmes, explique la dénomination employée.

Elle va nous permettre de trouver rapidement et élégamment la règle de différentiation du produit d'un nombre quelconque de fonctions, pourvu que ce nombre soit fini (370).

573. Soit, par exemple,

$$y = u_1 u_2 u_3 \ldots u_n,$$

n étant fini et u_1, u_2, u_3, ..., u_n représentant des fonctions de x.

Nous pourrons considérer le produit donné comme un produit de deux facteurs, u_1 d'une part, et $u_2 u_3 \ldots u_n$ d'autre part; puis, ce dernier produit comme un produit de deux facteurs u_2 et $u_3 \ldots u_n$; et ainsi de suite. Nous aurons alors successivement (572)

$$\begin{aligned}
\frac{dy}{y} &= \frac{du_1}{u_1} + \frac{d(u_2 u_3 \ldots u_n)}{u_2 u_3 \ldots u_n} \\
&= \frac{du_1}{u_1} + \frac{du_2}{u_2} + \frac{d(u_3 \ldots u_n)}{u_3 \ldots u_n} \\
&= \frac{du_1}{u_1} + \frac{du_2}{u_2} + \frac{du_3}{u_3} + \frac{d(\ldots u_n)}{\ldots u_n} \\
&\ldots\ldots\ldots\ldots\ldots\ldots\ldots\ldots\ldots
\end{aligned}$$

La dernière égalité ainsi obtenue sera

$$\frac{dy}{y} = \frac{du_1}{u_1} + \frac{du_2}{u_2} + \frac{du_3}{u_3} + \ldots + \frac{du_n}{u_n},$$

et elle exprime que *la différentielle logarithmique du produit d'un nombre quelconque de fonctions,* ce nombre étant fini, *est égale à la somme des différentielles logarithmiques de ces fonctions.*

En multipliant les deux membres de cette égalité par y et en les divisant par dx, on a

$$\frac{dy}{dx} = \frac{y}{u_1}\frac{du_1}{dx} + \frac{y}{u_2}\frac{du_2}{dx} + \frac{y}{u_3}\frac{du_3}{dx} + \ldots + \frac{y}{u_n}\frac{du_n}{dx}.$$

Si l'on multiplie seulement par y les deux membres de la même égalité, on trouve

$$dy = \frac{y}{u_1}du_1 + \frac{y}{u_2}du_2 + \frac{y}{u_3}du_3 + \ldots + \frac{y}{u_n}du_n.$$

On peut donc dire que *la dérivée ou la différentielle du produit d'un nombre quelconque n de fonctions*, *n* étant fini, *est égale à la somme des produits obtenus en multipliant la dérivée ou la différentielle de chaque fonction par le produit de toutes les autres fonctions.*

Si l'une des fonctions se réduit à une *constante*, le terme qui contient sa dérivée ou sa différentielle disparaît du second membre (538, 549); mais cette constante se retrouve dans tous les autres termes et peut être mise en facteur commun. Ainsi, dans la dérivation ou la différentiation de la *fonction produit*, entendue dans un sens général, *toute constante persiste* (568).

Différentiation d'un quotient.

574. Soit la fonction composée

$$y = \frac{u}{v},$$

où u et v sont des fonctions de x.

On en déduit

$$yv = u$$

et, en appliquant le théorème des différentielles logarithmiques (572),

$$\frac{dy}{y} + \frac{dv}{v} = \frac{du}{u}.$$

Il en résulte

$$\frac{dy}{y} = \frac{du}{u} - \frac{dv}{v}.$$

La différentielle logarithmique du quotient de deux fonctions est donc *égale à la différentielle logarithmique du dividende moins la différentielle logarithmique du diviseur.*

Multiplions par $y = \frac{u}{v}$ les deux membres de la relation précédente. Nous aurons

$$dy = \frac{1}{v}\,du - \frac{u}{v^2}\,dv$$

ou

$$dy = \frac{v\,du - u\,dv}{v^2};$$

et, en divisant par dx les deux membres de cette égalité,

$$\frac{dy}{dx} = \frac{v\frac{du}{dx} - u\frac{dv}{dx}}{v^2}.$$

La dérivée ou la différentielle d'un quotient de deux fonctions est donc *égale à la dérivée ou à la différentielle du dividende multipliée par le diviseur moins la dérivée ou la différentielle du diviseur multipliée par le dividende, le tout divisé par le carré du diviseur.*

575. Si l'on considère spécialement la *fonction simple* quotient (557)

$$y = \frac{a}{x},$$

on doit faire le dividende u égal à une constante et le diviseur v égal à x. On a ainsi (549)

$$\frac{dy}{dx} = -\frac{a}{x^2}, \qquad dy = -\frac{a\,dx}{x^2}.$$

La dérivée ou la différentielle est ici négative, parce que la fonction diminue quand la variable augmente. Les deux accroissements sont ainsi de signes contraires, et leur rapport est négatif.

On aurait directement, en suivant la marche indiquée au n° 561,

$$y = \frac{a}{x},$$

$$y + \Delta y = \frac{a}{x + \Delta x};$$

d'où, par soustraction,

$$\Delta y = \frac{a}{x + \Delta x} - \frac{a}{x}$$

$$= \frac{-a\,\Delta x}{x(x + \Delta x)}.$$

On en déduit évidemment, en divisant par Δx et en passant aux limites,

$$\frac{dy}{dx} = -\frac{a}{x^2} \quad \text{et} \quad dy = -\frac{a\,dx}{x^2}.$$

Différentiation d'une puissance quelconque.

576. Soit la fonction composée

$$y = u^m,$$

où u est une fonction de x et m une constante.

Pour arriver à une règle complètement générale, nous devons distinguer plusieurs cas :

1° *m est entier et positif.*

y étant alors le produit de m facteurs égaux à u, sa différentielle logarithmique (573) est égale à la différentielle logarithmique de u répétée m fois. On a donc

$$\frac{dy}{y} = m\frac{du}{u},$$

et, en multipliant de part et d'autre par $y = u^m$, il vient

$$dy = mu^{m-1}\,du.$$

2° *m est fractionnaire et positif.*

Soit $m = \frac{p}{q}$, p et q étant entiers et positifs. Il en résulte

$$y = u^{\frac{p}{q}}.$$

En élevant à la puissance q les deux membres de cette égalité, on a

$$y^q = u^p.$$

Ces deux fonctions étant constamment égales, leurs différentielles le sont (549), et il en est de même de leurs différentielles logarithmiques (572). On peut donc poser

$$\frac{dy^q}{y^q} = \frac{du^p}{u^p},$$

c'est-à-dire, puisque p et q sont entiers et positifs (1°),

$$q\frac{dy}{y} = p\frac{du}{u}.$$

On en déduit, en divisant par q et en multipliant par $y = u^{\frac{p}{q}}$,

$$dy = \frac{p}{q} u^{\frac{p}{q}} \frac{du}{u} = \frac{p}{q} u^{\frac{p}{q}-1} du,$$

ou encore

$$dy = mu^{m-1} du.$$

3° *m est un nombre négatif, entier ou fractionnaire.*

Soit $m = -n$, n étant un nombre positif, entier ou fractionnaire. Il en résulte

$$y = u^{-n} = \frac{1}{u^n}$$

ou

$$yu^n = 1.$$

En appliquant au produit yu^n le théorème de la différentielle logarithmique (573) et en remarquant que 1 est une constante dont la différentielle est nulle (549), il vient

$$\frac{dy}{y} + \frac{du^n}{u^n} = 0,$$

c'est-à-dire, puisque n est entier et positif (1°),

$$\frac{dy}{y} = -\frac{du^n}{u^n} = -n\frac{du}{u}.$$

En multipliant les deux membres de cette égalité par $y = u^{-n}$, on trouve

$$dy = -nu^{-n}\frac{du}{u} = -nu^{-n-1} du,$$

ou encore

$$dy = mu^{m-1} du.$$

Cette dernière formule est donc complètement générale et reste vraie, que l'exposant m de la puissance u^m soit entier ou fractionnaire, positif ou négatif.

En divisant par dx les deux membres de la formule, on a, également d'une manière générale,

$$\frac{dy}{dx} = mu^{m-1}\frac{du}{dx}.$$

La dérivée ou la différentielle de la puissance $m^{ième}$ d'une *fonction est* donc *égale à m fois le produit de la puissance* $(m-1)^{ième}$ *de la fonction par sa dérivée ou sa différentielle.*

577. La différentiation des radicaux est comprise dans la règle précédente.

Soit la fonction composée

$$y = \sqrt[m]{u} = u^{\frac{1}{m}}.$$

Nous aurons (576)

$$dy = \frac{1}{m} u^{\frac{1}{m}-1} du,$$

c'est-à-dire

$$dy = \frac{1}{m} u^{\frac{1-m}{m}} du = \frac{du}{mu^{\frac{m-1}{m}}}$$

ou

$$dy = \frac{du}{m\sqrt[m]{u^{m-1}}}$$

et, en divisant par dx de part et d'autre,

$$\frac{dy}{dx} = \frac{\frac{du}{dx}}{m\sqrt[m]{u^{m-1}}}.$$

La dérivée ou la différentielle de la racine $m^{ième}$ *d'une fonction est* donc *égale à sa dérivée ou à sa différentielle divisée par m fois la racine* $m^{ième}$ *de la puissance* $(m-1)^{ième}$ *de la fonction.*

Dans le cas particulier de $m = 2$, qui se présente fréquemment, on a

$$y = \sqrt{u}$$

et

$$dy = \frac{du}{2\sqrt{u}}, \qquad \frac{dy}{dx} = \frac{\frac{du}{dx}}{2\sqrt{u}}.$$

La dérivée ou la différentielle de la racine carrée d'une fonction est donc *égale à sa dérivée ou à sa différentielle divisée par le double du radical.*

578. D'après ce qu'on vient de voir (576, 577), si l'on considère la cinquième *fonction simple* (557)

$$y = x^m,$$

on a, pour sa différentielle et sa dérivée,

$$dy = m x^{m-1}\,dx, \qquad \frac{dy}{dx} = m x^{m-1}.$$

Si l'on considère la sixième *fonction simple* (557)

$$y = \sqrt[m]{x},$$

on a, également, pour sa différentielle et sa dérivée,

$$dy = \frac{dx}{m\sqrt[m]{x^{m-1}}}, \qquad \frac{dy}{dx} = \frac{1}{m\sqrt[m]{x^{m-1}}}.$$

Solution des questions précédentes par le principe de la différentiation des fonctions composées.

579. On peut résoudre facilement toutes les questions précédentes, à l'aide du principe de la différentiation des fonctions composées (567).

Somme algébrique. — Soit la fonction composée

$$y = u + v - t,$$

où u, v, t, sont des fonctions de x. Nous aurons immédiatement (567)

$$dy = \frac{dy}{du}du + \frac{dy}{dv}dv + \frac{dy}{dt}dt.$$

Mais $\frac{dy}{du}$, dérivée partielle de la fonction par rapport à u, est égale à 1, et l'on a, de même (569), $\frac{dy}{dv} = 1$ et $\frac{dy}{dt} = -1$.

Il vient, par suite, comme précédemment (568),

$$dy = du + dv - dt.$$

Produit. — Soit la fonction composée

$$y = uvt,$$

où u, v, t, sont des fonctions de x. On a toujours (567)

$$dy = \frac{dy}{du}du + \frac{dy}{dv}dv + \frac{dy}{dt}dt;$$

mais, ici (571), $\frac{dy}{du} = vt$, $\frac{dy}{dv} = ut$, $\frac{dy}{dt} = uv$. Par suite, on retrouve la formule (573)

$$dy = vt\,du + ut\,dv + uv\,dt.$$

QUOTIENT. — Soit la fonction composée

$$y = \frac{u}{v},$$

où u et v sont des fonctions de x. On a encore (567)

$$dy = \frac{dy}{du}du + \frac{dy}{dv}dv.$$

D'ailleurs, $\frac{dy}{du} = \frac{1}{v}$ (571) et $\frac{dy}{dv} = -\frac{u}{v^2}$ (575). On retrouve donc aussi la formule (574)

$$dy = \frac{1}{v}du - \frac{u}{v^2}dv = \frac{v\,du - u\,dv}{v^2}.$$

Nous nous servirons encore du même principe pour démontrer un théorème important qui est d'un usage fréquent en *Géométrie analytique* (t. V).

Théorème des fonctions homogènes.

580. On dit qu'une fonction de plusieurs variables est *homogène et du degré m* lorsque, en multipliant chaque variable par une variable auxiliaire quelconque ou une *indéterminée t*, la fonction elle-même se trouve multipliée par t^m.

Soit une pareille fonction représentée par

$$f(x, y, z, \ldots).$$

D'après sa définition même, on aura

$$(1) \qquad f(tx, ty, tz, \ldots) = t^m f(x, y, z, \ldots).$$

On peut alors différentier ou dériver les deux membres de cette expression, en regardant t comme *seule variable*. Le second membre est, dans ce cas, le produit de la puissance t^m par une constante; le premier membre est une *fonction composée* de t, car on peut poser $tx = u$, $ty = v$, $tz = w$, ...

En appliquant, d'une part, le principe des fonctions composées sous la forme (1) [567], en remarquant qu'on a (571)

$$\frac{dtx}{dt} = x, \qquad \frac{dty}{dt} = y, \qquad \frac{dtz}{dt} = z, \qquad \ldots,$$

et, d'autre part, les règles relatives à la dérivation d'un produit et d'une puissance (571, 576), il viendra, en désignant, pour simplifier, la fonction par f dans le premier membre,

$$\frac{df}{dtx}x + \frac{df}{dty}y + \frac{df}{dtz}z + \ldots = mt^{m-1}f(x, y, z, \ldots).$$

Cette relation ayant lieu, quel que soit t, on peut supposer $t = 1$, et elle devient

$$(2) \qquad \frac{df}{dx}x + \frac{df}{dy}y + \frac{df}{dz}z + \ldots = mf(x, y, z, \ldots).$$

Cette égalité (2) constitue le *théorème des fonctions homogènes*. On peut donc l'énoncer comme il suit :

La somme des dérivées partielles d'une fonction homogène par rapport aux variables dont elle dépend, chaque dérivée partielle étant multipliée par la variable correspondante, est égale au produit de la fonction par son degré.

581. Désignons par $\varphi(x, y, z, \ldots)$ *la dérivée partielle* (566, 567) de la fonction homogène $f(x, y, z, \ldots)$ *par rapport à* x. Nous aurons

$$\varphi(x, y, z, \ldots) = \frac{df(x, y, z, \ldots)}{dx}.$$

En considérant x comme seule variable dans le second membre, on peut donc écrire successivement, d'après ce qui précède (580),

$$\begin{aligned}\varphi(tx, ty, tz, \ldots) &= \frac{df(tx, ty, tz, \ldots)}{dtx} \\ &= \frac{dt^m f(x, y, z, \ldots)}{t\,dx} = t^{m-1}\frac{df(x, y, z, \ldots)}{dx} \\ &= t^{m-1}\varphi(x, y, z, \ldots).\end{aligned}$$

Il en résulte immédiatement (580) que *les dérivées partielles du premier ordre d'une fonction homogène de degré* m *sont des fonctions homogènes de degré* $m - 1$.

Exemples et applications.

582. Nous venons d'exposer les règles de dérivation et de différentiation qui concernent les fonctions algébriques explicites, et il nous reste à considérer les fonctions transcendantes. Mais, auparavant, et pour habituer le lecteur à la pratique de ces premières règles, nous présenterons quelques exemples et applications.

1° *Soit une fonction entière de* x (447)

$$y = A_0 x^m + A_1 x^{m-1} + A_2 x^{m-2} + \ldots + A_{m-1} x + A_m.$$

En appliquant les règles relatives à l'addition, à la multiplication et à l'élévation aux puissances (568, 571, 576), on a immédiatement pour sa différentielle

$$dy = [m A_0 x^{m-1} + (m-1) A_1 x^{m-2} + (m-2) A_2 x^{m-3} + \ldots + A_{m-1}] dx.$$

2° *Soit une fonction rationnelle de* x (447)

$$y = \frac{x^2 - 4x + 3}{x^2 - 6x + 5}.$$

On remarque que les deux termes de cette expression s'annulent pour $x = 1$, ce qui prouve qu'ils sont tous deux divisibles par $x - 1$ (14) ou qu'ils admettent ce facteur commun. Si on le supprime, il vient

$$y = \frac{x-3}{x-5}.$$

En appliquant la règle relative à un quotient (574), on a

$$dy = \frac{dx(x-5) - dx(x-3)}{(x-5)^2} = -\frac{2}{(x-5)^2} dx.$$

3° *Soit la fonction composée*

$$y = a + b\sqrt{x} - \frac{c}{x} + \frac{g}{\sqrt{x}}.$$

En appliquant les règles relatives à l'addition, à la multiplication, à la division et à l'extraction des racines, il vient

$$dy = \left[\frac{b}{2\sqrt{x}} + \frac{c}{x^2} - \frac{g}{2x\sqrt{x}}\right] dx.$$

On peut aussi transformer l'expression à l'aide des exposants fractionnaires et négatifs et écrire

$$y = a + bx^{\frac{1}{2}} - cx^{-1} + gx^{-\frac{1}{2}}.$$

Il en résulte, d'après la règle relative aux puissances (576)

$$dy = \frac{1}{2} bx^{-\frac{1}{2}} dx + cx^{-2} dx - \frac{1}{2} gx^{-\frac{3}{2}} dx,$$

ou, comme précédemment,

$$dy = \left[\frac{b}{2\sqrt{x}} + \frac{c}{x^2} - \frac{g}{2x\sqrt{x}} \right] dx.$$

4° *Soit la fonction composée*

$$y = \sqrt{ax^2 + bx + c}$$

ou

$$y = \sqrt{u}, \qquad \text{en posant} \qquad u = ax^2 + bx + c.$$

En appliquant la règle relative à l'extraction des racines (577), ainsi que les autres regles nécessaires, on a

$$dy = \frac{du}{2\sqrt{u}} \qquad \text{ou} \qquad dy = \frac{2ax + b}{2\sqrt{ax^2 + bx + c}} dx.$$

On trouvera de même. pour la fonction composée,

$$y = \sqrt[3]{ax^3 + bx^2 + cx + g}$$

ou

$$y = \sqrt[3]{u}, \qquad \text{en posant} \qquad u = ax^3 + bx^2 + cx + g,$$

$$dy = \frac{du}{3\sqrt[3]{u^2}} \qquad \text{ou} \qquad dy = \frac{3ax^2 + 2bx + c}{3\sqrt[3]{(ax^3 + bx^2 + cx + g)^2}} dx.$$

5° *Soit la fonction composée*

$$y = \frac{x}{(a^2 - x^2)^{\frac{1}{2}}}.$$

En appliquant la règle relative à la différentiation d'un quotient (574). nous aurons (564)

$$dy = \frac{(a^2 - x^2)^{\frac{1}{2}} dx - \frac{1}{2} x (a^2 - x^2)^{-\frac{1}{2}} (-2x\,dx)}{a^2 - x^2},$$

c'est-à-dire, en simplifiant,

$$dy = \frac{(a^2 - x^2)^{\frac{1}{2}} + x^2 (a^2 - x^2)^{-\frac{1}{2}}}{a^2 - x^2} dx.$$

En multipliant les deux termes de la fraction du second membre par $(a^2 - x^2)^{\frac{1}{2}}$, on trouve finalement

$$dy = \frac{a^2 - x^2 + x^2}{(a^2 - x^2)^{\frac{3}{2}}} dx = \frac{a^2}{(a^2 - x^2)^{\frac{3}{2}}} dx.$$

6° *Soit la fonction composée*

$$y = (ax^m + b)^p$$

ou

$$y = u^p, \quad \text{en posant} \quad ax^m + b = u.$$

Nous aurons (576)

$$dy = pu^{p-1}du \quad \text{ou} \quad dy = p(ax^m + b)^{p-1}\,d(ax^m + b),$$

c'est-à-dire

$$dy = p(ax^m + b)^{p-1}\,max^{m-1}\,dx$$

ou

$$dy = pmax^{m-1}(ax^m + b)^{p-1}\,dx.$$

583. 7° *Chercher quelles sont les courbes où la sous-normale est, en tous les points, une quantité constante p.*

Nous avons vu (*Géom.*, 754) ce qu'on appelait *sous-normale* et *sous-tangente* d'une courbe.

Soit (*fig.* 6) la courbe quelconque AB, rapportée à des axes rectan-

Fig. 6.

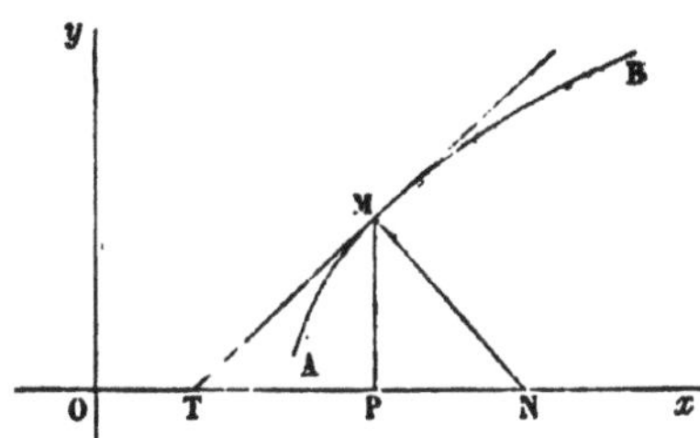

gulaires Ox, Oy. Menons, en un point quelconque M, l'ordonnée MP, la tangente MT et la normale MN.

La projection PN sur l'axe Ox de la portion de normale comprise entre le point de contact M et le pied N de la normale sur l'axe, s'appelle la *sous-normale* au point M; de même, TP est la *sous-tangente* au même point.

Soient x et y les coordonnées du point quelconque M. Il s'agit de trouver l'équation $y = f(x)$ de la courbe AB, c'est-à-dire la relation qui lie ces coordonnées variables x et y d'après la condition imposée.

La figure donne

$$\text{PN} = \text{MP}\,\text{tang}\,\text{PMN} = \text{MP}\,\text{tang}\,\text{MT}x.$$

Mais tang MTx représente précisément (535) la dérivée $\frac{dy}{dx}$ de la fonction $y = f(x)$, MP est l'ordonnée y et PN est la quantité constante donnée p. On a donc

$$p = y\frac{dy}{dx}$$

ou, en renversant l'ordre et en multipliant de part et d'autre par $2dx$,

$$2y\,dy = 2p\,dx.$$

Il est évident que le premier membre de cette égalité représente la différentielle de y^2 et, le second membre, la différentielle de $2px$. Les différentielles de ces deux fonctions de x étant constamment égales, ces fonctions elles-mêmes ne peuvent différer que par une constante arbitraire C (543, 549), et l'on a

$$y^2 = 2px + C.$$

Telle est l'équation cherchée. Elle représente, à cause de la constante arbitraire, *toutes les paraboles* qui ont p pour *paramètre* (*Géom.*, 738, 755, 756) et pour axe l'axe des x.

En effet, si une parabole, de paramètre p, est rapportée à son axe et à la tangente au sommet (*Géom.*, 754, 756), son équation est

$$y^2 = 2px.$$

Si, maintenant, sans changer l'axe des x, on déplace l'axe des y parallèlement à lui-même en le transportant, vers la gauche par exemple, à une distance quelconque k de sa position primitive, il faut évidemment changer x en $x - k$, et l'équation de la courbe prend la forme

$$y^2 = 2p(x-k) = 2px - 2pk,$$

c'est-à-dire, en posant $C = -2pk$,

$$y^2 = 2px + C.$$

584. 8° *Chercher les courbes où la longueur* MN *de la normale* (*fig.* 6) *est, en tous les points, égale à une constante a.*

En se reportant à la figure, on doit avoir ici

$$(1)\qquad \overline{MN}^2 = \overline{MP}^2 + \overline{PN}^2.$$

Mais nous venons de trouver, dans la question précédente,

$$PN = y\frac{dy}{dx}.$$

Nous aurons donc, en substituant dans la relation (1),

$$(2)\qquad a^2 = y^2 + y^2\left(\frac{dy}{dx}\right)^2.$$

Cette équation est satisfaite pour

$$y = \pm a,$$

puisque cette condition entraîne (335)

$$\frac{dy}{dx} = 0.$$

Une première solution du problème est donc donnée par les deux droites menées de part et d'autre de l'axe des x, parallèlement à cet axe, à la distance a.

Laissant de côté cette solution, on déduit de l'équation (2)

$$y\frac{dy}{dx} = \sqrt{a^2 - y^2}$$

ou

$$dx = \frac{y\,dy}{\sqrt{a^2-y^2}} = \frac{2y\,dy}{2\sqrt{a^2-y^2}}.$$

Le premier membre de cette égalité représente la différentielle de x, tandis que le second membre représente évidemment (377) la différentielle de $-\sqrt{a^2-y^2}$. Ces deux quantités ne peuvent donc différer que par une constante arbitraire c, et l'on a

$$x = -\sqrt{a^2-y^2} + c,$$

c'est-à-dire

$$(x-c)^2 + y^2 = a^2.$$

Telle est l'équation cherchée. Elle représente *tous les cercles* de rayon a, ayant leurs centres sur l'axe des x.

En effet, quand le centre du cercle de rayon a est à l'origine des coordonnées, son équation est (*Géom.*, 754)

$$x^2 + y^2 = a^2.$$

Si l'on déplace, maintenant, l'axe des y, comme dans le cas précédent, vers la gauche par exemple, en le transportant à la distance c, il faut changer précisément x en $x - c$, et l'on a, pour l'équation du cercle,

$$(x-c)^2 + y^2 = a^2.$$

Remarquons que *les deux droites de la première solution* sont les tangentes indéfinies, parallèles à l'axe des x, qui ENVELOPPENT *tous les cercles de la seconde solution*. Cette seconde solution renferme d'ailleurs évidemment la première.

CHAPITRE VI.

DIFFÉRENTIATION DES FONCTIONS LOGARITHMIQUE ET EXPONENTIELLE.

Différentiation de la fonction logarithmique.

585. Soit la fonction logarithmique simple (557)

$$y = \log x.$$

Les logarithmes sont rapportés à une base positive quelconque a.

En suivant la marche indiquée au n° 561, si l'on donne à x, à partir d'une valeur déterminée quelconque, un accroissement Δx, y prend un accroissement Δy, et l'on a

$$y + \Delta y = \log(x + \Delta x).$$

On en déduit, par soustraction,

$$\Delta y = \log(x + \Delta x) - \log x = \log \frac{x + \Delta x}{x} = \log\left(1 + \frac{\Delta x}{x}\right)$$

et, en divisant par Δx,

$$(1) \qquad \frac{\Delta y}{\Delta x} = \frac{\log\left(1 + \dfrac{\Delta x}{x}\right)}{\Delta x}.$$

Si l'on fait tendre Δx vers zéro, il en est de même de la fraction $\frac{\Delta x}{x}$. Le numérateur du second membre de l'égalité (1) tend donc vers $\log 1$ ou vers zéro (496). Par suite, la limite de $\frac{\Delta y}{\Delta x}$ se présente sous la forme $\frac{0}{0}$.

Pour lever cette indétermination, qui n'est qu'apparente,

nous poserons

$$\frac{\Delta x}{x} = \alpha, \qquad \text{d'où} \qquad \Delta x = \alpha x,$$

et α tendra vers zéro en même temps que Δx.

En substituant dans le second membre de l'égalité (1), il viendra

$$\frac{\Delta y}{\Delta x} = \frac{\log(1+\alpha)}{\alpha x} = \frac{\frac{1}{\alpha}\log(1+\alpha)}{x} = \frac{\log(1+\alpha)^{\frac{1}{\alpha}}}{x}.$$

Pour passer à la limite, il faut faire tendre α indéfiniment vers zéro; mais alors (416) la limite de $(1+\alpha)^{\frac{1}{\alpha}}$ est le nombre e, base du système des logarithmes népériens (504). Comme la limite du logarithme d'un nombre est évidemment égale au logarithme de la limite de ce nombre, on a finalement

$$\text{D}\log x = \frac{dy}{dx} = \frac{\log e}{x}$$

et

$$d\log x = dy = \frac{\log e}{x}dx,$$

quel que soit le système de logarithmes considéré.

On voit que *la dérivée de* $\log x$ *est égale à l'inverse de la variable, multiplié par le module relatif* $\text{M} = \log e$, *à l'aide duquel s'effectue le passage des logarithmes népériens aux logarithmes employés* (500).

586. Dans le cas où $a = 10$, c'est-à-dire où l'on emploie les logarithmes vulgaires, on a (506)

$$\text{M} = \log e = \frac{1}{\text{L}.10} = 0,4342944819\ldots.$$

D'une manière générale, et L désignant les logarithmes népériens (505), on a (500)

$$\log e = \frac{1}{\text{L}a}.$$

On peut donc encore écrire

$$\frac{dy}{dx} = \frac{1}{x\,\text{L}a} \qquad \text{et} \qquad dy = \frac{dx}{x\,\text{L}a}.$$

Si l'on suppose $a = e$, il vient

$$\mathrm{L}a = \mathrm{L}e = 1,$$

et l'on a

$$\mathrm{DL}x = \frac{dy}{dx} = \frac{1}{x}, \qquad d\mathrm{L}x = dy = \frac{dx}{x}.$$

Ainsi, quand on fait usage du système népérien, *la dérivée de* $\mathrm{L}x$ *est* simplement *égale à l'inverse de la variable.*

On donne à *la différentielle* $\frac{dx}{x}$ le nom de *différentielle logarithmique de* x (572).

587. Lorsque la variable x est remplacée par une fonction de x, on n'a qu'à appliquer le principe de la différentiation des fonctions de fonctions (565).

Soient

$$y = \log u \qquad \text{et} \qquad u = \varphi(x).$$

Nous aurons

$$\frac{dy}{dx} = \frac{\log e}{u}\frac{du}{dx}, \qquad dy = \frac{\log e}{u} du.$$

Si l'on a, par exemple, $u = x^m$, il vient (576)

$$\frac{dy}{dx} = \frac{\log e}{x^m} m x^{m-1} = \frac{m \log e}{x}, \qquad dy = \frac{m \log e}{x} dx.$$

588. La règle de différentiation de la fonction logarithmique peut être très souvent appliquée à la recherche des différentielles d'autres fonctions.

Soit, par exemple, la fonction

$$y = u^m,$$

où u est une fonction de x, et que nous avons déjà considérée (576).

En supposant *m quelconque* et en prenant les logarithmes des deux membres dans le système népérien (505), il vient

$$ly = mlu;$$

d'où, en prenant les différentielles des deux membres de cette nouvelle égalité (586, 571),

$$\frac{dy}{y} = m\frac{du}{u}.$$

Il en résulte, en multipliant de part et d'autre par $y = u^m$,

$$dy = d(u^m) = mu^{m-1}\,du,$$

comme précédemment, mais bien plus rapidement (576).

Soit encore le produit

$$y = uvt,$$

où u, v, t, sont des fonctions de x.

Supposons qu'il puisse y avoir des facteurs négatifs. Pour tourner cette difficulté, puisque les nombres négatifs n'ont pas de logarithmes réels (491), élevons les deux membres de l'égalité au carré et prenons leurs logarithmes népériens. Nous aurons (493)

$$ly^2 = lu^2 + lv^2 + lt^2.$$

En différentiant les deux membres de cette nouvelle égalité, il vient (586, 576)

$$\frac{dy^2}{y^2} = \frac{du^2}{u^2} + \frac{dv^2}{v^2} + \frac{dt^2}{t^2}$$

ou

$$\frac{2y\,dy}{y^2} = \frac{2u\,du}{u^2} + \frac{2v\,dv}{v^2} + \frac{2t\,dt}{t^2},$$

c'est-à-dire, en divisant par 2 et en simplifiant,

$$\frac{dy}{y} = \frac{du}{u} + \frac{dv}{v} + \frac{dt}{t},$$

comme précédemment (573).

Différentiation de la fonction exponentielle.

589. Soit la fonction exponentielle simple (557)

$$y = a^x,$$

où a est un nombre quelconque positif.

Nous déterminerons d'abord directement sa différentielle en suivant la marche indiquée au n° 561.

Donnons à x, à partir d'une valeur déterminée quelconque, un accroissement Δx. Il en résultera pour y un accroissement Δy, et l'on aura

$$y + \Delta y = a^{x+\Delta x},$$

d'où, par soustraction,

$$\Delta y = a^{x+\Delta x} - a^x = a^x(a^{\Delta x} - 1)$$

et, en divisant par Δx,

$$(1)\qquad \frac{\Delta y}{\Delta x} = a^x \frac{a^{\Delta x} - 1}{\Delta x}.$$

Si l'on fait tendre Δx vers zéro, que a soit plus grand ou plus petit que 1, la limite de $a^{\Delta x}$ est 1 (482). Par suite, la limite de $\frac{\Delta y}{\Delta x}$ se présente sous la forme $\frac{0}{0}$.

Pour faire disparaître cette indétermination, qui n'est qu'apparente, posons

$$a^{\Delta x} - 1 = \alpha,$$

α tendant vers zéro en même temps que Δx.

De cette relation on déduit d'ailleurs

$$a^{\Delta x} = 1 + \alpha$$

et, en prenant les logarithmes des deux membres dans un système quelconque,

$$\Delta x \log a = \log(1 + \alpha),$$

d'où

$$\Delta x = \frac{\log(1+\alpha)}{\log a}.$$

En remplaçant, dans l'égalité (1), $a^{\Delta x} - 1$ et Δx par les valeurs que nous venons d'indiquer, nous trouverons

$$\frac{\Delta y}{\Delta x} = a^x \frac{\alpha}{\dfrac{\log(1+\alpha)}{\log a}} = a^x \frac{\log a}{\dfrac{1}{\alpha}\log(1+\alpha)} = a^x \frac{\log a}{\log(1+\alpha)^{\frac{1}{\alpha}}}.$$

α et Δx tendant simultanément vers zéro et la limite de $\log(1+\alpha)^{\frac{1}{\alpha}}$ pour $\alpha = 0$ étant e, nous aurons finalement

$$Da^x = \frac{dy}{dx} = a^x \frac{\log a}{\log e}, \qquad da^x = dy = a^x \frac{\log a}{\log e} dx.$$

Remarquons que ces expressions subsistent, *quel que soit le système de logarithmes adopté;* car le rapport des logarithmes de deux nombres quelconques demeure constant quand on passe d'un système à un autre (502).

On voit que *la dérivée de la fonction exponentielle est égale à la fonction elle-même, multipliée par le rapport des logarithmes du nombre a et de la base népérienne.*

590. Si l'on emploie le système vulgaire, on a

$$\log a = 1 \qquad \text{et} \qquad M_1 = \frac{1}{\log e} = \mathrm{L}.10 = 2,302585093\ldots,$$

M_1 étant le module relatif qui permet de revenir des logarithmes vulgaires aux logarithmes népériens (**506**).

Si l'on emploie le système népérien, on a $le = 1$ et, par suite,

$$\mathrm{D}a^x = \frac{dy}{dx} = a^x\, la, \qquad da^x = dy = a^x\, la\, dx.$$

591. Si a devient égal à e, la fonction exponentielle devient

$$y = e^x,$$

et l'on a

$$\mathrm{D}e^x = \frac{dy}{dx} = e^x, \qquad de^x = dy = e^x\, dx.$$

Il en résulte ce fait remarquable : *la fonction e^x est égale à sa dérivée,* de sorte qu'elle se reproduit indéfiniment par dérivations successives.

592. Lorsque la variable x est remplacée par une fonction de x, on n'a qu'à appliquer le principe de la différentiation des fonctions de fonctions.

Soient

$$y = a^u \qquad \text{et} \qquad u = \varphi(x).$$

Nous aurons, en prenant les logarithmes népériens,

$$\mathrm{D}a^u = \frac{dy}{dx} = a^u\, la \frac{du}{dx}, \qquad da^u = dy = a^u\, la\, du.$$

593. Cherchons maintenant la différentielle de la fonction exponentielle, en la ramenant à celle de la fonction logarithmique. Le résultat sera presque immédiat.

Soit la fonction

$$y = a^x.$$

Prenons les logarithmes des deux membres, dans le système népérien pour plus de simplicité. Nous aurons

$$ly = la^x = x\,la.$$

En différentiant les deux membres, il vient

$$\frac{dy}{y} = la\,dx,$$

d'où, en multipliant de part et d'autre par $y = a^x$,

$$dy = a^x\,la\,dx \quad \text{et} \quad \frac{dy}{dx} = a^x\,la,$$

comme précédemment (590).

594. Supposons, inversement, qu'on veuille déduire la différentielle de la fonction logarithmique de celle de la fonction exponentielle.

Soit la fonction

$$y = \log x,$$

les logarithmes étant pris dans le système dont la base est a. On en déduit la fonction inverse (507)

$$x = a^y,$$

dont la dérivée est (589)

$$\frac{dx}{dy} = a^y \frac{\log a}{\log e}.$$

Les logarithmes étant rapportés à la base a et a^y étant x, il vient

$$\frac{dx}{dy} = \frac{x}{\log e},$$

c'est-à-dire (563), pour la fonction logarithmique,

$$\frac{dy}{dx} = \frac{1}{\frac{dx}{dy}} = \frac{\log e}{x} \quad \text{et} \quad dy = \frac{\log e}{x}\,dx,$$

comme précédemment (585).

Différentiation de u^v.

595. Soit la fonction composée

$$y = u^v,$$

où u et v sont des fonctions de x. Nous nous servirons encore de la règle de différentiation des fonctions logarithmiques, en l'associant à celle d'un produit.

En prenant les logarithmes népériens des deux membres, l'égalité posée devient

$$ly = v\,lu.$$

La différentielle du premier membre est alors une différentielle logarithmique et celle du second membre, la différentielle d'un produit. On a donc (586, 570)

$$\frac{dy}{y} = dv\,lu + v\frac{du}{u}$$

ou, en multipliant de part et d'autre par $y = u^v$,

$$dy = u^v\left(dv\,lu + v\frac{du}{u}\right).$$

Il en résulte

$$\frac{dy}{dx} = u^v\left(\frac{dv}{dx}\,lu + \frac{v}{u}\frac{du}{dx}\right).$$

Si l'on suppose $u = v = x$, la fonction devient

$$y = x^x,$$

et l'on a, en renversant l'ordre dans la parenthèse,

$$dy = x^x(1 + lx)\,dx,$$

$$\frac{dy}{dx} = x^x(1 + lx).$$

Si l'on veut employer les logarithmes vulgaires, on n'aura qu'à remplacer lu ou lx par $\frac{\log u}{\log e}$ ou par $\frac{\log x}{\log e}$ (506).

EXEMPLES.

596. 1° *Différentier la fonction*

$$y = a^{-x}.$$

Posons $-x = u$, d'où $du = -dx$. Il viendra (587)

$$y = a^{-x} = a^u,$$

c'est-à-dire

$$dy = a^u\,la\,du = -a^{-x}\,la\,dx \quad \text{et} \quad \frac{dy}{dx} = -a^{-x}\,la.$$

Si l'on a $a = e$ ou si la fonction est

$$y = e^{-x},$$

on trouve donc

$$dy = -e^{-x}\,dx \qquad \text{et} \qquad \frac{dy}{dx} = -e^{-x}.$$

La fonction e^{-x} *et sa dérivée sont* donc *égales et de signes contraires.*

2° *Différentier la fonction*

$$y = a^{mx}.$$

En posant $mx = u$, d'où $du = m\,dx$, on a

$$dy = a^u\, la\, du = ma^{mx}\, la\, dx \qquad \text{et} \qquad \frac{dy}{dx} = ma^{mx}\, la.$$

Si la fonction donnée était

$$y = a^{-mx},$$

on aurait de même

$$dy = -ma^{-mx}\, la\, dx \qquad \text{et} \qquad \frac{dy}{dx} = -ma^{-mx}\, la.$$

3° *Différentier la fonction*

$$y = Ae^{mx} + Be^{-mx}.$$

D'après ce qui précède, on a immédiatement

$$dy = mAe^{mx}\,dx - mBe^{-mx}\,dx = m(Ae^{mx} - Be^{-mx})\,dx$$

et

$$\frac{dy}{dx} = m(Ae^{mx} - Be^{-mx}).$$

4° *Différentier la fonction*

$$y = e^{e^{e^x}}.$$

Nous appliquerons ici le théorème des fonctions de fonctions, en posant

$$u = e^{e^x} \qquad \text{et} \qquad v = e^x.$$

Nous aurons alors

$$y = e^u, \qquad u = e^v, \qquad v = e^x.$$

Il en résulte (565)

$$dy = e^u e^v e^x\,dx = e^{e^{e^x}} e^{e^x} e^x\,dx$$

et

$$\frac{dy}{dx} = e^{e^{e^x}} e^{e^x} e^x.$$

5° *Différentier la fonction*

$$y = l(x + \sqrt{x^2 - 1}).$$

Nous aurons, en posant $x+\sqrt{x^2-1}=u$,

$$dy=\frac{du}{u} \quad \text{et} \quad du=\left(1+\frac{2x}{2\sqrt{x^2-1}}\right)dx,$$

c'est-à-dire

$$dy=\frac{(\sqrt{x^2-1}+x)\,dx}{(x+\sqrt{x^2-1})\sqrt{x^2-1}}=\frac{dx}{\sqrt{x^2-1}}$$

et

$$\frac{dy}{dx}=\frac{1}{\sqrt{x^2-1}}.$$

6° *Différentier la fonction*

$$y=\log\frac{a+bx}{a-bx}.$$

Dans cet exemple, la fonction logarithmique est superposée à la fonction quotient. Nous aurons donc immédiatement, d'après le théorème des fonctions de fonctions et sans passer par aucune variable intermédiaire, ce qui est inutile dès qu'on a pris un peu d'habitude et qu'on s'est exercé à séparer mentalement les fonctions,

$$dy=\frac{\log e}{\dfrac{a+bx}{a-bx}}\,\frac{b(a-bx)+b(a+bx)}{(a-bx)^2}\,dx,$$

c'est-à-dire, en simplifiant,

$$dy=\frac{2ab\log e}{a^2-b^2x^2}\,dx \quad \text{et} \quad \frac{dy}{dx}=\frac{2ab\log e}{a^2-b^2x^2}.$$

7° *Différentier la fonction*

$$y=\log\sqrt{\frac{1-x}{1+x}}.$$

Dans cet exemple, la fonction logarithmique est superposée à la fonction racine. Nous aurons donc encore immédiatement (577)

$$dy=\frac{\log e}{\sqrt{\dfrac{1-x}{1+x}}}\;\frac{\dfrac{-(1+x)-(1-x)}{(1+x)^2}}{2\sqrt{\dfrac{1-x}{1+x}}}\,dx,$$

c'est-à-dire, en simplifiant,

$$dy=\frac{-\log e}{1-x^2}\,dx=\frac{\log e}{x^2-1}\,dx$$

et

$$\frac{dy}{dx}=\frac{\log e}{x^2-1}.$$

On peut opérer autrement, en mettant y sous la forme

$$y = \frac{1}{2}\log\frac{1-x}{1+x} = \frac{1}{2}\log(1-x) - \frac{1}{2}\log(1+x).$$

On a alors

$$dy = \frac{1}{2}\,\frac{\log e}{1-x}\,d(1-x) - \frac{1}{2}\,\frac{\log e}{1+x}\,d(1+x)$$

$$= -\frac{1}{2}\log e\left(\frac{1}{1-x} + \frac{1}{1+x}\right)dx,$$

c'est-à-dire, comme précédemment,

$$dy = \frac{-\log e}{1-x^2}\,dx = \frac{\log e}{x^2-1}\,dx.$$

8° *Soit à différentier la fonction*

$$y = \log\log x = \log_2 x.$$

Nous aurons toujours, d'après le même principe (565),

$$dy = \frac{\log e}{\log x}\,\frac{\log e}{x}\,dx = \frac{(\log e)^2}{x\log x}\,dx$$

et

$$\frac{dy}{dx} = \frac{(\log e)^2}{x\log x}.$$

Si l'on donnait à différentier la fonction

$$y = \log\log\log x = \log_3 x,$$

on aurait de même

$$dy = \frac{\log e}{\log\log x}\,\frac{(\log e)^2}{x\log x}\,dx = \frac{(\log e)^3}{x\log x\log_2 x}\,dx$$

et

$$\frac{dy}{dx} = \frac{(\log e)^3}{x\log x\log_2 x}.$$

La loi est évidente. Si la fonction donnée est

$$y = \log\log\log\ldots\log x = \log_n x,$$

on peut écrire immédiatement

$$dy = \frac{(\log e)^n}{x\log x\log_2 x\log_3 x\ldots\log_{n-1} x}\,dx.$$

9° *Soit à différentier la fonction*

$$y = l[(x-a)^m(x-b)^n(x-c)^p\ldots].$$

On a évidemment (493, 495)

$$y = ml(x-a) + nl(x-b) + pl(x-c) + \ldots.$$

Par suite,

$$dy = m\frac{d(x-a)}{x-a} + n\frac{d(x-b)}{x-b} + p\frac{d(x-c)}{x-c} + \ldots$$

$$= \left[\frac{m}{x-a} + \frac{n}{x-b} + \frac{p}{x-c} + \ldots\right]dx$$

et

$$\frac{dy}{dx} = \frac{m}{x-a} + \frac{n}{x-b} + \frac{p}{x-c} + \ldots.$$

Si l'on pose

$$f(x) = (x-a)^m(x-b)^n(x-c)^p\ldots,$$

on a (573)

$$\begin{aligned} f'(x) = {} & m(x-a)^{m-1}(x-b)^n(x-c)^p\ldots \\ & + n(x-b)^{n-1}(x-a)^m(x-c)^p\ldots \\ & + p(x-c)^{p-1}(x-a)^m(x-b)^n\ldots \\ & + \ldots\ldots\ldots\ldots\ldots\ldots\ldots\ldots \end{aligned}$$

Il en résulte

$$\frac{f'(x)}{f(x)} = \frac{m}{x-a} + \frac{n}{x-b} + \frac{p}{x-c} + \ldots,$$

c'est-à-dire, d'après le résultat précédent,

$$\frac{dy}{dx} = \frac{dlf(x)}{dx} = \frac{f'(x)}{f(x)}.$$

CHAPITRE VII.

DIFFÉRENTIATION DES FONCTIONS CIRCULAIRES.

Différentiation des fonctions circulaires directes.

597. Les fonctions circulaires directes sont (*Trigon.*, 7) $\sin x$ et $\cos x$, $\tang x$ et $\cot x$, $\text{séc}\, x$ et $\text{coséc}\, x$, en désignant par x la longueur de l'arc correspondant aux rapports trigonométriques considérés. Dans tout ce qui suit, nous supposerons que le rayon de l'arc a été pris pour unité, c'est-à-dire nous considérerons le *cercle trigonométrique* (*Trigon.*, 10).

Nous allons chercher les différentielles de ces fonctions, en les associant deux à deux (*Trigon.*, 8).

PREMIER GROUPE : SINUS ET COSINUS.

598. Soit la fonction

$$y = \sin x.$$

Si l'on donne à x un accroissement Δx, y prendra l'accroissement Δy, et l'on aura

$$y + \Delta y = \sin(x + \Delta x),$$

d'où, par soustraction,

$$\Delta y = \sin(x + \Delta x) - \sin x$$

et, en divisant par Δx,

$$\frac{\Delta y}{\Delta x} = \frac{\sin(x + \Delta x) - \sin x}{\Delta x}. \tag{1}$$

Lorsque Δx tend vers zéro, il en est de même du numérateur du second membre de l'égalité précédente. La limite de $\frac{\Delta y}{\Delta x}$ se présente donc sous la forme $\frac{0}{0}$.

Pour lever cette indétermination apparente, remarquons que, d'une manière générale (*Trigon.*, 81), on a

$$\sin p - \sin q = 2\cos\frac{p+q}{2}\sin\frac{p-q}{2}.$$

En posant

$$p = x + \Delta x, \qquad q = x,$$

on a ici

$$\frac{p+q}{2} = x + \frac{\Delta x}{2}, \qquad \frac{p-q}{2} = \frac{\Delta x}{2}.$$

On peut donc remplacer, dans l'égalité (1),

$$\sin(x+\Delta x) - \sin x \quad \text{par} \quad 2\cos\left(x + \frac{\Delta x}{2}\right)\sin\frac{\Delta x}{2}.$$

Il en résulte, en divisant par 2 les deux termes de la fraction du second membre et en séparant les facteurs,

$$\frac{\Delta y}{\Delta x} = \cos\left(x + \frac{\Delta x}{2}\right)\frac{\sin\frac{\Delta x}{2}}{\frac{\Delta x}{2}}.$$

En passant à la limite et en se rappelant que la limite du rapport du sinus à l'arc quand l'arc tend vers zéro est l'unité (*Trigon.*, 104), on trouve

$$\frac{dy}{dx} = \cos x, \qquad dy = \cos x\, dx.$$

Ainsi, *la dérivée du sinus d'un arc est égale au cosinus du même arc.*

On voit par là que le sinus augmente quand l'arc croît de 0 à $\frac{\pi}{2}$, qu'il diminue quand l'arc croît de $\frac{\pi}{2}$ à π, etc. (*Trigon.*, 16).

599. Nous indiquerons encore le procédé suivant pour trouver la dérivée de $\sin x$.

Soient A l'origine des arcs dans le cercle trigonométrique OA et AM l'arc x (*fig.* 7). Donnons à cet arc l'accroissement $MM' = \Delta x$.

En menant par le point M la parallèle MN à OA, l'accroissement correspondant Δy de la fonction

$$y = \sin x = \text{MP}$$

sera évidemment représenté par M'N.

Fig. 7.

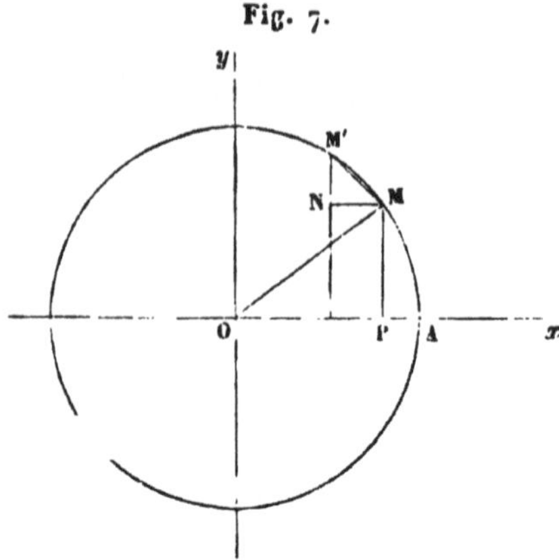

Les deux triangles rectangles OPM, MNM', étant semblables, on a

$$\frac{\text{M'N}}{\text{MM'}} = \frac{\text{OP}}{\text{OM}}.$$

D'ailleurs, plus Δx tendra vers zéro, plus la corde MM' tendra à se confondre avec Δx (*Géom.*, **226**). En passant à la limite (**530**), on aura donc, comme précédemment, puisque le rayon OM = 1,

$$\frac{dy}{dx} = \text{OP} = \cos x, \qquad dy = \cos x\, dx.$$

600. Une marche analogue (**598, 599**) conduirait à la dérivée de $\cos x$. Mais il est plus simple de se servir, comme il suit, du résultat qu'on vient d'obtenir.

On a (*Trigon.*, **8**)

$$y = \cos x = \sin\left(\frac{\pi}{2} - x\right).$$

Il en résulte immédiatement, en appliquant la règle des fonctions de fonctions,

$$dy = d\cos x = d\sin\left(\frac{\pi}{2} - x\right) = \cos\left(\frac{\pi}{2} - x\right) d\left(\frac{\pi}{2} - x\right),$$

c'est-à-dire

$$dy = -\sin x\, dx, \qquad \frac{dy}{dx} = -\sin x.$$

La dérivée du cosinus d'un arc est donc *égale à son sinus changé de signe.*

On voit par là que le cosinus diminue quand l'arc croît de o à π, qu'il augmente quand l'arc croît de π à 2π, etc. (*Trigon.*, 21).

DEUXIÈME GROUPE : TANGENTE ET COTANGENTE.

601. Nous chercherons d'abord directement la différentielle de la fonction

$$y = \operatorname{tang} x.$$

En donnant à x l'accroissement Δx, on fait prendre à y l'accroissement Δy, et l'on a

$$y + \Delta y = \operatorname{tang}(x + \Delta x);$$

d'où, par soustraction,

$$\Delta y = \operatorname{tang}(x + \Delta x) - \operatorname{tang} x$$

et, en divisant par Δx,

$$(1) \qquad \frac{\Delta y}{\Delta x} = \frac{\operatorname{tang}(x + \Delta x) - \operatorname{tang} x}{\Delta x}.$$

Quand Δx tend vers zéro, le numérateur du second membre de l'égalité (1) tend aussi vers zéro. La limite de $\frac{\Delta y}{\Delta x}$ se présente donc sous la forme $\frac{0}{0}$.

Pour lever cette indétermination apparente, remarquons que, d'une manière générale (*Trigon.*, 55),

$$\operatorname{tang}(a - b) = \frac{\operatorname{tang} a - \operatorname{tang} b}{1 + \operatorname{tang} a \operatorname{tang} b}.$$

Si l'on pose

$$a = x + \Delta x, \qquad b = x,$$

il en résulte

$$\operatorname{tang} \Delta x = \frac{\operatorname{tang}(x + \Delta x) - \operatorname{tang} x}{1 + \operatorname{tang}(x + \Delta x) \operatorname{tang} x},$$

et l'on en déduit

$$\operatorname{tang}(x + \Delta x) - \operatorname{tang} x = [1 + \operatorname{tang}(x + \Delta x) \operatorname{tang} x] \operatorname{tang} \Delta x,$$

c'est-à-dire

$$\frac{\Delta y}{\Delta x} = [1 + \operatorname{tang}(x + \Delta x) \operatorname{tang} x] \frac{\operatorname{tang} \Delta x}{\Delta x}.$$

Si l'on fait tendre Δx vers zéro, le rapport $\frac{\operatorname{tang} \Delta x}{\Delta x}$ tend vers l'unité (*Trigon.*, 104), et l'on a, par conséquent, en passant à la limite (*Trigon.*, 36)

$$\frac{dy}{dx} = 1 + \operatorname{tang}^2 x = \operatorname{séc}^2 x = \frac{1}{\cos^2 x}$$

et

$$dy = (1 + \operatorname{tang}^2 x)\, dx = \frac{dx}{\cos^2 x}.$$

La dérivée de la tangente d'un arc est donc *égale au carré de cette tangente augmenté de* 1 *ou à l'inverse du carré du cosinus de cet arc.*

On voit par là que la tangente croît constamment avec l'arc, sauf les points où la fonction est discontinue (*Trigon.*, 28).

602. On peut, plus simplement, recourir à la règle de différentiation d'un quotient; car on a (*Trigon.*, 34)

$$y = \operatorname{tang} x = \frac{\sin x}{\cos x}.$$

Il en résulte (574)

$$dy = \frac{\cos x\, d \sin x - \sin x\, d \cos x}{\cos^2 x} = \frac{(\cos^2 x + \sin^2 x)\, dx}{\cos^2 x}$$

ou, comme précédemment,

$$dy = \frac{dx}{\cos^2 x}, \qquad \frac{dy}{dx} = \frac{1}{\cos^2 x}.$$

603. On peut aussi employer les considérations géométriques (599). Soit A l'origine des arcs dans le cercle trigonométrique OA, et AM l'arc x (*fig.* 8). Donnons à cet arc l'accroissement $MM' = \Delta x$ et menons la droite OM'T'. L'accroissement correspondant Δy de la fonction

$$y = \operatorname{tang} x = AT$$

sera évidemment représenté par TT'. En décrivant l'arc TN concentrique à l'arc MM', on a (*Géom.*, 231, *Trigon.*, 141)

$$\text{(1)} \qquad \frac{\text{TN}}{\text{MM}'} = \frac{\text{OT}}{\text{OA}} = \frac{1}{\cos x}.$$

D'autre part, quand on fait tendre Δx vers zéro, il en est de même de l'arc TN qui tend à se confondre avec sa corde, et le triangle TNT' s'approche de plus en plus de devenir rectangle en N et semblable au

Fig. 8.

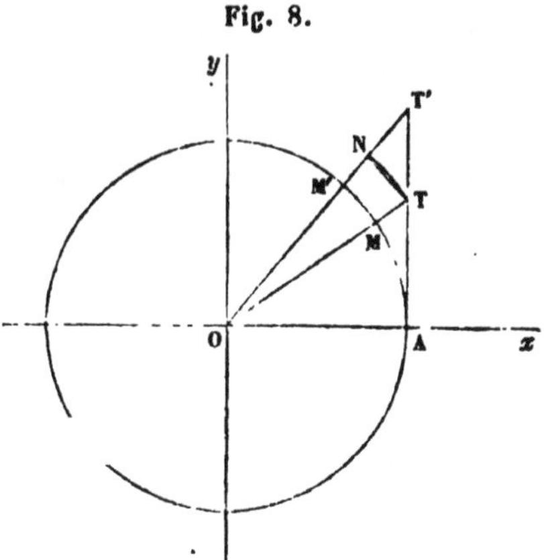

triangle OAT. On a donc, à la limite, TN = TT' $\cos x$ et, par suite, d'après la relation (1),

$$\frac{dy \cos x}{dx} = \frac{1}{\cos x}$$

ou, comme précédemment,

$$\frac{dy}{dx} = \frac{1}{\cos^2 x}.$$

604. On peut suivre une marche analogue (601, 602, 603) pour trouver la dérivée de la cotangente. Mais il est plus simple d'opérer comme nous l'avons fait pour le cosinus.

On a (*Trigon.*, 8)

$$y = \cot x = \tan\left(\frac{\pi}{2} - x\right).$$

Il en résulte

$$dy = d\,\text{tang}\left(\frac{\pi}{2} - x\right) = \left[1 + \text{tang}^2\left(\frac{\pi}{2} - x\right)\right] d\left(\frac{\pi}{2} - x\right),$$

c'est-à-dire (*Trigon.*, 36, 34)

$$dy = -(1 + \cot^2 x)\,dx = -\,\text{coséc}^2 x\,dx = -\frac{dx}{\sin^2 x}$$

et

$$\frac{dy}{dx} = -(1 + \cot^2 x) = -\frac{1}{\sin^2 x}.$$

La dérivée de la cotangente d'un arc est donc *égale à moins le carré de cette cotangente augmenté de* 1 *ou à moins l'inverse du carré du sinus de cet arc.*

On voit par là que la cotangente décroît constamment à mesure que l'arc augmente, sauf les points où la fonction est discontinue (*Trigon.*, 31).

TROISIÈME GROUPE : SÉCANTE ET COSÉCANTE.

605. Pour différentier la fonction sécante, il suffit de poser (*Trigon.*, 34)

$$y = \text{séc}\, x = \frac{1}{\cos x}.$$

On n'a plus alors qu'à appliquer le théorème des fonctions de fonctions, en remarquant que les fonctions superposées sont ici la fonction quotient et la fonction cosinus. Il vient donc

$$dy = \left(-\frac{1}{\cos^2 x}\right)(-\sin x\, dx) = \frac{\sin x}{\cos^2 x} dx$$

ou encore

$$dy = \text{séc}\, x \,\text{tang}\, x\, dx, \qquad \frac{dy}{dx} = \text{séc}\, x \,\text{tang}\, x.$$

La dérivée de la sécante d'un arc est égale au produit de cette sécante par la tangente du même arc.

On voit que la sécante croît quand l'arc croît de 0 à π, qu'elle décroît quand l'arc croît de π à 2π, etc. (*Trigon.*, 31), sauf les points où la fonction est discontinue.

606. Pour avoir la dérivée de sécx, on peut aussi avoir recours aux considérations géométriques.

Reportons-nous (603) à la *fig.* 8. Si l'on a AM $= x$ et MM' $= \Delta x$, on aura, pour la fonction

$$y = \text{séc}\, x = \text{OT},$$

l'accroissement correspondant $\Delta y =$ NT'. D'ailleurs, la relation (603)

$$\frac{\text{TN}}{\text{MM}'} = \frac{\text{OT}}{\text{OA}} = \frac{1}{\cos x}$$

existe toujours. De plus, à la limite, le triangle TNT′, semblable au triangle OAT, donne (*Trigon.*, 142)

$$NT' = TN \operatorname{tang} x \quad \text{ou} \quad \frac{NT'}{MM'} = \frac{TN}{MM'} \operatorname{tang} x,$$

c'est-à-dire

$$\frac{dy}{dx} = \frac{\operatorname{tang} x}{\cos x} = \operatorname{séc} x \operatorname{tang} x,$$

comme précédemment.

607. Pour différentier la fonction cosécante, nous poserons de même

$$y = \operatorname{coséc} x = \frac{1}{\sin x}.$$

Il en résulte

$$dy = -\frac{1}{\sin^2 x} \cos x \, dx = -\frac{\cos x}{\sin^2 x} dx$$

ou encore

$$dy = -\operatorname{coséc} x \cot x \, dx, \qquad \frac{dy}{dx} = -\operatorname{coséc} x \cot x.$$

La dérivée de la cosécante d'un arc est égale à moins le produit de cette cosécante par la cotangente du même arc.

On voit que la cosécante décroît quand l'arc croît de 0 à $\frac{\pi}{2}$, qu'elle croît quand l'arc augmente de $\frac{\pi}{2}$ à $\frac{3\pi}{2}$, etc. (*Trigon.*, 31), sauf les points où la fonction est discontinue.

Différentiation des fonctions circulaires inverses.

608. Les fonctions circulaires inverses sont (*Trigon.*, 44) $\operatorname{arc} \sin x$ et $\operatorname{arc} \cos x$, $\operatorname{arc} \operatorname{tang} x$ et $\operatorname{arc} \cot x$, $\operatorname{arc} \operatorname{séc} x$ et $\operatorname{arc} \operatorname{coséc} x$. Nous allons chercher les différentielles de ces fonctions, en les considérant deux à deux.

Remarquons auparavant que les expressions précédentes ne sont pas entièrement déterminées, parce que, à un même rapport trigonométrique, répondent une infinité d'arcs (*Trigon.*, 41, 42, 43). Il y aura donc lieu d'insister sur ce point.

Nous ferons ici usage du théorème des fonctions inverses (563) combiné avec les résultats que nous venons d'obtenir successivement.

PREMIER GROUPE : ARC SINUS ET ARC COSINUS.

609. Soit la fonction

$$y = \text{arc}\sin x.$$

Il en résulte

$$x = \sin y.$$

Par suite (598),

$$dx = \cos y\, dy \qquad \text{et} \qquad dy = \frac{dx}{\cos y},$$

c'est-à-dire (*Trigon.*, 34)

$$dy = \frac{dx}{\pm\sqrt{1-\sin^2 y}} = \frac{dx}{\pm\sqrt{1-x^2}}, \qquad \frac{dy}{dx} = \pm\frac{1}{\sqrt{1-x^2}}.$$

Pour justifier *le double signe*, il faut remarquer que, si l'on désigne par y_0 l'un des arcs qui ont $x = \text{MP}$ pour sinus (*fig.* 9), tous les autres sont compris dans les formules (*Trigon.*, 41)

$$2k\pi + y_0 \quad \text{et} \quad (2k+1)\pi - y_0,$$

ces arcs se divisant en deux séries, les uns terminés en M, les autres terminés en M_1.

Suivant que l'arc y, considéré spécialement, appartiendra à la première ou à la seconde série, sa différentielle, égale à dy_0 ou à $-dy_0$ puisque les constantes disparaissent dans la différentiation, sera donc positive ou négative. Le double signe répond ainsi à la généralité de la question.

Mais, dans la pratique, si l'arc y est désigné d'avance, il n'y a plus d'ambiguïté; car le radical $\sqrt{1-x^2}$ ou $\sqrt{1-\sin^2 y}$, remplaçant $\cos y$, doit recevoir le signe de ce cosinus qui est positif pour les arcs terminés en M et négatif pour les arcs terminés en M_1.

610. On peut trouver la dérivée de arc sin par des considérations géométriques.

Soient (*fig.* 9) $\text{MP} = x$ et arc $\text{AM} = y$.

Si l'on donne à y l'accroissement $\text{MM}' = \Delta y$, il en résultera pour x l'accroissement $\text{M}'\text{N} = \Delta x$; et si Δy tend vers zéro, l'arc MM′ tendra de plus en plus vers sa corde MM′.

On a d'ailleurs, d'après les triangles semblables MNM', OPM,

$$\frac{MM'}{M'N} = \frac{OM}{OP},$$

c'est-à-dire, en passant à la limite,

$$\frac{dy}{dx} = \frac{1}{\cos y} = \frac{1}{\sqrt{1-\sin^2 y}} = \frac{1}{\sqrt{1-x^2}},$$

comme précédemment.

Si l'on mène MM_1 parallèle à Ox, tous les arcs terminés en M et en M_1

Fig. 9.

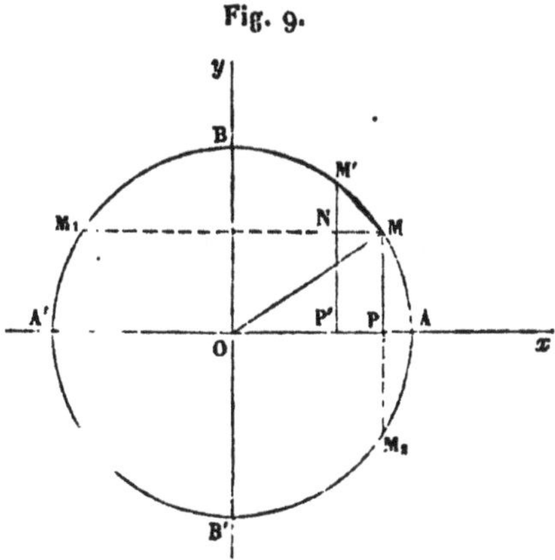

ont x pour sinus. Pour un accroissement dx, les arcs terminés en M augmentent et ont une dérivée ou une différentielle positive en même temps qu'un cosinus positif, tandis que les arcs terminés en M_1 diminuent et ont une dérivée ou une différentielle négative en même temps qu'un cosinus négatif.

611. Soit la fonction

$$y = \text{arc}\cos x.$$

Il en résulte

$$x = \cos y.$$

Par suite (600),

$$dx = -\sin y\, dy \qquad \text{et} \qquad dy = -\frac{dx}{\sin y},$$

c'est-à-dire

$$dy = -\frac{dx}{\pm\sqrt{1-\cos^2 y}} = \mp\frac{dx}{\sqrt{1-x^2}}, \qquad \frac{dy}{dx} = \mp\frac{1}{\sqrt{1-x^2}}.$$

Le double signe est justifié par les mêmes considérations

que précédemment (609). Si l'on désigne par y_0 l'un des arcs qui ont $x = \mathrm{OP}$ pour cosinus (*fig.* 9), tous les autres sont compris dans les formules (*Trigon.*, 42)

$$2k\pi + y_0 \quad \text{et} \quad 2k\pi - y_0,$$

ces arcs se partageant en deux séries, les uns terminés en M, les autres terminés en M_1.

Suivant que l'arc y, considéré spécialement, appartiendra à la première ou à la seconde série, sa différentielle sera donc positive ou négative. Le double signe répond ainsi à la généralité de la question.

Mais, dans l'application, si l'arc y est indiqué, il n'y a plus d'ambiguïté; car le radical $\sqrt{1-x^2}$ ou $\sqrt{1-\cos^2 y}$, remplaçant $\sin y$, doit recevoir le signe de ce sinus qui est positif pour les arcs terminés en M et négatif pour les arcs terminés en M_1. Dans ce cas, la dérivée et la différentielle de $\operatorname{arc}\cos x$ ont un signe contraire à celui de $\sin y$.

612. On peut aussi trouver la dérivée de arc cos par des considérations géométriques (610). Nous ne nous y arrêterons pas.

Nous remarquerons seulement que, pour une même valeur de x, les dérivées des deux fonctions $\operatorname{arc}\sin x$ et $\operatorname{arc}\cos x$ sont, d'une manière générale, égales et de signes contraires *ou* égales et de même signe. Il est facile d'expliquer ce fait.

Soit y l'un des arcs dont le sinus est x. Les deux arcs $\frac{\pi}{2} - y$ et $y - \frac{\pi}{2}$ auront alors tous deux x pour cosinus (*Trigon.*, 8, 19). Des deux relations

$$\frac{\pi}{2} - \operatorname{arc}\sin x = \operatorname{arc}\cos x,$$

$$\operatorname{arc}\sin x - \frac{\pi}{2} = \operatorname{arc}\cos x,$$

on déduit

$$\operatorname{arc}\sin x \pm \operatorname{arc}\cos x = \frac{\pi}{2}.$$

La somme ou la différence de $\operatorname{arc}\sin x$ et de $\operatorname{arc}\cos x$ est donc égale à une constante. Dans le premier cas, leurs dérivées sont égales et de signes contraires, puisque la dérivée d'une constante est nulle; dans le second cas, leurs dérivées sont égales et de même signe.

DEUXIÈME GROUPE : ARC TANGENTE ET ARC COTANGENTE.

613. Soit la fonction

$$y = \text{arc tang}\, x.$$

Il en résulte

$$x = \text{tang}\, y.$$

Par suite (**601**),

$$dx = \frac{dy}{\cos^2 y} = (1 + \text{tang}^2 y)\, dy,$$

d'où

$$dy = \cos^2 y\, dx = \frac{dx}{1 + \text{tang}^2 y} = \frac{dx}{1 + x^2}, \qquad \frac{dy}{dx} = \frac{1}{1 + x^2}.$$

On voit que la dérivée ou la différentielle de la fonction arc tang ne présente pas de double signe, bien qu'il existe aussi une infinité d'arcs répondant à une tangente donnée. Mais, si l'on désigne par y_0 l'un des arcs qui ont x pour tangente, tous les autres sont renfermés dans la formule unique (*Trigon.*, 43)

$$k\pi + y_0,$$

de sorte que tous ces arcs ont pour unique différentielle dy_0.

614. On peut aussi trouver la dérivée de arc tang par des considérations géométriques.

Soient (*fig.* 10) AT $= x$ et arc AM $= y$. Si l'on donne à y l'accroissement MM' $= \Delta y$, il en résulte pour x l'accroissement TT' $= \Delta x$; et, si Δy tend vers zéro, l'arc TN, concentrique à l'arc MM', tend de plus en plus vers sa corde TN.

On a d'ailleurs, d'après les arcs semblables MM', TN, et d'après les triangles TNT', OAT, qui deviennent semblables à la limite,

$$\frac{\text{MM}'}{\text{TN}} = \frac{\text{OA}}{\text{OT}} = \cos y \qquad \text{et} \qquad \frac{\text{TN}}{\text{TT}'} = \frac{\text{OA}}{\text{OT}} = \cos y,$$

d'où, en multipliant ces deux égalités et à la limite,

$$\frac{dy}{dx} = \cos^2 y = \frac{1}{1 + \text{tang}^2 y} = \frac{1}{1 + x^2},$$

comme précédemment.

Si l'on mène le diamètre MM_1, tous les arcs terminés en M et en M_1 ont x pour tangente. Si l'on donne à x l'accroissement dx, les deux

Fig. 10.

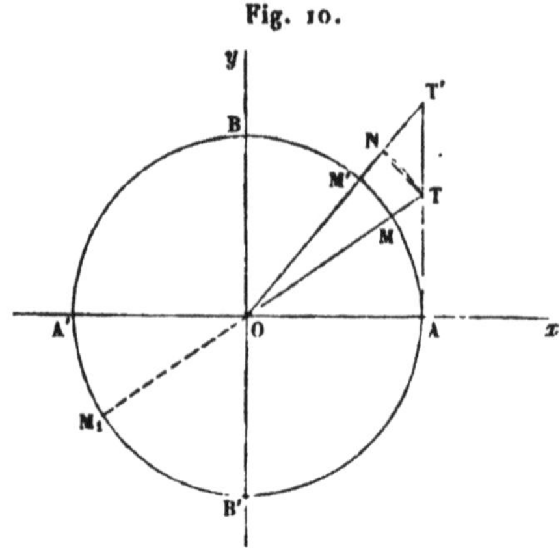

séries d'arcs augmentent à la fois et ont, par conséquent, une même différentielle ou une même dérivée positive.

615. Soit la fonction

$$y = \text{arc}\cot x.$$

Il en résulte

$$x = \cot y.$$

Par suite (**604**),

$$dx = -\frac{dy}{\sin^2 y} = -(1 + \cot^2 y)\,dy,$$

d'où

$$dy = -\sin^2 y\,dx = -\frac{dx}{1+\cot^2 y} = -\frac{dx}{1+x^2}, \quad \frac{dy}{dx} = -\frac{1}{1+x^2}.$$

Tous les arcs répondant à une cotangente donnée ont la même différentielle pour la raison indiquée à propos de la tangente (**613**). Mais, tandis que la tangente croît avec l'arc, la cotangente décroît quand l'arc augmente. La différentielle ou la dérivée de arc cot doit donc bien avoir une valeur négative.

616. On peut aussi trouver la dérivée de arc cot par des considérations géométriques. Nous laissons au lecteur le soin de s'en assurer.

Nous remarquerons seulement que, pour une même valeur

de x, les dérivées des deux fonctions arc tang$x$ et arc cot$x$ sont, d'une manière générale, égales et de signes contraires.

En effet, soit y l'un des arcs dont la tangente est x; l'arc $\frac{\pi}{2} - y$ aura alors x pour cotangente (*Trigon.*, 8). De la relation

$$\frac{\pi}{2} - \text{arc tang}\, x = \text{arc cot}\, x,$$

on déduit

$$\text{arc tang}\, x + \text{arc cot}\, x = \frac{\pi}{2};$$

et, la somme de arc tang$x$ et de arc cot$x$ étant égale à une constante, leurs dérivées sont nécessairement égales et de signes contraires.

TROISIÈME GROUPE : ARC SÉCANTE ET ARC COSÉCANTE.

617. Soit la fonction

$$y = \text{arc séc}\, x.$$

Il en résulte

$$x = \text{séc}\, y.$$

Par suite (605),

$$dx = \frac{\sin y}{\cos^2 y} dy = \text{séc}\, y \,\text{tang}\, y\, dy,$$

d'où (*Trigon.*, 36)

$$dy = \frac{\cos^2 y}{\sin y} dx = \frac{dx}{\text{séc}\, y\, \text{tang}\, y} = \frac{dx}{x\sqrt{x^2-1}}, \quad \frac{dy}{dx} = \frac{1}{x\sqrt{x^2-1}}.$$

Nous avons encore ici un double signe, en raison du radical $\sqrt{x^2-1}$. Et, en effet, si l'on désigne par y_0 l'un des arcs qui ont x pour sécante, tous les autres sont compris dans les formules (*Trigon.*, 42)

$$2k\pi + y_0 \quad \text{et} \quad 2k\pi - y_0.$$

Mais, dans l'application, si l'arc y est indiqué, il n'y a plus d'ambiguïté, car le radical $\sqrt{x^2-1}$ ou $\sqrt{\text{séc}^2 y - 1}$, remplaçant tang$y$, doit recevoir le signe de cette tangente.

618. On peut aussi trouver la dérivée de arc séc par des considérations géométriques.

Reportons-nous à la *fig.* 10. Si AM représente l'arc y et OT, par conséquent, séc y ou x, on a MM' $= \Delta y$ et NT' $= \Delta x$. On peut alors poser, d'après les explications précédentes (**614**),

$$\frac{\mathrm{MM'}}{\mathrm{TN}} = \frac{\mathrm{OA}}{\mathrm{OT}} = \cos y \quad \text{et} \quad \frac{\mathrm{TN}}{\mathrm{NT'}} = \frac{\mathrm{OA}}{\mathrm{AT}} = \cot y = \frac{\cos y}{\sin y}.$$

En multipliant ces deux relations membre à membre et en passant à la limite, on a, comme précédemment,

$$\frac{dy}{dx} = \frac{\cos^2 y}{\sin y} = \frac{1}{\operatorname{séc} y \operatorname{tang} y} = \frac{1}{x\sqrt{x^2-1}}.$$

619. Soit, enfin, la fonction

$$y = \operatorname{arc}\operatorname{coséc} x.$$

Il en résulte

$$x = \operatorname{coséc} y.$$

Par suite (**607**),

$$dx = -\frac{\cos y}{\sin^2 y}dy = -\operatorname{coséc} y \cot y \, dy,$$

d'où (*Trigon.*, **36**)

$$dy = -\frac{\sin^2 y}{\cos y}dx = -\frac{dx}{\operatorname{coséc} y \cot y} = -\frac{dx}{x\sqrt{x^2-1}}$$

et

$$\frac{dy}{dx} = -\frac{1}{x\sqrt{x^2-1}}.$$

Nous avons un double signe dans ces formules, en raison du radical $\sqrt{x^2-1}$. En effet, si l'on représente par y_0 l'un des arcs qui ont x pour cosécante, tous les autres sont compris dans les formules (*Trigon.*, **41**)

$$2k\pi + y_0 \quad \text{et} \quad (2k+1)\pi - y_0.$$

Mais, dans l'application, si l'arc y est indiqué, il n'y a plus d'ambiguïté ; car le radical $\sqrt{x^2-1}$ ou $\sqrt{\operatorname{coséc}^2 y - 1}$, remplaçant $\cot y$, doit recevoir le signe de cette cotangente. Dans ce cas, la dérivée et la différentielle de arc coséc x ont un signe contraire à celui de $\cot y$.

620. On peut aussi trouver la dérivée de arc coséc par des considérations géométriques. Le lecteur s'en assurera facilement, d'après ce qui précède.

Nous remarquerons seulement que, pour une même valeur de x, et en tenant compte du double signe du radical $\sqrt{x^2-1}$, les dérivées des deux fonctions arc séc x et arc coséc x sont, d'une manière générale, égales et de signes contraires *ou* égales et de même signe.

En effet, soit y l'un des arcs dont la sécante est x. Les deux arcs $\frac{\pi}{2}-y$ et $y-\frac{\pi}{2}$ auront alors tous deux x pour cosécante (*Trigon.*, 8, 19, 29). Des relations

$$\frac{\pi}{2}-\operatorname{arc\,séc} x=\operatorname{arc\,coséc} x,$$

$$\operatorname{arc\,séc} x-\frac{\pi}{2}=\operatorname{arc\,coséc} x,$$

on déduit

$$\operatorname{arc\,séc} x\pm\operatorname{arc\,coséc} x=\frac{\pi}{2}.$$

La somme ou la différence de arc séc x et de arc coséc x étant égale à une constante, les dérivées des deux fonctions doivent bien être égales et de signes contraires ou égales et de même signe.

EXEMPLES.

621. 1° *Chercher les différentielles des fonctions*

$$y=\sin mx,\qquad y=\arcsin\frac{x}{a},\qquad y=\sin^4 x^2.$$

En appliquant les résultats trouvés dans ce Chapitre, concurremment avec le théorème des fonctions de fonctions, on a immédiatement

$$d\sin mx=m\cos mx\,dx,\qquad \frac{d\sin mx}{dx}=m\cos mx;$$

$$d\arcsin\frac{x}{a}=\frac{1}{\sqrt{1-\frac{x^2}{a^2}}}\frac{dx}{a}=\frac{dx}{\sqrt{a^2-x^2}},\qquad \frac{d\arcsin\frac{x}{a}}{dx}=\frac{1}{\sqrt{a^2-x^2}};$$

$$d\sin^4 x^2=4\sin^3 x^2\cos x^2\,2x\,dx=8x\sin^3 x^2\cos x^2\,dx,$$

$$\frac{dy}{dx}=8x\sin^3 x^2\cos x^2.$$

2° *Chercher les différentielles des fonctions*

$$y=\log\sin x,\qquad y=\log\cos x,\qquad y=\log\operatorname{tang} x.$$

Nous aurons recours, de même, au théorème des fonctions de fonctions et à la différentiation des fonctions logarithmiques. Il viendra

$$d\log\sin x = \frac{\log e}{\sin x}\cos x\,dx = \log e\cot x\,dx$$

et

$$\frac{d\log\sin x}{dx} = \log e\cot x;$$

$$d\log\cos x = \frac{\log e}{\cos x}(-\sin x\,dx) = -\log e\operatorname{tang} x\,dx$$

et

$$\frac{d\log\cos x}{dx} = -\log e\operatorname{tang} x;$$

$$d\log\operatorname{tang} x = \frac{\log e}{\operatorname{tang} x}\,\frac{dx}{\cos^2 x} = \frac{2\log e}{\sin 2x}dx$$

et

$$\frac{d\log\operatorname{tang} x}{dx} = \frac{2\log e}{\sin 2x} = \frac{\log e}{\sin x\cos x}.$$

3° *Chercher les différentielles des fonctions*

$$y = \log\operatorname{tang}\frac{x}{2}, \qquad y = \log\operatorname{tang}\left(\frac{\pi}{4} + \frac{x}{2}\right).$$

On a

$$d\log\operatorname{tang}\frac{x}{2} = \frac{\log e}{\operatorname{tang}\frac{x}{2}}\,\frac{1}{\cos^2\frac{x}{2}}\,\frac{dx}{2} = \frac{\log e}{\sin x}dx$$

et

$$\frac{d\log\operatorname{tang}\frac{x}{2}}{dx} = \frac{\log e}{\sin x};$$

$$d\log\operatorname{tang}\left(\frac{\pi}{4} + \frac{x}{2}\right) = \frac{\log e}{\operatorname{tang}\left(\frac{\pi}{4} + \frac{x}{2}\right)}\,\frac{1}{\cos^2\left(\frac{\pi}{4} + \frac{x}{2}\right)}\,\frac{dx}{2}$$

$$= \frac{\log e}{\sin\left(\frac{\pi}{2} + x\right)}dx = \frac{\log e}{\cos x}dx$$

et

$$\frac{d\log\operatorname{tang}\left(\frac{\pi}{4} + \frac{x}{2}\right)}{dx} = \frac{\log e}{\cos x}.$$

4° *Chercher les différentielles des fonctions*

$$y = \log\operatorname{arc}\sin x, \qquad y = \log\operatorname{arc}\cos x, \qquad y = \log\operatorname{arc}\operatorname{tang} x.$$

On a successivement

$$\log \operatorname{arc} \sin x = \frac{\log e}{\operatorname{arc} \sin x} \frac{dx}{\sqrt{1-x^2}}, \qquad \frac{d \log \operatorname{arc} \sin x}{dx} = \frac{\log e}{\operatorname{arc} \sin x . \sqrt{1-x^2}}$$

$$\log \operatorname{arc} \cos x = \frac{\log e}{\operatorname{arc} \cos x} \frac{-dx}{\sqrt{1-x^2}}, \qquad \frac{d \log \operatorname{arc} \cos x}{dx} = -\frac{\log e}{\operatorname{arc} \cos x . \sqrt{1-x^2}}$$

$$\log \operatorname{arc} \operatorname{tang} x = \frac{\log e}{\operatorname{arc} \operatorname{tang} x} \frac{dx}{1+x^2}, \qquad \frac{d \log \operatorname{arc} \operatorname{tang} x}{dx} = \frac{\log e}{\operatorname{arc} \operatorname{tang} x . (1+x^2}$$

5° *Chercher la différentielle de la fonction*

$$y = e^{\operatorname{arc} \sin x}.$$

D'après la différentiation des fonctions exponentielles, on a

$$d e^{\operatorname{arc} \sin x} = e^{\operatorname{arc} \sin x} \frac{\log e}{\log e} \frac{dx}{\sqrt{1-x^2}} = \frac{e^{\operatorname{arc} \sin x}}{\sqrt{1-x^2}} dx$$

et

$$\frac{d e^{\operatorname{arc} \sin x}}{dx} = \frac{e^{\operatorname{arc} \sin x}}{\sqrt{1-x^2}}.$$

6° *Chercher la différentielle de la fonction*

$$y = \log\left[x + (x^2 - a^2)^{\frac{1}{2}}\right] + \operatorname{arc} \operatorname{séc} \frac{x}{a}.$$

Nous aurons, d'après les formules connues,

$$dy = \frac{\log e}{x + (x^2 - a^2)^{\frac{1}{2}}} d\left[x + (x^2 - a^2)^{\frac{1}{2}}\right] + \frac{\frac{dx}{a}}{\frac{x}{a}\sqrt{\frac{x^2}{a^2} - 1}}.$$

Comme

$$d\left[x + (x^2 - a^2)^{\frac{1}{2}}\right] = dx + \frac{1}{2}(x^2 - a^2)^{-\frac{1}{2}} 2x\, dx$$

$$= \left[1 + \frac{x}{(x^2 - a^2)^{\frac{1}{2}}}\right] dx$$

$$= \frac{(x^2 - a^2)^{\frac{1}{2}} + x}{(x^2 - a^2)^{\frac{1}{2}}} dx$$

et que

$$\frac{\frac{dx}{a}}{\frac{x}{a}\sqrt{\frac{x^2}{a^2} - 1}} = \frac{a\, dx}{x(x^2 - a^2)^{\frac{1}{2}}},$$

il vient, en simplifiant,

$$dy = \left[\frac{\log e}{(x^2-a^2)^{\frac{1}{2}}} + \frac{a}{x(x^2-a^2)^{\frac{1}{2}}}\right] dx = \frac{x\log e + a}{x(x^2-a^2)^{\frac{1}{2}}}\, dx.$$

Si les logarithmes sont pris dans le système népérien, $\log e = 1$, et l'expression devient, en divisant ses deux termes par $(x+a)^{\frac{1}{2}}$,

$$dy = \frac{1}{x}\left[\frac{x+a}{x-a}\right]^{\frac{1}{2}} dx, \qquad \frac{dy}{dx} = \frac{1}{x}\left[\frac{x+a}{x-a}\right]^{\frac{1}{2}}.$$

7° *Chercher la différentielle de la fonction*

$$y = \text{arc tang}\,\frac{a+x}{1-ax}.$$

On a, en simplifiant,

$$dy = \frac{d\,\dfrac{a+x}{1-ax}}{1+\left(\dfrac{a+x}{1-ax}\right)^2} = \frac{1-ax+a(a+x)}{(1-ax)^2+(a+x)^2}\,dx$$
$$= \frac{1+a^2}{(1+a^2)(1+x^2)}\,dx = \frac{dx}{1+x^2}.$$

On voit que cette différentielle est la même que celle de arc tang x (613). Il est facile d'indiquer la raison de cette coïncidence. D'après la formule (*Trigon.*, 55)

$$\text{tang}(a+b) = \frac{\text{tang}\,a + \text{tang}\,b}{1-\text{tang}\,a\,\text{tang}\,b},$$

l'arc dont la tangente est égale à $\dfrac{a+x}{1-ax}$ est la somme des arcs qui ont pour tangentes a et x, et l'on a

$$y = \text{arc tang}\,\frac{a+x}{1-ax} = \text{arc tang}\,a + \text{arc tang}\,x.$$

Si l'on regarde alors, comme nous l'avons fait, a comme une constante, tous les arcs correspondants, en désignant l'un d'eux par A, seront compris dans la formule $k\pi + \text{A}$, et l'on aura, d'une manière générale,

$$y = k\pi + \text{A} + \text{arc tang}\,x,$$

d'où

$$dy = d\,\text{arc tang}\,x.$$

8° *Trouver la différentielle de la fonction composée*

$$y = \text{arc tang}\,\frac{u+v}{1-uv},$$

où u et v sont des fonctions de x. Cet exemple est la généralisation du précédent. On a évidemment

$$dy = \frac{d\frac{u+v}{1-uv}}{1+\left(\frac{u+v}{1-uv}\right)^2} = \frac{(1-uv)(du+dv)+(u+v)(u\,dv+v\,du)}{(1-uv)^2+(u+v)^2}$$

$$= \frac{(1+v^2)du+(1+u^2)dv}{(1+u^2)(1+v^2)} = \frac{du}{1+u^2}+\frac{dv}{1+v^2}.$$

Ce résultat pouvait être prévu, puisque, d'après ce que nous venons de rappeler (7°),

$$y = \text{arc tang}\,\frac{u+v}{1-uv} = \text{arc tang}\,u + \text{arc tang}\,v.$$

9° *Chercher la différentielle de la fonction*

$$y = \text{arc sin}\,2x\sqrt{1-x^2}.$$

On a

$$dy = \frac{d\,2x\sqrt{1-x^2}}{\sqrt{1-4x^2(1-x^2)}} = \frac{2\sqrt{1-x^2}-2x\frac{2x}{2\sqrt{1-x^2}}}{\sqrt{1-4x^2+4x^4}}dx.$$

Il en résulte, en simplifiant,

$$dy = \frac{2(1-x^2)-2x^2}{\sqrt{1-x^2}\sqrt{(1-2x^2)^2}}dx = \frac{2(1-2x^2)}{\sqrt{1-x^2}(1-2x^2)}dx = \frac{2\,dx}{\sqrt{1-x^2}}.$$

Cette différentielle est le double de celle de arc sin x. Voici la raison de ce fait. Désignons arc sin x par y_0. Nous aurons

$$x = \sin y_0, \qquad \sqrt{1-x^2} = \cos y_0, \qquad 2x\sqrt{1-x^2} = \sin 2y_0.$$

L'arc y, dont le sinus est représenté par $2x\sqrt{1-x^2}$, a donc le même sinus que l'arc $2y_0$, c'est-à-dire qu'il est compris dans l'une des formules

$$2k\pi + 2y_0, \qquad (3k+1)\pi - 2y_0,$$

et que sa différentielle est égale à $\pm 2dy_0$. C'est ce qu'exprime le résultat trouvé plus haut.

10° *Étant donnée la relation*

$$\sin x + \sin(x+h) + \sin(x+2h) + \ldots + \sin[x+(m-1)h]$$
$$= \frac{\sin\frac{mh}{2}\sin\left[x+\frac{(m-1)h}{2}\right]}{\sin\frac{h}{2}},$$

en déduire la somme des cosinus des mêmes arcs.

Il suffit de différentier par rapport à x les deux membres de l'égalité. En supprimant ensuite dx de part et d'autre, on a

$$\cos x + \cos(x+h) + \cos(x+2h) + \ldots + \cos[x+(m-1)h]$$
$$= \frac{\sin\frac{mh}{2}\cos\left[x+\frac{(m-1)h}{2}\right]}{\sin\frac{h}{2}}.$$

C'est le résultat déjà obtenu (*Trigon.*, 90).

11° *Chercher la différentielle de la fonction*

$$y = \text{arc tang}\frac{e^x - e^{-x}}{e^x + e^{-x}}.$$

On a

$$dy = \frac{d\frac{e^x - e^{-x}}{e^x + e^{-x}}}{1+\left(\frac{e^x - e^{-x}}{e^x + e^{-x}}\right)^2} = \frac{(e^x+e^{-x})(e^x+e^{-x})-(e^x-e^{-x})(e^x-e^{-x})}{(e^x+e^{-x})^2+(e^x-e^{-x})^2}dx$$

ou, en effectuant et en remarquant que $e^x e^{-x} = e^0 = 1$,

$$dy = \frac{4dx}{2e^{2x}+2e^{-2x}} = \frac{2dx}{e^{2x}+e^{-2x}}.$$

12° *Chercher la différentielle de la fonction*

$$y = \text{arc tang}\frac{\sqrt{a^2-b^2}\sin x}{b + a\cos x}.$$

On a

$$dy = \frac{d\frac{\sqrt{a^2-b^2}\sin x}{b+a\cos x}}{1+\frac{(a^2-b^2)\sin^2 x}{(b+a\cos x)^2}}$$
$$= \frac{\sqrt{a^2-b^2}\cos x(b+a\cos x)+a\sqrt{a^2-b^2}\sin^2 x}{(b+a\cos x)^2+(a^2-b^2)\sin^2 x}dx$$

ou, en effectuant et en simplifiant,

$$dy = \frac{\sqrt{a^2-b^2}(a+b\cos x)}{(a+b\cos x)^2}dx = \frac{\sqrt{a^2-b^2}}{a+b\cos x}dx.$$

13° *Chercher la différentielle de la fonction*

$$y = \text{arc cos}\frac{b+a\cos x}{a+b\cos x}.$$

On a

$$dy = \frac{-d\dfrac{b+a\cos x}{a+b\cos x}}{\sqrt{1-\left(\dfrac{b+a\cos x}{a+b\cos x}\right)^2}},$$

$$dy = \frac{a\sin x(a+b\cos x) - b\sin x(b+a\cos x)}{(a+b\cos x)\sqrt{(a+b\cos x)^2-(b+a\cos x)^2}}dx$$

ou, en effectuant et en simplifiant,

$$dy = \frac{(a^2-b^2)\sin x}{(a+b\cos x)\sqrt{a^2-b^2}\sin x}dx = \frac{\sqrt{a^2-b^2}}{a+b\cos x}dx.$$

On remarquera que cette différentielle a la même expression que la précédente (12°). Voici la raison de ce fait.

Si l'on désigne par y l'un des arcs dont la tangente est égale à

$$\frac{\sqrt{a^2-b^2}\sin x}{b+a\cos x},$$

on a en même temps

$$\cos y = \frac{1}{\sqrt{1+\operatorname{tang}^2 y}} = \frac{1}{\sqrt{1+\dfrac{(a^2-b^2)\sin^2 x}{(b+a\cos x)^2}}}$$

$$= \frac{b+a\cos x}{\sqrt{(b+a\cos x)^2+(a^2-b^2)\sin^2 x}} = \frac{b+a\cos x}{a+b\cos x}.$$

Ainsi l'arc y est aussi l'un des arcs dont le cosinus est égal à

$$\frac{b+a\cos x}{a+b\cos x}.$$

Tous ces arcs seront alors compris dans les formules

$$2k\pi+y \quad \text{et} \quad 2k\pi-y;$$

et les deux différentielles calculées (12° et 13°) doivent bien être égales et de même signe ou égales et de signes contraires, comme l'indiquent les formules obtenues.

14° *Chercher la différentielle de la fonction*

$$y = \cos x^{\sin x}.$$

En appliquant le théorème des fonctions composées, nous aurons

$$dy = \cos x^{\sin x}\frac{\log\cos x}{\log e}\cos x\,dx + \sin x\cos x^{\sin x - 1}(-\sin x\,dx).$$

$$dy = \cos x^{\sin x}\left[\frac{\log\cos x}{\log e}\cos x - \frac{\sin^2 x}{\cos x}\right]dx.$$

On peut vérifier ce résultat à l'aide de l'expression générale de la différentielle de $y = u^v$ (595).

CHAPITRE VIII.

DIFFÉRENTIATION DES FONCTIONS IMPLICITES.

Cas d'une seule fonction.

622. Nous avons vu qu'on appelait *fonctions implicites* celles qui sont liées aux variables dont elles dépendent par des équations non résolues ou par des conditions non exprimées analytiquement

Nous ne considérerons que celles qui sont définies par des équations non résolues.

623. Le cas le plus simple est celui où la fonction implicite y est définie par une seule équation entre cette fonction et la variable x.

Soit cette équation

$$f(x,y)=0.$$

y, quoique inconnue, étant une fonction déterminée de x, on peut regarder $f(x,y)$ comme une fonction composée de x (**567**). Cette fonction, par hypothèse, est constamment nulle; elle est donc constante, et sa différentielle est égale à zéro (**549**). Or, d'après le théorème des fonctions composées (**567**), cette différentielle a pour expression

$$\frac{df}{dx}dx+\frac{df}{dy}dy.$$

On a donc

$$\frac{df}{dx}dx+\frac{df}{dy}dy=0,$$

et l'on en déduit

$$dy=-\frac{\frac{df}{dx}}{\frac{df}{dy}}dx \quad \text{et} \quad \frac{dy}{dx}=-\frac{\frac{df}{dx}}{\frac{df}{dy}}.$$

Ainsi, *la dérivée d'une fonction y, liée à la variable x par l'équation $f(x, y) = 0$, est égale au quotient, changé de signe, de la dérivée partielle du premier membre de l'équation relativement à x par la dérivée partielle de ce premier membre relativement à y.*

Remarquons que ces dérivées partielles sont, en général, exprimées à la fois en fonction de x et de y, et qu'elles ne peuvent l'être en fonction de x seulement, que si l'on peut résoudre l'équation $f(x, y) = 0$ par rapport à y. Mais, lors même que cette résolution est impossible, le résultat obtenu n'en est pas moins d'une très grande utilité, comme on le verra surtout en *Géométrie analytique* (t. V).

624. Soit, par exemple,

$$f(x, y) = \frac{x^2}{a^2} + \frac{y^2}{b^2} - 1 = 0$$

(qui est l'équation d'une ellipse rapportée à ses deux axes $2a$ et $2b$).

Nous aurons

$$\frac{df}{dx} = \frac{2x}{a^2}, \qquad \frac{df}{dy} = \frac{2y}{b^2},$$

et, par suite,

$$\frac{dy}{dx} = -\frac{\dfrac{2x}{a^2}}{\dfrac{2y}{b^2}} = -\frac{b^2 x}{a^2 y}.$$

L'équation donnée étant résoluble par rapport à y, on peut facilement vérifier ce résultat. On déduit, en effet, de cette équation

$$y = \frac{b}{a}\sqrt{a^2 - x^2}$$

et, par conséquent,

$$\frac{dy}{dx} = -\frac{b}{a}\,\frac{2x}{2\sqrt{a^2 - x^2}} = -\frac{b^2 x}{a^2 \dfrac{b}{a}\sqrt{a^2 - x^2}} = -\frac{b^2 x}{a^2 y}.$$

625. Voici un second exemple s'appliquant à une fonction transcendante.

Nous avons trouvé (*Trigon.*, 72) l'équation suivante, pour

déterminer $\cos\frac{x}{3}$ en fonction de $\cos x$,

$$4\cos^3\frac{x}{3} - 3\cos\frac{x}{3} - \cos x = 0.$$

Posons $y = \cos\frac{x}{3}$. L'équation deviendra

$$f(x,y) = 4y^3 - 3y - \cos x = 0.$$

On a ici

$$\frac{df}{dx} = \sin x, \qquad \frac{df}{dy} = 12y^2 - 3.$$

Par suite,

$$\frac{dy}{dx} = -\frac{\sin x}{12y^2 - 3}.$$

Il est facile de vérifier ce résultat, puisque l'on a $y = \cos\frac{x}{3}$. On en déduit

$$\frac{dy}{dx} = -\frac{1}{3}\sin\frac{x}{3},$$

et il reste à démontrer l'identité

$$\frac{1}{3}\sin\frac{x}{3} = \frac{\sin x}{12y^2 - 3}.$$

En remplaçant y par sa valeur il vient

$$\frac{1}{3}\sin\frac{x}{3} = \frac{\sin x}{12\cos^2\frac{x}{3} - 3},$$

c'est-à-dire

$$4\sin\frac{x}{3}\left(1 - \sin^2\frac{x}{3}\right) - \sin\frac{x}{3} = \sin x$$

ou

$$3\sin\frac{x}{3} - 4\sin^3\frac{x}{3} = \sin x,$$

qui est précisément la relation par laquelle on détermine $\sin\frac{x}{3}$ en fonction de $\sin x$ (*Trigon.*, 77).

626. Soit, enfin, l'équation

$$f(x, y) = y^x - x^y = 0,$$

qu'on ne peut pas résoudre par rapport à l'une des variables. On a

$$\frac{df}{dx} = y^x ly - yx^{y-1} \quad \text{et} \quad \frac{df}{dy} = xy^{x-1} - x^y lx,$$

c'est-à-dire

$$\frac{dy}{dx} = -\frac{y^x ly - yx^{y-1}}{xy^{x-1} - x^y lx}.$$

On peut simplifier ce résultat en remarquant que, d'après l'équation elle-même, on a

$$y^x = x^y.$$

En divisant par cette quantité les deux termes de l'expression et en changeant le signe, il vient

$$\frac{dy}{dx} = \frac{ly - \frac{y}{x}}{lx - \frac{x}{y}}.$$

Cas de plusieurs fonctions.

627. Soient maintenant y et z deux fonctions implicites de x, liées à la variable par les deux équations

$$f(x, y, z) = 0, \qquad \varphi(x, y, z) = 0.$$

y et z étant des fonctions déterminées de x, on peut regarder les fonctions f et φ comme des fonctions composées de x, et leur appliquer séparément le raisonnement précédent (**623**). On a donc, d'après le même théorème (**567**), les différentielles des deux fonctions composées devant être nulles, parce que ces fonctions sont constamment nulles,

$$\frac{df}{dx}dx + \frac{df}{dy}dy + \frac{df}{dz}dz = 0,$$

$$\frac{d\varphi}{dx}dx + \frac{d\varphi}{dy}dy + \frac{d\varphi}{dz}dz = 0.$$

On obtient ainsi deux équations du premier degré en dy

et en dz qui feront connaître ces différentielles en fonction de dx et de x, y, z. Il est commode de mettre les résultats trouvés sous la forme

$$\frac{dx}{\frac{d\varphi}{dy}\frac{df}{dz}-\frac{d\varphi}{dz}\frac{df}{dy}}=\frac{dy}{\frac{d\varphi}{dz}\frac{df}{dx}-\frac{d\varphi}{dx}\frac{df}{dz}}=\frac{dz}{\frac{d\varphi}{dx}\frac{df}{dy}-\frac{d\varphi}{dy}\frac{df}{dx}}.$$

On en déduira dy et dz ou les dérivées $\frac{dy}{dx}$ et $\frac{dz}{dx}$.

628. On généralisera facilement ce qui précède. Si l'on a $m-1$ équations entre m variables, on peut prendre l'une d'elles pour variable indépendante, et les $m-1$ autres variables deviennent des fonctions implicites de cette seule variable indépendante.

Soient les $m-1$ équations

$$\begin{aligned} f_1(x, y, z, u, \ldots) &= 0, \\ f_2(x, y, z, u, \ldots) &= 0, \\ \ldots\ldots\ldots&\ldots\ldots, \\ f_{m-1}(x, y, z, u, \ldots) &= 0, \end{aligned}$$

où x est la variable indépendante et y, z, u, ..., les $m-1$ fonctions implicites de x.

Les différentielles des premiers membres de ces équations devant être nulles, on aura

$$\begin{aligned} &\frac{df_1}{dx}dx + \frac{df_1}{dy}dy + \frac{df_1}{dz}dz + \frac{df_1}{du}du + \ldots = 0, \\ &\frac{df_2}{dx}dx + \frac{df_2}{dy}dy + \frac{df_2}{dz}dz + \frac{df_2}{du}du + \ldots = 0, \\ &\ldots\ldots\ldots\ldots\ldots\ldots\ldots\ldots\ldots\ldots\ldots\ldots, \\ &\frac{df_{m-1}}{dx}dx + \frac{df_{m-1}}{dy}dy + \frac{df_{m-1}}{dz}dz + \frac{df_{m-1}}{du}du + \ldots = 0. \end{aligned}$$

En résolvant ce système de $m-1$ équations du premier degré, on pourra obtenir les différentielles dy, dz, du, ..., en fonction de dx et de x, y, z, u, ...; puis, les dérivées $\frac{dy}{dx}$, $\frac{dz}{dx}$, $\frac{du}{dx}$, ...

Élimination des constantes.

629. Ce qui précède nous conduit à dire un mot de l'élimination des constantes arbitraires qui peuvent faire partie d'un système d'équations.

Soit d'abord l'équation

$$f(x, y, C) = 0, \tag{1}$$

où C représente une constante arbitraire.

La différentiation du premier membre de cette équation, où y peut être regardée comme une fonction implicite de x, nous a donné

$$\frac{df}{dx}dx + \frac{df}{dy}dy = 0$$

ou, si l'on veut, en divisant par dx,

$$\frac{df}{dx} + \frac{df}{dy}\frac{dy}{dx} = 0. \tag{2}$$

En éliminant la constante C entre les équations (1) et (2), $\frac{df}{dx}$ étant la dérivée partielle du premier membre de l'équation (1) par rapport à x, et $\frac{df}{dy}$ la dérivée partielle de ce premier membre par rapport à y, on obtiendra une équation

$$\varphi\left(x, y, \frac{dy}{dx}\right) = 0, \tag{3}$$

entre la variable indépendante x, la fonction y et sa dérivée $\frac{dy}{dx}$.

L'équation (3) ainsi déduite de l'équation (1) est une *équation différentielle*.

x et y désignant les coordonnées d'un point rapporté à des axes rectangulaires, si l'on donne à la constante arbitraire C une infinité de valeurs, l'équation (1) représente une *famille* de courbes; et, comme $\frac{dy}{dx}$ est alors (535) la tangente trigonométrique de l'angle formé par la tangente à la courbe avec l'axe des x, l'équation (3) exprime, dans cette hypothèse, une propriété de la tangente, *commune* à toutes les courbes de la famille considérée.

Nous retrouverons ces considérations en Géométrie analytique.

630. Nous traiterons deux exemples très simples.

1° Nous avons vu précédemment (583) que l'équation

$$(1) \qquad y^2 = 2px + C \quad \text{ou} \quad y^2 - 2px - C = 0$$

représente toutes les paraboles de paramètre p ayant leur axe confondu avec l'axe des x.

Si l'on différentie le premier membre de l'équation (1), il vient

$$(2) \qquad 2y\,dy - 2p\,dx = 0 \quad \text{ou} \quad y\frac{dy}{dx} = p.$$

La constante C disparaît ainsi d'elle-même, et l'équation (2) remplace l'équation (3) du n° 629. C'est l'*équation différentielle* déduite de la proposée.

On voit qu'elle exprime (583) que la *sous-normale* est constante pour toute la famille de courbes représentée par l'équation (1).

2° Soit l'équation

$$(1) \qquad y^2 = 2px \quad \text{ou} \quad y^2 - 2px = 0,$$

dans laquelle p est supposé avoir une valeur arbitraire, et qui représente une parabole rapportée à son axe et à la tangente au sommet (583).

En différentiant le premier membre de l'équation (1), il vient

$$(2) \qquad 2y\,dy - 2p\,dx = 0 \quad \text{ou} \quad y\frac{dy}{dx} = p.$$

En éliminant alors la constante arbitraire p entre les équations (1) et (2), nous obtenons l'équation différentielle (3)

$$(3) \qquad y^2 - 2y\frac{dy}{dx}x = 0 \quad \text{ou} \quad y = 2x\frac{dy}{dx}.$$

Si l'on se reporte à la *fig.* 11, la sous-tangente TP satisfait précisément à la relation

$$y = \text{TP}\frac{dy}{dx}.$$

L'équation (3) prouve donc que, dans toutes les paraboles qui ont même axe et même sommet, la sous-tangente est toujours double de l'abscisse du point de contact, propriété connue (*Géom.*, 755).

Fig. 11.

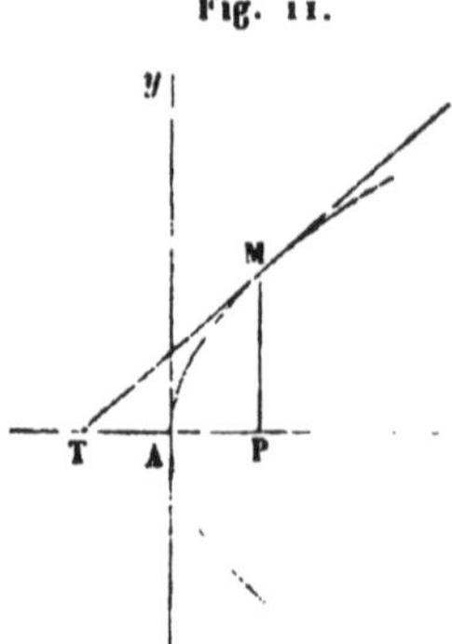

631. D'une manière générale, soient m équations entre une variable indépendante x, m fonctions implicites y, z, u, ... de cette variable, et m constantes arbitraires C_1, C_2, C_3, ... Ces m équations seront de la forme

$$(1) \quad \left\{ \begin{array}{l} f_1(x, y, z, u, \ldots, C_1, C_2, C_3, \ldots) = 0, \\ f_2(x, y, z, u, \ldots, C_1, C_2, C_3, \ldots) = 0, \\ \ldots\ldots\ldots\ldots\ldots\ldots\ldots\ldots\ldots \\ f_m(x, y, z, u, \ldots, C_1, C_2, C_3, \ldots) = 0. \end{array} \right.$$

En différentiant les premiers membres de ces équations et en égalant les résultats obtenus à zéro, on a, en divisant par dx, un nouveau groupe de m équations de la forme

$$(2) \quad \left\{ \begin{array}{l} \dfrac{df_1}{dx} + \dfrac{df_1}{dy}\dfrac{dy}{dx} + \dfrac{df_1}{dz}\dfrac{dz}{dx} + \dfrac{df_1}{du}\dfrac{du}{dx} + \ldots = 0, \\ \dfrac{df_2}{dx} + \dfrac{df_2}{dy}\dfrac{dy}{dx} + \dfrac{df_2}{dz}\dfrac{dz}{dx} + \dfrac{df_2}{du}\dfrac{du}{dx} + \ldots = 0, \\ \ldots\ldots\ldots\ldots\ldots\ldots\ldots\ldots\ldots\ldots\ldots\ldots \\ \dfrac{df_m}{dx} + \dfrac{df_m}{dy}\dfrac{dy}{dx} + \dfrac{df_m}{dz}\dfrac{dz}{dx} + \dfrac{df_m}{du}\dfrac{du}{dx} + \ldots = 0. \end{array} \right.$$

En éliminant entre les $2m$ équations des groupes (1) et (2) les m constantes arbitraires C_1, C_2, C_3, ..., on constituera un nouveau groupe de m équations de la forme (629)

$$(3)\quad \left\{\begin{array}{l} \varphi_1\left(x, y, z, u, \ldots, \frac{dy}{dx}, \frac{dz}{dx}, \frac{du}{dx}, \ldots\right) = 0, \\ \varphi_2\left(x, y, z, u, \ldots, \frac{dy}{dx}, \frac{dz}{dx}, \frac{du}{dx}, \ldots\right) = 0, \\ \ldots\ldots\ldots\ldots\ldots\ldots\ldots\ldots\ldots\ldots, \\ \varphi_m\left(x, y, z, u, \ldots, \frac{dy}{dx}, \frac{dz}{dx}, \frac{du}{dx}, \ldots\right) = 0. \end{array}\right.$$

Le groupe (3) ainsi formé est ce que l'on nomme un *système d'équations différentielles simultanées.*

CHAPITRE IX.

PROPOSITIONS RELATIVES AUX DÉRIVÉES DES FONCTIONS D'UNE SEULE VARIABLE.

---

632. Avant de passer à l'étude succincte des propriétés relatives aux différentielles d'ordre supérieur, nous démontrerons quelques théorèmes qui nous seront nécessaires par la suite. Nous aurions pu les établir dès le début du cinquième Livre; mais, plus rapprochés des applications que nous aurons à en faire, leur importance sera sans doute mieux appréciée.

633. I. *Soit la fonction $f(x)$ qui admet une dérivée $f'(x)$ pour toutes les valeurs de x comprises dans un intervalle (a, b), et qui s'annule pour $x = a$ et pour $x = b$. La dérivée $f'(x)$ s'annule alors nécessairement pour une certaine valeur x_1 de x, comprise dans l'intervalle (a, b).*

Puisque $f(x)$ a une dérivée déterminée pour toutes les valeurs de x renfermées dans l'intervalle (a, b), elle est continue dans cet intervalle (536).

En laissant de côté le cas où $f(x)$ serait *constamment* nulle dans l'intervalle considéré et où sa dérivée serait, par conséquent, égale à zéro (538), cette fonction commencera par croître, depuis zéro, en prenant des valeurs positives, ou à décroître en prenant des valeurs négatives, soit à partir de $x = a$, soit à partir d'une valeur de x comprise entre a et b.

Admettons que $f(x)$ prenne des valeurs positives. Comme elle doit s'annuler pour $x = b$, il faut qu'elle diminue après avoir augmenté, c'est-à-dire qu'il existera, entre a et b, une valeur x_1 telle, que $f(x_1)$ sera supérieure ou au moins égale aux valeurs voisines

$$f(x_1 - h) \quad \text{et} \quad f(x_1 + h),$$

en désignant par h une valeur assez petite pour que $x_1 - h$ et $x_1 + h$ restent renfermées dans l'intervalle (a, b).

Si $f(x)$ prend au contraire des valeurs négatives, il faut qu'elle augmente après avoir diminué, et il existera, entre a et b, une valeur x_1 telle, que $f(x_1)$ sera inférieure ou au plus égale aux valeurs voisines

$$f(x_1 - h) \quad \text{et} \quad f(x_1 + h).$$

[On pourrait dire aussi que $f(x)$ étant continue admet, dans l'intervalle (a, b), une limite supérieure ou une limite inférieure qu'elle atteint nécessairement pour une valeur x_1 comprise dans l'intervalle (458, 453)].

Que la fonction prenne des valeurs positives ou négatives, on voit que les différences

$$f(x_1 - h) - f(x_1) \quad \text{et} \quad f(x_1 + h) - f(x_1)$$

seront nulles ou *de même signe*.

Les rapports

$$\frac{f(x_1 - h) - f(x_1)}{-h} \quad \text{et} \quad \frac{f(x_1 + h) - f(x_1)}{h}$$

seront donc nuls ou de *signes contraires*.

Si l'on suppose que h tende indéfiniment vers zéro, ces deux rapports tendront, par hypothèse, vers *la même limite* $f'(x_1)$. Cette limite $f'(x_1)$, ne pouvant être à la fois positive et négative, est nécessairement nulle, et l'on a

$$f'(x_1) = 0.$$

Cette proposition n'est autre chose que le *théorème de* Rolle, que nous retrouverons plus tard (*Alg. sup.*, 2e Partie).

On remarquera que la démonstration précédente ne suppose pas la continuité de la dérivée $f'(x)$; mais seulement que, pour chaque valeur de x comprise dans l'intervalle considéré, elle a une valeur unique et déterminée.

634. II. *Soit la fonction $f(x)$ qui admet une dérivée $f'(x)$ pour toutes les valeurs de x comprises dans un certain intervalle. Si x_0 et* X *sont deux valeurs de x comprises dans cet intervalle et si x_1 est une autre valeur de x comprise entre x_0 et* X, *on a*

$$\frac{f(X) - f(x_0)}{X - x_0} = f'(x_1).$$

En effet, considérons la fonction de x représentée par l'expression

$$f(x)-f(x_0)-(x-x_0)\frac{f(\mathrm{X})-f(x_0)}{\mathrm{X}-x_0}.$$

Elle s'annule évidemment pour $x=x_0$ et pour $x=\mathrm{X}$. D'ailleurs, pour les valeurs de x comprises entre $x=x_0$ et $x=\mathrm{X}$, elle a une dérivée égale à

$$f'(x)-\frac{f(\mathrm{X})-f(x_0)}{\mathrm{X}-x_0},$$

c'est-à-dire bien déterminée (539). D'après le théorème précédent, cette dérivée doit donc s'annuler pour une valeur x_1 de x, comprise entre x_0 et X. On a, par suite,

$$\frac{f(\mathrm{X})-f(x_0)}{\mathrm{X}-x_0}=f'(x_1). \tag{1}$$

Nous avons supposé, dans notre démonstration, $\mathrm{X}>x_0$; mais la formule trouvée est indépendante de cette hypothèse, puisque la permutation de X et de x_0 la laisse identique.

On peut poser

$$\mathrm{X}=x_0+h,$$

en désignant par h la différence des deux valeurs X et x_0. La quantité x_1, comprise alors entre x_0 et x_0+h, peut être représentée par $x_0+\theta h$, θ étant un nombre compris entre 0 et 1, sans être ni l'un ni l'autre. La formule (1) devient ainsi

$$f(x_0+h)-f(x_0)=hf'(x_0+\theta h). \tag{2}$$

635. La proposition qu'on vient d'établir conduit, d'une autre manière, à ce théorème important, déjà démontré (540) :

Lorsque la dérivée d'une fonction est constamment nulle dans un certain intervalle, cette fonction se réduit à une constante dans le même intervalle.

En effet, d'après la relation (2) [634], si l'on a $f'(x)=0$ pour toutes les valeurs de x comprises dans l'intervalle considéré, on a aussi $f'(x_0+\theta h)=0$. Il en résulte

$$f(x_0+h)=f(x_0),$$

quel que soit h, pourvu que les deux valeurs x_0 et x_0+h

soient comprises dans l'intervalle ; $f(x)$ conserve donc la même valeur dans cet intervalle et se réduit à une constante.

636. III. *Soient $f(x)$ et $F(x)$ deux fonctions qui restent continues pour toutes les valeurs de x renfermées dans un certain intervalle et ont, pour ces valeurs, des dérivées parfaitement déterminées $f'(x)$ et $F'(x)$. Si x_0 et X sont deux valeurs de x comprises dans cet intervalle et si x_1 est une valeur de x comprise entre x_0 et X, on a*

$$\frac{f(X)-f(x_0)}{F(X)-F(x_0)}=\frac{f'(x_1)}{F'(x_1)}.$$

[Il est entendu que $F'(x)$, qui peut être nulle ou infinie pour $x=x_0$ ou pour $x=X$, ne l'est pas pour les valeurs intermédiaires.]

Considérons la fonction de x

$$f(x)-f(x_0)-[F(x)-F(x_0)]\frac{f(X)-f(x_0)}{F(X)-F(x_0)}.$$

Elle est nulle évidemment pour $x=x_0$ et pour $x=X$, et elle admet, dans l'intervalle de ces deux valeurs, la dérivée bien déterminée

$$f'(x)-F'(x)\frac{f(X)-f(x_0)}{F(X)-F(x_0)}.$$

Cette dérivée doit donc s'annuler (633) pour une valeur x_1 de x, comprise entre x_0 et X, de sorte qu'on a

$$\frac{f(X)-f(x_0)}{F(X)-F(x_0)}=\frac{f'(x_1)}{F'(x_1)}. \tag{1}$$

En posant comme précédemment

$$X=x_0+h$$

et en désignant par θ un nombre compris entre o et 1, la formule (1) devient

$$\frac{f(x_0+h)-f(x_0)}{F(x_0+h)-F(x_0)}=\frac{f'(x_0+\theta h)}{F'(x_0+\theta h)}.$$

Puisque X peut être plus grand ou plus petit que x_0 (634), h peut être une quantité positive ou négative.

Les démonstrations précédentes sont dues à M. Ossian Bonnet.

637. IV. *Lorsqu'une fonction $f(x,p)$, contenant un paramètre arbitraire p, reste continue dans un intervalle donné et tend vers zéro, quelle que soit la valeur de x dans cet intervalle, lorsqu'on fait tendre p vers une valeur particulière p_0, toutes les dérivées de $f(x,p)$ par rapport à x tendent aussi vers zéro, dans le même intervalle, lorsqu'on fait tendre p vers p_0.*

En effet, on a (634), pour toutes les valeurs de x et de h compatibles avec l'intervalle donné,

$$f(x+h,p)-f(x,p)=hf'(x+\theta h,p).$$

Par hypothèse, les deux termes du premier membre de cette relation deviennent nuls pour $p=p_0$. On a donc, quelles que soient les valeurs de x et de h, sous la réserve indiquée,

$$f'(x+\theta h,p_0)=0$$

ou, en faisant $h=0$,

$$f'(x,p_0)=0.$$

On déduit évidemment de ce résultat que $f''(x,p_0)$ est aussi nulle, quelle que soit la valeur de x choisie dans l'intervalle, et, de proche en proche, qu'il en est de même, d'une manière générale, de $f^{(n)}(x,p_0)$.

La fonction donnée de x pourrait renfermer plusieurs paramètres variables, et s'annuler pour des valeurs particulières de ces paramètres. La conclusion serait encore la même.

CHAPITRE X.

DES DIFFÉRENTIELLES ET DES DIFFÉRENCES DES DIVERS ORDRES DES FONCTIONS D'UNE SEULE VARIABLE.

Des différentielles des divers ordres des fonctions explicites.

638. Nous avons vu précédemment (532) que, si $f(x)$ est une fonction de la variable x, sa dérivée $f'(x)$ est aussi, en général, une fonction de x admettant à son tour une dérivée désignée par $f''(x)$ et appelée la *dérivée seconde* de $f(x)$. De même, $f'''(x)$ est la dérivée de $f''(x)$ ou la troisième dérivée de $f(x)$, et ainsi de suite.

En poursuivant, on obtient une série de fonctions représentées par

$$f'(x),\quad f''(x),\quad f'''(x),\quad \ldots,\quad f^{(n)}(x),\quad \ldots$$

ou par

$$\mathrm{D}f(x),\quad \mathrm{D}^2f(x),\quad \mathrm{D}^3f(x),\quad \ldots,\quad \mathrm{D}^nf(x),\quad \ldots$$

et dont le nombre est illimité, à moins que $f(x)$ ne soit une fonction entière et rationnelle.

La fonction $f^{(n)}(x)$ ou $\mathrm{D}^nf(x)$ est dite la *dérivée du $n^{\text{ième}}$ ordre* ou, plus simplement, la *$n^{\text{ième}}$ dérivée* de $f(x)$.

A ces dérivées successives correspondent, comme nous allons l'expliquer, les différentielles successives de la fonction $y=f(x)$.

639. Nous avons défini la différentielle de la fonction

$$y=f(x) \tag{1}$$

par la formule (549)

$$dy=f'(x)\,dx. \tag{2}$$

Dans cette formule, dx désigne l'accroissement arbitraire

donné à la variable indépendante x. Jusqu'à présent, nous n'avons fait aucune hypothèse sur la valeur de cet accroissement. Nous allons maintenant le regarder comme *constant*, c'est-à-dire comme indépendant des valeurs attribuées à x et de la série des opérations effectuées.

Si l'on différentie l'équation (2) dans cette hypothèse, il vient

$$d\,dy = dx\,df'(x) = dx[f''(x)dx] = f''(x)\,dx^2,$$

en indiquant le carré de dx par la notation dx^2.

Le premier membre $d\,dy$ de la relation obtenue est la *différentielle deuxième* de y ou la *différentielle du deuxième ordre* de la fonction. On la représente par la notation d^2y, de sorte qu'on a

$$d^2y = f''(x)dx^2.$$

En différentiant encore les deux membres de cette nouvelle égalité, on a

$$d\,d^2y = dx^2 df''(x) = dx^2[f'''(x)dx] = f'''(x)dx^3$$

ou

$$d^3y = f'''(x)dx^3.$$

En poursuivant, on obtiendra une suite de différentielles

$$dy,\quad d^2y,\quad d^3y,\quad \ldots,\quad d^ny,\quad \ldots,$$

dont chacune est la différentielle de la précédente. La différentielle $d^n y$ est la *différentielle du* $n^{ième}$ *ordre* ou, simplement, la $n^{ième}$ *différentielle* de y ou de $f(x)$, et l'on a, d'une manière générale,

$$(3)\qquad d^n y = f^{(n)}(x)dx^n \qquad \text{et} \qquad \frac{d^n y}{dx^n} = f^{(n)}(x).$$

La $n^{ième}$ *dérivée de* $f(x)$ *est* donc *égale à sa* $n^{ième}$ *différentielle divisée par la* $n^{ième}$ *puissance de la différentielle constante de la variable indépendante.*

On peut, par suite, mettre encore la relation (3) sous la forme

$$(3\ bis)\qquad d^n y = \left(\frac{d^n y}{dx^n}\right)dx^n = \frac{d^n y}{dx^n}dx^n.$$

Si l'on prend dx comme infiniment petit principal ou comme infiniment petit du premier ordre (515, 516), on voit que $d^n y$ *est, en général, un infiniment petit du* $n^{ième}$ *ordre.*

Cette correspondance entre $d^n y$ et dx^n dans le premier membre de la formule (3) est nécessaire. Si ces deux infiniment petits étaient d'ordres différents, $f^{(n)}(x)$ serait constamment nulle ou infinie (520) et ne serait plus une fonction de x.

Le rapprochement indiqué précédemment entre la dérivée et la différentielle d'une fonction (547) se poursuit quand on considère les dérivées et les différentielles des divers ordres.

640. Il n'est pas inutile de remarquer que les résultats seraient tout autres, si l'on ne regardait plus dx comme une constante, mais comme une variable ayant ses différentielles successives dx, d^2x, d^3x, ...

Pour le montrer, reprenons la formule

$$dy = f'(x)dx.$$

La différentiation des deux membres, dans l'hypothèse où dx varie, donne

$$d^2y = d[f'(x)dx] = f''(x)dx^2 + f'(x)d^2x.$$

En effet, on a à différentier dans le second membre un produit de deux facteurs variables. La différentielle du premier facteur $f'(x)$ est $f''(x)dx$, qu'il faut multiplier par l'autre facteur dx, et la différentielle du second facteur dx est d^2x qu'il faut multiplier par l'autre facteur $f'(x)$.

Nous n'insisterons pas sur ce point ni sur les nouvelles formules qui représentent alors les différentielles successives de y.

EXEMPLES.

641. Nous allons donner quelques exemples de différentielles ou de dérivées des divers ordres.

1° *Soit la fonction*

$$y = x^m.$$

On a

$$\frac{dy}{dx} = mx^{m-1},$$

$$\frac{d^2y}{dx^2} = m(m-1)x^{m-2},$$

$$\frac{d^3y}{dx^3} = m(m-1)(m-2)x^{m-3},$$

et, en général,

$$\frac{d^n y}{dx^n} = m(m-1)(m-2)\ldots(m-n+1)x^{m-n}.$$

Si m est entier, on parvient à

$$\frac{d^m y}{dx^m} = m(m-1)(m-2)\ldots3.2.1.$$

Cette $m^{\text{ième}}$ dérivée est une constante, et les dérivées suivantes sont toutes nulles.

2° *Soit la fonction*

$$y = a^x.$$

On a, en prenant les logarithmes dans le système népérien,

$$\frac{dy}{dx} = a^x la, \qquad \frac{d^2 y}{dx^2} = a^x (la)^2, \qquad \frac{d^3 y}{dx^3} = a^x (la)^3, \qquad \ldots$$

et, en général,

$$\frac{d^n y}{dx^n} = a^x (la)^n.$$

Si l'on suppose $a = e$, $la = le = 1$, et l'on a

$$\frac{dy}{dx} = \frac{d^2 y}{dx^2} = \frac{d^3 y}{dx^3} = \ldots = \frac{d^n y}{dx^n} = e^x.$$

3° *Soit la fonction*

$$y = \log x.$$

On a

$$\frac{dy}{dx} = \frac{\log e}{x} = x^{-1} \log e,$$

$$\frac{d^2 y}{dx^2} = -1.x^{-2} \log e, \qquad \frac{d^3 y}{dx^3} = 1.2.x^{-3} \log e, \qquad \ldots.$$

$$\frac{d^n y}{dx^n} = (-1)^{n-1}.1.2.3\ldots(n-1)x^{-n} \log e.$$

4° *Soit la fonction*

$$y = \sin x.$$

On a

$$\frac{dy}{dx} = \cos x, \qquad \frac{d^2 y}{dx^2} = -\sin x, \qquad \frac{d^3 y}{dx^3} = -\cos x, \qquad \frac{d^4 y}{dx^4} = \sin x.$$

Les dérivées de $\sin x$ reprennent donc périodiquement et indéfiniment les quatre valeurs

$$\cos x, \quad -\sin x, \quad -\cos x, \quad \sin x.$$

On trouverait, de même, que les dérivées de $\cos x$ reprennent périodiquement et indéfiniment les quatre valeurs

$$-\sin x, \quad -\cos x, \quad \sin x, \quad \cos x.$$

5° *Soit la fonction*

$$y = \sin(x+a),$$

où a est une constante.

On a (*Trigon.*, 32)

$$\frac{dy}{dx} = \cos(x+a) = \sin\left(\frac{\pi}{2}+x+a\right) = \sin\left(x+\frac{\pi}{2}+a\right).$$

La dérivée de y s'obtient donc, dans ce cas, en ajoutant le quadrant $\frac{\pi}{2}$ à la constante a. Il en résulte évidemment, d'une manière générale,

$$\frac{d^n\sin(x+a)}{dx^n} = \sin\left(x+n\frac{\pi}{2}+a\right).$$

Pour $a=0$, on a donc

$$y = \sin x \quad \text{et} \quad \frac{d^n\sin x}{dx^n} = \sin\left(x+n\frac{\pi}{2}\right);$$

et, pour $a=\frac{\pi}{2}$, on a

$$y = \sin\left(x+\frac{\pi}{2}\right) = \cos x$$

et

$$\frac{d^n\cos x}{dx^n} = \sin\left(x+n\frac{\pi}{2}+\frac{\pi}{2}\right) = \cos\left(x+n\frac{\pi}{2}\right).$$

Nous terminerons ces exemples par la recherche de la formule remarquable qui fait connaître la $n^{\text{ième}}$ dérivée d'un produit.

Expression de la $n^{\text{ième}}$ dérivée d'un produit.

642. Considérons le produit uv des deux fonctions u et v. Nous aurons d'abord (570)

$$d(uv) = v\,du + u\,dv;$$

puis (568)

$$\begin{aligned} d^2(uv) &= d(v\,du) + d(u\,dv) \\ &= (v\,d^2u + dv\,du) + (dv\,du + u\,d^2v) \end{aligned}$$

ou

$$d^2(uv) = v\,d^2u + 2\,dv\,du + u\,d^2v.$$

De même, en différentiant de nouveau, on trouve

$$\begin{aligned} d^3(uv) &= d(v\,d^2u) + d(2\,dv\,du) + d(u\,d^2v) \\ &= (v\,d^3u + dv\,d^2u) \\ &\quad + (2\,dv\,d^2u + 2\,d^2v\,du) + (d^2v\,du + u\,d^3v) \end{aligned}$$

ou

$$d^3(uv) = v\,d^3u + 3\,dv\,d^2u + 3\,d^2v\,du + u\,d^3v.$$

On voit que, dans ces formules, l'ordre des différentielles de u diminue d'une unité, tandis que celui des différentielles de v augmente d'une unité, lorsqu'on passe d'un terme au suivant, de sorte que la somme de ces deux ordres demeure constante et égale à l'ordre de la différentielle du produit uv. De plus, les coefficients numériques des différents termes reproduisent ceux du développement du binôme pour un exposant égal à l'ordre de cette différentielle.

L'analogie conduit donc à penser que l'on a, d'une manière générale,

$$\begin{aligned} d^m(uv) &= v\,d^mu + \frac{m}{1}\,dv\,d^{m-1}u + \frac{m(m-1)}{1.2}\,d^2v\,d^{m-2}u + \ldots \\ &+ \frac{m(m-1)\ldots(m-n+1)}{1.2.3\ldots n}\,d^nv\,d^{m-n}u + \ldots + u\,d^mv. \end{aligned}$$

Ce résultat ayant été vérifié pour $m = 1, 2, 3$, il suffit, pour prouver sa généralité, d'établir, suivant l'usage, que, s'il est vrai pour l'ordre m, il subsiste encore pour l'ordre $m+1$. C'est ce dont on s'assure immédiatement en différentiant la formule ci-dessus, où les termes du second membre représentent tous un produit de deux facteurs variables.

643. La formule remarquable ainsi vérifiée peut s'écrire *symboliquement*

$$d^m(uv) = (du + dv)^m,$$

à la seule condition d'ajouter en facteur, dans le premier terme du développement de $(du+dv)^m$, $(dv)^0$ et, dans le dernier terme de ce développement, $(du)^0$; puis, de remplacer respectivement les puissances

$$(du)^n \quad \text{et} \quad (dv)^n$$

par les différentielles

$$d^nu \quad \text{et} \quad d^nv$$

et, dans les termes extrêmes, $(dv)^0$ et $(du)^0$ par v et u.

644. On peut aussi représenter *symboliquement* la différentielle d'ordre m d'un produit de p facteurs u, v, w, ..., par la formule

$$d^m(uvw\ldots) = (du + dv + dw + \ldots)^m,$$

à la condition d'ajouter en facteurs, dans les termes du développement du second membre, la puissance zéro des différentielles du, dv, dw, ..., qui n'y entrent pas; puis de remplacer ensuite respectivement les puissances

$$(du)^n, \quad (dv)^n, \quad (dw)^n, \quad \ldots$$

par les différentielles correspondantes

$$d^n u, \quad d^n v, \quad d^n w, \quad \ldots,$$

celles-ci devant être remplacées à leur tour par u, v, w, ..., *dans le cas de* $n = 0$.

Il suffit, pour comprendre cette extension, de se reporter au développement de la puissance $m^{\text{ième}}$ d'un polynôme (**303**, **305**).

Des différences des divers ordres.

645. Il est très utile de rapprocher les *différentielles* et les *différences* successives (**545**) d'une même fonction.

La différence Δy de la fonction $y = f(x)$ étant elle-même une fonction de x a aussi une différence $\Delta\Delta y$ qui en admet une $\Delta\Delta\Delta y$ à son tour; et ainsi de suite indéfiniment.

En supposant qu'on donne toujours à x le même accroissement ou l'accroissement *constant* Δx, les différences des divers ordres seront désignées par les notations

$$\Delta y, \quad \Delta^2 y, \quad \Delta^3 y, \quad \ldots, \quad \Delta^n y, \quad \ldots.$$

(Les puissances de Δy seront représentées par Δy, Δy^2, Δy^3, ..., Δy^n, ...)

646. Il s'agit de démontrer que *la dérivée d'ordre n de la fonction $y = f(x)$ est la limite du rapport de $\Delta^n y$ à Δx^n, c'est-à-dire de la différence $n^{\text{ième}}$ de cette fonction à la puissance $n^{\text{ième}}$ de la différence ou de l'accroissement de la variable.*

Il est entendu que la fonction donnée et les dérivées successives qu'on en doit prendre restent continues dans l'intervalle qu'on a à considérer.

Cela posé, on a (545)

$$\frac{\Delta y}{\Delta x} = f'(x) + \alpha, \tag{1}$$

$\alpha = \varphi(x, \Delta x)$ étant une fonction de x et de Δx qui s'annule pour $\Delta x = 0$, quelle que soit la valeur de x choisie dans l'intervalle proposé.

Si l'on prend les accroissements ou les différences des deux membres de la relation (1) pour un nouvel accroissement Δx donné à x, et si on les divise ensuite par Δx, il est clair que le premier membre deviendra

$$\frac{\Delta^2 y}{\Delta x^2}.$$

Le premier terme du second membre deviendra

$$\frac{f'(x + \Delta x) - f'(x)}{\Delta x} = f''(x) + \beta,$$

β étant encore une quantité qui tend vers zéro et s'annule avec Δx.

Quant au second terme α du second membre, il deviendra

$$\frac{\Delta \alpha}{\Delta x} = \varphi'(x, \Delta x) + \gamma,$$

en désignant par γ une troisième quantité qui s'annule avec Δx, quelle que soit la valeur donnée à x dans l'intervalle.

On a, par suite,

$$\frac{\Delta^2 y}{\Delta x^2} = f''(x) + \beta + \varphi'(x, \Delta x) + \gamma.$$

Mais la fonction $\varphi(x, \Delta x)$ s'annule pour $\Delta x = 0$ quelle que soit x; il en est donc de même de sa dérivée $\varphi'(x, \Delta x)$ [637], et l'on peut écrire

$$\frac{\Delta^2 y}{\Delta x^2} = f''(x) + \delta_1,$$

δ_1 étant une quantité qui s'annule avec Δx.

En prenant les accroissements ou les différences des deux membres de cette nouvelle égalité pour un nouvel accroissement Δx donné à x et en les divisant ensuite par Δx, le même raisonnement conduit à

$$\frac{\Delta^3 y}{\Delta x^3} = f'''(x) + \delta_2,$$

δ_2 étant une quantité qui s'évanouit avec Δx.

La loi est évidente, et l'on peut poser d'une manière générale

$$(2) \qquad \frac{\Delta^n y}{\Delta x^n} = f^{(n)}(x) + \delta_{n-1},$$

cette dernière quantité s'évanouissant avec Δx.

En passant aux limites, on a

$$(3) \qquad \lim \frac{\Delta^n y}{\Delta x^n} = f^{(n)}(x) = \frac{d^n y}{dx^n} \quad [639],$$

ce qu'on voulait démontrer.

647. On voit qu'on peut mettre la relation (2) sous la forme

$$\Delta^n y = \frac{d^n y}{dx^n} \Delta x^n + \delta_{n-1} \Delta x^n.$$

D'ailleurs, on peut faire tendre Δx vers zéro en prenant $\Delta x = dx$ (548). Il vient, dans cette hypothèse,

$$\Delta^n y = d^n y + \delta_{n-1} dx^n,$$

d'où

$$\frac{\Delta^n y}{d^n y} = 1 + \frac{\delta_{n-1}}{\frac{d^n y}{dx^n}}.$$

Si la $n^{\text{ième}}$ dérivée $\frac{d^n y}{dx^n}$ reste finie, on a alors

$$\lim \frac{\Delta^n y}{d^n y} = 1;$$

c'est-à-dire (530) que la différentielle d'ordre n d'une fonction de x peut remplacer la différence de même ordre de cette fonction, dans la recherche des limites de sommes ou de rapports, en négligeant une quantité infiniment petite relativement à cette différence. C'est la généralisation de ce que nous avons dit au n° 547.

Des différentielles des divers ordres des fonctions implicites.

648. Soit une fonction y de la variable x définie par l'équation

(1) $$f(x, y) = 0.$$

En égalant à zéro la dérivée du premier membre de cette équation, nous avons trouvé (623)

(2) $$\frac{df}{dx} + \frac{df}{dy}\frac{dy}{dx} = 0.$$

Cette équation (2) donne $\frac{dy}{dx}$ en fonction de x et de y, ou en fonction de x seulement si l'on peut éliminer y entre les équations (1) et (2), et l'on en déduit ensuite dy.

En combinant convenablement les équations (1) et (2) ou en conservant cette dernière telle qu'elle est, on a une équation de la forme

(2 *bis*) $$\varphi\left(x, y, \frac{dy}{dx}\right) = 0.$$

Son premier membre étant constamment nul, la différentielle de ce premier membre est constamment nulle (549), et l'on a

$$\frac{d\varphi}{dx}dx + \frac{d\varphi}{dy}dy + \frac{d\varphi}{d\frac{dy}{dx}}d\frac{dy}{dx} = 0,$$

c'est-à-dire, en divisant par dx,

(3) $$\frac{d\varphi}{dx} + \frac{d\varphi}{dy}\frac{dy}{dx} + \frac{d\varphi}{d\frac{dy}{dx}}\frac{d^2y}{dx^2} = 0.$$

Cette équation (3) fait connaître $\frac{d^2y}{dx^2}$ en fonction de x, de y

et de $\frac{dy}{dx}$, ou en fonction de x seulement si l'on peut éliminer y et $\frac{dy}{dx}$ entre les équations (2), (2 *bis*) et (3); et l'on en déduit ensuite d^2y.

On pourra trouver de même $\frac{d^3y}{dx^3}$, $\frac{d^4y}{dx^4}$, ... Mais nous n'insisterons pas davantage sur cette méthode, parce que nous en indiquerons plus loin une autre plus rapide, qui s'appliquera également au cas où l'on a à considérer plusieurs fonctions implicites. Un exemple, cependant, ne sera pas inutile pour bien éclaircir ce qui précède.

649. *On demande de trouver la deuxième différentielle de la fonction implicite définie par l'équation*

$$(1)\qquad y^3 - 3xy + x^3 = 0.$$

L'équation (2) du n° 648 est alors, en divisant ses deux membres par 3,

$$(2)\qquad x^2 - y + (y^2 - x)\frac{dy}{dx} = 0,$$

et l'on en déduit

$$\frac{dy}{dx} = \frac{y - x^2}{y^2 - x}.$$

L'équation (2) est de la forme

$$(2\ bis)\qquad \varphi\left(x, y, \frac{dy}{dx}\right) = 0.$$

L'équation (3) du n° 648 est donc ici

$$\left(2x - \frac{dy}{dx}\right) + \left[\left(2y\frac{dy}{dx} - 1\right)\frac{dy}{dx}\right] + \left[(y^2 - x)\frac{d^2y}{dx^2}\right] = 0$$

ou

$$(3)\qquad 2x - 2\frac{dy}{dx} + 2y\left(\frac{dy}{dx}\right)^2 + (y^2 - x)\frac{d^2y}{dx^2} = 0,$$

et elle va nous permettre de déterminer $\frac{d^2y}{dx^2}$. En remplaçant $\frac{dy}{dx}$ par sa valeur, en effectuant les calculs et en simplifiant, elle devient

$$(3\ bis)\qquad 2xy\frac{y^3 - 3xy + x^3 + 1}{(y^2 - x)^2} + (y^2 - x)\frac{d^2y}{dx^2} = 0.$$

Mais l'équation (1) exigeant que le trinôme $y^3 - 3xy + x^3$ soit constamment nul, l'équation (3 *bis*) se réduit à

$$\frac{2xy}{(y^2-x)^2} + (y^2 - x)\frac{d^2y}{dx^2} = 0,$$

et l'on en tire

$$\frac{d^2y}{dx^2} = -\frac{2xy}{(y^2-x)^3} \quad \text{et} \quad d^2y = -\frac{2xy}{(y^2-x)^3}dx^2.$$

CHAPITRE XI.

DÉRIVÉES ET DIFFÉRENTIELLES DES FONCTIONS DE PLUSIEURS VARIABLES INDÉPENDANTES.

Dérivées et différentielles partielles successives d'une fonction de plusieurs variables indépendantes.

650. Nous considérerons, pour fixer les idées, une fonction de deux variables indépendantes x et y. Les raisonnements seraient les mêmes pour un plus grand nombre de variables. Cette fonction de deux variables peut être différentiée par rapport à chacune d'elles, *partiellement et successivement* (**566**, **638**, **639**), et ces différentiations peuvent être en nombre quelconque. Ce nombre est l'*ordre* de la différentielle, de la différence et de la dérivée correspondantes; et leur formation ne peut présenter aucune difficulté, puisque, à chaque opération, on n'a à tenir compte que d'*une seule variable indépendante*. Mais certaines remarques spéciales relatives aux notations doivent être soigneusement indiquées.

651. Soit

$$u = f(x, y)$$

la fonction des deux variables indépendantes x et y.

Nous désignerons, d'une manière générale, par

$$f^{m+n+p+\ldots}_{x, y, x, \ldots} u \quad \text{ou par} \quad \mathrm{D}^{m+n+p+\ldots}_{x, y, x, \ldots} u$$

le résultat de $m + n + p + \ldots$, dérivations partielles effectuées sur la fonction u, les m premières se rapportant à x, les n suivantes se rapportant à y, les p suivantes ayant lieu de nouveau relativement à x, ...

La différentielle et la différence partielles de même ordre

seront représentées par les notations

$$d^{m+n+p+\dots}_{x,y,x,\dots} u \quad \text{et} \quad \Delta^{m+n+p+}_{x,y,x,\dots} \cdot u.$$

Pour simplifier, on prend les accroissements Δx, Δy, dx, dy *constants* ou respectivement indépendants des variables x et y.

Cela posé, nous aurons d'abord (639), puisqu'il ne s'agit que de la variable x,

$$d^m_x u = f^m_x u\, dx^m = \mathrm{D}^m_x u\, dx^m.$$

De même, en regardant y comme seule variable et en prenant la différentielle d'ordre n des deux membres, il viendra

$$d^{m+n}_{x,y} u = f^{m+n}_{x,y} u\, dx^m\, dy^n = \mathrm{D}^{m+n}_{x,y} u\, dx^m\, dy^n.$$

Enfin, si l'on regarde de nouveau x comme seule variable et si l'on prend la différentielle d'ordre p des deux membres de la relation précédente, on trouvera

$$d^{m+n+p}_{x,y,x} u = f^{m+n+p}_{x,y,x} u\, dx^m\, dy^n\, dx^p = \mathrm{D}^{m+n+p}_{x,y,x} u\, dx^m\, dy^n\, dx^p;$$

et ainsi de suite.

On déduit de là, d'une manière générale,

$$\frac{d^{m+n+p+\dots}_{x,y,x,\dots} u}{dx^m\, dy^n\, dx^p} = f^{m+n+p+}_{x,y,x,\dots} u = \mathrm{D}^{m+n+p+\dots}_{x,y,x,\dots} u.$$

Les dérivées partielles des fonctions de plusieurs variables s'expriment donc, au moyen des différentielles partielles correspondantes, d'une manière analogue à celle adoptée pour les fonctions d'une seule variable.

Enfin, d'après ce qui précède, on a, en regardant x comme seule variable (646),

$$\frac{\Delta^m_x u}{\Delta x^m} = f^m_x u + \omega_1,$$

ω_1 s'annulant avec Δx.

Si l'on prend maintenant la différence $n^{\text{ième}}$ des deux membres de cette égalité par rapport à y, le premier membre deviendra évidemment

$$\frac{\Delta^{m+n}_{x,y} u}{\Delta x^m\, \Delta y^n}.$$

Quant au second membre, il deviendra la $n^{\text{ième}}$ dérivée partielle du second membre précédent par rapport à y, augmentée d'une quantité ω_2 s'annulant avec Δy. D'ailleurs, puisque ω_1 s'annule avec Δx, sa $n^{\text{ième}}$ dérivée par rapport à y s'annule aussi en même temps que Δx (637). On a donc, en désignant la somme de cette dérivée et de ω_2 par $\mathcal{E}$,

$$\frac{\Delta_{x,y}^{m+n} u}{\Delta x^m \Delta y^n} = f_{x,y}^{m+n} u + \mathcal{E},$$

$\mathcal{E}$ étant une quantité qui s'annule quand Δx et Δy s'évanouissent ensemble.

En prenant la différence d'ordre p des deux membres de la dernière égalité par rapport à x et en continuant le même raisonnement, on obtient, d'une manière générale, comme pour les fonctions d'une seule variable,

$$\frac{\Delta_{x,y,x,\ldots}^{m+n+p+\ldots} u}{\Delta x^m \Delta y^n \Delta x^p \ldots} = f_{x,y,x,\ldots}^{m+n+p+\ldots} u + \lambda,$$

λ devenant nul quand Δx et Δy s'évanouissent ensemble.

En passant aux limites, on en conclut, comme pour les fonctions d'une seule variable,

$$\lim \frac{\Delta_{x,y,x,\ldots}^{m+n+p+\ldots} u}{\Delta x^m \Delta y^n \Delta x^p \ldots} = f_{x,y,x,\ldots}^{m+n+p+\ldots} u = \frac{d_{x,y,n,\ldots}^{m+n+p+\ldots} u}{dx^m dy^n dx^p \ldots},$$

632. Théorème fondamental. — *L'ordre dans lequel on effectue les différentielles partielles successives, pourvu que le nombre de celles qui sont relatives à une même variable ne change pas, est indifférent.*

Soit toujours la fonction

$$u = f(x, y).$$

Faisons d'abord varier x seulement en le remplaçant par $x + \Delta x$. La fonction u deviendra

$$u + \Delta_x u.$$

Dans ce résultat, faisons maintenant varier y seulement en le remplaçant par $y + \Delta y$. Nous aurons, comme nouveau résultat,

$$u + \Delta_x u + \Delta_y u + \Delta_y \Delta_x u,$$

c'est-à-dire

$$u + \Delta_x u + \Delta_y u + \Delta_{x,y}^2 u.$$

Effectuons les opérations en ordre inverse. En faisant varier y seulement, nous aurons

$$u + \Delta_y u;$$

puis, en faisant varier x seulement dans ce résultat,

$$u + \Delta_y u + \Delta_x u + \Delta_x \Delta_y u,$$

c'est-à-dire

$$u + \Delta_y u + \Delta_x u + \Delta^2_{y,x} u.$$

Les deux résultats définitifs doivent être identiques, puisque tous deux représentent ce que devient la fonction u lorsqu'on y change à la fois x et y en $x + \Delta x$ et $y + \Delta y$. Il en résulte, identiquement,

$$(1) \qquad \Delta^2_{x,y} u = \Delta^2_{y,x} u.$$

Si l'on divise les deux membres de l'identité (1) par le produit $\Delta x \, \Delta y$ ou $\Delta y \, \Delta x$, et si l'on passe aux limites en faisant tendre Δx et Δy vers zéro, on a évidemment, d'après ce qui précède (651),

$$f^2_{x,y} u = f^2_{y,x} u \qquad \text{ou} \qquad D^2_{x,y} u = D^2_{y,x} u;$$

et, par conséquent, on a aussi

$$\frac{d^2_{x,y} u}{dx\, dy} = \frac{d^2_{y,x} u}{dy\, dx} \qquad \text{ou} \qquad d^2_{x,y} u = d^2_{y,x} u.$$

Nous n'avons considéré que deux variables et deux opérations; mais le théorème est complètement général; car, de ce qu'on vient d'établir, il résulte qu'on peut toujours, sans rien changer au résultat final, intervertir *l'ordre de deux différentiations successives*. Par conséquent, si l'on a un nombre quelconque de variables et d'opérations, il sera toujours possible, en agissant de proche en proche, d'amener telle différentiation qu'on voudra à tel rang désigné, c'est-à-dire d'intervertir à volonté *l'ordre des différentiations successives*.

653. Ce théorème fondamental permet de simplifier les notations indiquées précédemment, en n'ayant qu'*une seule indication pour chaque variable*.

Supposons, par exemple, qu'on ait dérivé successivement la fonction

$$u = f(x, y, z),$$

de manière à obtenir une dérivée partielle du cinquième ordre, telle que

$$D^5_{x,z,y,x,z}u = \frac{d^5_{x,z,y,x,z}u}{dx\,dz\,dy\,dx\,dz}.$$

Nous supposerons que l'on ait effectué successivement toutes les opérations qui se rapportent à la même variable, ce qui ne modifie pas le résultat, et nous écrirons

$$D^5_{x^2,y,z^2}u = \frac{d^5_{x^2,y,z^2}u}{dx^2\,dy\,dz^2}.$$

Il est clair que l'expression de cette dérivée partielle peut être encore simplifiée et mise sous la forme

$$\frac{d^5 u}{dx^2\,dy\,dz^2},$$

parce que les exposants de dx, de dy et de dz au dénominateur suffisent pour indiquer le nombre des dérivations relatives à chaque variable.

Mais si, pour avoir la différentielle partielle correspondante, on multipliait la dérivée précédente par $dx^2\,dy\,dz^2$ en supprimant le dénominateur, il resterait $d^5 u$, expression qui ne renfermerait plus aucune trace des différentiations effectuées successivement. Il faut donc, dans ce cas, conserver le dénominateur et représenter cette différentielle partielle par l'expression

$$\frac{d^5 u}{dx^2\,dy\,dz^2}\,dx^2\,dy\,dz^2.$$

La notation (651)

$$d^5_{x^2,y,z^2}u$$

est alors beaucoup plus simple.

EXEMPLES.

654. 1° *Étant donnée la fonction*

$$u = x^m y^n,$$

trouver

$$\frac{du}{dx},\quad \frac{du}{dy},\quad \frac{d^2u}{dx\,dy}.$$

On a immédiatement

$$\frac{du}{dx} = mx^{m-1}y^n, \qquad \frac{du}{dy} = nx^m y^{n-1},$$

$$\frac{d^2u}{dx\,dy} = mnx^{m-1}y^{n-1}, \qquad \frac{d^2u}{dy\,dx} = mnx^{m-1}y^{n-1} = \frac{d^2u}{dx\,dy}.$$

2° *Étant donnée la fonction*

$$u = \text{arc tang}\frac{y}{x},$$

trouver

$$\frac{du}{dx}, \quad \frac{du}{dy}, \quad \frac{d^2u}{dx\,dy}.$$

On a immédiatement, en appliquant d'abord le théorème des fonctions de fonctions (564),

$$\frac{du}{dx} = \frac{-\frac{y}{x^2}}{1+\frac{y^2}{x^2}} = \frac{-y}{x^2+y^2}, \qquad \frac{du}{dy} = \frac{\frac{1}{x}}{1+\frac{y^2}{x^2}} = \frac{x}{x^2+y^2},$$

$$\frac{d^2u}{dx\,dy} = \frac{-(x^2+y^2)+2y^2}{(x^2+y^2)^2} = \frac{y^2-x^2}{(x^2+y^2)^2},$$

$$\frac{d^2u}{dy\,dx} = \frac{(x^2+y^2)-2x^2}{(x^2+y^2)^2} = \frac{y^2-x^2}{(x^2+y^2)^2} = \frac{d^2u}{dx\,dy}.$$

3° *Étant donnée la fonction*

$$u = \frac{x^2y}{a^2-z^2},$$

trouver

$$\frac{du}{dx}, \quad \frac{du}{dy}, \quad \frac{du}{dz}, \quad \frac{d^2u}{dx\,dy}, \quad \frac{d^2u}{dx\,dz}, \quad \frac{d^2u}{dy\,dz}, \quad \frac{d^3u}{dx\,dy\,dz}.$$

On a immédiatement

$$\frac{du}{dx} = \frac{2xy}{a^2-z^2}, \qquad \frac{du}{dy} = \frac{x^2}{a^2-z^2}, \qquad \frac{du}{dz} = \frac{2x^2yz}{(a^2-z^2)^2},$$

$$\frac{d^2u}{dx\,dy} = \frac{2x}{a^2-z^2}, \qquad \frac{d^2u}{dy\,dx} = \frac{2x}{a^2-z^2} = \frac{d^2u}{dx\,dy},$$

$$\frac{d^2u}{dx\,dz} = \frac{4xyz}{(a^2-z^2)^2}, \qquad \frac{d^2u}{dz\,dx} = \frac{4xyz}{(a^2-z^2)^2} = \frac{d^2u}{dx\,dz},$$

$$\frac{d^2u}{dy\,dz} = \frac{2x^2z}{(a^2-z^2)^2}, \qquad \frac{d^2u}{dz\,dy} = \frac{2x^2z}{(a^2-z^2)^2} = \frac{d^2u}{dy\,dz},$$

$$\frac{d^3u}{dx\,dy\,dz} = \frac{4xz}{(a^2-z^2)^2} = \frac{d^3u}{dy\,dz\,dx} = \ldots.$$

Étant donnée la fonction

$$u = e^{xyz},$$

trouver

$$\frac{d^3u}{dx\,dy\,dz}.$$

On a immédiatement

$$\frac{du}{dx} = yze^{xyz},$$

$$\frac{d^2u}{dx\,dy} = ze^{xyz} + xyz^2e^{xyz},$$

$$\frac{d^3u}{dx\,dy\,dz} = e^{xyz} + xyze^{xyz} + 2xyze^{xyz} + x^2y^2z^2e^{xyz}$$
$$= e^{xyz}(1 + 3xyz + x^2y^2z^2).$$

5° *Appliquer le théorème des fonctions homogènes à la fonction*

$$u = (x+y+z)^3 - (x+y-z)^3 - (x-y+z)^3 - (y+z-x)^3.$$

Ce théorème consiste ici (580) dans l'identité

$$(1) \qquad \frac{du}{dx}x + \frac{du}{dy}y + \frac{du}{dz}z = 3u.$$

Remarquons que la fonction u ne change pas quand on y permute x et y ou quand on y permute y et z sans toucher aux signes. En effet, on a, dans le premier cas,

$$u = (y+x+z)^3 - (y+x-z)^3 - (y-x+z)^3 - (x+z-y)^3,$$

et, dans le second,

$$u = (x+z+y)^3 - (x+z-y)^3 - (x-z+y)^3 - (z+y-x)^3.$$

Il en résulte qu'on pourra passer de $\frac{du}{dx}$ à $\frac{du}{dy}$ en permutant x et y et, de $\frac{du}{dy}$ à $\frac{du}{dz}$, en permutant y et z. Il suffit donc de calculer $\frac{du}{dx}$.

Or on a évidemment

$$\frac{du}{dx} = 3(x+y+z)^2 - 3(x+y-z)^2 - 3(x-y+z)^2 + 3(y+z-x)^2,$$

c'est-à-dire

$$\frac{du}{dx} = 3\left\{\begin{array}{l} x^2+y^2+z^2+2xy+2xz+2yz \\ -x^2-y^2-z^2-2xy+2xz+2yz \\ -x^2-y^2-z^2+2xy-2xz+2yz \\ +x^2+y^2+z^2-2xy-2xz+2yz \end{array}\right\} = 24yz.$$

Par suite,

$$\frac{du}{dy} = 24xz \quad \text{et} \quad \frac{du}{dz} = 24xy.$$

En substituant, dans l'équation (1), il vient donc

$$24xyz + 24xyz + 24xyz = 3u.$$

On doit, par conséquent, obtenir, toute réduction faite,

$$u = 24xyz,$$

et c'est ce qu'il est facile de vérifier.

6° *Étant donnée la fonction*

$$u = \sqrt{x^2+y^2},$$

démontrer que l'expression

$$x^2\frac{d^2u}{dx^2} + 2xy\frac{d^2u}{dx\,dy} + y^2\frac{d^2u}{dy^2}$$

est égale à zéro.

On a successivement

$$\frac{du}{dx} = \frac{x}{\sqrt{x^2+y^2}}, \qquad \frac{d^2u}{dx^2} = \frac{\sqrt{x^2+y^2} - \dfrac{x^2}{\sqrt{x^2+y^2}}}{x^2+y^2} = \frac{y^2}{(x^2+y^2)^{\frac{3}{2}}},$$

$$\frac{du}{dy} = \frac{y}{\sqrt{x^2+y^2}}, \qquad \frac{d^2u}{dy^2} = \frac{\sqrt{x^2+y^2} - \dfrac{y^2}{\sqrt{x^2+y^2}}}{x^2+y^2} = \frac{x^2}{(x^2+y^2)^{\frac{3}{2}}},$$

$$\frac{d^2u}{dx\,dy} = \frac{\dfrac{-xy}{\sqrt{x^2+y^2}}}{x^2+y^2} = \frac{-xy}{(x^2+y^2)^{\frac{3}{2}}} = \frac{d^2u}{dy\,dx}.$$

En substituant ces valeurs dans l'expression indiquée, on trouve bien

$$\frac{x^2y^2 - 2x^2y^2 + x^2y^2}{(x^2+y^2)^{\frac{3}{2}}} = 0.$$

Différentielle totale d'une fonction de plusieurs variables indépendantes.

655. Soit la fonction

$$u = f(x, y)$$

des deux variables indépendantes x et y; u est continue dans un intervalle donné, lorsque, les valeurs de l'une des variables étant fixées, u est une fonction continue de l'autre variable.

Nous avons démontré précédemment (566) la relation suivante

$$(1) \qquad \Delta u = \frac{du}{dx}\Delta x + \frac{du}{dy}\Delta y + \omega,$$

dans laquelle ω est une quantité infiniment petite par rapport à Δx, Δy, Δu, quand Δx et Δy tendent ensemble vers zéro.

La somme des deux premiers termes du second membre de la relation (1) est donc égale à la différence totale Δu, sauf une quantité infiniment petite par rapport à cette différence.

On a été conduit, par analogie, à donner le nom de *différentielle totale* de u à l'expression

$$\left(\frac{du}{dx}\right)dx + \left(\frac{du}{dy}\right)dy,$$

où dx et dy sont des quantités indéterminées et indépendantes qu'on appelle les *différentielles* de x et de y.

Lorsqu'on regarde ces différentielles comme les accroissements infiniment petits donnés à x et à y, l'expression proposée peut être considérée comme l'accroissement total correspondant du de la fonction u, sauf une quantité infiniment petite par rapport à du, et l'on a

$$(2) \qquad du = \frac{du}{dx}dx + \frac{du}{dy}dy.$$

Dans la formule (2), il faut avoir soin de ne pas confondre les du du second membre avec le du du premier. Pour cela, il suffit de ne pas supprimer les facteurs communs dx et dy.

On pourrait aussi, pour éviter toute ambiguïté, adopter la notation très simple

$$du = \frac{df}{dx}dx + \frac{df}{dy}dy$$

ou encore

$$du = d_x u + d_y u,$$

puisque $\frac{du}{dx}dx$ et $\frac{du}{dy}dy$ représentent les *différentielles partielles* de u par rapport aux variables x et y, comme $\frac{du}{dx}$ et $\frac{du}{dy}$ représentent ses *dérivées partielles*.

Quoi qu'il en soit, ces considérations pouvant s'appliquer à une fonction d'un nombre quelconque de variables indépendantes, comme la relation (1) elle-même, on peut dire, d'une manière générale, que *la différentielle totale d'une fonction de plusieurs variables indépendantes est toujours égale à la somme des différentielles partielles de la fonction, prises par rapport à chaque variable.*

Si l'on a

$$u = f(x, y, z, \ldots, t),$$

on a aussi

$$du = \frac{du}{dx}dx + \frac{du}{dy}dy + \frac{du}{dz}dz + \ldots + \frac{du}{dt}dt.$$

656. Comme pour les fonctions d'une seule variable, *si une fonction de plusieurs variables indépendantes est constante dans un intervalle donné, sa différentielle totale est constamment nulle dans cet intervalle; et réciproquement.*

En effet, si u se réduit à une constante, les dérivées partielles $\frac{du}{dx}, \frac{du}{dy}, \frac{du}{dz}, \ldots, \frac{du}{dt}$, sont toutes nulles, et il en résulte $du = 0$.

Réciproquement, si l'on a $du = 0$ dans un certain intervalle, on a aussi, dans cet intervalle,

$$\frac{du}{dx}dx + \frac{du}{dy}dy + \frac{du}{dz}dz + \ldots + \frac{du}{dt}dt = 0.$$

Puisque $dx, dy, dz, \ldots, dt$, sont des quantités indéterminées, on a alors, séparément,

$$\frac{du}{dx} = 0, \qquad \frac{du}{dy} = 0, \qquad \frac{du}{dz} = 0, \qquad \ldots, \qquad \frac{du}{dt} = 0.$$

Ces conditions montrent, successivement, que u est indépendant de $x, y, z, \ldots, t$, ou de toutes les variables. On a donc nécessairement $u = \text{const.}$

657. Comme pour les fonctions d'une seule variable, *si, pour les valeurs des variables indépendantes $x, y, z, \ldots, t$, comprises respectivement entre certaines limites, deux fonctions u et v ne diffèrent que par une constante, leurs différentielles totales sont égales entre ces mêmes limites; et, réciproquement, si les deux fonctions remplissent cette dernière condition, elles ne peuvent différer que par une constante.*

En effet, si l'on a

$$u - v = \text{const.},$$

il en résulte (656)

$$d(u - v) = 0, \qquad du - dv = 0, \qquad du = dv.$$

Et, réciproquement, si l'on a

$$du = dv,$$

il en résulte

$$du - dv = 0, \qquad d(u - v) = 0, \qquad u - v = \text{const.}$$

Différentielles totales des divers ordres d'une fonction de plusieurs variables indépendantes.

658. Il nous reste à considérer les différentielles totales des divers ordres de la fonction u.

Si du est la différentielle totale de u, nous désignerons par $d^2 u$ la différentielle totale ddu de du, par $d^3 u$ la différentielle totale $dd^2 u$ de $d^2 u$, etc. Dans la suite

$$u, \quad du, \quad d^2 u, \quad d^3 u, \quad \ldots, \quad d^n u, \quad \ldots,$$

chaque terme exprime ainsi, à partir du second, la différentielle totale du terme précédent.

Ces différentielles sont les différentielles totales du premier ordre, du deuxième ordre, ..., du $n^{\text{ième}}$ ordre, ..., de la fonction u.

Cela posé, considérons cette fois trois variables, et prenons

$$u = f(x, y, z).$$

Nous aurons d'abord (655)

$$du = \frac{du}{dx} dx + \frac{du}{dy} dy + \frac{du}{dz} dz.$$

Cherchons la différentielle totale $d^2 u$. Elle sera égale à la somme des différentielles totales de chacun des termes du second membre. Il viendra donc, par exemple, pour le premier terme de ce second membre,

$$d \frac{du}{dx} dx = \frac{d \dfrac{du}{dx} dx}{dx} dx + \frac{d \dfrac{du}{dx} dx}{dy} dy + \frac{d \dfrac{du}{dx} dx}{dz} dz,$$

c'est-à-dire

$$d\frac{du}{dx}dx = \frac{d^2u}{dx^2}dx^2 + \frac{d^2u}{dx\,dy}dx\,dy + \frac{d^2u}{dx\,dz}dx\,dz.$$

En faisant de même pour les autres termes et en se rappelant le théorème général relatif à l'ordre des différentiations (652), ainsi que la constance des différentielles dx, dy, dz (651), on trouvera évidemment

$$\begin{aligned} d^2u = {} & \frac{d^2u}{dx^2}dx^2 + \frac{d^2u}{dx\,dy}dx\,dy + \frac{d^2u}{dx\,dz}dx\,dz \\ & + \frac{d^2u}{dx\,dy}dx\,dy + \frac{d^2u}{dy^2}dy^2 + \frac{d^2u}{dy\,dz}dy\,dz \\ & + \frac{d^2u}{dx\,dz}dx\,dz + \frac{d^2u}{dy\,dz}dy\,dz + \frac{d^2u}{dz^2}dz^2 \end{aligned}$$

ou

$$\begin{aligned} d^2u = {} & \frac{d^2u}{dx^2}dx^2 + \frac{d^2u}{dy^2}dy^2 + \frac{d^2u}{dz^2}dz^2 \\ & + 2\frac{d^2u}{dx\,dy}dx\,dy + 2\frac{d^2u}{dx\,dz}dx\,dz + 2\frac{d^2u}{dy\,dz}dy\,dz. \end{aligned}$$

On voit qu'on obtiendra d^2u en multipliant du par du ou en élevant du au carré, à la condition de remplacer partout dans le développement $(du)^2$ par d^2u. On a ainsi la formule *symbolique*

$$d^2u = \left(\frac{du}{dx}dx + \frac{du}{dy}dy + \frac{du}{dz}dz\right)^2 = (d_xu + d_yu + d_zu)^2.$$

Cette même loi se poursuivra pour la formation de d^3u, etc. On peut donc écrire finalement la formule générale *symbolique*

$$d^mu = \left(\frac{du}{dx}dx + \frac{du}{dy}dy + \frac{du}{dz}dz\right)^m = (d_xu + d_yu + d_zu)^m,$$

où l'on devra toujours remplacer dans le développement du second membre $(du)^m$ par d^mu, en laissant invariables les puissances de dx, dy, dz, ou celles des indices x, y, z.

On prouvera la généralité de la formule, en montrant que, si elle est vraie pour l'ordre m, elle l'est encore pour l'ordre $m+1$.

659. Comparons la différentielle totale $d^m u$ à la différence totale $\Delta^m u$.

Reprenons la formule connue (655, 566), en la supposant appliquée au cas de trois variables

$$(1) \qquad \Delta u = \frac{du}{dx}\Delta x + \frac{du}{dy}\Delta y + \frac{du}{dz}\Delta z + \omega.$$

Nous savons que ω est infiniment petit par rapport à Δx, Δy, Δz, Δu, quand Δx, Δy et Δz tendent vers zéro.

Pour calculer $\Delta^2 u$, il faut calculer l'accroissement du second membre quand on donne à x, à y et à z, les mêmes accroissements Δx, Δy, Δz, que précédemment.

Rappelons que ω se compose de trois parties : une première partie qui, divisée par Δx, s'annule encore pour $\Delta x = 0$, ainsi que ses dérivées (637) ; une deuxième partie qui, divisée par Δy, comprend des termes s'annulant, les uns pour $\Delta x = 0$, les autres pour $\Delta y = 0$, et dont les dérivées, par conséquent, s'annulent toutes pour $\Delta x = 0$ et $\Delta y = 0$; une troisième partie qui, divisée par Δz, comprend des termes s'annulant, les uns pour $\Delta x = 0$, les autres pour $\Delta y = 0$, les derniers pour $\Delta z = 0$, et dont les dérivées, par conséquent, s'annulent toutes pour $\Delta x = 0$, $\Delta y = 0$ et $\Delta z = 0$. L'accroissement de ω sera donc (520) infiniment petit relativement à Δx^2, $\Delta x\Delta y$, Δy^2, $\Delta x\Delta z$, $\Delta y\Delta z$, Δz^2.

D'autre part, d'après la formule (1), on a

$$\Delta\frac{du}{dx}\Delta x = \frac{d^2u}{dx^2}\Delta x^2 + \frac{d^2u}{dx\,dy}\Delta x\Delta y + \frac{d^2u}{dx\,dz}\Delta x\Delta z + \omega_1,$$

$$\Delta\frac{du}{dy}\Delta y = \frac{d^2u}{dx\,dy}\Delta x\Delta y + \frac{d^2u}{dy^2}\Delta y^2 + \frac{d^2u}{dy\,dz}\Delta y\Delta z + \omega_2,$$

$$\Delta\frac{du}{dz}\Delta z = \frac{d^2u}{dx\,dz}\Delta x\Delta z + \frac{d^2u}{dy\,dz}\Delta y\Delta z + \frac{d^2u}{dz^2}\Delta z^2 + \omega_3,$$

ω_1, ω_2, ω_3 étant des quantités infiniment petites par rapport aux carrés et aux produits deux à deux des accroissements Δx, Δy, Δz, comme l'accroissement de ω lui-même.

On peut donc, en désignant par $\mathcal{E}_1$ ce dernier accroissement, augmenté de $\omega_1 + \omega_2 + \omega_3$, et en réunissant les résultats précédents, écrire *symboliquement*

$$\Delta^2 u = \left(\frac{du}{dx}\Delta x + \frac{du}{dy}\Delta y + \frac{du}{dz}\Delta z\right)^2 + \mathcal{E}_1,$$

$\mathcal{E}_1$ étant infiniment petit relativement aux carrés et aux produits deux à deux des accroissements.

En continuant de la même manière, on parviendra à la formule générale

$$\Delta^m u = \left(\frac{du}{dx}\Delta x + \frac{du}{dy}\Delta y + \frac{du}{dz}\Delta z\right)^m + \mathcal{E}_{m-1},$$

étant entendu que, dans le développement du second membre, les puissances de *du seules* seront remplacées par les différentielles de même ordre, et que $\mathcal{E}_{m-1}$ est une quantité infiniment petite par rapport au produit de m facteurs Δx, Δy ou Δz.

Comme on peut faire tendre Δx, Δy, Δz vers zéro, en posant $\Delta x = dx$, $\Delta y = dy$, $\Delta z = dz$, *la différentielle totale d'ordre m d'une fonction d'un nombre quelconque de variables indépendantes ne diffère de la différence correspondante de même ordre, que d'une quantité infiniment petite par rapport à cette différence elle-même.*

La substitution de $d^m u$ à $\Delta^m u$ sera donc permise, toutes les fois qu'il s'agira de la recherche d'une limite de somme ou de rapport (530).

EXEMPLES.

660. 1° *Chercher la différentielle totale du premier ordre de la fonction*

$$u = l\,\mathrm{tang}\,\frac{x}{y}.$$

On a

$$du = \frac{du}{dx}dx + \frac{du}{dy}dy,$$

$$\frac{du}{dx} = \frac{1}{\mathrm{tang}\,\frac{x}{y}}\,\frac{1}{\cos^2\frac{x}{y}}\,\frac{1}{y} = \frac{2}{y\sin\frac{2x}{y}},$$

$$\frac{du}{dy} = \frac{1}{\mathrm{tang}\,\frac{x}{y}}\,\frac{1}{\cos^2\frac{x}{y}}\left(-\frac{x}{y^2}\right) = \frac{-2x}{y^2\sin\frac{2x}{y}}.$$

Par suite,

$$du = \frac{2(y\,dx - x\,dy)}{y^2\sin\frac{2x}{y}}.$$

2° *Chercher la différentielle totale du deuxième ordre de la fonction*

$$u = x^m y^n.$$

On a d'abord

$$\frac{du}{dx} = m\,x^{m-1}y^n, \qquad \frac{du}{dy} = n\,x^m y^{n-1},$$

c'est-à-dire

$$du = m\,x^{m-1}y^n\,dx + n\,x^m y^{n-1}\,dy.$$

On a ensuite

$$d^2u = \left(\frac{du}{dx}dx + \frac{du}{dy}dy\right)^2 = \frac{d^2u}{dx^2}dx^2 + 2\frac{d^2u}{dx\,dy}dx\,dy + \frac{d^2u}{dy^2}dy^2.$$

D'ailleurs,

$$\frac{d^2u}{dx^2} = m(m-1)x^{m-2}y^n,$$

$$\frac{d^2u}{dx\,dy} = mn\,x^{m-1}y^{n-1},$$

$$\frac{d^2u}{dy^2} = n(n-1)x^m y^{n-2}.$$

Par suite,

$$d^2u = x^{m-2}y^{n-2}[m(m-1)y^2dx^2 + 2mn\,xy\,dx\,dy + n(n-1)x^2dy^2].$$

3° *Chercher la différentielle totale du troisième ordre de la fonction*

$$u = x^2 + y^2 + z^2.$$

On a d'abord

$$\frac{du}{dx} = 2x, \qquad \frac{du}{dy} = 2y, \qquad \frac{du}{dz} = 2z.$$

Il en résulte

$$du = 2x\,dx + 2y\,dy + 2z\,dz.$$

On a ensuite

$$\frac{d^2u}{dx^2} = 2, \quad \frac{d^2u}{dy^2} = 2, \quad \frac{d^2u}{dz^2} = 2, \quad \frac{d^2u}{dx\,dy} = 0, \quad \frac{d^2u}{dx\,dz} = 0, \quad \frac{d^2u}{dy\,dz} = 0.$$

Par suite,

$$d^2u = \left(\frac{du}{dx}dx + \frac{du}{dy}dy + \frac{du}{dz}dz\right)^2 = 2(dx^2 + dy^2 + dz^2).$$

dx, dy, dz étant des constantes, d^3u et toutes les autres différentielles totales successives sont nulles.

4° *Chercher la différentielle totale du quatrième ordre de la fonction*

$$u = xyz.$$

On a successivement

$$\frac{du}{dx} = yz, \qquad \frac{du}{dy} = xz, \qquad \frac{du}{dz} = xy, \qquad du = yz\,dx + xz\,dy + xy\,dz,$$

$$\frac{d^2u}{dx^2} = 0, \quad \frac{d^2u}{dy^2} = 0, \quad \frac{d^2u}{dz^2} = 0, \quad \frac{d^2u}{dx\,dy} = z, \quad \frac{d^2u}{dx\,dz} = y, \quad \frac{d^2u}{dy\,dz} = x.$$

$$d^2u = 2(z\,dx\,dy + y\,dx\,dz + x\,dy\,dz).$$

On a ensuite

$$d^3u = \left(\frac{du}{dx}dx + \frac{du}{dy}dy + \frac{du}{dz}dz\right)^3,$$

$$\frac{d^3u}{dx^3} = 0, \qquad \ldots, \qquad \frac{d^3u}{dx^2\,dy} = 0, \qquad \ldots, \qquad \frac{d^3u}{dx\,dy\,dz} = 1.$$

Il en résulte immédiatement, d'après la loi de formation du cube d'un polynôme (309),

$$d^3u = 6\,dx\,dy\,dz.$$

dx, dy, dz étant des constantes, d^4u et toutes les autres différentielles totales successives sont nulles.

Différentielles totales des divers ordres d'une fonction composée de fonctions de plusieurs variables indépendantes.

661. Il peut arriver que les variables qui entrent dans la fonction considérée soient elles-mêmes des fonctions d'autres variables indépendantes.

Supposons, par exemple, qu'on ait

$$u = f(v, w),$$

v et w étant elles-mêmes des fonctions de certaines variables indépendantes x et y.

Il est facile de voir d'abord qu'on a

$$du = \frac{du}{dv}dv + \frac{du}{dw}dw,$$

comme si v et w étaient des variables indépendantes.

En effet, si l'on remplace v et w par leurs valeurs en fonction de x et de y, on a l'expression de u en fonction de ces mêmes variables et, d'après ce qui précède (655), on peut alors poser

$$du = \frac{du}{dx}dx + \frac{du}{dy}dy.$$

Or $\frac{du}{dx}dx$ est la différentielle partielle de u regardée comme fonction de la seule variable x dont dépendent v et w. On aura donc, d'après la règle de différentiation des fonctions, composées de fonctions d'une seule variable indépendante (567),

$$\frac{du}{dx}dx = \frac{du}{dv}\left(\frac{dv}{dx}dx\right) + \frac{du}{dw}\left(\frac{dw}{dx}dx\right);$$

et, de même,

$$\frac{du}{dy}dy = \frac{du}{dv}\left(\frac{dv}{dy}dy\right) + \frac{du}{dw}\left(\frac{dw}{dy}dy\right).$$

En ajoutant ces deux résultats, on trouve pour valeur de du

$$du = \frac{du}{dv}\left(\frac{dv}{dx}dx + \frac{dv}{dy}dy\right) + \frac{du}{dw}\left(\frac{dw}{dx}dx + \frac{dw}{dy}dy\right).$$

Or les quantités entre parenthèses, qui multiplient les dérivées partielles $\frac{du}{dv}$ et $\frac{du}{dw}$, sont précisément (655) les valeurs des différentielles dv et dw quand on considère v et w comme des fonctions de x et de y. On a donc bien

$$du = \frac{du}{dv}dv + \frac{du}{dw}dw. \tag{1}$$

Cette démonstration, qu'on étend facilement à un nombre quelconque de fonctions dépendantes et de variables indépendantes, prouve que la *différentielle totale du premier ordre de u ne change pas de forme, que les variables v et w dont cette fonction dépend explicitement soient ou non indépendantes.*

On voit de plus par là, puisque le théorème des fonctions composées se trouve ainsi généralisé, que les règles de différentiation relatives aux sommes, aux produits, aux quotients et aux puissances des fonctions d'une seule variable, subsistent pour les fonctions de plusieurs variables, dépendantes ou indépendantes (579).

662. Mais il faut bien remarquer que les différentielles totales des autres ordres de la fonction u changent de forme, parce que les facteurs dv et dw qui remplacent dx et dy dans l'expression de la différentielle totale du premier ordre *ne sont plus constants.*

Ainsi, en différentiant les deux membres de l'équation (1) [661], on aura, puisque les règles de différentiation des sommes et des produits sont applicables et que v et w sont des fonctions de x et de y,

$$(2)\quad d^2u = d\left(\frac{du}{dv}\right)dv + \frac{du}{dv}d^2v + d\left(\frac{du}{dw}\right)dw + \frac{du}{dw}d^2w.$$

En appliquant toujours la formule (1), puisque $\frac{du}{dv}$ et $\frac{du}{dw}$ sont des fonctions de v et de w, on a

$$d\left(\frac{du}{dv}\right) = \frac{d^2u}{dv^2}dv + \frac{d^2u}{dv\,dw}dw,$$
$$d\left(\frac{du}{dw}\right) = \frac{d^2u}{dw^2}dw + \frac{d^2u}{dw\,dv}dv.$$

En substituant ces valeurs dans la relation (2), on trouve

$$d^2u = \frac{d^2u}{dv^2}dv^2 + 2\frac{d^2u}{dv\,dw}dv\,dw + \frac{d^2u}{dw^2}dw^2 + \frac{du}{dv}d^2v + \frac{du}{dw}d^2w$$

ou, si l'on veut, en employant la forme symbolique pour les trois premiers termes,

$$d^2u = \left(\frac{du}{dv}dv + \frac{du}{dw}dw\right)^2 + \frac{du}{dv}d^2v + \frac{du}{dw}d^2w.$$

En comparant avec le résultat obtenu au n° 658, on voit qu'il s'introduit ici deux nouveaux termes $\frac{du}{dv}d^2v$, $\frac{du}{dw}d^2w$, et qu'il restera à calculer d^2v et d^2w en fonction des variables indépendantes x et y et de leurs différentielles.

663. On pourrait continuer de même pour calculer d^3u, d^4u, ... Mais les calculs se compliquent et, au delà de d^3u, les résultats ne sont guère utiles dans les applications ordinaires.

Le plus souvent, il est préférable de chercher séparément et directement les différentes dérivées partielles qui doivent entrer dans les différentielles totales qu'on a à former, ce qui ramène au cas des fonctions d'une seule variable.

Veut-on, par exemple, calculer la dérivée partielle

$$\frac{d^m u}{dx^n\, dy^p} \qquad (m = n + p),$$

on différentie la fonction

$$u = f(v, w)$$

n fois par rapport à la variable indépendante x, ce qui donne

$$\frac{d^n u}{dx^n};$$

puis on différentie ce premier résultat p fois par rapport à la variable indépendante y, ce qui conduit à

$$\frac{d^{n+p} u}{dx^n\, dy^p}.$$

664. Il est important de signaler un cas particulier : v et w peuvent être des fonctions linéaires des variables indépendantes x et y, c'est-à-dire des fonctions de la forme

$$v = a + bx + cy,$$
$$w = a' + b'x + c'y.$$

dv et dw sont alors des quantités constantes quelles que soient les valeurs de x et de y, pourvu qu'on prenne comme à l'ordinaire dx et dy constants. Toutes les différentielles de v et de w sont, par suite, nulles à partir de $d^2 v$ et de $d^2 w$, et l'on retombe nécessairement sur la formule symbolique (658)

$$d^m u = \left(\frac{du}{dv}dv + \frac{du}{dw}dw\right)^m,$$

qui s'étend à un nombre quelconque de fonctions linéaires dépendantes.

665. Reprenons les formules des nos **661** et **662**, c'est-à-dire

$$(1)\qquad du = \frac{du}{dv}dv + \frac{dw}{du}dw,$$

$$(2)\qquad \left\{\begin{aligned} d^2u = \frac{d^2u}{dv^2}dv^2 + 2\frac{d^2u}{dv\,dw}dv\,dw + \frac{d^2u}{dw^2}dw^2 \\ + \frac{du}{dv}d^2v + \frac{du}{dw}d^2w. \end{aligned}\right.$$

On désigne souvent par une seule lettre chacune des dérivées partielles du premier et du deuxième ordre, et l'on pose

$$\frac{du}{dv} = p, \qquad \frac{du}{dw} = q,$$

$$\frac{d^2u}{dv^2} = r, \qquad \frac{d^2u}{dv\,dw} = s, \qquad \frac{d^2u}{dw^2} = t.$$

Les équations (1) et (2) deviennent ainsi

$$(1\ bis)\qquad du = p\,dv + q\,dw,$$

$$(2\ bis)\qquad d^2u = r\,dv^2 + 2s\,dv\,dw + t\,dw^2 + p\,d^2v + q\,d^2w.$$

Les mêmes formules s'appliquent au cas où v et w se trouvent remplacées par les variables indépendantes x et y et la fonction u par la fonction z. On a alors, dx et dy étant supposés constants, c'est-à-dire d^2x et d^2y étant nuls,

$$(1\ ter)\qquad dz = p\,dx + q\,dy,$$

$$(2\ ter)\qquad d^2z = r\,dx^2 + 2s\,dx\,dy + t\,dy^2.$$

666. Admettons enfin que v et w soient fonctions d'une seule variable indépendante x. Il en sera de même de u, et l'on aura

$$dv = \frac{dv}{dx}dx, \qquad dw = \frac{dw}{dx}dx, \qquad du = \frac{du}{dx}dx,$$

$$d^2v = \frac{d^2v}{dx^2}dx^2, \qquad d^2w = \frac{d^2w}{dx^2}dx^2, \qquad d^2u = \frac{d^2u}{dx^2}dx^2.$$

En substituant dans les formules (1 *bis*) et (2 *bis*) du numéro précédent et en divisant, la première par dx et la seconde par dx^2, on a d'abord

$$\frac{du}{dx} = p\frac{dv}{dx} + q\frac{dw}{dx},$$

ce qui est l'expression du théorème des fonctions composées; et, ensuite,

$$\frac{d^2 u}{dx^2} = r\left(\frac{dv}{dx}\right)^2 + 2s\frac{dv}{dx}\frac{dw}{dx} + t\left(\frac{dw}{dx}\right)^2 + p\frac{d^2 v}{dx^2} + q\frac{d^2 w}{dx^2}.$$

Différentielles des divers ordres des fonctions implicites.

667. Considérons d'abord le cas d'une fonction y de la variable indépendante x, définie par l'équation

$$(1) \qquad f(x, y) = 0.$$

Il s'agit de trouver les différentielles successives de y.

y étant une fonction de x, $f(x, y)$ est une fonction composée, de valeur constante zéro; et, par suite (**656**), ses différentielles de tous les ordres sont aussi nulles. En regardant dx comme une constante, d'où il résulte

$$d^2 x = d^3 x = \ldots = 0,$$

on n'a donc qu'à égaler à zéro les différentielles successives du premier membre de l'équation (1). En se reportant au n° **662** et en remarquant que les différentes dérivées partielles sont des fonctions de x et de y, il faut observer avec soin que chaque terme des équations considérées doit être différentié par rapport à x et par rapport à y, *dx étant constant, mais non dy.*

On trouve d'abord (**567, 623**)

$$(2) \qquad \frac{df}{dx}dx + \frac{df}{dy}dy = 0,$$

d'où l'on déduira dy.

Il vient ensuite

$$(3) \qquad \frac{d^2 f}{dx^2}dx^2 + 2\frac{d^2 f}{dx\,dy}dx\,dy + \frac{d^2 f}{dy^2}dy^2 + \frac{df}{dy}d^2 y = 0,$$

car le second terme de l'expression qu'on différentie est un produit composé des deux facteurs variables $\frac{df}{dy}$ et dy; et, de cette deuxième relation, on déduira $d^2 y$.

En poursuivant de même, on a encore

$$(4)\quad \begin{cases} \dfrac{d^3 f}{dx^3} dx^3 + 3\dfrac{d^3 f}{dx^2\,dy} dx^2\,dy + 3\dfrac{d^3 f}{dx\,dy^2} dx\,dy^2 + \dfrac{d^3 f}{dy^3} dy^3 \\ \qquad + 3\left(\dfrac{d^2 f}{dx\,dy} dx + \dfrac{d^2 f}{dy^2} dy\right) d^2 y + \dfrac{df}{dy} d^3 y = 0; \end{cases}$$

et, de cette troisième relation, on déduira $d^3 y$, etc.

On pourrait simplifier l'écriture en réunissant sous la forme symbolique (658) les trois premiers termes de la formule (3) et les quatre premiers termes de la formule (4).

Les formules indiquées feront connaître successivement les différentielles dy, $d^2 y$, $d^3 y$, ..., et, par suite, les dérivées correspondantes $\dfrac{dy}{dx}$, $\dfrac{d^2 y}{dx^2}$, $\dfrac{d^3 y}{dx^3}$, ...

668. Soit encore l'équation

$$f(x, y, z) = 0.$$

x et y étant choisies comme variables indépendantes et dx et dy étant supposés constants, z sera une fonction implicite de ces variables. Le même principe (**667**) permet de poser, pour la différentielle totale de la fonction f.

$$(1)\qquad \frac{df}{dx} dx + \frac{df}{dy} dy + \frac{df}{dz} dz = 0,$$

d'où l'on tirera dz différentielle totale de z, en fonction de x, y, z, dx, dy.

De même, la différentielle totale du premier ordre de la fonction f étant nulle, la différentielle totale du deuxième ordre le sera aussi; et, en différentiant le premier membre de la relation (1), on aura, en employant immédiatement la forme symbolique (**658**),

$$(2)\qquad \left(\frac{df}{dx} dx + \frac{df}{dy} dy + \frac{df}{dz} dz\right)^2 + \frac{df}{dz} d^2 z = 0,$$

équation d'où l'on tirera $d^2 z$ en fonction de x, y, z, dx, dy, puisque dz est connue.

Remarquons, en effet, de nouveau, que les dérivées partielles $\dfrac{df}{dx}$, $\dfrac{df}{dy}$, $\dfrac{df}{dz}$, sont des fonctions de x, y, z, et que chaque terme de la relation (1) doit être différentié par rapport à x, par rapport à y et par rapport à z, dx et dy étant constants, mais non dz.

On différentiera le premier membre de l'équation (2) pour trouver $d^3 z$, etc.

669. Au lieu de calculer les différentielles totales, on pourrait chercher comme il suit les différentes dérivées partielles qui y entrent.

Reprenons l'équation

$$f(x, y, z) = 0. \tag{1}$$

Posons, comme nous l'avons indiqué (665),

$$\frac{dz}{dx} = p, \qquad \frac{dz}{dy} = q.$$

Il viendra (655)

$$dz = \frac{dz}{dx} dx + \frac{dz}{dy} dy = p\,dx + q\,dy.$$

Nous poserons de même (665)

$$\frac{d^2 z}{dx^2} = r, \qquad \frac{d^2 z}{dx\,dy} = s, \qquad \frac{d^2 z}{dy^2} = t,$$

de sorte que nous aurons (658), dx et dy étant constants,

$$d^2 z = \frac{d^2 z}{dx^2} dx^2 + 2\frac{d^2 z}{dx\,dy} dx\,dy + \frac{d^2 z}{dy^2} dy^2$$

ou

$$d^2 z = r\,dx^2 + 2s\,dx\,dy + t\,dy^2;$$

et ainsi de suite.

On voit que la question est ramenée, pour obtenir dz et $d^2 z$, à trouver p, q, r, s, t.

Pour avoir p et q, on différentiera l'équation (1) en y regardant successivement *comme seule variable* x et y dont z est une fonction. On aura ainsi (567), en divisant respectivement les deux résultats par dx et par dy,

$$\frac{df}{dx} + \frac{df}{dz}\frac{dz}{dx} = 0, \qquad \frac{df}{dy} + \frac{df}{dz}\frac{dz}{dy} = 0,$$

c'est-à-dire

$$\frac{df}{dx} + p\frac{df}{dz} = 0 \quad \text{et} \quad \frac{df}{dy} + q\frac{df}{dz} = 0, \tag{2}$$

d'où l'on déduit

$$p = -\frac{\frac{df}{dx}}{\frac{df}{dz}} \quad \text{et} \quad q = -\frac{\frac{df}{dy}}{\frac{df}{dz}}.$$

Pour avoir ensuite r, s, t, on différentiera de nouveau et dans les mêmes conditions les équations (2) par rapport à x, puis par rapport à y. Comme la différentiation de la première de ces équations par rapport à y conduit à la même expression que la différentiation de la seconde par rapport à x, nous n'aurons que trois équations distinctes qui seront, en divisant encore respectivement les résultats trouvés par dx et par dy,

$$\frac{d^2f}{dx^2} + \frac{d^2f}{dx\,dz}\frac{dz}{dx} + \frac{d^2f}{dz\,dx}\frac{dz}{dx} + \frac{d^2f}{dz^2}\left(\frac{dz}{dx}\right)^2 + \frac{df}{dz}\frac{d^2z}{dx^2} = 0,$$

$$\frac{d^2f}{dx\,dy} + \frac{d^2f}{dx\,dz}\frac{dz}{dy} + \frac{d^2f}{dz\,dy}\frac{dz}{dx} + \frac{d^2f}{dz^2}\frac{dz}{dy}\frac{dz}{dx} + \frac{df}{dz}\frac{d^2z}{dx\,dy} = 0,$$

$$\frac{d^2f}{dy^2} + \frac{d^2f}{dy\,dz}\frac{dz}{dy} + \frac{d^2f}{dz\,dy}\frac{dz}{dy} + \frac{d^2f}{dz^2}\left(\frac{dz}{dy}\right)^2 + \frac{df}{dz}\frac{d^2z}{dy^2} = 0,$$

c'est-à-dire

$$(3)\quad \begin{cases} \dfrac{d^2f}{dx^2} + 2p\dfrac{d^2f}{dx\,dz} + p^2\dfrac{d^2f}{dz^2} + r\dfrac{df}{dz} = 0, \\[2ex] \dfrac{d^2f}{dx\,dy} + q\dfrac{d^2f}{dx\,dz} + p\dfrac{d^2f}{dy\,dz} + pq\dfrac{d^2f}{dz^2} + s\dfrac{df}{dz} = 0, \\[2ex] \dfrac{d^2f}{dy^2} + 2q\dfrac{d^2f}{dy\,dz} + q^2\dfrac{d^2f}{dz^2} + t\dfrac{df}{dz} = 0. \end{cases}$$

p et q étant déterminées, les équations (3) donneront successivement et sans élimination les dérivées partielles du deuxième ordre r, s, t.

On pourra continuer de la même manière en différentiant les équations (3).

Il est utile de remarquer qu'on a (567)

$$dp = \frac{d^2z}{dx^2}dx + \frac{d^2z}{dx\,dy}dy = r\,dx + s\,dy,$$

$$dq = \frac{d^2z}{dx\,dy}dx + \frac{d^2z}{dy^2}dy = s\,dx + t\,dy.$$

670. Le cas le plus général est celui où l'on a m équations et p variables ($m < p$). Dans cette hypothèse, m variables pourront être regardées comme des fonctions implicites des $p - m$ autres variables considérées comme indépendantes et dont les différentielles resteront constantes.

Les seconds membres des équations proposées étant réduits à zéro, les premiers membres de ces équations seront constamment égaux à zéro et leurs différentielles des divers ordres seront toutes nulles.

La différentielle totale d'une fonction étant toujours la somme des différentielles partielles de la fonction par rapport à toutes les variables, indépendantes ou dépendantes, qui y entrent, nous différentierons une première fois les premiers membres des m équations données, et nous obtiendrons les différentielles du premier ordre des m variables prises pour inconnues à l'aide d'un système de m équations du premier degré. Une seconde différentiation nous conduira à un nouveau système de m équations du premier degré renfermant comme inconnues les différentielles du deuxième ordre des variables désignées, etc.

671. Soit, par exemple, le système

$$f(x, y, z) = 0, \qquad F(x, y, z) = 0.$$

y et z seront alors des fonctions implicites de la variable x prise comme variable indépendante, dx étant supposé constant.

Une première différentiation nous donnera

$$\frac{df}{dx}dx + \frac{df}{dy}dy + \frac{df}{dz}dz = 0,$$

$$\frac{dF}{dx}dx + \frac{dF}{dy}dy + \frac{dF}{dz}dz = 0,$$

et l'on déduira dy et dz de ces deux équations.

En différentiant de nouveau les équations précédentes, en distinguant bien la variable indépendante x des variables dépendantes y et z, il viendra (662), en employant la forme symbolique pour écrire plus rapidement les résultats,

$$\left(\frac{df}{dx}dx + \frac{df}{dy}dy + \frac{df}{dz}dz\right)^2 + \frac{df}{dy}d^2y + \frac{df}{dz}d^2z = 0,$$

$$\left(\frac{dF}{dx}dx + \frac{dF}{dy}dy + \frac{dF}{dz}dz\right)^2 + \frac{dF}{dy}d^2y + \frac{dF}{dz}d^2z = 0.$$

Ces deux nouvelles équations feront connaître d^2y et d^2z, puisque dy et dz sont déterminées, et l'on pourra continuer en suivant toujours la même marche.

EXEMPLES.

672. 1° *Soit l'équation*

$$x^2+y^2+z^2-a^2=0,$$

où z est regardée comme une fonction de x et de y et où a est une constante. On demande de calculer dz et d^2z.

En employant les formules du n° 669, nous aurons

$$dz=p\,dx+q\,dy,$$
$$d^2z=r\,dx^2+2s\,dx\,dy+t\,dy^2.$$

Il viendra successivement

$$p=-\frac{\frac{df}{dx}}{\frac{df}{dz}}=-\frac{2x}{2z}=-\frac{x}{z},$$

$$q=-\frac{\frac{df}{dy}}{\frac{df}{dz}}=-\frac{2y}{2z}=-\frac{y}{z}.$$

Nous aurons ensuite

$$\frac{d^2f}{dx^2}=\frac{d^2f}{dy^2}=\frac{d^2f}{dz^2}=2,\qquad \frac{d^2f}{dx\,dy}=\frac{d^2f}{dx\,dz}=\frac{d^2f}{dy\,dz}=0.$$

Les équations (3) du n° 669 deviendront donc, en divisant par 2 les deux membres de chacune d'elles,

$$1+p^2+rz=0,$$
$$pq+sz=0,$$
$$1+q^2+tz=0,$$

et l'on en déduira, en faisant intervenir l'équation donnée,

$$r=-\frac{1+p^2}{z}=-\frac{x^2+z^2}{z^3}=-\frac{a^2-y^2}{z^3},$$

$$s=-\frac{pq}{z}=-\frac{xy}{z^3},$$

$$t=-\frac{1+q^2}{z}=-\frac{y^2+z^2}{z^3}=-\frac{a^2-x^2}{z^3}.$$

On trouvera finalement, d'après ces valeurs,

$$dz = -\frac{x\,dx + y\,dy}{z},$$

$$d^2z = -\frac{1}{z^3}[(a^2 - y^2)dx^2 + 2xy\,dx\,dy + (a^2 - x^2)dy^2].$$

2° *Soient les deux équations*

$$x + y + z - k = 0,$$
$$x^2 + y^2 + z^2 - a^2 = 0,$$

où y et z sont des fonctions implicites de la variable indépendante x et où k et a sont des constantes. On demande de déterminer dy et dz, d^2y et d^2z.

En opérant directement et en différentiant une première fois les deux équations, on a

$$dx + dy + dz = 0,$$
$$x\,dx + y\,dy + z\,dz = 0.$$

En résolvant ces deux équations du premier degré en dy et en dz, on trouve facilement

$$dy = \frac{z\,dx - x\,dx}{y - z}, \qquad dz = \frac{x\,dx - y\,dx}{y - z}$$

et, par suite,

$$\frac{dy}{dx} = \frac{z - x}{y - z}, \qquad \frac{dz}{dx} = \frac{x - y}{y - z}.$$

En différentiant de nouveau les résultats précédents et en se rappelant que dx est constant, on a

$$d^2y + d^2z = 0.$$
$$dx^2 + dy^2 + dz^2 + y\,d^2y + z\,d^2z = 0.$$

La première équation donne $d^2z = -d^2y$. La deuxième devient alors, en remplaçant dy et dz par leurs valeurs,

$$dx^2 + \frac{(z - x)^2}{(y - z)^2}dx^2 + \frac{(x - y)^2}{(y - z)^2}dx^2 + (y - z)d^2y = 0;$$

d'où l'on conclut

$$d^2y = \frac{(y - z)^2 + (z - x)^2 + (x - y)^2}{(z - y)^3}dx^2$$
$$= \frac{2x^2 + 2y^2 + 2z^2 - 2xy - 2xz - 2yz}{(z - y)^3}dx^2.$$

Une transformation évidente conduit à

$$d^2y = \frac{3a^2 - k^2}{(z-y)^3}dx^2, \quad \text{d'où} \quad \frac{d^2y}{dx^2} = \frac{3a^2-k^2}{(z-y)^3}.$$

On a ensuite

$$d^2z = \frac{3a^2 - k^2}{(y-z)^3}dx^2, \quad \text{d'où} \quad \frac{d^2z}{dx^2} = \frac{3a^2-k^2}{(y-z)^3}.$$

673. Il nous resterait, pour terminer ce qui constitue à proprement parler les *principes* du Calcul différentiel, et avant de passer à ses applications analytiques les plus usuelles, à traiter le problème du *changement de variables*. Mais cette question, importante surtout en Mécanique et en Physique mathématique, n'étant d'aucune utilité en Algèbre supérieure, nous la renverrons à la fin de ce Cours.

CHAPITRE XII.

DÉVELOPPEMENT DES FONCTIONS. FORMULES DE TAYLOR ET DE MACLAURIN.

Formule de Taylor.

674. Cette formule célèbre, dont nous avons déjà trouvé l'expression finie dans le cas des polynômes entiers (324 et suiv.), permet de développer toute fonction d'une seule variable en série ordonnée suivant les puissances de l'accroissement qu'on lui donne à partir d'une valeur fixée arbitrairement.

Cette formule n'est pas complètement générale, les conditions de convergence indispensables n'étant pas toujours satisfaites, et son emploi se trouvant ainsi restreint; mais elle n'en est pas moins d'une utilité incontestable.

Quand la fonction $F(x)$ est supposée entière et de degré m, on obtient, pour le développement de $F(x+h)$ suivant les puissances entières et positives de l'accroissement h, la formule finie (324)

$$F(x+h) = F(x) + F'(x)\frac{h}{1} + F''(x)\frac{h^2}{1.2} + \ldots + F^m(x)\frac{h^m}{1.2.3\ldots m}.$$

Le développement du second membre s'arrête à la $m^{\text{ième}}$ dérivée, puisque les suivantes sont nulles.

Nous allons montrer que la même forme de développement, sauf les restrictions indiquées, peut s'appliquer à une fonction *quelconque*, pourvu qu'elle soit continue dans un certain intervalle; mais, alors, le développement du second membre se poursuit indéfiniment, et l'on a à considérer une *série.*

675. Désignons par $F(x)$ une fonction quelconque de x, *finie et continue* pour toutes les valeurs de la variable allant d'une valeur donnée x_0 à une autre valeur donnée $x_0 + h = x_1$.

Supposons que la même condition soit remplie par les $(n+1)$ *premières dérivées de la fonction.*

Nous poserons

$$(1) \quad \left\{ \begin{aligned} F(x_0+h) = F(x_0) + \frac{h}{1}F'(x_0) + \frac{h^2}{1.2}F''(x_0) + \frac{h^3}{1.2.3}F'''(x_0) + \ldots \\ + \frac{h^n}{1.2.3\ldots n}F^n(x_0) + \frac{h^{p+1}}{1.2.3\ldots n(p+1)}R. \end{aligned} \right.$$

p est un nombre entier quelconque. R est une quantité inconnue qu'il faut déterminer de manière à satisfaire à la relation (1) et qui dépend évidemment de x_0 et de h.

Substituons x_1 à $x_0 + h$ dans le premier membre de la relation (1), et mettons dans le second membre $x_1 - x_0$ à la place de h; en réduisant ensuite ce second membre à zéro, nous aurons

$$(2) \quad \left\{ \begin{aligned} F(x_1) - F(x_0) - \frac{x_1 - x_0}{1}F'(x_0) \\ - \frac{(x_1-x_0)^2}{1.2}F''(x_0) - \frac{(x_1-x_0)^3}{1.2.3}F'''(x_0) - \ldots \\ - \frac{(x_1-x_0)^n}{1.2.3\ldots n}F^n(x_0) - \frac{(x_1-x_0)^{p+1}}{1.2.3\ldots n(p+1)}R = 0. \end{aligned} \right.$$

Si nous substituons maintenant à x_0, dans le premier membre de l'égalité (2), *excepté dans* R, une valeur de la variable x comprise dans l'intervalle (x_0, x_1), ce premier membre deviendra une fonction de x *qui ne sera plus nulle.* En la désignant par $f(x)$, nous aurons

$$(3) \quad \left\{ \begin{aligned} f(x) = F(x_1) - F(x) - \frac{x_1 - x}{1}F'(x) \\ - \frac{(x_1-x)^2}{1.2}F''(x) - \frac{(x_1-x)^3}{1.2.3}F'''(x) - \ldots \\ - \frac{(x_1-x)^n}{1.2.3\ldots n}F^n(x) - \frac{(x_1-x)^{p+1}}{1.2.3\ldots n(p+1)}R. \end{aligned} \right.$$

Cette fonction $f(x)$ est continue et finie dans l'intervalle (x_0, x_1), d'après les conditions indiquées. Elle s'annule évidemment, d'après l'égalité (2), pour $x = x_0$; et elle s'annule encore pour $x = x_1$. Puisqu'elle est continue dans l'intervalle considéré, elle admet une dérivée dans le même intervalle; et il résulte de ce qu'on vient de dire et du théorème de Rolle (633) que cette dérivée s'annulera nécessairement pour une valeur de x comprise entre x_0 et x_1.

D'ailleurs, pour trouver la dérivée de $f(x)$, nous remarquerons que $F(x_1)$ est une constante et que, à partir du troisième terme du second membre de la relation (3), on a à prendre la dérivée d'un produit de deux facteurs. En écrivant alors *sur des lignes séparées* les termes où figurent les dérivées de $F(x)$, $F'(x)$, $F''(x)$, ..., ceux où figurent les dérivées de $(x_1 - x)$, $(x_1 - x)^2$, ..., et enfin la dérivée du dernier terme où entre R, il viendra

$$\begin{aligned} f'(x) = &-F'(x) - \frac{x_1 - x}{1} F''(x) - \frac{(x_1 - x)^2}{1.2} F'''(x) - \ldots \\ &- \frac{(x_1 - x)^{n-1}}{1.2.3\ldots(n-1)} F^n(x) - \frac{(x_1 - x)^n}{1.2.3\ldots n} F^{n+1}(x) \\ &+ F'(x) + \frac{x_1 - x}{1} F''(x) + \frac{(x_1 - x)^2}{1.2} F'''(x) + \ldots \\ &+ \frac{(x_1 - x)^{n-1}}{1.2.3\ldots(n-1)} F^n(x) \\ &+ \frac{(x_1 - x)^p}{1.2.3\ldots n} R. \end{aligned}$$

En simplifiant, on trouve

$$(4) \qquad f'(x) = \frac{(x_1 - x)^p}{1.2.3\ldots n} R - \frac{(x_1 - x)^n}{1.2.3\ldots n} F^{n+1}(x).$$

$f'(x)$ devant s'annuler pour une valeur de x comprise entre x_0 et x_1, et qu'on peut représenter par conséquent par $x_0 + \theta h$, θ étant un nombre positif compris entre 0 et 1, nous aurons, en remplaçant x par cette valeur dans l'équation (4),

$$0 = \frac{(x_1 - x_0 - \theta h)^p}{1.2.3\ldots n} R - \frac{(x_1 - x_0 - \theta h)^n}{1.2.3\ldots n} F^{n+1}(x_0 + \theta h),$$

c'est-à-dire, en remettant h à la place de $x_1 - x_0$ et en multipliant les deux membres de l'égalité par $1.2.3\ldots n$,

$$0 = h^p(1-\theta)^p R - h^n(1-\theta)^n F^{n+1}(x_0 + \theta h),$$

d'où

$$R = h^{n-p}(1-\theta)^{n-p} F^{n+1}(x_0 + \theta h). \tag{5}$$

Le terme complémentaire de l'égalité (1) devient ainsi

$$\frac{h^{p+1}}{1.2.3\ldots n(p+1)} h^{n-p}(1-\theta)^{n-p} F^{n+1}(x_0 + \theta h)$$

ou

$$\frac{h^{n+1}}{1.2.3\ldots n(p+1)} (1-\theta)^{n-p} F^{n+1}(x_0 + \theta h). \tag{6}$$

En reportant cette valeur dans la même égalité et en écrivant x à la place de x_0 pour mieux marquer que la valeur de la variable prise pour point de départ est arbitraire, *sous les conditions indiquées,* nous obtiendrons finalement

$$\left\{\begin{aligned} F(x+h) = F(x) &+ \frac{h}{1}F'(x) + \frac{h^2}{1.2}F''(x) + \frac{h^3}{1.2.3}F'''(x) + \ldots \\ &+ \frac{h^n}{1.2.3\ldots n}F^n(x) + \frac{h^{n+1}}{1.2.3\ldots n(p+1)}(1-\theta)^{n-p}F^{n+1}(x+\theta h). \end{aligned}\right.$$

La formule (A) est la *formule de* TAYLOR, dans le cas général.

Lorsque le terme complémentaire, c'est-à-dire le dernier terme du second membre, tend vers zéro autant qu'on veut, quand n croît indéfiniment, le second membre de la formule se change en une *série convergente* ordonnée suivant les puissances entières, positives et croissantes de l'accroissement h : c'est la *série de* TAYLOR. *Le terme complémentaire* devient le *reste* de la série, et fait connaître l'erreur commise quand on s'arrête dans la série au $(n+1)^{\text{ième}}$ terme.

676. Si, dans la formule (A), on change h en $-h$, il vient

$$(B)\quad \left\{\begin{aligned} F(x-h) = F(x) &- \frac{h}{1}F'(x) + \frac{h^2}{1.2}F''(x) - \frac{h^3}{1.2.3}F'''(x) + \ldots \\ &\pm \frac{h^{n+1}}{1.2.3\ldots n(p+1)}(1-\theta)^{n-p}F^{n+1}(x-\theta h). \end{aligned}\right.$$

Les formules (A) et (B) sont applicables, sauf les remarques que nous présenterons ultérieurement, à toutes les fonctions qui restent finies et continues, ainsi que leurs $(n+1)$ premières dérivées, entre les limites $x-h$ et $x+h$.

677. Autres formes du reste. — p étant un nombre quelconque, on peut faire $p=n$. Le terme complémentaire (675) prend alors la forme très simple, indiquée pour la première fois par Lagrange,

$$\frac{h^{n+1}}{1.2.3\ldots n(n+1)}\mathrm{F}^{n+1}(x+\theta h).$$

Si l'on fait $p=0$, on obtient cette autre forme du reste de la série (675)

$$\frac{h^{n+1}}{1.2.3\ldots n}(1-\theta)^n\mathrm{F}^{n+1}(x+\theta h),$$

qui a été donnée par Cauchy et qui peut être utile dans les applications.

678. Les différentes formes du reste contenant le facteur $\mathrm{F}^{n+1}(x+\theta h)$, où θ est un nombre indéterminé compris entre 0 et 1, la difficulté pour s'assurer de la convergence de la série de Taylor est de reconnaître si $\mathrm{F}^{n+1}(x+\theta h)$ conserve une valeur finie quand n croît indéfiniment.

Prenons le reste de la série sous sa forme la plus simple (677)

$$\frac{h^{n+1}}{1.2.3\ldots n(n+1)}\mathrm{F}^{n+1}(x+\theta h),$$

et remarquons que le premier facteur

$$\frac{h^{n+1}}{1.2.3\ldots n(n+1)}$$

tend toujours vers zéro, qnand n croît indéfiniment. En effet, lorsque $n+1$ a dépassé la valeur de h et que l'on continue à faire croître n, on doit multiplier l'expression précédente par les fractions proprement dites $\frac{h}{n+2}, \frac{h}{n+3}, \ldots,$ qui deviennent de plus en plus petites. Lors même qu'elles seraient toutes égales à la première, on sait que leur produit aurait pour limite zéro (478). Il en sera donc de même *a for-*

tiori du premier facteur du reste, et ce reste tendra alors vers zéro autant qu'on voudra, si la fonction $F(x)$ et toutes ses dérivées jusqu'à $F^{n+1}(x)$ demeurent continues et finies entre x et $x+h$, lorsque n croît indéfiniment.

Dans cette hypothèse et en ne conservant que les $(n+1)$ premiers termes de la série, si l'on désigne par m et par M la plus petite et la plus grande valeur de $F^{n+1}(x)$ quand x varie de x à $x+h$, le terme complémentaire sera lui-même compris entre

$$\frac{mh^{n+1}}{1.2.3\ldots n(n+1)} \quad \text{et} \quad \frac{Mh^{n+1}}{1.2.3\ldots n(n+1)};$$

et l'on obtient ainsi deux limites de l'erreur commise.

679. Il n'est pas inutile de faire observer que, *sauf la forme du reste*, la fonction $F(x+h)$ ne peut pas être développée, suivant les puissances croissantes de h, d'une autre manière que par la formule (A) [675]; car nous avons démontré (422) l'identité de deux séries convergentes ordonnées suivant les puissances entières et positives d'une même variable, lorsque leurs sommes sont égales.

680. Si, dans l'équation (A) [675], en donnant au reste la forme la plus simple (677), on fait successivement $n=0$ et $n=1$, la formule de Taylor se réduit à ses deux ou à ses trois premiers termes, et devient successivement

$$F(x+h) = F(x) + \frac{h}{1}F'(x+\theta h),$$

$$F(x+h) = F(x) + \frac{h}{1}F'(x) + \frac{h^2}{1.2}F''(x+\theta h).$$

On l'emploie souvent sous l'une de ces deux formes.

681. Si l'on pose $y = F(x)$, la formule de Taylor peut s'écrire, en adoptant toujours pour le reste la forme la plus simple,

$$F(x+h) = y + \frac{h}{1}F'(x) + \frac{h^2}{1.2}F''(x) + \ldots$$
$$+ \frac{h^n}{1.2.3\ldots n}F^n(x) + \frac{h^{n+1}}{1.2.3\ldots(n+1)}F^{n+1}(x+\theta h).$$

Mais, h étant l'accroissement constant arbitraire donné à x, les quantités

$$hF'(x),\quad h^2F''(x),\quad \ldots,\quad h^nF^n(x),\quad h^{n+1}F^{n+1}(x),$$

sont précisément, par définition (639), les différentielles successives

$$dy,\quad d^2y,\quad \ldots,\quad d^ny,\quad d^{n+1}y,$$

de la fonction y. On peut donc écrire, en désignant par

$$(d^{n+1}y)_{x+\theta h}$$

la valeur de la différentielle du $(n+1)^{\text{ième}}$ ordre, qui répond, non plus à x, mais à une valeur de x comprise entre x et $x+h$,

$$(\text{A}')\quad \begin{cases} F(x+h) = y + dy + \dfrac{d^2y}{2} + \dfrac{d^3y}{6} + \ldots \\ \qquad + \dfrac{d^ny}{1.2.3\ldots n} + \dfrac{[d^{n+1}y]_{x+\theta h}}{1.2.3\ldots(n+1)}. \end{cases}$$

Si l'on suppose maintenant h infiniment petit et égal à dx, les termes successifs du second membre deviennent des infiniment petits (639) dont l'ordre va en augmentant et, par suite, l'erreur commise en s'arrêtant à un certain terme est un infiniment petit d'ordre supérieur relativement au dernier terme conservé.

On présente souvent ainsi la formule de Taylor; et, dans ce cas, les termes de la série permettent d'approcher de la valeur de $F(x+h)$ par une suite d'approximations dont l'ordre est de plus en plus élevé, l'erreur qui persiste après l'addition de chaque terme étant infiniment petite par rapport à ce terme lui-même.

682. Il faut bien remarquer que la formule (A) [675] peut être exacte jusqu'à une certaine valeur de $n+1$ et devenir inexacte pour une valeur plus grande, parce que les dérivées qui suivent la $(n+1)^{\text{ième}}$ dans le développement deviennent infinies pour la valeur spéciale attribuée à x. On doit alors ne poursuivre le développement que jusqu'à la $n^{\text{ième}}$ dérivée et le compléter par le reste. Il est clair d'ailleurs que le développement peut se trouver en défaut dès le premier terme.

683. De même, il ne suffit pas que le second membre de la formule (A) soit une série convergente, pour pouvoir affirmer que la formule est exacte; car cette série peut avoir une limite différente du premier membre $F(x+h)$.

Si l'on a, par exemple, $F(x)=f(x)+\varphi(x)$, et que la fonction $f(x)$ soit développable par la formule de Taylor pour la valeur $x=x_0$, tandis que, pour cette valeur, la fonction $\varphi(x)$ demeure nulle, ainsi que toutes ses dérivées, sans être pour cela identiquement nulle, le développement de $F(x_0+h)$ donnera précisément lieu à la série convergente qui a pour limite $f(x_0+h)$ et non $F(x_0+h)$.

L'exactitude de la série de Taylor ne peut être établie qu'en prouvant que le reste qu'il faut ajouter à la somme d'un nombre quelconque de termes de la série pour obtenir $F(x+h)$ tend vers zéro autant qu'on veut, quand le nombre des termes considérés augmente indéfiniment.

Formule de Maclaurin.

684. On peut, dans la formule (A)[675], permuter x et h. On a alors, puisque le premier membre ne change pas,

$$\begin{aligned}F(x+h)=F(h)&+\frac{x}{1}F'(h)+\frac{x^2}{1.2}F''(h)\\&+\frac{x^3}{1.2.3}F'''(h)+\ldots+\frac{x^n}{1.2.3\ldots n}F^n(h)\\&+\frac{x^{n+1}}{1.2.3\ldots n(p+1)}(1-\theta)^{n-p}F^{n+1}(h+\theta x).\end{aligned}$$

Si l'on suppose maintenant $h=0$, il vient

$$(C)\quad\left\{\begin{aligned}F(x)=F(0)&+\frac{x}{1}F'(0)+\frac{x^2}{1.2}F''(0)\\&+\frac{x^3}{1.2.3}F'''(0)+\ldots+\frac{x^n}{1.2.3\ldots n}F^n(0)\\&+\frac{x^{n+1}}{1.2.3\ldots n(p+1)}(1-\theta)^{n-p}F^{n+1}(\theta x).\end{aligned}\right.$$

On donne à ce résultat le nom de *formule de* Maclaurin,

bien qu'elle ne soit, comme on le voit, qu'un cas particulier de la formule de Taylor, et que Maclaurin lui-même, dans son *Traité des Fluxions,* l'attribue à Taylor.

La série, ordonnée suivant les puissances entières et croissantes de x, qu'on obtient dans le second membre de la relation (C) quand on fait croître n indéfiniment, a $F(x)$ pour limite, toutes les fois que le terme complémentaire ou le reste de la série a lui-même zéro pour limite.

Ce reste, pour $n = p$, prend la forme simple

$$\frac{x^{n+1}}{1.2.3\ldots(n+1)} F^{n+1}(\theta x);$$

pour $p = 0$, il devient

$$\frac{x^{n+1}}{1.2.3\ldots n}(1-\theta)^n F^{n+1}(\theta x).$$

Comme nous l'avons déjà observé pour la série de Taylor (679), tout développement d'une fonction $F(x)$ en série ordonnée suivant les puissances entières et croissantes de x se confond nécessairement avec celui qui est donné par la formule de Maclaurin.

Les remarques des n°s 682 et 683 s'appliquent également à la série de Maclaurin.

685. Si l'on avait trouvé d'abord la formule de Maclaurin, on en aurait déduit immédiatement celle de Taylor, en considérant $F(x+h)$ comme une fonction de h et en la développant suivant la formule de Maclaurin. On obtient ainsi, en effet, puisque, lorsque l'on suppose $h = 0$ dans $F(x+h)$, il reste $F(x)$,

$$F(x+h) = F(x) + \frac{h}{1}F'(x) + \frac{h^2}{1.2}F''(x) + \ldots;$$

ce qui est la formule de Taylor.

Extension des formules de Taylor et de Maclaurin aux fonctions de plusieurs variables.

686. Nous considérerons une fonction de deux variables. Le raisonnement que nous allons présenter s'étend sans difficulté au cas où la fonction proposée contient trois ou un plus grand nombre de variables.

Nous pourrions suivre la marche indiquée pour le développement des fonctions entières, dans le cas de deux variables (329).

Ainsi, prenant la fonction quelconque $F(x, y)$, nous commencerions par développer $F(x+h, y)$, suivant les puissances de h et d'après la formule de Taylor (675), en regardant x comme seule variable. Dans le résultat obtenu, nous changerions y en $y+k$, et nous développerions chacun de ses coefficients d'après la même formule et suivant les puissances de k. Nous parviendrions de cette manière au développement de $F(x+h, y+k)$. Mais il est préférable de suivre une autre marche due à Cauchy, et qui conduit à une expression plus simple du reste.

687. Remplaçons $F(x+h, y+k)$ par

$$F(x+ht, y+kt) = f(t),$$

et développons cette dernière fonction suivant les puissances de t, en appliquant la formule de Maclaurin (684). En faisant ensuite $t = 1$ dans le résultat trouvé, nous obtiendrons évidemment le développement cherché.

Il viendra, en adoptant la forme la plus simple du reste.

$$(1)\quad \left\{ \begin{aligned} & F(x+ht, y+kt) \\ & = f(t) = f(0) + \frac{t}{1} f'(0) + \frac{t^2}{1.2} f''(0) + \frac{t^3}{1.2.3} f'''(0) + \ldots \\ & \qquad + \frac{t^n}{1.2.3\ldots n} f^n(0) + \frac{t^{n+1}}{1.2.3\ldots(n+1)} f^{n+1}(\theta t). \end{aligned} \right.$$

Pour calculer les termes de ce développement, nous allons chercher l'expression générale de $f^m(t)$, et nous y ferons ensuite $t = 0$.

Nous avons trouvé précédemment (658), pour représenter la différentielle du $m^{\text{ième}}$ ordre d'une fonction de deux variables, $u = \varphi(x, y)$, l'expression symbolique

$$d^m u = \left(\frac{du}{dx} dx + \frac{du}{dy} dy \right)^m,$$

où il suffit de remplacer les exposants des puissances de du par les mêmes indices de différentiation.

Or nous pouvons poser ici

$$x + ht = u, \qquad y + kt = v,$$

et regarder u et v comme deux variables distinctes pour lesquelles on aura

$$du = h\,dt, \qquad dv = k\,dt,$$

en supposant dt constant et en remarquant que les valeurs de x et de y sont indépendantes de t. Il en résulte

$$f(t) = \mathrm{F}(x + ht, y + kt) = \mathrm{F}(u, v),$$

c'est-à-dire, symboliquement,

$$d^m f(t) = d^m \mathrm{F}(u, v) = \left(\frac{d\mathrm{F}}{du}du + \frac{d\mathrm{F}}{dv}dv\right)^m.$$

Si l'on divise par dt^m les deux membres de la relation précédente, on a évidemment, en tenant compte des valeurs de du et de dv,

$$\frac{d^m f(t)}{dt^m} = f^m(t) = \left(\frac{d\mathrm{F}}{du}h + \frac{d\mathrm{F}}{dv}k\right)^m;$$

car, en divisant chaque terme de la parenthèse du second membre par dt, on le divise lui-même par dt^m.

Faisons maintenant $t = 0$, ou $u = x$ et $v = y$, dans les dérivées de $\mathrm{F}(u, v)$ par rapport aux variables u et v. Ces dérivées deviendront les dérivées correspondantes de $\mathrm{F}(x, y)$ par rapport à x et à y. On peut donc écrire

$$f^m(0) = \left(\frac{d\mathrm{F}}{dx}h + \frac{d\mathrm{F}}{dy}k\right)^m,$$

en entendant toujours l'expression au sens symbolique.

La valeur de $f^{n+1}(\theta t)$, qui entre dans le terme complémentaire de l'égalité (1), s'obtiendra aussi à l'aide de la relation que nous venons d'employer. On formera l'expression

$$f^{n+1}(t) = \left(\frac{d\mathrm{F}}{du}h + \frac{d\mathrm{F}}{dv}k\right)^{n+1}.$$

On remplacera ensuite les exposants de $d\mathrm{F}$ par les indices correspondants; et l'on substituera enfin à u et à v les valeurs $x + h\theta t$ et $y + k\theta t$, qui deviendront $x + \theta h$ et $y + \theta k$ pour $t = 1$.

Ce qui précède permet d'écrire symboliquement, comme il

suit, l'égalité (1), *en y faisant d'ailleurs* $t = 1$,

$$
(\mathrm{D})\quad \left\{
\begin{aligned}
&\mathrm{F}(x+h, y+k)\\
&\quad = \mathrm{F}(x,y) + \left(\frac{d\mathrm{F}}{dx}h + \frac{d\mathrm{F}}{dy}k\right) + \frac{1}{1.2}\left(\frac{d\mathrm{F}}{dx}h + \frac{d\mathrm{F}}{dy}k\right)^2\\
&\quad + \frac{1}{1.2.3}\left(\frac{d\mathrm{F}}{dx}h + \frac{d\mathrm{F}}{dy}k\right)^3 + \ldots + \frac{1}{1.2.3\ldots n}\left(\frac{d\mathrm{F}}{dx}h + \frac{d\mathrm{F}}{dy}k\right)^n\\
&\quad + \frac{1}{1.2.3\ldots(n+1)}\left(\frac{d\mathrm{F}}{dx}h + \frac{d\mathrm{F}}{dy}k\right)^{n+1}_{(x=x+\theta h,\ y=y+\theta k)}.
\end{aligned}
\right.
$$

Les indices inférieurs signifient que, après avoir régulièrement formé le dernier développement, on devra y remplacer x et y par $x+\theta h$ et $y+\theta k$, θ étant une fraction positive proprement dite

Lorsque le dernier terme du second membre a pour limite zéro, quand n croît indéfiniment, $\mathrm{F}(x+h, y+k)$ se trouve développée suivant une série convergente indéfinie.

C'est ce qui a lieu nécessairement, lorsque aucune des dérivées qui entrent dans le terme complémentaire ne peut devenir infinie par la substitution de $x+\theta h$ et de $y+\theta k$ à la place de x et de y. Admettons, en effet, que P soit un nombre supérieur en valeur absolue à chacune de ces dérivées. Le terme complémentaire sera alors évidemment inférieur à

$$
\frac{\mathrm{P}^{n+1}}{1.2.3\ldots(n+1)}(h+k)^{n+1};
$$

et cette expression a pour limite zéro lorsque n croît indéfiniment (678).

688. Si l'on suppose que h et k deviennent les infiniment petits dx et dy, on a

$$
\left(\frac{d\mathrm{F}}{dx}dx + \frac{d\mathrm{F}}{dy}dy\right)^m = d^m\mathrm{F}(x,y).
$$

La formule (D) [687] prend alors la forme

$$
(\mathrm{D}')\quad \left\{
\begin{aligned}
&\mathrm{F}(x+dx, y+dy)\\
&\quad = \mathrm{F}(x,y) + d\mathrm{F}(x,y) + \frac{d^2\mathrm{F}(x,y)}{2} + \frac{d^3\mathrm{F}(x,y)}{6} + \ldots\\
&\quad + \frac{d^n\mathrm{F}(x,y)}{1.2.3\ldots n} + \frac{[d^{n+1}\mathrm{F}(x,y)]_{(x+\theta dx,\ y+\theta dy)}}{1.2.3\ldots(n+1)},
\end{aligned}
\right.
$$

la valeur de la différentielle du $(n+1)^{\text{ième}}$ ordre répondant, non plus à x et à y, mais à une valeur de x comprise entre x et $x+dx$ et à une valeur de y comprise entre y et $y+dy$.

La formule (D′) montre que l'expression de l'accroissement infiniment petit d'une fonction de deux variables est identique à celle de l'accroissement infiniment petit d'une fonction d'une seule variable (681).

Si dx et dy sont infiniment petits principaux ou du premier ordre, chaque terme du développement obtenu est infiniment petit par rapport à celui qui le précède, et l'erreur commise en s'arrêtant au terme d'ordre n est un infiniment petit d'ordre $n+1$.

689. Pour étendre maintenant la formule de Maclaurin (684) aux fonctions de deux variables, il suffit de faire à la fois $x=0$ et $y=0$ dans la formule (D) [687]. En désignant par $\left(\frac{dF}{dx}\right)_0$, $\left(\frac{dF}{dy}\right)_0$, $\left(\frac{d^2F}{dx^2}\right)_0$, ..., ce que deviennent alors les différentes dérivées, on a ainsi, en effectuant,

$$F(h,k)=F(0,0)+h\left(\frac{dF}{dx}\right)_0+k\left(\frac{dF}{dy}\right)_0 + \frac{1}{2}\left[h^2\left(\frac{d^2F}{dx^2}\right)_0+2hk\left(\frac{d^2F}{dx\,dy}\right)_0+k^2\left(\frac{d^2F}{dy^2}\right)_0\right] + \ldots\ldots$$

Comme h et k sont complètement arbitraires, on peut les remplacer par x et par y, et il vient

$$\text{(E)}\quad \left\{ \begin{aligned} F(x,y)&=F(0,0)+x\left(\frac{dF}{dx}\right)_0+y\left(\frac{dF}{dy}\right)_0\\ &+\frac{1}{2}\left[x^2\left(\frac{d^2F}{dx^2}\right)_0+2xy\left(\frac{d^2F}{dx\,dy}\right)_0+y^2\left(\frac{d^2F}{dy^2}\right)_0\right]\\ &+\ldots\ldots\ldots, \end{aligned}\right.$$

C'est la formule de Maclaurin étendue au cas de deux variables.

Le terme complémentaire devient

$$\frac{1}{1.2.3\ldots(n+1)}\left[\frac{dF}{dx}x+\frac{dF}{dy}y\right]^{n+1}_{(x=\theta x,\,y=\theta y)},$$

c'est-à-dire que, dans les différentes dérivées qui y entrent, on doit remplacer x par θx et y par θy, θ étant toujours un nombre indéterminé, positif et moindre que 1.

690. Il ne faut pas perdre de vue que les formules de Taylor et de Maclaurin ne peuvent être étendues ainsi aux fonctions de deux ou de plusieurs variables, qu'autant que la fonction proposée et toutes ses dérivées partielles restent continues et finies jusqu'à l'ordre $n+1$ inclusivement, pour toutes les valeurs de x et de y comprises dans l'intervalle considéré (675).

CHAPITRE XIII.

APPLICATION DE LA FORMULE DE MACLAURIN A QUELQUES DÉVELOPPEMENTS IMPORTANTS.

Développement de la formule du binôme pour un exposant quelconque.

691. Proposons-nous de trouver le développement de $(a+b)^m$, dans le cas où l'exposant m est quelconque.

L'expression $(a+b)^m$ est alors susceptible de plusieurs valeurs, dès que m n'est pas un nombre entier, positif ou négatif (**128, 129, 140, 145**). Mais, si $a+b$ est une quantité positive, l'une de ces valeurs est réelle et positive, et c'est la seule que nous considérerons ici.

En posant $\frac{b}{a}=x$, nous écrirons

$$(a+b)^m=a^m\left(1+\frac{b}{a}\right)^m=a^m(1+x)^m,$$

et la question est ramenée à développer

$$F(x)=(1+x)^m.$$

Or nous avons trouvé précédemment, d'une manière générale, pour la dérivée du $n^{\text{ième}}$ ordre de x^m (**641**, 1°),

$$m(m-1)(m-2)(m-3)\ldots(m-n+1)x^{m-n}.$$

Nous n'avons évidemment qu'à remplacer, dans ce résultat, x par $1+x$ (**564**), pour avoir

$$F^n(x)=m(m-1)(m-2)(m-3)\ldots(m-n+1)(1+x)^{m-n}$$

et

$$F^n(0)=m(m-1)(m-2)(m-3)\ldots(m-n+1).$$

Il en résulte immédiatement, d'après la formule de Maclaurin (684), et en écrivant le résultat de manière à lui donner l'aspect du développement habituel (255),

$$F(x) = 1 + \frac{m}{1}x + \frac{m(m-1)}{1.2}x^2 + \frac{m(m-1)(m-2)}{1.2.3}x^3 + \ldots$$
$$+ \frac{m(m-1)(m-2)\ldots(m-n+1)}{1.2.3\ldots n}x^n$$
$$+ \frac{m(m-1)(m-2)\ldots(m-n)}{1.2.3\ldots(n+1)}x^{n+1}(1+\theta x)^{m-n-1}.$$

Quand x est plus grand que 1 *en valeur absolue, la série obtenue,* abstraction faite du terme complémentaire, *est divergente.*

En effet, le rapport de deux termes consécutifs, tels que

$$u_{n-1} = \frac{m(m-1)(m-2)\ldots(m-n+2)}{1.2.3\ldots(n-1)}x^{n-1}$$

et

$$u_n = \frac{m(m-1((m-2)\ldots(m-n+1)}{1.2.3\ldots n}x^n$$

est représenté par

$$\frac{u_n}{u_{n-1}} = \frac{m-n+1}{n}x = \left(\frac{m+1}{n} - 1\right)x.$$

Ce rapport a donc pour limite $-x$ quand n croît indéfiniment; et, par suite, quand la valeur absolue de x est plus grande que 1, la série est divergente (362).

On voit qu'*il ne peut y avoir convergence que si x est moindre que* 1 *en valeur absolue;* et ce n'est que dans ce cas qu'il est nécessaire de s'assurer que le reste de la série a pour limite zéro.

Supposons d'abord x compris entre 0 et 1, c'est-à-dire *positif.*

On peut mettre le reste sous la forme (145)

$$\left[\frac{m(m-1)(m-2)\ldots(m-n)}{1.2.3\ldots(n+1)}x^{n+1}\right]\left[\frac{1}{1+\theta x}\right]^{n+1-m}.$$

La première parenthèse tend vers zéro, quand n croît indéfiniment; car, lorsque n croît d'une unité, elle se trouve multipliée par le facteur

$$\frac{m-n-1}{n+2}x,$$

quantité qui, pour n assez grand, se rapproche autant qu'on veut de $-x$ (ce qu'on voit en divisant les deux termes de la fraction par n), c'est-à-dire devient moindre que 1 en valeur absolue. On a donc à considérer dans cette parenthèse, et à partir d'un certain point, une suite de facteurs dont le nombre augmente indéfiniment, qui sont plus petits que 1 et décroissants, et dont, par conséquent, le produit a pour limite zéro, de sorte que cette limite est aussi celle de la parenthèse (478, 340).

La seconde parenthèse est évidemment moindre que 1 et sa limite est zéro pour n assez grand, à moins que θ ne tende vers zéro en même temps que n tend vers l'infini; dans cette hypothèse, elle tend vers la limite 1 en restant moindre que 1.

Le reste de la série a, par conséquent, zéro pour limite dans tous les cas, et cette série est convergente lorsque x, positif, est compris entre 0 et 1.

Supposons maintenant x compris entre 0 et -1, c'est-à-dire *négatif*.

Le raisonnement précédent n'est plus applicable, parce que la seconde parenthèse indiquée dans l'expression du reste devient plus grande que 1 pour n assez grand et croît indéfiniment en même temps que n, à moins que θ ne tende simultanément vers zéro; et, alors, elle tend vers la limite 1, en restant supérieure à 1.

Il faut donc avoir recours à la seconde forme du reste, qui est ici (684)

$$\left[\frac{m(m-1)(m-2)\ldots(m-n)}{1.2.3\ldots n}x^{n+1}\right][(1-\theta)^n(1+\theta x)^{m-n-1}].$$

On voit, comme ci-dessus, que la première parenthèse a pour limite zéro lorsque n croît indéfiniment. Quant à la seconde parenthèse, on peut l'écrire, en remplaçant x par $-z$, puisque x est négatif,

$$(1-\theta z)^{m-1}\left(\frac{1-\theta}{1-\theta z}\right)^n.$$

La fraction $\dfrac{1-\theta}{1-\theta z}$ est une fraction proprement dite, et sa puissance $n^{\text{ième}}$ tend vers zéro ou vers l'unité à mesure que n

augmente, tandis que la puissance $(m-1)^{\text{ième}}$ de la fraction $1-\theta z$ demeure toujours une quantité finie.

Le reste de la série a donc encore zéro pour limite, et cette série est aussi convergente lorsque x, négatif, est compris entre o et -1.

En résumé, pour toutes les valeurs de x comprises entre -1 et $+1$, on a

$$(1+x)^m = 1 + \frac{m}{1}x + \frac{m(m-1)}{1.2}x^2 + \ldots$$
$$+ \frac{m(m-1)(m-2)\ldots(m-n+1)}{1.2.3\ldots n}x^n + \ldots.$$

Le développement de $(a+b)^m$ suivant la formule habituelle (255), *lorsque l'exposant m n'est plus entier mais quelconque, n'est donc permis que dans l'hypothèse où a est plus grand que b en valeur absolue.*

692. Il nous reste à examiner les cas particuliers où l'on a $x=\pm 1$, pour lesquels les raisonnements précédents ne sont plus admissibles.

La formule qu'on vient de démontrer ayant lieu pour toutes les valeurs de x comprises entre $+1$ et -1 et, par conséquent, pour des valeurs de x aussi proches qu'on voudra de $+1$ ou de -1, sera encore vraie pour $x=+1$ ou pour $x=-1$, à la condition que les séries correspondantes du second membre demeurent convergentes; car les deux membres de la formule étant toujours égaux dans l'intervalle indiqué, si chacun d'eux tend vers une limite déterminée pour $x=+1$ ou pour $x=-1$, ces deux limites seront nécessairement égales entre elles (334).

Or, pour $x=\pm 1$, on obtient les deux développements suivants :

$$1 + \frac{m}{1} + \frac{m(m-1)}{1.2} + \frac{m(m-1)(m-2)}{1.2.3} + \ldots$$
$$+ \frac{m(m-1)(m-2)\ldots(m-n+1)}{1.2.3\ldots n} + \ldots.$$

$$1 - \frac{m}{1} + \frac{m(m-1)}{1.2} - \frac{m(m-1)(m-2)}{1.2.3} + \ldots$$
$$\pm \frac{m(m-1)(m-2)\ldots(m-n+1)}{1.2.3\ldots n} \mp \ldots.$$

Le rapport d'un terme au précédent est (691)

$$\frac{u_n}{u_{n-1}} = \pm\left(\frac{m+1}{n} - 1\right).$$

Si $m+1$ est un nombre négatif, c'est-à-dire si m est compris entre -1 et $-\infty$, ce rapport est plus grand que 1 en valeur absolue, et la convergence est impossible pour les deux développements à la fois, puisque leurs termes ne tendent pas vers zéro (362).

A la limite, pour $m=-1$, le rapport $\frac{u_n}{u_{n-1}}$ est égal à ∓ 1, de sorte que les termes des deux séries considérées ont tous la même valeur absolue et que la convergence est encore impossible. La première devient la série indéterminée $1-1+1-1+\ldots$, et la seconde, la série divergente $1+1+1+1+\ldots$.

Il faut donc supposer $m+1$ positif, c'est-à-dire m compris entre -1 et $+\infty$.

Considérons d'abord le premier développement. Le rapport d'un terme au précédent est ici

$$\frac{u_n}{u_{n-1}} = \frac{m+1}{n} - 1,$$

de sorte que, pour $m+1$ positif et pour n assez grand, ce rapport finit toujours par être moindre que 1 en valeur absolue. Les termes de la première série finissent donc par diminuer de l'un à l'autre, en étant alternativement positifs et négatifs, ce qui entraîne la convergence de la série (394).

Finalement, *on a*

$$(1+1)^m = 2^m = 1 + \frac{m}{1} + \frac{m(m-1)}{1.2} + \frac{m(m-1)(m-2)}{1.2.3} + \ldots$$

tant que $m+1$ est positif.

Considérons le second développement. On a alors

$$\frac{u_n}{u_{n-1}} = -\left(\frac{m+1}{n} - 1\right) = 1 - \frac{m+1}{n}.$$

Ce rapport, pour n assez grand, finit toujours par rester inférieur à 1; mais sa limite, pour $n=\infty$, est égale à l'unité : on est donc dans le doute (375).

Pour décider, désignons par (U) le développement

$$(U)\qquad 1-\frac{m}{1}+\frac{m(m-1)}{1.2}-\frac{m(m-1)(m-2)}{1.2.3}+\dots$$

et comparons-le à la série (V)

$$(V)\qquad \frac{1}{1^{m+1}}+\frac{1}{2^{m+1}}+\frac{1}{3^{m+1}}+\frac{1}{4^{m+1}}+\dots$$

On a, en même temps, pour le rapport d'un terme au précédent dans les deux séries,

$$\frac{u_n}{u_{n-1}}=1-\frac{m+1}{n}$$

et

$$\frac{v_n}{v_{n-1}}=\frac{\dfrac{1}{(n+1)^{m+1}}}{\dfrac{1}{n^{m+1}}}=\left(\frac{n}{n+1}\right)^{m+1}=\left(\frac{n+1}{n}\right)^{-m-1}=\left(1+\frac{1}{n}\right)^{-m-1}.$$

x ou $\frac{1}{n}$ étant ici moindre que 1, on peut appliquer à cette dernière expression la formule du binôme (691) et écrire, en se bornant à trois termes,

$$\frac{v_n}{v_{n-1}}=1-\frac{m+1}{1}\,\frac{1}{n}+\frac{(m+1)(m+2)}{1.2}\,\frac{1}{n^2}\left(1+\frac{\theta}{n}\right)^{-m-3}.$$

On a donc, puisque $m+1$ est positif,

$$\frac{v_n}{v_{n-1}}>\frac{u_n}{u_{n-1}}\qquad\text{ou}\qquad\frac{u_n}{v_n}<\frac{u_{n-1}}{v_{n-1}}.$$

Il en résulte (385, 367, VI) que la convergence de la série (V) doit entraîner celle de la série (U). Or la série (V) est convergente, lorsque m est positif (377, 3°); il en est donc de même de la série (U).

Ainsi, *l'on a*

$$(1-1)^m=0=1-\frac{m}{1}+\frac{m(m-1)}{1.2}-\frac{m(m-1)(m-2)}{1.2.3}+\dots,$$

tant que m est positif.

Il est clair, d'ailleurs, que le premier membre de la formule devient *infini, lorsque m est négatif,* et que, par suite, la série du second membre est alors divergente.

Développement des fonctions exponentielles.

693. 1° *Soit d'abord*

$$F(x) = e^x.$$

Toutes les dérivées de la fonction e^x sont égales à cette fonction. Elles restent donc finies pour toute valeur finie de x, et elles se réduisent à l'unité pour $x = 0$, comme la fonction elle-même. Quant à la $(n+1)^{\text{ième}}$ dérivée $F^{n+1}(\theta x)$, elle devient $e^{\theta x}$, et l'on a, en prenant la forme la plus simple du reste (684),

$$e^x = 1 + \frac{x}{1} + \frac{x^2}{1.2} + \frac{x^3}{1.2.3} + \ldots + \frac{x^n}{1.2.3\ldots n} + \frac{x^{n+1}}{1.2.3\ldots(n+1)} e^{\theta x}.$$

Le facteur

$$\frac{x^{n+1}}{1.2.3\ldots(n+1)}$$

peut devenir plus petit que toute quantité donnée, lorsqu'on fait croître n indéfiniment, comme on l'a déjà démontré (678). D'ailleurs, $e^{\theta x}$ est une quantité finie. Le terme complémentaire du second membre ou le reste de la série a donc zéro pour limite. Par suite, cette série est convergente, et l'on peut écrire

$$e^x = 1 + \frac{x}{1} + \frac{x^2}{1.2} + \frac{x^3}{1.2.3} + \ldots + \frac{x^n}{1.2.3\ldots n} + \ldots,$$

résultat déjà obtenu par une autre voie (418).

694. 2° *Soit maintenant*

$$F(x) = a^x.$$

On a, d'une manière générale (641, 2°), en indiquant par $l^n a$ la $n^{\text{ième}}$ puissance de la,

$$F^n(x) = a^x l^n a.$$

Par suite,

$$F(0) = 1, \quad F'(0) = la, \quad F''(0) = l^2 a, \quad \ldots, \quad F^{n+1}(\theta x) = a^{\theta x} l^{n+1} a.$$

Il en résulte

$$a^x = 1 + \frac{x\,la}{1} + \frac{x^2\,l^2 a}{1.2} + \frac{x^3\,l^3 a}{1.2.3} + \ldots$$
$$+ \frac{x^n\,l^n a}{1.2.3\ldots n} + \frac{x^{n+1}\,l^{n+1} a}{1.2.3\ldots(n+1)} a^{\theta x}.$$

Le reste tend évidemment vers zéro à mesure que n augmente (**678**), et la série est convergente. On a donc, pour toute valeur finie de x,

$$a^x = 1 + \frac{x\,la}{1} + \frac{x^2\,l^2 a}{1.2} + \frac{x^3\,l^3 a}{1.2.3} + \ldots + \frac{x^n\,l^n a}{1.2.3\ldots n} + \ldots.$$

695. En faisant dans l'égalité précédente $a = e$, d'où $la = le = 1$, on retombe sur le développement de e^x (**693**).

On peut, réciproquement, déduire le développement de a^x de celui de e^x.

En effet, de $a = e^{la}$ (**491**), on tire

$$a^x = (e^{la})^x = e^{x\,la}.$$

D'après cela, dans le développement de e^x, changeons x en $x\,la$, ce qui est permis puisque x est quelconque. Le facteur $e^{\theta x}$ du terme complémentaire deviendra $e^{\theta x\,la}$, c'est-à-dire

$$(e^{x\,la})^\theta = a^{\theta x},$$

et l'on retrouvera exactement le développement du n° **694**.

Développement de $l(1+x)$.

696. Soit

$$F(x) = l(1+x).$$

Nous ne prenons pas directement la fonction lx, parce que nous voulons appliquer la formule de Maclaurin et que, pour $x = 0$, la fonction lx et toutes ses dérivées seraient infinies (**496, 586**).

D'après le résultat obtenu d'une manière générale (**641**, 3°), on peut évidemment écrire, pour le cas considéré de $F(x) = l(1+x)$ et en se reportant au théorème des fonctions de fonctions (**564**),

$$F^n(x) = (-1)^{n-1}\,1.2.3\ldots(n-1)\,(1+x)^{-n}.$$

On trouvera donc directement la première dérivée de la fonction

$$F'(x) = \frac{1}{1+x} = (1+x)^{-1};$$

et l'on aura ensuite, en faisant successivement $n = 2, 3, \ldots n$, dans la formule ci-dessus

$$F''(x) = (-1)(1+x)^{-2},$$
$$F'''(x) = (-1)^2 1.2(1+x)^{-3},$$
$$\ldots\ldots\ldots\ldots\ldots\ldots\ldots\ldots,$$
$$F^n(x) = (-1)^{n-1} 1.2.3\ldots(n-1)(1+x)^{-n}$$
$$= \mp 1.2.3\ldots(n-1)(1+x)^{-n},$$
$$F^{n+1}(\theta x) = (-1)^n 1.2.3\ldots n(1+\theta x)^{-n-1}$$
$$= \pm 1.2.3\ldots n \frac{1}{(1+\theta x)^{n+1}}.$$

Il viendra donc, en faisant $x = 0$ dans la fonction et dans ses dérivées successives, sauf la dernière, et en se rappelant (496) que $l.1 = 0$,

$$l(1+x) = \frac{x}{1} - \frac{x^2}{2} + \frac{x^3}{3} - \frac{x^4}{4} + \ldots$$
$$\mp \frac{x^n}{n} \pm \frac{x^{n+1}}{n+1} \frac{1}{(1+\theta x)^{n+1}}.$$

Nous avons déjà étudié cette série (397, 2°), abstraction faite du terme complémentaire, et nous avons reconnu qu'elle était *divergente* lorsque x était supérieur à 1 en valeur absolue ou égal à -1, et qu'elle était *convergente* lorsque x était inférieur à 1 en valeur absolue ou égal à $+1$.

Nous allons vérifier de nouveau cette convergence, en considérant le terme complémentaire qu'on peut écrire

$$\frac{1}{n+1}\left(\frac{x}{1+\theta x}\right)^{n+1}.$$

Si x a une valeur positive moindre que 1 ou égale à 1, $\frac{x}{1+\theta x}$ est une fraction proprement dite dont la puissance $(n+1)^{\text{ième}}$ peut devenir moindre que toute quantité donnée. Le reste de la série a donc alors zéro pour limite, et la série est convergente.

Si x a une valeur négative comprise entre o et -1, posons $x=-z$. Le terme complémentaire deviendra, en laissant son signe de côté (340),

$$\frac{1}{n+1}\,\frac{z^{n+1}}{(1-\theta z)^{n+1}}=\frac{1}{n+1}\left(\frac{z}{1-\theta z}\right)^{n+1}.$$

Sous cette forme, on ne peut pas affirmer que le reste de la série tende vers zéro, parce qu'on ne sait pas si $\frac{z}{1-\theta z}$ est une fraction proprement dite. Pour lever la difficulté, nous aurons recours à la forme plus générale du reste (684)

$$\frac{x^{n+1}}{1.2.3\ldots n}(1-\theta)^n\,\mathrm{F}^{n+1}(\theta x).$$

On trouve alors, pour le terme complémentaire qui répond à la fonction $l(1+x)$, en remplaçant toujours x par $-z$ sans tenir compte du signe du résultat,

$$\frac{z^{n+1}}{1.2.3\ldots n}(1-\theta)^n\,1.2.3\ldots n(1-\theta z)^{-n-1}$$

ou

$$(z-\theta z)^n\frac{z}{(1-\theta z)^{n+1}}=\left(\frac{z-\theta z}{1-\theta z}\right)^n\frac{z}{1-\theta z}.$$

Comme z est moindre que 1, $\frac{z-\theta z}{1-\theta z}$ est une fraction proprement dite inférieure à 1, et sa puissance $n^{\text{ième}}$ a zéro pour limite quand n croît indéfiniment; $\frac{z}{1-\theta z}$ est d'ailleurs une quantité finie inférieure à $\frac{z}{1-z}$. Le terme complémentaire de la série a donc zéro pour limite, et la série est encore convergente.

En résumé, pour toutes les valeurs de x comprises entre -1 et $+1$, et aussi pour $x=1$, on a

$$l(1+x)=\frac{x}{1}-\frac{x^2}{2}+\frac{x^3}{3}-\frac{x^4}{4}+\ldots.$$

Pour $x=-1$, le premier et le second membre de cette égalité deviennent tous deux égaux à $-\infty$; car le premier membre se réduit à $l.0=-\infty$ (496), et la série du second membre se confond avec la série harmonique (363) changée de signe.

Le développement que nous venons d'établir va nous conduire aux formules relatives au calcul des logarithmes.

Calcul des logarithmes népériens.

697. La série

$$(1)\qquad l(1+x)=\frac{x}{1}-\frac{x^2}{2}+\frac{x^3}{3}-\frac{x^4}{4}+\ldots$$

étant convergente (696) pour toutes les valeurs de x comprises entre -1 exclusivement et $+1$ inclusivement, on peut d'abord y changer x en $\frac{z}{N}$, en désignant par N et par $z<N$ deux nombres positifs quelconques. Il vient ainsi

$$l(1+x)=l\left(1+\frac{z}{N}\right)=l\frac{N+z}{N}=l(N+z)-lN,$$

de sorte que l'on peut écrire

$$(2)\qquad l(N+z)=lN+\frac{z}{N}-\frac{z^2}{2N^2}+\frac{z^3}{3N^3}-\frac{z^4}{4N^4}+\ldots.$$

On peut aussi changer x en $-x$ dans l'égalité (1), *à la condition que x demeure toujours compris entre* 0 *et* 1. On obtient alors la nouvelle égalité

$$(3)\qquad l(1-x)=-\frac{x}{1}-\frac{x^2}{2}-\frac{x^3}{3}-\frac{x^4}{4}-\ldots.$$

En retranchant l'égalité (3) de l'égalité (1), on a

$$(4)\quad l(1+x)-l(1-x)=l\frac{1+x}{1-x}=2\left(\frac{x}{1}+\frac{x^3}{3}+\frac{x^5}{5}+\ldots\right).$$

Comme $\frac{1+x}{1-x}$ est plus grand que 1, on peut poser, en désignant par z et par N deux nombres positifs quelconques,

$$\frac{1+x}{1-x}=1+\frac{z}{N}=\frac{N+z}{N},$$

d'où il résulte

$$x=\frac{z}{2N+z}.$$

Le premier membre de la relation (4) devenant

$$l\frac{N+z}{N} = l(N+z) - lN,$$

on peut écrire, en remplaçant x par sa valeur dans le second membre,

$$(5)\quad l(N+z) = lN + 2\left[\frac{z}{2N+z} + \frac{z^3}{3(2N+z)^3} + \frac{z^5}{5(2N+z)^5} + \ldots\right]$$

On voit que les formules (2) et (5) permettent de calculer le logarithme népérien du nombre $N+z$ lorsque l'on connaît celui du nombre N.

En faisant, en particulier, $z=1$ dans ces deux formules, on a

$$(6)\qquad l(N+1) = lN + \frac{1}{N} - \frac{1}{2N^2} + \frac{1}{3N^3} - \frac{1}{4N^4} + \ldots,$$

$$(7)\quad l(N+1) = lN + 2\left[\frac{1}{2N+1} + \frac{1}{3(2N+1)^3} + \frac{1}{5(2N+1)^5} + \ldots\right].$$

698. Les séries (2) et (5) sont très convergentes, dès que N est un peu considérable relativement à z.

Proposons-nous, par exemple, d'évaluer le degré d'approximation que l'on obtient en s'arrêtant dans la série (5) à un certain terme.

Négligeons, *dans la parenthèse du second membre,* tous les termes qui suivent le terme de rang $p+1$ ou le terme

$$\frac{2z^{2p+1}}{(2p+1)(2N+z)^{2p+1}}.$$

L'erreur commise sera égale à

$$2\left[\frac{z^{2p+3}}{(2p+3)(2N+z)^{2p+3}} + \frac{z^{2p+5}}{(2p+5)(2N+z)^{2p+5}} + \ldots\right];$$

elle sera donc moindre que

$$\frac{2z^{2p+3}}{(2p+3)(2N+z)^{2p+3}}\left[1 + \frac{z^2}{(2N+z)^2} + \frac{z^4}{(2N+z)^4} + \ldots\right]$$

ou, la parenthèse formant une progression indéfiniment décroissante dont la raison est $\frac{z^2}{(2N+z)^2}$, moindre que (*Alg. élém.*, **342**)

$$\frac{2z^{2p+3}}{(2p+3)(2N+z)^{2p+3}\left[1-\frac{z^2}{(2N+z)^2}\right]}.$$

En désignant par E l'erreur commise et en simplifiant, on aura donc, d'une manière générale,

$$E<\frac{z^{2p+3}}{(2p+3)\,2N(N+z)(2N+z)^{2p+1}}.$$

Si l'on ne conserve que le premier terme de la parenthèse du second membre de l'égalité (5) [**697**], il faut faire dans ce qui précède $p=0$ et l'on a, à la fois

$$l(N+z)=lN+\frac{2z}{2N+z}$$

et

$$E<\frac{z^3}{6N(N+z)(2N+z)}$$

ou, *a fortiori*, en négligeant z au dénominateur,

$$E<\frac{1}{12}\left(\frac{z}{N}\right)^3.$$

699. C'est en réalité au moyen de la série (7) [**697**] que l'on calcule les logarithmes népériens. En faisant d'abord dans cette série $N=1$, on a, puisque $l.1=0$,

$$l.2=\frac{2}{3}+\frac{2}{3.3^3}+\frac{2}{5.3^5}+\frac{2}{7.3^7}+\ldots.$$

On commence par réduire en décimales les fractions $\frac{2}{3}$, $\frac{2}{3^3}$, $\frac{2}{3^5}$, $\frac{2}{3^7}$, ..., en divisant par 9 les résultats successivement obtenus à partir du premier; puis, on divise respectivement les quotients correspondants par la suite des nombres impairs 1, 3, 5, 7, ...

En prenant les dix premiers termes du second membre, on obtient, avec dix décimales exactes,

$$l.2=0{,}6931471806\ldots.$$

En supposant $N = 2$, dans la même série (7), on a

$$l.3 = l.2 + \frac{2}{5} + \frac{2}{3.5^3} + \frac{2}{5.5^5} + \frac{2}{7.5^7} + \ldots.$$

On réduit d'abord en décimales les fractions $\frac{2}{5}$, $\frac{2}{5^3}$, $\frac{2}{5^5}$, $\frac{2}{5^7}$, ..., en divisant par 25 les résultats successivement obtenus à partir du premier; puis, on divise respectivement les quotients correspondants par la suite naturelle des nombres impairs. On abrège le calcul en remarquant que, au lieu de diviser par 25, on peut diviser par 100 et multiplier par 4.

On a ainsi, avec la même approximation et en conservant huit termes dans le second membre,

$$l.3 = 1,0986122887\ldots..$$

On obtient $l.4$, en doublant $l.2$, et l'on trouve

$$l.4 = 1,3862943611\ldots..$$

En faisant $N = 4$ dans la série (7), il vient

$$l.5 = l.4 + \frac{2}{9} + \frac{2}{3.9^3} + \frac{2}{5.9^5} + \frac{2}{7.9^7} + \ldots.$$

On obtient les fractions $\frac{2}{9}$, $\frac{2}{9^3}$, $\frac{2}{9^5}$, $\frac{2}{9^7}$, ..., en divisant par 3 les fractions déjà calculées $\frac{2}{3}$, $\frac{2}{3^5}$, $\frac{2}{3^9}$, $\frac{2}{3^{13}}$, ..., et l'on n'a plus qu'à diviser les quotients correspondants par la suite des nombres impairs. En conservant les six premiers termes du second membre, on a, avec dix décimales exactes,

$$l.5 = 1,6094379124\ldots..$$

On a ensuite

$$l.6 = l(2.3) = l.2 + l.3.$$

En faisant $N = 6$ dans la série (7), on trouve $l.7$; etc.

Calcul des logarithmes vulgaires.

700. Pour passer des logarithmes népériens aux logarithmes vulgaires dont la base est 10, il suffit de multiplier les premiers par le *module relatif* (506)

$$M = \frac{1}{l.10}.$$

On a d'ailleurs

$$l.10 = l(2.5) = l.2 + l.5,$$

c'est-à-dire, d'après ce qui précède (699),

$$l.10 = 2,302585093 0.\ldots.$$

Il vient donc

$$M = \frac{1}{l.10} = 0,43429\,44819.\ldots.$$

Nous avons déjà donné (506) les valeurs de $l.10$ et $\frac{1}{l.10}$ avec quinze décimales exactes.

Si l'on multiplie maintenant par M les deux membres de l'égalité (7) [697], on a évidemment

$$(8)\quad \log(N+1) = \log N + 2M\left[\frac{1}{2N+1} + \frac{1}{3(2N+1)^3} + \frac{1}{5(2N+1)^5} + \ldots\right]$$

et c'est à l'aide de cette dernière série qu'on a établi les *Tables usuelles*.

Les premiers calculs seuls sont pénibles.

En effet, lorsqu'on ne conserve que le premier terme de la parenthèse du second membre, il suffit évidemment, pour avoir une limite supérieure de l'erreur commise E_1, de faire $z = 1$ dans la limite indiquée pour E au n° 698 et de la multiplier par M. On a ainsi

$$E_1 < \frac{M}{12}\left(\frac{1}{N}\right)^3.$$

Lorsqu'on ne conserve, dans la parenthèse du second membre de l'égalité (8), que les deux premiers termes, l'erreur commise E_2 est moindre que

$$\frac{2M}{5(2N+1)^5}\left[1 + \frac{1}{(2N+1)^2} + \frac{1}{(2N+1)^4} + \ldots\right]$$

ou que

$$\frac{2M}{5(2N+1)^5}\,\frac{1}{1 - \frac{1}{(2N+1)^2}} = \frac{2M}{5(2N+1)^3(4N^2+4N)}.$$

On a donc, en simplifiant,

$$E_2 < \frac{M}{10N(N+1)(2N+1)^4}$$

et, *a fortiori*,

$$E_2 < \frac{M}{80}\left(\frac{1}{N}\right)^5.$$

M étant moindre que $\frac{1}{2}$, il résulte de la valeur de E_2 que, dès qu'on est parvenu au nombre 101, il suffit de conserver les trois premiers termes du second membre de l'égalité (8), pour obtenir $\log(N+1)$ avec dix décimales exactes; car on a alors, en remplaçant M par $\frac{1}{2}$,

$$E_2 < \frac{1}{160}\,\frac{1}{10^{10}} \quad \text{ou} \quad E_2 < \frac{1}{10^{12}}.$$

Il résulte de même de la valeur de E_1 que, dès qu'on est parvenu à 1001, il suffit de conserver les deux premiers termes du second membre de l'égalité (8), pour obtenir $\log(N+1)$ avec huit décimales exactes; car on a alors, en remplaçant M par $\frac{1}{2}$,

$$E_1 < \frac{1}{24}\,\frac{1}{10^9} \quad \text{ou} \quad E_1 < \frac{1}{10^{10}}.$$

Justification directe de l'emploi de la règle des parties proportionnelles dans les calculs par logarithmes.

701. Nous avons admis, en traitant des logarithmes arithmétiques (*Alg. élém.*, 364 et suiv.), qu'il y avait *proportionnalité* entre les petits accroissements donnés aux nombres et les accroissements correspondants de leurs logarithmes; et nous avons montré que, lorsqu'on opérait à l'aide de la partie la plus élevée des Tables, on arrivait ainsi à un résultat exact, à la condition de ne pas conserver plus de sept décimales dans l'expression des logarithmes et plus de sept chiffres significatifs dans celle des nombres.

C'est sur ce point que nous voulons revenir ici.

Nous avons trouvé (696), pour l'expression du reste de la

série (1) [697], dans le cas de x positif,

$$(-1)^n \frac{x^{n+1}}{n+1} \frac{1}{(1+\theta x)^{n+1}}.$$

Ce reste a donc le signe de $(-1)^n$, et sa valeur absolue est moindre que $\frac{x^{n+1}}{n+1}$; en désignant par θ_1 une quantité comprise entre 0 et 1, on peut, par conséquent, le représenter encore par la formule

$$(-1)^n \frac{\theta_1 x^{n+1}}{n+1}.$$

Si l'on se borne aux deux premiers termes de la série, en supposant x compris entre 0 et 1, on a donc, en faisant $n=1$,

$$l(1+x) = \frac{x}{1} - \frac{\theta_1 x^2}{2}. \tag{9}$$

En remplaçant x par $\frac{z}{N}$ [équation (2), 697], il vient

$$l(N+z) = lN + \frac{z}{N} - \frac{\theta_1 z^2}{2N^2} \tag{10}$$

ou, en multipliant les deux membres par le module relatif M pour passer aux logarithmes vulgaires (700),

$$\log(N+z) - \log N = M\left(\frac{z}{N} - \frac{\theta_1 z^2}{2N^2}\right). \tag{11}$$

Si l'on fait $z=1$ dans cette relation, il faut substituer à θ_1 une nouvelle valeur θ'_1 aussi comprise entre 0 et 1, et l'on a

$$\log(N+1) - \log N = M\left(\frac{1}{N} - \frac{\theta'_1}{2N^2}\right). \tag{12}$$

Cela posé, représentons par δ l'accroissement du logarithme du nombre N, quand ce nombre prend l'accroissement z, et par Δ la différence tabulaire correspondante. Nous aurons

$$\log(N+z) - \log N = \delta \qquad \text{et} \qquad \log(N+1) - \log N = \Delta.$$

La proportionnalité admise (*Alg. élém.*, 367) conduit à

$$\frac{\delta}{\Delta} = \frac{z}{1},$$

$$\delta = z\Delta \quad \text{et} \quad z = \frac{\delta}{\Delta}.$$

Si l'on désigne par ε l'erreur commise dans le calcul de $\log(N+z)$ à l'aide des Tables et par ζ l'erreur commise, réciproquement, dans le calcul du nombre $N+z$ si son logarithme est donné, on devra avoir en réalité

$$\delta = z\Delta + \varepsilon, \qquad z = \frac{\delta}{\Delta} + \zeta.$$

Remplaçons dans ces égalités δ et Δ par leurs valeurs déduites des équations (11) et (12), et il viendra

$$\begin{aligned}\varepsilon = \delta - z\Delta &= M\left(\frac{z}{N} - \frac{\theta_1 z^2}{2N^2}\right) - zM\left(\frac{1}{N} - \frac{\theta'_1}{2N^2}\right)\\ &= \frac{Mz}{2N^2}(\theta'_1 - \theta_1 z)\end{aligned}$$

et, en simplifiant immédiatement la fraction $\frac{\delta}{\Delta}$,

$$\zeta = z - \frac{\delta}{\Delta} = z - \frac{z - \frac{\theta_1 z^2}{2N}}{1 - \frac{\theta'_1}{2N}} = \frac{z(\theta_1 z - \theta'_1)}{2N - \theta'_1} = z\,\frac{\theta_1 z - \theta'_1}{2N - \theta'_1}.$$

Puisque M est moindre que $\frac{1}{2}$ et que les quantités z, θ_1, θ'_1 sont comprises entre 0 et 1; on a nécessairement, en représentant par $\pm\varepsilon$ et $\pm\zeta$ les valeurs absolues de ε et de ζ,

$$\pm\varepsilon < \frac{1}{4N^2} \qquad \text{et} \qquad \pm\frac{\zeta}{N} < \frac{1}{2N^2}.$$

On voit donc que, si N est égal ou supérieur à 1000, comme dans le cas où l'on se sert des Tables de Houël à cinq décimales (*Trigon.*, 122), l'erreur $\pm\varepsilon$ est moindre que le quart d'une unité du sixième ordre décimal, tandis que l'erreur relative $\pm\frac{\zeta}{N}$ (*Alg. élém.*, 370) est inférieure à une demi-unité du même ordre, de sorte que l'emploi de la proportion

$$\frac{\delta}{\Delta} = \frac{z}{1}$$

est légitime lorsqu'on se borne à cinq figures, soit qu'il s'agisse du calcul du logarithme d'un nombre donné ou de celui du nombre qui répond à un logarithme donné.

Si N est égal ou supérieur à 10000, comme dans le cas où l'on sert des Tables de CALLET ou des Tables de SCHRÖN, *édition française* (*Alg. élém.*, 362), les erreurs dont il s'agit deviennent respectivement moindres que le quart et la moitié d'une unité du huitième ordre décimal; et l'on peut compter sur sept figures exactes dans les deux calculs qu'on a à effectuer.

Développement des fonctions $\sin x$ et $\cos x$.

702. Nous avons démontré précédemment (641, 5°) que la dérivée d'ordre n de $\sin x$ était égale à

$$\sin\left(x + n\frac{\pi}{2}\right),$$

et que la dérivée d'ordre n de $\cos x$ avait pour valeur

$$\cos\left(x + n\frac{\pi}{2}\right).$$

Il en résulte que les dérivées de $\sin x$ et de $\cos x$ restent finies, quel que soit x.

D'ailleurs, on a vu (641, 4°) que les dérivées de $\sin x$ reprennent périodiquement et indéfiniment les quatre valeurs

$$\cos x, \quad -\sin x, \quad -\cos x, \quad \sin x,$$

tandis que celles de $\cos x$ reprennent périodiquement et indéfiniment les quatre valeurs

$$-\sin x, \quad -\cos x, \quad \sin x, \quad \cos x.$$

Les dérivées d'*ordre impair* sont, dans le premier cas, $\pm\cos x$; les dérivées d'*ordre pair* sont, dans le second cas, $\mp\cos x$.

Pour $x = 0$, *les valeurs de la fonction* $\sin x$ *et de ses dérivées* forment donc une suite périodique ayant pour période

$$0, \quad 1, \quad 0, \quad -1,$$

tandis que *les valeurs* de la *fonction* $\cos x$ *et de ses dérivées* forment une suite périodique ayant pour période

$$1, \quad 0, \quad -1, \quad 0.$$

En appliquant la formule de Maclaurin (684), on aura donc ici

$$(1)\quad \begin{cases} \sin x = \dfrac{x}{1} - \dfrac{x^3}{1.2.3} + \dfrac{x^5}{1.2.3.4.5} - \ldots \\ \pm \dfrac{x^{n-1}}{1.2.3\ldots(n-1)} \mp \dfrac{x^{n+1}}{1.2.3\ldots(n+1)} \mathrm{F}^{n+1}(\theta x). \end{cases}$$

$$(2)\quad \begin{cases} \cos x = 1 - \dfrac{x^2}{1.2} + \dfrac{x^4}{1.2.3.4} - \ldots \\ \pm \dfrac{x^{n-1}}{1.2.3\ldots(n-1)} \mp \dfrac{x^{n+1}}{1.2.3\ldots(n+1)} \mathrm{F}^{n+1}(\theta x). \end{cases}$$

Comme on l'a déjà vu (678), le facteur $\dfrac{x^{n+1}}{1.2.3\ldots(n+1)}$ tend vers zéro autant qu'on veut pour n assez grand. D'autre part, dans le développement de $\sin x$, *toutes les dérivées d'ordre pair disparaissent.* $n+1$ est donc alors *un nombre impair* et l'on a, d'après la remarque faite plus haut,

$$\mathrm{F}^{n+1}(\theta x) = \pm \cos\theta x,$$

quantité finie, quel que soit x.

Dans le développement de $\cos x$, *toutes les dérivées d'ordre impair disparaissent.* $n+1$ est donc alors *un nombre pair*. et l'on a

$$\mathrm{F}^{n+1}(\theta x) = \mp \cos\theta x.$$

Le reste a, par conséquent, zéro pour limite dans les deux séries, et l'on peut écrire, quel que soit x, *les deux séries convergentes* (397, 3°)

$$\sin x = \frac{x}{1} - \frac{x^3}{1.2.3} + \frac{x^5}{1.2.3.4.5} - \frac{x^7}{1.2.3.4.5.6.7} + \ldots,$$

$$\cos x = 1 - \frac{x^2}{1.2} + \frac{x^4}{1.2.3.4} - \frac{x^6}{1.2.3.4.5.6} + \ldots.$$

703. Si l'arc x est compris sur la circonférence de rayon 1 entre 0 et $\frac{\pi}{2}$, les termes des deux séries vont constamment en diminuant, à partir du premier pour le sinus, à partir du second pour le cosinus, et l'on peut écrire les inégalités

$$\sin x < x, \quad \sin x > x - \frac{x^3}{6}, \quad \sin x < x - \frac{x^3}{6} + \frac{x^5}{120}, \quad \ldots,$$

$$\cos x < 1, \quad \cos x > 1 - \frac{x^2}{2}, \quad \cos x < 1 - \frac{x^2}{2} + \frac{x^4}{24}, \quad \ldots.$$

On obtient ainsi, pour le sinus et le cosinus d'un arc compris entre o et $\frac{\pi}{2}$, des limites plus resserrées que celles indiquées en Trigonométrie (*Trigon.*, **105**, **106**). En particulier, la différence entre l'arc et le sinus est moindre que le *sixième* du cube de l'arc, et la différence entre le cosinus et l'excès de l'unité sur la moitié du carré de l'arc est moindre que le *vingt-quatrième* de la quatrième puissance de l'arc.

Développement de la fonction arc tang x.

704. Considérons encore la fonction

$$y = \mathrm{F}(x) = \operatorname{arc\,tang} x,$$

et cherchons d'abord l'expression générale de la $n^{\text{ième}}$ dérivée.

En prenant les dérivées successives, on a immédiatement (**613**)

$$\mathrm{F}'(x) = \frac{1}{1+x^2};$$

puis, de proche en proche (**574**),

$$\mathrm{F}''(x) = \frac{-2x}{(1+x^2)^2},$$

$$\mathrm{F}'''(x) = \frac{-2(1+x^2)^2 + 2x.2(1+x^2).2x}{(1+x^2)^4} = \frac{6x^2-2}{(1+x^2)^3},$$

. . . .

Il est facile de continuer; mais la loi générale n'apparaît pas d'elle-même, et il faut suivre une autre marche pour la découvrir.

Partons de

$$\mathrm{F}'(x) = \frac{dy}{dx} = \frac{1}{1+x^2},$$

et posons

$$x = \cot\varphi.$$

Nous aurons, en même temps,

$$\varphi = \operatorname{arc}\cot x, \qquad \text{d'où} \qquad \frac{d\varphi}{dx} = -\frac{1}{1+x^2} = -\sin^2\varphi$$

et

$$\frac{dy}{dx} = \frac{1}{1+\cot^2\varphi} = \sin^2\varphi.$$

Nous trouverons donc successivement

$$\frac{d^2y}{dx^2} = 2\sin\varphi\cos\varphi\frac{d\varphi}{dx} = -\sin^2\varphi\sin2\varphi,$$

$$\begin{aligned}\frac{d^3y}{dx^3} &= -2\sin\varphi\cos\varphi\frac{d\varphi}{dx}\sin2\varphi - \cos2\varphi.2\frac{d\varphi}{dx}\sin^2\varphi\\ &= 2\sin^2\varphi[2\sin^2\varphi\cos^2\varphi + (\cos^2\varphi - \sin^2\varphi)\sin^2\varphi]\\ &= 2\sin^3\varphi[3\sin\varphi\cos^2\varphi - \sin^3\varphi],\end{aligned}$$

c'est-à-dire (*Trigon.*, **61**)

$$\frac{d^3y}{dx^3} = 1.2\sin^3\varphi\sin3\varphi,$$

$$\begin{aligned}\frac{d^4y}{dx^4} &= 1.2.3\sin^2\varphi\cos\varphi\frac{d\varphi}{dx}\sin3\varphi + 1.2\cos3\varphi.3\frac{d\varphi}{dx}\sin^3\varphi,\\ &= -1.2.3\sin^4\varphi[\cos\varphi\sin3\varphi + \sin\varphi\cos3\varphi],\end{aligned}$$

c'est-à-dire (*Trigon.*, **53**)

$$\frac{d^4y}{dx^4} = -1.2.3\sin^4\varphi\sin4\varphi.$$

En poursuivant, on arrive évidemment à la formule générale

$$\frac{d^ny}{dx^n} = \mathrm{F}^n(x) = (-1)^{n-1}1.2.3\ldots(n-1)\sin^n\varphi\sin n\varphi.$$

D'ailleurs, de

$$\frac{dy}{dx} = \frac{1}{1+x^2} = \sin^2\varphi,$$

on déduit

$$\sin^n\varphi = \frac{1}{(1+x^2)^{\frac{n}{2}}},$$

et l'on peut écrire finalement

$$F^n(x) = \frac{(-1)^{n-1} 1.2.3\ldots(n-1)}{(1+x^2)^{\frac{n}{2}}} \sin(n \operatorname{arc} \cot x),$$

relation dans laquelle on fera $n = 2, 3, 4, \ldots, n$. On a directement $F(0) = 0$ et $F'(0) = 1$.

Cela posé, comme arc cot $0 = \frac{\pi}{2}$ et que $\sin n\frac{\pi}{2}$ est égal à 0 *ou* à ± 1 suivant que n est pair *ou* impair (*Trigon.*, **29**, **11**, **12**), la formule de Maclaurin conduit ici au développement

$$(1)\quad \begin{cases} F(x) = \frac{x}{1} - \frac{x^3}{3} + \frac{x^5}{5} - \frac{x^7}{7} + \ldots \\ \qquad \mp \frac{x^{2n+1}}{2n+1} \frac{\sin[(2n+1) \operatorname{arc} \cot \theta x]}{(1+\theta^2 x^2)^{\frac{2n+1}{2}}}. \end{cases}$$

Il nous reste à chercher les conditions de convergence de la série.

On a, pour la valeur absolue du rapport d'un terme au précédent,

$$\frac{u_{n+1}}{u_n} = \frac{\frac{x^{2n+3}}{2n+3}}{\frac{x^{2n+1}}{2n+1}} = \frac{2n+1}{2n+3} x^2 = \frac{1+\frac{1}{2n}}{1+\frac{3}{2n}} x^2.$$

A mesure que n augmente, ce rapport, toujours moindre que x^2, tend donc vers x^2 autant qu'on veut et est égal à x^2 pour n infini.

Par suite, la série est convergente (**389**) lorsqu'on a $x^2 < 1$, c'est-à-dire pour toutes les valeurs de x comprises entre -1 et $+1$; et comme, dans cette hypothèse, le terme complémentaire de la série a zéro pour limite, lorsque n croît indéfiniment, le développement (1) représente bien arc tang x.

La série est encore évidemment convergente pour les deux valeurs limites $x = -1$ et $x = +1$ (**394**).

Lorsque l'on a, au contraire, $x^2 > 1$, c'est-à-dire lorsque x est plus grand que 1 en valeur absolue, les termes de la série ne diminuent pas en ayant zéro pour limite (**397**, 2°) : le terme complémentaire n'a donc pas lui-même zéro pour limite, et la série ne peut pas être convergente (**362**).

Il faut remarquer que, à une valeur donnée de x, répondent une infinité de valeurs de la fonction considérée, arc tang x (*Trigon.*, 43); mais, parmi ces valeurs et dans l'intervalle où la convergence existe, une seule se réduit à zéro quand x approche de o d'une manière continue : c'est la valeur de arc tang x comprise entre $-\frac{\pi}{2}$ et $+\frac{\pi}{2}$, et c'est celle-là que nous devrons choisir.

La série (1) a été donnée par Leibnitz, et elle porte souvent son nom.

Nous allons nous en servir pour calculer *le rapport de la circonférence au diamètre* (*Géom.*, 227, 233 et suiv.)

Calcul de π.

705. Dans la série

$$(1)\qquad \text{arc tang}\, x = \frac{x}{1} - \frac{x^3}{3} + \frac{x^5}{5} - \frac{x^7}{7} + \ldots,$$

supposons $x = 1$. La série demeure convergente (704), et l'on a

$$\text{arc tang}\, x = \frac{\pi}{4}.$$

Par suite,

$$\frac{\pi}{4} = 1 - \frac{1}{3} + \frac{1}{5} - \frac{1}{7} + \ldots.$$

Mais cette série converge trop lentement pour qu'on puisse l'employer au calcul de π. Nous allons donc déterminer d'autres expressions qui, par leur combinaison, nous permettront d'opérer beaucoup plus rapidement.

Posons, d'une manière générale,

$$\text{arc tang}\, y = a, \qquad \text{arc tang}\, z = b$$

ou

$$\text{tang}\, a = y, \qquad \text{tang}\, b = z.$$

Il en résulte

$$\text{tang}(a+b) = \frac{\text{tang}\, a + \text{tang}\, b}{1 - \text{tang}\, a\, \text{tang}\, b} = \frac{y+z}{1-yz},$$

c'est-à-dire

$$(2)\qquad \text{arc}(a+b) = \text{arc tang}\, y + \text{arc tang}\, z = \text{arc tang}\, \frac{y+z}{1-yz}.$$

Nous voulons avoir, par hypothèse,

$$\text{arc tang}\, y + \text{arc tang}\, z = \frac{\pi}{4} = \text{arc tang}\, 1;$$

ce qui, d'après la relation (2), entraîne la condition

$$(3) \qquad \frac{y+z}{1-yz} = 1 \qquad \text{ou} \qquad y+z = 1 - yz.$$

Par exemple, si l'on fait $y = \frac{1}{2}$, on trouve $z = \frac{1}{3}$, et l'on a

$$\frac{\pi}{4} = \text{arc tang}\, \frac{1}{2} + \text{arc tang}\, \frac{1}{3}.$$

On obtiendra, comme il suit, la combinaison la plus avantageuse.

Désignons par Y l'arc dont la tangente est $\frac{1}{5}$. Il viendra (*Trigon.*, 63)

$$\text{tang}\, 2Y = \frac{2 \,\text{tang}\, Y}{1 - \text{tang}^2 Y} = \frac{\frac{2}{5}}{1 - \frac{1}{25}} = \frac{5}{12},$$

$$\text{tang}\, 4Y = \frac{2 \,\text{tang}\, 2Y}{1 - \text{tang}^2 2Y} = \frac{\frac{5}{6}}{1 - \frac{25}{144}} = \frac{120}{119} = 1 + \frac{1}{119}.$$

Ce résultat prouve que l'arc $4Y$ doit surpasser l'arc $\frac{\pi}{4}$ d'une très petite quantité.

Remplaçons y dans la relation (3) par $\text{tang}\, 4Y$ ou par $\frac{120}{119}$. On trouve alors

$$z = -\frac{1}{239}$$

et, à cette tangente négative, correspond l'arc $-Z$. On peut donc écrire

$$\frac{\pi}{4} = 4Y - Z = 4 \,\text{arc tang}\, \frac{1}{5} - \text{arc tang}\, \frac{1}{239}.$$

La série (1) donne d'ailleurs

$$(4)\quad 4Y = 4\,\mathrm{arc\,tang}\frac{1}{5} = 4\left[\frac{1}{5} - \frac{1}{3.5^3} + \frac{1}{5.5^5} - \frac{1}{7.5^7} + \ldots\right],$$

$$(5)\quad Z = \mathrm{arc\,tang}\frac{1}{239} = \frac{1}{239} - \frac{1}{3.239^3} + \frac{1}{5.239^5} - \ldots.$$

Les séries (4) et (5), convergentes puisque les quantités $\frac{1}{5}$ et $\frac{1}{239}$ sont moindres que 1 (704), le sont très rapidement, surtout la seconde. Pour avoir π avec quinze décimales exactes, il suffit, en effet, de conserver *onze termes* dans la première série et d'en prendre *trois* seulement dans la seconde. On pourrait, dans cette hypothèse, aller jusqu'à la dix-septième décimale; mais, comme il faut multiplier deux fois par le facteur 4, d'abord pour avoir $4Y$, et ensuite pour avoir π, on ne comptera que sur les quinze premières décimales, et l'on trouvera comme précédemment (*Géom.*)

$$\pi = 3,14159\,26535\,89793\ldots..$$

CHAPITRE XIV.

RECHERCHE DES VRAIES VALEURS DES EXPRESSIONS QUI SE PRÉSENTENT SOUS FORME INDÉTERMINÉE.

Expressions se présentant sous la forme $\frac{0}{0}$ ou $\frac{\infty}{\infty}$.

706. Soit une fonction de x de la forme

$$\frac{f(x)}{F(x)}.$$

Il peut arriver que les deux termes de cette fraction deviennent ensemble *nuls* ou *infinis*, pour une certaine valeur de x égale à x_0. La fonction prendra alors la forme indéterminée $\frac{0}{0}$ ou $\frac{\infty}{\infty}$ (*Alg. élém.*, 116 et suiv.). Nous nous proposons de calculer sa véritable valeur, c'est-à-dire la limite vers laquelle elle converge, lorsque x tend vers la valeur spéciale x_0.

La difficulté peut être levée très souvent à l'aide du théorème suivant, auquel on donne habituellement le nom de *règle de* L'HOSPITAL. On la trouve dans son *Analyse des infiniment petits*, publiée en 1696, et elle lui appartient sans aucun doute malgré une réclamation *singulièrement tardive* de JEAN BERNOULLI.

Voici l'énoncé de cette règle remarquable :

Si les deux fonctions $f(x)$ et $F(x)$ tendent simultanément vers zéro ou vers l'infini, lorsque x tend vers une valeur spéciale x_0, et si les dérivées de ces fonctions restent en même temps déterminées, les deux rapports

$$\frac{f(x)}{F(x)} \quad et \quad \frac{f'(x)}{F'(x)}$$

tendent vers la même limite lorsque x s'approche indéfiniment de x_0.

707. 1° *Admettons d'abord qu'on ait $f(x_0) = 0$ et $F(x_0) = 0$.*

Nous avons démontré (636) la relation générale

$$\frac{f(x_0+h)-f(x_0)}{F(x_0+h)-F(x_0)} = \frac{f'(x_0+\theta h)}{F'(x_0+\theta h)},$$

où θ est un nombre compris entre 0 et 1. Elle s'applique précisément dans les conditions supposées, et elle devient, dans l'hypothèse indiquée,

$$\frac{f(x_0+h)}{F(x_0+h)} = \frac{f'(x_0+\theta h)}{F'(x_0+\theta h)}.$$

Les fonctions f et F étant continues et leurs dérivées déterminées dans l'intervalle (x_0, x_0+h), faisons tendre h vers zéro. Les deux membres de l'égalité précédente resteront constamment égaux et auront, par conséquent (334), les mêmes limites pour $h = 0$. On peut donc écrire

$$\lim \frac{f(x)}{F(x)} = \lim \frac{f'(x)}{F'(x)} \quad [\text{pour } x = x_0];$$

ce qui justifie l'énoncé précédent (706).

708. La démonstration que nous venons de donner exige que x_0 soit une quantité finie, l'infini ne pouvant figurer dans les calculs comme une quantité déterminée (338).

Il faut donc examiner à part le cas de $x_0 = \infty$. Nous changerons alors de variable en posant

$$x = \frac{1}{z},$$

et nous aurons

$$\frac{f(x)}{F(x)} = \frac{f\left(\frac{1}{z}\right)}{F\left(\frac{1}{z}\right)}.$$

Si x tend vers l'infini, z tendra vers zéro, valeur déterminée. On peut donc écrire, d'après ce qui précède (707), en remarquant que $f\left(\frac{1}{z}\right)$ et $F\left(\frac{1}{z}\right)$ sont des fonctions de fonction de x (564),

$$\lim \frac{f(x)}{F(x)} = \lim \frac{f\left(\frac{1}{z}\right)}{F\left(\frac{1}{z}\right)} = \lim \frac{-\frac{1}{z^2} f'\left(\frac{1}{z}\right)}{-\frac{1}{z^2} F'\left(\frac{1}{z}\right)}$$

$$= \lim \frac{f'\left(\frac{1}{z}\right)}{F'\left(\frac{1}{z}\right)} \quad [\text{pour } z = 0],$$

c'est-à-dire

$$\lim \frac{f(x)}{F(x)} = \lim \frac{f'(x)}{F'(x)} \quad [\text{pour } x = \infty].$$

La règle reste donc la même.

709. 2° *Admettons, en second lieu, qu'on ait* $f(x_0) = \infty$ *et* $F(x_0) = \infty$.

On peut poser

$$\frac{f(x)}{F(x)} = \frac{\left[\frac{1}{F(x)}\right]}{\left[\frac{1}{f(x)}\right]},$$

et l'on voit que, pour $x = x_0$, les fonctions $\frac{1}{F(x)}$ et $\frac{1}{f(x)}$ deviennent nulles toutes les deux. On peut donc encore appliquer la règle précédente (707) et écrire (564)

$$\lim \frac{f(x)}{F(x)} = \lim \frac{-\frac{F'(x)}{F(x)^2}}{-\frac{f'(x)}{f(x)^2}} = \lim \frac{\left[\frac{f(x)}{F(x)}\right]^2}{\left[\frac{f'(x)}{F'(x)}\right]}.$$

Si, pour $x = x_0$, $\frac{f(x)}{F(x)}$ tend vers une limite finie L, différente de zéro, on a donc (344)

$$L = \frac{L^2}{\lim \frac{f'(x)}{F'(x)}} \quad \text{ou} \quad L = \lim \frac{f'(x)}{F'(x)} \quad [\text{pour } x = x_0].$$

Le théorème énoncé au n° 706 est, par conséquent, encore vérifié.

710. Il est nécessaire de montrer que la même conclusion subsiste, lorsque la limite L est nulle ou infinie.

Supposons-la d'abord nulle. Désignons alors par K une constante quelconque, et considérons la fonction

$$\frac{f(x)}{F(x)} + K \quad \text{ou} \quad \frac{f(x) + K\,F(x)}{F(x)}.$$

Puisque, par hypothèse, la limite de $\frac{f(x)}{F(x)}$ est nulle, la limite de la fonction qu'on vient de former doit être égale à K. On peut donc appliquer la règle (709) et écrire

$$\lim \frac{f(x) + K\,F(x)}{F(x)} = \lim \frac{f'(x) + K\,F'(x)}{F'(x)} = K.$$

Il en résulte évidemment

$$\lim \frac{f'(x)}{F'(x)} = 0 = \lim \frac{f(x)}{F(x)}.$$

Si la limite L de $\frac{f(x)}{F(x)}$ est égale à l'infini, la limite du rapport inverse est zéro. On a donc, d'après ce qu'on vient de démontrer,

$$\lim \frac{F(x)}{f(x)} = \lim \frac{F'(x)}{f'(x)} = 0,$$

et l'on en déduit immédiatement

$$\lim \frac{f'(x)}{F'(x)} = \infty = \lim \frac{f(x)}{F(x)}.$$

711. *La règle de* L'Hospital ne fait, en réalité, que reculer la difficulté; car il peut arriver que les dérivées $f'(x)$ et $F'(x)$ soient aussi, ensemble, nulles ou infinies pour $x = x_0$, comme les fonctions $f(x)$ et $F(x)$ elles-mêmes.

On doit alors répéter l'application du théorème relativement à la nouvelle fonction

$$\frac{f'(x)}{F'(x)},$$

en la remplaçant par le rapport

$$\frac{f''(x)}{F''(x)},$$

et continuer de la même manière si l'indétermination subsiste toujours.

Il faut donc généraliser comme il suit l'énoncé du théorème (706) :

Si les fonctions $f(x)$ et $F(x)$ sont simultanément nulles ou infinies pour $x = x_0$, et que l'on soit obligé de poursuivre le calcul de leurs dérivées respectives jusqu'à celles de l'ordre n, afin d'en trouver au moins une qui ait une valeur finie différente de zéro pour $x = x_0$, on a

$$\lim \frac{f(x)}{F(x)} = \lim \frac{f^n(x)}{F^n(x)} \quad [\text{pour } x = x_0].$$

EXEMPLES.

712. 1° *Soit l'expression*

$$\frac{x^m - a^m}{x - a}.$$

On demande sa véritable valeur pour $x = a$.

En appliquant la règle précédente, il vient (576)

$$\lim \frac{x^m - a^m}{x - a} = \frac{m x^{m-1}}{1} \quad (\text{pour } x = a),$$

c'est-à-dire que la valeur cherchée est

$$ma^{m-1}.$$

On peut facilement vérifier ce résultat, puisqu'on connaît le quotient de $x^m - a^m$ par $x - a$ et qu'on a (14)

$$\frac{x^m - a^m}{x - a} = x^{m-1} + ax^{m-2} + a^2x^{m-3} + \ldots + a^{m-2}x + a^{m-1}.$$

Si l'on fait $x = a$, le polynôme du second membre se réduit bien à ma^{m-1}.

2° *Chercher la limite des deux rapports*

$$\frac{\sin x}{x} \quad \text{et} \quad \frac{\tang x}{x}$$

pour $x = 0$.

On a ici (598, 601)

$$\lim \frac{\sin x}{x} = \lim \frac{\cos x}{1} \text{ [pour } x = 0] = 1,$$

$$\lim \frac{\operatorname{tang} x}{x} = \lim \frac{1}{\cos^2 x} \text{ [pour } x = 0] = 1.$$

Ce sont les résultats obtenus en Trigonométrie (*Trigon.*, 104).

3° *Soit l'expression*

$$\frac{e^x - e^{-x} - 2x}{x - \sin x}.$$

On demande sa véritable valeur pour $x = 0$.

Nous serons forcé ici (711) d'appliquer successivement la règle jusqu'aux troisièmes dérivées. On a, en effet,

$$\lim \frac{e^x - e^{-x} - 2x}{x - \sin x} = \lim \frac{e^x + e^{-x} - 2}{1 - \cos x} \text{ [pour } x = 0] = \frac{0}{0};$$

puis,

$$\lim \frac{e^x + e^{-x} - 2}{1 - \cos x} = \lim \frac{e^x - e^{-x}}{\sin x} \text{ [pour } x = 0] = \frac{0}{0};$$

et enfin

$$\lim \frac{e^x - e^{-x}}{\sin x} = \lim \frac{e^x + e^{-x}}{\cos x} \text{ [pour } x = 0] = \frac{2}{1}.$$

La vraie valeur cherchée est donc égale à 2.

4° *Soit le rapport*

$$\frac{a^x}{x^n},$$

où a est une constante positive et n un entier positif. On demande sa véritable valeur pour $x = \infty$.

Il faut appliquer successivement la règle (711) jusqu'aux dérivées d'ordre n.

On a, en effet, *en supposant a plus grand que 1*,

$$\lim \frac{a^x}{x^n} = \lim \frac{a^x la}{n x^{n-1}} \text{ [pour } x = \infty] = \frac{\infty}{\infty};$$

$$\lim \frac{a^x la}{n x^{n-1}} = \lim \frac{a^x (la)^2}{n(n-1)x^{n-2}} \text{ [pour } x = \infty] = \frac{\infty}{\infty};$$

. . . .

$$\lim \frac{a^x (la)^{n-1}}{n(n-1)(n-2)\ldots 2x} = \lim \frac{a^x (la)^n}{1.2.3\ldots n} \text{ [pour } x = \infty] = \infty.$$

La véritable valeur cherchée est donc l'infini.

Si l'on suppose a plus petit que 1, cette véritable valeur devient zéro.

5° *Soit la fonction rationnelle* (447)

$$\frac{ax^m + bx^{m-1} + cx^{m-2} + \ldots}{Ax^n + Bx^{n-1} + Cx^{n-2} + \ldots}.$$

On demande sa véritable valeur pour $x = \infty$ (*Alg. élém.*, 119).

Il faut encore appliquer la règle (711) jusqu'aux dérivées d'ordre convenable, en distinguant trois cas.

1° *On a* $m > n$.

On prendra le rapport des dérivées d'ordre n des deux termes de l'expression. Le dénominateur sera devenu un nombre constant (325), et le numérateur contiendra encore x. La vraie valeur de la fonction, pour $x = \infty$, sera donc l'infini.

2° *On a* $m < n$.

On prendra le rapport des dérivées d'ordre m des deux termes de l'expression. Le numérateur sera devenu un nombre constant, et le dénominateur contiendra encore x. La vraie valeur de la fonction, pour $x = \infty$, sera donc zéro.

3° *On a* $m = n$.

On prendra le rapport des dérivées d'ordre $m = n$ des deux termes de l'expression. Le numérateur sera devenu $1.2.3\ldots ma$, et le dénominateur sera devenu $1.2.3\ldots mA$. La vraie valeur de la fonction, pour $x = \infty$, sera donc $\frac{a}{A}$.

En résumé, *suivant que le degré du numérateur de la fonction rationnelle sera supérieur, inférieur ou égal au degré du dénominateur, la vraie valeur de la fonction, pour* $x = \infty$, *sera l'infini, zéro ou le rapport des coefficients des premiers termes du numérateur et du dénominateur ordonnés suivant les puissances décroissantes de la variable.*

Autres symboles d'indétermination.

713. Les autres symboles d'indétermination (*Alg. élém.*, 118) peuvent, en général, se ramener aux précédents. C'est ce que nous allons montrer.

714. I. — *Cas où la fonction se présente sous la forme* $0.\infty$.

On a à considérer l'expression

$$y = f(x)\,F(x),$$

et l'on suppose que, pour $x = a$, on a $f(a) = 0$ et $F(a) = \infty$.

La fonction y prend alors la forme indéterminée

$$y = 0.\infty.$$

Or, on peut écrire

$$(1) \qquad y = \frac{f(x)}{\left[\frac{1}{F(x)}\right]} \quad \text{ou} \quad y = \frac{F(x)}{\left[\frac{1}{f(x)}\right]},$$

et l'on a, sous cette nouvelle forme et pour $x = a$,

$$y = \frac{0}{0} \quad \text{ou} \quad y = \frac{\infty}{\infty}.$$

Il suffit donc d'appliquer la règle de l'Hospital (711) à la fonction proposée mise sous la forme (1).

715. II. — *Cas où la fonction se présente sous la forme* $\infty - \infty$.

On a à considérer l'expression

$$y = f(x) - F(x),$$

et l'on suppose que, pour $x = a$, on a $f(a) = \infty$ et $F(a) = \infty$. La fonction y prend alors la forme indéterminée

$$y = \infty - \infty.$$

Or, on peut écrire

$$(1) \qquad y = \frac{1}{\left[\frac{1}{f(x)}\right]} - \frac{1}{\left[\frac{1}{F(x)}\right]} = \frac{\left[\frac{1}{F(x)}\right] - \left[\frac{1}{f(x)}\right]}{\left[\frac{1}{f(x)F(x)}\right]}$$

et l'on a alors, pour $x = a$,

$$y = \frac{\frac{1}{\infty} - \frac{1}{\infty}}{\frac{1}{\infty}} = \frac{0}{0}.$$

Il suffit donc encore d'appliquer la règle de l'Hospital à la fonction proposée mise sous la forme (1).

Il est parfois préférable d'écrire

$$(2) \qquad y = f(x)\left[1 - \frac{F(x)}{f(x)}\right],$$

et de chercher la véritable valeur du quotient $\frac{F(x)}{f(x)}$ qui, pour $x = a$, se présente sous la forme $\frac{\infty}{\infty}$.

Si, en opérant ainsi, on trouvait que la véritable valeur de $\frac{F(x)}{f(x)}$ est l'unité, y se présenterait sous la forme $0.\infty$, et l'on serait ramené au cas précédent (714).

716. III. — *Cas où la fonction se présente sous l'une des formes* 0^0, ∞^0, 1^∞.

On a à considérer l'expression

$$y = F(x)^{f(x)}. \tag{1}$$

Si l'on suppose que, pour $x = a$, on ait $F(a) = 0$ et $f(a) = 0$, la fonction y prendra la forme indéterminée

$$y = 0^0;$$

si l'on suppose $F(a) = \infty$ et $f(a) = 0$, elle prendra la forme

$$y = \infty^0;$$

enfin, si l'on suppose $F(a) = 1$ et $f(a) = \infty$, elle prendra la forme

$$y = 1^\infty.$$

Pour trouver les vraies valeurs cachées sous ces nouveaux symboles, nous prendrons alors les logarithmes des deux membres de l'égalité (1). Il viendra

$$\log y = f(x) \log F(x). \tag{2}$$

La question sera donc ramenée à chercher la limite de $\log y$ qui se présente évidemment, pour $x = a$ et dans les trois hypothèses successivement indiquées, sous la forme

$$0(-\infty) \quad \text{ou} \quad 0.\infty,$$

puisque l'on a (496)

$$\log 0 = \mp \infty, \qquad \log \infty = \pm \infty, \qquad \log 1 = 0.$$

Nous rentrerons ainsi dans le premier cas (714).

EXEMPLES.

717. *Soit l'expression*

$$y = x\,lx.$$

On demande la véritable valeur de la fonction pour $x = 0$.

On a alors

$$y = 0(-\infty).$$

Nous écrirons donc (714)

$$y = \frac{lx}{\left[\frac{1}{x}\right]},$$

et la fonction, mise sous cette forme, devient $\frac{-\infty}{\infty}$ pour $x = 0$. Par suite (711),

$$\lim y = \lim \frac{lx}{\left[\frac{1}{x}\right]} = \lim \left[\frac{\frac{1}{x}}{\frac{-1}{x^2}}\right] [\text{pour } x = 0] = \lim(-x)_{[x=0]} = 0.$$

2° *Soit l'expression*

$$y = \cot x - \frac{1}{x}.$$

On demande la véritable valeur de la fonction pour $x = 0$.

On a alors (*Trigon.*, 29)

$$y = \infty - \infty.$$

On écrira donc (715)

$$y = \frac{1}{\frac{1}{\cot x}} - \frac{1}{x} = \frac{x - \operatorname{tang} x}{x \operatorname{tang} x},$$

et la fonction, mise sous cette forme, devient $\frac{0}{0}$ pour $x = 0$.

Par suite (711)

$$\lim y = \lim \frac{x - \operatorname{tang} x}{x \operatorname{tang} x} = \lim \frac{1 - \frac{1}{\cos^2 x}}{\operatorname{tang} x + \frac{x}{\cos^2 x}}$$

$$= \lim \frac{\cos^2 x - 1}{\sin x \cos x + x} [\text{pour } x = 0] = \frac{0}{0}.$$

Comme la limite de y se présente encore sous la forme $\frac{0}{0}$, il faut passer aux dérivées du deuxième ordre, et l'on a

$$\lim y = \lim \frac{\cos^2 x - 1}{\sin x \cos x + x} = \lim \frac{-2 \sin x \cos x}{\cos^2 x - \sin^2 x + 1} \text{ [pour } x = 0] = 0.$$

3° *Soit l'expression*

$$y = e^x - x.$$

On demande la véritable valeur de la fonction pour $x = \infty$.

On a alors

$$y = \infty - \infty,$$

et l'on peut écrire

$$y = e^x \left[1 - \frac{x}{e^x} \right].$$

Pour $x = \infty$, la fraction $\frac{x}{e^x}$ se présente sous la forme $\frac{\infty}{\infty}$, et l'on a (711)

$$\lim \frac{x}{e^x} = \lim \frac{1}{e^x} \text{ [pour } x = \infty] = 0.$$

Il en résulte (343)

$$\lim y = \lim e^x \lim \left[1 - \frac{x}{e^x} \right] \text{ [pour } x = \infty] = \lim e^x{}_{[x=\infty]} = \infty.$$

4° *Soit l'expression*

(1) $$y = x^x.$$

On demande la véritable valeur de la fonction pour $x = 0$.

On a alors

$$y = 0^0.$$

Nous prendrons donc (710) les logarithmes népériens des deux membres de l'égalité (1), et il viendra

$$ly = x\,lx.$$

Mais, pour $x = 0$, on a, d'après le premier exemple traité (1°),

$$\lim x\,lx = 0.$$

On a donc aussi

$$\lim ly = 0,$$

c'est-à-dire, pour $x = 0$,

$$\lim y = 1,$$

comme au n° 513.

5° *Soit l'expression*

(1) $$y = x^{\frac{1}{x}}.$$

On demande la véritable valeur de la fonction pour $x = \infty$.

On a alors

$$y = \infty^0.$$

Nous prendrons donc (716) les logarithmes des deux membres de l'égalité (1), et il viendra

$$\log y = \frac{1}{x}\log x.$$

Pour $x = \infty$, $\log y$ se présente sous la forme $\frac{\infty}{\infty}$. On peut donc poser (711, 585)

$$\lim \log y = \lim \frac{\log x}{x} = \lim \frac{\log e}{x} \text{ [pour } x = \infty] = 0.$$

On a, par conséquent, pour $x = \infty$,

$$\lim y = 1,$$

comme au n° 512.

On voit, en même temps, que la vraie valeur de la fonction $\frac{\log x}{x}$ pour $x = \infty$, est égale à zéro, comme on l'a déjà trouvé au n° 511.

6° *Soit l'expression*

$$y = \sqrt[x^2]{\cos x}.$$

On demande la véritable valeur de la fonction pour $x = 0$.

Pour $x = 0$, la fonction devient

$$y = \sqrt[0]{1};$$

mais on peut l'écrire

$$(1) \qquad y = \cos^{\frac{1}{x^2}} x,$$

et, pour $x = 0$, la fonction se présente alors sous la forme

$$y = 1^{\infty}.$$

En prenant les logarithmes népériens des deux membres de l'égalité (1) (716), on a

$$ly = \frac{1}{x^2}\, l\cos x,$$

et la question est ramenée à trouver la limite de ly pour $x = 0$. Comme on trouve, pour cette valeur de x,

$$\frac{l\cos x}{x^2} = \frac{0}{0},$$

on a (711)

$$\lim \frac{l\cos x}{x^2} = \lim \frac{\frac{-\sin x}{\cos x}}{2x} \text{ [pour } x = 0]$$

$$= \lim \left[-\frac{\sin x}{x}\,\frac{1}{2\cos x}\right] \text{ [pour } x = 0] = -\frac{1}{2}.$$

Si la limite de ly, pour $x = 0$, est $-\frac{1}{2}$, on a

$$\lim y = e^{-\frac{1}{2}} = \frac{1}{\sqrt{e}}.$$

Cas particuliers.

718. Il peut arriver que le rapport des dérivées se présente *toujours* sous forme indéterminée, à quelque ordre de dérivation qu'on parvienne, et que la règle ordinaire (711) demeure, par conséquent, impuissante. C'est ce qui aura lieu, notamment, lorsqu'il s'agira d'un rapport de radicaux.

Soit, par exemple, la fonction

$$y = \frac{\sqrt[m]{x-a}}{\sqrt[p]{x^2-a^2}},$$

dont on veut trouver la véritable valeur pour $x = a$. La fonction se présente alors sous la forme $\frac{0}{0}$.

On a donc (711)

$$y = \lim \frac{\sqrt[m]{x-a}}{\sqrt[p]{x^2-a^2}} = \lim \frac{\dfrac{1}{m\sqrt[m]{(x-a)^{m-1}}}}{\dfrac{2x}{p\sqrt[p]{(x^2-a^2)^{p-1}}}}$$

$$= \lim \frac{p\sqrt[p]{(x^2-a^2)^{p-1}}}{2mx\sqrt[m]{(x-a)^{m-1}}} [\text{pour } x = a] = \frac{0}{0};$$

et, en continuant d'appliquer la règle habituelle (711), il est évident qu'on trouvera toujours le même symbole d'indétermination, puisque les radicaux ne disparaîtront pas.

Mais, si l'on cherche d'abord à simplifier l'expression de la fonction en la mettant sous la forme

$$y = \frac{(x-a)^{\frac{1}{m}}}{(x-a)^{\frac{1}{p}}(x+a)^{\frac{1}{p}}} = \frac{(x-a)^{\frac{1}{m}-\frac{1}{p}}}{(x+a)^{\frac{1}{p}}},$$

on voit immédiatement que la limite de y est zéro ou l'infini, suivant que p est plus grand ou plus petit que m.

719. Certaines fonctions deviennent *indéterminées* d'une manière complète, pour des valeurs spéciales de la variable, de sorte que la règle de l'Hospital (**711**) est encore en défaut si l'on parvient, en l'appliquant successivement, à une fonction de cette nature.

Il faut alors avoir recours aux artifices que peut suggérer l'habitude du calcul.

Soit, par exemple, la fonction

$$y = \frac{x + \cos x}{x - \sin x}. \tag{1}$$

Pour $x = \infty$, elle se présente sous la forme $\frac{\infty}{\infty}$, bien qu'on ne puisse assigner alors aucune valeur à $\cos x$ et à $\sin x$, qui demeurent, évidemment, complètement indéterminés. Tout ce que l'on sait, c'est que, pour $x = \infty$, $\cos x$ et $\sin x$ restent toujours compris entre -1 et $+1$.

Si l'on applique la règle (**711**) à l'égalité (1), il vient

$$\lim y = \lim \frac{x + \cos x}{x - \sin x} = \lim \frac{1 - \sin x}{1 - \cos x} \quad [\text{pour } x = \infty],$$

et, d'après ce que l'on vient de dire, on se trouve en face d'un rapport absolument indéterminé, sans que ce rapport se présente sous la forme $\frac{0}{0}$ ou $\frac{\infty}{\infty}$.

Il faut, dans ce cas, reprendre directement l'expression (1) et la traiter par le procédé élémentaire, en divisant son numérateur et son dénominateur par x, avant de faire $x = \infty$ (*Alg. élém.*, **119**). On a ainsi

$$y = \frac{1 + \frac{\cos x}{x}}{1 - \frac{\sin x}{x}};$$

et, comme $\sin x$ et $\cos x$ ne peuvent pas surpasser 1 en valeur absolue, on trouve immédiatement, en faisant $x = \infty$,

$$\lim y_{(x=\infty)} = 1.$$

Fonctions implicites.

720. Soit la fonction implicite

$$(1)\qquad f(x, y) = 0.$$

Nous avons trouvé (**623**), en égalant à zéro la dérivée du premier membre,

$$(2)\qquad \frac{df}{dx} + \frac{df}{dy}\frac{dy}{dx} = 0,$$

d'où

$$\frac{dy}{dx} = -\frac{\frac{df}{dx}}{\frac{df}{dy}}.$$

Il peut arriver que, pour certaines valeurs conjuguées de x et de y, les deux dérivées partielles $\frac{df}{dx}$ et $\frac{df}{dy}$ de la fonction f s'annulent à la fois. La dérivée $\frac{dy}{dx}$ se présente alors sous la forme $\frac{0}{0}$.

Le moyen le plus simple de lever cette indétermination consiste à dériver une seconde fois l'équation (2), en regardant dx comme une constante, mais non dy. On a ainsi (667)

$$\frac{d^2f}{dx^2} + 2\frac{d^2f}{dx\,dy}\frac{dy}{dx} + \frac{d^2f}{dy^2}\frac{dy^2}{dx^2} + \frac{df}{dy}\frac{d^2y}{dx^2} = 0.$$

Mais, pour les valeurs attribuées à x et à y, le coefficient de $\frac{d^2y}{dx^2}$ est nul. On trouvera donc la vraie valeur de $\frac{dy}{dx}$ à l'aide de l'équation du second degré

$$(3)\qquad \frac{d^2f}{dy^2}\left(\frac{dy}{dx}\right)^2 + 2\frac{d^2f}{dx\,dy}\left(\frac{dy}{dx}\right) + \frac{d^2f}{dx^2} = 0,$$

dans le premier membre de laquelle on devra, bien entendu, substituer les valeurs spéciales attribuées à x et à y.

721. Soit, par exemple, l'équation

$$y^4 - 96y^2 + 100x^2 - x^4 = 0,$$

qui représente la courbe connue sous le nom de *courbe du diable* (*voir* t. V), dont l'origine des coordonnées est un *point multiple*.

Cherchons la véritable valeur de la dérivée $\frac{dy}{dx}$ pour $x=0$ et $y=0$. Nous aurons, dans cette hypothèse,

$$\frac{dy}{dx}=-\frac{\frac{df}{dx}}{\frac{df}{dy}}=\frac{4x^3-200x}{4y^3-192y}=\frac{0}{0}.$$

Appliquons alors l'équation (3) du numéro précédent. Il viendra, le coefficient du second terme de cette équation s'annulant de lui-même,

$$(12y^2-192)\left(\frac{dy}{dx}\right)^2+200-12x^2=0.$$

On en déduit, en faisant dans le premier membre de cette équation x et y égaux à 0 et en divisant par 8,

$$\frac{dy}{dx}=\pm\sqrt{\frac{25}{24}}.$$

On obtiendra ainsi (535) les inclinaisons sur l'axe des x des deux tangentes à la courbe en son point multiple.

CHAPITRE XV.

THÉORIE DES MAXIMUMS ET DES MINIMUMS (1).

Croissance ou décroissance d'une fonction d'une seule variable.

722. Nous commencerons par rappeler l'expression qui nous a conduit à la définition de la différentielle d'une fonction $y=f(x)$.

Cette expression est (545)

$$\Delta y = f'(x)\,\Delta x + \alpha\,\Delta x. \tag{1}$$

Supposons que, pour une valeur donnée de x, $f'(x)$ ait une valeur finie et bien déterminée, différente de zéro.

Si l'on fait alors tendre Δx vers zéro en le prenant pour infiniment petit principal, α tendra aussi vers zéro, et le produit $\alpha\Delta x$ disparaîtra devant $f'(x)\Delta x$ comme infiniment petit d'ordre supérieur (521, 2°). Il en résulte que Δy aura le signe du produit $f'(x)\Delta x$ ou le signe de $f'(x)$, *si l'on convient de prendre l'accroissement Δx positif*.

Par suite, si la dérivée $f'(x)$ est positive, l'accroissement Δy est aussi positif, c'est-à-dire que la fonction va en croissant. Si la dérivée $f'(x)$ est négative, l'accroissement Δy est aussi négatif, c'est-à-dire que la fonction va en décroissant.

En général, *une fonction $y=f(x)$ croît ou décroît, à partir*

(1) D'après le Dictionnaire de l'Académie, les mots *maximum* et *minimum* sont des substantifs masculins. Nous croyons qu'il ne faut pas les décliner comme en latin, et qu'on doit les employer de la même manière que les mots *pensum*, *factum*, *factotum*, etc. Nous ne dirons donc pas des *maxima* et des *minima*, bien que ces locutions aient été souvent adoptées par d'illustres auteurs, que nous sommes loin d'ailleurs de critiquer.

d'une valeur déterminée de x, suivant que sa dérivée est, pour cette même valeur de x, positive ou négative. La réciproque est vraie (*Géom.*, 40).

Si $f'(x)$ s'annulait pour la valeur choisie de x, l'égalité (1) deviendrait $\Delta y = \alpha \Delta x$. L'accroissement de la fonction se réduirait donc à un infiniment petit d'ordre supérieur et, sauf cet infiniment petit, on pourrait regarder la fonction comme *stationnaire* dans un intervalle infiniment petit comprenant la valeur considérée de x.

723. L'interprétation géométrique de la dérivée (**535**) concorde avec ce qui précède.

Si l'on construit la courbe représentative de la fonction $y = f(x)$ (*fig.* 5), l'ordonnée y croît évidemment, en général, à partir d'une valeur de x, pour laquelle on a $f'(x) > 0$; cette ordonnée décroît, au contraire, si l'on a $f'(x) < 0$. Si l'on a $f'(x) = 0$, la tangente à la courbe au point considéré est parallèle à l'axe des x, et l'on peut regarder l'ordonnée y comme stationnaire dans un intervalle infiniment petit.

724. *Si la fonction $y = f(x)$ admet dans un intervalle (x_0, X) une dérivée $f'(x)$ et que, dans cet intervalle, cette dérivée ne soit ni constamment nulle pour les valeurs de x comprises dans un certain intervalle renfermé dans le premier, ni négative, la fonction est constamment croissante dans l'intervalle (x_0, X).*

En désignant par x_1 une certaine valeur de x comprise dans l'intervalle (x_0, X) et par x_m, x_p, deux valeurs *quelconques* de x appartenant au même intervalle et comprenant x_1, on a, en effet (**634**),

$$(1) \qquad f(x_p) - f(x_m) = (x_p - x_m) f'(x_1).$$

La quantité $f'(x_1)$ étant, par hypothèse, positive ou nulle sans changer de signe, on a, en supposant $x_p > x_m$,

$$f(x_m) \leqq f(x_p).$$

Mais, dans l'intervalle (x_m, x_p), la fonction $f(x)$ ne peut être constante, puisque $f'(x)$ n'est pas constamment nulle. Il existe donc une valeur x_n comprise entre x_m et x_p, telle que $f(x_n)$ diffère *au moins* de l'une des quantités $f(x_m)$ et

$f(x_p)$. Par suite, on a, en même temps et nécessairement (722),

$$x_m < x_n < x_p,$$
$$f(x_m) \leqq f(x_n) \leqq f(x_p).$$

D'ailleurs, si $f(x_n) = f(x_m)$, il diffère de $f(x_p)$, et si $f(x_n) = f(x_p)$, il diffère de $f(x_m)$. On a donc forcément

$$f(x_m) < f(x_p),$$

et la fonction $f(x)$ est constamment croissante dans l'intervalle (x_0, X).

On démontrera de même que, *si la fonction $y = f(x)$ admet dans un intervalle (x_0, X) une dérivée $f'(x)$, qui ne soit ni constamment nulle pour les valeurs de x comprises dans un certain intervalle renfermé dans le premier, ni positive, la fonction est constamment décroissante dans l'intervalle* (x_0, X).

Maximums et minimums des fonctions d'une seule variable.

725. La question des maximums et des minimums se pose nécessairement pour les fonctions finies et continues, soumises à des oscillations limitées (453, 458).

Nous avons déjà défini (*Algèbre élémentaire*, 283) ce qu'on doit entendre par le maximum et le minimum d'une grandeur variable.

Lorsqu'une grandeur variable, après avoir augmenté d'une manière continue dans un certain intervalle, diminue ensuite de la même manière, elle atteint nécessairement une valeur *plus grande* que celles qui précèdent et qui suivent immédiatement, c'est-à-dire qu'elle passe par un *maximum*.

Lorsque la grandeur variable considérée, après avoir diminué au contraire d'une manière continue dans un certain intervalle, augmente ensuite de la même manière, elle atteint nécessairement une valeur *plus petite* que celles qui précèdent et qui suivent immédiatement, c'est-à-dire qu'elle passe par un *minimum*.

D'après cela, soient $y = f(x)$ une fonction de la variable x et x_0 une valeur particulière de x. Désignons par h une quantité positive, d'ailleurs aussi petite que l'on voudra et pouvant varier de o à $\mathcal{E}$.

Si l'on a, constamment et à la fois,

$$f(x_0) > f(x_0 - h) \qquad \text{et} \qquad f(x_0) > f(x_0 + h),$$

pendant que h parcourt l'intervalle $(0, \mathcal{E})$ ou que x parcourt l'intervalle $(x_0 - \mathcal{E}, x_0 + \mathcal{E})$, la fonction y atteint un *maximum* quand la variable x passe par la valeur x_0, et $f(x_0)$ est un *maximum* de y.

Si l'on a, au contraire, constamment et à la fois,

$$f(x_0) < f(x_0 - h) \qquad \text{et} \qquad f(x_0) < f(x_0 + h),$$

dans les mêmes circonstances, la fonction y atteint un *minimum* quand la variable x passe par la valeur x_0, et $f(x_0)$ est un *minimum* de y.

726. Une fonction peut évidemment présenter plusieurs maximums et plusieurs minimums qui devront, d'après ce que l'on vient de dire (**725**), se succéder alternativement. Il en résulte qu'un maximum peut être moindre qu'un minimum qui ne le précède ni ne le suit immédiatement.

Quand on fait abstraction de leurs signes, un maximum négatif devient un minimum absolu, et un minimum négatif devient au contraire un maximum absolu.

Fig. 12.

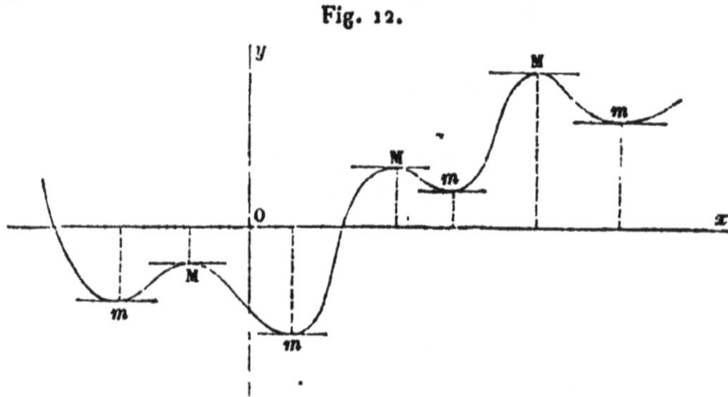

La *fig.* 12, qui est censée représenter graphiquement la fonction $y = f(x)$ et où les maximums correspondent à la lettre M et les minimums à la lettre m, rend ces remarques évidentes, ainsi que celles faites aux n^{os} **722, 723, 724, 725**.

727. Lorsque l'on fait croître x dans un certain intervalle, la fonction $y = f(x)$ croît continuellement si sa dérivée $f'(x)$

reste constamment positive; elle décroît continuellement, si sa dérivée $f'(x)$ reste constamment négative (724).

Par conséquent, *la fonction* $y=f(x)$ *ne peut atteindre aucun maximum ni aucun minimum, tant que, x croissant, la dérivée* $f'(x)$ *conserve le même signe.*

Mais, si cette dérivée $f'(x)$ *change de signe* lorsque x atteint et franchit une certaine valeur x_0, la fonction $y=f(x)$ passe nécessairement par un maximum ou par un minimum $f(x_0)$.

Si $f'(x)$ passe ainsi *du positif au négatif*, la fonction $y=f(x)$ diminue après avoir augmenté, et $f(x_0)$ est un *maximum* de la fonction.

Si $f'(x)$ passe, au contraire, *du négatif au positif*, la fonction $y=f(x)$ augmente après avoir diminué, et $f(x_0)$ est un *minimum* de la fonction.

D'ailleurs, $f'(x)$ ne peut changer de signe qu'*en s'annulant*, si cette fonction dérivée reste finie et continue, ou bien encore en devenant *discontinue* ou *infinie* (*Algèbre élémentaire*, 318 et suivants.)

On arrive donc à ce premier théorème : *Les valeurs de x qui conduisent aux maximums et aux minimums de la fonction* $y=f(x)$ *doivent être cherchées uniquement parmi celles qui annulent la dérivée* $f'(x)$ *ou qui la rendent discontinue ou infinie,* EN LA FAISANT CHANGER DE SIGNE.

728. Le plus souvent, les maximums et les minimums de la fonction répondent aux valeurs de x, pour lesquelles $f'(x)$ change de signe en s'annulant et en restant finie et continue, c'est-à-dire aux racines réelles de *l'équation dérivée*

$$f'(x)=0.$$

On distingue alors les maximums et les minimums à l'aide du caractère déjà indiqué (727).

La fonction atteint un maximum lorsqu'elle diminue après avoir augmenté, c'est-à-dire lorsque $f'(x)$ passe du positif au négatif; la fonction atteint un minimum lorsqu'elle augmente après avoir diminué, c'est-à-dire lorsque $f'(x)$ passe du négatif au positif.

Mais, si $f'(x)$ passe du positif au négatif, $f'(x)$ décroît, et sa dérivée $f''(x)$ est négative; si $f'(x)$ passe du négatif au positif, $f'(x)$ croît, et sa dérivée $f''(x)$ est positive (724).

On peut donc dire encore que *le double caractère du maximum est*

$$f'(x) = 0, \quad \text{en même temps que} \quad f''(x) < 0,$$

et que le *double caractère du minimum est*

$$f'(x) = 0, \quad \text{en même temps que} \quad f''(x) > 0.$$

La première règle (727) est souvent plus simple à appliquer.

729. L'emploi de la série de Taylor, lorsqu'il est permis, fait retrouver les mêmes résultats, et conduit ensuite à une généralisation nécessaire.

Si l'on se borne aux deux premiers termes de la série (680), on peut écrire, pour la valeur spéciale $x = x_0$,

$$(1) \qquad F(x_0 + h) - F(x_0) = h F'(x_0 + \theta h).$$

θ étant compris entre 0 et 1 et h étant supposé infiniment petit, $F'(x_0 + \theta h)$ diffère infiniment peu de $F'(x_0)$, en raison de la continuité supposée de la fonction dérivée $F'(x)$. *Si* $F'(x_0)$ *n'est pas nulle*, $F'(x_0 + \theta h)$ a donc le même signe que $F'(x_0)$, quel que soit le signe de h. Il en résulte que le second membre de la relation (1) et, par suite, son premier membre, change de signe en même temps que h.

Si $F'(x_0)$ a une valeur positive, on a alors

$$F(x_0 - h) < F(x_0) < F(x_0 + h);$$

et, si $F'(x_0)$ a une valeur négative, on a

$$F(x_0 - h) > F(x_0) > F(x_0 + h).$$

La fonction $F(x)$ est, par conséquent, constamment croissante ou décroissante entre $x_0 - h$ et $x_0 + h$, et $x = x_0$ ne peut correspondre à aucun maximum ni à aucun minimum.

Pour que $x = x_0$ puisse correspondre à un maximum ou à un minimum de la fonction, il faut qu'on ait, comme précédemment,

$$F'(x_0) = 0.$$

Mais, dans cette hypothèse, la série de Taylor, réduite à ses trois premiers termes, devient

$$(2) \qquad F(x_0 + h) - F(x_0) = \frac{h^2}{1.2} F''(x_0 + \theta h).$$

Et l'on voit, par le même raisonnement, que, *si* $F''(x_0)$ *n'est pas nulle*, le second membre de la relation (2) et, par suite, son premier membre, ne change plus de signe en même temps que h et conserve, dans l'intervalle considéré, le signe de $F''(x_0)$.

Si la dérivée seconde $F''(x_0)$ est *négative*, $F(x_0)$ surpasse à la fois $F(x_0 - h)$ et $F(x_0 + h)$, de sorte que $F(x_0)$ est un *maximum* de la fonction.

Si la dérivée seconde $F''(x_0)$ est *positive*, $F(x_0)$ est moindre à la fois que $F(x_0 - h)$ et que $F(x_0 + h)$, de sorte que $F(x_0)$ est un *minimum* de la fonction.

On retombe ainsi sur les résultats des nos 727 et 728. On voit, de plus, que, si l'on avait, en même temps, $F'(x_0) = 0$ et $F''(x_0) = 0$, on ne pourrait rien décider. Il faut donc compléter le premier théorème obtenu, de la manière suivante.

730. Considérons la série de Taylor, sans limiter le nombre des termes du second membre. Nous aurons (676, 677), toujours pour $x = x_0$,

$$(1)\quad \left\{\begin{aligned} &F(x_0 + h) - F(x_0) \\ &\quad = \frac{h}{1} F'(x_0) + \frac{h^2}{1.2} F''(x_0) + \frac{h^3}{1.2.3} F'''(x_0) + \ldots \\ &\quad + \frac{h^n}{1.2.3\ldots n} F^n(x_0) + \frac{h^{n+1}}{1.2.3\ldots(n+1)} F^{n+1}(x_0 + \theta h). \end{aligned}\right.$$

Supposons que la valeur $x = x_0$ annule les n premières dérivées de $F(x)$, sans annuler la $(n+1)^{\text{ième}}$. La formule (1) se réduira à

$$(2)\quad F(x_0 + h) - F(x_0) = \frac{h^{n+1}}{1.2.3\ldots(n+1)} F^{n+1}(x_0 + \theta h).$$

Puisque $F^{n+1}(x_0)$ n'est pas nul, $F^{n+1}(x_0 + \theta h)$, qui en diffère infiniment peu en raison de la continuité supposée de $F^{n+1}(x)$ dans l'intervalle étudié, sera de même signe que $F^{n+1}(x_0)$, quel que soit le signe de h.

Cela posé, *si* $n + 1$ *est impair*, h^{n+1} changera de signe en même temps que h, et il en sera de même du premier membre de la relation (2), de sorte que, pour $x = x_0$, $F(x)$ *n'atteindra aucun maximum ni aucun minimum.*

Si, au contraire, $n + 1$ *est pair*, h^{n+1} ne changera pas de signe en même temps que h et demeurera positif. Le premier membre de la relation (2) conservera donc le signe de $F^{n+1}(x_0)$, que h soit négatif ou positif. Et, par conséquent, $F(x_0)$ *sera un maximum de* $F(x)$ *si l'on a* $F^{n+1}(x_0) < 0$ *et, un minimum, si l'on a* $F^{n+1}(x_0) > 0$.

Nous résumerons ce qui précède dans l'énoncé suivant :

En général, *si une valeur* x_0 *de la variable* x *annule les* n *premières dérivées de la fonction* $F(x)$ *sans annuler la* $(n+1)^{\text{ième}}$, *cette valeur* x_0 *ne fait atteindre à la fonction ni maximum ni minimum lorsque* $n+1$ *est un nombre impair, tandis que, si* $n+1$ *est un nombre pair,* $F(x_0)$ *est un maximum ou un minimum de* $F(x)$, *suivant que* $F^{n+1}(x_0)$ *a une valeur négative ou positive.*

Ainsi, il faut que la première dérivée qui ne s'annule pas soit d'*ordre pair* pour qu'il y ait maximum ou minimum.

731. Il n'est pas inutile de remarquer que la fonction proposée étant $y = F(x)$, on peut mettre la série de **Taylor** sous la forme (681)

$$F(x+h) - F(x) = dy + \frac{1}{2}d^2y + \frac{1}{6}d^3y + \ldots + \frac{1}{1.2.3\ldots(n+1)}d^{n+1}y + \ldots.$$

On peut donc dire encore que, pour qu'il y ait maximum ou minimum, il est nécessaire que la valeur $x = x_0$ annule un nombre impair de différentielles successives dy, d^2y, d^3y, ..., et qu'il y a maximum ou minimum, suivant que la première différentielle d'ordre pair qui subsiste est, pour $x = x_0$, négative ou positive.

Applications.

732. Nous commencerons par retrouver quelques résultats déjà obtenus en Algèbre élémentaire.

I. *Chercher le maximum de la fonction*

$$y = f(x) = x(a-x).$$

On a ici

$$f'(x) = a - 2x.$$

Cette dérivée s'annule pour $x = \frac{a}{2}$. Elle est positive pour une valeur de x un peu plus petite et, négative, pour une valeur de x un peu plus grande. Elle passe donc du positif au négatif, quand x croît en traversant la valeur $\frac{a}{2}$. Cette valeur $\frac{a}{2}$ répond donc à un maximum de $f(x)$, et ce maximum, $f\left(\frac{a}{2}\right)$, est égal à $\frac{a^2}{4}$ (*Alg. élém.*, 285).

II. *a étant une constante positive donnée et p et q étant des entiers positifs, chercher les maximums et les minimums de la fonction*

$$y = f(x) = x^p(a-x)^q.$$

La dérivée de la fonction est

$$f'(x) = px^{p-1}(a-x)^q - qx^p(a-x)^{q-1}.$$

En l'égalant à zéro et en mettant $x^{p-1}(a-x)^{q-1}$ en facteur, on obtient l'équation

$$x^{p-1}(a-x)^{q-1}[pa-(p+q)x] = 0.$$

Elle se partage immédiatement en trois autres

$$x = 0, \qquad a - x = 0, \qquad pa-(p+q)x = 0,$$

qui donnent

$$x = 0, \qquad x = a, \qquad x = \frac{pa}{p+q} \qquad \text{et} \qquad a - x = \frac{qa}{p+q}.$$

Les deux valeurs $x = 0$ et $x = a$ répondent à $f(x) = 0$.

Pour une valeur de x un peu moindre que o, c'est-à-dire négative, $f'(x)$ a une valeur négative si $p > 1$ est pair, et cette fonction dérivée a une valeur positive pour une valeur de x un peu plus grande que o, c'est-à-dire positive. La dérivée passe ainsi du négatif au positif, ce qui est le caractère d'un minimum.

En donnant à x une valeur un peu moindre que a, puis une valeur un peu plus grande, on arrive à un résultat analogue, si $q > 1$ est pair.

$f(x)$ passe donc par un minimum pour $x = 0$, quand p est pair et, pour $x = a$, quand q est pair, et ce minimum est o.

Enfin, pour une valeur de x un peu moindre que $\frac{pa}{p+q}$, la dérivée $f'(x)$ est positive, et elle devient négative pour une valeur de x un peu plus grande que $\frac{pa}{p+q}$. Elle passe ainsi du positif au négatif, ce qui est le caractère d'un maximum.

$f(x)$ passe donc par un maximum pour

$$x = \frac{pa}{p+q} \qquad \text{et pour} \qquad a - x = \frac{qa}{p+q}.$$

Les deux facteurs x et $a-x$ sont alors proportionnels à leurs exposants respectifs p et q et, pour obtenir leurs valeurs, il suffit de partager leur somme a proportionnellement à ces exposants (*Alg. élém.*, 297).

Le maximum de $F(x)$ est alors

$$p^p q^q \left(\frac{a}{p+q}\right)^{p+q}.$$

III. *Chercher le maximum et le minimum de la fonction rationnelle* (*Alg. élém.*, 315 et suiv.).

$$(1) \qquad y = f(x) = \frac{ax^2+bx+c}{a'x^2+b'x+c'}.$$

Nous aurons, pour la dérivée de la fonction, en simplifiant et en ordonnant,

$$(2) \qquad f'(x) = \frac{(ab'-ba')x^2+2(ac'-ca')x+(bc'-cb')}{(a'x^2+b'x+c')^2}.$$

Les valeurs de x qui annulent $f'(x)$ annulent aussi le numérateur de l'expression (2). Nous poserons donc

$$(3) \qquad (ab'-ba')x^2+2(ac'-ca')x+(bc'-cb') = 0.$$

Il faut, bien entendu, que les racines de cette équation n'annulent pas en même temps le dénominateur de l'expression (3).

Nous devons considérer en outre les valeurs de x qui rendent ce dénominateur infini, sans faire prendre une valeur analogue au numérateur. Or, pour $x=\pm\infty$, $f'(x)$ se présente sous la forme $\frac{\infty}{\infty}$. Mais cette indétermination répond en réalité à la valeur zéro, puisque le degré du numérateur de l'expression (2) est inférieur à celui du dénominateur (712, 5°). Nous mettrons donc à part cette valeur particulière $x=\pm\infty$ qui annule $f'(x)$ sans correspondre à un maximum ou à un minimum.

Revenons à l'équation (3). Si l'on désigne par x_1 et x_2 les racines de cette équation, elles feront connaître respectivement un maximum et un minimum de $f(x)$, qui auront pour expressions $f(x_1)$ et $f(x_2)$.

Pour décider entre le maximum et le minimum, il restera à déterminer les signes pris par $f'(x)$ pour des valeurs de x un peu plus petites et un peu plus grandes que x_1 et que x_2.

Cette méthode est, au fond, identique à la méthode élémentaire. Nous allons l'appliquer à l'exemple numérique déjà traité (*Alg. élém.*, 320). c'est-à-dire à la fonction

$$y = f(x) = \frac{x^2-x-1}{x^2+x+1}.$$

Nous en déduirons

$$f'(x) = \frac{2x(x+2)}{(x^2+x+1)^2}.$$

On voit que $f'(x)$ s'annule pour $x=-2$ et pour $x=0$.

Lorsque x atteint, en croissant depuis $-\infty$, la valeur -2 et la dépasse, $f'(x)$, positive jusque-là, devient négative. $x=-2$ répond donc à un maximum de $f(x)$, qui est $f(-2)=\frac{5}{3}$.

Lorsque x atteint, en croissant toujours, la valeur 0 et la dépasse, $f'(x)$, négative depuis $x=-2$, redevient positive. $x=0$ répond donc à un minimum de $f(x)$, qui est $f(0)=-1$.

Pour montrer combien l'emploi de la dérivée simplifie les discussions de cette espèce, construisons la courbe représentative de la fonction (*fig.* 13).

Pour $x=\mp\infty$, on a évidemment (712, 5°) $y=1$. La droite H'H menée parallèlement à l'axe des x, à la distance OB $=1$, est donc une asymptote de la courbe.

Pour des valeurs négatives de x, très grandes en valeur absolue et

Fig. 13.

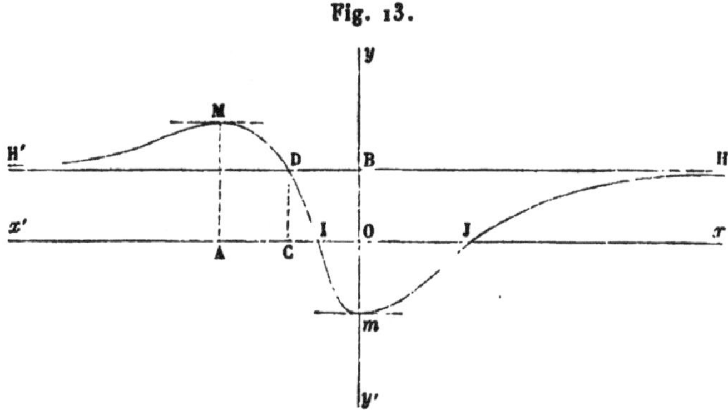

jusqu'à $x=-2$, la dérivée $f'(x)$ est positive. La fonction y va donc en croissant constamment (724), et la courbe commence par s'élever au-dessus de son asymptote. Elle atteint ainsi son point maximum M, qui répond à $x=$ OA $=-2$ et dont l'ordonnée MA $=\frac{5}{3}$. Au delà, la dérivée $f'(x)$ devient négative et le demeure tant que x reste négative. y diminue donc, et la courbe descend vers l'axe des x. Comme on a $y=1$ pour

$$x^2-x-1=x^2+x+1,$$

c'est-à-dire pour $x=$ OC $=-1$, elle coupe son asymptote au point correspondant D. Elle la rencontre aussi à l'infini, puisque, le coefficient du terme en x^2 dans l'équation précédente étant égal à zéro, cette équation admet encore pour racine $x=+\infty$ (*Alg. élém.*, 241). Comme $x=\pm\infty$ rend $f'(x)=0$, l'asymptote H'H est, en réalité, une tangente à la courbe à l'infini et dans les deux sens.

La courbe continue à descendre au delà du point D, jusqu'à ce qu'elle parvienne à son point minimum m, qui répond à $x=0$ et à $y=Om=-1$.

Après ce point minimum, x devenant positive, la dérivée $f'(x)$ redevient elle-même positive, et la fonction recommence à croître indéfiniment, puisque sa dérivée ne change plus de signe.

La courbe, en descendant après son point maximum et en remontant après son point minimum, coupe nécessairement deux fois l'axe des x.

On a, en effet, pour $y=0$,

$$x^2-x-1=0 \qquad \text{ou} \qquad x=\frac{1\pm\sqrt{5}}{2}.$$

Les points où la courbe traverse l'axe des x ont ainsi pour abscisses

$$x=-OI=\frac{1-\sqrt{5}}{2}=-0,618 \qquad \text{et} \qquad x=OJ=\frac{1+\sqrt{5}}{2}=1,618.$$

L'ordonnée y redevient positive à partir du point J; mais la courbe, en montant, ne pouvant plus rencontrer son asymptote qu'à l'infini, reste constamment au-dessous en s'en rapprochant indéfiniment dans le sens H.

733. IV. *Chercher le nombre x dont la racine x est un maximum.*

La fonction dont il faut chercher le maximum est

$$y=\sqrt[x]{x}=x^{\frac{1}{x}}.$$

Mais les logarithmes croissant en même temps que les nombres quand la base est plus grande que 1, il revient au même de chercher le maximum de la fonction

$$f(x)=lx^{\frac{1}{x}}=\frac{1}{x}\,lx.$$

On a alors

$$f'(x)=\frac{1-lx}{x^2}.$$

Cette dérivée s'annule pour $lx=1$ ou pour $x=e$. En remarquant que, si l'on passe, pour x, d'une valeur plus petite que e à une valeur plus grande que e, $f'(x)$ passe du positif au négatif, on voit que $x=e$ répond à un maximum.

Par suite, la fonction proposée $x^{\frac{1}{x}}$ a pour maximum $e^{\frac{1}{e}}$.

734. V. Problème de Viviani. — *On donne les deux parallèles* AB, CD, *et la sécante* BC. *Mener par le point déterminé* D *la sécante* DXY *telle, que la somme des triangles* BXY, CXD, *soit un minimum* (*fig.* 14).

Nous poserons $CD = a$, $CB = b$, $CX = x$, et l'angle $BCD = \alpha$.

Fig. 14.

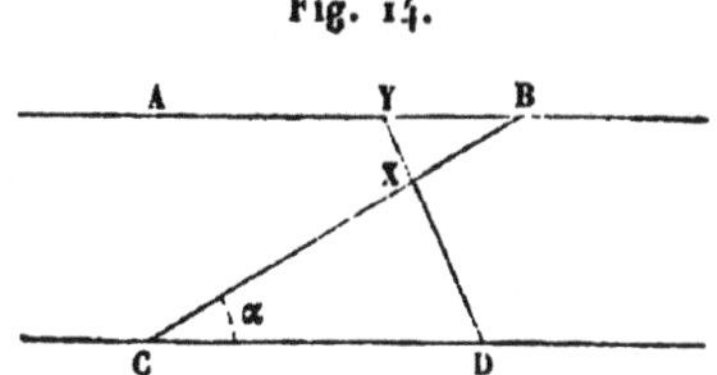

L'aire du triangle CXD a pour expression (*Trigon.*, 153)

$$CXD = \frac{1}{2} a x \sin\alpha.$$

L'aire du triangle BXY a de même pour expression

$$BXY = \frac{1}{2}(b - x)\, BY \sin\alpha.$$

La similitude de ces deux triangles donne d'ailleurs

$$\frac{BY}{CD} = \frac{BX}{CX}, \qquad \text{d'où} \qquad BY = a\,\frac{b - x}{x}.$$

Il en résulte

$$BXY = \frac{1}{2} a \frac{(b - x)^2}{x} \sin\alpha.$$

La fonction dont on a à chercher le minimum est donc

$$\frac{1}{2} a \left[x + \frac{(b - x)^2}{x}\right] \sin\alpha$$

ou, en laissant de côté le facteur constant $\frac{1}{2} a \sin\alpha$,

$$f(x) = x + \frac{(b - x)^2}{x}.$$

En égalant à zéro la dérivée $f'(x)$, on trouve

$$1 - \frac{2(b - x)x + (b - x)^2}{x^2} = 0 \qquad \text{ou} \qquad 2x^2 - b^2 = 0.$$

On en déduit

$$x = \frac{b}{\sqrt{2}} = \frac{b\sqrt{2}}{2}.$$

Cette valeur, qui est représentée par la moitié de la diagonale du carré construit sur b, répond bien à un minimum; car, pour une valeur un peu plus petite de x, la dérivée $f'(x)$ est négative, et, pour une valeur un peu plus grande, elle devient positive.

Ce minimum a, d'ailleurs, pour expression

$$ab(\sqrt{2}-1)\sin\alpha.$$

735. VI. *Étant donné un tronc d'arbre de longueur suffisante, on demande de le transformer en poutre rectangulaire présentant le maximum de résistance à la flexion* (*fig.* 15).

Fig. 15.

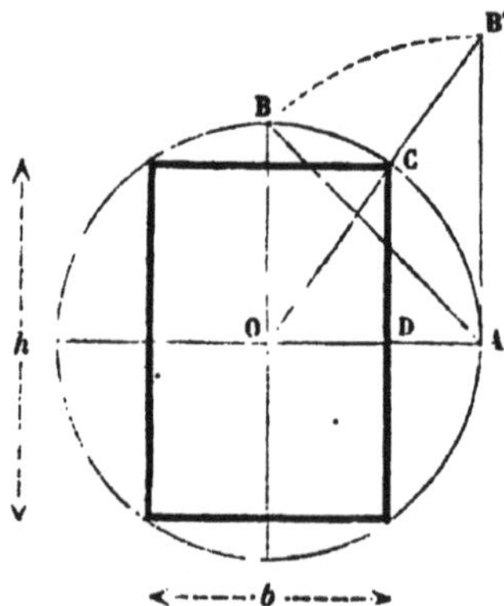

Supposons que le cercle O représente la section de l'arbre à l'état primitif. Soient b la base et h la hauteur de la section rectangulaire qu'on veut obtenir en enlevant les dosses. D'après la *théorie de la flexion plane des solides,* on sait que la résistance de la poutre est proportionnelle au produit bh^2. C'est donc ce produit qu'on doit rendre maximum. En appelant D le diamètre de la section circulaire de l'arbre, on a

$$b^2 + h^2 = D^2 \quad \text{ou} \quad h^2 = D^2 - b^2,$$

et le produit bh^2 devient

$$b(D^2 - b^2).$$

En prenant la dérivée de cette expression par rapport à b et en l'égalant à o, on trouve évidemment

$$D^2 - b^2 - 2b^2 = 0 \qquad \text{ou} \qquad b^2 = \frac{D^2}{3}.$$

Il en résulte

$$h^2 = \frac{2D^2}{3} \qquad \text{et} \qquad \frac{b^2}{h^2} = \frac{1}{2}$$

ou

$$\frac{b}{h} = \frac{1}{\sqrt{2}} = \frac{\sqrt{2}}{2} = 0{,}7071\ldots.$$

Ce rapport s'éloigne très peu, comme on le voit, des rapports pratiques $\frac{5}{7}$ et $\frac{7}{10}$ habituellement établis entre la base b et la hauteur h des poutres rectangulaires placées *sur champ*.

La construction géométrique qui permet de tracer immédiatement sur la section circulaire les traits de scie qui doivent transformer l'arbre en poutre rectangulaire de résistance maximum, est très simple. On mène (*fig.* 15) le côté AB du carré inscrit, on le reporte par un arc de cercle sur la tangente AB′, et l'on joint le point B′ obtenu au centre O. La perpendiculaire CD abaissée, du point de rencontre C de B′O avec la circonférence, sur le rayon OA, représente $\frac{h}{2}$ et OD représente $\frac{b}{2}$. On a, en effet,

$$\frac{OD}{CD} = \frac{OA}{AB'} = \frac{OA}{OA\sqrt{2}} = \frac{1}{\sqrt{2}} = \frac{\sqrt{2}}{2}.$$

736. VII. Problème de Fermat. — *On suppose deux milieux physiques différents séparés par un plan indéfini* P *et, dans chacun de ces milieux, un point* A *et un point* B. *Un mobile, partant du point* A *et aboutissant au point* B, *se meut dans le premier milieu avec une vitesse uniforme u et, dans le second, avec une vitesse uniforme v. On demande de déterminer le chemin que doit suivre le mobile pour se rendre du point* A *au point* B *dans un temps qui soit un minimum* (*fig.* 16).

On sait que, dans un mouvement uniforme, l'espace parcouru dans un temps donné est égal à la vitesse multipliée par le temps.

Il est évident, d'après cela, que, dans chaque milieu, le chemin parcouru, doit être rectiligne, puisque, les vitesses correspondantes étant constantes, les temps employés sont proportionnels aux chemins décrits. Le chemin total qu'on veut découvrir est donc une ligne brisée.

Fig. 16.

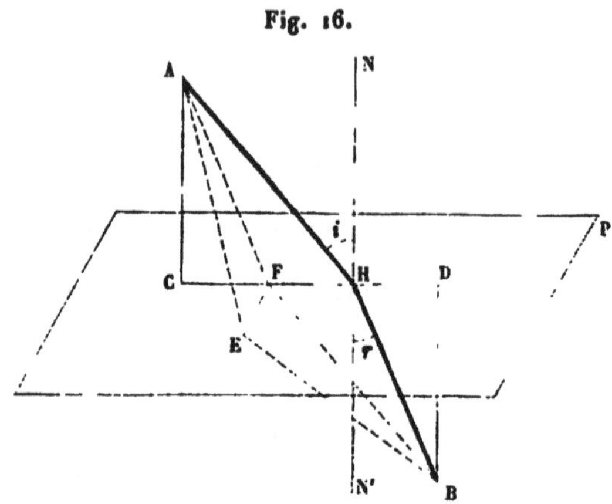

Il est facile de voir que cette ligne brisée est nécessairement dans le plan ACBD déterminé par les perpendiculaires AC et BD au plan P.

En effet, admettons que cette ligne brisée soit la ligne AEB non située dans le plan ACBD, et abaissons du point E où elle rencontre le plan P la perpendiculaire EF sur CD. Si l'on joint le point F aux points A et B, les triangles AFE, BFE, rectangles en F, montrent que le mobile parcourra le chemin AFB en moins de temps que le chemin AEB.

Supposons donc que la ligne brisée décrite par le mobile dans le temps cherché soit la ligne brisée AHB située dans le plan ACBD.

Nous poserons $AC = a$, $BD = b$, $CD = c$, $CH = x$. Nous aurons, par suite,

$$AH = \sqrt{a^2 + x^2},$$

et le temps employé à parcourir AH sera exprimé par

$$\frac{\sqrt{a^2 + x^2}}{u}.$$

De même, nous aurons

$$HB = \sqrt{b^2 + (c - x)^2},$$

et le temps employé à parcourir HB sera exprimé par

$$\frac{\sqrt{b^2+(c-x)^2}}{v}.$$

La fonction dont on doit trouver le minimum est donc

$$f(x)=\frac{\sqrt{a^2+x^2}}{u}+\frac{\sqrt{b^2+(c-x)^2}}{v}.$$

En égalant à zéro la dérivée de cette fonction et en simplifiant, on a évidemment

$$(1)\qquad f'(x)=\frac{x}{u\sqrt{a^2+x^2}}-\frac{c-x}{v\sqrt{b^2+(c-x)^2}}=0.$$

Pour résoudre cette équation, il faut la mettre sous la forme

$$(2)\qquad \frac{x}{u\sqrt{a^2+x^2}}=\frac{c-x}{v\sqrt{b^2+(c-x)^2}},$$

et élever ses deux membres au carré. En chassant les dénominateurs, on obtient ensuite l'équation complète du quatrième degré

$$\begin{aligned}&(u^2-v^2)x^4-2c(u^2-v^2)x^3\\&\quad+[(a^2+c^2)u^2-(b^2+c^2)v^2]x^2-2ca^2u^2x+a^2c^2u^2=0,\end{aligned}$$

qui est l'équation du problème.

Au lieu de chercher à la résoudre, menons par le point H la normale NN' au plan P. Désignons par i l'angle *d'incidence* AHN et, par r, l'angle *de réfraction* BHN'. La figure donne alors

$$\sin \text{CAH}=\sin i=\frac{\text{CH}}{\text{AH}}=\frac{x}{\sqrt{a^2+x^2}},$$

$$\sin \text{DBH}=\sin r=\frac{\text{DH}}{\text{BH}}=\frac{c-x}{\sqrt{b^2+(c-x)^2}}.$$

L'équation (2) revient donc à

$$(3)\qquad \frac{\sin i}{u}=\frac{\sin r}{v}\quad \text{ou à}\quad \frac{\sin i}{\sin r}=\frac{u}{v},$$

et *telle est la condition du minimum.*

Il s'agit bien d'un minimum; car, en se reportant à l'équation (1), on voit immédiatement que, pour une valeur de x plus petite que celle qui répond à la condition exprimée par la relation (3), $\sin i$ diminue en même temps que $\sin r$ augmente, tandis que l'inverse se produit pour une valeur plus grande de x; $f'(x)$ passe donc du négatif au positif en traversant zéro.

Il peut être intéressant de rapprocher cette solution des *lois de la réfraction de la Lumière.*

Maximums et minimums des fonctions implicites d'une seule variable.

737. Nous considérerons d'abord la fonction implicite

$$f(x,y)=0, \tag{1}$$

où y est une fonction de la variable x. En différentiant l'équation (1), on trouve (**623**), en divisant par dx,

$$\frac{df}{dx}+\frac{df}{dy}\frac{dy}{dx}=0. \tag{2}$$

La condition du maximum ou du minimum étant, dans le cas le plus habituel (**727**),

$$\frac{dy}{dx}=0,$$

l'équation (2) se réduit à

$$\frac{df}{dx}=0. \tag{3}$$

En combinant les équations (1) et (3), on obtiendra donc, en général, les valeurs de x qui répondent aux maximums ou aux minimums de la fonction y.

738. Remarquons que l'on a, d'après l'équation (2),

$$\frac{dy}{dx}=-\frac{\frac{df}{dx}}{\frac{df}{dy}}.$$

Il en résulte que, si les dérivées partielles $\frac{df}{dx}$ et $\frac{df}{dy}$ s'annulaient simultanément pour des valeurs de x et de y satisfaisant à l'équation (1) [737], les équations (2) et (3) se trouveraient à leur tour satisfaites, sans qu'on eût pour cela $\frac{dy}{dx}=0$, et les valeurs correspondantes de x ne répondraient plus, en général, à la question.

739. Pour distinguer un maximum d'un minimum, il faut recourir aux dérivées d'ordre supérieur.

En différentiant l'équation (2) et en divisant par dx, on trouve (667)

$$(2\ bis)\qquad \frac{d^2 f}{dx^2}+2\frac{d^2 f}{dx\,dy}\frac{dy}{dx}+\frac{d^2 f}{dy^2}\frac{dy^2}{dx^2}+\frac{df}{dy}\frac{d^2 y}{dx^2}=0,$$

c'est-à-dire, puisque $\frac{dy}{dx}$ est supposée égale à zéro,

$$(4)\qquad \frac{d^2 f}{dx^2}+\frac{df}{dy}\frac{d^2 y}{dx^2}=0.$$

On en déduit

$$\frac{d^2 y}{dx^2}=-\frac{\frac{d^2 f}{dx^2}}{\frac{df}{dy}}.$$

Le signe de cette seconde dérivée $\frac{d^2 y}{dx^2}$, pour les valeurs de x et de y qu'on étudie, tranchera la question. Le minimum de y répondra à $\frac{d^2 y}{dx^2}>0$ et le maximum, à $\frac{d^2 y}{dx^2}<0$ [728].

Il est entendu que les quantités $\frac{d^2 f}{dx\,dy}$ et $\frac{d^2 f}{dy^2}$ [équation (2 *bis*)] ne s'annulent pas pour ces mêmes valeurs de x et de y (738).

Si l'on avait $\frac{d^2 y}{dx^2}=0$, il faudrait consulter les dérivées d'ordre supérieur suivant la règle du n° 730.

740. Exemple. — *Soit la fonction implicite*

$$(1)\qquad f(x,y)=y^3-3xy+x^3=0,$$

dont on demande les maximums et les minimums.

On en déduit (737)

$$\frac{df}{dx} = 3x^2 - 3y = 0. \tag{2}$$

En combinant les équations (1) et (2) et en éliminant entre elles la fonction y, on obtient évidemment

$$x^6 - 2x^3 = x^3(x^3 - 2) = 0,$$

c'est-à-dire

$$x = 0 \quad \text{et} \quad x = \sqrt[3]{2}.$$

Les valeurs correspondantes de y sont

$$y = 0 \quad \text{et} \quad y = \sqrt[3]{4}.$$

L'équation (1) donne d'ailleurs

$$\frac{df}{dy} = 3y^2 - 3x.$$

Le premier système de valeurs ($x = 0, y = 0$), annulant $\frac{df}{dy}$, doit être rejeté (738). Quant au second système

$$(x = \sqrt[3]{2}, y = \sqrt[3]{4}),$$

qui n'annule pas $\frac{df}{dy}$, il répond à un maximum ou à un minimum.

En formant (739) l'expression

$$\frac{d^2y}{dx^2} = -\frac{\frac{d^2f}{dx^2}}{\frac{df}{dy}} = -\frac{6x}{3y^2 - 3x} = -\frac{2x}{y^2 - x} = -2,$$

on voit que la fonction y passe par un *maximum* pour $x = \sqrt[3]{2}$ et que ce maximum est $\sqrt[3]{4}$.

741. Passons au cas général, et admettons qu'on ait à considérer m variables $x, y, z, u, \ldots$, liées entre elles par les $m - 1$ équations

$$(1) \qquad \begin{cases} f_1(x, y, z, u, \ldots) = 0, \\ f_2(x, y, z, u, \ldots) = 0, \\ \ldots\ldots\ldots\ldots\ldots\ldots, \\ f_{m-1}(x, y, z, u, \ldots) = 0. \end{cases}$$

Si l'on veut trouver les valeurs maximums et minimums de l'une des variables, y par exemple, on prendra l'une quelconque, x, des autres variables comme variable indépendante. La condition d'un maximum ou d'un minimum sera alors, dans le cas ordinaire,

$$\frac{dy}{dx} = 0.$$

D'après cela, en différentiant les équations (1), en divisant par dx et en supprimant tous les termes où entre $\frac{dy}{dx}$, on aura

$$(2) \quad \left\{ \begin{array}{l} \frac{df_1}{dx} + \frac{df_1}{dz}\frac{dz}{dx} + \frac{df_1}{du}\frac{du}{dx} + \ldots\ldots\ldots = 0, \\ \frac{df_2}{dx} + \frac{df_2}{dz}\frac{dz}{dx} + \frac{df_2}{du}\frac{du}{dx} + \ldots\ldots\ldots = 0, \\ \ldots\ldots\ldots\ldots\ldots\ldots\ldots\ldots\ldots\ldots, \\ \frac{df_{m-1}}{dx} + \frac{df_{m-1}}{dz}\frac{dz}{dx} + \frac{df_{m-1}}{du}\frac{du}{dx} + \ldots = 0. \end{array} \right.$$

En éliminant les $m-2$ quantités $\frac{dz}{dx}, \frac{du}{dx}, \ldots$, entre les $m-1$ équations qui forment le système (2), on arrivera à une relation

$$(3) \qquad F(x, y, z, u, \ldots) = 0$$

entre les m variables considérées; et cette relation, jointe aux $m-1$ équations qui forment le système (1), permettra de déterminer les valeurs de $x, y, z, u, \ldots$, qui peuvent répondre à des maximums ou à des minimums de y.

742. Si l'on avait à chercher les maximums et les minimums d'une fonction explicite de $m-1$ variables, telle que

$$(1) \qquad v = F(x, y, z, u, \ldots),$$

ces $m-1$ variables étant liées par les $m-2$ équations

$$(2) \quad \left\{ \begin{array}{l} f_1(x, y, z, u, \ldots) = 0, \\ f_2(x, y, z, u, \ldots) = 0, \\ \ldots\ldots\ldots\ldots\ldots\ldots, \\ f_{m-2}(x, y, z, u, \ldots) = 0, \end{array} \right.$$

ce cas particulier rentrerait dans le cas général (741).

En effet, on n'aurait qu'à joindre aux $m-2$ équations (2) l'équation (1) mise sous la forme

$$v - F(x, y, z, u, \ldots) = 0.$$

On aurait ainsi, comme dans le cas précédent, m variables $v, x, y, z, u, \ldots$, liées entre elles par $m-1$ équations, avec cette unique différence que la variable v dont on veut chercher les maximums et les minimums ne se trouve que dans une seule des équations considérées.

743. Exemple. — *On donne le volume d'un cylindre de révolution, et l'on demande de déterminer ses dimensions de manière que sa surface soit un minimum.*

Résoudre cette question, c'est obtenir pratiquement une capacité donnée sous forme cylindrique, avec la moindre dépense de matière.

On peut distinguer deux cas, suivant que le cylindre est ouvert ou fermé à sa partie supérieure.

1° *Le cylindre n'a pas de couvercle.*

Nous désignerons par V le volume donné du cylindre, par S sa surface, par x le rayon de sa base et par y sa hauteur.

Les deux équations du problème seront

$$(1)\qquad \begin{cases} \pi x^2 y - V = 0, \\ 2\pi x y + \pi x^2 - S = 0. \end{cases}$$

On a ainsi trois variables S, x, y, liées entre elles par les deux équations (1), et il s'agit de trouver le minimum de S en prenant, par exemple, x comme variable indépendante. La condition du minimum sera alors

$$\frac{dS}{dx} = 0.$$

Nous différentierons donc les équations (1), nous diviserons ensuite par dx et nous n'écrirons pas les termes contenant $\frac{dS}{dx}$ (741). Il viendra, en supprimant les facteurs communs π et 2π,

$$(2)\qquad \begin{cases} 2xy + x^2 \dfrac{dy}{dx} = 0, \\ y + x\dfrac{dy}{dx} + x = 0. \end{cases}$$

En éliminant $\frac{dy}{dx}$ entre les équations (2), on trouve facilement

$$xy - x^2 = 0 \quad \text{ou} \quad x = y. \tag{3}$$

L'équation (3), jointe aux équations (1), permet de trouver les valeurs de x, de y et de S, qui répondent au minimum de S. Par suite de l'équation (3), les équations (1) deviennent

$$\pi x^3 - V = 0,$$
$$3\pi x^2 - S = 0,$$

et l'on en déduit

$$x = y = \sqrt[3]{\frac{V}{\pi}}, \qquad S = 3\pi\sqrt[3]{\frac{V^2}{\pi^2}} = 3\sqrt[3]{\pi V^2}. \tag{4}$$

Pour vérifier qu'il s'agit bien d'un minimum, reprenons les équations (2), en conservant dans la seconde le terme d'abord négligé $-\frac{1}{2\pi}\frac{dS}{dx}$, et différentions-les de nouveau, en divisant ensuite par dx. Nous aurons

$$2y + 2x\frac{dy}{dx} + 2x\frac{dy}{dx} + x^2\frac{d^2y}{dx^2} = 0,$$

$$\frac{dy}{dx} + \frac{dy}{dx} + x\frac{d^2y}{dx^2} + 1 - \frac{1}{2\pi}\frac{d^2S}{dx^2} = 0,$$

c'est-à-dire

$$2y + 4x\frac{dy}{dx} + x^2\frac{d^2y}{dx^2} = 0,$$

$$2\frac{dy}{dx} + x\frac{d^2y}{dx^2} + 1 - \frac{1}{2\pi}\frac{d^2S}{dx^2} = 0.$$

En éliminant $\frac{d^2y}{dx^2}$ entre ces deux équations, on trouve

$$2y - x + 2x\frac{dy}{dx} + \frac{x}{2\pi}\frac{d^2S}{dx^2} = 0. \tag{5}$$

D'après la première des équations (2), on a

$$\frac{dy}{dx} = -\frac{2y}{x}.$$

L'équation (5) donne donc

$$\frac{d^2S}{dx^2} = \frac{2\pi}{x}[x - 2y + 4y]$$

ou, d'après l'équation (3),

$$\frac{d^2S}{dx^2} = 6\pi.$$

Cette valeur étant plus grande que zéro, les résultats précédents répondent bien à un minimum.

Ainsi, *la surface du cylindre ouvert est un minimum quand sa hauteur est égale au rayon de sa base.*

2° *Le cylindre a un couvercle.*

Les équations (1) sont ici

$$(1)\qquad \begin{cases} \pi x^2 y - V = 0, \\ 2\pi xy + 2\pi x^2 - S = 0. \end{cases}$$

En différentiant ces équations comme dans le premier cas et en supprimant le terme $\frac{dS}{dx}$ qui doit être nul pour tout maximum ou minimum, on a

$$(2)\qquad \begin{cases} 2xy + x^2\frac{dy}{dx} = 0, \\ y + x\frac{dy}{dx} + 2x = 0. \end{cases}$$

En éliminant $\frac{dy}{dx}$ entre ces équations, on trouve

$$(3)\qquad 2x = y.$$

Les équations (1) deviennent donc

$$2\pi x^3 - V = 0,$$
$$4\pi x^2 + 2\pi x^2 - S = 0,$$

et l'on en déduit

$$(4)\qquad x = \frac{y}{2} = \sqrt[3]{\frac{V}{2\pi}},\quad S = 6\pi\sqrt[3]{\frac{V^2}{4\pi^2}} = 3\sqrt[3]{2\pi V^2}.$$

En rétablissant dans la seconde des équations (2) le terme

d'abord supprimé $-\frac{1}{2\pi}\frac{dS}{dx}$, en différentiant ensuite ces équations et en éliminant entre les résultats obtenus $\frac{d^2y}{dx^2}$, on trouve finalement

$$(5) \qquad 2y - 2x + 2x\frac{dy}{dx} + \frac{x}{2\pi}\frac{d^2S}{dx^2} = 0.$$

En remplaçant $\frac{dy}{dx}$ par sa valeur tirée de la première des équations (2), on a donc

$$\frac{d^2S}{dx^2} = \frac{2\pi}{x}[2x - 2y + 4y],$$

relation qui devient, d'après l'équation (3),

$$\frac{d^2S}{dx^2} = 12\pi.$$

C'est donc encore à un minimum que conduisent les résultats précédents.

Ainsi, *la surface du cylindre fermé est un minimum, quand sa hauteur est égale au diamètre de sa base.*

Maximums et minimums des fonctions de plusieurs variables indépendantes.

744. Supposons une fonction de plusieurs variables indépendantes $x, y, z, \ldots$, que nous représenterons par

$$v = F(x, y, z, \ldots).$$

Soient $x_0, y_0, z_0, \ldots$, des valeurs particulières de $x, y, z, \ldots$. Désignons par $h, k, l, \ldots$, des quantités aussi petites qu'on voudra en valeur absolue, et pouvant varier de $-\mathcal{E}$ à $+\mathcal{E}$, en représentant par $\mathcal{E}$ une quantité positive aussi petite qu'on voudra.

Si l'on a constamment

$$F(x_0, y_0, z_0, \ldots) > F(x_0 + h, y_0 + k, z_0 + l, \ldots),$$

pendant que les accroissements $h, k, l, \ldots$, parcourent l'intervalle $(-\mathcal{E}, +\mathcal{E})$ ou que $x, y, z, \ldots$, parcourent les intervalles $(x_0-\varepsilon, x_0+\varepsilon)$, $(y_0-\varepsilon, y_0+\varepsilon)$, $(z_0-\varepsilon, z_0+\varepsilon)$, ... la fonction v atteint un *maximum*, quand les variables x, y, z, ..., passent par les valeurs spéciales x_0, y_0, z_0, ..., et $F(x_0, y_0, z_0, \ldots)$ est ce maximum de v.

Si l'on a, au contraire, constamment

$$F(x_0, y_0, z_0, \ldots) < F(x_0+h, y_0+k, z_0+l, \ldots),$$

dans les mêmes circonstances, la fonction v atteint un *minimum*, quand les variables x, y, z, ..., passent par les valeurs spéciales x_0, y_0, z_0, ..., et $F(x_0, y_0, z_0, \ldots)$ est ce minimum de v.

Il est facile de trouver la condition générale, commune aux maximums et aux minimums, en revenant, comme il suit, aux fonctions d'une seule variable.

Admettons que v ou la fonction F atteigne un maximum ou un minimum pour $x=a$, $y=b$, $z=c$, ...; on pourra, pour un instant, supposer que y, z, ..., sont des constantes b, c, ..., et que x seule varie. La fonction F deviendra une fonction d'une seule variable x; et, puisque, par hypothèse, elle passe par un maximum ou par un minimum pour $x=a$, on devra avoir pour cette valeur F'_x ou $\frac{dF}{dx}$ nulle, infinie ou discontinue (727). Le plus souvent (728), la dérivée $\frac{dF}{dx}$ change de signe, en s'annulant et en restant finie et continue.

Le même raisonnement pouvant être répété pour les autres variables y, z, ..., on voit que *les valeurs de x, y, z, ..., qui rendent v ou la fonction F un maximum ou un minimum, doivent être cherchées parmi les valeurs qui rendent les dérivées partielles $\frac{dF}{dx}$, $\frac{dF}{dy}$, $\frac{dF}{dz}$, ..., nulles, infinies ou discontinues ou*, le plus souvent, *parmi celles pour lesquelles ces dérivées changent de signe en s'annulant et en restant finies et continues.*

745. Lorsque ces dérivées partielles demeurent continues dans l'intervalle considéré, on peut retrouver le même résultat par la série de Taylor, et s'en servir ensuite pour distinguer entre les maximums et les minimums.

Pour plus de simplicité dans l'écriture, nous supposerons seulement trois variables indépendantes.

La série de Taylor peut s'écrire (686, 687), en n'allant pas au delà des premières puissances des accroissements,

$$F(x+h, y+k, z+l) - F(x, y, z) = \frac{dF}{dx}h + \frac{dF}{dy}k + \frac{dF}{dz}l + R.$$

Pour des valeurs absolues infiniment petites de h, k, l, le reste R est négligeable devant les termes qui le précèdent, *toutes les fois que ces termes ne sont pas nuls.* Or, ces termes, dont l'ensemble détermine alors le signe du second membre et, par suite, du premier membre de la formule, changent de signes sans changer de valeurs quand on remplace h, k, l, par $-h$, $-k$, $-l$. Il en résulte que le premier membre change lui-même de signe, quand on traverse les valeurs supposées de x, y, z, et que ces valeurs ne peuvent répondre à aucun maximum ou minimum.

Pour que la fonction F puisse atteindre un maximum ou un minimum, il faut donc qu'on ait, à la fois,

$$\frac{dF}{dx} = 0, \quad \frac{dF}{dy} = 0, \quad \frac{dF}{dz} = 0.$$

C'est la conclusion déjà énoncée (744).

Il nous reste à chercher à quels caractères on peut reconnaître un maximum ou un minimum.

Nous considérerons successivement une fonction de deux variables et une fonction de trois variables indépendantes.

746. Cas d'une fonction de deux variables. — Soit la fonction

$$v = F(x, y).$$

En n'allant pas au delà des deuxièmes puissances des accroissements, la série de Taylor peut s'écrire

$$F(x+h, y+k) - F(x, y)$$
$$= \left[\frac{dF}{dx}h + \frac{dF}{dy}k\right] + \frac{1}{2}\left[\frac{d^2F}{dx^2}h^2 + 2\frac{d^2F}{dx\,dy}hk + \frac{d^2F}{dy^2}k^2\right] + R.$$

Supposons que x et y reçoivent des valeurs telles, que l'on ait à la fois

$$\frac{dF}{dx} = 0, \quad \frac{dF}{dy} = 0.$$

Ces valeurs pourront correspondre alors à un maximum ou à un minimum de la fonction F.

Pour décider, nous remarquerons que le signe du second membre de la formule et, par suite, de son premier membre, sera, dans l'hypothèse admise, le même que celui du trinôme du second degré

$$(1)\qquad \frac{d^2F}{dx^2}h^2 + 2\frac{d^2F}{dx\,dy}hk + \frac{d^2F}{dy^2}k^2.$$

Il faut donc, pour qu'il y ait *maximum,* que la valeur de ce trinôme reste constamment *négative,* quels que soient les signes et les valeurs absolues des accroissements h et k, pourvu que ces valeurs soient suffisamment petites; pour qu'il y ait *minimum,* il faut que la valeur de ce trinôme reste, dans les mêmes conditions, constamment *positive* (744).

Pour n'avoir qu'une variable, nous poserons $k = \rho h$, en désignant par ρ le rapport algébrique, d'ailleurs arbitraire, établi entre k et h. Le trinôme (1) pourra alors s'écrire, en faisant abstraction du facteur h^2 toujours positif et en renversant l'ordre des termes,

$$(2)\qquad \frac{d^2F}{dy^2}\rho^2 + 2\frac{d^2F}{dx\,dy}\rho + \frac{d^2F}{dx^2}.$$

Or ce trinôme, du second degré par rapport à ρ, n'aura que des valeurs négatives, si le coefficient de son premier terme est négatif et si, lorsqu'on l'égale lui-même à zéro, les racines de l'équation correspondante sont imaginaires (*Alg. élém.*, 252).

Les conditions du maximum sont donc (*Alg. élém.*, 237)

$$\frac{d^2F}{dy^2} < 0, \qquad \left[\frac{d^2F}{dx\,dy}\right]^2 - \frac{d^2F}{dy^2}\frac{d^2F}{dx^2} < 0.$$

Le même trinôme (2) n'aura que des valeurs positives, si le coefficient de son premier terme est positif et si, lorsqu'on l'égale lui-même à zéro, les racines de l'équation correspondante sont encore imaginaires.

Les conditions du minimum sont donc

$$\frac{d^2F}{dy^2} > 0, \qquad \left[\frac{d^2F}{dx\,dy}\right]^2 - \frac{d^2F}{dy^2}\frac{d^2F}{dx^2} < 0.$$

On voit aisément que, dans les deux hypothèses, $\frac{d^2F}{dy^2}$ et $\frac{d^2F}{dx^2}$ ont nécessairement *le même signe.*

747. Si les trois dérivées partielles du deuxième ordre

$$\frac{d^2F}{dx^2}, \quad \frac{d^2F}{dx\,dy}, \quad \frac{d^2F}{dy^2},$$

devenaient nulles en même temps que celles du premier ordre, pour les valeurs attribuées à x et à y, les raisonnements précédents (745) montrent qu'il n'y aurait ni maximum ni minimum de la fonction, si les termes du troisième ordre subsistaient.

Si les quatre dérivées partielles du troisième ordre

$$\frac{d^3F}{dx^3}, \quad \frac{d^3F}{dx^2\,dy}, \quad \frac{d^3F}{dx\,dy^2}, \quad \frac{d^3F}{dy^3},$$

s'annulaient, il faudrait considérer les dérivées partielles du quatrième ordre, et il y aurait maximum ou minimum, si l'ensemble des termes correspondants conservait un signe invariable.

En poursuivant, on formulera aisément une règle analogue à celle qui a été donnée pour les fonctions d'une seule variable (730). Nous ne nous y arrêterons pas.

748. Cas d'une fonction de trois variables. — Soit la fonction

$$v = F(x, y, z).$$

Supposons que x, y, z, reçoivent des valeurs telles, que l'on ait à la fois

$$\frac{dF}{dx} = 0, \qquad \frac{dF}{dy} = 0, \qquad \frac{dF}{dz} = 0.$$

Ces valeurs pourront correspondre alors à un maximum ou à un minimum de la fonction F.

En n'allant pas au delà des termes du deuxième ordre et dans l'hypothèse admise, la série de Taylor pourra s'écrire, en effectuant (687),

$$F(x+h, y+k, z+l) - F(x, y, z)$$
$$= \frac{1}{2}\left[\frac{d^2F}{dx^2}h^2 + \frac{d^2F}{dy^2}k^2 + \frac{d^2F}{dz^2}l^2 + 2\frac{d^2F}{dx\,dy}hk + 2\frac{d^2F}{dx\,dz}hl + 2\frac{d^2F}{dy\,dz}kl\right] + R,$$

R disparaissant encore devant les autres termes du second membre, pour des valeurs absolues de h, k, l, suffisamment petites.

Pour qu'il y ait maximum ou minimum, il faut donc que le polynôme qui précède R dans le second membre de la formule conserve, dans ces conditions, un signe invariable.

Posons, pour simplifier,

$$\frac{d^2F}{dx^2} = A, \quad \frac{d^2F}{dy^2} = A', \quad \frac{d^2F}{dz^2} = A'',$$
$$\frac{d^2F}{dy\,dz} = B, \quad \frac{d^2F}{dx\,dz} = B', \quad \frac{d^2F}{dx\,dy} = B'',$$

et écrivons en même temps

$$\frac{k}{h} = \rho, \quad \frac{l}{h} = \sigma.$$

Nous aurons ainsi, pour le polynôme considéré, en mettant h^2 en facteur,

$$\tfrac{1}{2}h^2[A + A'\rho^2 + A''\sigma^2 + 2B''\rho + 2B'\sigma + 2B\rho\sigma]$$

ou, en laissant de côté le facteur $\frac{1}{2}h^2$ dont le signe est invariable et en ordonnant par rapport à ρ,

$$A'\rho^2 + 2(B\sigma + B'')\rho + (A''\sigma^2 + 2B'\sigma + A).$$

Quels que soient les rapports arbitraires ρ et σ, il y aura *maximum* ou *minimum*, suivant que la valeur de ce polynôme sera constamment *négative* ou *positive*.

Or, en le regardant comme un trinôme du second degré en ρ, il en sera ainsi si l'on a

$A' < 0$ (pour le maximum), $\quad A' > 0$ (pour le minimum),

en même temps que

$$(B\sigma + B'')^2 - A'(A''\sigma^2 + 2B'\sigma + A) < 0.$$

Or, la seconde inégalité, qui doit avoir lieu quel que soit σ, revient à

$$(B^2 - A'A'')\sigma^2 + 2(BB'' - A'B')\sigma + (B''^2 - AA') < 0.$$

En regardant le premier membre de cette inégalité comme un trinôme du second degré en σ, elle sera satisfaite, si l'on a à la fois

$$B^2 - A'A'' < 0$$

(ce qui entraîne, d'après le signe de A', la condition $A'' < 0$ pour le maximum et $A'' > 0$ pour le minimum), et

$$(BB'' - A'B')^2 - (B^2 - A'A'')(B''^2 - AA') < 0$$

(ce qui entraîne $B''^2 - AA' < 0$ et, par suite, $A < 0$ pour le maximum et $A > 0$ pour le minimum).

La dernière inégalité développée donne, en simplifiant et en divisant ensuite tous les termes par le facteur commun A',

$$AB^2 + A'B'^2 + A''B''^2 - AA'A'' - 2BB'B'' \gtrless 0,$$

suivant qu'il s'agit d'un maximum ou d'un minimum; car, dans le cas du maximum, on a $A' < 0$, et il faut, en divisant par A', renverser le sens de l'inégalité (*Alg. élém.*, 215).

Ainsi, *les conditions du maximum sont*

$$A' < 0, \qquad B^2 - A'A'' < 0,$$
$$AB^2 + A'B'^2 + A''B''^2 - AA'A'' - 2BB'B'' > 0,$$

et *celles du minimum sont*

$$A' > 0, \qquad B^2 - A'A'' < 0,$$
$$AB^2 + A'B'^2 + A''B''^2 - AA'A'' - 2BB'B'' < 0.$$

On voit donc *que la condition*

$$B^2 - A'A'' < 0$$

doit être remplie, aussi bien pour un maximum que pour un minimum; et, ensuite, *que les trois coefficients* A, A', A'', *doivent avoir ensemble un signe contraire à celui de l'expression*

$$AB^2 + A'B'^2 + A''B''^2 - AA'A'' - 2BB'B'',$$

leur signe commun étant MOINS *pour un* MAXIMUM *et* PLUS *pour un* MINIMUM.

Nous ne considérerons pas un plus grand nombre de variables indépendantes.

Il arrive d'ailleurs souvent qu'on décide entre le maximum et le minimum, en s'aidant de considérations particulières fournies par la nature du problème à résoudre.

749. Il n'est pas inutile de remarquer que, si toutes les dérivées partielles d'un certain ordre sont nulles, la différentielle totale du même ordre est nulle, puisqu'elle est la somme des produits respectifs des mêmes dérivées par les accroissements arbitraires attribués aux variables correspondantes.

Réciproquement, ces accroissements étant indépendants les uns des autres, si la différentielle totale d'un certain ordre est nulle, toutes les dérivées partielles de cet ordre sont également nulles.

On peut donc résumer tout ce qui précède (747) en disant que, *pour qu'une fonction atteigne un maximum ou un minimum, il faut que la première différentielle totale qui ne s'annule pas pour les valeurs attribuées aux variables soit d'ordre pair, et qu'elle conserve un signe invariable, qui sera le signe moins dans le cas du maximum et le signe plus dans le cas du minimum.*

Applications.

750. 1° *Inscrire dans une sphère donnée, de rayon r, un parallélipipède rectangle dont le volume soit un maximum.*

Désignons par $2x$, $2y$, $2z$, les arêtes latérales du parallélipipède. Son volume V aura pour expression

$$V = 8xyz. \tag{1}$$

Chacune de ses diagonales étant un diamètre de la sphère circonscrite, on a, en divisant par 4 les deux membres de l'égalité,

$$r^2 = x^2 + y^2 + z^2.$$

Il en résulte

$$z = \sqrt{r^2 - x^2 - y^2}. \tag{2}$$

Si V est maximum, il en est de même de V^2. La fonction dont on doit chercher le maximum est donc finalement, en supprimant le facteur constant 64,

(3) $F(x, y) = x^2y^2(r^2 - x^2 - y^2) = r^2x^2y^2 - x^4y^2 - x^2y^4.$

C'est une fonction de deux variables indépendantes x et y.

Pour appliquer les résultats précédents, nous commencerons par chercher ses dérivées partielles du premier et du deuxième ordre. Nous obtiendrons ainsi

$$\frac{dF}{dx} = 2r^2xy^2 - 4x^3y^2 - 2xy^4,$$

$$\frac{dF}{dy} = 2r^2x^2y - 2x^4y - 4x^2y^3,$$

$$\frac{d^2F}{dx^2} = 2r^2y^2 - 12x^2y^2 - 2y^4,$$

$$\frac{d^2F}{dx\,dy} = 4r^2xy - 8x^3y - 8xy^3,$$

$$\frac{d^2F}{dy^2} = 2r^2x^2 - 2x^4 - 12x^2y^2.$$

Égalons à zéro les dérivées partielles du premier ordre. On peut supprimer, dans la première équation, le facteur commun $2xy^2$ et, dans la seconde, le facteur commun $2x^2y$. Les solutions correspondantes, $x = 0$ et $y = 0$, ne conviennent pas, évidemment, à la question proposée.

Nous aurons donc simplement à considérer le système

$$(4) \qquad \begin{cases} r^2 - 2x^2 - y^2 = 0, \\ r^2 - x^2 - 2y^2 = 0. \end{cases}$$

Il conduit, en tenant compte de l'équation (2), à

$$x = y = z = \frac{r\sqrt{3}}{3}.$$

Le parallélipipède rectangle inscrit dans la sphère donnée, et dont le volume atteint un maximum, est donc le cube qui a pour arête le tiers du côté du triangle équilatéral inscrit dans un grand cercle de la sphère.

C'est ce que nous allons vérifier. Pour qu'il en soit ainsi, il faut que les valeurs trouvées pour x, y, z satisfassent aux deux inégalités (746)

$$\frac{d^2F}{dy^2} < 0, \qquad \left[\frac{d^2F}{dx\,dy}\right]^2 - \frac{d^2F}{dy^2}\frac{d^2F}{dx^2} < 0.$$

On trouve, successivement, pour ces valeurs,

$$\frac{d^2F}{dy^2} = \frac{d^2F}{dx^2} = -\frac{8}{9}r^4, \qquad \frac{d^2F}{dx\,dy} = -\frac{4}{9}r^4.$$

La seconde inégalité se réduit donc à

$$\frac{16}{81}r^8 - \frac{64}{81}r^8 < 0,$$

et l'on a bien un maximum.

751. Le théorème connu sur le maximum du produit d'un nombre quelconque de facteurs positifs variables dont la somme est constante (*Alg. élém.*, **292**) nous aurait conduit bien plus rapidement à la solution de la question, que la méthode générale que nous venons d'appliquer.

Nous avons, en effet (**750**),

$$x^2 + y^2 + z^2 = r^2 = \text{const.},$$

et la fonction dont il faut déterminer le maximum est

$$\frac{V^2}{64} = x^2y^2z^2.$$

Il faut donc, d'après le théorème rappelé, qu'on ait

$$x^2 = y^2 = z^2,$$

c'est-à-dire, puisqu'il s'agit de quantités essentiellement positives,

$$x = y = z = \frac{r\sqrt{3}}{3}.$$

On peut d'ailleurs retrouver comme il suit, en les étendant, les deux théorèmes si utiles démontrés précédemment sur les maximums d'un produit dont la somme des facteurs simples est constante (*Alg. élém.*, **292**, **297**).

752. 2° *Partager un nombre* A *en m parties $x, y, z, \ldots, v$, telles que le produit*

$$(1) \qquad \mathfrak{P} = x^p y^q z^r \ldots v^t$$

soit un maximum, les exposants $p, q, r, \ldots, t$, étant des nombres positifs donnés, entiers ou fractionnaires.

On a l'équation de condition

$$(2)\qquad x+y+z+\ldots+v=\mathrm{A}$$

et, pour que le produit $\mathfrak{P}$ atteigne un maximum, il faut qu'on ait (749)

$$(3)\qquad d\mathfrak{P}=0.$$

En appliquant le théorème des différentielles logarithmiques (573) à l'équation (1), il vient évidemment

$$(3\ bis)\qquad \frac{d\mathfrak{P}}{\mathfrak{P}}=p\frac{dx}{x}+q\frac{dy}{y}+r\frac{dz}{z}+\ldots+t\frac{dv}{v}.$$

$\left(\text{On a, en effet, en simplifiant, } \frac{dx^p}{x^p}=p\frac{dx}{x}.\right)$

D'ailleurs, l'équation (2) peut s'écrire

$$v=\mathrm{A}-x-y-z-\ldots,$$

d'où

$$(4)\qquad \frac{dv}{v}=\frac{-dx-dy-dz-\ldots}{\mathrm{A}-x-y-z-\ldots}.$$

La valeur de $\frac{d\mathfrak{P}}{\mathfrak{P}}$ devient donc

$$(5)\qquad \frac{d\mathfrak{P}}{\mathfrak{P}}=p\frac{dx}{x}+q\frac{dy}{y}+r\frac{dz}{z}+\ldots-t\frac{dx+dy+dz+\ldots}{\mathrm{A}-x-y-z-\ldots},$$

et l'on a en même temps, en différentiant de nouveau (3 *bis*),

$$(6)\qquad \left\{\begin{aligned} d\frac{d\mathfrak{P}}{\mathfrak{P}}&=\frac{\mathfrak{P}\,d^2\mathfrak{P}-d\mathfrak{P}^2}{\mathfrak{P}^2}\\ &=\frac{d^2\mathfrak{P}}{\mathfrak{P}}-\left(\frac{d\mathfrak{P}}{\mathfrak{P}}\right)^2\\ &=-p\left(\frac{dx}{x}\right)^2-q\left(\frac{dy}{y}\right)^2-r\left(\frac{dz}{z}\right)^2-\ldots-t\left(\frac{dv}{v}\right)^2.\end{aligned}\right.$$

Si l'on fait maintenant $d\mathfrak{P}=0$ dans l'équation (5), pour arriver au maximum ou au minimum de $\mathfrak{P}$, on a

$$(7)\qquad p\frac{dx}{x}+q\frac{dy}{y}+r\frac{dz}{z}+\ldots=t\frac{dx+dy+dz+\ldots}{\mathrm{A}-x-y-z-\ldots}.$$

Cette équation sera évidemment satisfaite si l'on a

$$\frac{p}{x}=\frac{q}{y}=\frac{r}{z}=\ldots=\frac{t}{\mathrm{A}-x-y-z-\ldots}$$

ou, en renversant et d'après la relation (2),

$$(8)\quad \frac{x}{p}=\frac{y}{q}=\frac{z}{r}=\ldots=\frac{v}{t}=\frac{\mathrm{A}}{p+q+r+\ldots+t}\ (\textit{Alg. élém.}, \mathbf{63}).$$

Il faut donc, pour avoir les valeurs de $x, y, z, \ldots, v$, qui répondent au maximum de φ, partager le nombre donné A en parties proportionnelles aux exposants respectifs $p, q, r, \ldots, t$ [*Arithm.*, **430**].

C'est bien un maximum de φ qu'on obtient ainsi (**749**); car, pour ces valeurs, en vertu de l'équation (6) et à cause de $d\varphi=0$, on a nécessairement

$$d^2\varphi<0.$$

Si l'on suppose $p=q=r=\ldots=t=1$, le maximum du produit

$$\varphi_1=xyz\ldots v$$

s'obtient donc en prenant les m facteurs égaux entre eux et à $\frac{\mathrm{A}}{m}$ (*Alg. élém.*, **292**).

Maximums et minimums des fonctions implicites de plusieurs variables indépendantes.

753. Supposons n équations renfermant $n+p$ variables $x, y, z, \ldots, v, w, \ldots$. Ces équations formeront un premier système

$$(1)\quad \begin{cases} f_1(x, y, z, \ldots, v, w, \ldots)=0, \\ f_2(x, y, z, \ldots, v, w, \ldots)=0, \\ \ldots\ldots\ldots\ldots\ldots\ldots\ldots\ldots, \\ f_n(x, y, z, \ldots, v, w, \ldots)=0. \end{cases}$$

Parmi les $n+p$ variables, nous pourrons alors en regarder p, telles que $x, y, z, \ldots$, comme indépendantes, et les n autres variables, telles que $v, w, \ldots$, seront des fonctions des premières, définies par le système (1).

Admettons qu'on veuille trouver spécialement les maximums ou les minimums de la fonction v.

Nous différentierons les équations qui forment le système (1), et nous obtiendrons un nouveau système de n équations, qui sera

$$(2)\quad \begin{cases} \dfrac{df_1}{dx}dx + \dfrac{df_1}{dy}dy + \dfrac{df_1}{dz}dz + \ldots + \dfrac{df_1}{dv}dv + \dfrac{df_1}{dw}dw + \ldots = 0, \\ \dfrac{df_2}{dx}dx + \dfrac{df_2}{dy}dy + \dfrac{df_2}{dz}dz + \ldots + \dfrac{df_2}{dv}dv + \dfrac{df_2}{dw}dw + \ldots = 0, \\ \ldots\ldots\ldots\ldots\ldots\ldots\ldots\ldots\ldots\ldots\ldots\ldots, \\ \dfrac{df_n}{dx}dx + \dfrac{df_n}{dy}dy + \dfrac{df_n}{dz}dz + \ldots + \dfrac{df_n}{dv}dv + \dfrac{df_n}{dw}dw + \ldots = 0. \end{cases}$$

Dans ces équations, dx, dy, dz, ..., sont des constantes, et dv, dw, ..., sont les différentielles totales des fonctions v, w, ...

Entre les n équations (2), nous éliminerons les $n-1$ différentielles totales des fonctions w, ..., autres que la fonction v, en tenant compte immédiatement de la condition $dv = 0$, qui répond aux maximums ou aux minimums de cette dernière fonction (749).

Nous parviendrons de cette manière à une équation de la forme

$$(3)\qquad P\,dx + Q\,dy + R\,dz + \ldots = 0,$$

où P, Q, R, ..., seront des fonctions des variables indépendantes x, y, z, ... Comme les constantes dx, dy, dz, ..., n'ont entre elles aucune dépendance, l'équation (3) se résout en un nouveau système de p équations

$$(4)\qquad P = 0, \qquad Q = 0, \qquad R = 0, \qquad \ldots.$$

En réunissant les systèmes (1) et (4), on obtient $n+p$ équations pour déterminer les valeurs des $n+p$ variables, qui répondent aux maximums ou aux minimums de la fonction v spécialement considérée.

Pour reconnaître si les valeurs trouvées ainsi pour v sont des maximums ou des minimums, il faudra calculer la différentielle seconde d^2v et voir si elle conserve toujours le même signe et quel signe (749).

754. Il est clair que l'analyse précédente renferme le cas où l'on a à considérer des fonctions de plusieurs variables indépendantes liées entre elles par d'autres équations.

En faisant tout passer dans le premier membre de chaque équation, on transformera, en effet, les premières fonctions en fonctions implicites, et l'on obtiendra un système analogue au système (1) [753], avec cette seule différence que les équations qui lient les variables indépendantes ne renfermeront pas les fonctions proposées de ces variables.

CHAPITRE XVI.

PREMIÈRES NOTIONS SUR LES INTÉGRALES.

Définitions et théorèmes fondamentaux.

755. Dans ce qui précède, nous avons étudié les différentielles des divers ordres des fonctions quelconques d'une ou de plusieurs variables, et les questions analytiques qui s'y rattachent. Nous ne pouvons terminer sans dire quelques mots des intégrales.

Le Calcul intégral est l'inverse du Calcul différentiel, et il a pour but, d'une manière générale, la recherche des fonctions d'après leurs différentielles.

Nous nous bornerons, dans ce Chapitre, à exposer les principes fondamentaux de ce calcul inverse et à indiquer rapidement les méthodes d'intégration les plus simples, afin de pouvoir les appliquer au besoin en Géométrie analytique (t. V).

Il ne s'agira, bien entendu, que de fonctions d'une seule variable.

756. Considérons d'abord une courbe quelconque AB, rapportée à des axes rectangulaires Ox et Oy (*fig.* 17).

L'aire comprise entre une ordonnée fixe AC, une ordonnée quelconque MP, l'arc de courbe correspondant AM et l'axe Ox, est nécessairement une *fonction de l'abscisse* $x = \mathrm{OP}$ du point M, puisqu'elle varie avec la position du point P, le point M variant alors lui-même sur la courbe.

Si l'on désigne par u l'aire ACPM, l'aire MPP'M', qui répond à l'accroissement $\Delta x = \mathrm{PP'}$ de x, sera à son tour Δu.

Menons respectivement, par les points M et M', des parallèles MI' et M'I à l'axe Ox, jusqu'à la rencontre des ordonnées M′P′ et MP, et supposons, sans que cela soit absolument nécessaire à la démonstration, que les points M et M′ sont assez rapprochés pour que l'ordonnée y de la courbe varie toujours dans le même sens de l'un à l'autre. Nous aurons évidemment $I'M' = \Delta y$, et l'aire Δu sera comprise entre

Fig. 17.

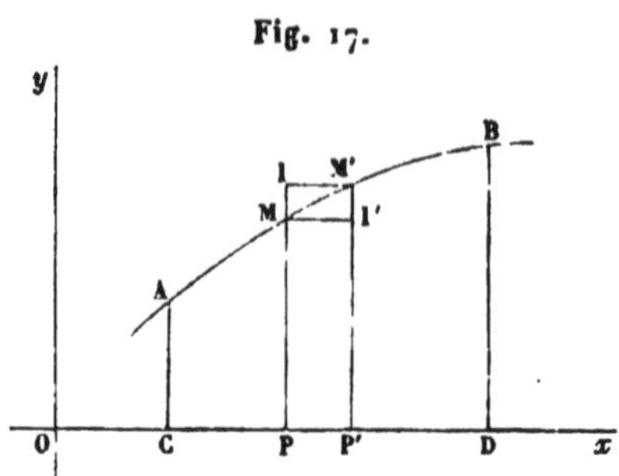

les aires des deux rectangles MPP′I′ et IPP′M′. On pourra donc poser (dans le cas de la figure)

$$y\,\Delta x < \Delta u < (y + \Delta y)\,\Delta x,$$

c'est-à-dire, en divisant par Δx,

$$y < \frac{\Delta u}{\Delta x} < y + \Delta y$$

ou, en passant à la limite, et Δu comme Δy tendant vers zéro en même temps que Δx (534),

$$\frac{du}{dx} = y \qquad \text{et} \qquad du = y\,dx.$$

On arrive ainsi à ce résultat qu'il importe de retenir :

Les axes étant rectangulaires, la dérivée de l'aire d'une courbe, entendue dans le sens indiqué, est, d'une manière générale, égale à l'ordonnée de cette courbe.

Si, au lieu d'employer des axes rectangulaires, on employait des axes obliques faisant entre eux l'angle θ, les deux rectangles qui comprennent l'aire Δu seraient remplacés par deux parallélogrammes ayant leurs côtés parallèles aux axes et ayant pour aires respectives (*Trigon.*, 153)

$$y\,\Delta x \sin\theta \qquad \text{et} \qquad (y + \Delta y)\,\Delta x \sin\theta.$$

On trouverait donc, dans cette hypothèse,

$$\frac{du}{dx} = y \sin\theta \qquad \text{et} \qquad du = y\,dx \sin\theta.$$

757. Passons à la recherche de l'aire totale comprise entre les deux ordonnées fixes AC et BD, l'arc de courbe correspondant AB et l'axe Ox (*fig.* 18).

Fig. 18.

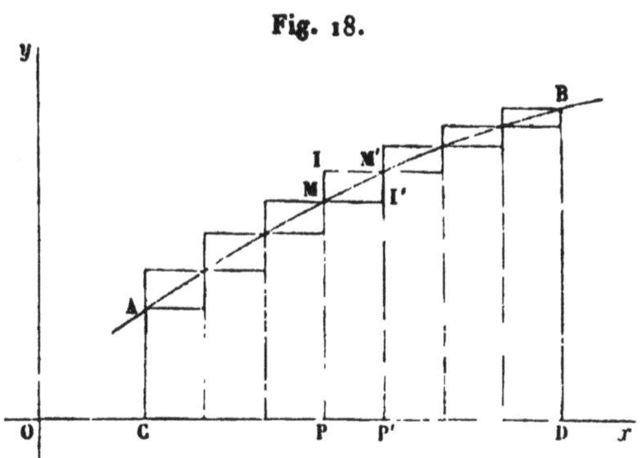

Divisons la portion CD de l'axe Ox en n parties, égales ou inégales, mais devenant toutes infiniment petites quand n devient infiniment grand. Sur ces divisions comme bases et avec les ordonnées correspondantes de la courbe, construisons des rectangles intérieurs et extérieurs à cette courbe AB, comme l'indique la figure. Par exemple, sur la division PP' qui répond à l'aire curviligne MPP'M', nous obtiendrons le rectangle *intérieur* MPP'I' et le rectangle *extérieur* IPP'M'.

L'aire ACDB est, à la limite, la somme d'un nombre infiniment grand de parties infiniment petites, telles que MPP'M'.

Or, les deux rectangles MPP'I' et IPP'M', qui comprennent entre eux l'aire curviligne MPP'M', ont même base, et leur rapport est celui de leurs hauteurs MP ou y et M'P' ou $y + \Delta y$. Ce rapport, à la limite, est donc égal à l'unité, et il en sera de même, *a fortiori,* du rapport de l'aire MPP'M' à celle de l'un des deux rectangles.

On a, par conséquent, le droit, *d'après le second principe fondamental de la Méthode infinitésimale* (529), de remplacer, dans la recherche qu'on poursuit, l'aire MPP'M' et toutes les aires analogues par celle de l'un des deux rectangles qui les comprennent respectivement. En choisissant, par exemple, le rectangle *intérieur* dont l'aire est exprimée par $y\,\Delta x$, on aura

$$\text{aire ACDB} = u = \lim \sum_{x=\text{OC}}^{x=\text{OD}} y\,\Delta x.$$

La caractéristique $\sum$ indique, comme à l'ordinaire, la somme de toutes les quantités analogues au produit $y\,\Delta x$ contenues dans l'intervalle déterminé par les valeurs extrêmes de x, c'est-à-dire par OC et par OD.

Nous avons supposé (*fig.* 18) que l'ordonnée de la courbe AB croissait constamment dans l'intervalle considéré. Si l'ordonnée était constamment décroissante, le même raisonnement subsisterait. Comme on peut, d'ailleurs, partager l'aire totale à évaluer en portions pour lesquelles l'ordonnée de la courbe varie toujours dans le même sens, le raisonnement précédent s'applique finalement à un arc de courbe présentant, relativement à son ordonnée, des alternatives quelconques de croissance et de décroissance.

758. Reprenons l'expression

$$u = \lim \sum_{x=\text{OC}}^{x=\text{OD}} y\,\Delta x,$$

et faisons croître n indéfiniment.

Δx deviendra infiniment petit, et l'on pourra le remplacer par dx, puisque ce sera l'accroissement infiniment petit de l'abscisse. On aura ainsi $y\,dx$, différentielle de u [756], au lieu de $y\,\Delta x$. En même temps, on remplacera la notation

$$\lim \sum_{x=\text{OC}}^{x=\text{OD}} y\,\Delta x$$

par la notation

$$\int_{x=\text{OC}}^{x=\text{OD}} y\,dx,$$

qu'il faut lire *somme intégrale* ou *Intégrale* de tous les éléments différentiels de l'aire u.

L'expression $\sum_{x=OC}^{x=OD} y\,\Delta x$ n'indique qu'une valeur approchée de l'aire ACDB, et elle ne devient exacte qu'à la limite. L'expression $\int_{x=OC}^{x=OD} y\,dx$ représente exactement l'aire ACDB ou la somme *complète* de ses éléments, et c'est pour cela qu'on donne le nom d'*intégrale* à cette seconde expression.

L'ordonnée y de la courbe AB étant aussi une fonction de x que l'on désignera par $f(x)$, on peut, en posant en outre $OC = x_0$ et $OC = x_1$, écrire l'intégrale précédente sous la forme

$$\int_{x_0}^{x_1} f(x)\,dx.$$

Comme les limites en sont indiquées, cette intégrale est dite une INTÉGRALE DÉFINIE, *prise depuis l'abscisse x_0 jusqu'à l'abscisse x_1.*

Par convention, on place la limite inférieure au bas du signe $\int$ et, la limite supérieure, au haut de ce signe.

Calculer, au point de vue où nous nous sommes placé, une intégrale définie, c'est effectuer une *quadrature*, puisque c'est déterminer une aire telle que ACDB, ou le carré équivalent à cette aire.

759. Le problème qu'on vient de traiter donne la solution de la question posée par le Calcul intégral (755), solution qui, d'une manière générale, existe toujours.

En effet, si $f(x)$ est une fonction réelle de la variable indépendante x, supposée continue entre les limites fixes x_0 et x_1, on pourra toujours trouver une fonction ayant pour différentielle $f(x)\,dx$ ou pour dérivée $f(x)$, entre les mêmes limites. Il suffira pour cela de construire (*fig.* 19) la courbe AB, dont l'équation ou l'ordonnée est

$$y = f(x).$$

Si l'on mène alors les ordonnées CA et PM qui répondent à l'abscisse fixe x_0 et à une abscisse variable x comprise entre $x_0 = OC$ et $x_1 = OD$, l'aire ACPM sera (756, 758) une fonction $F(x)$ ayant pour différentielle $f(x)\,dx$ ou pour dérivée $f(x)$, entre les mêmes limites.

Fig. 19.

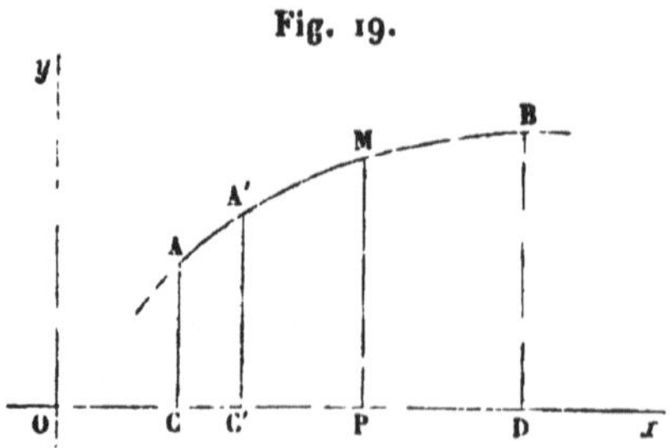

Nous énoncerons donc ce premier théorème :

I. *La limite de somme représentée par*

$$\int_{x_0}^{x_1} f(x)\,dx$$

est une fonction de la variable x ayant pour différentielle $f(x)\,dx$ ou, pour dérivée, $f(x)$.

On peut l'exprimer en écrivant

$$(1)\quad d\int_{x_0}^{x_1} f(x)\,dx = f(x)\,dx \quad \text{ou} \quad D\int_{x_0}^{x_1} f(x)\,dx = f(x).$$

La limite inférieure x_0 étant fixe, on a une *intégrale définie* (758), si la limite supérieure x_1 est également fixe. Si cette limite supérieure demeure variable, on dit, simplement, que *l'intégrale est prise à partir de x_0.*

760. *Quand on donne une fonction,* quelle qu'elle soit, *sa différentielle ou sa dérivée est,* comme on l'a vu, *complètement déterminée.*

Le problème inverse admet, au contraire, un nombre illimité de solutions; et l'*intégrale d'une différentielle $f(x)\,dx$ est susceptible d'une infinité de valeurs.*

Supposons, en effet, qu'une fonction $F(x)$ ait pour différentielle $f(x)\,dx$. Si l'on ajoute à cette fonction une *constante arbitraire* C, la nouvelle expression

$$F(x) + C$$

aura la même différentielle, puisque toute constante disparaît dans la différentiation d'une somme (568). Et, comme deux fonctions qui ont la même différentielle ne peuvent précisément différer que par une constante (549, 543), *toutes les fonctions* qui répondent à la question seront comprises dans l'expression générale

$$F(x) + C.$$

On pouvait s'attendre, d'après ce qui précède, à cette indétermination spéciale; car nous avons choisi, aussi arbitrairement (759), l'abscisse fixe x_0 ou OC. En partant (*fig.* 19) de l'abscisse OC', on aurait obtenu une aire différente A'C'PM, ayant encore pour différentielle $f(x)dx$.

L'expression générale

$$F(x) + C \tag{2}$$

est dite l'INTÉGRALE INDÉFINIE ou, simplement, l'INTÉGRALE de la *différentielle* $f(x)dx$, et on la représente, sans indication de limites, par la notation

$$\int f(x)dx.$$

Nous résumerons ce que nous venons de dire dans ce deuxième énoncé :

II. *Lorsque l'on a trouvé une fonction* $F(x)$ *dont la différentielle est* $f(x)dx$ *ou la dérivée* $f(x)$, *pour toute valeur de* x *comprise dans un intervalle déterminé, on obtient toutes les fonctions qui jouissent de la même propriété en ajoutant à la première* $F(x)$ *une constante arbitraire* C.

Des intégrales définies. — Élimination de la constante.

761. Toute intégrale définie est évidemment comprise dans l'intégrale indéfinie correspondante, et répond à une certaine valeur de la constante arbitraire C.

Ordinairement, le problème posé permet de connaître quelle valeur X_0 la fonction générale $F(x) + C$ doit prendre pour une *certaine* valeur x_0 de la variable x. On peut alors éliminer immédiatement la constante, puisque l'on doit avoir

$$F(x_0) + C = X_0, \qquad \text{d'où} \qquad C = X_0 - F(x_0),$$

et la fonction générale devient

$$F(x) - F(x_0) + X_0.$$

Le plus habituellement, elle doit s'annuler pour $x = x_0$, on a alors $X_0 = 0$, et elle prend la forme

$$F(x) - F(x_0).$$

On peut écrire, dans ce cas, sans constante arbitraire

$$\int f(x)\,dx = F(x) - F(x_0),$$

et cette expression est celle de l'aire ACPM (*fig.* 19), x_0 répondant à l'abscisse fixe OC, et l'abscisse $x = \mathrm{OP}$ restant variable.

Si l'on donne à x la valeur déterminée $x_1 = \mathrm{OD}$, l'intégrale devient elle-même complètement déterminée, c'est-à-dire que l'on a l'*intégrale définie de la différentielle* $f(x)\,dx$

$$\int_{x_0}^{x_1} f(x)\,dx = F(x_1) - F(x_0), \tag{3}$$

prise depuis $x = x_0$ *jusqu'à* $x = x_1$, *et ayant pour valeur l'aire* ACBD.

Nous pouvons donc énoncer ce dernier théorème fondamental, conclusion de tout ce qui précède :

III. *L'intégrale définie de la différentielle* $f(x)\,dx$, *prise de* $x = x_0$ *à* $x = x_1$, *est la limite vers laquelle tend la somme des valeurs de la différentielle* $f(x)\Delta x$ *ou* $f(x)\,dx$, *lorsque* x *varie d'une manière continue, c'est-à-dire en prenant des accroissements successifs infiniment petits, dans l'intervalle considéré.*

762. Ainsi, en se plaçant au point de vue du calcul, et *l'accroissement fini d'une fonction étant égal à la somme des accroissements infiniment petits qu'elle prend successivement dans l'intervalle proposé* (547), on voit que, *pour déterminer une intégrale définie telle que* (3) [761], *il faut trouver la fonction* $F(x)$ *dont la dérivée est* $f(x)$ *ou la différentielle* $f(x)\,dx$, *remplacer dans cette fonction* $F(x)$ *la variable* x *par sa limite supérieure* x_1, *puis par sa limite inférieure* x_0, *et retrancher le second résultat du premier.*

Il est entendu, pour le moment, que $f(x)$ conserve une valeur finie et continue depuis $x=x_0$ jusqu'à $x=x_1$, et que les deux limites x_0 et x_1 sont elles-mêmes finies.

763. Voici quelques remarques essentielles au point de vue des applications :

1° *Les signes d et ∫* représentent des opérations inverses l'une de l'autre et *se détruisent mutuellement lorsqu'on les superpose.*

On a donc, par définition même et en laissant la constante de côté,

$$(4)\qquad d\int f(x)dx=f(x)dx \qquad \text{et} \qquad \int dF(x)=F(x).$$

2° *Quand on intervertit l'ordre des limites, on change le signe de l'intégrale définie.*

On a, en effet, par convention (758, 762) et $F'(x)$ étant égale à $f(x)$,

$$\int_{x_0}^{x_1} f(x)dx=F(x_1)-F(x_0),$$

$$\int_{x_1}^{x_0} f(x)dx=F(x_0)-F(x_1),$$

et il en résulte

$$(5)\qquad \int_{x_0}^{x_1} f(x)dx=-\int_{x_1}^{x_0} f(x)dx$$

3° *Une intégrale peut présenter des éléments négatifs,* chaque produit $f(x)\Delta x$ ou $f(x)dx$ étant, dans tous les cas, positif ou négatif, suivant que ses facteurs sont de même signe ou de signes contraires.

Au lieu d'avoir une courbe telle que AB, la courbe $y=f(x)$ peut (*fig.* 20) affecter la forme AKMLB. Elle coupe alors deux fois l'axe Ox en K et en L.

Les deux portions d'aire ACK et LDB, situées au-dessus de l'axe Ox, sont positives, tandis que la portion d'aire KML, située au-dessous de cet axe, est négative.

En posant $OC = x_0$, $OD = x_1$, l'aire totale

$$ACK - KML + LDB$$

sera toujours représentée par

$$\int_{x_0}^{x_1} f(x)\,dx = F(x_1) - F(x_0),$$

et elle pourra être nulle, si la partie négative KML est égale, en valeur absolue, à la somme ACK + LDB des parties positives.

Fig. 20.

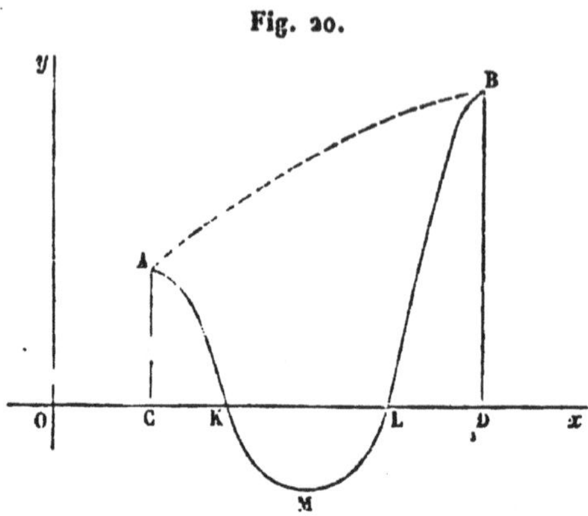

4° *La dérivée $f(x)$ de $F(x)$ restant finie et continue quand x varie de x_0 à x_1, de x_1 à x_2, de x_2 à x_3, ..., de x_{n-1} à x_n, on a la formule*

$$(6)\quad \int_{x_0}^{x_n} f(x)\,dx = \int_{x_0}^{x_1} f(x)\,dx + \int_{x_1}^{x_2} f(x)\,dx + \ldots + \int_{x_{n-1}}^{x_n} f(x)\,dx.$$

En effet, la formule (6) revient à l'identité

$$F(x_n) - F(x_0) = [F(x_1) - F(x_0)] + [F(x_2) - F(x_1)] + \ldots + [F(x_n) - F(x_{n-1})].$$

La formule (6) subsiste, lors même que les limites ne sont pas rangées par ordre de grandeur, les éléments du second membre qui ne se retrouvent pas dans le premier se détruisant nécessairement deux à deux. On peut le vérifier facilement, en ne considérant, par exemple, que les limites x_0, x_1, x_2, x_3, disposées dans l'ordre x_0, x_2, x_3, x_1.

5° *Si $f(x)$ et $\varphi(x)$ sont deux fonctions qui restent continues pour les valeurs de x comprises entre les limites x_0 et $x_1 > x_0$ et si, dans cet intervalle, on a toujours $f(x) > \varphi(x)$, on a aussi*

$$\int_{x_0}^{x_1} f(x)dx > \int_{x_0}^{x_1} \varphi(x)dx.$$

Les deux intégrales définies sont des limites de sommes, et chaque élément différentiel de la première somme est, par hypothèse, supérieur à l'élément différentiel correspondant de la seconde. L'inégalité indiquée est donc vérifiée.

Cette remarque permet de renfermer une intégrale définie entre deux limites.

En effet, si la fonction $f(x)$ demeure comprise entre les fonctions $\psi(x)$ et $\varphi(x)$, dans l'intervalle (x_0, x_1), et que ces fonctions soient continues dans cet intervalle, on a, d'après ce qu'on vient de dire,

$$\int_{x_0}^{x_1} \psi(x)\,dx > \int_{x_0}^{x_1} f(x)\,dx > \int_{x_0}^{x_1} \varphi(x)\,dx.$$

Si l'on ne sait pas intégrer $f(x)\,dx$ et si l'on sait, au contraire, intégrer $\psi(x)\,dx$ et $\varphi(x)\,dx$, on obtiendra donc deux limites de l'intégrale inconnue.

764. Nous terminerons ces préliminaires, en montrant que le théorème fondamental sur les intégrales définies (761) peut être établi directement par l'Analyse, à l'aide des principes du Calcul différentiel.

Admettons que $F(x)$ soit l'une quelconque des intégrales de $f(x)\,dx$ (760) : on aura $f(x) = F'(x)$.

Par suite, α étant une fonction de x et de Δx qui s'annule en même temps que Δx, on pourra écrire (545)

$$(1) \qquad \frac{F(x+\Delta x) - F(x)}{\Delta x} = F'(x) + \alpha,$$

c'est-à-dire

$$(2) \qquad \Delta F(x) = [f(x) + \alpha]\,\Delta x.$$

Si l'on fait maintenant varier x par degrés de plus en plus rapprochés, depuis $x = x_0$ jusqu'à $x = x_1$, la continuité de $f(x)$ étant supposée, on obtiendra, pour chaque valeur attribuée à x, une équation analogue à l'équation (2). En ajoutant toutes ces relations membre à membre, le premier membre de l'égalité résultante, somme des accroissements $\Delta F(x)$, représentera l'accroissement total de $F(x)$ entre les limites indiquées ou $F(x_1) - F(x_0)$, et l'on aura

$$(3) \quad F(x_1) - F(x_0) = \lim \sum_{x=x_0}^{x=x_1} f(x)\,\Delta x + \lim \sum_{x=x_0}^{x=x_1} \alpha\,\Delta x.$$

Mais $\sum \Delta x$ a ici pour limite finie $x_1 - x_0$. Par conséquent, les valeurs de α étant à la limite infiniment petites, on a, d'après un théorème précédemment démontré (528),

$$\lim \sum_{x=x_0}^{x=x_1} \alpha\,\Delta x = 0,$$

et il reste

$$(4) \quad F(x_1) - F(x_0) = \lim \sum_{x=x_0}^{x=x_1} f(x)\,\Delta x = \int_{x_0}^{x_1} f(x)\,dx.$$

Ainsi, l'intégrale définie est bien la *somme* des valeurs infiniment petites de la différentielle (547), entre les limites indiquées.

Procédés d'intégration les plus simples.

765. L'opération par laquelle on passe de la différentielle d'une fonction à cette fonction elle-même porte le nom d'*Intégration*.

Puisque les deux opérations, Différentiation et Intégration, sont inverses l'une de l'autre, chaque proposition relative à la différentiation a sa réciproque dans l'intégration.

On trouvera, à la fin de ce Volume, deux Tableaux parallèles, qui se répondent et se complètent mutuellement. Le premier renferme les différentielles et les dérivées les plus simples et les plus usuelles; le second fait connaître les intégrales qui résultent spontanément, pour ainsi dire, de la lecture des différentielles inscrites dans le premier.

Nous allons entrer dans quelques développements sur ce point, et indiquer ensuite les autres procédés les plus élémentaires. Nos lecteurs n'auront pas besoin, en général, d'aller plus loin, lorsqu'ils étudieront la Géométrie analytique (t. V).

INTÉGRATION IMMÉDIATE.

766. Nous remarquerons d'abord que, lorsque l'intégrale indéfinie d'une différentielle est connue (**759**, **760**), la relation (3) fournit ensuite son intégrale définie entre les limites données (**761**, **762**).

Cela posé, l'intégration est absolument immédiate, lorsqu'on retrouve, sans changement, sous le signe $\int$, la différentielle d'une fonction connue.

Nous allons parcourir quelques exemples.

1° Si l'on a à chercher

$$\int \frac{dx}{x},$$

on n'a qu'à se souvenir que la différentielle de lx est égale à $\frac{dx}{x}$ [**586**]. On peut alors écrire, en désignant par C la constante arbitraire, l'intégrale indéfinie

$$\int \frac{dx}{x} = lx + C.$$

Si les limites données sont $x = a$ et $x = b > a$, on a donc (**762**)

$$\int_a^b \frac{dx}{x} = lb - la = l\frac{b}{a}.$$

2° Si l'on a à chercher

$$\int \cos x\, dx,$$

il suffit de se rappeler que la fonction $\sin x$ a pour différentielle $\cos x\, dx$ [**598**], pour écrire

$$\int \cos x\, dx = \sin x + C.$$

Si les limites sont, pour l'arc x, o et $\frac{\pi}{2}$, il vient

$$\int_0^{\frac{\pi}{2}} \cos x\, dx = \sin\frac{\pi}{2} - \sin 0 = 1.$$

3° La fonction $\tang x$ ayant pour différentielle $\frac{dx}{\cos^2 x}$, [601], on a de même

$$\int \frac{dx}{\cos^2 x} = \tang x + C$$

et, pour les limites $x = \frac{\pi}{6}$ et $x = \frac{\pi}{4}$,

$$\int_{\frac{\pi}{6}}^{\frac{\pi}{4}} \frac{dx}{\cos^2 x} = \tang\frac{\pi}{4} - \tang\frac{\pi}{6} = 1 - \frac{1}{\sqrt{3}} = \frac{3-\sqrt{3}}{3} = 0,4226\ldots.$$

767. 4° Soit encore

$$\int \frac{dx}{\sqrt{1-x^2}}.$$

La différentielle de $\arc\sin x$ est précisément (609) celle qui est placée sous le signe $\int$. On a donc

$$\int \frac{dx}{\sqrt{1-x^2}} = \arc\sin x + C.$$

Mais il se présente ici, pour le passage à l'intégrale définie, une difficulté dont il faut être averti.

Supposons que les limites données soient $x = -1$ et $x = 1$. Nous aurons

$$\int_{-1}^{1} \frac{dx}{\sqrt{1-x^2}} = \arc\sin 1 - \arc\sin(-1).$$

Or, à un même sinus x, correspondent une infinité d'arcs compris dans les formules (*Trigon.*, 12)

$$2k\pi + x \quad \text{et} \quad (2k+1)\pi - x,$$

k étant un entier quelconque. La fonction $\arc\sin x$ n'est donc pas complètement déterminée, et il en est de même des deux termes arc sin 1 et arc sin — 1, lorsqu'on les considère séparément; mais leur différence n'est pas indéterminée. C'est ce que nous allons montrer.

Les deux arcs (arc sin 1 et arc sin — 1) peuvent faire partie, soit de la première formule générale que nous venons de rappeler, soit de la deuxième, soit, respectivement, de l'une et de l'autre. Le résultat demeurant identique, comme il est facile de le vérifier, nous admettrons que les deux arcs appartiennent à la première formule

$$2k\pi + x.$$

Nous pourrons alors écrire

$$\text{arc sin } 1 = 2k\pi + \frac{\pi}{2}, \qquad \text{arc sin } -1 = 2k\pi - \frac{\pi}{2},$$

k conservant, bien entendu, la même valeur dans les deux égalités, puisqu'il s'agit d'un arc variant d'une manière continue depuis la valeur pour laquelle son sinus est — 1 jusqu'à celle pour laquelle son sinus est 1.

Il en résultera finalement

$$\int_{-1}^{1} \frac{dx}{\sqrt{1-x^2}} = \left(2k\pi + \frac{\pi}{2}\right) - \left(2k\pi - \frac{\pi}{2}\right) = \pi.$$

768. 5° Si l'on donnait

$$\int \frac{dx}{1+x^2},$$

on aurait, de même (**613**),

$$\int \frac{dx}{1+x^2} = \text{arc tang} \, x + C.$$

Il s'ensuivrait

$$\int_{-1}^{1} \frac{dx}{1+x^2} = \text{arc tang } 1 - \text{arc tang}(-1).$$

A une même tangente x correspondent une infinité d'arcs compris dans la formule (*Trigon.*, **23**)

$$k\pi + x.$$

Le plus petit arc dont la tangente est 1 étant $\frac{\pi}{4}$, on pourra donc écrire, sans ambiguïté (767), et en supposant l'entier k quelconque,

$$\int_{-1}^{1} \frac{dx}{1+x^2} = \left(k\pi + \frac{\pi}{4}\right) - \left(k\pi - \frac{\pi}{4}\right) = \frac{\pi}{2}.$$

769. La comparaison des deux Tableaux indiqués (765) conduira sans peine à d'autres résultats analogues, qu'il faut, autant que possible, retenir par cœur.

Il est essentiel de remarquer, à ce sujet, que la fonction logarithmique (766) et les fonctions circulaires inverses (767, 768) sont *des intégrales de différentielles algébriques*. Ces fonctions se seraient donc présentées nécessairement, dès le début du Calcul intégral, comme des éléments analytiques nouveaux, lors même que l'Algèbre et la Trigonométrie n'en auraient pas donné d'avance la théorie. On comprend par là, sans insister, qu'il est dans la nature même de l'intégration de donner naissance à de nouveaux types de fonctions en nombre illimité et que, par conséquent, les Mathématiques trouvent dans ce calcul inverse une mine inépuisable de recherches.

THÉORÈMES DE TRANSFORMATION ET DE DÉCOMPOSITION.

770. I. *On peut, à volonté, faire sortir un facteur constant du signe* $\int$ *ou le faire entrer sous ce signe.*

On a, évidemment,

$$\int a f(x)\,dx = a \int f(x)\,dx, \tag{1}$$

a étant un facteur constant.

En effet, tout facteur constant persiste dans la différentiation (573), et deux fonctions qui ont la même différentielle ne peuvent différer que par une constante arbitraire *additionnelle* (760).

On peut dire encore qu'il revient au même de multiplier par un facteur constant chaque élément d'une somme ou la somme tout entière.

Ainsi, l'expression $a\int f(x)\,dx$ a pour différentielle $af(x)\,dx$ et, comme elle renferme implicitement une constante arbitraire, elle représente bien l'intégrale indéfinie de $af(x)\,dx$.

On aura donc, entre les mêmes limites x_0 et x_1,

$$\int_{x_0}^{x_1} af(x)\,dx = a\int_{x_0}^{x_1} f(x)\,dx.$$

771. II. *L'intégrale d'une somme algébrique de différentielles est égale à la somme algébrique des intégrales de ces différentielles.*

En effet, u, v et t, étant des fonctions de x, on a (568)

$$d(u+v-t) = du + dv - dt.$$

On a donc aussi

$$(2)\qquad \int d(u+v-t) = \int du + \int dv - \int dt;$$

car les deux membres de cette égalité ont même différentielle, et chaque intégrale indéfinie entraîne avec elle une constante arbitraire additionnelle.

On aura, par suite, entre les mêmes limites x_0 et x_1,

$$\int_{x_0}^{x_1} d(u+v-t) = \int_{x_0}^{x_1} du + \int_{x_0}^{x_1} dv - \int_{x_0}^{x_1} dt.$$

772. Le plus ordinairement, l'expression qui est sous le signe $\int$ n'est pas une différentielle connue; mais il suffit souvent d'une simple multiplication par un facteur constant convenablement choisi pour faire apparaître cette différentielle, et l'on peut alors regarder encore l'intégration comme immédiate. Le théorème I (770) a donc des applications très nombreuses, puisque l'on n'aura qu'à diviser ensuite le résultat obtenu par le facteur auxiliaire employé.

773. 1° Soit, par exemple,

$$\int x^m\,dx.$$

La quantité $x^m dx$ n'est pas une différentielle connue;

mais, en multipliant sous le signe par $m+1$, on voit que

$$(m+1)x^m dx$$

est précisément la différentielle de x^{m+1} (576).

Il en résulte qu'en multipliant sous le signe par $m+1$ et, en dehors du signe, par $\frac{1}{m+1}$, les deux opérations se détruiront (770), en donnant

$$(3) \quad \int x^m dx = \frac{1}{m+1}\int (m+1)x^m dx = \frac{x^{m+1}}{m+1} + C.$$

Il est utile d'énoncer ce résultat sous forme de règle; car il n'en est pas de plus usuel.

Lorsque la fonction dérivée placée sous le signe $\int$ *est une puissance, on obtient immédiatement l'intégrale, sauf la constante, en augmentant d'une unité l'exposant de la puissance et en divisant le résultat par l'exposant ainsi modifié.*

En appliquant cette règle et le théorème II (771), on peut écrire immédiatement l'intégrale qui correspond à une fonction dérivée exprimée par un polynôme rationnel en x.

On a ainsi

$$\begin{aligned}\int (5x^4 + 2x^3 - 7x^2 + 5x - 3)dx \\ &= \int 5x^4 dx + \int 2x^3 dx - \int 7x^2 dx + \int 5x dx - \int 3dx \\ &= x^5 + \frac{x^4}{2} - \frac{7x^3}{3} + \frac{5x^2}{2} - 3x + C.\end{aligned}$$

Les lecteurs feront bien, dans les commencements, de vérifier toujours le résultat de l'intégration effectuée, en prenant les différentielles des deux membres.

Nous ne devons pas terminer ce paragraphe, sans faire remarquer le cas d'exception qui se présente, lorsqu'on suppose dans la formule générale (3), $m = -1$. On trouve alors

$$\int \frac{dx}{x} = \frac{1}{0} + C,$$

au lieu de $lx + C$ que l'on devrait obtenir (766, 1°). Il ne faut pas d'ailleurs s'étonner que la formule générale devienne illusoire dans cette hypothèse, puisque l'intégrale $lx + C$, cessant d'être algébrique, ne peut plus être représentée par l'expression

$$\frac{x^{m+1}}{m+1}+C.$$

Un artifice de calcul peut conduire au résultat exact. C étant une constante arbitraire, on peut, sans rien modifier, retrancher dans le second membre la fraction $\frac{1}{m+1}$, et écrire

$$\int x^m\,dx=\frac{x^{m+1}-1}{m+1}+C.$$

Pour $m=-1$, la fraction du second membre prend la forme $\frac{0}{0}$. Mais, si l'on applique la règle de L'Hospital (711), en prenant le rapport des dérivées des deux termes relativement à m, on trouve d'abord

$$\frac{x^{m+1}\,lx}{1}$$

et, ensuite, pour $m=-1$, lx. On retombe bien ainsi sur la formule connue

$$\int\frac{dx}{x}=lx+C.$$

774. 2° Soit encore

$$\int a^x\,dx.$$

La quantité placée sous le signe n'est pas une différentielle connue; mais elle deviendrait celle de a^x [589], si on la multipliait par $\frac{\log a}{\log e}$. C'est ce que l'on a le droit de faire, à la condition de multiplier hors du signe par le facteur inverse $\frac{\log e}{\log a}$. Il vient ainsi

$$\int a^x\,dx=\frac{\log e}{\log a}\int\frac{\log a}{\log e}a^x\,dx=\frac{\log e}{\log a}a^x+C.$$

775. Le théorème relatif à la différentiation des fonctions de fonctions (565) peut être souvent invoqué, soit seul, soit combiné avec le théorème I (770).

3° Ainsi, la différentielle d'un logarithme conservant la fonction intacte au dénominateur (587) et la dérivée de la variable indépendante étant l'unité, on a, évidemment,

$$\int \frac{dx}{x+a} = l(x+a) + C.$$

On a, de même

$$\int \frac{dx}{x\,lx} = llx + C.$$

On a aussi (773)

$$\int \frac{dx}{(x+a)^p} = \int (x+a)^{-p}\,dx$$

$$= \frac{(x+a)^{-p+1}}{-p+1} + C = \frac{-1}{(p-1)(x+a)^{p-1}} + C.$$

En multipliant et en divisant par 2 (770), il vient également (565, 587)

$$\int \frac{x\,dx}{x^2+a^2} = \frac{1}{2}\int \frac{2x\,dx}{x^2+a^2} = \frac{1}{2}\,l(x^2+a^2) + C.$$

De même

$$\int \frac{lx}{x}\,dx = \frac{1}{2}\int \frac{2lx}{x}\,dx = \frac{1}{2}(lx)^2 + C.$$

Enfin (565, 613)

$$\int \frac{dx}{a^2+x^2} = \int \frac{\frac{dx}{a^2}}{1+\left(\frac{x}{a}\right)^2} = \frac{1}{a}\int \frac{\frac{dx}{a}}{1+\left(\frac{x}{a}\right)^2}$$

$$= \frac{1}{a}\operatorname{arc\,tang}\left(\frac{x}{a}\right) + C.$$

776. En décomposant la différentielle placée sous le signe en une somme de plusieurs autres et en appliquant le théorème II [771], on parvient fréquemment à tourner la difficulté et à effectuer l'intégration. Le théorème II joue donc, lui aussi, un rôle important, bien qu'il faille quelquefois une habileté toute particulière pour le mettre en œuvre.

777. 4° Soit, par exemple,

$$\int \frac{x^2-2x+5}{x-1}\,dx.$$

On peut effectuer la division indiquée, et l'expression devient

$$\int\left(x^2+x-1+\frac{4}{x-1}\right)dx=\frac{x^3}{3}+\frac{x^2}{2}-x+4\,l(x-1)+\mathrm{C}.$$

Soit encore

$$\int \sin^2 x\,dx.$$

On peut (*Trigon.*, 59) remplacer $\sin^2 x$ par $\frac{1-\cos 2x}{2}$, et il vient alors (563, 598)

$$\int \sin^2 x\,dx=\int\frac{1-\cos 2x}{2}dx=\frac{x}{2}-\frac{\sin 2x}{4}+\mathrm{C}.$$

778. 5° Considérons l'intégrale

$$\int\frac{dx}{\sin^2 x\cos^2 x}.$$

En la multipliant et en la divisant par $\sin^2 x+\cos^2 x=1$, et en effectuant, on trouve successivement (601, 604)

$$\begin{aligned}\int\frac{\sin^2 x+\cos^2 x}{\sin^2 x\cos^2 x}dx&=\int\frac{dx}{\cos^2 x}-\int-\frac{dx}{\sin^2 x}\\&=\operatorname{tang}x-\cot x+\mathrm{C}.\end{aligned}$$

6° Prenons, en dernier lieu, l'expression

$$\int\frac{dx}{a^2-b^2x^2}=\int\frac{dx}{(a-bx)(a+bx)}.$$

Si l'on a l'idée d'introduire au numérateur la somme

$$a-bx+a+bx=2a,$$

il vient, en effectuant et en faisant usage de la remarque du n° 775,

$$\begin{aligned}\int\frac{dx}{a^2-b^2x^2}&=\frac{1}{2a}\int\frac{(a-bx)+(a+bx)}{(a-bx)(a+bx)}dx\\&=\frac{1}{2a}\left(\int\frac{dx}{a+bx}+\int\frac{dx}{a-bx}\right)\\&=\frac{1}{2ab}\left(\int\frac{b\,dx}{a+bx}-\int\frac{-b\,dx}{a-bx}\right)=\frac{1}{2ab}\,l\frac{a+bx}{a-bx}+\mathrm{C}.\end{aligned}$$

On peut se reporter au n° 596 (6°).

INTÉGRATION PAR SUBSTITUTION.

779. Supposons que l'expression différentielle $f(x)dx$ ne soit pas immédiatement intégrable, et que la variable x soit liée à une autre variable indépendante t par la relation

$$x = \varphi(t). \tag{1}$$

Il en résultera

$$dx = \varphi'(t)dt$$

et, par suite,

$$f(x)dx = f[\varphi(t)]\varphi'(t)dt = \mathrm{F}(t)dt.$$

On aura donc

$$\int f(x)dx = \int \mathrm{F}(t)dt. \tag{2}$$

Si l'on peut déterminer immédiatement l'intégrale du second membre, ou si elle est plus simple que celle du premier membre, l'emploi de ce procédé de *substitution* sera avantageux. Dans le résultat obtenu finalement, on devra remplacer t par sa valeur en fonction de x.

Lorsque la première intégrale doit être prise entre les limites x_0 et x_1, il faut prendre l'intégrale substituée entre les limites t_0 et t_1, qui sont les valeurs de t pour lesquelles on a $x = x_0$ et $x = x_1$.

780. Quelques exemples éclairciront ce qui précède :

1° Soit d'abord

$$\int \frac{dx}{\sqrt{a^2 - x^2}}.$$

La quantité placée sous le signe $\int$ n'étant pas une différentielle connue, nous poserons, en désignant par t une nouvelle variable indépendante,

$$x = at, \qquad \text{d'où} \qquad dx = a\,dt.$$

Il viendra, en substituant

$$\int \frac{dx}{\sqrt{a^2 - x^2}} = \int \frac{a\,dt}{\sqrt{a^2 - a^2t^2}} = \int \frac{dt}{\sqrt{1 - t^2}} = \arcsin t + \mathrm{C},$$

c'est-à-dire, en revenant à x,

$$\int \frac{dx}{\sqrt{a^2 - x^2}} = \text{arc sin} \frac{x}{a} + C.$$

Il est clair, d'ailleurs, qu'on aurait pu éviter l'emploi du procédé par substitution, en s'appuyant sur le théorème relatif à la différentiation des fonctions de fonctions (775), et en posant directement

$$\int \frac{dx}{\sqrt{a^2 - x^2}} = \int \frac{\frac{dx}{a}}{\sqrt{1 - \left(\frac{x}{a}\right)^2}} = \text{arc sin} \left(\frac{x}{a}\right) + C.$$

Il en sera souvent ainsi dans les exemples simples, où le procédé dont il s'agit aura surtout pour objet de soulager l'attention.

2° Soit encore

$$\int (ax + b)^m dx.$$

Posons

$$ax + b = t.$$

Il en résultera

$$x = \frac{t - b}{a} \quad \text{et} \quad dx = \frac{dt}{a}.$$

En substituant, on aura donc

$$\int (ax + b)^m dx = \frac{1}{a} \int t^m dt = \frac{1}{a} \frac{t^{m+1}}{m+1} + C$$

ou, en revenant à x,

$$\int (ax + b)^m dx = \frac{1}{a} \frac{(ax + b)^{m+1}}{m+1} + C.$$

Puisque la différentielle de $ax + b$ est adx, on aurait pu aussi, dans cet exemple, éviter toute substitution et écrire immédiatement

$$\int (ax + b)^m dx = \frac{1}{a} \int (ax + b)^m a dx = \frac{1}{a} \frac{(ax + b)^{m+1}}{m+1} + C.$$

3° Considérons, en dernier lieu, l'intégrale fréquemment

rencontrée

$$\int \frac{dx}{x^2+bx+c},$$

en supposant que les racines de l'équation $x^2+bx+c=0$ sont imaginaires, auquel cas on a (*Alg. élém.*, 237)

$$\frac{b^2}{4}-c<0 \qquad \text{ou} \qquad c-\frac{b^2}{4}>0.$$

On a aussi

$$x^2+bx+c=\left(x+\frac{b}{2}\right)^2+\left(c-\frac{b^2}{4}\right).$$

t étant une autre variable indépendante, posons

$$x+\frac{b}{2}=t\sqrt{c-\frac{b^2}{4}}, \qquad \text{d'où} \qquad dx=dt\sqrt{c-\frac{b^2}{4}}.$$

Nous aurons évidemment, en substituant et en simplifiant,

$$\int \frac{dx}{x^2+bx+c}=\int \frac{\sqrt{c-\frac{b^2}{4}}}{\left(c-\frac{b^2}{4}\right)t^2+\left(c-\frac{b^2}{4}\right)}dt$$

$$=\frac{1}{\sqrt{c-\frac{b^2}{4}}}\int\frac{dt}{1+t^2}=\frac{1}{\sqrt{c-\frac{b^2}{4}}}\operatorname{arc\,tang} t+\mathrm{C}$$

ou, en revenant à x,

$$\int \frac{dx}{x^2+bx+c}=\frac{1}{\sqrt{c-\frac{b^2}{4}}}\operatorname{arc\,tang}\frac{x+\frac{b}{2}}{\sqrt{c-\frac{b^2}{4}}}+\mathrm{C}.$$

Si les deux racines imaginaires de l'équation

$$x^2+bx+c=0$$

sont mises sous la forme $\alpha\pm\beta i$ (*Alg. élém.*, 237), on a

$$\alpha=-\frac{b}{2} \qquad \text{et} \qquad \beta=\sqrt{c-\frac{b^2}{4}},$$

et l'on peut écrire

$$\int \frac{dx}{x^2+bx+c}=\frac{1}{\beta}\operatorname{arc\,tang}\frac{x-\alpha}{\beta}+\mathrm{C}.$$

INTÉGRATION PAR PARTIES.

781. Ce procédé d'intégration est très important. Il est très fréquemment mis en œuvre et offre de précieuses ressources.

u et v étant deux fonctions de x, nous avons trouvé pour la différentielle de leur produit (570)

$$duv = u\,dv + v\,du. \tag{1}$$

On a donc, en intégrant les deux membres (771),

$$uv = \int u\,dv + \int v\,du$$

et, par suite,

$$\int u\,dv = uv - \int v\,du. \tag{2}$$

Nous n'avons pas ajouté de constante, parce que chaque membre de l'équation (1), intégré, comporte une constante arbitraire.

Puisque uv est une *partie intégrée*, on ramène de cette manière la recherche de l'intégrale $\int u\,dv$ à celle de l'intégrale $\int v\,du$, qui peut être plus simple, ou mieux se prêter aux exigences de la question à traiter.

On voit que, dans les deux intégrales substituées ainsi l'une à l'autre, les fonctions et les différentielles sont permutées : on a, dans la seconde, v à la place de u et du à la place de dv.

Ce procédé pourrait s'appeler aussi *intégration par facteurs,* puisqu'il est fondé sur la décomposition du produit qu'on veut intégrer en deux facteurs, dont l'un soit une différentielle connue : dans le produit $u\,dv$, dv est la différentielle connue de la fonction v.

782. Si l'on veut appliquer la formule (1) [781] à la recherche d'intégrales définies, on a, en appelant u_0 et v_0, u_1 et v_1, les valeurs des fonctions u et v pour $x = x_0$ et $x = x_1$,

$$\int_{x_0}^{x_1} u\,dv = [u_1 v_1 - u_0 v_0] - \int_{x_0}^{x_1} v\,du. \tag{3}$$

783. Nous allons appliquer l'intégration par parties à quelques exemples choisis.

1° Soit l'expression

$$\int lx\,dx.$$

Si l'on se reporte à la formule (2) [781], on a ici

$$u = lx, \qquad v = x, \qquad du = \frac{dx}{x}.$$

Par suite,

$$\int lx\,dx = x\,lx - \int x\frac{dx}{x} = x\,lx - x + C.$$

2° Soit l'expression

$$\int \text{arc tang}\,x\,dx.$$

On a ici

$$u = \text{arc tang}\,x, \qquad v = x, \qquad du = \frac{dx}{1+x^2}.$$

Par suite,

$$\int \text{arc tang}\,x\,dx = x\,\text{arc tang}\,x - \int x\,\frac{dx}{1+x^2}$$

$$= x\,\text{arc tang}\,x - \frac{1}{2}\,l(1+x^2) + C.$$

3° Soit l'expression

$$\int xe^x\,dx.$$

Ici, $e^x\,dx$ est la différentielle connue de e^x. On a donc

$$u = x, \qquad v = e^x, \qquad du = dx,$$

et, par conséquent,

$$\int xe^x\,dx = xe^x - \int e^x\,dx = xe^x - e^x + C.$$

4° Soit l'expression

$$\int \text{arc sin}\,x\,dx.$$

On a ici

$$u = \arc\sin x, \qquad v = x, \qquad du = \frac{dx}{\sqrt{1-x^2}};$$

par suite,

$$\int \arc\sin x\, dx = x \arc\sin x - \int x \frac{dx}{\sqrt{1-x^2}}.$$

On peut d'ailleurs écrire

$$\int x \frac{dx}{\sqrt{1-x^2}} = -\int \frac{-2x\,dx}{2\sqrt{1-x^2}} = -\sqrt{1-x^2},$$

et l'on a, finalement,

$$\int \arc\sin x\, dx = x \arc\sin x + \sqrt{1-x^2} + C.$$

784. On peut avoir à appliquer le même procédé plusieurs fois et successivement, jusqu'à ce que l'on parvienne à une dernière intégrale, immédiatement connue.

5° Soit l'expression

$$\int x^3 e^x\, dx.$$

On a ici

$$u = x^3, \qquad v = e^x, \qquad du = 3x^2\,dx.$$

Par suite,

$$\int x^3 e^x\, dx = x^3 e^x - \int e^x 3x^2\, dx.$$

On devra calculer la seconde intégrale par le même procédé et en posant

$$u = 3x^2, \qquad v = e^x, \qquad du = 6x\,dx.$$

On aura ainsi

$$\int 3x^2 e^x\, dx = 3x^2 e^x - \int e^x 6x\, dx.$$

En opérant encore de même et en posant une troisième fois

$$u = 6x, \qquad v = e^x, \qquad du = 6\,dx,$$

il viendra enfin

$$\int 6x e^x\, dx = 6x e^x - \int e^x 6\, dx = 6x e^x - 6e^x.$$

On trouvera donc, finalement, en substituant dans la première formule les résultats successivement obtenus,

$$\int x^3 e^x\,dx = e^x(x^3 - 3x^2 + 6x - 6).$$

6° Soit, encore, l'expression

$$\int x^m \cos x\,dx.$$

$\cos x\,dx$ étant la différentielle de $\sin x$, on peut poser

$$u = x^m, \qquad v = \sin x, \qquad du = m x^{m-1}\,dx.$$

Par suite,

$$\int x^m \cos x\,dx = x^m \sin x - m\int x^{m-1} \sin x\,dx.$$

On peut mettre la seconde intégrale sous la forme

$$-\int x^{m-1} \sin x\,dx = \int x^{m-1}(-\sin x\,dx)$$

et poser, puisque $-\sin x\,dx$ est la différentielle de $\cos x$,

$$u = x^{m-1}, \qquad v = \cos x, \qquad du = (m-1)x^{m-2}\,dx.$$

On a ainsi

$$-\int x^{m-1} \sin x\,dx = x^{m-1}\cos x - (m-1)\int x^{m-2}\cos x\,dx.$$

La question est donc ramenée à la recherche de l'intégrale

$$\int x^{m-2}\cos x\,dx,$$

qui est de même forme que la proposée, sauf l'exposant de x. On devra, par conséquent, poursuivre l'application du procédé jusqu'à ce que, m étant supposé entier et positif, et diminuant d'une unité à chaque opération, on parvienne à l'intégrale connue

$$\int \cos x\,dx \quad \text{ou} \quad \int -\sin x\,dx,$$

suivant que m sera pair ou impair. L'opération sera alors terminée.

Prenons, pour fixer les idées, $m=4$. Nous aurons successivement

$$\int x^4 \cos x\, dx = x^4 \sin x - 4\int x^3 \sin x\, dx,$$

$$-\int x^3 \sin x\, dx = x^3 \cos x - 3\int x^2 \cos x\, dx,$$

$$\int x^2 \cos x\, dx = x^2 \sin x - 2\int x \sin x\, dx,$$

$$-\int x \sin x\, dx = x \cos x - \int \cos x\, dx = x\cos x - \sin x,$$

c'est-à-dire, finalement,

$$\int x^4 \cos x\, dx = \sin x[x^4 - 12x^2 + 24] + 4x\cos x[x^2 - 6] + C.$$

Cas particuliers des intégrales définies (¹).

785. I. Les limites de l'intégrale peuvent être infinies.

Nous avons supposé, jusqu'à présent, que, dans l'intégrale définie

$$\int_{x_0}^{x_1} f(x)\, dx,$$

la fonction dérivée $f(x)$ restait finie et continue entre les deux limites x_0 et x_1, ces limites étant des quantités déterminées quelconques. Nous allons montrer que, $f(x)$ demeurant toujours finie et continue, tandis que l'une des deux limites ou toutes les deux deviennent infinies, l'intégrale correspondante peut conserver une valeur finie, ou bien devenir elle-même infinie ou indéterminée.

786. Remarquons qu'une intégrale prise entre les limites x_0 et ∞ n'est autre chose que la limite vers laquelle tend la même intégrale prise entre les limites x_0 et x_1, lorsqu'on fait

(¹) En disant ici quelques mots de cette question délicate, nous voulons seulement indiquer au lecteur les difficultés qui peuvent se présenter dans le calcul des intégrales définies.

tendre x_1 vers l'infini. On a ainsi

$$\int_{x_0}^{\infty} f(x)\,dx = \lim \int_{x_0}^{x_1} f(x)\,dx \quad [\text{pour } x_1 = \infty].$$

On a, de même,

$$\int_{-\infty}^{x_1} f(x)\,dx = \lim \int_{x_0}^{x_1} f(x)\,dx \quad [\text{pour } x_0 = -\infty]$$

et

$$\int_{-\infty}^{\infty} f(x)\,dx = \lim \int_{x_0}^{x_1} f(x)\,dx \quad [\text{pour } x_0 = -\infty \text{ et } x_1 = \infty].$$

787. 1° Soit, par exemple,

$$\int_{x_0}^{\infty} e^{-x}\,dx.$$

On aura d'abord

$$\int e^{-x}\,dx = -e^{-x} + C;$$

puis

$$\int_{x_0}^{x_1} e^{-x}\,dx = e^{-x_0} - e^{-x_1}.$$

Si l'on fait tendre x_1 vers l'infini, la limite de $e^{-x_1} = \frac{1}{e^{x_1}}$ est zéro, et l'on a

$$\int_{x_0}^{\infty} e^{-x}\,dx = e^{-x_0};$$

ce qui est une valeur finie.

Si l'on fait tendre, au contraire, x_0 vers moins l'infini en donnant une valeur déterminée à l'autre limite x_1, il vient

$$\int_{-\infty}^{x_1} e^{-x}\,dx = e^{\infty} - e^{-x_1} = \infty.$$

788. 2° Soit, encore,

$$\int_{x_0}^{\infty} \frac{dx}{a^2 + x^2}.$$

On aura d'abord (775, 3°)

$$\int \frac{dx}{a^2 + x^2} = \frac{1}{a} \text{arc tang} \frac{x}{a} + C;$$

puis,

$$\int_{x_0}^{x_1} \frac{dx}{a^2 + x^2} = \frac{1}{a}\left(\text{arc tang} \frac{x_1}{a} - \text{arc tang} \frac{x_0}{a}\right).$$

Si l'on fait tendre x_1 vers l'infini, arc tang $\frac{x_1}{a}$ tend vers l'arc dont la tangente est égale à l'infini, c'est-à-dire, si l'on veut, vers l'arc $\frac{\pi}{2}$, et l'on a

$$\int_{x_0}^{\infty} \frac{dx}{a^2 + x^2} = \frac{1}{a}\left(\frac{\pi}{2} - \text{arc tang} \frac{x_0}{a}\right).$$

Si l'on fait tendre, au contraire, x_0 vers moins l'infini, on a, dans les mêmes conditions

$$\int_{-\infty}^{x_1} \frac{dx}{a^2 + x^2} = \frac{1}{a}\left(\text{arc tang} \frac{x_1}{a} + \frac{\pi}{2}\right).$$

Enfin, si l'on fait tendre à la fois x_0 vers $-\infty$ et x_1 vers ∞, il vient

$$\int_{-\infty}^{\infty} \frac{dx}{a^2 + x^2} = \frac{1}{a}\left(\frac{\pi}{2} + \frac{\pi}{2}\right) = \frac{\pi}{a}.$$

789. 3° Soit, en dernier lieu,

$$\int_{x_0}^{\infty} \cos x \, dx.$$

On aura d'abord

$$\int \cos x \, dx = \sin x + C;$$

puis,

$$\int_{x_0}^{x_1} \cos x \, dx = \sin x_1 - \sin x_0.$$

Si l'on fait tendre maintenant x_1 vers l'infini, la valeur de $\sin x_1$ ne peut tendre vers aucune limite déterminée. La valeur de l'intégrale

$$\int_{x_0}^{\infty} \cos x \, dx$$

est donc elle-même complètement indéterminée.

790. II. La fonction dérivée placée sous le signe $\int$ peut devenir infinie pour l'une des limites de l'intégrale ou entre ses limites.

Supposons d'abord que la fonction dérivée $f(x)$ demeure finie pour les valeurs de x comprises entre les limites x_0 et x_1, mais qu'elle devienne infinie pour $x = x_1$. La valeur correspondante de l'intégrale peut être alors finie, infinie ou indéterminée.

En supposant toujours $x_1 > x_0$ et en désignant par ε un infiniment petit positif, on pourra poser

$$\int_{x_0}^{x_1} f(x)\,dx = \lim \int_{x_0}^{x_1-\varepsilon} f(x)\,dx \quad [\text{pour } \varepsilon = 0].$$

Si la fonction $f(x)$ devient, au contraire, infinie pour $x = x_0$, on pourra écrire d'une manière analogue

$$\int_{x_0}^{x_1} f(x)\,dx = \lim \int_{x_0+\varepsilon}^{x_1} f(x)\,dx \quad [\text{pour } \varepsilon = 0].$$

791. Supposons, en second lieu, que la fonction $f(x)$ devienne infinie pour une certaine valeur de x comprise entre les deux limites x_0 et x_1 de l'intégrale. Cette dernière peut alors être finie, infinie ou indéterminée.

En désignant par X la valeur de x qui rend, dans l'intervalle (x_0, x_1), $f(x)$ infinie, nous pourrons écrire, d'une manière générale et d'après un théorème démontré précédemment (763, 4°),

$$\int_{x_0}^{x_1} f(x)\,dx = \int_{x_0}^{X} f(x)\,dx + \int_{X}^{x_1} f(x)\,dx.$$

Comme on a, par hypothèse, $f(X) = \infty$, il faudra chercher les limites des intégrales du second membre d'après les indications données au n° 790. En désignant par ε et par η deux infiniment petits positifs, *sans corrélation aucune*, nous poserons donc

$$\int_{x_0}^{X} f(x)\,dx = \lim \int_{x_0}^{X-\varepsilon} f(x)\,dx \quad [\text{pour } \varepsilon = 0]$$

et

$$\int_{X}^{x_1} f(x)\,dx = \lim \int_{X+\eta}^{x_1} f(x)\,dx \quad [\text{pour } \eta = 0].$$

La somme des deux limites obtenues fera connaître la valeur de l'intégrale proposée.

792. 1° Soit l'expression

$$\int_{-x_0}^{x_1} x^{-4}\,dx,$$

x_0 et x_1 étant des quantités positives.

On a d'abord

$$\int x^{-4}\,dx = \frac{x^{-3}}{-3} + \mathrm{C} = \frac{-1}{3x^3} + \mathrm{C},$$

puis

$$\int_{-x_0}^{x_1} x^{-4}\,dx = -\frac{1}{3x_1^3} - \frac{1}{3x_0^3}.$$

Cette valeur est négative. Cependant, tous les éléments différentiels de la forme $x^{-4}dx$ ou $\frac{dx}{x^4}$ sont positifs à cause de l'exposant pair de x^4. Le résultat obtenu n'est donc pas exact. En effet, nous sommes dans le cas d'exception qu'il s'agit d'étudier, puisque $f(x) = \frac{1}{x^4}$ devient infinie pour $x = 0$, valeur comprise entre $-x_0$ et x_1. Nous devons donc poser (791)

$$\int_{-x_0}^{0} x^{-4}\,dx = \lim \int_{-x_0}^{0-\varepsilon} x^{-4}\,dx = \left[-\frac{1}{3(0-\varepsilon)^3} - \frac{1}{3x_0^3}\right] \quad [\text{pour } \varepsilon = 0]$$

$$= \left(\frac{1}{3\varepsilon^3} - \frac{1}{3x_0^3}\right)[\text{pour } \varepsilon = 0] = \infty$$

et

$$\int_{0}^{x_1} x^{-4}\,dx = \lim \int_{0+\eta}^{x_1} x^{-4}\,dx = \left[-\frac{1}{3x_1^3} + \frac{1}{3(0+\eta)^3}\right] \quad [\text{pour } \eta = 0]$$

$$= \left(-\frac{1}{3x_1^3} + \frac{1}{3\eta^3}\right) \quad [\text{pour } \eta = 0] = \infty.$$

Les deux intégrales partielles dont la somme représente l'intégrale proposée sont donc infinies de même signe, et cette intégrale a elle-même une valeur infinie.

793. 2° Soit, encore, l'intégrale

$$\int_{x_0}^{x_1} \frac{dx}{x}.$$

On a, comme on le sait,

$$\int \frac{dx}{x} = lx + C,$$

d'où

$$\int_{x_0}^{x_1} \frac{dx}{x} = l\frac{x_1}{x_0}.$$

Si les deux limites sont de même signe, il n'y a aucune difficulté; mais, si elles sont de signes contraires, le second membre se présente sous forme imaginaire. Nous nous trouvons dans le même cas d'exception; car, dans l'intervalle de ces deux limites de signes contraires, la fonction $f(x) = \frac{1}{x}$ passe nécessairement par l'infini pour $x = 0$.

Pour bien faire apparaître la différence de signes des deux limites, nous désignerons par x_0 et par x_1 deux nombres positifs et, pour lever la difficulté, nous poserons (791)

$$\int_{-x_0}^{x_1} \frac{dx}{x} = \lim \left(\int_{-x_0}^{0-\varepsilon} \frac{dx}{x} + \int_{0+\eta}^{x_1} \frac{dx}{x} \right),$$

ε et η étant des infiniment petits arbitraires, sans aucune corrélation.

On aura alors

$$\lim \int_{-x_0}^{0-\varepsilon} \frac{dx}{x} = l\frac{0-\varepsilon}{-x_0} = l\frac{\varepsilon}{x_0}$$

et

$$\lim \int_{0+\eta}^{x_1} \frac{dx}{x} = l\frac{x_1}{0+\eta} = l\frac{x_1}{\eta}.$$

La somme des deux limites sera donc

$$l\frac{x_1}{\eta} + l\frac{\varepsilon}{x_0} = l\frac{x_1}{x_0} + l\frac{\varepsilon}{\eta}.$$

Mais, ε et η étant arbitraires, leur rapport est indéterminé, et l'intégrale proposée a elle-même une valeur indéterminée.

Si l'on suppose $\varepsilon = \eta$, on a $l\frac{\varepsilon}{\eta} = l\,1 = 0$, et la valeur de l'intégrale se réduit à $l\frac{x_1}{x_0}$. C'est ce que CAUCHY appelle, dans les cas analogues, la *valeur principale* de l'intégrale indéterminée.

Cette *valeur principale* a donc pour expression générale (791)

$$\lim\left[\int_{x_0}^{X-\varepsilon} f(x)\,dx + \int_{X+\varepsilon}^{x_1} f(x)\,dx\right].$$

Nouvelle démonstration de la série de Taylor.

794. Les propriétés des intégrales définies et l'application du procédé d'intégration par parties (781) conduisent à une démonstration simple et élégante de la série de Taylor (675).

Soient, en effet, x et h deux quantités données et t une variable. Considérons la fonction

$$f(x+h-t),$$

et supposons-la continue, ainsi que ses $n+1$ premières dérivées, pour les valeurs de t comprises entre 0 et h; ce qui revient à dire que $f(x)$ et ses $n+1$ premières dérivées sont continues dans l'intervalle $(x, x+h)$.

La différentielle de $f(x+h-t)$ par rapport à t étant égale (565) à

$$-f'(x+h-t)\,dt,$$

nous aurons, identiquement (763, 2°)

$$(1) \quad \int_h^0 -f'(x+h-t)\,dt = \int_0^h f'(x+h-t)\,dt = f(x+h) - f(x)$$

Cela posé, si l'on veut appliquer l'intégration par parties (781) à l'expression

$$\int_0^t f'(x+h-t)\,dt,$$

on aura ici

$$u = f'(x+h-t), \qquad v = t, \qquad du = -f''(x+h-t)\,dt,$$

et il viendra, par suite,

$$\int_0^t f'(x+h-t)\,dt = t f'(x+h-t) + \int_0^t t f''(x+h-t)\,dt.$$

En opérant de même pour l'intégrale du second membre et en poursuivant l'application de la méthode, on aura, successivement,

$$\int_0^t t f''(x+h-t)\,dt = \frac{t^2}{1.2} f''(x+h-t) + \int_0^t \frac{t^2}{1.2} f'''(x+h-t)\,dt,$$

$$\int_0^t \frac{t^2}{1.2} f'''(x+h-t)\,dt = \frac{t^3}{1.2.3} f'''(x+h-t) + \int_0^t \frac{t^3}{1.2.3} f^{\text{IV}}(x+h-t)\,dt,$$

. . . .

$$\frac{t^{n-1}}{1.2.3\ldots(n-1)} f^n(x+h-t)\,dt = \frac{t^n}{1.2.3\ldots n} f^n(x+h-t) + \int_0^t \frac{t^n}{1.2.3\ldots n} f^{n+1}(x+h-t)\,dt.$$

Ajoutons toutes ces égalités membre à membre. Nous aurons, en simplifiant,

$$\int_0^t f'(x+h-t)\,dt = \frac{t}{1} f'(x+h-t) + \frac{t^2}{1.2} f''(x+h-t) + \frac{t^3}{1.2.3} f'''(x+h-t) + \ldots$$
$$+ \frac{t^n}{1.2.3\ldots n} f^n(x+h-t) + \int_0^t \frac{t^n}{1.2.3\ldots n} f^{n+1}(x+h-t)\,dt.$$

En faisant $t=h$ dans cette égalité résultante et en tenant compte de l'identité (1), il viendra évidemment

$$(2)\quad \left\{\begin{aligned} f(x+h) &= f(x) + \frac{h}{1} f'(x) + \frac{h^2}{1.2} f''(x) + \frac{h^3}{1.2.3} f'''(x) + \ldots \\ &+ \frac{h^n}{1.2.3\ldots n} f^n(x) + \frac{1}{1.2.3\ldots n} \int_0^h f^{n+1}(x+h-t)\,t^n\,dt. \end{aligned}\right.$$

Pour que ce développement coïncide exactement avec la série de Taylor (675), il faut et il suffit que les conditions relatives à la continuité soient remplies, et que le reste R ou le dernier terme du second membre de la formule (2) tende vers zéro autant qu'on voudra à mesure que n augmente.

Si l'on désigne par M la plus grande valeur et par m la plus petite valeur que prend la dérivée continue $f^{n+1}(x+h-t)$, quand t varie de o à h, on a nécessairement

$$R < \frac{1}{1.2.3\ldots n}\int_0^h M t^n dt < \frac{M h^{n+1}}{1.2.3\ldots(n+1)}$$

et

$$R > \frac{1}{1.2.3\ldots n}\int_0^h m t^n dt > \frac{m h^{n+1}}{1.2.3\ldots(n+1)}.$$

La véritable valeur de R correspondra donc à une valeur de $f^{n+1}(x+h-t)$ telle, que t soit compris entre o et h et égal à $h-\theta h$, en désignant par θ une certaine fraction positive, et l'on trouvera ainsi, comme précédemment (677),

$$R = \frac{h^{n+1}}{1.2.3\ldots(n+1)} f^{n+1}(x+\theta h);$$

ce qui achève la démonstration.

Intégration par séries.

795. Le développement d'une intégrale en série convergente repose sur le théorème fondamental suivant :

Si une série

$$u_0 + u_1 + u_2 + \ldots + u_{n-1} + R_n,$$

dont les termes sont des fonctions continues de la variable x, est convergente pour toutes les valeurs de x comprises dans l'intervalle (x_0, x_1), et si $f(x)$ représente sa limite, la série

$$\int_{x_0}^{x_1} u_0 dx + \int_{x_0}^{x_1} u_1 dx + \int_{x_0}^{x_1} u_2 dx + \ldots + \int_{x_0}^{x_1} u_{n-1} dx + \int_{x_0}^{x_1} R_n dx$$

est aussi convergente dans le même intervalle, et elle a pour limite l'intégrale définie $\int_{x_0}^{x_1} f(x)\,dx$.

En effet, puisque, sous les conditions indiquées, on a, pour toutes les valeurs de x comprises dans l'intervalle (x_0, x_1), et R_n tendant vers zéro à mesure que n augmente,

$$(1)\qquad f(x) = u_0 + u_1 + u_2 + \ldots + u_{n-1} + R_n,$$

on a aussi (771), en multipliant par dx et en intégrant entre les limites x_0 et x_1,

$$(2)\quad \left\{ \begin{aligned} \int_{x_0}^{x_1} f(x)\,dx = \int_{x_0}^{x_1} u_0\,dx + \int_{x_0}^{x_1} u_1\,dx + \int_{x_0}^{x_1} u_2\,dx + \ldots \\ + \int_{x_0}^{x_1} u_{n-1}\,dx + \int_{x_0}^{x_1} R_n\,dx. \end{aligned} \right.$$

D'ailleurs, si l'on représente par ε un infiniment petit, on pourra toujours poser, par hypothèse et pour n assez grand,

$$R_n < \varepsilon,$$

et, par suite,

$$\int_{x_0}^{x_1} R_n\,dx < \int_{x_0}^{x_1} \varepsilon\,dx < \varepsilon(x_1 - x_0).$$

Le dernier terme du second membre de la relation (2) devient donc nul à son tour pour n infini, et l'on a rigoureusement

$$(3)\qquad \int_{x_0}^{x_1} f(x)\,dx = \int_{x_0}^{x_1} u_0\,dx + \int_{x_0}^{x_1} u_1\,dx + \int_{x_0}^{x_1} u_2\,dx + \ldots.$$

796. Si la série (1) [**795**], convergente pour toutes les valeurs de x comprises entre x_0 et x_1, devenait divergente pour $x = x_1$, la formule (3) serait encore vraie pour $x = x_1 - \varepsilon$, en supposant $x_1 > x_0$ et en désignant par ε un infiniment petit positif. En faisant tendre ε vers zéro, la formule (3) subsisterait toujours, pourvu que la série (2) demeurât convergente. En effet, ses deux membres représentant alors des fonctions continues de x qui ont constamment la même valeur, leurs limites, pour $\varepsilon = 0$ ou pour $x = x_1$, seraient encore égales.

797. Il résulte du théorème précédent (**795**) que, si la formule de Maclaurin (**684**) donne pour $f(x)$ une série convergente telle que

$$(1)\quad f(x) = f(0) + \frac{x}{1} f'(0) + \frac{x^2}{1.2} f''(0) + \frac{x^3}{1.2.3} f'''(0) + \ldots,$$

on pourra, en multipliant de part et d'autre par dx et en intégrant, en déduire l'intégrale indéfinie

$$(2)\quad \begin{cases} \int f(x)dx = C + \frac{x}{1}f(0) + \frac{x^2}{1.2}f'(0) \\ \qquad + \frac{x^3}{1.2.3}f''(0) + \frac{x^4}{1.2.3.4}f'''(0) + \dots \end{cases}$$

Si l'on veut que l'intégrale soit nulle pour $x = 0$, il en résultera $C = 0$, et l'on aura (762).

$$(3)\quad \begin{cases} \int_0^x f(x)dx = \frac{x}{1}f(0) + \frac{x^2}{1.2}f'(0) \\ \qquad + \frac{x^3}{1.2.3}f''(0) + \frac{x^4}{1.2.3.4}f'''(0) + \dots \end{cases}$$

798. Nous terminerons ces notions par quelques exemples.

1° La division donne (11)

$$\frac{1}{1+x} = 1 - x + x^2 - x^3 + \dots \pm x^n \mp \frac{x^{n+1}}{1+x},$$

et la série du second membre est convergente tant que x est moindre que 1 en valeur absolue. En multipliant par dx et en intégrant, il vient

$$\int \frac{dx}{1+x} = l(1+x) = x - \frac{x^2}{2} + \frac{x^3}{3} - \frac{x^4}{4} + \dots$$
$$\pm \frac{x^{n+1}}{n+1} \mp \int \frac{x^{n+1}dx}{1+x}.$$

Tant que la valeur de x reste comprise entre -1 et $+1$, on a donc (696)

$$l(1+x) = x - \frac{x^2}{2} + \frac{x^3}{3} - \frac{x^4}{4} + \dots$$

2° La division donne également

$$\frac{1}{1+x^2} = 1 - x^2 + x^4 - x^6 + \dots \pm x^{2n} \mp \frac{x^{2n+2}}{1+x^2},$$

et la série du second membre est convergente pour toutes les valeurs de x comprises entre -1 et $+1$. En multipliant par dx, en intégrant, et en prenant pour arc tang x le plus petit des arcs positifs qui ont x pour tangente, on a donc

$$\int \frac{dx}{1+x^2} = \text{arc tang}\, x = x - \frac{x^3}{3} + \frac{x^5}{5} - \frac{x^7}{7} + \ldots$$
$$\pm \frac{x^{2n+1}}{2n+1} \mp \int \frac{x^{2n+2}dx}{1+x^2}.$$

Tant que la valeur de x reste comprise entre -1 et $+1$, on peut écrire, par suite (704),

$$\text{arc tang}\, x = x - \frac{x^3}{3} + \frac{x^5}{5} - \frac{x^7}{7} + \ldots.$$

3° La formule du binôme (691) donne, en supposant x compris entre -1 et $+1$, la série convergente

$$(1-x^2)^{-\frac{1}{2}} = 1 + \frac{1}{2}x^2 + \frac{1.3}{2.4}x^4 + \frac{1.3.5}{2.4.6}x^6 + \ldots.$$

En multipliant par dx et en intégrant les deux membres de cette relation, il vient

$$\int (1-x^2)^{-\frac{1}{2}} dx = \int \frac{dx}{\sqrt{1-x^2}} = \text{arc sin}\, x$$
$$= x + \frac{1}{2}\frac{x^3}{3} + \frac{1.3}{2.4}\frac{x^5}{5} + \frac{1.3.5}{2.4.6}\frac{x^7}{7} + \ldots.$$

Ce développement est applicable tant que x reste compris entre -1 et $+1$ et, même, pour $x = \pm 1$, en raison de la remarque faite au n° 796, parce que, bien que la première série devienne alors divergente (692), la seconde série demeure convergente [1]. On aura ainsi, en faisant $x = 1$ dans le développement trouvé et en prenant pour arc sin x le plus petit arc positif qui réponde à cette condition,

$$\frac{\pi}{2} = 1 + \frac{1}{2}\cdot\frac{1}{3} + \frac{1.3}{2.4}\cdot\frac{1}{5} + \frac{1.3.5}{2.4.6}\cdot\frac{1}{7} + \ldots.$$

---

[1] *Voir* les *Questions proposées* sur les séries (124 et 125).

FIN DE LA PREMIÈRE PARTIE.

QUESTIONS PROPOSÉES

SUR

L'ALGÈBRE SUPÉRIEURE.

PREMIÈRE PARTIE.

QUESTIONS PROPOSÉES

SUR

L'ALGÈBRE SUPÉRIEURE.

PREMIÈRE PARTIE.

LIVRE PREMIER.

COMPLÉMENTS D'ALGÈBRE ÉLÉMENTAIRE.

1. Vérifier l'égalité

$$\frac{x^2y^2z^2}{a^2b^2}+\frac{(x^2-a^2)(y^2-a^2)(z^2-a^2)}{a^2(a^2-b^2)}+\frac{(x^2-b^2)(y^2-b^2)(z^2-b^2)}{b^2(b^2-a^2)}=x^2+y^2+z^2-a^2-b^2.$$

2. Vérifier l'égalité

$$[(a-b)(a-c)]^2+[(b-c)(c-a)]^2+[(c-a)(c-b)]^2=[a^2+b^2+c^2-ab-ac-bc]^2.$$

3. Démontrer que l'égalité

$$\frac{xu-yz}{x-y-z+u}=\frac{xz-yu}{x-y+z-u}$$

entraîne l'égalité

$$\frac{xz-yu}{x-y+z-u}=\frac{x+y+z+u}{4}.$$

4. Démontrer que

$$a^3-3abc+b^3+c^3$$

est exactement divisible par $a+b+c$.

5. Diviser

$$a^2(b+c)-b^2(a+c)+c^2(a+b)+abc$$

par $a-b+c$.

6. Diviser

$$(b-c)a^3+(c-a)b^3+(a-b)c^3$$

par $a^2-ab-ac+bc$.

7. Montrer que

$$(x^2-xy+y^2)^3+(x^2+xy+y^2)^3$$

est exactement divisible par $2x^2+2y^2$.

8. Décomposer

$$x^{16}-a^{16}$$

en cinq facteurs.

9. Chercher la relation qui doit exister entre p et q, pour que le trinôme

$$x^3+px+q$$

soit exactement divisible par le carré d'un certain binôme $(x-h)^2$.

10. Déterminer les valeurs des coefficients A et B, de manière que le polynôme

$$Ax^3-(2A^2+3B)x^2+(A^3+6AB)x-3A^2B$$

soit un cube parfait.

11. Retrouver la règle de l'extraction de la racine carrée d'un polynôme (*Alg. élém.*, 226), à l'aide de la méthode des coefficients indéterminés (Chap. III).

12. Chercher quelle est la condition nécessaire pour que le polynôme

$$Ax^2+Bxy+Cy^2+Dx+Ey+F$$

puisse se décomposer en deux facteurs du premier degré en x et en y.

13. m étant entier et positif, retrouver, par la méthode des coefficients indéterminés, la loi du développement de $(x+a)^m$, c'est-à-dire la formule du binôme (*Alg. élém.*, 416).

14. Démontrer que les six relations

$$\begin{aligned} a^2+a'^2+a''^2&=1, & ab+a'b'+a''b''&=0,\\ b^2+b'^2+b''^2&=1, & ac+a'c'+a''c''&=0,\\ c^2+c'^2+c''^2&=1, & bc+b'c'+b''c''&=0,\end{aligned}$$

entraînent les seize suivantes :

$$a^2 + b^2 + c^2 = 1, \qquad aa' + bb' + cc' = 0,$$
$$a'^2 + b'^2 + c'^2 = 1, \qquad aa'' + bb'' + cc'' = 0,$$
$$a''^2 + b''^2 + c''^2 = 1, \qquad a'a'' + b'b'' + c'c'' = 0,$$
$$b'c'' - c'b'' = \pm a, \qquad cb'' - bc'' = \pm a', \qquad bc' - cb' = \pm a'',$$
$$c'a'' - a'c'' = \pm b, \qquad ac'' - ca'' = \pm b', \qquad ca' - ac' = \pm b'',$$
$$a'b'' - b'a'' = \pm c, \qquad ba'' - ab'' = \pm c', \qquad ab' - ba' = \pm c'',$$
$$ab'c'' - ac'b'' + ca'b'' - ba'c'' + bc'a'' - cb'a'' = \pm 1.$$

(Dans les dix dernières relations, les signes supérieurs ou les signes inférieurs des seconds membres doivent être pris ensemble.)

15. Calculer la valeur du déterminant

$$\begin{vmatrix} 20 & 25 & 35 & 45 \\ 12 & 16 & 24 & 33 \\ 20 & 27 & 36 & 55 \\ 28 & 38 & 51 & 78 \end{vmatrix}.$$

Rép. 20.

16. Calculer la valeur du déterminant

$$\begin{vmatrix} 1 & a & -b \\ -a & 1 & c \\ b & -c & 1 \end{vmatrix}.$$

Rép. $1 + a^2 + b^2 + c^2$.

17. Calculer la valeur du déterminant

$$\begin{vmatrix} (b+c)^2 & a^2 & a^2 \\ b^2 & (c+a)^2 & b^2 \\ c^2 & c^2 & (a+b)^2 \end{vmatrix}.$$

Rép. $2abc(a+b+c)^3$.

18. Calculer la valeur du déterminant

$$\begin{vmatrix} bb' + cc' & ba' & ca' \\ ab' & cc' + aa' & cb' \\ ac' & bc' & aa' + bb' \end{vmatrix}.$$

Rép. $16abca'b'c'$.

19. Calculer la valeur du déterminant

$$\begin{vmatrix} 1 & 1 & 1 & 1 \\ a & b & c & d \\ a^2 & b^2 & c^2 & d^2 \\ a^3 & b^3 & c^3 & d^3 \end{vmatrix}.$$

Rép. $(a-b)(a-c)(a-d)(b-c)(b-d)(c-d)$.

20. Démontrer l'identité

$$\begin{vmatrix} 0 & 1 & 1 & 1 \\ 1 & a_2 & b_2 & c_2 \\ 1 & a_3 & b_3 & c_3 \\ 1 & a_4 & b_4 & c_4 \end{vmatrix} = \begin{vmatrix} 0 & 1 & 1 & 1 \\ 1 & a_2+\lambda_2 & b_2+\lambda_2 & c_2+\lambda_2 \\ 1 & a_3+\lambda_3 & b_3+\lambda_3 & c_3+\lambda_3 \\ 1 & a_4+\lambda_4 & b_4+\lambda_4 & c_4+\lambda_4 \end{vmatrix}.$$

21. Lorsqu'on échange les lignes et les colonnes d'un déterminant de manière que les deux diagonales de ce déterminant s'échangent elles-mêmes, le déterminant conserve la même valeur absolue et change ou non de signe, suivant que le plus grand nombre pair contenu dans son degré est pair ou doublement pair.

22. Si, dans un déterminant du $n^{\text{ième}}$ ordre, on remplace les différents éléments par les déterminants mineurs qui leur correspondent, le nouveau déterminant, dit *réciproque* du déterminant donné, est égal à la $(n-1)^{\text{ième}}$ puissance de ce dernier.

23. Le déterminant du troisième degré dont on forme les lignes en prenant, dans leur ordre naturel, neuf termes consécutifs d'une progression par différence ou d'une progression par quotient, a une valeur nulle.

24. Démontrer que la suite de Lamé, relative à la recherche de la limite du nombre de divisions à effectuer dans le calcul du plus grand commun diviseur de deux nombres entiers (*Arithm.*, 125), c'est-à-dire la suite

$$1, \quad 2, \quad 3, \quad 5, \quad 8, \quad 13, \quad 21, \quad 34, \quad 55, \quad 89, \quad \ldots$$

jouit de la même propriété.

25. k^2 termes consécutifs de la suite obtenue en remplaçant, dans l'expression $[2^{n-1}-1]$, n par la suite naturelle des nombres, constituent un déterminant d'ordre k, dont la valeur est toujours nulle.

26. On peut décomposer la valeur d'un déterminant d'ordre n en une somme de produits ayant chacun pour facteurs la valeur d'un déterminant mineur d'ordre p ou de classe $n-p$ et celle d'un déterminant mineur d'ordre $n-p$ ou de classe p.

27. Lorsque, dans un déterminant, les éléments de la première ligne sont tous égaux à l'unité, et que les éléments des autres lignes sont respectivement égaux à la somme de ceux qui, dans la ligne précédente, sont *au-dessus et à gauche* de l'élément considéré, la valeur du déterminant est égale à l'unité.

28. Lorsque, dans un déterminant, les éléments de la première ligne sont respectivement égaux aux éléments correspondants de la diagonale qui descend de gauche à droite, et que tous les éléments situés au-dessous de cette diagonale en reproduisent, dans chaque colonne, les termes correspondants changés de signe, la valeur de ce déterminant est égale à celle de son terme principal, multipliée par une puissance de 2 marquée par le degré du déterminant moins 1.

29. Former le produit des deux déterminants

$$\begin{vmatrix} x & y & 1 \\ x' & y' & 1 \\ x'' & y'' & 1 \end{vmatrix} \quad \text{et} \quad \begin{vmatrix} A & B & C \\ A' & B' & C' \\ A'' & B'' & C'' \end{vmatrix}.$$

30. Démontrer, en considérant le carré du déterminant du deuxième ordre, que le produit de deux sommes de deux carrés est lui-même la somme de deux carrés.

31. Chercher la valeur du déterminant

$$\begin{vmatrix} 1 & 1 & 1 \\ \sin\alpha & \sin\beta & \sin\gamma \\ \cos\alpha & \cos\beta & \cos\gamma \end{vmatrix}.$$

Rép. $4\sin\frac{1}{2}(\alpha-\beta)\sin\frac{1}{2}(\beta-\gamma)\sin\frac{1}{2}(\gamma-\alpha)$ (voir *Trigon.*, 99).

32. Vérifier, par la théorie des équations linéaires et homogènes, que la connaissance des angles d'un triangle est insuffisante pour déterminer ses côtés (voir *Trigon.*, 149, 98).

On a à considérer le déterminant

$$\begin{vmatrix} 1 & -\cos C & -\cos B \\ \cos C & -1 & \cos A \\ \cos B & \cos A & -1 \end{vmatrix}.$$

33. Résoudre le système

$$4x - 3y = 1,$$
$$2z - 3x = 1,$$
$$5y - 4z = 1.$$

34. Résoudre le système

$$x+y+z=a,$$
$$u+x+y=b.$$
$$z+u+x=c,$$
$$y+z+u=d.$$

[On appliquera à cet exemple et au précédent les *Règles de Cramer* (80).]

35. Résoudre le système

$$2x+y-8z=10,$$
$$3x-2y+5z=14,$$
$$8x-3y+2z=38.$$

36. Résoudre le système

$$3x-2y+5z=14,$$
$$6x-4y-3z=15,$$
$$9x-6y-7z=20.$$

37. Résoudre le système

$$x+ay+bz=1,$$
$$ax+y+bz=1,$$
$$ax+by+z=1.$$

[On appliquera à cet exemple et aux deux précédents le *théorème général de M. Rouché* (89, 91).]

38. Effectuer la division de

$$a^{\frac{p}{q}}-b^{\frac{p}{q}} \quad \text{par} \quad a^{\frac{1}{q}}-b^{\frac{1}{q}}.$$

39. Diviser

$$x^{p+1}+x^{p-1}+x^{-(p-1)}+x^{-(p+1)} \quad \text{par} \quad x+x^{-1}.$$

Déduire du résultat obtenu, en posant $x+x^{-1}=y$, l'expression des binômes successifs x^2+x^{-2}, x^3+x^{-3}, x^4+x^{-4}, x^5+x^{-5}, ..., en fonction de y.

40. Simplifier l'expression

$$\frac{(5a^2-41ab+42b^2)\sqrt[12]{a}}{\sqrt[4]{a}-7b\frac{1}{\sqrt[6]{a}}}.$$

41. Montrer que la condition $x^y=y^x$ entraîne l'égalité

$$\left(\frac{x}{y}\right)^{\frac{x}{y}}=x^{\frac{x}{y}-1},$$

et que, si l'on suppose $x=2y$, on a nécessairement $y=2$.

42. Simplifier l'expression

$$\frac{\left[(a^m)^{\frac{1}{p}}(a^n)^{\frac{1}{q}}\right]^{pq}}{\left[(b^q)^{\frac{1}{n}}(b^p)^{\frac{1}{m}}\right]^{mn}} : \left[\left(\frac{a}{b}\right)^n\right]^p.$$

43. Simplifier l'expression

$$\frac{x^{\frac{3}{2}} - a^{\frac{1}{2}}x + ax^{\frac{1}{2}} - a^{\frac{3}{2}}}{x^{\frac{5}{2}} - a^{\frac{1}{2}}x^2 + 3ax^{\frac{3}{2}} - 3a^{\frac{3}{2}}x + a^2x^{\frac{1}{2}} - a^{\frac{5}{2}}}.$$

$$\textit{Rép.}\quad \frac{x+a}{x^2 + 3ax + a^2}.$$

44. Chercher ce que devient l'expression

$$\frac{1+ax}{1-ax}\sqrt{\frac{1-bx}{1+bx}},$$

lorsqu'on suppose

$$x = \sqrt{\frac{2a}{b} - \frac{1}{a^2}}.$$

$$\textit{Rép.}\quad -1.$$

45. Chercher ce que deviennent les deux expressions

$$2\left(xy \pm \sqrt{x^2-1}\sqrt{y^2-1}\right),$$

lorsqu'on y suppose

$$x = \frac{1}{2}\left(a + \frac{1}{a}\right) \quad \text{et} \quad y = \frac{1}{2}\left(b + \frac{1}{b}\right).$$

$$\textit{Rép.}\quad ab + \frac{1}{ab} \quad \text{et} \quad \frac{a}{b} + \frac{b}{a}.$$

46. Remplacer la fraction $\frac{5065}{12891}$ par des fractions approchées, exprimées aussi simplement que possible, eu égard au degré d'approximation obtenu.

47. Réduire en fraction continue le nombre

$$e = 2{,}718281828\ldots.$$

48. Montrer que, si

$$\frac{P_{n-1}}{Q_{n-1}},\quad \frac{P_n}{Q_n},\quad \frac{P_{n+1}}{Q_{n+1}},$$

représentent trois réduites consécutives d'une fraction continue, on a

$$(P_{n+1} - P_{n-1}) Q_n = (Q_{n+1} - Q_{n-1}) P_n.$$

49. Démontrer qu'une fraction donnée $\frac{P}{Q}$ est nécessairement l'une des réduites de la quantité quelconque x développée en fraction continue, si la différence $x - \frac{P}{Q}$ est, en valeur absolue, moindre que $\frac{1}{2Q^2}$.

50. Soient les réduites successives d'une fraction continue

$$\frac{P_0}{Q_0}, \quad \frac{P_1}{Q_1}, \quad \frac{P_2}{Q_2}, \quad \frac{P_3}{Q_3}, \quad \ldots, \quad \frac{P_{n-1}}{Q_{n-1}}, \quad \frac{P_n}{Q_n}, \quad \frac{P_{n+1}}{Q_{n+1}}, \quad \ldots.$$

Considérons séparément les réduites de rang pair et celles de rang impair. Deux réduites consécutives de l'une ou de l'autre suite seront alors représentées par

$$\frac{P_{n-1}}{Q_{n-1}} \quad \text{et} \quad \frac{P_{n+1}}{Q_{n+1}}.$$

a_n étant le quotient incomplet de rang $n+1$, les valeurs de ces deux réduites seront comprises dans l'expression générale

$$\frac{\lambda P_n + P_{n-1}}{\lambda Q_n + Q_{n-1}}, \tag{1}$$

et elles répondront aux valeurs $\lambda = 0$ et $\lambda = a_n$ de l'indéterminée λ.

Lorsque le quotient a_n est supérieur à 1 et que l'on donne à λ les valeurs successives

$$0, \quad 1, \quad 2, \quad 3, \quad \ldots, \quad a_n - 1, \quad a_n,$$

l'expression générale (1) donne, outre les deux réduites considérées, $a_n - 1$ autres fractions dont les dénominateurs sont compris entre Q_{n-1} et Q_{n+1}. Ces fractions ont reçu le nom de *fractions convergentes intermédiaires*.

Cela posé, on demande de prouver que les fractions convergentes intermédiaires jouissent des mêmes propriétés que les réduites, c'est-à-dire de démontrer les propositions suivantes :

1° Les fractions convergentes intermédiaires sont des fractions irréductibles.

2° La différence de deux fractions convergentes intermédiaires consécutives est égale à l'unité divisée par le produit des dénominateurs des deux fractions.

3° Si l'on prend la suite des réduites de rang pair et celle des réduites de rang impair, et si l'on écrit dans chaque suite toutes les fractions convergentes intermédiaires qui se rapportent à chaque couple de réduites consécutives, de manière que leurs dénominateurs aillent en croissant, on forme deux nouvelles suites, la première décroissante, la seconde croissante, convergeant toutes deux vers la valeur de la fraction continue.

4° Si une fraction ordinaire approche davantage de la valeur de la fraction continue qu'une certaine fraction convergente intermédiaire, ses termes sont respectivement plus grands que ceux de la fraction convergente.

51. En s'appuyant sur les propriétés des fractions convergentes intermédiaires, déterminer, parmi toutes les fractions dont le dénominateur ne surpasse pas une certaine limite L, celles qui approchent le plus, par défaut et par excès, d'une quantité incommensurable ou irrationnelle donnée.

52. Si la fraction rationnelle $\frac{P}{Q}$ supérieure à l'unité est telle, que le quotient $\frac{Q^2 \pm 1}{P}$ soit un nombre entier, la suite des quotients incomplets de la fraction $\frac{P}{Q}$ réduite en fraction continue est *réciproque*, c'est-à-dire que les quotients extrêmes et les quotients à égale distance des extrêmes sont respectivement égaux entre eux.

53. Déduire de la proposition précédente que tout nombre entier qui divise la somme de deux carrés premiers entre eux est lui-même la somme de deux carrés (J.-A. SERRET, *Journal de Mathématiques pures et appliquées*, 1re série, t. XIII).

54. Pour que deux quantités incommensurables ou irrationnelles positives x' et x'' se développent en fractions continues, pouvant se terminer à des quotients complets égaux entre eux, il faut et il suffit qu'elles soient liées par une relation de la forme

$$x'' = \frac{ax' + b}{a'x' + b'},$$

où a, b, a', b', désignent des entiers positifs ou négatifs satisfaisant à la condition

$$ab' - ba' = \pm 1.$$

55. Les fractions continues périodiques qui expriment les racines irrationnelles d'une équation du second degré à coefficients rationnels sont *inverses l'une de l'autre*, c'est-à-dire que les quotients incomplets qui composent la période de l'une reproduisent en ordre inverse les quotients incomplets qui composent la période de l'autre.

(Dans le cas d'une fraction périodique mixte, il est entendu que l'on peut faire commencer la période à l'un quelconque des quotients qui viennent après la partie réellement non périodique.)

56. Les numérateurs ou les dénominateurs des quotients complets, qui répondent respectivement aux racines irrationnelles d'une équation du second degré à coefficients rationnels exprimées en fractions continues, forment de même des suites dont les périodes sont inverses l'une de l'autre.

57. a étant la racine carrée du plus grand carré entier contenu dans l'entier F, non carré parfait, l'irrationnelle $\sqrt{F}$ se développe *toujours* (*voir* le n° 177) suivant une fraction continue périodique mixte, présentant un seul terme à la partie non périodique. Le dernier terme de la partie périodique est toujours égal à $2a$, et les autres termes de cette période forment une suite *symétrique*, c'est-à-dire dans laquelle les termes également éloignés des extrêmes sont respectivement égaux entre eux. Enfin, les numérateurs et les dénominateurs des quotients complets obtenus constituent de même des suites périodiques dont les périodes sont symétriques.

58. Trouver l'expression générale des équations du second degré à coefficients rationnels, dont les racines irrationnelles se développent suivant des fractions continues terminées par un même quotient complet.

59. Chercher l'équation du second degré dont la racine positive a pour expression

$$x = a + \cfrac{1}{b + \cfrac{1}{a + \cfrac{1}{b + \dots}}}$$

60. Convertir en fractions continues les racines de l'équation du second degré

$$104x^2 - 1076x + 2783 = 0.$$

61. Chercher l'équation du second degré dont l'une des racines a pour expression

$$x = 3 + \cfrac{1}{5 + \cfrac{1}{2 + \cfrac{1}{7 + \cfrac{1}{2 + \cfrac{1}{7 + \dots}}}}},$$

et vérifier ensuite le résultat obtenu.

Remarquons qu'il est commode de simplifier l'expression des fractions continues périodiques, en plaçant entre crochets la série des quotients incomplets, et en convenant de surmonter d'un trait ceux qui forment la période et, d'un point, le premier quotient *si la quantité développée en fraction continue est plus grande que* 1.

La valeur de x deviendra ainsi, dans l'exemple indiqué,

$$x = (\dot{3}, 5, \overline{2, 7}, \overline{2, 7}, \ldots).$$

62. Chercher l'expression de $\sqrt{10}$ en fraction continue.

Rép. $\sqrt{10} = (\dot{3}, \overline{6}, \overline{6}, \ldots).$

63. Chercher l'expression de $\sqrt{53}$ en fraction continue.

Rép. $\sqrt{53} = (\dot{7}, \overline{3, 1, 1, 3, 14}, \ldots).$

64. Écrire immédiatement, d'après les calculs effectués au n° 177, sur les deux formules générales $x = \sqrt{a^2 + 1}$ et $x = \sqrt{a^2 + 2a}$, les développements en fractions continues de

$$\sqrt{2},\ \sqrt{3},\ \sqrt{5},\ \sqrt{8},\ \sqrt{15},\ \sqrt{17},\ \sqrt{24},\ \sqrt{26},\ \sqrt{35},\ \sqrt{37},\ \sqrt{48},\ \sqrt{50},\ \sqrt{63}.$$

65. Diviser 200 en deux parties telles que, si l'une est divisée par 6 et l'autre par 11, les restes respectifs soient 5 et 4.

66. Résoudre en nombres entiers le système

$$5x + 4y + z = 272,$$
$$8x + 9y + 3z = 656,$$

et séparer, parmi ces solutions entières, celles qui sont positives.

67. Résoudre en nombres entiers l'équation

$$2x^2 + 3xy - 4x - 5y - 5 = 0,$$

et indiquer les solutions positives.

68. Trouver un nombre tel, qu'en le divisant par 7, par 11 et par 13, on ait respectivement pour restes 4, 2 et 3.

69. Démontrer que, si a, b, c, ..., l, sont des nombres premiers entre eux dans leur ensemble et si, en même temps, α, β, γ, ..., λ, représentent des nombres respectivement inférieurs et premiers à a, b, c, ... l, il existe un nombre *et un seul*, moindre que $abc \ldots l$, et multiple à la fois de $a + \alpha$, $b + \beta$, $c + \gamma$, ..., $l + \lambda$.

70. Retrouver, en s'appuyant sur la proposition précédente, les formules connues relatives à la quotité des nombres, premiers et inférieurs à un nombre donné (*Arithm.*, 164).

LIVRE DEUXIÈME.

COMBINAISONS. — BINOME. — PUISSANCES, RACINES ET ACCROISSEMENTS D'UN POLYNOME.

71. De combien de manières peut-on permuter les lettres du mot *Héliopolis* ?

72. Le nombre d'arrangements de n objets pris 5 à 5 étant égal à 8 fois le nombre d'arrangements de ces mêmes objets pris 3 à 3, trouver n.

73. Le nombre de combinaisons de n objets pris $p-p'$ à $p-p'$ étant égal au nombre de combinaisons de ces mêmes objets pris $p+p'$ à $p+p'$, trouver n.

74. Une urne contenant 12 boules rouges et 16 boules noires, de combien de manières peut-on en tirer 7 boules comprenant 3 rouges et 4 noires?

Rép. $C_{12}^{3}.C_{16}^{4}$.

75. Si l'on a à distribuer p objets à n personnes, le nombre de manières de faire cette distribution est n^p.

76. Le nombre de combinaisons de m objets pris p à p étant égal au nombre de combinaisons de ces objets pris $p+1$ à $p+1$, et le rapport de ce même nombre à celui des combinaisons des m objets pris $p-1$ à $p-1$ étant égal à $\frac{8}{7}$, on demande de trouver p et m.

77. Déterminer le rapport du nombre de combinaisons de $4m$ objets pris $2m$ à $2m$, au nombre de combinaisons de $2m$ objets pris m à m.

$$Rép. \quad \frac{1.3.5\ldots(4m-1)}{[1.3.5\ldots(2m-1)]^2}.$$

78. Si l'on forme les permutations de 7 objets, combien y en a-t-il qui commencent par 1 objet désigné ou par 2 ou par 3 objets désignés?

79. Dans un jeu de 52 cartes contenant 13 trèfles, on tire 3 cartes au hasard. Quelle est la probabilité que ces trois cartes soient des trèfles?

80. Une urne renferme 45 boules : 18 rouges, 15 bleues, 12 blanches. Sur 6 boules tirées à la fois, quelle est la probabilité d'en amener 3 rouges, 2 bleues et 1 blanche?

81. Une urne contient n boules rouges et n' boules noires. On tire successivement m boules, en remettant la boule tirée après chaque tirage. On demande, en supposant $p+q=m$, la probabilité de voir sortir ainsi p boules rouges et q boules noires.

82. Résoudre la même question, en supposant que les boules tirées ne sont pas remises dans l'urne et que l'ordre de succession des boules rouges et noires est imposé.

83. Vérifier la formule

$$\begin{aligned}1.2.3\ldots m = (m+1)^m - m.m^m + \frac{m(m-1)}{1.2}(m-1)^m \\ - \frac{m(m-1)(m-2)}{1.2.3}(m-2)^m + \ldots.\end{aligned}$$

84. Vérifier que l'expression

$$(x+a)^m + (x-a)^m$$

est, en valeur absolue, plus grande que $2x^m$. En déduire la condition du maximum de $x+y$, lorsque la somme x^m+y^m est donnée.

85. Si A est la somme des termes de rang impair et B la somme des termes de rang pair, dans le développement de $(x+a)^m$, on a la relation

$$A^2 - B^2 = (x^2 - a^2)^m.$$

86. Écrire immédiatement le coefficient de la première puissance de x dans le développement de

$$\left(x^2 + \frac{a^3}{x}\right)^7.$$

87. Développer la somme ou la différence des puissances semblables des deux binômes $a+b$ et $a-b$.

88. Vérifier la formule suivante, due à Abel, et qui, pour $b=0$, reproduit celle du binôme :

$$\begin{aligned}+ a)^m = x^m + ma(x+b)^{m-1} + \frac{m(m-1)}{1.2}a(a-2b)(x+2b)^{m-2} + \ldots \\ + \frac{m(m-1)(m-2)\ldots(m-n+1)}{1.2.3\ldots n}a(a-nb)^{n-1}(x+nb)^{m-n} + \ldots \\ + ma[a-(m-1)b]^{m-2}[x+(m-1)b] + a(a-mb)^{m-1}.\end{aligned}$$

89. Si l'on joue le domino à deux avec 28 dés, combien peut-il se présenter de parties réellement différentes, chaque joueur prenant 7 dés à chaque partie ?

Rép. 137680171200.

90. Même problème, en supposant qu'on joue à quatre et que chaque joueur prenne 6 dés à chaque partie.

91. Calculer S_m^5 ou la somme des cinquièmes puissances des m premiers nombres entiers.

Calculer de même S_m^6.

92. Démontrer la formule

$$(m+1)(m+2)(m+3)\ldots 2m = 2.6.10.14\ldots(4m-2).$$

93. Trouver, d'aprés cette formule, les valeurs de a, b, c, qui rendent identique l'égalité

$$\begin{aligned}&(a+m+1)(a+m+2)(a+m+3)\ldots(a+2m)\\&\quad= b(b+c)(b+2c)\ldots[b+(m-1)c],\end{aligned}$$

m étant un entier quelconque.

94. Déterminer le plus grand terme du développement de $(a+b)^m$, m étant un entier donné et fini.

(Comparer le résultat obtenu avec celui trouvé au n° 293.)

95. On a k urnes renfermant : la première, n boules blanches et n' boules noires; la deuxième, n_1 boules blanches et n'_1 boules noires; la troisième, n_2 boules blanches et n'_2 boules noires; et ainsi de suite. En prenant une urne au hasard parmi les urnes données, quelle est la probabilité d'en extraire du premier coup une boule blanche?

(Se reporter aux n°s 246, 251.)

96. Une première urne renferme a boules rouges et 1 boule noire; une deuxième urne renferme b boules rouges et 1 boule noire; une troisième urne, c boules rouges et 1 boule noire; et ainsi de suite.

On tire une boule dans la première urne; si l'on n'amène pas une boule rouge, on tire une boule dans la deuxième urne; si l'on n'amène pas une boule rouge, on tire une boule dans la troisième urne; et ainsi de suite.

Quelle est la probabilité de tirer une boule rouge, suivant qu'on accorde une seule épreuve, deux épreuves, trois épreuves, ..., n épreuves ?

97. S_n^p désignant la somme des $p^{\text{ièmes}}$ puissances des n premiers nombres entiers, démontrer que cette expression est un polynôme du degré $p+1$ par rapport à n, toujours exactement divisible par n, c'est-à-dire sans terme constant.

Si l'on ordonne ce polynôme par rapport aux puissances décroissantes de n, le coefficient du premier terme est toujours égal à $\frac{1}{p+1}$ et le coefficient du deuxième terme, toujours égal à $\frac{1}{2}$.

98. Calculer la somme des carrés des n premiers nombres impairs.

$$Rép.\quad \frac{n(2n-1)(2n+1)}{3}.$$

99. n étant un entier quelconque, calculer la somme des produits

$$1.2.3+2.3.4+3.4.5+\ldots+n(n+1)(n+2).$$

$$Rép.\quad \frac{n(n+1)(n+2)(n+3)}{4}.$$

100. Trouver la somme des p premiers nombres figurés du $n^{\text{ième}}$ ordre. (Se reporter au n° 273.)

101. Calculer le nombre de termes des développements

$$(a+b+c)^m,\quad (a+b+c+d)^m,\quad (a+b+c+d+e)^m.$$

(Se reporter au n° 307.)

102. Trouver la condition nécessaire et suffisante pour que le polynôme

$$a^2x^4+ax^3+bx^2+cx+c^2$$

soit un carré parfait. (Se reporter au n° 321.)

103. Démontrer que le polynôme

$$x^4+2(a+b)x^3+(a^2+3ab+b^2)x^2+ab(a+b)x+\frac{a^2b^2}{4}$$

est un carré parfait. (Se reporter au n° 321.)

104. Chercher la condition pour que le polynôme

$$4x^4-4ax^3+4bx^2-2a(p+1)x+(p+1)^2$$

soit le carré parfait d'un polynôme entier par rapport à x.

105. Extraire la racine cubique du polynôme

$$mx^3-3m^2x^2+3m^3x-m^4.$$

106. Chercher la condition pour que l'expression

$$x^3+px^2+qx+r$$

soit un cube parfait. (Se reporter au n° 323.)

107. Trouver le développement de

$$\sqrt{1+\alpha}.$$

Rép. $\sqrt{1+\alpha} = 1 + \frac{\alpha}{2} - \frac{\alpha^2}{8} + \frac{\alpha^3}{16} - \frac{5\alpha^4}{128} \cdots\cdots$

108. Résoudre l'équation

$$\frac{1}{p^2q^2} = \frac{p^3+q^3}{p^2q^2(p+q)^3} + \frac{3(p^2+q^2)}{pq(p+q)^4} + \frac{6(p+q)}{x^5}.$$

Rép. $x = p + q.$

109. Chercher si l'on peut toujours déterminer les coefficients α, β, γ, δ, de manière à mettre le polynôme donné

$$Ax^2 + 2Bxy + Cy^2$$

sous la forme

$$(\alpha x + \beta y)^2 + (\gamma x + \delta y)^2.$$

110. Déterminer les coefficients α, β, γ, δ, de manière à remplacer le polynôme donné

$$Ax^3 + 3Bx^2y + 3Cxy^2 + Dy^3$$

par la somme des deux cubes parfaits

$$(\alpha x + \beta y)^3 + (\gamma x + \delta y)^3.$$

111. Si y, z, u sont trois fonctions rationnelles de x (417), telles qu'on ait

$$y^2 = z^2 + u$$

et que le degré de u par rapport à x soit moindre que celui de z, les deux fonctions rationnelles y et z ont même partie entière.

112. Trouver un triangle tel, que ses trois côtés et la hauteur qui correspond au plus grand d'entre eux soient en progression par quotient.

(Si l'on désigne par y et x les deux plus petits côtés par ordre de grandeur, la raison de la progression par quotient sera $\frac{x}{y}$, et le plus grand côté sera représenté par $\frac{x^2}{y}$. La hauteur qui correspond au plus grand côté, plus petite que chacun des deux autres, sera représentée à son tour par $\frac{y^2}{x}$. Il en résulte que le triangle cherché est *rectangle*, son aire ayant pour valeur $\frac{1}{2}\frac{x^2}{y}\frac{y^2}{x}$ ou $\frac{1}{2}xy$.)

113. Chercher l'expression de l'accroissement du polynôme

$$x^5 - 8x^4 + x^3 + 5x^2 - 7x + 1,$$

lorsque la variable x subit, à partir d'une valeur quelconque, un accroissement égal à 4 (se reporter au n° **324**).

114. Chercher l'expression de l'accroissement du polynôme

$$4x^2 - 5xy + 2y^2 - 3x + 7y + 1,$$

lorsque les variables x et y subissent respectivement les accroissements 3 et 2 (se reporter au n° **329**).

LIVRE TROISIÈME.

NOTIONS SUR LES SÉRIES.

---

115. Démontrer que l'on a, quel que soit x,

$$\frac{1}{2}\,\frac{1}{x(x+1)} = \frac{1}{x(x+1)(x+2)} + \frac{1}{(x+1)(x+2)(x+3)} + \frac{1}{(x+2)(x+3)(x+4)} + \ldots$$

(On emploiera un mode de décomposition analogue à celui indiqué au n° 339.)

116. Démontrer que l'on a, quel que soit x,

$$\frac{1}{3}\,\frac{1}{x(x+1)(x+2)} = \frac{1}{x(x+1)(x+2)(x+3)} + \frac{1}{(x+1)(x+2)(x+3)(x+4)} + \frac{1}{(x+2)(x+3)(x+4)(x+5)} + \ldots$$

117. Démontrer que l'on a, quel que soit x,

$$\frac{1}{x(x+1)(x+2)(x+3)} = \frac{1}{x(x+1)(x+2)(x+3)(x+4)} + \frac{1}{(x+1)(x+2)(x+3)(x+4)(x+5)} + \frac{1}{(x+2)(x+3)(x+4)(x+5)(x+6)} + \ldots$$

118. Démontrer la formule

$$\frac{1}{x} = 2\cot 2x + \operatorname{tang} x + \frac{1}{2}\operatorname{tang}\frac{x}{2} + \frac{1}{4}\operatorname{tang}\frac{x}{4} + \frac{1}{8}\operatorname{tang}\frac{x}{8} + \ldots$$

(On prendra pour point de départ l'identité

$$\tang x = \cot x - 2\cot 2x,$$

et l'on y remplacera successivement x par $\frac{x}{2}, \frac{x}{4}, \frac{x}{8}, \ldots$.)

119. x étant, en valeur absolue, inférieur à l'unité, trouver la somme de la série

$$1 + 3x + 6x^2 + 10x^3 + \ldots + \frac{(n+1)(n+2)}{2}x^n + \ldots.$$

Rép. $\frac{1}{(1-x)^3}$.

120. x étant, en valeur absolue, inférieur à l'unité, trouver la somme de la série

$$1 + 4x + 10x^2 + 20x^3 + \ldots + \frac{(n+1)(n+2)(n+3)}{6}x^n + \ldots.$$

Rép. $\frac{1}{(1-x)^4}$.

121. x étant, en valeur absolue, inférieur à l'unité et n étant un entier quelconque, trouver la somme de la série

$$1 + nx + \frac{n(n+1)}{1.2}x^2 + \frac{n(n+1)(n+2)}{1.2.3}x^3 + \ldots$$
$$+ \frac{n(n+1)(n+2)\ldots(n+p-1)}{1.2.3\ldots p}x^p + \ldots.$$

Rép. $\frac{1}{(1-x)^n}$.

122. x étant, en valeur absolue, inférieur à l'unité, trouver la somme de la série

$$1 + 4x + 9x^2 + 16x^3 + \ldots + (n+1)^2x^n + \ldots.$$

Rép. $\frac{1+x}{(1-x)^3}$.

(Pour les quatre derniers exemples, on peut se reporter au n° 360.)

123. Prouver, d'après le *théorème de* Duhamel, démontré dans la Note qui termine ce Volume, que la série

$$1 + \frac{1}{2}\frac{1}{3} + \frac{1.3}{2.4}\cdot\frac{1}{5} + \frac{1.3.5}{2.4.6}\cdot\frac{1}{7} + \ldots + \frac{1.3.5\ldots(2n-1)}{2.4.6\ldots 2n}\cdot\frac{1}{2n+1} + \ldots$$

est convergente, et que la série

$$1+\frac{1}{2}+\frac{1.3}{2.4}+\frac{1.3.5}{2.4.6}+\ldots+\frac{1.3.5\ldots(2n-1)}{2.4.6\ldots2n}+\ldots$$

est divergente.

124. Démontrer que toute série à termes positifs

$$u_0+u_1+u_2+u_3+\ldots+u_{n-1}+u_n+\ldots,$$

dans laquelle le produit nu_n ne tend pas vers zéro lorsque n croît indéfiniment, est nécessairement divergente.

(La réciproque de ce théorème n'est pas exacte, c'est-à-dire que si, dans la série précédente, le produit nu_n tend vers zéro, lorsque n croît indéfiniment, cette série n'est pas nécessairement convergente.)

125. S'appuyer sur le théorème précédent, pour prouver la divergence de la série

$$1+\frac{1}{2}-\frac{1}{3}+\frac{1}{4}+\frac{1}{5}-\frac{1}{6}+\frac{1}{7}+\frac{1}{8}-\frac{1}{9}+\ldots\pm\frac{1}{p}\mp\ldots$$

126. Chercher si la série

$$u_0+u_1+u_2+u_3+\ldots+u_{n-1}+u_n+\ldots,$$

dont le terme général u_n a pour expression

$$u_n=\frac{1}{n+1+\cos n\pi},$$

est convergente ou divergente.

Même question pour la série dont le terme général est

$$u_n=\frac{1}{n\sin\frac{n\pi}{2}-n^2\cos\frac{n\pi}{2}}.$$

127. Démontrer que la série

$$\frac{1}{2.4}+\frac{1}{4.6}+\frac{1}{6.8}+\frac{1}{8.10}+\ldots+\frac{1}{2n(2n+2)}+\ldots$$

est convergente et qu'elle a pour limite $\frac{1}{4}$.

128. Démontrer que la série

$$\frac{1}{1.2.3}+\frac{1}{2.3.4}+\frac{1}{3.4.5}+\frac{1}{4.5.6}+\ldots+\frac{1}{n(n+1)(n+2)}+\ldots$$

est convergente et égale à la précédente.

129. Démontrer que la série

$$1+\frac{1}{2(\log 2)^\mu}+\frac{1}{3(\log 3)^\mu}+\frac{1}{4(\log 4)^\mu}+\ldots+\frac{1}{n(\log n)^\mu}+\ldots$$

est convergente ou divergente, suivant que l'exposant μ est ou non supérieur à l'unité.

(On appliquera le théorème de Cauchy [386].)

130. La convergence ou la divergence d'une série ne dépendant pas de ses premiers termes, démontrer que la série dont le terme général u_n a pour expression

$$u_n=\frac{1}{n\log n(\log\log n)^\mu}$$

est convergente ou divergente, suivant que l'exposant μ est ou non supérieur à l'unité.

131. Règle de Gauss. — Soit une série à termes positifs

$$u_1+u_2+u_3+\ldots+u_{n-1}+u_n+u_{n+1}+\ldots.$$

dans laquelle le rapport $\frac{u_{n+1}}{u_n}$ d'un terme au précédent s'exprime par une fonction rationnelle du nombre n, de la forme

$$\frac{u_{n+1}}{u_n}=\frac{n^k+An^{k-1}+Bn^{k-2}+Cn^{k-3}+\ldots}{n^k+an^{k-1}+bn^{k-2}+cn^{k-3}+\ldots};$$

k est entier et positif; A, B, C, ... a, b, c, ... sont des nombres constants donnés.

Cela posé, *si la première des différences* $A-a$, $B-b$, $C-c$, ..., *qui ne s'annule pas est positive, la série est divergente. Pour qu'elle soit convergente, il faut et il suffit, les premiers coefficients* A *et* a *étant inégaux, que* $A-a+1$ *soit une quantité négative.*

(Consulter le *Traité de Calcul différentiel et de Calcul intégral* de M. J. Bertrand.)

132. Prouver directement que la série

$$1+\frac{1}{3}-\frac{1}{2}+\frac{1}{5}+\frac{1}{7}-\frac{1}{4}+\frac{1}{9}+\frac{1}{11}-\frac{1}{6}+\ldots$$
$$+\frac{1}{4n-3}+\frac{1}{4n-1}-\frac{1}{2n}+\ldots,$$

considérée au n° 393, est convergente.

133. λ étant un nombre donné, dans quel cas la série

$$\frac{1}{1^{1+\lambda}}+\frac{1}{2^{1+\lambda}}+\frac{1}{3^{1+\lambda}}+\ldots+\frac{1}{n^{1+\lambda}}+\ldots$$

est-elle convergente ou divergente?

(Ce n'est qu'une forme différente donnée au théorème important établi au n° 377, 3°.)

134. Chercher la somme de la série

$$1+\frac{1}{3}+\frac{1}{6}+\frac{1}{10}+\ldots+\frac{2}{n(n+1)}+\ldots.$$

Rép. 2.

135. Chercher la somme de la série

$$1+\frac{1}{4}+\frac{1}{10}+\frac{1}{20}+\ldots+\frac{1.2.3}{n(n+1)(n+2)}+\ldots.$$

Rép. $\frac{3}{2}$.

136. Chercher la somme de la série

$$1+\frac{1}{5}+\frac{1}{15}+\frac{1}{35}+\ldots+\frac{1.2.3.4}{n(n+1)(n+2)(n+3)}+\ldots.$$

Rép. $\frac{4}{3}$.

137. Chercher la somme de la série

$$1+\frac{1}{6}+\frac{1}{21}+\frac{1}{56}+\ldots+\frac{1.2.3.4.5}{n(n+1)(n+2)(n+3)(n+4)}+\ldots.$$

Rép. $\frac{5}{4}$.

138. Démontrer que la série

$$1-\frac{1}{\sqrt{2}}+\frac{1}{\sqrt{3}}-\frac{1}{\sqrt{4}}+\frac{1}{\sqrt{5}}-\ldots$$

est convergente, et que la série

$$1+\frac{1}{\sqrt{3}}-\frac{1}{\sqrt{2}}+\frac{1}{\sqrt{5}}+\frac{1}{\sqrt{7}}-\frac{1}{\sqrt{4}}+\ldots,$$

composée des mêmes termes placés dans un ordre différent, est divergente.

(Se reporter aux n°s 392, 393.)

139. m étant un nombre donné, entier et positif, chercher dans quel cas la série

$$1-\frac{m}{1}x+\frac{m(m-1)}{1.2}x^2-\frac{m(m-1)(m-2)}{1.2.3}x^3+\ldots$$
$$\pm\frac{m(m-1)(m-2)\ldots(m-n+1)}{1.2.3\ldots n}x^n\mp\ldots$$

est convergente ou divergente.

140. Chercher si la série

$$\frac{1}{1.3.5}+\frac{1}{2.4.6}+\frac{1}{3.5.7}+\frac{1}{4.6.8}+\ldots$$

est convergente ou divergente et, si elle est convergente, trouver sa limite.

141. Même question pour la série

$$\frac{1}{1.4}+\frac{1}{2.5}+\frac{1}{3.6}+\frac{1}{4.7}+\ldots.$$

142. Même question pour la série

$$\frac{1}{2.4.6}+\frac{1}{4.6.8}+\frac{1}{6.8.10}+\frac{1}{8.10.12}+\ldots.$$

143. Même question pour la série

$$\frac{4}{2.3.4}+\frac{7}{3.4.5}+\frac{10}{4.5.6}+\frac{13}{5.6.7}+\ldots.$$

144. a étant un nombre donné, étudier la série

$$a^2+(a+1)^2+(a+2)^2+\ldots+(a+n-1)^2+\ldots.$$

145. Trouver la limite de la série

$$u_1+u_2+u_3+\ldots+u_n+\ldots,$$

dont le terme général a pour expression

$$u_n=\frac{n^2-n+1}{n(n+2)(n+3)(n+4)}.$$

146. a, b, δ, étant des quantités positives quelconques, satisfaisant à la relation

$$\delta=b-a-1,$$

la limite de la série

$$\frac{a}{b}+\frac{a(a+\delta)}{b(b+\delta)}+\frac{a(a+\delta)(a+2\delta)}{b(b+\delta)(b+2\delta)}+\ldots$$
$$+\frac{a(a+\delta)(a+2\delta)\ldots(a+n\delta)}{b(b+\delta)(b+2\delta)\ldots(b+n\delta)}+\ldots$$

est égale à a.

(M. CATALAN, *Mélanges mathématiques.*)

147. Si l'on groupe d'une manière quelconque, mais sans changer leur ordre, les termes consécutifs d'une série convergente, la nouvelle série obtenue est convergente, et présente la même limite que la première.

(La réciproque de ce théorème n'est pas exacte, c'est-à-dire que la nouvelle série peut être convergente, sans que la première le soit: mais, si la seconde série est divergente, la première l'est nécessairement.)

148. Démontrer que le nombre e ne peut être racine d'une équation du second degré à coefficients entiers.

149. Soient les deux séries convergentes

$$u_0 + u_1 + u_2 + \ldots + u_{n-1} + u_n + u_{n+1} + \ldots,$$
$$v_0 + v_1 + v_2 + \ldots + v_{n-1} + v_n + v_{n+1} + \ldots,$$

qui ont S et S′ pour limites respectives.

Si ces séries ont tous leurs termes positifs, ou si elles demeurent convergentes lorsqu'on remplace les termes négatifs par leurs valeurs absolues, la série

$$w_0 + w_1 + w_2 + \ldots + w_{n-1} + w_n + w_{n+1} + \ldots,$$

dont le terme général a pour expression

$$w_n = u_0 v_n + u_1 v_{n-1} + u_2 v_{n-2} + \ldots + u_{n-1} v_1 + u_n v_0,$$

est convergente, et elle a pour limite le produit SS′ des limites des séries proposées.

150. Développer en série ordonnée suivant les puissances croissantes de x, à l'aide de la méthode des coefficients indéterminés, le produit indéfini

$$(1-x)(1-x^2)(1-x^4)(1-x^8)(1-x^{16})\ldots$$

(Se reporter au n° **423**.)

151. Obtenir le produit $x \cot x$ en série ordonnée suivant les puissances croissantes de x, à l'aide de la même méthode, et en se servant des développements de $\sin x$ et de $\cos x$ indiqués au n° 397, 3°, et démontrés plus loin (702).

(On posera d'abord $x \cot x = A_0 + A_1 x^2 + A_2 x^4 + A_3 x^6 + \ldots$)

152. Obtenir, en série ordonnée suivant les puissances croissantes de z, le produit indéfini

$$(1+xz)(1+x^2 z)(1+x^3 z)(1+x^4 z)\ldots(1+x^n z)\ldots$$

(Se reporter au n° **423**.)

153. Même question pour le produit indéfini

$$(1+xz)(1+x^3 z)(1+x^5 z)\ldots(1+x^{2n-1} z)\ldots$$

154. Écrire, sous forme de série convergente, la fraction continue

$$X = (\dot{2}, \overline{1}, \overline{1}, \overline{1}, \overline{4}, \ldots).$$

(*Voir* la question 61.)

155. Développer en fraction continue la série

$$S = 1 + rx + r^4x^2 + r^9x^3 + \ldots + r^{n^2}x^n + \ldots.$$

(On appliquera la formule du n° 434).

156. Supposons qu'on ait à considérer un produit composé d'un nombre illimité ou infini de facteurs, variables avec leur rang n suivant une loi donnée.

Le terme général de rang n, exprimé par une fonction de n, pourra avoir une limite supérieure, inférieure ou égale à l'unité, lorsqu'on fera croître n indéfiniment.

Dans le premier cas, les facteurs du produit finissent par être toujours supérieurs à un nombre fixe plus grand que 1, et le produit correspondant croît indéfiniment et a l'infini pour limite.

Dans le deuxième cas, les facteurs du produit finissent par être toujours inférieurs à un nombre fixe plus petit que 1, et le produit correspondant diminue indéfiniment et a zéro pour limite.

Dans le troisième cas, c'est-à-dire quand le terme général de rang n a pour limite l'unité, on dit que le produit proposé est *convergent*, lorsque le produit de ses n premiers facteurs tend vers une limite déterminée *différente de zéro*, lorsque n croît indéfiniment.

D'après ce qui précède, il n'y a lieu d'étudier que les produits composés d'un nombre infini de facteurs, qui sont de la forme

$$(1) \qquad P = (1 + \alpha_1)(1 + \alpha_2)(1 + \alpha_3)\ldots(1 + \alpha_n)\ldots,$$

et dans lesquels α_n tend vers zéro lorsque n tend vers l'infini.

Cela posé, les quantités $\alpha_1, \alpha_2, \alpha_3, \ldots, \alpha_n, \ldots$ étant supposées toutes de même signe, c'est-à-dire les facteurs du produit (1) étant tous plus grands ou plus petits que l'unité, on demande de démontrer que *le produit* P *est convergent ou divergent en même temps que la série*

$$\alpha_1 + \alpha_2 + \alpha_3 + \ldots + \alpha_n + \ldots.$$

157. Démontrer, plus généralement, que les quantités $\alpha_1, \alpha_2, \alpha_3, \ldots, \alpha_n, \ldots$, étant des quantités réelles quelconques, le produit

$$P = (1 + \alpha_1)(1 + \alpha_2)(1 + \alpha_3)\ldots(1 + \alpha_n)\ldots$$

est convergent, lorsque les deux séries

$$\alpha_1 + \alpha_2 + \alpha_3 + \ldots + \alpha_n + \ldots,$$
$$\alpha_1^2 + \alpha_2^2 + \alpha_3^2 + \ldots + \alpha_n^2 + \ldots$$

sont convergentes l'une et l'autre.

Le produit P n'est pas convergent et tend vers zéro, lorsque, la première série étant convergente, la seconde est divergente.

(Il faut remarquer d'ailleurs que, lorsque les quantités α_1, α_2, α_3, ..., α_n, ..., sont de même signe, la convergence de la première série entraîne nécessairement celle de la seconde.)

158. Démontrer directement que le produit

$$P = \left(1 - \frac{1}{2}\right)\left(1 - \frac{1}{3}\right)\left(1 - \frac{1}{4}\right)\cdots\left(1 - \frac{1}{n}\right)\cdots$$

n'est pas convergent, et en conclure la divergence de la série connue

$$\frac{1}{2} + \frac{1}{3} + \frac{1}{4} + \cdots + \frac{1}{n} + \cdots$$

159. Démontrer que le produit *infini*, c'est-à-dire composé d'un nombre infini de facteurs,

$$\left(1 - \frac{x^2}{1^2}\right)\left(1 - \frac{x^2}{2^2}\right)\left(1 - \frac{x^2}{3^2}\right)\cdots\left(1 - \frac{x^2}{n^2}\right)\cdots$$

est convergent, et que le produit infini

$$\left(1 + \frac{1}{\sqrt{2}}\right)\left(1 - \frac{1}{\sqrt{3}}\right)\left(1 + \frac{1}{\sqrt{4}}\right)\cdots\left(1 + \frac{1}{\sqrt{2n}}\right)\left(1 - \frac{1}{\sqrt{2n+1}}\right)\cdots$$

est divergent et a zéro pour limite.

LIVRE QUATRIÈME.

CONTINUITÉ. — FONCTION EXPONENTIELLE. — LOGARITHMES CONSIDÉRÉS COMME EXPOSANTS.

160. Chercher la forme la plus générale de la fonction f telle qu'on ait, pour toutes les valeurs réelles de x et de y,

$$f(x)+f(y)=f(x+y).$$

[En se reportant au n° 486 et en suivant une marche toute semblable, on trouvera $f(x)=ax$, a étant une constante arbitraire.]

161. Chercher la forme la plus générale de la fonction f telle qu'on ait, pour toutes les valeurs positives de x et de y,

$$f(x)f(y)=f(xy).$$

[On trouvera $f(x)=x^m$, m étant une quantité réelle arbitraire.]

162. Chercher la forme la plus générale de la fonction f telle qu'on ait, pour toutes les valeurs positives de x et de y,

$$f(x)+f(y)=f(xy).$$

[On trouvera $f(x)=\log x$, la base du système demeurant arbitraire, mais positive.]

163. Dans tout système de logarithmes où la base est un nombre entier, il n'y a que les puissances commensurables de la base qui aient des logarithmes commensurables.

164. Calculer directement le logarithme d'un nombre donné dans un système donné, en exprimant ce logarithme en fraction continue.

165. Quelle est la base du système dans lequel un nombre donné est égal à son logarithme?

166. Chercher quelle est la caractéristique du logarithme de 7 dans le système dont la base est 2

167. Si P est le nombre des entiers dont les logarithmes ont p pour caractéristique, et si Q est le nombre des entiers dont les inverses ont $-q$ pour caractéristique de leurs logarithmes, on a

$$\log P - \log Q = p - q - 1.$$

168. Résoudre l'équation

$$e^x + e^{-x} = 2.$$

169. Résoudre le système

$$x^2 + y^2 = a^2,$$

$$\log x + \log y = \frac{p}{q}.$$

170. Résoudre le système

$$x^4 + y^4 = a^4,$$

$$\log x + \log y = \frac{p}{q}.$$

171. Résoudre le système

$$x^y = y^x,$$

$$x^p = y^q.$$

Rép. $x = \left[\frac{p}{q}\right]^{\frac{q}{p-q}}, \qquad y = \left[\frac{p}{q}\right]^{\frac{p}{p-q}}.$

172. Résoudre le système

$$x^y = y^x,$$

$$p^x = q^y.$$

Rép. $x = \left[\frac{\log p}{\log q}\right]^{\frac{\log q}{\log p - \log q}}, \qquad y = \left[\frac{\log p}{\log q}\right]^{\frac{\log p}{\log p - \log q}}.$

173. a, b, p, q étant des nombres donnés, chercher les conditions pour que les valeurs de x qui satisfont à l'équation

$$a^{x^2+px+q} = b$$

soient commensurables.

174. Si l'on a

$$x = e^{\frac{1}{1-\log z}} \quad \text{et} \quad y = e^{\frac{1}{1-\log x}},$$

on a aussi

$$z = e^{\frac{1}{1-\log y}}.$$

175. Chercher le minimum de l'expression

$$A^{x^m}.B^{x^{-n}},$$

où A, B, x sont des quantités positives et où m et n sont des quantités entières ou fractionnaires.

176. Démontrer directement que la série

$$1 + \frac{1}{2l2} + \frac{1}{3l3} + \ldots + \frac{1}{nln} + \ldots$$

est divergente.

177. Chercher dans quel cas les séries

$$\log(1 + x) + \log(1 + x^2) + \log(1 + x^3) + \ldots + \log(1 + x^n) \ldots\ldots$$
$$\log(1 - x) + \log(1 - x^2) + \log(1 - x^3) + \ldots + \log(1 - x^n) + \ldots$$

sont convergentes.

178. Si l'on appelle *points correspondants* sur la courbe $y = a^x$ (489) les points qui ont des abscisses égales et de signes contraires, trouver sur la courbe deux points correspondants tels, que la corde qui les joint soit vue de l'origine des coordonnées sous un angle droit.

179. En supposant a positif, discuter l'équation $y = (-a)^x$ et montrer que y représente alors une fonction essentiellement *discontinue*.

180. Étudier les variations de la fonction

$$y = \pm\sqrt{\frac{x(x-a)(x-b)}{x+a}},$$

en construisant la courbe représentative (*Alg. élém.*, 311 et suiv.).

LIVRE CINQUIÈME.

ÉTUDE DES DÉRIVÉES ET DES DIFFÉRENTIELLES.

181. Démontrer que la différence entre un arc infiniment petit et sa corde est un infiniment petit d'un ordre supérieur.

182. La tangente en un point M d'une courbe est, par définition, la limite de la sécante MM', lorsque la distance des deux points M et M' pris sur la courbe tend vers zéro ou devient un infiniment petit, qu'on peut prendre comme infiniment petit principal (515).

Démontrer que la direction limite de MM' ne change pas, lorsqu'on substitue au point M' un point M'' pris hors de la courbe et tel, que la distance M'M'' soit un infiniment petit d'ordre supérieur au premier ou à MM'.

183. Si une courbe AB est déduite d'une courbe *ab*, de manière que, à chaque point *m* de *ab* corresponde un point M de AB, la distance de deux points infiniment voisins de l'une des courbes est de même ordre que la distance des points correspondants de l'autre courbe.

184. Si une surface Σ est déduite d'une surface S, de manière que, à chaque point de l'une corresponde un point déterminé de l'autre. la distance de deux points infiniment voisins de l'une des surfaces est de même ordre que la distance des points correspondants de l'autre surface.

185. Étant donnée une courbe plane AB, si l'on abaisse des perpendiculaires (telles que OP) d'un point ou d'un *pôle* fixe O sur des tangentes (telles que MP) à la courbe AB, le lieu des projections du pôle sur les tangentes constitue une nouvelle courbe A'B', qu'on appelle la *podaire* de la première par rapport au pôle choisi. La courbe AB est, à son tour, l'*anti-podaire* de la courbe A'B'.

Cela posé, on demande de mener la tangente en un point P de la podaire de la courbe AB, en démontrant que la normale en P à la podaire passe par le milieu du *rayon vecteur* OM qui correspond au point de contact M de la tangente MP à la courbe AB.

186. Retrouver, par les propriétés des infiniment petits, la construction connue de la tangente en un point donné d'une ellipse dont les foyers sont déterminés (*Géom.*, 670).

187. Quelle est la podaire de l'ellipse par rapport à l'un de ses foyers pris pour pôle ?

188. Quelle est la podaire de la parabole par rapport à son foyer pris pour pôle ?

189. Construire par points l'anti-podaire d'une courbe donnée par rapport à un pôle donné.

190. Application à l'ellipse, le pôle étant en son centre.

191. Lorsque, sur chaque normale à une courbe ab, l'on porte, à partir du point de contact de la tangente correspondante, une longueur constante, le lieu des points ainsi construit est une courbe AB qui a les mêmes normales que la courbe ab (à cause de cette propriété, les courbes ab et AB sont dites *parallèles*).

192. Différentier [1] la fonction

$$y = e^x(1 - x^3).$$

Rép. $$\frac{dy}{dx} = e^x(1 - 3x^2 - x^3).$$

193. Différentier la fonction

$$y = \left(\frac{x}{p}\right)^{px}.$$

Rép. $$\frac{dy}{dx} = p\left(\frac{x}{p}\right)^{px}\left[1 + l\frac{x}{p}\right].$$

194. Différentier la fonction

$$y = \frac{x^n}{(1+x)^n}.$$

Rép. $$\frac{dy}{dx} = \frac{nx^{n-1}}{(1+x)^{n+1}}.$$

195. Différentier la fonction

$$y = l\left[\frac{b}{2} + x + (a + bx + x^2)^{\frac{1}{2}}\right]$$

Rép. $$\frac{dy}{dx} = (a + bx + x^2)^{-\frac{1}{2}}.$$

---

[1] La différentielle de la fonction étant le produit de sa dérivée par la différentielle de la variable (549), nous nous bornerons, dans les exemples suivants, à indiquer cette dérivée.

196. Différentier la fonction

$$y = \frac{x^3 - \frac{96}{25}x + \frac{288}{125}}{(4-5x)^2} + \frac{12}{125}l(4-5x).$$

Rép. $\dfrac{dy}{dx} = \dfrac{5x^2}{(5x-4)^3}.$

197. Différentier la fonction

$$y = (a+x)^m(b+x)^n.$$

198. Différentier la fonction

$$y = \frac{1}{(a+x)^m}\cdot\frac{1}{(b+x)^n}.$$

199. Différentier la fonction

$$y = \frac{\operatorname{tang}^3 x}{3} - \operatorname{tang} x + x.$$

Rép. $\dfrac{dy}{dx} = \operatorname{tang}^4 x.$

200. Différentier la fonction

$$y = \frac{e^x - e^{-x}}{e^x + e^{-x}}.$$

Rép. $\dfrac{dy}{dx} = \dfrac{4}{(e^x + e^{-x})^2}.$

201. Différentier la fonction

$$y = l(e^x + e^{-x}).$$

Rép. $\dfrac{dy}{dx} = \dfrac{e^x - e^{-x}}{e^x + e^{-x}}.$

202. Différentier la fonction

$$y = \operatorname{arc\,tang}\frac{x(3a^2 - x^2)}{a(a^2 - 3x^2)}.$$

Rép. $\dfrac{dy}{dx} = \dfrac{3a}{a^2 + x^2}.$

203. Différentier la fonction

$$y = \sqrt{\frac{1+\sin x}{1-\sin x}}.$$

Rép. $\dfrac{dy}{dx} = \dfrac{1}{1-\sin x}.$

204. Différentier la fonction

$$y = e^{(x+a)^2}\sin x.$$

Rép. $\dfrac{dy}{dx} = e^{(x+a)^2}[2(a+x)\sin x + \cos x]$.

205. Différentier la fonction

$$y = x^{\sin x}.$$

Rép. $\dfrac{dy}{dx} = x^{\sin x}\left[\cos x\, lx + \dfrac{\sin x}{x}\right]$.

206. Différentier la fonction

$$y = \frac{1}{5}\sin^2 x\cos^3 x - \frac{13}{15}\cos^3 x - 3\cos x - \frac{1}{2}\cot x\,\text{coséc}\,x - \frac{7}{2}\,l\,\text{tang}\,\frac{x}{2}.$$

Rép. $\dfrac{dy}{dx} = \cot^3 x$.

207. Différentier la fonction

$$y = \frac{4x\sin x - \cos x}{20\cos^5 x} + \frac{4x\sin x - 2\cos x}{15\cos^3 x} + \frac{8}{15}(x\,\text{tang}\,x + l\cos x).$$

Rép. $\dfrac{dy}{dx} = \dfrac{x}{\cos^6 x}$.

208. Différentier la fonction

$$y = l\,\frac{\sqrt{1+x}+\sqrt{1-x}}{\sqrt{1+x}-\sqrt{1-x}}.$$

Rép. $\dfrac{dy}{dx} = -\dfrac{1}{x\sqrt{1-x^2}}$.

209. Différentier la fonction

$$y = \left(\frac{x}{1+\sqrt{1-x^2}}\right)^n.$$

Rép. $\dfrac{dy}{dx} = \dfrac{ny}{x\sqrt{1-x^2}}$.

210. Différentier la fonction

$$y = x + l\cos\left(\frac{\pi}{4} - x\right).$$

Rép. $\dfrac{dy}{dx} = \dfrac{2}{1+\text{tang}\,x}$.

211. Différentier la fonction

$$y = \frac{\sqrt{1+x^2}+\sqrt{1-x^2}}{\sqrt{1+x^2}-\sqrt{1-x^2}}.$$

Rép. $$\frac{dy}{dx} = -\frac{2}{x^3}\left[1+\frac{1}{\sqrt{1-x^4}}\right].$$

212. Différentier la fonction

$$y = a^{\frac{1}{\sqrt{a^2-x^2}}}.$$

Rép. $$\frac{dy}{dx} = \frac{xy\,la}{(a^2-x^2)^{\frac{3}{2}}}.$$

213. Différentier la fonction

$$y = \operatorname{tang} a^{\frac{1}{x}}.$$

Rép. $$\frac{dy}{dx} = -\frac{\operatorname{séc}^2 a^{\frac{1}{x}}}{x^2}\,a^{\frac{1}{x}}\,la.$$

214. Différentier la fonction

$$y = \sin mx \sin^m x.$$

$$\frac{dy}{dx} = m \sin^{m-1} x \sin(m+1)x.$$

215. Différentier la fonction

$$y = \frac{a + b \operatorname{tang}\frac{x}{2}}{a - b \operatorname{tang}\frac{x}{2}},$$

Rép. $$\frac{dy}{dx} = \frac{ab}{a^2\cos^2\frac{x}{2} - b^2\sin^2\frac{x}{2}}.$$

216. Différentier la fonction

$$y = e^{x^x}.$$

Rép. $$\frac{dy}{dx} = y x^x(1+lx).$$

217. Différentier la fonction

$$y = x^{x^x}.$$

Rép. $$\frac{dy}{dx} = y x^x\left(\frac{1}{x} + lx + l^2 x\right).$$

218. Différentier la fonction

$$y = x^{e^x}.$$

Rép. $$\frac{dy}{dx} = y e^x \left(\frac{1}{x} + lx\right).$$

219. Différentier la fonction

$$y = \text{tang} \sqrt{1 - x}.$$

Rép. $$\frac{dy}{dx} = -\frac{\text{séc}^2 \sqrt{1-x}}{2\sqrt{1-x}}.$$

220. On a les relations

$$m^2 = a + b + c, \qquad n^2 = a - b + c,$$

$$p^2 = \left(\frac{m-n}{2}\right)^2 - 2c, \qquad q^2 = \left(\frac{m+n}{2}\right)^2 - 2c,$$

et l'on demande de différentier la fonction

$$y = \frac{1}{2p}\left(\frac{1}{m} - \frac{1}{n}\right) \text{arc tang} \frac{2p \sin x}{m + n + (m - n)\cos x}$$

$$+ \frac{1}{2q}\left(\frac{1}{m} + \frac{1}{n}\right) \text{arc tang} \frac{2q \sin x}{m - n + (m + n)\cos x}.$$

Rép. $$\frac{dy}{dx} = \frac{1}{a + b\cos x + c\cos 2x}.$$

221. Les fonctions $x_1, x_2, x_3, \ldots, x_n$ étant définies par les relations

$$x_1 = \sqrt[p]{x\sqrt[q]{x}}, \qquad x_2 = \sqrt[p]{x\sqrt[q]{xx_1}},$$

$$x_3 = \sqrt[p]{x\sqrt[q]{xx_2}}, \qquad \ldots; \qquad x_n = \sqrt[p]{x\sqrt[q]{xx_{n-1}}},$$

on demande de différentier la fonction vers laquelle tend x_n, lorsque n croît indéfiniment.

Rép. $$\frac{dx_n}{dx} = \frac{q+1}{pq-1} x^{\frac{q-pq+2}{pq-1}}.$$

222. Un mobile parcourt la droite AB, de longueur d. Si sa vitesse initiale au point A demeurait constante, la distance d serait parcourue par lui en une seconde. Mais la vitesse du mobile diminue à mesure qu'il se rapproche du point B, en restant proportionnelle à la distance variable x du mobile à ce point. On demande à quelle distance x du point B sera parvenu le mobile, au bout du temps t.

Rép. $$x = \frac{d}{e^t}.$$

223. Différentier la fonction implicite

$$y^5 - 5xy + x^5 = 0.$$

Rép. $\dfrac{dy}{dx} = -\dfrac{x^4 - y}{y^4 - x}$.

224. Différentier la fonction implicite

$$a^2 \sin\frac{x+y}{a} = xy.$$

Rép. $\dfrac{dy}{dx} = \dfrac{y - a\cos\dfrac{x+y}{a}}{a\cos\dfrac{x+y}{a} - x}$.

225. Différentier la fonction implicite

$$y^n = \frac{x+y}{x-y}.$$

Rép. $\dfrac{dy}{dx} = \dfrac{2y^2}{n(y^2 - x^2) + 2xy}$.

226. Différentier la fonction implicite

$$1 + xy = l(e^{xy} + e^{-xy}).$$

Rép. $\dfrac{dy}{dx} = -\dfrac{y}{x}$.

227. Différentier la fonction implicite

$$\frac{l^2 y}{y^2} = \frac{l^2 x}{x^2}.$$

Rép. $\dfrac{dy}{dx} = \pm\dfrac{y^2}{x^2}\,\dfrac{1 - lx}{1 - ly}$.

228. Différentier la fonction implicite

$$\operatorname{arc\,tang}\frac{y}{x} = l\frac{\sqrt{x^2+y^2}}{a}.$$

Rép. $\dfrac{dy}{dx} = \dfrac{x+y}{x-y}$.

229. Différentier la fonction implicite

$$\arcsin\left(\frac{y^3 - 3x^2y + x^3}{y^3 - 3xy^2 + x^3}\right)^{\frac{1}{3}} = a.$$

Rép. $\dfrac{dy}{dx} = \dfrac{y}{x}$.

230. Montrer que l'exemple précédent n'est qu'un cas particulier de l'équation générale

$$f\left(\frac{y}{x}\right) = a,$$

dont la différentiation conduit au même résultat.

231. Étant données les deux équations

$$x^2 + y^2 + z^2 = r^2,$$
$$ax + by + cz = p,$$

trouver les dérivées $\frac{dy}{dx}$ et $\frac{dz}{dx}$.

$$\textit{Rép.} \quad \frac{dy}{dx} = \frac{az - cx}{cy - bz}, \qquad \frac{dz}{dx} = \frac{bx - ay}{cy - bz}.$$

232. Étant données les deux équations

$$x^3 + \ y^2 - 3z + a = 0,$$
$$z^2 - 2y^2 - \ x + b = 0,$$

trouver les dérivées $\frac{dy}{dx}$ et $\frac{dz}{dx}$.

$$\textit{Rép.} \quad \frac{dy}{dx} = \frac{3(1 - 2zx^2)}{4y(z-3)}, \qquad \frac{dz}{dx} = \frac{1 - 6x^2}{2(z-3)}.$$

233. Étant données les équations

$$x = \frac{e^u - e^{-u}}{e^u + e^{-u}}, \qquad y = \frac{2}{e^u + e^{-u}}, \qquad z = \text{arc}\sin x + \text{arc}\sin y,$$

on demande la valeur de la dérivée $\frac{dz}{du}$.

$$\textit{Rép.} \quad \frac{dz}{du} = 0.$$

234. Éliminer la constante arbitraire m de l'équation

$$(a + mb)(x^2 - my^2) = mc^2.$$

$$\textit{Rép.} \quad axy\left(\frac{dy}{dx}\right)^2 + (bx^2 - ay^2 - c^2)\frac{dy}{dx} - bxy = 0.$$

235. Vérifier le théorème fondamental relatif aux fonctions homogènes (580), en l'appliquant aux deux fonctions

$$Ax^2 + 2Bxy + Cy^2 + 2Dx + 2Ey + F = 0,$$
$$Ax^2 + A'y^2 + A''z^2 + 2Byz + 2B'zx + 2B''xy$$
$$+ 2Cx + 2C'y + 2C''z + F = 0.$$

236. Trouver la deuxième dérivée de la fonction

$$y = (x-3)e^{2x} + 4xe^x + x + 3.$$

Rép. $$\frac{d^2y}{dx^2} = 4e^x[(x-2)e^x + x + 2].$$

237. Trouver la $n^{\text{ième}}$ dérivée de la fonction

$$y = (a - bx)^p.$$

Rép. $$\frac{d^ny}{dx^n} = (-b)^n p(p-1)(p-2)\ldots(p-n+1)(a-bx)^{p-n}.$$

238. Appliquer la formule qui donne la $n^{\text{ième}}$ dérivée d'un produit et qui est due à Leibnitz (642, 643), à la recherche de la $n^{\text{ième}}$ dérivée de l'expression

$$x^n(1-x)^n.$$

Rép. $$\frac{d^n[x^n(1-x)^n]}{dx^n}$$
$$= 1.2.3\ldots n\left\{(1-x)^n - \left(\frac{n}{1}\right)^2(1-x)^{n-1}x + \left[\frac{n(n-1)}{1.2}\right]^2(1-x)^{n-2}x^2 - \ldots\right\}.$$

239. Trouver la $n^{\text{ième}}$ dérivée de la fonction

$$y = \frac{lx}{x}.$$

Rép. $$\frac{d^ny}{dx^n} = (-1)^{n-1}\frac{1.2.3\ldots n}{x^{n+1}}\left(1 + \frac{1}{2} + \frac{1}{3} + \ldots + \frac{1}{n} - lx\right).$$

240. Étant données les fonctions

$$y = \sin ax, \qquad y = \cos ax,$$

démontrer les formules

$$\frac{d^n \sin ax}{dx^n} = a^n \sin\left(ax + n\frac{\pi}{2}\right), \qquad \frac{d^n \cos ax}{dx^n} = a^n \cos\left(ax + n\frac{\pi}{2}\right).$$

241. Si l'on a

$$y = a\cos(lx) + b\sin(lx),$$

on a aussi

$$x^2\frac{d^2y}{dx^2} + x\frac{dy}{dx} + y = 0,$$

$$x^2\frac{d^{n+2}y}{dx^{n+2}} + (2n+1)x\frac{d^{n+1}y}{dx^{n+1}} + (n^2+1)\frac{d^ny}{dx^n} = 0.$$

242. Étant donnée la fonction

$$u = x^m y^n,$$

trouver l'expression de

$$\frac{d^{p+q}u}{dx^p\,dy^q}.$$

Rép. $$\frac{d^{p+q}u}{dx^p\,dy^q} = m(m-1)(m-2)\ldots(m-p+1)$$
$$\times\, n(n-1)(n-2)\ldots(n-q+1)x^{m-p}y^{n-q}.$$

243. Étant donnée la fonction

$$u = l\,\frac{\cos x}{\cos y},$$

prouver qu'on a

$$\left[1+\left(\frac{du}{dy}\right)^2\right]\frac{d^2u}{dx^2} - 2\,\frac{du}{dx}\,\frac{du}{dy}\,\frac{d^2u}{dx\,dy} + \left[1+\left(\frac{du}{dx}\right)^2\right]\frac{d^2u}{dy^2} = 0.$$

244. Trouver la différentielle totale du premier ordre de la fonction

$$u = 27x^3 - 54x^2y + 36xy^2 - 8y^3.$$

Rép. $du = 3(3x-2y)^2(3\,dx - 2\,dy)$.

245. Trouver la différentielle totale du premier ordre de la fonction

$$u = \text{arc sin}\sqrt{\frac{x^2-y^2}{x^2+y^2}}.$$

Rép. $$du = \frac{x\sqrt{2}(y\,dx - x\,dy)}{(x^2+y^2)(x^2-y^2)^{\frac{1}{2}}}.$$

246. Trouver les différentielles totales successives de la fonction

$$u = \text{arc tang}\,\frac{xy}{\sqrt{1+x^2+y^2}}.$$

Rép. On obtient, pour la première, $du = \dfrac{y(1+y^2)\,dx + x(1+x^2)\,dy}{(1+x^2)(1+y^2)\sqrt{1+x^2+y^2}}$.

247. Calculer directement (665, 669) les dérivées partielles p, q, r, s, t de la fonction précédente.

248. Étant donnée la fonction

$$\text{arc cos}\,\frac{y}{a} = l\left(\frac{x}{b}\right)^n,$$

prouver que l'on a

$$x^2\,\frac{d^{n+2}y}{dx^{n+2}} + (2n+1)x\,\frac{d^{n+1}y}{dx^{n+1}} + 2n^2\,\frac{d^ny}{dx^n} = 0.$$

249. Trouver la $n^{\text{ième}}$ dérivée de la fonction

$$y = e^{\frac{1}{x}}.$$

Rép. $$\frac{d^n e^{\frac{1}{x}}}{dx^n} = (-1)^n \frac{e^{\frac{1}{x}}}{x^{2n}} \left[1 + \frac{n}{1}(n-1)x + \frac{n(n-1)}{1.2}(n-1)(n-2)x^2 + \ldots \right].$$

(Consulter l'excellent *Recueil complémentaire d'Exercices sur le Calcul infinitésimal*, par M. F. Tisserand.)

250. Se servir du résultat précédent pour trouver la $n^{\text{ième}}$ dérivée de la fonction

$$y = \varphi\left(\frac{1}{x}\right).$$

Rép. $$\frac{d^n \varphi\left(\frac{1}{x}\right)}{dx^n} = \frac{(-1)^n}{x^{2n}} \left[\varphi^n\left(\frac{1}{x}\right) + \frac{n}{1}(n-1)x\,\varphi^{n-1}\left(\frac{1}{x}\right) + \frac{n(n-1)}{1.2}(n-1)(n-2)x^2\,\varphi^{n-2}\left(\frac{1}{x}\right) + \ldots \right].$$

251. Trouver les valeurs des dérivées successives de arc sin$x$, pour $x = 0$.

252. En déduire le développement en série de la fonction

$$y = \text{arc} \sin x,$$

par la formule de Maclaurin (684).

Rép. $$\text{arc} \sin x = x + \frac{1}{2} \frac{x^3}{3} + \frac{1.3}{2.4} \frac{x^5}{5} + \frac{1.3.5}{2.4.6} \frac{x^7}{7} + \ldots.$$

253. Trouver la véritable valeur de l'expression

$$\frac{x^n - a^n}{lx^n - la^n},$$

pour $x = a$.

Rép. a^n.

254. Trouver la véritable valeur de l'expression

$$\frac{x - (n+1)x^{n+1} + nx^{n+2}}{(1-x)^2},$$

pour $x = 1$, et vérifier le résultat obtenu en cherchant à quelle somme équivaut la fonction proposée.

Rép. $\frac{n(n+1)}{2}$.

255. Trouver la véritable valeur de l'expression

$$\frac{x + x^2 - (n+1)^2 x^{n+1} + (2n^2 + 2n - 1)x^{n+2} - n^2 x^{n+3}}{(1-x)x^3},$$

pour $x = 1$, et vérifier le résultat obtenu en cherchant à quelle somme équivaut la fonction proposée.

Rép. $\frac{n(n+1)(2n+1)}{6}$.

256. Trouver la véritable valeur de l'expression

$$\frac{x^x - x}{x - 1 - lx},$$

pour $x = 1$.

Rép. 2.

257. Trouver la véritable valeur de l'expression

$$\frac{xe^{2x} + xe^x - 2e^{2x} + 2e^x}{(e^x - 1)^3},$$

pour $x = 0$.

Rép. $\frac{1}{6}$.

258. Trouver la véritable valeur de l'expression

$$\frac{2\sin^2 x + \sin x - 1}{2\sin^2 x - 3\sin x + 1},$$

pour $x = \frac{\pi}{6}$.

Rép. 3.

259. Trouver la véritable valeur de l'expression

$$\frac{lx}{x},$$

pour $x = \infty$.

Rép. 0.

260. Trouver la véritable valeur de l'expression

$$\frac{\operatorname{tang} x}{\log\left(x - \frac{\pi}{2}\right)},$$

pour $x = \frac{\pi}{2}$.

Rép. ∞.

261. Trouver la véritable valeur de l'expression

$$x - x^2 l\left(1 + \frac{1}{x}\right),$$

pour $x = \infty$.

Rép. $\frac{1}{2}$.

262. Trouver la véritable valeur de l'expression

$$\frac{1}{x^2} - \cot^2 x,$$

pour $x = 0$.

Rép. $\frac{2}{3}$.

263. Trouver la véritable valeur de l'expression

$$\frac{2 + \cos x}{x^3 \sin x} - \frac{3}{x^4},$$

pour $x = 0$,

Rép. $\frac{1}{60}$.

264. Trouver la véritable valeur de l'expression

$$\left(\frac{1}{x}\right)^{\tan x},$$

pour $x = 0$.

Rép. 1.

265. Trouver la véritable valeur de l'expression

$$\left(2 - \frac{x}{a}\right)^{\tan \frac{\pi x}{2a}},$$

pour $x = a$.

Rép. $e^{\frac{2}{\pi}}$.

266. Trouver la véritable valeur de l'expression

$$x^n l x,$$

pour $x = 0$.

Rép. 0 ou $-\infty$.

267. Trouver la véritable valeur de l'expression

$$x^{x^n},$$

pour $x = 0$.

Rép. 1 ou 0.

268. Trouver la véritable valeur de l'expression

$$(\cos ax)^{\frac{1}{\sin^2 bx}},$$

pour $x = 0$.

Rép. $e^{-\frac{a^2}{2b^2}}$.

269. Trouver la véritable valeur de l'expression

$$xe^{\frac{1}{x}},$$

pour $x = 0$.

Rép. ∞.

270. Trouver la véritable valeur de l'expression

$$\sqrt[x]{\cos mx},$$

pour $x = 0$.

Rép. 1.

271. Trouver la véritable valeur de l'expression

$$(\operatorname{tang} x)^{\operatorname{tang} 2x},$$

pour $x = \frac{\pi}{4}$.

Rép. $\frac{1}{e}$.

272. Trouver la véritable valeur de l'expression

$$\frac{3x - 2\sin x - \operatorname{tang} x}{3x^5},$$

pour $x = 0$.

Rép. $-\frac{1}{20}$.

273. Étant donnée l'équation

$$x^4 + 2x^2y^2 + y^4 - 2ax^3 - 6axy^2 + a^2x^2 = 0,$$

trouver la véritable valeur de $\frac{dy}{dx}$ pour $x = 0$.

Rép. ∞.

274. Étudier les variations de la fonction

$$y = \frac{\sin x}{x},$$

à l'aide de sa dérivée.

275. Même question pour les fonctions

$$y = l(1+x) - x, \qquad y = l(1+x) - x + \frac{x^2}{2}.$$

276. Étudier les variations de la fonction

$$y = x - \frac{2}{3}\sin x - \frac{1}{3}\tang x,$$

lorsque x passe d'une manière continue de o à $\frac{\pi}{2}$.

277. Étudier les variations de la fonction

$$y = x^{\frac{1}{x}},$$

lorsque x passe d'une manière continue de o à $+\infty$.

278. Trouver les valeurs de x qui répondent au maximum et au minimum de la fonction

$$y = \frac{x}{1+x^2}.$$

Rép. $x = 1$ (max.), $x = -1$ (min.).

279. Trouver la valeur de x qui répond au minimum de la fonction

$$y = \frac{(x+3)^3}{(x+2)^2}.$$

La fonction admet-elle un maximum?

Rép. $x = 0$ (min.).

280. Un point lumineux, situé sur une verticale donnée, éclaire une surface horizontale infiniment petite dont la position est connue. A quelle hauteur, par rapport à cette surface, doit-on placer le point lumineux, pour que l'éclairement de la surface soit un maximum?

On sait que l'éclairement (ou la quantité de lumière reçue) varie proportionnellement au sinus de l'angle de la direction des rayons lumineux avec la surface éclairée, et en raison inverse du carré de la distance du point lumineux à cette surface

Rép. En désignant par a la distance de la verticale du point lumineux à la surface infiniment petite qu'il éclaire, on trouve, pour la hauteur qui correspond au maximum d'éclairement, $x = \frac{a\sqrt{2}}{2}$ et, pour le maximum de la quantité de lumière reçue, $y = \frac{2}{3a^2\sqrt{3}}$.

281. Trouver le maximum de la fonction

$$y = \frac{lx}{x^n}.$$

Rép. Ce maximum est $\frac{1}{ne}$, pour $x = e^{\frac{1}{n}}$.

282. Trouver le maximum de la fonction implicite

$$2yx^2 + y^2 + 4x - 3 = 0.$$

La fonction admet-elle un minimum?

Rép. Le maximum est $y = 2$, pour $x = -\frac{1}{2}$.

283. Trouver le maximum et le minimum de la fonction implicite

$$x^3 + y^3 - 3axy = 0.$$

Rép. Le maximum est $y = a\sqrt[3]{4}$, pour $x = a\sqrt[3]{2}$; le minimum est $y = 0$, pour $x = 0$.

284. Trouver, sur la circonférence d'un cercle donné, les points dont la distance à un point pris dans le plan du cercle est un maximum ou un minimum.

285. Les longueurs a, b, c étant rangées par ordre de grandeur décroissante, on a la relation

$$\frac{x^2}{a^2} + \frac{y^2}{b^2} + \frac{z^2}{c^2} = 1,$$

et l'on demande de trouver le maximum et le minimum de la fonction

$$u = \sqrt{x^2 + y^2 + z^2}.$$

Rép. $u = a$ (max.), $u = c$ (min.).

286. Un point lumineux, appartenant à la circonférence d'un cercle donné, éclaire une surface infiniment petite dont le plan est perpendiculaire à celui du cercle et passe par son centre. Cette surface étant supposée située au point d'intersection des deux plans et intérieure au cercle, quelle position doit occuper le point lumineux pour que la surface qu'on vient de définir reçoive le maximum d'éclairement?

287. Parmi tous les segments circulaires terminés par des arcs de même longueur $2a$, quel est celui dont la surface est un maximum, c'est-à-dire quel est le rayon du cercle correspondant?

Rép. Si x est ce rayon, on trouve $x = \frac{2a}{\pi}$. Le segment cherché est donc un demi-cercle.

288. Parmi tous les segments sphériques terminés à des zones à une seule base d'aire constante πa^2, quel est celui dont le volume est un maximum, c'est-à-dire quel est le rayon de la sphère correspondante?

Rép. On trouve que ce rayon doit être égal à la hauteur du segment sphérique. Le segment cherché est donc un hémisphère.

289. Trouver, sur la droite qui joint deux points lumineux, le point qui reçoit le maximum d'éclairement (*Alg. élém.*, 258).

290. Parmi toutes les *Niches* de même surface, quelle est celle dont le volume est un maximum?

291. Trouver, parmi tous les cylindres de révolution inscrits dans une sphère donnée, celui dont la surface totale est un maximum?

292. Même problème pour les cônes de révolution inscrits dans une sphère donnée.

293. Le moment de la résistance étant donné, quel doit être, dans un levier du second genre, le bras de levier de la puissance pour qu'elle soit un minimum?

294. Étant donné un cône circulaire droit, on demande de le couper par un plan parallèle à l'une des génératrices, de manière que l'aire du segment parabolique obtenu soit un maximum (*Géom.*, 768, 769, 3°).

295. Étant donné un cône circulaire droit, quelle est, parmi toutes ses sections elliptiques, celle dont l'aire est un maximum? (*Géom.*, 702, 769, 1°.)

296. Quel est le rayon de la sphère dans laquelle l'aire totale d'un secteur sphérique de volume donné est un minimum?

297. Parmi tous les vases tronconiques de même capacité, dont l'arête fait un angle donné avec l'une ou l'autre base, trouver celui dont l'aire totale est un minimum? (Le vase peut être ouvert ou fermé.)

298. De tous les tétraèdres de même base et de même hauteur, quel est celui dont l'aire totale ou l'aire latérale est un minimum?

299. Trouver le minimum de la fonction

$$z = x^2 + xy + y^2 + \frac{a^3}{x} + \frac{a^3}{y}.$$

Rép. Le minimum a lieu pour $x = y = \dfrac{a\sqrt[3]{3^2}}{3}$.

300. α et β étant des angles donnés, trouver le maximum de la fonction

$$\varphi = \cos x \cos\alpha + \sin x \sin\alpha \cos(y - \beta).$$

Rép. Le maximum a lieu pour $x = \alpha$ et $y = \beta$.

301. Trouver les maximums ou les minimums de la fonction

$$z = e^{-(x^2+y^2)}(ax^2 + by^2),$$

en supposant le nombre donné a supérieur, inférieur ou égal au nombre donné b.

302. Trouver le maximum de la fonction

$$z = x^3 y^2 (6 - x - y).$$

Rép. Le maximum a lieu pour $x = 3, y = 2$.

303. Trouver le maximum de la fonction

$$z = \frac{a + bx + cy}{\sqrt{1 + x^2 + y^2}}.$$

Rép. Le maximum a lieu pour $x = \frac{b}{a}$, $y = \frac{c}{a}$.

304. Montrer que la fonction

$$z = x e^{y + x \sin y}$$

n'admet ni maximum ni minimum.

305. Trouver les maximums ou les minimums de la fonction

$$z = \frac{(ax + by - h)(ax + by - k)}{1 + x^2 + y^2}.$$

306. Diviser un nombre A en trois parties x, y, z, telles, que la somme $\frac{xy}{2} + \frac{xz}{3} + \frac{yz}{4}$ soit un maximum ou un minimum.

Rép. $\frac{x}{21} = \frac{y}{20} = \frac{z}{6} = \frac{A}{47}$ (max.).

307. Un triangle étant donné, trouver, à l'intérieur de ce triangle, un point tel, que le produit de ses distances aux trois côtés soit un maximum.

Rép. Le maximum a lieu lorsque les droites qui joignent le point cherché aux trois sommets du triangle le divisent en trois triangles équivalents.

308. Trouver un point tel, que la somme de ses distances aux sommets d'un triangle donné soit un minimum.

(Ce problème a été proposé à Fermat par Torricelli, et Fermat en donna trois solutions.)

Le point cherché est, d'une manière générale, à l'intersection des trois segments capables de 120° décrits sur les côtés du triangle. Examiner le cas où le triangle donné a un angle égal à 120°, et celui où il présente un angle plus grand que 120°.

309. Étant donnée l'équation

$$x^4+y^4-2x^2-2y^2=0,$$

trouver le maximum de $\frac{dy}{dx}$.

310. Trouver les maximums ou les minimums de la fonction

$$u=\frac{xyz}{(a+x)(x+y)(y+z)(z+b)}.$$

Rép. En posant $r=\sqrt[4]{\frac{b}{a}}$, le maximum de la fonction a lieu pour $x=ar$, $y=ar^2$, $z=ar^3$.

311. Trouver le minimum de la fonction

$$u^2=x^2+y^2+z^2,$$

les variables indépendantes étant liées par les relations

$$ax+by+cz=1,$$
$$a'x+b'y+c'z=1.$$

312. Trouver le maximum et le minimum de la fonction

$$u^2=x^2+y^2+z^2,$$

les variables indépendantes étant liées par les relations

$$\frac{x^2}{a^2}+\frac{y^2}{b^2}+\frac{z^2}{c^2}=1,$$
$$lx+my+nz=0.$$

313. Déterminer, parmi tous les quadrilatères qu'on peut former avec les quatre côtés α, β, γ, δ pris dans l'ordre indiqué, celui dont l'aire est un maximum.

Rép. Le quadrilatère cherché doit être inscriptible.

314. Calculer l'intégrale indéfinie

$$\int \frac{x\,dx}{a^4 + x^4}.$$

Rép. $\frac{1}{2a^2} \operatorname{arc\,tang} \frac{x^2}{a^2} + C.$

315. Calculer l'intégrale indéfinie

$$\int \frac{x\,dx}{\sqrt{a^4 - x^4}}.$$

Rép. $\frac{1}{2} \arcsin \frac{x^2}{a^2} + C.$

316. Calculer l'intégrale indéfinie

$$\int \frac{x\,dx}{\sqrt{(x^2 - a^2)(b^2 - x^2)}}.$$

Rép. $\arcsin \sqrt{\frac{x^2 - a^2}{b^2 - a^2}} + C, \qquad \operatorname{arc\,tang} \sqrt{\frac{x^2 - a^2}{b^2 - x^2}} + C.$

317. Calculer l'intégrale indéfinie

$$\int \frac{x^2\,dx}{\sqrt{a^2 - x^2}}.$$

Rép. $\frac{1}{2} a^2 \arcsin \frac{x}{a} - \frac{1}{2} x \sqrt{a^2 - x^2} + C.$

318. Calculer l'intégrale indéfinie

$$\int \operatorname{tang}^2 x\,dx.$$

Rép. $\operatorname{tang} x - x + C.$

319. Calculer l'intégrale indéfinie

$$\int \frac{dx}{a + b\cos x}.$$

[Consulter l'excellent *Recueil d'Exercices sur le Calcul infinitésimal*, par M. F. Frenet.]

320. Calculer l'intégrale indéfinie

$$\int \cos x \cos 2x \cos 3x\,dx.$$

Rép. $\frac{1}{4}\left(x + \frac{\sin 2x}{2} + \frac{\sin 4x}{4} + \frac{\sin 6x}{6}\right) + C.$

321. Calculer l'intégrale indéfinie

$$\int x^m e^x\,dx.$$

Rép. $[x^m - mx^{m-1} + m(m-1)x^{m-2} - \ldots$
$\pm m(m-1)(m-2)\ldots 2.1]e^x + C.$

322. Calculer l'intégrale indéfinie

$$\int \frac{x^2}{1+x^2}\operatorname{arc\,tang} x\,dx.$$

Rép. $\left(x - \frac{1}{2}\operatorname{arc\,tang} x\right)\operatorname{arc\,tang} x - \frac{1}{2}l(1+x^2) + C.$

323. Calculer l'intégrale définie

$$\int_0^1 \frac{l(1+x)}{1+x^2}\,dx.$$

Rép. $\frac{\pi}{8}l.2.$

324. Calculer l'intégrale définie

$$\int_0^1 \frac{x\,l x}{\sqrt{1-x^2}}\,dx.$$

Rép. $l.2 - 1.$

325. Calculer l'intégrale définie

$$\int_0^\pi \cos^2 mx\,dx.$$

Rép. $\frac{\pi}{2}.$

326. Déterminer par l'intégration (795) la limite de la série

$$x + \frac{x^2}{2} - \frac{x^3}{3} + \frac{x^4}{4} + \frac{x^5}{5} - \frac{x^6}{6} + \frac{x^7}{7} + \frac{x^8}{8} - \frac{x^9}{9} + \ldots,$$

en supposant les valeurs de x comprises entre -1 et $+1$.

Rép. $\frac{1}{3}l\frac{(x^2+x+1)^2}{1-x}.$

327. En effectuant la division $\frac{1}{x^2+1}$, trouver le développement de arc tang x, *dans le cas où x est plus grand que* 1 (798).

Rép. $$\text{arc tang}\, x = \frac{\pi}{2} - \frac{1}{x} + \frac{1}{3x^3} - \frac{1}{5x^5} + \frac{1}{7x^7} - \ldots$$

328. Interpréter géométriquement la règle qui constitue le procédé d'intégration par parties (781, 758).

329. Intégrer l'expression

$$\int \frac{dx}{x^2 + bx + c},$$

orsque les racines de l'équation $x^2 + bx + c = 0$ sont réelles (780, 3°).

330. Calculer l'intégrale indéfinie

$$\int \frac{dx}{\sqrt{\pm x^2 + bx + c}}.$$

NOTE.

THÉORÈME DE DUHAMEL SUR LES SÉRIES A TERMES POSITIFS.

Nous avons vu (371 à 375) que le théorème usuel sur la convergence des séries à termes positifs, fondé sur l'examen du rapport d'un terme au précédent, est en défaut lorsque ce rapport, tout en ayant pour limite l'unité, finit par rester constamment inférieur à sa limite.

Le théorème de DUHAMEL permet, en général, de résoudre cette difficulté, et devient ainsi le complément nécessaire du premier théorème, bien qu'il présente, lui aussi, un cas douteux.

Soit la série (U) à termes positifs

$$(\text{U}) \qquad u_1 + u_2 + u_3 + \ldots + u_{n-1} + u_n + u_{n+1} + \ldots.$$

Admettons qu'on ait

$$\lim \frac{u_{n+1}}{u_n} = 1,$$

et que le rapport $\frac{u_{n+1}}{u_n}$ demeure constamment inférieur à l'unité, à partir d'un certain rang. On peut alors mettre ce rapport sous la forme

$$\frac{u_{n+1}}{u_n} = \frac{1}{1+\alpha},$$

α étant un infiniment petit positif (336).

Cela posé, *la série (U) est convergente ou divergente, selon que la limite du produit $n\alpha$ est supérieure ou inférieure à l'unité. Si la limite du produit $n\alpha$ est égale à l'unité et si ce produit, à partir d'un certain rang, reste inférieur à sa limite, la série est divergente.*

1° Supposons d'abord

$$\lim n\alpha = k \qquad \text{et} \qquad k > 1.$$

Si m est une quantité quelconque, mais déterminée, comprise entre 1 et k et, par suite, plus grande que 1, on a évidemment (691)

$$\left(1+\frac{1}{n}\right)^m = 1+\frac{m}{1}\frac{1}{n}+\frac{m(m-1)}{1.2}\frac{1}{n^2}+\frac{m(m-1)(m-2)}{1.2.3}\frac{1}{n^3}+\ldots$$
$$= 1+\frac{m}{n}(1+\delta),$$

en désignant par δ une quantité qui tend vers zéro, à mesure que n augmente.

Pour qu'on ait, à partir d'une certaine valeur de n,

$$(1) \qquad 1+\alpha > \left(1+\frac{1}{n}\right)^m,$$

il suffit donc qu'on ait

$$1+\alpha > 1+\frac{m}{n}(1+\delta),$$

c'est-à-dire

$$(2) \qquad \alpha > \frac{m}{n}(1+\delta) \qquad \text{ou} \qquad n\alpha > m(1+\delta).$$

Or, à mesure que n augmente, le premier membre de la dernière inégalité tend, par hypothèse, vers k qui est plus grand que m, tandis que le second membre tend vers m, puisque δ tend vers zéro. Par conséquent, à partir d'une valeur déterminée de n, l'inégalité (1) sera satisfaite. D'ailleurs, cette inégalité revient à

$$\frac{1}{1+\alpha} < \frac{1}{\left(1+\frac{1}{n}\right)^m}$$

ou à

$$\frac{u_{n+1}}{u_n} < \frac{1}{\left(1+\frac{1}{n}\right)^m}.$$

Si l'on considère alors la série (V)

$$(\text{V}) \qquad \frac{1}{1^m}+\frac{1}{2^m}+\frac{1}{3^m}+\ldots+\frac{1}{n^m}+\frac{1}{(n+1)^m}+\ldots,$$

qui est *convergente* (377, 3°), puisque m est *plus grand* que 1, on voit que, dans cette série, le rapport $\frac{v_{n+1}}{v_n}$ d'un terme au précédent a pour expression générale

$$\frac{\frac{1}{(n+1)^m}}{\frac{1}{n^m}} = \left(\frac{n}{n+1}\right)^m = \frac{1}{\left(1+\frac{1}{n}\right)^m}.$$

Il est donc plus grand que le rapport analogue $\frac{u_{n+1}}{u_n}$ dans la série (U) qui est, *a fortiori*, *convergente* (385).

2° Supposons maintenant

$$\lim n\alpha = k \qquad \text{et} \qquad k < 1.$$

Si m est une quantité quelconque, mais déterminée, comprise entre k et 1 et, par suite, plus petite que 1, on a, comme précédemment (1°),

$$\left(1+\frac{1}{n}\right)^m = 1 + \frac{m}{n}(1+\delta).$$

Pour qu'on ait, à partir d'une certaine valeur de n,

$$(1\ bis) \qquad 1+\alpha < \left(1+\frac{1}{n}\right)^m,$$

il suffit qu'on ait

$$(2\ bis) \qquad \alpha < \frac{m}{n}(1+\delta) \qquad \text{ou} \qquad n\alpha < m(1+\delta).$$

Or, à mesure que n augmente, le premier membre de la dernière inégalité tend, par hypothèse, vers k qui est plus petit que m, tandis que le second membre tend vers m, puisque δ tend vers zéro. Par conséquent, à partir d'une valeur déterminée de n, l'inégalité (1 *bis*) sera satisfaite. D'ailleurs, cette inégalité revient à

$$\frac{1}{1+\alpha} > \frac{1}{\left(1+\frac{1}{n}\right)^m}$$

ou à

$$\frac{u_{n+1}}{u_n} > \frac{1}{\left(1+\frac{1}{n}\right)^m}.$$

Si l'on considère alors la série (V) [1°], qui est ici *divergente* (377, 3°), puisque m est *plus petit* que 1, on voit que, dans cette série, le rapport $\frac{v_{n+1}}{v_n}$ d'un terme au précédent est moindre que le rapport analogue $\frac{u_{n+1}}{u_n}$ dans la série (U), qui est, *a fortiori, divergente* (385).

3° Lorsqu'on a

$$\lim n\alpha = 1,$$

on reste dans le doute. Néanmoins, si l'on a constamment, à partir d'un certain rang, $n\alpha$ inférieur à l'unité ou $\alpha < \frac{1}{n}$, la série (U) est *diver-*

gente. On a, en effet, dans cette hypothèse,

$$\frac{1}{1+\alpha} > \frac{1}{1+\frac{1}{n}}.$$

Le rapport $\frac{u_{n+1}}{u_n}$ est donc, à partir d'un certain rang, constamment *supérieur* à

$$\frac{1}{1+\frac{1}{n}} \quad \text{ou à} \quad \frac{n}{n+1},$$

rapport qui répond précisément (363) à la série harmonique

$$1+\frac{1}{2}+\frac{1}{3}+\ldots+\frac{1}{n}+\frac{1}{n+1}+\ldots.$$

Le *théorème de Duhamel* ne présente ainsi qu'un cas douteux, celui où l'on a $\lim n\alpha = 1$ et où le produit $n\alpha$ n'est pas, à partir d'un certain rang, constamment inférieur à l'unité.

TABLEAUX

DES

DIFFÉRENTIELLES FONDAMENTALES

ET DES

INTÉGRALES CORRESPONDANTES.

Fonctions.	Différentielles.
$y = a \pm x,$	$dy = \pm\, dx,$
$y = ax,$	$dy = a\,dx,$
$y = \frac{a}{x},$	$dy = -\frac{a\,dx}{x^2},$
$y = x^m,$	$dy = mx^{m-1}\,dx,$
$y = \sqrt[m]{x},$	$dy = \frac{dx}{m\sqrt[m]{x^{m-1}}},$
$y = \sqrt{x},$	$dy = \frac{dx}{2\sqrt{x}},$
$y = \log x,$	$dy = \log e \frac{dx}{x},$
$y = lx,$	$dy = \frac{dx}{x},$
$y = a^x,$	$dy = a^x \frac{\log a}{\log e}\,dx,$
$y = a^x,$	$dy = a^x la\,dx,$
$y = e^x,$	$dy = e^x\,dx,$
$y = \sin x,$	$dy = \cos x\,dx,$
$y = \cos x,$	$dy = -\sin x\,dx.$
$y = \operatorname{tang} x,$	$dy = \frac{dx}{\cos^2 x},$
$y = \cot x,$	$dy = -\frac{dx}{\sin^2 x},$
$y = \operatorname{séc} x,$	$dy = \operatorname{tang} x \operatorname{séc} x\,dx,$
$y = \operatorname{coséc} x,$	$dy = -\cot x \operatorname{coséc} x\,dx,$

$$\int \pm\, dx \qquad = \pm x + \mathrm{C},$$

$$\int a\, dx \qquad = ax + \mathrm{C},$$

$$\int -\frac{a\, dx}{x^2} \qquad = \frac{a}{x} + \mathrm{C},$$

$$\int m x^{m-1} dx = x^m + \mathrm{C},$$

$$\int x^m dx \qquad = \frac{x^{m+1}}{m+1} + \mathrm{C} \text{ (excepté pour } m = -1\text{).}$$

$$\int \frac{dx}{m\sqrt[m]{x^{m-1}}} = \sqrt[m]{x} + \mathrm{C},$$

$$\int \frac{dx}{\sqrt[m]{x^{m-1}}} \qquad = m\sqrt[m]{x} + \mathrm{C},$$

$$\int \frac{dx}{2\sqrt{x}} \qquad = \sqrt{x} + \mathrm{C},$$

$$\int \frac{dx}{x} \qquad = \frac{\log x}{\log e} + \mathrm{C} = lx + \mathrm{C},$$

$$\int \frac{dx}{x^2 - a^2} \qquad = \frac{1}{2a}\, l\, \frac{x-a}{x+a} + \mathrm{C},$$

$$\int a^x \frac{\log a}{\log e}\, dx = a^x + \mathrm{C},$$

$$\int a^x dx \qquad = \frac{\log e}{\log a}\, a^x + \mathrm{C} = \frac{a^x}{la} + \mathrm{C},$$

$$\int e^x dx \qquad = e^x + \mathrm{C},$$

$$\int \cos x\, dx \qquad = \sin x + \mathrm{C},$$

$$\int \sin x\, dx \qquad = -\cos x + \mathrm{C},$$

$$\int \frac{dx}{\cos^2 x} \qquad = \operatorname{tang} x + \mathrm{C},$$

$$\int \frac{dx}{\sin^2 x} \qquad = -\cot x + \mathrm{C},$$

$$\int \frac{\sin x}{\cos^2 x}\, dx \qquad = \int \operatorname{tang} x \operatorname{séc} x\, dx = \operatorname{séc} x + \mathrm{C},$$

$$\int \frac{\cos x}{\sin^2 x}\, dx \qquad = \int \cot x \operatorname{coséc} x\, dx = -\operatorname{coséc} x + \mathrm{C},$$

Fonctions.	Différentielles.
$y = \text{arc}\sin x$,	$dy = \dfrac{dx}{\sqrt{1-x^2}}$,
$y = \text{arc}\cos x$,	$dy = -\dfrac{dx}{\sqrt{1-x^2}}$,
$y = \text{arc}\,\text{tang}\,x$,	$dy = \dfrac{dx}{1+x^2}$,
$y = \text{arc}\cot x$,	$dy = -\dfrac{dx}{1+x^2}$,
$y = \text{arc}\,\text{séc}\,x$,	$dy = \dfrac{dx}{x\sqrt{x^2-1}}$,
$y = \text{arc}\,\text{coséc}\,x$,	$dy = -\dfrac{dx}{x\sqrt{x^2-1}}$,
$y = l\sin x$,	$dy = \cot x\, dx$.
$y = l\cos x$,	$dy = -\text{tang}\,x\, dx$,
$y = l\,\text{tang}\,x$,	$dy = \dfrac{dx}{\sin x \cos x}$,
$y = l\,\text{tang}\,\dfrac{x}{2}$,	$dy = \dfrac{dx}{\sin x}$,
$y = l\,\text{tang}\left(\dfrac{\pi}{4} + \dfrac{x}{2}\right)$,	$dy = \dfrac{dx}{\cos x}$,
$y = f(u, v, t, \ldots)$ (¹),	$dy = \dfrac{dy}{du}du + \dfrac{dy}{dv}dv + \dfrac{dy}{dt}dt + \ldots$,
$y = u + v - t \ldots$,	$dy = du + dv - dt \ldots$,
$y = uvt \ldots$,	$dy = vt\,du + ut\,dv + uv\,dt + \ldots$,
$y = \dfrac{u}{v}$,	$dy = \dfrac{v\,du - u\,dv}{v^2}$,
$y = u^m$,	$dy = mu^{m-1}\,du$,
$y = u^v$,	$dy = u^v\left(\dfrac{dv}{dx}lu + \dfrac{v}{u}\dfrac{du}{dx}\right)dx$.

(¹) u, v, t, ... désignent des fonctions de x.

$$\int \frac{dx}{\sqrt{a^2-x^2}} = \text{arc sin}\,\frac{x}{a} + \text{C},$$

$$\int \frac{-dx}{\sqrt{a^2-x^2}} = \text{arc cos}\,\frac{x}{a} + \text{C},$$

$$\int \frac{dx}{a^2+x^2} = \frac{1}{a}\,\text{arc tang}\,\frac{x}{a} + \text{C},$$

$$\int \frac{-dx}{a^2+x^2} = \frac{1}{a}\,\text{arc cot}\,\frac{x}{a} + \text{C},$$

$$\int \frac{dx}{x\sqrt{x^2-a^2}} = \frac{1}{a}\,\text{arc séc}\,\frac{x}{a} + \text{C},$$

$$\int \frac{-dx}{x\sqrt{x^2-a^2}} = \frac{1}{a}\,\text{arc coséc}\,\frac{x}{a} + \text{C},$$

$$\int \cot x\,dx = l\sin x + \text{C},$$

$$\int -\text{tang}\,x\,dx = l\cos x + \text{C},$$

$$\int \frac{dx}{\sin x\cos x} = l\,\text{tang}\,x + \text{C},$$

$$\int \frac{dx}{\sin x} = l\,\text{tang}\,\frac{x}{2} + \text{C},$$

$$\int \frac{dx}{\cos x} = l\,\text{tang}\left(\frac{\pi}{4} + \frac{x}{2}\right) + \text{C},$$

$$\int \frac{dx}{\sqrt{x^2 \pm a^2}} = l\,\frac{\sqrt{x^2 \pm a^2} + x}{a} + \text{C},$$

$$\int \frac{dx}{x\sqrt{a^2 \pm x^2}} = \frac{1}{a}\,l\,\frac{x}{\sqrt{a^2 \pm x^2} + a} + \text{C},$$

$$\int (du + dv - dt) = \int du + \int dv - \int dt.$$

FIN DU TOME TROISIÈME.

12154 Paris. — Imprimerie de GAUTHIER-VILLARS, quai des Augustins, 55.

Lightning Source UK Ltd.
Milton Keynes UK
UKHW010309190119
335762UK00007B/609/P